이제 **오르비**가
학원을 재발명합니다

오르비학원은

모든 시스템이 수험생 중심으로 더 강화됩니다.

모든 시설이 최고의 결과가 나올 수 있도록 설계됩니다.

집중을 위해 오르비학원이 수험생 옆으로 다가갑니다.

오르비학원과 시작하면

원하는 대학문이 가장 빠르게 열립니다.

전화 : 02-522-0207 문자 전용 : 010-9124-0207 주소 : 강남구 삼성로 61길 15 (은마사거리 도보 3분)

출발의 습관은 수능날까지 계속됩니다.
형식적인 상담이나
관리하고 있다는 모습만 보이거나
학습에 전혀 도움이 되지 않는
보여주기식의 모든 것을 배척합니다.

쓸모없는 강좌와 할 수 없는 계획을 강요하거나
무모한 혹은 무리한 스케줄로
1년의 출발을 무의미하게 하지 않습니다.
형식은 모방해도 내용은 모방할 수 없습니다.

smart is sexy

Orbi.kr

개인의 능력을 극대화 시킬 모든 계획이 오르비학원에 있습니다.

기출과 변형

미적분

[랑데뷰 기출과 변형]은
기출문제와 그 문제들의 유사 변형 문제로 구성된 문제집으로 가장 효과적인 기출문제 공부 방법을 제시한다.

기출문제는 수학I, 수학II, 확률과통계, 미적분은 평가원 기출문제들로만 구성하였고 기하는 교육청 기출문제도 포함되어 있다. 문항의 출처는 모두 기재되어 있다.
3점 문항의 기출문제는 역대 평가원에서 출제한 대부분의 문제를 탑재하였고 4점 문항의 기출문제는 대부분 2010년 이후 출제한 최신 경향의 문제들로 구성하였다.

변형 문제는 4점짜리인 Level2와 Level3의 변형 문제들은 기출문제 바로 옆에 배치 되어 있다. 3점짜리 변형 문제들은 유형별로 정리된 Level1문제들로 출처가 표시 되어 있지 않다.

난이도 레벨을 3단계로 구성하였다.
Level1 ⇒
① 3점 위주의 기출문제와 변형 문제들이 있다.
② 기출문제들이 유형별로 정리되어 나타나고 출처가 표시 되지 않은 변형 문제들이 기출문제 다음 배치되어 있다.
③ 수능에서 출제하는 문제 유형을 파악할 수 있고 쉬운 문제들로 개념을 제대로 알고 있는지 확인할 수 있다.

Level2 ⇒
① 킬러급 난이도를 제외한 4점짜리 기출문제와 변형 문제들이 있다.
② 유형별로 정리되어 있지 않고 각 단원별로 기출 순서대로 문제들이 배치되어 있다.

Level3 ⇒
① 킬러급 난이도의 기출문제와 변형 문제들이 있다.
② 유형별로 정리되어 있지 않고 각 단원별로 기출 순서대로 문제들이 배치되어 있다.
③ 수학II와 미적분의 Level3 문제들은 기출 킬러 문제 다음 숫자만 바꾸거나 문제에 내포된 여러 개념 중 주요 아이디어만 포함되는 난이도 낮은 쌍둥이 문제가 배치된 뒤 변형 문제가 배치된다. 쌍둥이 문제는 정답만 문제 밑에 바로 표기되며 풀이는 제시되지 않는다. 쌍둥이 문제가 풀리지 않으면 해당 기출문제를 제대로 이해하지 못한 것이니 기출문제를 다시 풀어보고 쌍둥이 문제의 답을 구한 뒤 변형 문제로 넘어 가야 한다.

계속 하다보면 익숙해지고 익숙해지면 쉬워집니다. [혁신청람수학 안형진T]

해뜨기전이 가장 어둡잖아. 조금만 힘내자! [한정아수학교습소 한정아T]

남을 도울 능력을 갖추게 되면 나를 도울 수 있는 사람을 만나게 된다. [최성훈수학학원 최성훈T]

넓은 하늘로의 비상을 꿈꾸며 [장선생수학학원 장세완T]

부딪혀 보세요. 아직 오지 않은 미래를 겁낼 필요 없어요. [평촌다수인수학학원 도정영T]

"기죽지마, 걱정하지마, 넌 잘될 거야! 그만큼 노력했으니까" [반포파인만 고등부 김경민T]

지금 잠을 자면 꿈을 꾸지만 지금 공부 하면 꿈을 이룬다. [이미지매쓰학원 정일권T]

Step by step! 앞으로 여러분이 겪게 될 모든 경험들이 발판이 되어 더 나은 내일을 만들어 나갈 것입니다. [가나수학전문학원 황보성호T]

1등급을 만드는 특별한 습관 랑데뷰수학으로 만들어 드립니다. [이지훈수학 이지훈T]

지나간 성적은 바꿀수 없지만 미래의 성적은 너의 선택으로 바꿀 수 있다. 그렇다면 지금부터 열심히 해야 되는 이유가 충분하지 않은가? [칼수학학원 강민구T]

작은 물방울이 큰바위를 뚫을수 있듯이 집중된 노력은 수학을 꿰뚫을수 있다. [제우스수학 김진성T]

자신과 타협하지 않는 한 해가 되길 바랍니다. [답길학원 서태욱T]

무슨 일이든 할 수 있다고 생각하는 사람이 해내는 법이다. [대전오엠수학 오세준T]

'콩 심은데 콩나고, 팥 심은데 팥난다.' [이호진고등수학 이호진T]

Excelsior : 더욱 더 높이! [메가스터디 김가람T]

"자신의 능력을 믿어야 한다. 그리고 끝까지 굳세게 밀고 나가라" [오라클 수학교습소 김 수T]

부족한 2% 채우려 애쓰지 말자. 랑데뷰와 함께라면 저절로 채워질 것이다. [김이김학원 이정배T]

진인사대천명(盡人事待天命) : 큰 일을 앞두고 사람이 할 수 있는 일을 다한 후에 하늘에 결과를 맡기고 기다린다. [수학만영어도학원 최수영T]

네가 원하는 꿈과 목표를 위해 최선을 다 해봐! 너를 응원하고 있는 사람이 꼭 있다는 걸 잊지 말고~
[매천필즈수학원 백상민T]

'새는 날아서 어디로 가게 될지 몰라도 나는 법을 배운다'는 말처럼 지금의 배움이 앞으로의 여러분들
날개를 펼치는 힘이 되길 바랍니다. [가나수학전문학원 이소영T]

이 책으로 공부하는 동안 여러분에게 뜻 깊은 시간이 되길 바랍니다. [최병길T]

노력에 한계를 두고서 재능에서 한계를 느꼈다고 말한다. 스스로 그은 한계선을 지워라.
[샤인수학학원 조남웅T]

많은 사람들은 재능의 부족보다 노력의 부족으로 실패한다. [최혜권T]

하기싫어도 하자. 감정은 사라지고 결과는 남는다. [오름수학 장선정T]

1퍼센트의 가능성,그것이 나의 길이다 -나폴레옹 [MQ멘토수학 최현정T]

너의 열정을 응원할게 [진성기숙학원 김종렬T]

랑데뷰와 함께. 2025 수능수학 100점 향해 갑시다. [오정화SNU수학전문 오정화T]

꿈을향한 도전! 마지막까지 최선을... [서영만학원 서영만T]

앞으로 펼쳐질 너의 찬란한 이십대를 기대하며 응원해. 이 시기를 잘 이겨내길 [굿티쳐강남학원 배용제T]

착실한 기본기 연습이 실전을 강하게 만든다. [장정보수학학원 함상훈T]

힘들고 지칠 때 '한 걸음만 더'라는 생각이 변화의 시작입니다. 노력하는 여러분들을 응원하겠습니다.
[휴민고등수학 김상호T]

괜찮아 잘 될 거야! 너에겐 눈부신 미래가 있어!! 그대는 슈퍼스타!!! [수지 수학대가 김영식T]

기출과 변형
미적분

목차

기출과 변형
미적분

1
수열의 극한

수열의 극한
Level 1

유형 1 | 수열의 극한에 대한 기본성질

출제유형 | 수열의 극한에 대한 기본 성질을 이용하여 극한값을 구하는 문제가 출제된다.

출제유형잡기 | 두 수열 $\{a_n\}$, $\{b_n\}$ 이 수렴하고

$$\lim_{n\to\infty} a_n = \alpha, \quad \lim_{n\to\infty} b_n = \beta \ (\alpha, \ \beta \ \text{는 실수}) \text{ 일 때}$$

(1) $\displaystyle\lim_{n\to\infty} k a_n = k \lim_{n\to\infty} a_n = k\alpha \ (\text{단, } k \text{ 는 상수})$

(2) $\displaystyle\lim_{n\to\infty} (a_n + b_n) = \lim_{n\to\infty} a_n + \lim_{n\to\infty} b_n = \alpha + \beta$

(3) $\displaystyle\lim_{n\to\infty} (a_n - b_n) = \lim_{n\to\infty} a_n - \lim_{n\to\infty} b_n = \alpha - \beta$

(4) $\displaystyle\lim_{n\to\infty} a_n b_n = \lim_{n\to\infty} a_n \times \lim_{n\to\infty} b_n = \alpha\beta$

(5) $\displaystyle\lim_{n\to\infty} \frac{a_n}{b_n} = \frac{\displaystyle\lim_{n\to\infty} a_n}{\displaystyle\lim_{n\to\infty} b_n} = \frac{\alpha}{\beta} \ (\text{단, } b_n \neq 0, \ \beta \neq 0)$

001
2023학년도 9월 모평

수열 $\{a_n\}$ 에 대하여 $\displaystyle\lim_{n\to\infty} \frac{a_n + 2}{2} = 6$ 일 때,

$\displaystyle\lim_{n\to\infty} \frac{na_n + 1}{a_n + 2n}$ 의 값은?

① 1 　　② 2 　　③ 3 　　④ 4 　　⑤ 5

002
2008학년도 6월 모평

수렴하는 수열 $\{a_n\}$ 에 대하여 $\displaystyle\lim_{n\to\infty} \frac{2a_n - 3}{a_n + 1} = \frac{3}{4}$ 일 때, $\displaystyle\lim_{n\to\infty} a_n$ 의 값은?

① 1 　　② 2 　　③ 3 　　④ 4 　　⑤ 5

003

모든 항이 양수인 세 수열 $\{a_n\}$, $\{b_n\}$, $\{c_n\}$이

$$(2n-1)^2 b_n = (n^2+1)c_n \ (n=1,2,3,\cdots),$$

$\displaystyle\lim_{n\to\infty}\dfrac{b_n}{a_n+c_n}=4$을 만족시킬 때, $\displaystyle\lim_{n\to\infty}\dfrac{a_n}{b_n}$의 값은?

① 4　　② $\dfrac{15}{4}$　　③ -1　　④ $-\dfrac{15}{4}$　　⑤ -4

004

모든 항이 양수인 수열 $\{a_n\}$에 대하여 $\displaystyle\lim_{n\to\infty}\dfrac{1}{a_n}=0$일

때, $\displaystyle\lim_{n\to\infty}\dfrac{2a_n+1}{3a_n-2}$의 값은?

① $-\dfrac{2}{3}$　　② $-\dfrac{1}{2}$　　③ 0　　④ $\dfrac{2}{3}$　　⑤ 1

 **유형 2** 수열의 극한

출제유형 | 일반항이 다양한 형태로 주어진 수열의 극한을 구하는 문제가 출제된다.

출제유형잡기 |

(1) 일반항이 n에 대한 분수식 꼴로 주어진 수열은 분모의 최고차항으로 분모와 분자를 각각 나누어서 극한값을 구한다.
(2) 일반항이 n에 대한 무리식 꼴로 주어진 수열은 무리식을 유리화한 후 극한값을 구한다.

---

005 2023학년도 6월 모평

$$\lim_{n \to \infty} \frac{1}{\sqrt{n^2+3n} - \sqrt{n^2+n}}$$ 의 값은?

① 1　　② $\dfrac{3}{2}$　　③ 2　　④ $\dfrac{5}{2}$　　⑤ 3

---

006 2007학년도 9월 모평

$$\lim_{n \to \infty} \frac{\sqrt{kn+1}}{n(\sqrt{n+1} - \sqrt{n-1})} = 5$$ 일 때, 상수 k의 값을 구하시오.

등차수열 $\{a_n\}$ 에서

$$a_1 = 4, \quad a_1 - a_2 + a_3 - a_4 + a_5 = 28$$

일 때, $\displaystyle\lim_{n \to \infty} \frac{a_n}{n}$ 의 값을 구하시오.

수열 $\{a_n\}$ 과 $\{b_n\}$ 이

$$\lim_{n \to \infty}(n+1)a_n = 2, \quad \lim_{n \to \infty}(n^2+1)b_n = 7$$

을 만족시킬 때, $\displaystyle\lim_{n \to \infty} \frac{(10n+1)b_n}{a_n}$ 의 값을 구하시오.

(단, $a_n \neq 0$)

두 상수 a, b 에 대하여 $\displaystyle\lim_{n \to \infty} \frac{an^2 + bn + 7}{3n+1} = 4$ 일 때,
$a + b$ 의 값을 구하시오.

양수 a 와 실수 b 에 대하여

$$\lim_{n \to \infty}\left(\sqrt{an^2 + 4n} - bn\right) = \frac{1}{5}$$

일 때, $a + b$ 의 값을 구하시오.

011

수열 $\{a_n\}$에서 $a_n = \log \dfrac{n+1}{n}$ 일 때,

$\displaystyle\lim_{n \to \infty} \dfrac{n}{10^{a_1 + a_2 + \cdots + a_n}}$ 의 값은?

① 1   ② 2   ③ 3   ④ 4   ⑤ 5

012

자연수 n에 대하여 $\sqrt{16n^2 + 4n + 1}$ 의 소수 부분을 a_n이라고 할 때, $\displaystyle\lim_{n \to \infty} a_n$의 값은?

① $\dfrac{1}{8}$ ② $\dfrac{1}{4}$ ③ $\dfrac{3}{8}$ ④ $\dfrac{1}{2}$ ⑤ $\dfrac{5}{8}$

013

첫째항이 2이고 공차가 3인 등차수열 $\{a_n\}$의 첫째항부터 제n항까지의 합을 S_n이라 하자.

$\displaystyle\lim_{n \to \infty} \left(2\sqrt{S_n} - \dfrac{\sqrt{6}}{3} a_n \right)$의 값은?

① $\dfrac{\sqrt{6}}{2}$ ② $\sqrt{6}$ ③ $\dfrac{3}{2}\sqrt{6}$

④ $2\sqrt{6}$ ⑤ $\dfrac{5}{2}\sqrt{6}$

014

자연수 n에 대하여 x에 대한 이차방정식 $x^2 - nx - n - 4 = 0$의 두 근의 차를 a_n이라 하자. 등식 $\displaystyle\lim_{n \to \infty} (a_n - pn) = q$를 만족시키는 두 상수 p, q에 대하여 $p + q$의 값을 구하시오.

유형 3 수열의 극한의 대소 관계

출제유형 | 수열의 극한의 대소 관계를 이용하여 수열의 극한값을 구하는 문제가 출제된다.

출제유형잡기 |

(1) 수열의 일반항 a_n이 존재하는 범위가 주어지거나 그 범위를 구할 수 있을 때는 수열의 극한의 대소 관계를 이용하여 극한값을 구한다.

(2) 세 수열 $\{a_n\}$, $\{b_n\}$, $\{c_n\}$이 모든 자연수 n에 대하여 $a_n \leq c_n \leq b_n$이고, $\displaystyle\lim_{n\to\infty} a_n = \lim_{n\to\infty} b_n = \alpha$이면 $\displaystyle\lim_{n\to\infty} c_n = \alpha$이다. (단, α는 실수)

015
2014학년도 6월 모평

수열 $\{a_n\}$이 모든 자연수 n에 대하여 부등식

$$3n^2 + 2n < a_n < 3n^2 + 3n$$

을 만족시킬 때, $\displaystyle\lim_{n\to\infty} \frac{5a_n}{n^2 + 2n}$의 값을 구하시오.

016
2020학년도 9월 모평

모든 항이 양수인 수열 $\{a_n\}$이 모든 자연수 n에 대하여 부등식

$$\sqrt{9n^2 + 4} < \sqrt{na_n} < 3n + 2$$

를 만족시킬 때, $\displaystyle\lim_{n\to\infty} \frac{a_n}{n}$의 값은?

① 6   ② 7   ③ 8   ④ 9   ⑤ 10

수열 $\{a_n\}$ 이 모든 자연수 n 에 대하여 $n < a_n < n+1$ 을 만족시킬 때,

$$\lim_{n \to \infty} \frac{n^2}{a_1 + a_2 + \cdots + a_n}$$ 의 값은?

① 1 ② 2 ③ 3 ④ 4 ⑤ 5

018

수열 $\{a_n\}$ 이 모든 자연수 n 에 대하여 부등식

$$\frac{15}{3n^2 + 2n} < a_n < \frac{15}{3n^2 + n}$$

을 만족시킬 때, $\lim_{n \to \infty} n^2 a_n$ 의 값은?

① 4 ② 5 ③ 6 ④ 7 ⑤ 8

유형 4 · 등비수열의 극한

출제유형 | 등비수열의 일반항을 포함하는 수열의 극한값을 구하는 문제가 출제된다.

출제유형잡기 | 등비수열 $\{r^n\}$의 수렴과 발산은 다음과 같다.

(1) $r > 1$일 때, $\displaystyle\lim_{n\to\infty} r^n = \infty$ (발산)

(2) $r = 1$일 때, $\displaystyle\lim_{n\to\infty} r^n = 1$ (수렴)

(3) $r < 1$일 때, $\displaystyle\lim_{n\to\infty} r^n = 0$ (수렴)

(4) $r \leq -1$일 때, 수열 $\{r^n\}$은 진동한다. (발산)

019
2023학년도 11월 수능

등비수열 $\{a_n\}$에 대하여 $\displaystyle\lim_{n\to\infty} \frac{a_n + 1}{3^n + 2^{2n-1}} = 3$일 때, a_2의 값은?

① 16　　② 18　　③ 20　　④ 22　　⑤ 24

020
2021학년도 6월 모평

함수

$$f(x) = \lim_{n\to\infty} \frac{2 \times \left(\dfrac{x}{4}\right)^{2n+1} - 1}{\left(\dfrac{x}{4}\right)^{2n} + 3}$$

에 대하여 $f(k) = -\dfrac{1}{3}$을 만족시키는 정수 k의 개수는?

① 5　　② 7　　③ 9　　④ 11　　⑤ 13

함수 $f(x) = \lim\limits_{n \to \infty} \dfrac{x^{2n+4} + 2x}{x^{2n} + 1}$ 일 때, $f\left(\dfrac{1}{2}\right) + f(2)$의 값을 구하시오.

수열 $\left\{ \left(\dfrac{2x-1}{4} \right)^n \right\}$ 이 수렴하기 위한 정수 x의 개수를 k라 할 때, $10k$의 값을 구하시오.

수열 $\{a_n\}$에 대하여 $\lim\limits_{n \to \infty} \dfrac{5^n a_n}{3^n + 1}$ 이 0이 아닌 상수일 때, $\lim\limits_{n \to \infty} \dfrac{a_n}{a_{n+1}}$의 값은?

① $\dfrac{2}{3}$　　② $\dfrac{4}{5}$　　③ $\dfrac{5}{3}$　　④ $\dfrac{9}{5}$　　⑤ $\dfrac{8}{3}$

첫째항이 3이고 공비가 3인 등비수열 $\{a_n\}$에 대하여 $\lim\limits_{n \to \infty} \dfrac{3^{n+1} - 7}{a_n}$의 값은?

① 1　　② 2　　③ 3　　④ 4　　⑤ 5

함수

$$f(x) = \begin{cases} x + a & (x \le 1) \\ \displaystyle\lim_{n \to \infty} \dfrac{2x^{n+1} + 3x^n}{x^n + 1} & (x > 1) \end{cases}$$

이 실수 전체의 집합에서 연속일 때, 상수 a의 값은?

① 2　　② 4　　③ 6　　④ 8　　⑤ 10

026

모든 자연수 n에 대하여 수열 $\{a_n\}$이 $a_n > 0$,

$\dfrac{a_{n+1}}{a_n} \le \dfrac{999}{1000}$ 을 만족할 때,

$\displaystyle\lim_{n \to \infty} \dfrac{999a_n + 10n + 9}{1000a_n + 9n + 10}$ 의 값은?

① $\dfrac{9}{10}$　② $\dfrac{99}{100}$　③ $\dfrac{999}{1000}$　④ 1　　⑤ $\dfrac{10}{9}$

027

다음과 같이 정의된 수열 $\{a_n\}$ 이 있다.

$a_1 = 1,\ \ a_2 = 2,\ \ a_{n+1} = 2a_{n-1}\ (n \ge 2)$

$\displaystyle\lim_{n \to \infty} \dfrac{1 + 2^{n+1}}{a_{2n-1}}$ 의 값을 구하시오.

028

자연수 n에 대하여 다항식 $f(x) = 2^n x^2 + 3^n x - 1$를 $x - 2$, $x - 3$으로 나누었을 때의 나머지를 각각 a_n, b_n이라 할 때, $\displaystyle\lim_{n \to \infty} \dfrac{a_n}{b_n}$의 값은?

① $\dfrac{1}{3}$　② $\dfrac{2}{3}$　③ 1　　④ $\dfrac{3}{4}$　　⑤ $\dfrac{5}{4}$

$0 < b < a$을 만족시키는 두 자연수 a, b에 대하여

$$\lim_{n \to \infty} \frac{a^{n+1} + 2b^{n+1}}{a^n b + ab^n} = \frac{3}{2}$$ 가 성립할 때, $\dfrac{a^2 + b^2}{ab}$의 값은?

① $\dfrac{3}{2}$ ② $\dfrac{5}{3}$ ③ $\dfrac{11}{6}$ ④ 2 ⑤ $\dfrac{13}{6}$

유형 5 수열의 극한의 활용

출제유형 | 주어진 방정식이나 함수의 그래프 및 도형에서 일반항을 찾아 극한값을 구하는 문제가 출제된다.

출제유형잡기 | 주어진 함수의 그래프의 성질, 도형의 성질을 이용하여 수열의 일반항을 찾을 수 있어야 한다.

030

2016학년도 9월 모평

자연수 n 에 대하여 x 에 대한 이차방정식

$$x^2 + 2nx - 4n = 0$$

의 양의 실근을 a_n 이라 하자. $\lim_{n \to \infty} a_n$ 의 값을 구하시오.

031

2016학년도 11월 수능

수열 $\{a_n\}$ 에 대하여 곡선 $y = x^2 - (n+1)x + a_n$ 은 x 축과 만나고, 곡선 $y = x^2 - nx + a_n$ 은 x 축과 만나지 않는다. $\lim_{n \to \infty} \dfrac{a_n}{n^2}$ 의 값은?

① $\dfrac{1}{20}$　② $\dfrac{1}{10}$　③ $\dfrac{3}{20}$　④ $\dfrac{1}{5}$　⑤ $\dfrac{1}{4}$

두 수열 $\{a_n\}$, $\{b_n\}$이 모든 자연수 n에 대하여 다음 조건을 만족시킬 때, $\lim\limits_{n\to\infty} b_n$의 값은?

$$(가)\ 20 - \frac{1}{n} < a_n + b_n < 20 + \frac{1}{n}$$

$$(나)\ 10 - \frac{1}{n} < a_n - b_n < 10 + \frac{1}{n}$$

① 3 ② 4 ③ 5 ④ 6 ⑤ 7

자연수 n에 대하여 다항식 $f(x) = 2^n x^2 + 3^n x + 1$을 $x-1$, $x-2$로 나눈 나머지를 각각 a_n, b_n이라 할 때, $\lim\limits_{n\to\infty} \dfrac{a_n}{b_n}$의 값은?

① 0 ② $\dfrac{1}{4}$ ③ $\dfrac{1}{3}$ ④ $\dfrac{1}{2}$ ⑤ 1

수열 a_n의 첫째항부터 제 n항까지의 합 S_n이 $S_n = 2n^2 - n$일 때, $\lim\limits_{n\to\infty} \dfrac{n\,a_n}{S_n}$의 값은?

① 1 ② 2 ③ 3 ④ 4 ⑤ 5

수열 $\{a_n\}$의 첫째항부터 제 n항까지의 합 S_n이 $S_n = 2n + \dfrac{1}{2^n}$일 때, $\lim\limits_{n\to\infty} a_n$의 값은?

① 2 ② 1 ③ $\dfrac{1}{2}$ ④ $\dfrac{1}{4}$ ⑤ 0

수열 a_n 은 첫째항이 1이고 공차가 6인 등차수열이다.

수열 b_n 의 일반항이 $b_n = \dfrac{a_n + a_{n+1}}{3}$ 일 때,

$\displaystyle \lim_{n \to \infty} \dfrac{b_n}{a_n}$ 의 값은?

① $\dfrac{1}{3}$ ② $\dfrac{2}{3}$ ③ 1 ④ 2 ⑤ 3

자연수 n 에 대하여 좌표평면 위의 점 $P_n(n,\ 2^n)$ 에서
x 축, y 축에 내린 수선의 발을 각각 Q_n, R_n 이라 하자.
원점 O와 점 $A(0,\ 1)$ 에 대하여 사각형 AOQ_nP_n 의
넓이를 S_n, 삼각형 AP_nR_n 의 넓이를 T_n 이라 할 때,

$\displaystyle \lim_{n \to \infty} \dfrac{T_n}{S_n}$ 의 값은?

① 1 ② $\dfrac{3}{4}$ ③ $\dfrac{1}{2}$ ④ $\dfrac{1}{4}$ ⑤ 0

자연수 n 에 대하여 두 점 P_{n-1}, P_n 이 함수 $y = x^2$ 의
그래프 위의 점일 때, 점 P_{n+1} 을 다음 규칙에 따라
정한다.

(가) 두 점 P_0, P_1 의 좌표는 각각 $(0,\ 0)$,
$(1,\ 1)$ 이다.

(나) 점 P_{n+1} 은 점 P_n 을 지나고 직선 $P_{n-1}P_n$ 에
수직인 직선과 함수 $y = x^2$ 의 그래프의
교점이다. (단, P_n 과 P_{n+1} 은 서로 다른
점이다.)

$l_n = \overline{P_{n-1}P_n}$ 이라 할 때, $\displaystyle \lim_{n \to \infty} \dfrac{l_n}{n}$ 의 값은?

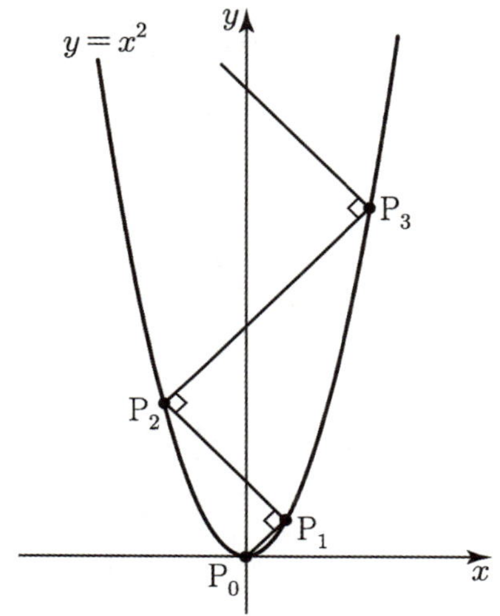

① $2\sqrt{3}$ ② $2\sqrt{2}$ ③ 2
④ $\sqrt{3}$ ⑤ $\sqrt{2}$

유형 6 급수의 계산

출제유형 | 급수와 급수의 성질을 이해하고 여러 가지 급수의 합을 구하는 문제가 출제된다.

출제유형잡기 |

(1) 급수 $\sum\limits_{n=1}^{\infty} a_n$ 에서 첫째항부터 제 n 항까지의 부분합을 S_n 이라 할 때, 수열 $\{S_n\}$ 의 극한값으로 급수 $\sum\limits_{n=1}^{\infty} a_n$ 의 합을 구한다.

(2) 두 급수 $\sum\limits_{n=1}^{\infty} a_n$, $\sum\limits_{n=1}^{\infty} b_n$ 이 모두 수렴할 때,

① $\sum\limits_{n=1}^{\infty} ka_n = k \sum\limits_{n=1}^{\infty} a_n$ (단, k 는 상수)

② $\sum\limits_{n=1}^{\infty} (a_n + b_n) = \sum\limits_{n=1}^{\infty} a_n + \sum\limits_{n=1}^{\infty} b_n$

③ $\sum\limits_{n=1}^{\infty} (a_n - b_n) = \sum\limits_{n=1}^{\infty} a_n - \sum\limits_{n=1}^{\infty} b_n$

---

039 2021학년도 9월 모평

$\sum\limits_{n=1}^{\infty} \dfrac{2}{n(n+2)}$ 의 값은?

① 1 ② $\dfrac{3}{2}$ ③ 2 ④ $\dfrac{5}{2}$ ⑤ 3

---

040 2015학년도 11월 수능

두 수열 $\{a_n\}$, $\{b_n\}$ 에 대하여

$$\sum_{n=1}^{\infty} a_n = 4, \quad \sum_{n=1}^{\infty} b_n = 10$$

일 때, $\sum\limits_{n=1}^{\infty} (a_n + 5b_n)$ 의 값을 구하시오.

등차수열 $\{a_n\}$ 에 대하여 $a_1 = 4$, $a_4 - a_2 = 4$ 일 때, $\displaystyle\sum_{n=1}^{\infty} \frac{2}{na_n}$ 의 값은?

① 1 ② $\dfrac{3}{2}$ ③ 2 ④ $\dfrac{5}{2}$ ⑤ 3

자연수 n 에 대하여 $3^n \cdot 5^{n+1}$ 의 모든 양의 약수의 개수를 a_n 이라 할 때, $\displaystyle\sum_{n=1}^{\infty} \frac{1}{a_n}$ 의 값은?

① $\dfrac{1}{2}$ ② $\dfrac{7}{12}$ ③ $\dfrac{2}{3}$ ④ $\dfrac{3}{4}$ ⑤ $\dfrac{5}{6}$

자연수 n 에 대하여 x 에 관한 이차방정식

$(4n^2 - 1)x^2 - 4nx + 1 = 0$의 두 근이

α_n, β_n $(\alpha_n > \beta_n)$일 때, $\displaystyle\sum_{n=1}^{\infty} (\alpha_n - \beta_n)$ 의 값은?

① 1 ② 2 ③ 3 ④ 4 ⑤ 5

좌표평면에서 직선 $x - 3y + 3 = 0$ 위에 있는 점 중에서 x 좌표와 y 좌표가 자연수인 모든 점의 좌표를 각각 (a_1, b_1), (a_2, b_2), $\cdots$, (a_n, b_n), $\cdots$ 이라 할 때, 급수 $\displaystyle\sum_{n=1}^{\infty} \frac{1}{a_n b_n}$ 의 값은?

(단, $a_1 < a_2 < \cdots < a_n < \cdots$ 이다.)

① 1 ② $\dfrac{1}{2}$ ③ $\dfrac{1}{3}$ ④ $\dfrac{1}{4}$ ⑤ $\dfrac{1}{5}$

수열 $\{a_n\}$이

$a_1 = 1,\ a_2 = 2,\ a_{n+2} = a_{n+1} + a_n\ (n = 1,\ 2,\ 3,\ \cdots)$

을 만족시킨다. 급수 $\displaystyle\sum_{n=1}^{\infty} \frac{a_n}{a_{n+1}a_{n+2}}$ 의 합은?

① $\dfrac{1}{2}$　② 1　③ $\dfrac{3}{2}$　④ 2　⑤ 3

$\displaystyle\lim_{n \to \infty} \frac{1}{n}\left(\sum_{k=1}^{n} \sin \frac{k}{2}\pi\right)$ 의 값은?

① 0　② $\dfrac{1}{2}$　③ $\dfrac{1}{\sqrt{2}}$　④ $\dfrac{\sqrt{3}}{2}$　⑤ 1

$\displaystyle\sum_{n=1}^{\infty} \frac{6}{(n+2)(n+3)}$ 의 값을 구하시오.

급수와 수열의 극한 사이의 관계

출제유형 | 급수와 수열의 극한 사이의 관계를 이용하여 급수가 수렴할 때 수열의 극한값을 구하는 문제가 출제된다.

출제유형잡기 |

(1) 급수 $\displaystyle\sum_{n=1}^{\infty} a_n$ 이 수렴하면 $\displaystyle\lim_{n\to\infty} a_n = 0$ 이다.

(2) $\displaystyle\lim_{n\to\infty} a_n \neq 0$ 이면 급수 $\displaystyle\sum_{n=1}^{\infty} a_n$ 은 발산한다.

(3) $\displaystyle\lim_{n\to\infty} a_n = 0$ 이면 급수 $\displaystyle\sum_{n=1}^{\infty} a_n$ 이 수렴하지 않는 경우가 있으므로 급수 $\displaystyle\sum_{n=1}^{\infty} a_n$ 을 계산하여 수렴, 발산을 조사하여야 한다.

---

048   2024학년도 9월 모평

공차가 양수인 등차수열 $\{a_n\}$ 과 등비수열 $\{b_n\}$ 에 대하여 $a_1 = b_1 = 1$, $a_2 b_2 = 1$ 이고

$$\sum_{n=1}^{\infty} \left(\frac{1}{a_n a_{n+1}} + b_n \right) = 2$$

일 때, $\displaystyle\sum_{n=1}^{\infty} b_n$ 의 값은?

① $\dfrac{7}{6}$ ② $\dfrac{6}{5}$ ③ $\dfrac{5}{4}$ ④ $\dfrac{4}{3}$ ⑤ $\dfrac{3}{2}$

---

049   2023학년도 6월 모평

첫째항이 4인 등차수열 $\{a_n\}$ 에 대하여 급수

$$\sum_{n=1}^{\infty} \left(\frac{a_n}{n} - \frac{3n+7}{n+2} \right)$$

이 실수 S에 수렴할 때, S의 값은?

① $\dfrac{1}{2}$ ② 1 ③ $\dfrac{3}{2}$ ④ 2 ⑤ $\dfrac{5}{2}$

수열 $\{a_n\}$에 대하여 $\displaystyle\sum_{n=1}^{\infty} \frac{a_n}{n} = 10$일 때,

$\displaystyle\lim_{n\to\infty} \frac{a_n + 2a_n^2 + 3n^2}{a_n^2 + n^2}$ 의 값은?

① 3 　　② $\dfrac{7}{2}$ 　　③ 4 　　④ $\dfrac{9}{2}$ 　　⑤ 5

수열 $\{a_n\}$에 대하여 급수 $\displaystyle\sum_{n=1}^{\infty} \left(a_n - \frac{5n}{n+1}\right)$이 수렴할 때, $\displaystyle\lim_{n\to\infty} a_n$ 의 값을 구하시오.

수열 $\{a_n\}$에 대하여 급수 $\displaystyle\sum_{n=1}^{\infty} \frac{a_n}{n}$이 수렴할 때,

$\displaystyle\lim_{n\to\infty} \frac{a_n + 9n}{n}$ 의 값을 구하시오.

모든 항이 양수인 수열 $\{a_n\}$에 대하여

$\displaystyle\sum_{n=1}^{\infty} \left(3^n a_n - 2\right)$가 수렴할 때, $\displaystyle\lim_{n\to\infty} \frac{6a_n + 5 \cdot 4^{-n}}{a_n + 3^{-n}}$의

값을 구하시오.

수열 $\{a_n\}$에 대하여 $\displaystyle\sum_{n=1}^{\infty}\frac{a_n}{4^n}=2$일 때,

$\displaystyle\lim_{n\to\infty}\frac{a_n+4^{n+1}-3^{n-1}}{4^{n-1}+3^{n+1}}$ 의 값을 구하시오.

수열 $\{a_n\}$이 $\displaystyle\sum_{n=1}^{\infty}(2a_n-3)=2$를 만족시킨다.

$\displaystyle\lim_{n\to\infty}a_n=r$일 때, $\displaystyle\lim_{n\to\infty}\frac{r^{n+2}-1}{r^n+1}$ 의 값은?

① $\dfrac{7}{4}$　　② 2　　③ $\dfrac{9}{4}$　　④ $\dfrac{5}{2}$　　⑤ $\dfrac{11}{4}$

두 수열 $\{a_n\}$, $\{b_n\}$에 대하여 급수 $\displaystyle\sum_{n=1}^{\infty}\left(a_n-\frac{3n}{n+1}\right)$과

$\displaystyle\sum_{n=1}^{\infty}(a_n+b_n)$이 모두 수렴할 때, $\displaystyle\lim_{n\to\infty}\frac{3-b_n}{a_n}$의 값은?
(단, $a_n\neq 0$)

① 1　　② 2　　③ 3　　④ 4　　⑤ 5

수열 $\{a_n\}$에 대하여

$$\sum_{n=1}^{\infty}\left\{\frac{a_n}{n(n+1)}-4\right\}$$

이 수렴할 때, $\displaystyle\lim_{n\to\infty}\frac{3n^2+a_n}{2n+3a_n}$ 의 값은?

① $\dfrac{1}{3}$　　② $\dfrac{1}{2}$　　③ $\dfrac{7}{12}$　　④ $\dfrac{3}{4}$　　⑤ 1

058

두 수열 $\{a_n\}$, $\{b_n\}$ 에 대하여 급수

$$\sum_{n=1}^{\infty}\left(a_n - \frac{5n}{2n+1}\right) \text{과} \sum_{n=1}^{\infty}(a_n + 2b_n) \text{ 이 모두 수렴할}$$

때, $\displaystyle\lim_{n\to\infty}\frac{1-b_n}{a_n}$ 의 값은?

① $\dfrac{9}{5}$ ② $\dfrac{5}{9}$ ③ $\dfrac{9}{10}$ ④ $-\dfrac{1}{2}$ ⑤ $\dfrac{11}{10}$

059

수열 $\{a_n\}$ 의 첫째항부터 제 n 항까지의 합을 S_n 이라 하자. $\displaystyle\lim_{n\to\infty} S_n = 2$ 일 때, $\displaystyle\lim_{n\to\infty}(a_n - 3S_n)^2$ 의 값을 구하시오.

060

첫째항이 3인 등차수열 $\{a_n\}$ 의 제1항부터 제 n항까지의 합을 S_n 이라 할 때, 급수

$$\sum_{n=1}^{\infty}\left(\frac{S_n}{n^2} - \frac{2n^2 + 9n + 10}{n^2 + 4n + 4}\right)$$

이 실수 S에 수렴할 때, S의 값은?

① $\dfrac{1}{2}$ ② 1 ③ $\dfrac{3}{2}$ ④ 2 ⑤ $\dfrac{5}{2}$

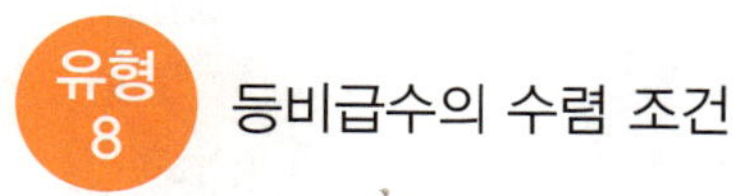

유형 8 등비급수의 수렴 조건

출제유형 | 등비급수 $\displaystyle\sum_{n=1}^{\infty} ar^{n-1}$이 수렴할 조건을 찾는 문제가 출제된다.

출제유형잡기 | 등비급수 $\displaystyle\sum_{n=1}^{\infty} ar^{n-1}$이 수렴할 조건

$$a = 0 \text{ 또는 } -1 < r < 1$$

---

061 1994학년도 11월 수능

등비급수 $\displaystyle\sum_{n=1}^{\infty} r^{n}$이 수렴할 때, 다음 중 반드시 수렴한다고 할 수 없는 것은?

① $\displaystyle\sum_{n=1}^{\infty} (r^{n} + r^{2n})$ ② $\displaystyle\sum_{n=1}^{\infty} (r^{n} - 2r^{2n})$

③ $\displaystyle\sum_{n=1}^{\infty} \dfrac{r^{n} + (-r)^{n}}{2}$ ④ $\displaystyle\sum_{n=1}^{\infty} \left(\dfrac{r-1}{2}\right)^{n}$

⑤ $\displaystyle\sum_{n=1}^{\infty} \left(\dfrac{r}{2} - 1\right)^{n}$

---

062 2017학년도 9월 모평

수열 $\{a_n\}$은 첫째항 1, 공비 $\dfrac{1}{3}$인 등비수열이고, 수열 $\{b_n\}$은 첫째항 1, 공비 $\dfrac{1}{2}$인 등비수열이다. 수렴하지 않는 급수는?

① $\displaystyle\sum_{n=1}^{\infty} 2a_n$ ② $\displaystyle\sum_{n=1}^{\infty} (a_n - b_n)$

③ $\displaystyle\sum_{n=1}^{\infty} (-1)^{n} b_n$ ④ $\displaystyle\sum_{n=1}^{\infty} a_n b_n$

⑤ $\displaystyle\sum_{n=1}^{\infty} \dfrac{b_n}{a_n}$

급수 $\sum_{n=1}^{\infty} \left(\dfrac{x}{5} \right)^n$ 이 수렴하도록 하는 모든 정수 x 의 개수는?

① 1　　　② 3　　　③ 5　　　④ 7　　　⑤ 9

무한등비수열 $\{a_n\}$에 대하여 옳은 것을 보기에서 모두 고른 것은?

| 보기 |

ㄱ. 등비급수 $\sum_{n=1}^{\infty} a_n$이 수렴하면 $\sum_{n=1}^{\infty} a_{2n}$도 수렴한다.

ㄴ. 등비급수 $\sum_{n=1}^{\infty} a_n$이 발산하면 $\sum_{n=1}^{\infty} a_{2n}$도 발산한다.

ㄷ. 등비급수 $\sum_{n=1}^{\infty} a_n$이 수렴하면 $\sum_{n=1}^{\infty} \left(a_n + \dfrac{1}{2} \right)$도 수렴한다.

① ㄱ　　　② ㄴ　　　③ ㄱ, ㄴ
④ ㄱ, ㄷ　　　⑤ ㄴ, ㄷ

등비급수 $\sum_{n=1}^{\infty} \left(\dfrac{3x-2}{5} \right)^n$ 이 수렴하도록 하는 정수 x 의 개수는?

① 2　　　② 3　　　③ 6　　　④ 7　　　⑤ 10

출제유형 | 등비수열의 첫째항과 공비를 구하고 이를 이용하여 등비급수의 합을 구하는 문제가 출제된다.

출제유형잡기 | 등비급수 $\displaystyle\sum_{n=1}^{\infty} ar^{n-1}\ (a \neq 0)$은

$|r| < 1$일 때, 수렴하고 그 합은 $\dfrac{a}{1-r}$이다.

---

066 2022학년도 11월 수능

등비수열 $\{a_n\}$에 대하여

$$\sum_{n=1}^{\infty}(a_{2n-1} - a_{2n}) = 3, \quad \sum_{n=1}^{\infty} a_n^2 = 6$$

일 때, $\displaystyle\sum_{n=1}^{\infty} a_n$의 값은?

① 1　　② 2　　③ 3　　④ 4　　⑤ 5

---

067 2021학년도 9월 모평

등비수열 $\{a_n\}$에 대하여 $\displaystyle\lim_{n \to \infty} \frac{3^n}{a_n + 2^n} = 6$일 때,

$\displaystyle\sum_{n=1}^{\infty} \frac{1}{a_n}$의 값은?

① 1　　② 2　　③ 3　　④ 4　　⑤ 5

급수 $\displaystyle\sum_{n=1}^{\infty}\left\{\dfrac{1+(-1)^n}{3}\right\}^n$ 의 합을 S 라고 할 때, $20S$ 의 값을 구하시오.

수열 $\{a_n\}$ 의 첫째항부터 제n 항까지의 합 S_n 이 $S_n=2^n+3^n$ 일 때, $\displaystyle\lim_{n\to\infty}\dfrac{a_n}{S_n}$ 의 값은?

① $\dfrac{1}{6}$ ② $\dfrac{1}{3}$ ③ $\dfrac{1}{2}$ ④ $\dfrac{2}{3}$ ⑤ $\dfrac{5}{6}$

첫째항이 12, 공비가 $\dfrac{1}{3}$ 인 등비수열 $\{a_n\}$ 에 대하여 $\displaystyle\sum_{n=1}^{\infty} a_n$ 의 값을 구하시오.

공비가 $\dfrac{1}{5}$ 인 등비수열 $\{a_n\}$ 에 대하여 $\displaystyle\sum_{n=1}^{\infty} a_n=15$ 일 때, 첫째항 a_1 의 값을 구하시오.

공비가 같은 두 무한등비수열 $\{a_n\}$, $\{b_n\}$에 대하여 $a_1 - b_1 = 1$이고 $\displaystyle\sum_{n=1}^{\infty} a_n = 8$, $\displaystyle\sum_{n=1}^{\infty} b_n = 6$일 때, $\displaystyle\sum_{n=1}^{\infty} a_n b_n$의 값을 구하시오.

등비수열 $\{a_n\}$이 $a_5 = 2^8$, $a_8 = 2^5$을 만족시킬 때, $\displaystyle\sum_{n=9}^{\infty} a_n$의 값을 구하시오.

공비가 양수인 등비수열 $\{a_n\}$이

$$a_1 + a_2 = 20 , \qquad \sum_{n=3}^{\infty} a_n = \frac{4}{3}$$

를 만족시킬 때, a_1의 값을 구하시오.

등비수열 $\{a_n\}$에 대하여 $a_1 = 3$, $a_2 = 1$일 때, $\displaystyle\sum_{n=1}^{\infty} (a_n)^2$의 값은?

① $\dfrac{81}{8}$ ② $\dfrac{83}{8}$ ③ $\dfrac{85}{8}$ ④ $\dfrac{87}{8}$ ⑤ $\dfrac{89}{8}$

공비가 3인 등비수열 $\{a_n\}$의 첫째항부터 제n항까지의 합 S_n이

$$\lim_{n \to \infty} \frac{S_n}{3^n} = 5$$

를 만족시킬 때, 첫째항 a_1의 값은?

① 8　　　② 10　　　③ 12　　　④ 14　　　⑤ 16

첫째항이 1이고 공비가 $r\,(r>1)$인 등비수열 $\{a_n\}$에 대하여 $S_n = \sum_{k=1}^{n} a_k$일 때, $\lim_{n \to \infty} \dfrac{a_n}{S_n} = \dfrac{3}{4}$이다. r의 값을 구하시오.

$a_n = \sum_{k=1}^{n} k$ 인 수열 $\{a_n\}$에 대하여 수열 $\{b_n\}$은 $b_n = a_1 \times a_2 \times \cdots \times a_n$이다.

$\displaystyle\sum_{n=1}^{\infty} \frac{b_n}{n! \times (n+1)!}$ 의 값은?

① $\dfrac{1}{2}$　　　② 1　　　③ 2　　　④ 4　　　⑤ 8

두 자연수 a, b에 대하여

$$\lim_{n \to \infty} \left(\sqrt{an+1} - \sqrt{bn-1} \right) = 0, \quad \sum_{n=1}^{\infty} \left(\frac{1}{a+b} \right)^n = \frac{1}{3}$$

이 성립할 때, ab의 값을 구하시오.

자연수 n 에 대하여 그림과 같이 두 지수함수

$y = \left(\dfrac{1}{3}\right)^x$, $y = \left(\dfrac{1}{2}\right)^x$ 의 그래프와 직선 $x = n$ 의 교점을

각각 A_n, B_n 이라 하자. 점 $\mathrm{C}(0,\ 1)$ 에 대하여 삼각형

$\mathrm{CA}_n\mathrm{B}_n$ 의 넓이를 $S(n)$ 이라 할 때,

$\displaystyle\sum_{n=1}^{\infty} \dfrac{S(n)}{n}$ 의 값은?

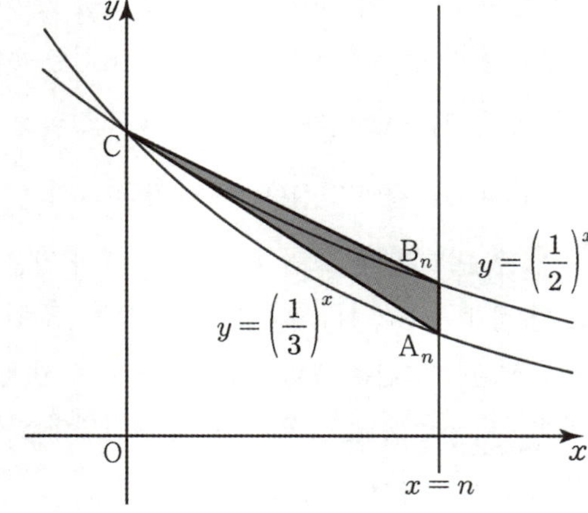

① $\dfrac{1}{5}$ ② $\dfrac{1}{4}$ ③ $\dfrac{1}{3}$ ④ $\dfrac{1}{2}$ ⑤ 1

유형 10 등비급수의 활용

출제유형 | 일정한 규칙과 비율에 의하여 무한히 그려지는 도형에서 길이 또는 넓이의 합을 등비급수를 이용하여 구하는 문제가 출제된다.

출제유형잡기 | 일정한 규칙과 비율에 의하여 무한히 그려지는 도형에서 주어진 도형이 갖고 있는 성질을 이용하여 a_1을 구하고 a_n과 a_{n+1}사이에 성립하는 관계식으로부터 등비수열의 공비를 구하여 등비급수의 합을 구한다.

081
2023학년도 11월 수능

그림과 같이 중심이 O, 반지름의 길이가 1이고 중심각의 크기가 $\dfrac{\pi}{2}$인 부채꼴 OA_1B_1이 있다. 호 A_1B_1 위에 점 P_1, 선분 OA_1 위에 점 C_1, 선분 OB_1 위에 점 D_1을 사각형 $OC_1P_1D_1$이 $\overline{OC_1} : \overline{OD_1} = 3 : 4$인 직사각형이 되도록 잡는다. 부채꼴 OA_1B_1의 내부에 점 Q_1을 $\overline{P_1Q_1} = \overline{A_1Q_1}$, $\angle P_1Q_1A_1 = \dfrac{\pi}{2}$가 되도록 잡고, 이등변삼각형 $P_1Q_1A_1$에 색칠하여 얻은 그림을 R_1이라 하자. 그림 R_1에서 선분 OA_1 위의 점 A_2와 선분 OB_1 위의 점 B_2를 $\overline{OQ_1} = \overline{OA_2} = \overline{OB_2}$가 되도록 잡고, 중심이 O, 반지름의 길이가 $\overline{OQ_1}$, 중심각의 크기가 $\dfrac{\pi}{2}$인 부채꼴 OA_2B_2를 그린다. 그림 R_1을 얻은 것과 같은 방법으로 네 점 P_2, C_2, D_2, Q_2를 잡고, 이등변삼각형 $P_2Q_2A_2$에 색칠하여 얻은 그림을 R_2라 하자. 이와 같은 과정을 계속하여 n번째 얻은 그림 R_n에 색칠되어 있는 부분의 넓이를 S_n이라 할 때, $\displaystyle\lim_{n\to\infty} S_n$의 값은?

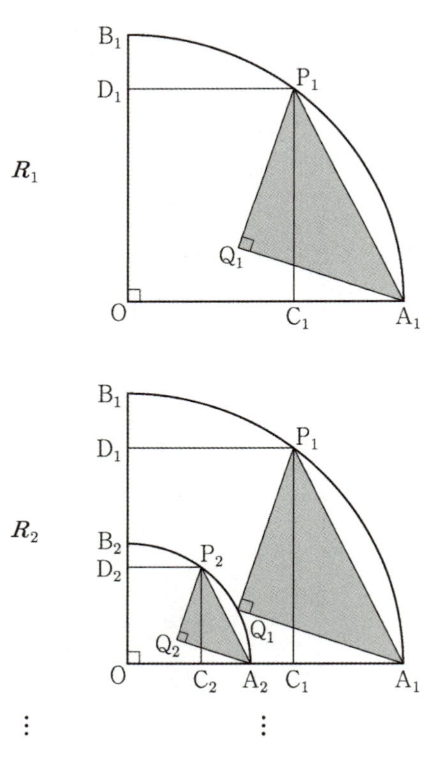

① $\dfrac{9}{40}$　② $\dfrac{1}{4}$　③ $\dfrac{11}{40}$　④ $\dfrac{3}{10}$　⑤ $\dfrac{13}{40}$

한 변의 길이가 3인 정삼각형 AB_1C_1이 있다. 그림과 같이 선분 AB_1과 선분 AC_1을 $2:1$로 내분하는 점을 각각 B_2, C_2라 하고, 삼각형 $B_1B_2C_2$의 넓이를 S_1이라 하자. 삼각형 AB_2C_2에서 선분 AB_2와 선분 AC_2를 $2:1$로 내분하는 점을 각각 B_3, C_3이라 하고, 삼각형 $B_2B_3C_3$의 넓이를 S_2라 하자. 삼각형 AB_3C_3에서 선분 AB_3와 선분 AC_3를 $2:1$로 내분하는 점을 각각 B_4, C_4이라 하고, 삼각형 $B_3B_4C_4$의 넓이를 S_3라 하자. 이와 같은 과정을 계속하여 n번째 얻은 삼각형 $B_nB_{n+1}C_{n+1}$의 넓이를 S_n이라 할 때, $\displaystyle\sum_{n=1}^{\infty} S_n$의 값은?

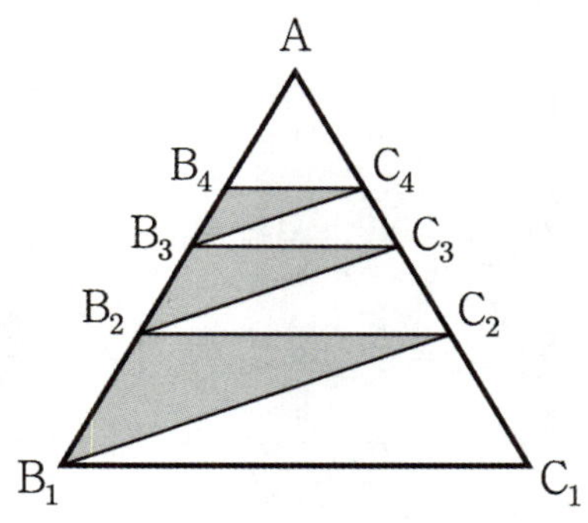

① $\dfrac{3\sqrt{3}}{5}$ ② $\dfrac{7\sqrt{3}}{10}$ ③ $\dfrac{4\sqrt{3}}{5}$

④ $\dfrac{9\sqrt{3}}{10}$ ⑤ $\sqrt{3}$

083

2024학년도 6월 모평 30

수열 $\{a_n\}$은 등비수열이고, 수열 $\{b_n\}$을 모든 자연수 n에 대하여

$$b_n = \begin{cases} -1 & (a_n \leq -1) \\ a_n & (a_n > -1) \end{cases}$$

이라 할 때, 수열 $\{b_n\}$은 다음 조건을 만족시킨다.

(가) 급수 $\displaystyle\sum_{n=1}^{\infty} b_{2n-1}$은 수렴하고 그 합은 -3이다.

(나) 급수 $\displaystyle\sum_{n=1}^{\infty} b_{2n}$은 수렴하고 그 합은 8이다.

$b_3 = -1$일 때, $\displaystyle\sum_{n=1}^{\infty} |a_n|$의 값을 구하시오. [4점]

084

2024학년도 6월 모평 30–변형

수열 $\{a_n\}$은 등비수열이고, 수열 $\{b_n\}$을 모든 자연수 n에 대하여

$$b_n = \begin{cases} -\alpha & (a_n \leq -2) \\ a_n & (-2 < a_n < 2) \\ \alpha & (a_n \geq 2) \end{cases}$$

이라 할 때, 수열 $\{b_n\}$은 다음 조건을 만족시킨다.

(가) 급수 $\displaystyle\sum_{n=1}^{\infty} b_{3n-2}$은 수렴하고, 그 합은 $-\dfrac{2}{9}$이다.

(나) 급수 $\displaystyle\sum_{n=1}^{\infty} b_{3n-1}$은 수렴하고, 그 합은 $\dfrac{10}{9}$이다.

(다) 급수 $\displaystyle\sum_{n=1}^{\infty} b_{3n}$은 수렴하고, 그 합은 $-\dfrac{14}{9}$이다.

$b_4 = 2$일 때, $\displaystyle\sum_{n=1}^{\infty} |a_n|$의 값을 구하시오. (단, α는 양의 상수이다.) [4점]

두 실수 a, b $(a > 1,\ b > 1)$이

$$\lim_{n \to \infty} \frac{3^n + a^{n+1}}{3^{n+1} + a^n} = a, \quad \lim_{n \to \infty} \frac{a^n + b^{n+1}}{a^{n+1} + b^n} = \frac{9}{a}$$

를 만족시킬 때, $a + b$의 값을 구하시오. [4점]

최고차항의 계수가 $\dfrac{3}{2}$인 삼차함수 $f(x)$에 대하여 함수 $g(x)$를

$$g(x) = \lim_{n \to \infty} \frac{\{f(x)\}^{2n} + 9^n}{\{f(x)\}^{2n} + 3^{2n+1}}$$

이라 하자. 함수 $g(x)$가 $x = 0$, $x = \alpha$, $x = \beta$, $x = \gamma$ $(0 < \alpha < \beta < \gamma)$에서만 불연속이고 $f(0) = f(\beta)$일 때, $12 \times \dfrac{g(\alpha + \beta)}{g(\beta + \gamma)}$의 값을 구하시오. [4점]

첫째항과 공비가 각각 0이 아닌 두 등비수열 $\{a_n\}$, $\{b_n\}$에 대하여 급수 $\displaystyle\sum_{n=1}^{\infty} a_n$, $\displaystyle\sum_{n=1}^{\infty} b_n$이 각각 수렴하고

$$\sum_{n=1}^{\infty} a_n b_n = \left(\sum_{n=1}^{\infty} a_n\right) \times \left(\sum_{n=1}^{\infty} b_n\right),$$

$$3 \times \sum_{n=1}^{\infty} |a_{2n}| = 7 \times \sum_{n=1}^{\infty} |a_{3n}|$$

이 성립한다. $\displaystyle\sum_{n=1}^{\infty} \frac{b_{2n-1}+b_{3n+1}}{b_n} = S$일 때, $120S$의 값을 구하시오. [4점]

첫째항과 공비가 각각 0이 아닌 두 등비수열 $\{a_n\}$, $\{b_n\}$에 대하여 급수 $\displaystyle\sum_{n=1}^{\infty} a_n$, $\displaystyle\sum_{n=1}^{\infty} b_n$이 각각 수렴하고

$$\sum_{n=1}^{\infty} a_n b_n = \left(\sum_{n=1}^{\infty} a_n\right) \times \left(\sum_{n=1}^{\infty} b_n\right),$$

$$\sum_{n=1}^{\infty} |a_n| = 2 \times \sum_{n=1}^{\infty} |a_{2n}|$$

이 성립한다. $\displaystyle\lim_{n\to\infty} \sum_{k=1}^{n} \frac{1}{n^2}\left(\ln b_{2k+1} - \ln b_{3k+1}\right) = S$일 때, e^{9S}의 값을 구하시오. [4점]

자연수 n에 대하여 직선 $x=4^n$이 곡선 $y=\sqrt{x}$와 만나는 점을 P_n이라 하자. 선분 $\mathrm{P}_n\mathrm{P}_{n+1}$의 길이를 L_n이라 할 때, $\displaystyle\lim_{n\to\infty}\left(\dfrac{L_{n+1}}{L_n}\right)^2$의 값을 구하시오. [4점]

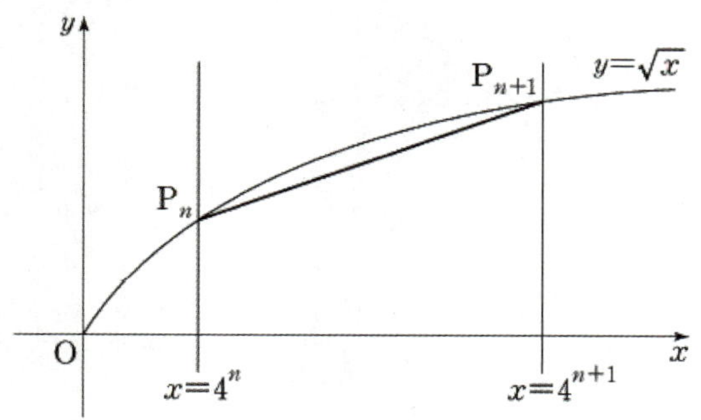

다음 그림과 같이 두 곡선 $y=2^x$와 $y=2^x+4$가 직선 $x=n$과 만나는 점을 각각 P_n, Q_n이라 하자.

$\angle \mathrm{P}_n\mathrm{Q}_n\mathrm{P}_{n+1}=\theta_n$이라 할 때, $\displaystyle\lim_{n\to\infty} 4^n\sin^2\theta_n$의 값은? (단, n은 자연수이다.) [4점]

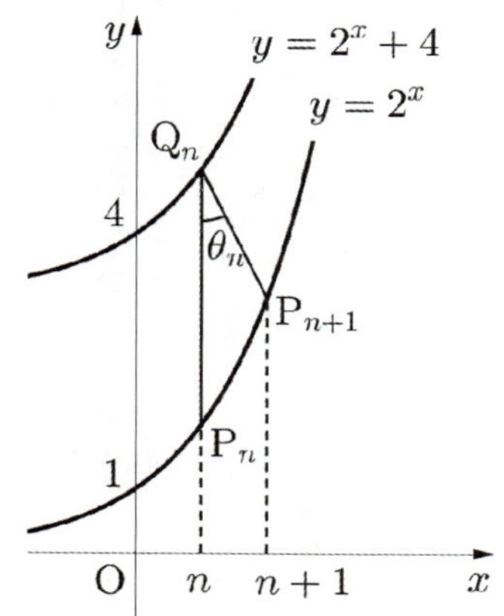

① $\dfrac{1}{2}$ ② $\dfrac{2}{3}$ ③ $\dfrac{3}{4}$ ④ 1 ⑤ $\dfrac{5}{4}$

091

2021학년도 6월 모평 20번

그림과 같이 $\overline{AB_1}=3$, $\overline{AC_1}=2$ 이고 $\angle B_1AC_1=\dfrac{\pi}{3}$ 인 삼각형 AB_1C_1 이 있다. $\angle B_1AC_1$ 의 이등분선이 선분 B_1C_1 과 만나는 점을 D_1, 세 점 A, D_1, C_1 을 지나는 원이 선분 AB_1 과 만나는 점 중 A 가 아닌 점을 B_2 라 할 때, 두 선분 B_1B_2, B_1D_1 과 호 B_2D_1 로 둘러싸인 부분과 선분 C_1D_1 과 호 C_1D_1로 둘러싸인 부분인 모양의 도형에 색칠하여 얻은 그림을 R_1 이라 하자.

그림 R_1 에서 점 B_2 를 지나고 직선 B_1C_1 에 평행한 직선이 두 선분 AD_1, AC_1 과 만나는 점을 각각 D_2, C_2 라 하자.

세 점 A, D_2, C_2 를 지나는 원이 선분 AB_2 와 만나는 점 중 A 가 아닌 점을 B_3 이라 할 때, 두 선분 B_2B_3, B_2D_2 와 호 B_3D_2 로 둘러싸인 부분과 선분 C_2D_2 와 호 C_2D_2 로 둘러싸인 부분인 모양의 도형에 색칠하여 얻은 그림을 R_2 라 하자.

이와 같은 과정을 계속하여 n 번째 얻은 그림 R_n 에 색칠되어 있는 부분의 넓이를 S_n 이라 할 때, $\displaystyle\lim_{n\to\infty} S_n$ 의 값은? [4점]

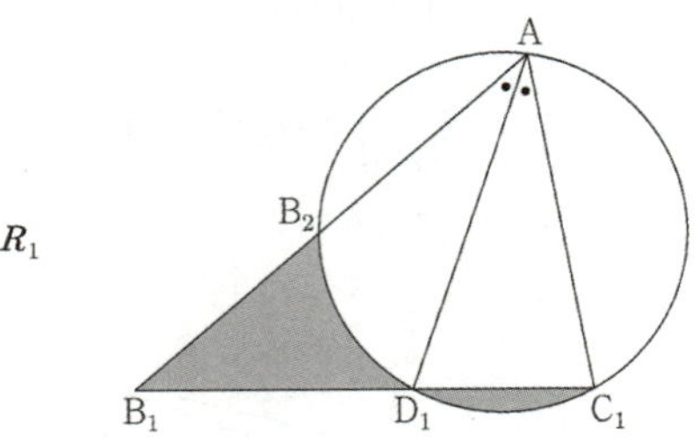

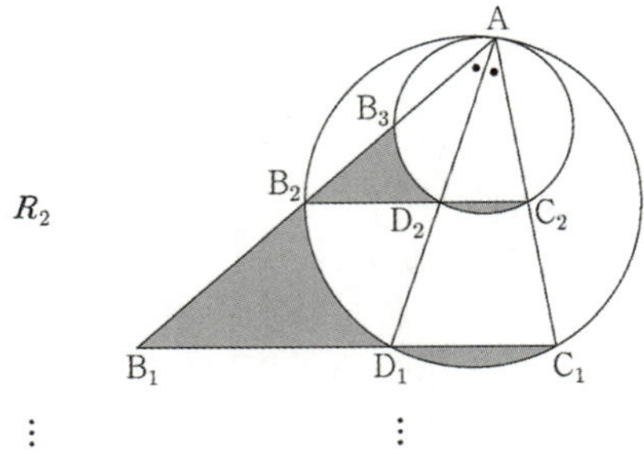

① $\dfrac{27\sqrt{3}}{46}$ ② $\dfrac{15\sqrt{3}}{23}$ ③ $\dfrac{33\sqrt{3}}{46}$

④ $\dfrac{18\sqrt{3}}{23}$ ⑤ $\dfrac{39\sqrt{3}}{46}$

다음 그림과 같이 $\overline{A_1B_1}=3$, $\overline{A_1C_1}=2$이고

$\angle B_1A_1C_1=\dfrac{\pi}{3}$인 삼각형 $A_1B_1C_1$이 있다. 점 A_1을

지나고 직선 B_1C_1위의 점 C_1에 접하는 원이 직선 A_1B_1과 만나는 점을 B_2라 하자. 직선 B_1C_1위에

$\angle C_1A_1D_1=\dfrac{\pi}{3}$가 되도록 하는 점을 D_1이라 하고 선분

A_1D_1이 원과 만나는 점을 E_1이라 하자. 선분 B_2C_1과 호 B_2C_1로 둘러싸인 부분과 호 C_1E_1, 선분 C_1D_1, 선분 D_1E_1으로 둘러싸인 부분인 도형에 색칠하여 얻은 그림을 R_1이라 하자. 그림 R_1에서 두 점 B_2, E_1을 지나는 직선이 점 C_1과 원의 중심을 지나는 직선과 만나는 점을 C_2라 하고 점 C_2를 지나고 선분 A_1C_1에 평행한 직선이 직선 A_1B_1과 만나는 점을 A_2라 하자. 점 A_2를 지나고 직선 B_2C_2위의 점 C_2에 접하는 두 번째 원을 그리고 직선 A_2B_1과 두 번째 원이 만나는 점을 B_3,

$\angle C_2A_2D_2=\dfrac{\pi}{3}$가 되도록 하는 점을 D_2라 하고 선분

A_2D_2가 두 번째 원과 만나는 점을 E_2라 하자. 선분 B_3C_2과 호 B_3C_2로 둘러싸인 부분과 호 C_2E_2, 선분 C_2D_2, 선분 D_2E_2으로 둘러싸인 부분인 도형에 색칠하여 얻은 그림을 R_2라 하자. 이와 같은 과정을 계속하여 n번째 얻은 그림 R_n에 색칠되어 있는 부분의 넓이를 S_n이라 할 때, $\displaystyle\lim_{n\to\infty}S_n$의 값은? [4점]

① $\dfrac{341}{45\sqrt{3}}$ ② $\dfrac{343}{45\sqrt{3}}$ ③ $\dfrac{23}{3\sqrt{3}}$

④ $\dfrac{63}{8\sqrt{3}}$ ⑤ $\dfrac{83}{11\sqrt{3}}$

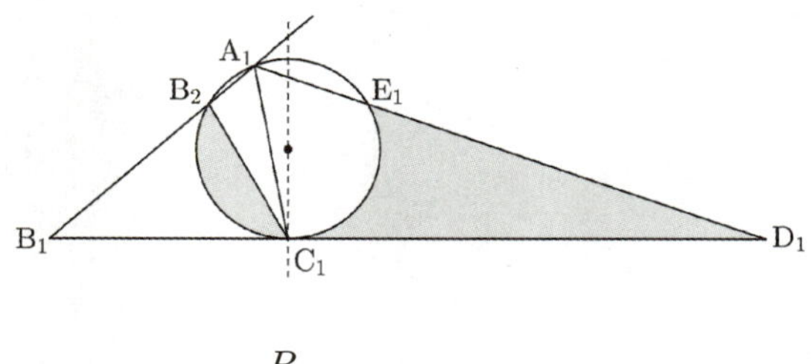

R_1

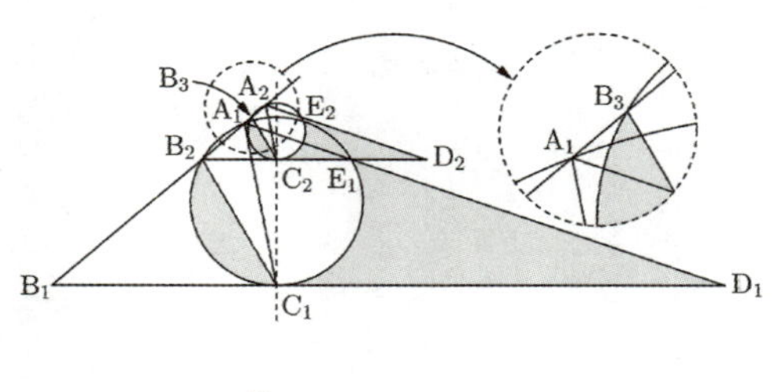

R_2

기출과 변형
미적분

2

미분법

미분법

Level 1

유형 1 지수함수와 로그함수의 극한

출제유형 | 무리수 e의 정의를 이용하여 함수의 극한값을 구하는 문제가 출제된다.

출제유형잡기 | 무리수 e의 정의를 이용하여 극한값을 구한다.

(1) $\lim\limits_{x \to 0}(1+x)^{\frac{1}{x}} = e$, $\lim\limits_{x \to \infty}\left(1+\dfrac{1}{x}\right)^{x} = e$

(2) $\lim\limits_{x \to 0}\dfrac{\ln(1+x)}{x} = 1$, $\lim\limits_{x \to 0}\dfrac{\log_a(1+x)}{x} = \dfrac{1}{\ln a}$

$\quad$ (단, $a > 0$, $a \neq 1$)

(3) $\lim\limits_{x \to 0}\dfrac{e^x - 1}{x} = 1$, $\lim\limits_{x \to 0}\dfrac{a^x - 1}{x} = \ln a$

$\quad$ (단, $a > 0$, $a \neq 1$)

093
2024학년도 6월 모평

$\lim\limits_{x \to 0}\dfrac{2^{ax+b} - 8}{2^{bx} - 1} = 16$일 때, $a+b$의 값은? (단, a와 b는 0이 아닌 상수이다.)

① 9 ② 10 ③ 11 ④ 12 ⑤ 13

094
2006학년도 6월 모평

연속함수 $f(x)$가 $\lim\limits_{x \to 0}\dfrac{f(x)}{\ln(1-x)} = 4$를 만족할 때,

$\lim\limits_{x \to 0}\dfrac{f(x)}{x}$의 값은?

① -4 ② -1 ③ 1 ④ 2 ⑤ 4

095

양수 a 가 $\lim_{x \to 0} \dfrac{(a+12)^x - a^x}{x} = \ln 3$ 을 만족시킬 때, a 의 값은?

① 2   ② 3   ③ 4   ④ 5   ⑤ 6

096

함수 $f(x) = \left(\dfrac{x}{x-1}\right)^x \ (x > 1)$ 에 대하여 〈보기〉에서 옳은 것을 모두 고른 것은?

| 보기 |

ㄱ. $\lim_{x \to \infty} f(x) = e$

ㄴ. $\lim_{x \to \infty} f(x)f(x+1) = e^2$

ㄷ. $k \geq 2$일 때, $\lim_{x \to \infty} f(kx) = e^k$ 이다.

---

① ㄱ   ② ㄷ   ③ ㄱ, ㄴ
④ ㄴ, ㄷ   ⑤ ㄱ, ㄴ, ㄷ

097

세 양수 a, b, c에 대하여

$$\lim_{x \to \infty} x^a \ln\left(b + \dfrac{c}{x^2}\right) = 2$$

일 때, $a + b + c$의 값은?

① 5   ② 6   ③ 7   ④ 8   ⑤ 9

098

$\lim_{x \to 0} (1 + 3x)^{\frac{1}{6x}}$ 의 값은?

① $\dfrac{1}{e^2}$ ② $\dfrac{1}{e}$ ③ $\sqrt{e}$ ④ e ⑤ e^2

함수 $f(x)$ 가 $x > -1$ 인 모든 실수 x 에 대하여 부등식

$$\ln(1+x) \le f(x) \le \frac{1}{2}\left(e^{2x}-1\right)$$

을 만족시킬 때, $\displaystyle\lim_{x\to 0}\frac{f(3x)}{x}$ 의 값은?

① 1 ② e ③ 3 ④ 4 ⑤ $2e$

함수 $f(x)$가

$$f(x)=\begin{cases} \dfrac{e^{3x}-1}{x(e^x+1)} & (x \neq 0) \\ a & (x=0) \end{cases}$$

이다. $f(x)$가 $x=0$에서 연속일 때, 상수 a의 값은?

① 1 ② $\dfrac{3}{2}$ ③ 2 ④ $\dfrac{5}{2}$ ⑤ 3

이차항의 계수가 1인 이차함수 $f(x)$와 함수

$$g(x)=\begin{cases} \dfrac{1}{\ln(x+1)} & (x \neq 0) \\ 8 & (x=0) \end{cases}$$

에 대하여 함수 $f(x)g(x)$가 구간 $(-1, \infty)$에서 연속일 때, $f(3)$의 값은?

① 6 ② 9 ③ 12 ④ 15 ⑤ 18

두 실수 a, b와 함수 $f(x)=\ln\left(a^2+1-ax\right)$에 대하여

$\displaystyle\lim_{x\to a}\frac{e^{x-2}-1}{f(x)}=b$일 때, $a \times b$의 값은? (단, $b \neq 0$)

① -4 ② -2 ③ -1 ④ $-\dfrac{1}{2}$ ⑤ $-\dfrac{1}{4}$

103

$\displaystyle\lim_{x \to \infty} \frac{\log_3 x + 5}{\log_4 x + 4}$ 의 값은?

① $\dfrac{5}{4}$ 　　② $\dfrac{3}{4}$ 　　③ $\dfrac{1}{2}\log_2 3$

④ $2\log_2 3$ 　　⑤ $2\log_3 2$

104

$\displaystyle\lim_{x \to 0} \frac{e^x + a}{x} = b$ 을 만족하는 상수 a, b에 대하여
$a^2 + b^2$의 값을 구하시오.

105

좌표평면에서 곡선 $y = e^x$ 위의 서로 다른 두 점 $\mathrm{A}(0,\,1)$, $\mathrm{P}(t,\,e^t)$에 대하여 $\overline{\mathrm{AQ}} = \overline{\mathrm{PQ}}$인 점 Q의 좌표가 $(f(t),\,0)$라 하고 $\overline{\mathrm{AR}} = \overline{\mathrm{PR}}$인 점 R의 좌표가 $(0,\,g(t))$할 때, $\displaystyle\lim_{t \to 0}\{f(t) + g(t)\}$의 값은?

① $\dfrac{1}{2}$ 　② 1 　③ $\dfrac{3}{2}$ 　④ 2 　⑤ e

106

$\displaystyle\lim_{x \to 0}(1 + 3x)^{\frac{1}{x}}$ 의 값은?

① $\dfrac{1}{e^3}$ 　② $\dfrac{1}{2e}$ 　③ $\dfrac{1}{e}$ 　④ $2e$ 　⑤ e^3

107

$\displaystyle\lim_{x\to\infty}\ln\left(1+\dfrac{2}{x}\right)^{x}$ 의 값은?

① 1   ② 2   ③ 3   ④ 4   ⑤ 5

108

함수

$$f(x)=\begin{cases} -x+a & (x \leq 1) \\[2mm] \dfrac{\ln x}{x-1} & (x > 1) \end{cases}$$

이 실수 전체의 집합에서 연속일 때, 상수 a 의 값을 구하시오.

109

자연수 n에 대하여

$$S_n = \frac{1}{1\times 3}+\frac{1}{3\times 5}+\frac{1}{5\times 7}+\cdots+\frac{1}{(2n-1)(2n+1)}$$

라고 할 때, $\displaystyle\lim_{n\to\infty}\left(\dfrac{1}{S_n}-1\right)^{n}$ 의 값은?

① $\dfrac{1}{2}e$ ② e ③ $\dfrac{3}{2}e$

④ $2e$ ⑤ $\dfrac{5}{2}e$

110

함수 $f(x)$가 모든 실수 x에서 연속이고
$(x^2-1)f(x)=(3^{x+1}-1)(3^{x-1}-1)$
를 만족시킬 때, $f(-1)+f(1)$의 값은?

① $\dfrac{40}{9}\ln 3$ ② $\dfrac{14}{3}\ln 3$ ③ $\dfrac{44}{9}\ln 3$

④ $\dfrac{46}{9}\ln 3$ ⑤ $\dfrac{16}{3}\ln 3$

111

그림과 같이 $y = \log_2(x+1)$ 위의 점

$P(t, \log_2(t+1))$을 지나고 직선 OP에 수직인 직선을

l이라 하자. 직선 l의 x절편을 A라 할 때

$\triangle OPA$ 넓이를 $S(t)$라 하자. $\displaystyle\lim_{t\to 0+}\dfrac{S(t)}{t^2}$의 값은?

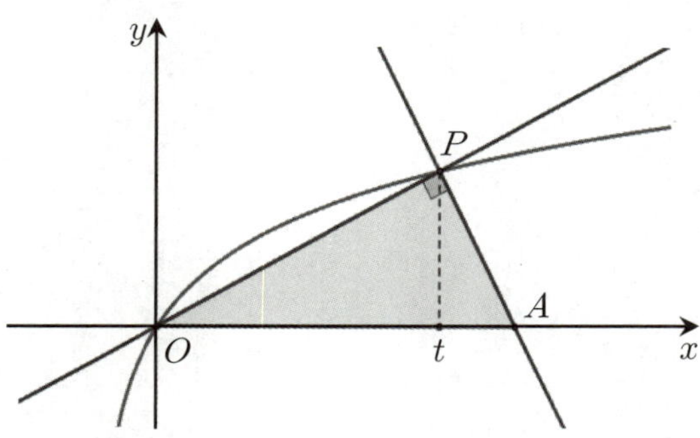

① $\dfrac{1}{(\ln 2)^3} + \dfrac{1}{2\ln 2}$ ② $\dfrac{1}{2(\ln 2)^3} + \dfrac{1}{\ln 2}$

③ $\dfrac{1}{2(\ln 2)^2} + \dfrac{1}{2\ln 2}$ ④ $\dfrac{1}{2(\ln 2)^3} + \dfrac{1}{2\ln 2}$

⑤ $\dfrac{1}{2(\ln 2)^3} + \dfrac{1}{4\ln 2}$

 **유형 2** 지수함수와 로그함수의 미분

출제유형 | 지수함수와 로그함수의 도함수를 이용하여 주어진 함수의 미분계수를 구하는 문제가 출제된다.

출제유형잡기 | 지수함수와 로그함수의 도함수를 이용하여 주어진 함수의 미분계수를 구한다.

(1) $y = e^x$ 이면 $y' = e^x$

(2) $y = a^x$ 이면 $y' = a^x \ln a$ (단, $a > 0$, $a \neq 1$)

(3) $y = \ln x$ 이면 $y' = \dfrac{1}{x}$

(4) $y = \log_a x$ 이면 $y' = \dfrac{1}{x \ln a}$ (단, $a > 0$, $a \neq 1$)

112

곡선 $x^2 - y \ln x + x = e$ 위의 점 $(e,\ e^2)$에서의 접선의 기울기는?

① $e + 1$ 　　② $e + 2$ 　　③ $e + 3$

④ $2e + 1$ 　　⑤ $2e + 2$

113

함수 $f(x) = e^x(2x + 1)$ 에 대하여 $f'(1)$ 의 값은?

① $8e$ 　② $7e$ 　③ $6e$ 　④ $5e$ 　⑤ $4e$

114

함수 $f(x) = \log_3 x$ 에 대하여

$$\lim_{h \to 0} \frac{f(3+h) - f(3-h)}{h}$$ 의 값은?

① $\dfrac{1}{2\ln 3}$ ② $\dfrac{2}{3\ln 3}$ ③ $\dfrac{5}{6\ln 3}$

④ $\dfrac{1}{\ln 3}$ ⑤ $\dfrac{7}{6\ln 3}$

115

함수 $f(x) = x^3 \ln x$ 에 대하여 $\dfrac{f'(e)}{e^2}$ 의 값을 구하시오.

116

실수 전체의 집합에서 미분가능한 함수 $f(x)$에 대하여

$g(x) = f(x)3^x$라 하자. $\lim\limits_{x \to 3} \dfrac{x^2 f(x) + 9}{x^2 - 9} = 1$일 때,

$g'(3)$의 값은?

① $27 - 6\ln 3$ ② $27 - 9\ln 3$ ③ $27 - 18\ln 3$
④ $36 - 18\ln 3$ ⑤ $36 - 27\ln 3$

117

함수 $f(x)$ 는 $x = 1$ 에서 미분가능하며

$f(1) = 3$, $f'(1) = 15$ 일 때,

$$\lim_{x \to 1} \frac{f(x) - x^2 f(1)}{\ln x}$$ 의 값을 구하시오.

118

함수 $f(x) = \dfrac{2^x}{\ln 2}$ 에 대하여 $f'(2)$의 값을 구하시오.

119

함수 $f(x) = \left(2x^2 + 2\right)e^x$ 에 대하여 $f'(0)$ 의 값을 구하시오.

120

실수 전체의 집합에서 미분가능한 함수 $f(x)$에 대하여 함수 $g(x)$를

$$g(x) = \frac{f(x)}{e^{x-1}}$$

라 하자. $\displaystyle\lim_{x \to 1} \frac{f(x)-1}{x-1} = 2$일 때, $g'(1)$의 값은?

① 1 　 ② 2 　 ③ e 　 ④ 3 　 ⑤ $2e$

 **유형 3** 삼각함수 사이의 관계

출제유형 | 삼각함수의 정의와 삼각함수 사이의 관계를 이용하여 식의 값을 구하는 문제가 출제된다.

출제유형잡기 | 다음과 같은 삼각함수 사이의 관계를 이용하여 문제를 해결한다.

(1) $\csc\theta = \dfrac{1}{\sin\theta}$, $\sec\theta = \dfrac{1}{\cos\theta}$, $\cot\theta = \dfrac{1}{\tan\theta}$

(2) $\sin^2\theta + \cos^2\theta = 1$

$\qquad 1 + \tan^2\theta = \sec^2\theta$

$\qquad 1 + \cot^2\theta = \csc^2\theta$

121

$\dfrac{\pi}{2} < \theta < \pi$인 θ에 대하여 $\cot\theta = -\dfrac{4}{3}$일 때,

$\sin\left(\dfrac{\pi}{2} - \theta\right)$의 값은?

① $\dfrac{3}{5}$ ② $\dfrac{4}{5}$ ③ $\dfrac{1}{2}$

④ $-\dfrac{4}{5}$ ⑤ $-\dfrac{3}{5}$

122

그림과 같이 선분 AB가 지름인 원을 밑면으로 하는 원뿔 ABF가 있다. 이때 $\overline{OA} = \overline{OB} = \overline{OE} = 2$이고 선분 OE의 중점 Q는 $\overline{AQ} = \overline{FQ}$를 만족한다. $\sec^2(\angle ABF)$의 값은?

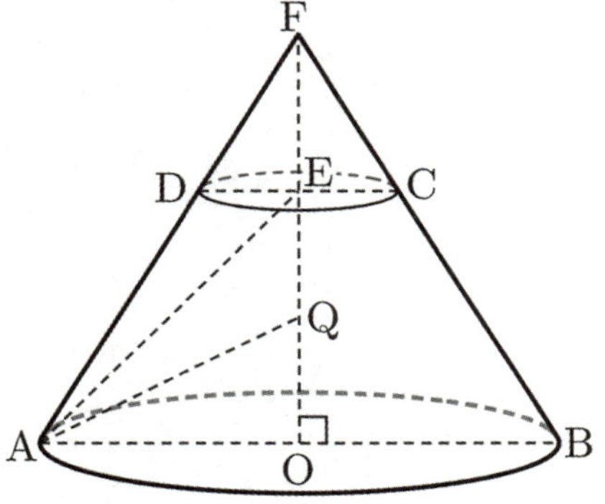

① $\dfrac{1 + \sqrt{5}}{2}$ ② $\dfrac{3 + \sqrt{5}}{2}$ ③ $\dfrac{3 + 2\sqrt{5}}{2}$

④ $\dfrac{5 + \sqrt{5}}{2}$ ⑤ $\dfrac{5 + 2\sqrt{5}}{2}$

유형 4 삼각함수의 덧셈정리

출제유형 | 삼각함수의 덧셈정리를 이용하여 해결하는 문제가 출제된다.

출제유형잡기 | 다음과 같은 삼각함수의 덧셈정리를 이용하여 문제를 해결한다.

(1) $\sin(\alpha+\beta)=\sin\alpha\cos\beta+\cos\alpha\sin\beta$

$\sin(\alpha-\beta)=\sin\alpha\cos\beta-\cos\alpha\sin\beta$

(2) $\cos(\alpha+\beta)=\cos\alpha\cos\beta-\sin\alpha\sin\beta$

$\cos(\alpha-\beta)=\cos\alpha\cos\beta+\sin\alpha\sin\beta$

(3) $\tan(\alpha+\beta)=\dfrac{\tan\alpha+\tan\beta}{1-\tan\alpha\tan\beta}$

  (단, $\tan\alpha\tan\beta\neq1$)

$\tan(\alpha-\beta)=\dfrac{\tan\alpha-\tan\beta}{1+\tan\alpha\tan\beta}$

  (단, $\tan\alpha\tan\beta\neq-1$)

123

$\sin\alpha=\dfrac{1}{3}$ 일 때, $\cos\left(\dfrac{\pi}{3}+\alpha\right)$ 의 값은?

(단, $0<\alpha<\dfrac{\pi}{2}$)

① $\dfrac{2\sqrt{2}-\sqrt{3}}{6}$ ② $\dfrac{2-\sqrt{3}}{6}$ ③ $\dfrac{\sqrt{2}-1}{3}$

④ $\dfrac{\sqrt{3}-\sqrt{2}}{3}$ ⑤ $\dfrac{\sqrt{3}-1}{3}$

124

닫힌구간 $[0,\pi]$ 에서 함수 $y=\sin x-\sin\left(x+\dfrac{\pi}{3}\right)$ 의 최댓값을 M, 최솟값을 m 이라 할 때, $M-m$ 의 값은?

① $\dfrac{-1+\sqrt{3}}{2}$ ② $\dfrac{2-\sqrt{3}}{2}$ ③ $\dfrac{3-\sqrt{3}}{2}$

④ $\dfrac{1+\sqrt{3}}{2}$ ⑤ $\dfrac{2+\sqrt{3}}{2}$

$\sin x + \sin y = 1,\ \cos x + \cos y = \dfrac{1}{2}$

일 때, $\cos (x - y)$의 값은?

① $\dfrac{5}{8}$　② $\dfrac{3}{8}$　③ $\dfrac{1}{8}$　④ $-\dfrac{3}{8}$　⑤ $-\dfrac{5}{8}$

$\tan\left(\alpha + \dfrac{\pi}{4}\right) = 2$ 일 때, $\tan\alpha$ 의 값은?

① $\dfrac{1}{3}$　② $\dfrac{4}{9}$　③ $\dfrac{5}{9}$　④ $\dfrac{2}{3}$　⑤ $\dfrac{7}{9}$

$\cos (\alpha + \beta) = \dfrac{5}{7},\ \cos\alpha\cos\beta = \dfrac{4}{7}$ 일 때,

$\sin\alpha\sin\beta$ 의 값은?

① $-\dfrac{1}{7}$　② $-\dfrac{2}{7}$　③ $-\dfrac{3}{7}$　④ $-\dfrac{4}{7}$　⑤ $-\dfrac{5}{7}$

$\dfrac{\pi}{2} < \theta < \pi$ 인 θ에 대하여 $\cos\theta = -\dfrac{3}{5}$ 일 때,

$\csc (\pi + \theta)$의 값은?

① $-\dfrac{5}{2}$　② $-\dfrac{5}{3}$　③ $-\dfrac{5}{4}$　④ $\dfrac{5}{4}$　⑤ $\dfrac{5}{3}$

$0 < x < 2\pi$일 때, 방정식 $4\cos^2 x - 1 = 0$과 부등식 $\sin x \cos x < 0$을 동시에 만족시키는 모든 x의 값의 합은?

① 2π　　② $\dfrac{7}{3}\pi$　　③ $\dfrac{8}{3}\pi$　　④ 3π　　⑤ $\dfrac{10}{3}\pi$

두 직선 $y = 2x$와 $y = \dfrac{1}{2}x$ 가 이루는 예각의 크기를 θ 라 할 때, 아래 그림을 이용하여 $\cos\theta$ 의 값을 구하면?

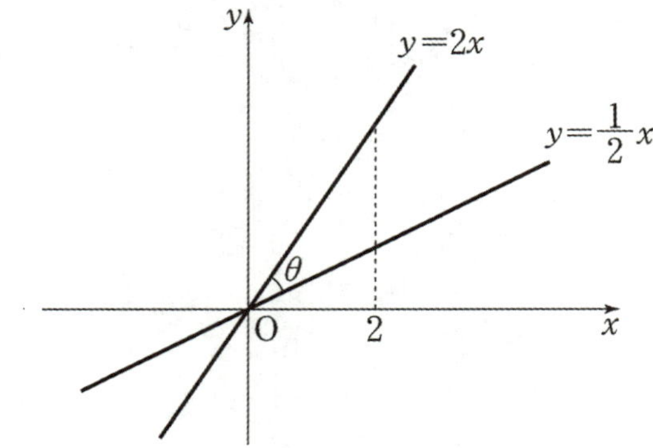

① $\dfrac{4}{5}$　　② $\dfrac{3}{5}$　　③ $\dfrac{\sqrt{5}}{5}$　　④ $\dfrac{2}{5}$　　⑤ $\dfrac{1}{5}$

그림과 같이 원 $x^2 + y^2 = 1$ 위의 점 P_1에서의 접선이 x축과 만나는 점을 Q_1이라 할 때, 삼각형 P_1OQ_1의 넓이는 $\dfrac{1}{4}$이다. 점 P_1을 원점 O를 중심으로 $\dfrac{\pi}{4}$만큼 회전시킨 점을 P_2라 하고, 점 P_2에서의 접선이 x축과 만나는 점을 Q_2라 하자. 삼각형 P_2OQ_2의 넓이는? (단, 점 P_1은 제1사분면 위의 점이다.)

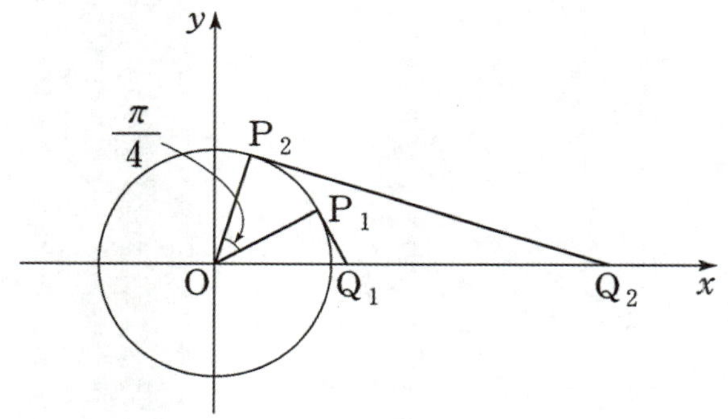

① 1 ② $\dfrac{5}{4}$ ③ $\dfrac{3}{2}$ ④ $\dfrac{7}{4}$ ⑤ 2

좌표평면에서 두 직선 $y = x$, $y = -2x$가 이루는 예각의 크기를 θ라 할 때, $\tan\theta$의 값은?

① 2 ② $\dfrac{7}{3}$ ③ $\dfrac{8}{3}$ ④ 3 ⑤ $\dfrac{10}{3}$

좌표평면에서 두 직선 $x - y - 1 = 0$, $ax - y + 1 = 0$이 이루는 예각의 크기를 θ라 하자. $\tan\theta = \dfrac{1}{6}$일 때, 상수 a의 값은? (단, $a > 1$)

① $\dfrac{11}{10}$ ② $\dfrac{6}{5}$ ③ $\dfrac{13}{10}$ ④ $\dfrac{7}{5}$ ⑤ $\dfrac{3}{2}$

$\overline{AB} = \overline{AC}$ 인 이등변삼각형 ABC 에서 $\angle A = \alpha$, $\angle B = \beta$ 라 하자. $\tan(\alpha + \beta) = -\dfrac{3}{2}$ 일 때, $\tan\alpha$의 값은?

① $\dfrac{21}{10}$　② $\dfrac{11}{5}$　③ $\dfrac{23}{10}$　④ $\dfrac{12}{5}$　⑤ $\dfrac{5}{2}$

θ 가 제2사분면의 각이고 $\cos 2\theta = -\dfrac{1}{3}$ 일 때, $\cos\theta$ 의 값은?

① $-\dfrac{2}{3}$　② $-\dfrac{1}{2}$　③ $-\dfrac{\sqrt{3}}{3}$

④ $\dfrac{\sqrt{2}}{2}$　⑤ $\dfrac{1}{6}$

함수 $y = 5\sin x + \cos 2x$ 의 최댓값은?

① 1　② 2　③ 3　④ 4　⑤ 5

$3\cos 2\theta + 4\sqrt{2}\sin\theta = 3$ 일 때, $\cos\theta$ 의 값은? (단, $0 < \theta < \dfrac{\pi}{2}$ 이다.)

① $\dfrac{1}{3}$　② $\dfrac{\sqrt{2}}{6}$　③ $\dfrac{1}{6}$

④ $\dfrac{\sqrt{2}}{12}$　⑤ $\dfrac{1}{12}$

138

$\tan \dfrac{\theta}{2} = \dfrac{2}{3}$ 일 때, $\cos\theta$의 값은? (단, $0 < \theta < \dfrac{\pi}{2}$ 이다.)

① $\dfrac{1}{4}$ ② $\dfrac{5}{12}$ ③ $\dfrac{7}{12}$ ④ $\dfrac{3}{13}$ ⑤ $\dfrac{5}{13}$

139

$\sin\alpha = \dfrac{3}{4}$ 일 때, $\cos 2\alpha$ 의 값은?

① $-\dfrac{1}{32}$ ② $-\dfrac{1}{16}$ ③ $-\dfrac{1}{8}$

④ $-\dfrac{1}{4}$ ⑤ $-\dfrac{1}{2}$

140

닫힌구간 $[0,\ 2\pi]$ 에서 삼각방정식

$$\sin\left(2x - \dfrac{\pi}{2}\right) = 2\cos^2 x$$

의 모든 해의 합은?

① 2π ② 3π ③ 4π ④ 5π ⑤ 6π

141

$0 \le x < 2\pi$일 때, 방정식 $\sin 2x = 2\cos x - 2\cos^2 x$ 를 만족시키는 서로 다른 모든 x 의 값의 합은?

① π ② $\dfrac{5}{4}\pi$ ③ $\dfrac{3}{2}\pi$

④ $\dfrac{7}{4}\pi$ ⑤ 2π

$\tan\theta = -\sqrt{2}$ 일 때, $\sin\theta \tan 2\theta$ 의 값은?

(단, $\dfrac{\pi}{2} < \theta < \pi$)

① $\dfrac{2\sqrt{3}}{3}$ ② $\sqrt{3}$ ③ $\dfrac{4\sqrt{3}}{3}$

④ $\dfrac{5\sqrt{3}}{3}$ ⑤ $2\sqrt{3}$

$\tan 2\alpha = \dfrac{5}{12}$ 일 때, $\tan\alpha = p$ 이다. $60p$ 의 값을 구하시오. (단, $0 < \alpha < \dfrac{\pi}{4}$ 이다.)

삼각방정식 $2\sin x - 4\sin x \cos^2 x - \cos 2x + 1 = 0$ 을 만족시키는 모든 근의 합은? (단, $0 \le x < 2\pi$)

① $\dfrac{5}{2}\pi$ ② $\dfrac{11}{4}\pi$ ③ 3π

④ $\dfrac{13}{4}\pi$ ⑤ $\dfrac{7}{2}\pi$

방정식 $3\cos 2x + 17\cos x = 0$ 을 만족시키는 x 에 대하여 $\tan^2 x$ 의 값을 구하시오.

$0 < x < 2\pi$ 일 때, 방정식

$$(\cos 2x - \cos x)\sin x = 0$$

을 만족시키는 모든 해의 합은 $k\pi$ 이다. $10k$ 의 값을 구하시오.

$0 \leq x \leq \pi$ 일 때, 삼각방정식 $\sin x = \sin 2x$ 의 모든 해의 합은?

① π ② $\dfrac{7}{6}\pi$ ③ $\dfrac{5}{4}\pi$ ④ $\dfrac{4}{3}\pi$ ⑤ $\dfrac{3}{2}\pi$

$0 \leq x \leq 2\pi$ 일 때, 방정식

$\sin 2x - \sin x = 4\cos x - 2$ 의 모든 해의 합은?

① π ② $\dfrac{3}{2}\pi$ ③ 2π ④ $\dfrac{5}{2}\pi$ ⑤ 3π

그림에서 선분 AB 는 원 O 의 지름이고, $\angle AOC = \dfrac{\pi}{4}$, $\overline{OC} \perp \overline{AD}$ 이다. $\angle ABD = \theta$ 일 때, $\sin 2\theta$ 의 값은?

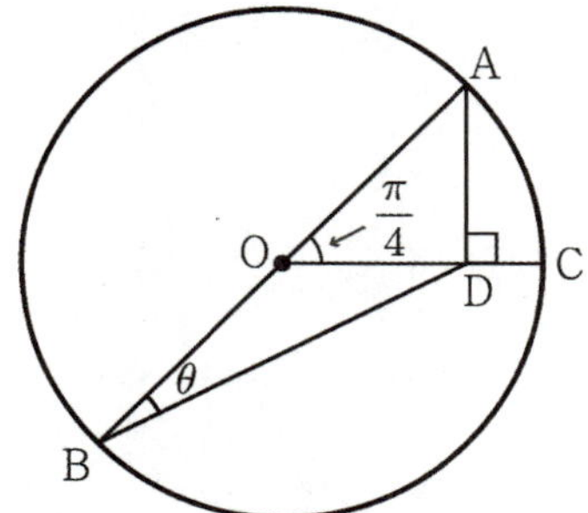

① $\dfrac{1}{3}$ ② $\dfrac{2}{3}$ ③ $\dfrac{3}{4}$ ④ $\dfrac{3}{5}$ ⑤ $\dfrac{4}{5}$

좌표평면에서 두 점 P, Q 가 점 $(1, 0)$ 을 동시에 출발하여 원 $x^2 + y^2 = 1$ 위를 시계 반대 방향으로 돌고 있으며, 점 P 가 $2t$ $(0 \le t \le \pi)$ 만큼 움직일 때 점 Q 는 t 만큼 움직인다. 점 P 에서 y 축까지의 거리와 점 Q 에서 x 축까지의 거리가 같아지는 모든 t 의 값의 합은?

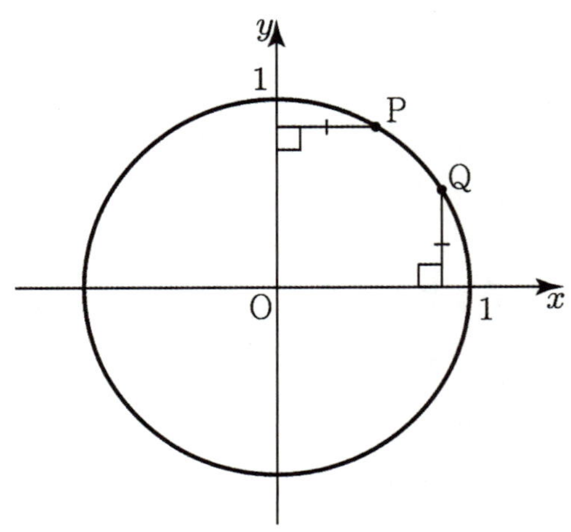

① $\dfrac{\pi}{4}$ ② $\dfrac{\pi}{2}$ ③ π ④ $\dfrac{5}{4}\pi$ ⑤ $\dfrac{3}{2}\pi$

좌표평면에서 원점 O 를 중심으로 하고 반지름의 길이가 각각 1, $\sqrt{2}$ 인 두 원 C_1, C_2 가 있다. 직선 $y = \dfrac{1}{2}$ 이 원 C_1, C_2 와 제1사분면에서 만나는 점을 각각 P, Q 라고 하자. 점 $A\left(\sqrt{2}, 0\right)$ 에 대하여 $\angle QOP = \alpha$, $\angle AOQ = \beta$ 라고 할 때, $\sin(\alpha - \beta)$ 의 값은?

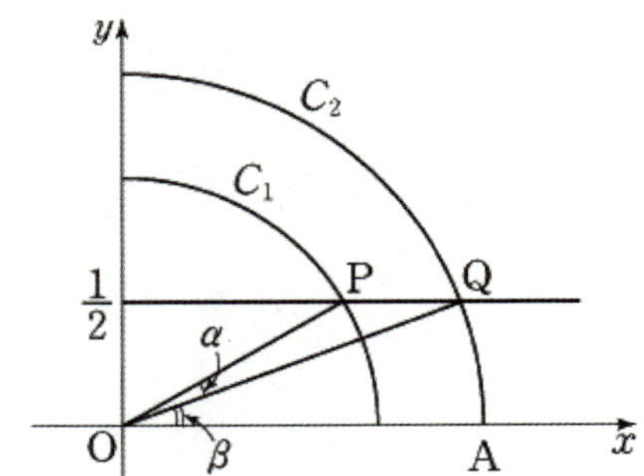

① $\dfrac{3 - \sqrt{14}}{8}$ ② $\dfrac{\sqrt{7} - \sqrt{14}}{8}$ ③ $\dfrac{\sqrt{6} - \sqrt{14}}{8}$

④ $\dfrac{3 - \sqrt{21}}{8}$ ⑤ $\dfrac{\sqrt{7} - \sqrt{21}}{8}$

그림과 같이 중심이 O 인 원 위에 세 점 A, B, C 가 있다. $\overline{AC} = 4$, $\overline{BC} = 3$ 이고 삼각형 ABC 의 넓이가 2 이다. $\angle AOB = \theta$ 일 때, $\sin\theta$ 의 값은? (단, $0 < \theta < \pi$)

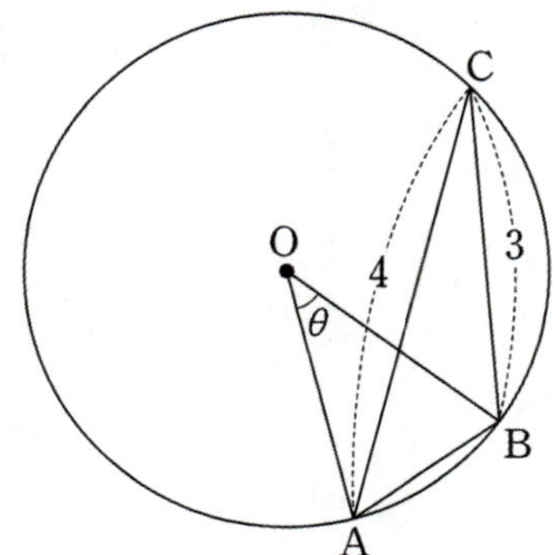

① $\dfrac{2\sqrt{2}}{9}$　　② $\dfrac{5\sqrt{2}}{18}$　　③ $\dfrac{\sqrt{2}}{3}$

④ $\dfrac{7\sqrt{2}}{18}$　　⑤ $\dfrac{4\sqrt{2}}{9}$

$\overline{AB} = \overline{DC}$ 인 등변사다리꼴 ABCD 에서 $\angle A = \alpha$, $\angle B = \beta$ 라 하자. $\tan(\alpha - \beta) = -\dfrac{4}{3}$ 일 때, $\sec^2\alpha$ 의 값은? (단, $0 < \beta < \dfrac{\pi}{2} < \alpha < \pi$ 이다.)

① $\dfrac{6}{5}$　　② $\dfrac{5}{4}$　　③ $\dfrac{4}{3}$　　④ $\dfrac{3}{2}$　　⑤ 2

154

그림과 같이 점 O를 중심으로 하고 반지름의 길이가 각각 1, 2인 두 원 C, D가 있다. 원 C 위의 두 점 P, Q와 원 D 위의 점 R에 대하여 $\angle QOP = \alpha$, $\angle ROQ = \beta$라 하자. $\overline{OQ} \perp \overline{QR}$ 이고 $\sin\alpha = \dfrac{\sqrt{2}}{4}$ 일 때, $\sin(\alpha + \beta)$의 값은?

(단, $0 < \alpha < \dfrac{\pi}{2}$, $0 < \beta < \dfrac{\pi}{2}$)

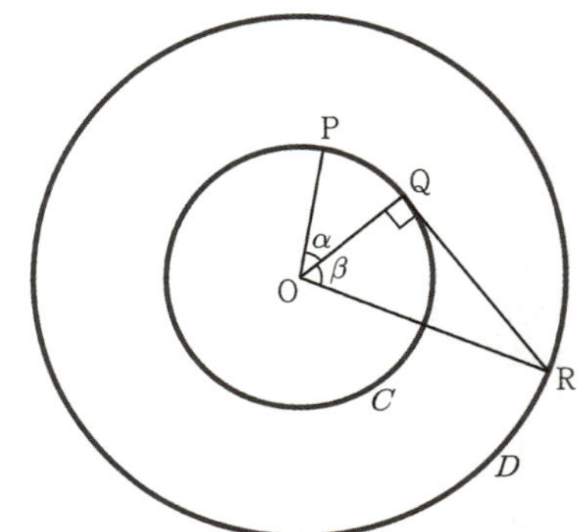

① $\dfrac{\sqrt{2} + \sqrt{42}}{4}$
② $\dfrac{\sqrt{2} + \sqrt{42}}{8}$
③ $\dfrac{3\sqrt{2}}{4}$

④ $\dfrac{3\sqrt{3}}{8}$
⑤ $\dfrac{2\sqrt{42}}{8}$

155

$\sin\alpha = \dfrac{4}{5}$, $\cos\beta = \dfrac{5}{13}$ 일 때, $\cos(\beta - \alpha)$의 값은? (단, α, β는 예각이다.)

① $\dfrac{11}{13}$
② $\dfrac{57}{65}$
③ $\dfrac{59}{65}$
④ $\dfrac{61}{65}$
⑤ $\dfrac{63}{65}$

156

$0 < \theta < \dfrac{\pi}{2}$ 이고 $\sin 2\theta = \dfrac{1}{3}$ 일 때, $\dfrac{2\tan\theta}{1 + \tan^2\theta}$의 값은?

① $\dfrac{1}{3}$
② $\dfrac{1}{2}$
③ $\dfrac{2}{3}$
④ $\dfrac{3}{4}$
⑤ 1

157

직선 $3x - 4y + 1 = 0$이 x축의 양의 방향과 이루는 각의 크기를 θ라 할 때, $\tan\left(\dfrac{\pi}{4} - \theta\right)$의 값은?

① $\dfrac{1}{7}$ ② $\dfrac{2}{7}$ ③ $\dfrac{3}{7}$ ④ $\dfrac{4}{7}$ ⑤ $\dfrac{5}{7}$

159

$(\tan x + 2)(\tan y - 2) = -5$이 성립할 때, $\sin(x - y)$의 값은? (단, $0 < x < \dfrac{\pi}{2}$, $0 < y < \dfrac{\pi}{2}$)

① $\dfrac{1}{\sqrt{5}}$ ② $\dfrac{1}{3}$ ③ $\dfrac{2}{\sqrt{5}}$

④ $\dfrac{1}{2}$ ⑤ $\dfrac{3}{2\sqrt{5}}$

158

두 직선 $y = x + a$, $y = -2x + b$가 원 $x^2 + y^2 = 1$에 접하는 점을 각각 P, Q라 하자. $\angle \mathrm{POQ} = \theta$일 때, $\tan\theta$의 값은? (단, $a > 0$, $b > 0$)

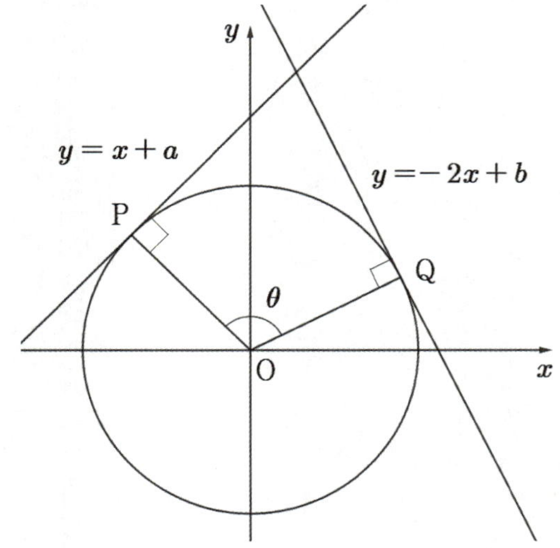

① $-\sqrt{3}$ ② -2 ③ $-\sqrt{6}$
④ -3 ⑤ $-\sqrt{10}$

160

방정식 $y^2 + xy - 6x^2 - 5x = 1$이 나타내는 두 개의 직선이 이루는 예각의 크기를 θ라 할 때, $10\tan\theta$의 값을 구하시오.

161

그림과 같이 길이가 2인 선분 AB를 지름으로 하는 원 C 위에 두 점 C와 D가 있다.

$\overline{AD} \times \overline{BC} + \overline{AC} \times \overline{BD} = 3$가 성립할 때, 선분 CD의 길이는?

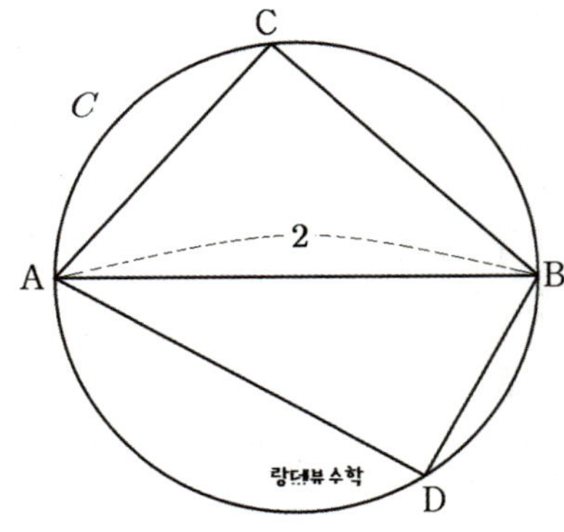

① $\sqrt{2}$　② $\dfrac{3}{2}$　③ $\dfrac{5}{3}$　④ $\sqrt{3}$　⑤ $\dfrac{7}{4}$

삼각함수의 극한의 활용

출제유형 | 삼각함수의 극한을 이용하여 도형에 대한 문제를 해결할 수 있는지를 묻는 문제가 출제된다.

출제유형잡기 | 주어진 도형에서 선분의 길이나 도형의 넓이를 삼각함수를 이용하여 나타내고, $\lim\limits_{x \to 0} \dfrac{\sin x}{x} = 1$, $\lim\limits_{x \to 0} \dfrac{\tan x}{x} = 1$ 임을 이용하여 문제를 해결한다.

162

실수 $t\,(0 < t < \pi)$에 대하여 곡선 $y = \sin x$ 위의 점 $\mathrm{P}\,(t,\ \sin t)$에서의 접선과 점 P를 지나고 기울기가 -1인 직선이 이루는 예각의 크기를 θ라 할 때,

$$\lim_{t \to \pi^-} \frac{\tan\theta}{(\pi - t)^2}$$ 의 값은?

① $\dfrac{1}{16}$ ② $\dfrac{1}{8}$ ③ $\dfrac{1}{4}$ ④ $\dfrac{1}{2}$ ⑤ 1

163

실수 전체의 집합에서 연속인 함수 $f(x)$가 모든 실수 x에 대하여

$$\left(e^{2x} - 1\right)^2 f(x) = a - 4\cos\frac{\pi}{2}x$$

를 만족시킬 때, $a \times f(0)$의 값은? (단, a는 상수이다.)

① $\dfrac{\pi^2}{6}$ ② $\dfrac{\pi^2}{5}$ ③ $\dfrac{\pi^2}{4}$ ④ $\dfrac{\pi^2}{3}$ ⑤ $\dfrac{\pi^2}{2}$

$\lim\limits_{x \to 0} \dfrac{\sin(3x^3 + 5x^2 + 4x)}{2x^3 + 2x^2 + x}$ 의 값은?

① 4　　② 3　　③ $\dfrac{3}{2}$　　④ 1　　⑤ $\dfrac{\sin 3}{2}$

두 상수 a 와 b 에 대하여 $\lim\limits_{x \to 0} \dfrac{x^2}{a\cos^2 x + b} = \dfrac{1}{2}$ 일 때, ab 의 값은?

① 4　　② 2　　③ 1　　④ -2　　⑤ -4

〈보기〉의 함수 중에서 극한값 $\lim\limits_{x \to 0} \dfrac{e^x - 1}{f(x)}$ 이 존재하는 것을 모두 고른 것은?

─── | 보기 | ───

ㄱ. $f(x) = 2x$

ㄴ. $f(x) = e^{2x} - 1$

ㄷ. $f(x) = 1 - \cos x$

① ㄱ　　　　② ㄷ　　　　③ ㄱ, ㄴ

④ ㄴ, ㄷ　　　⑤ ㄱ, ㄴ, ㄷ

실수에서 정의된 함수 $f(x)$ 가 $\lim\limits_{x \to 0} x f(x) = 1$ 을 만족할 때, $\lim\limits_{x \to 0} f(x) g(x)$ 이 존재하는 $g(x)$ 를 보기에서 모두 고르면?

─── | 보기 | ───

ㄱ. $g(x) = \sin x$

ㄴ. $g(x) = \cos x$

ㄷ. $g(x) = \ln(1 + x)$

① ㄱ　　　　② ㄴ　　　　③ ㄱ, ㄷ

④ ㄴ, ㄷ　　　⑤ ㄱ, ㄴ, ㄷ

$\displaystyle\lim_{\theta \to 0} \frac{\sec 2\theta - 1}{\sec \theta - 1}$ 의 값은?

① 1   ② 2   ③ 3   ④ 4   ⑤ 5

함수 $f(x)$ 가

$$\lim_{x \to 0} \frac{f(x)}{\ln(1+x)} = 1$$

을 만족시킬 때, 〈보기〉에서 항상 옳은 것을 모두 고른 것은?

| 보기 |

ㄱ. $\displaystyle\lim_{x \to 0} \frac{\sin x}{f(x)} = 0$

ㄴ. $\displaystyle\lim_{x \to 0} \frac{f(x) + x}{\ln(1+x)} = 2$

ㄷ. $\displaystyle\lim_{x \to 0} \frac{\{f(x)\}^2}{\ln(1+x)} = 0$

---

① ㄱ   ② ㄴ   ③ ㄷ

④ ㄴ, ㄷ   ⑤ ㄱ, ㄴ, ㄷ

$\displaystyle\lim_{x \to a} \frac{2^x - 1}{3\sin(x-a)} = b\ln 2$ 를 만족시키는 두 상수 a, b에 대하여 $a+b$ 의 값은?

① $\dfrac{1}{6}$ ② $\dfrac{1}{5}$ ③ $\dfrac{1}{4}$ ④ $\dfrac{1}{3}$ ⑤ $\dfrac{1}{2}$

연속함수 $f(x)$ 가 $\displaystyle\lim_{x \to 0} \frac{f(x)}{1-\cos(x^2)} = 2$를 만족시킬 때, $\displaystyle\lim_{x \to 0} \frac{f(x)}{x^p} = q$ 이다. $p+q$의 값은?
(단, $p > 0$, $q > 0$이다.)

① 4   ② 5   ③ 6   ④ 7   ⑤ 8

$$\lim_{x \to 0} \frac{e^{1-\sin x} - e^{1-\tan x}}{\tan x - \sin x}$$ 의 값은?

① $\dfrac{1}{e}$ ② $\dfrac{2}{e}$ ③ 1 ④ e ⑤ $2e$

$$\lim_{x \to 0} \frac{e^{2x^2} - 1}{\tan x \sin 2x}$$ 의 값은?

① $\dfrac{1}{4}$ ② $\dfrac{1}{2}$ ③ 1 ④ 2 ⑤ 4

그림과 같이 양수 θ에 대하여

$\angle ABC = \angle ACB = \theta$ 이고 $\overline{BC} = 2$인 이등변삼각형 ABC가 있다. 삼각형 ABC의 내접원의 중심을 O, 선분 AB와 내접원이 만나는 점을 D, 선분 AC와 내접원이 만나는 점을 E라 하자. 삼각형 OED의 넓이를 $S(\theta)$라 할 때, $\displaystyle\lim_{\theta \to 0+} \frac{S(\theta)}{\theta^3}$의 값은?

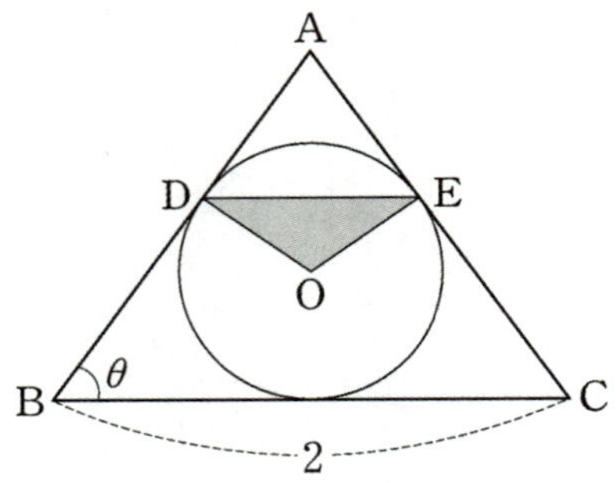

① $\dfrac{1}{8}$ ② $\dfrac{1}{4}$ ③ $\dfrac{3}{8}$ ④ $\dfrac{1}{2}$ ⑤ $\dfrac{5}{8}$

그림과 같이 원 $x^2+y^2=1$ 위의 점 P 에서의 접선이 x 축과 만나는 점을 Q 라 하자. 점 $A(-1,\,0)$과 원점 O 에 대하여 $\angle\,\mathrm{PAO}=\theta$라 할 때,

$$\lim_{\theta\to\frac{\pi}{4}-}\frac{\overline{\mathrm{PQ}}-\overline{\mathrm{OQ}}}{\theta-\frac{\pi}{4}}$$ 의 값은? (단, 점 P 는 제1사분면 위의 점이다.)

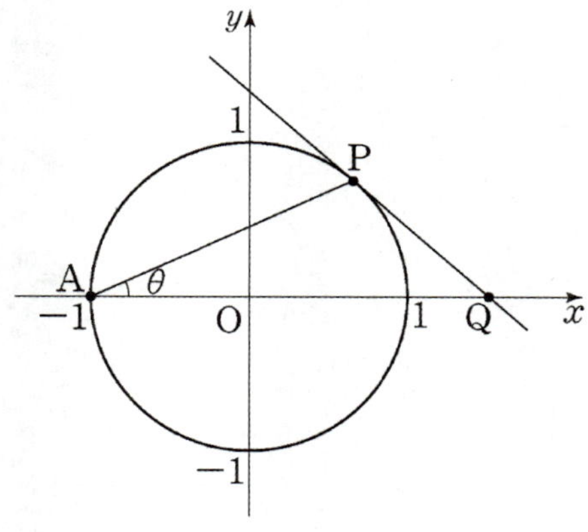

① 2　　② $\sqrt{3}$　　③ $\dfrac{3}{2}$　　④ 1　　⑤ $\dfrac{\sqrt{2}}{2}$

좌표평면에서 곡선 $y=\sin x$ 위의 점 $\mathrm{P}\,(t,\,\sin t)$ $(0<t<\pi)$를 중심으로 하고 x축에 접하는 원을 C라 하자. 원 C가 x축에 접하는 점을 Q, 선분 OP와 만나는 점을 R 라 하자. $\displaystyle\lim_{t\to 0+}\frac{\overline{\mathrm{OQ}}}{\overline{\mathrm{OR}}}=a+b\sqrt{2}$ 일 때, $a+b$의 값을 구하시오.

(단, O 는 원점이고, a와 b는 정수이다.)

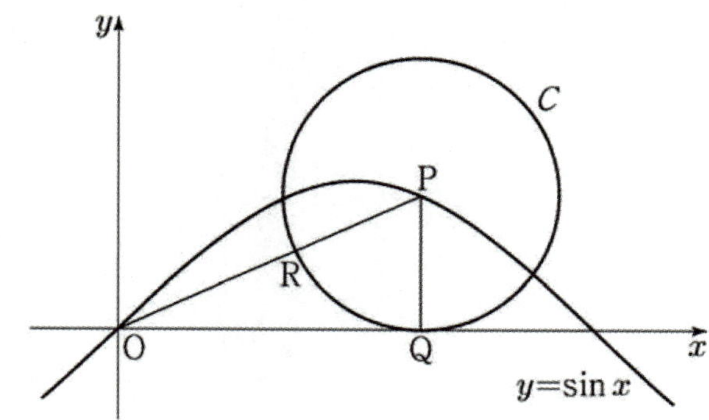

실수 x 에 대하여 함수 $f(x)$ 를

$$f(x)=\begin{cases}\dfrac{\sin 2(x-1)}{x-1} & (x\neq 1)\\ a & (x=1)\end{cases}$$

로 정의한다. $x=1$ 에서 $f(x)$ 가 연속일 때, a 의 값은?

① 0　　② 1　　③ 2　　④ $\dfrac{1}{2}$　　⑤ $\dfrac{3}{2}$

178

$\displaystyle\lim_{x\to 0}\dfrac{\sin 5x-\sin 3x}{\sin x}$ 의 값은?

① 1　　② $\dfrac{3}{2}$　　③ 2　　④ $\dfrac{5}{2}$　　⑤ 3

179

$\displaystyle\lim_{x\to 0}\dfrac{\ln(1+3x)}{\tan 2x}$ 의 값은?

① 1　　② $\dfrac{3}{2}$　　③ 2　　④ $\dfrac{5}{2}$　　⑤ 3

180

함수 $f(x)=\tan x$ 일 때, $\displaystyle\lim_{x\to 0}\dfrac{x f(\sin x)}{1-\cos x}$ 의 값은?

① 1　　② $\dfrac{3}{2}$　　③ 2　　④ $\dfrac{5}{2}$　　⑤ 3

181

그림과 같이 반지름의 길이가 2인 부채꼴 OAB에서 선분 $\overline{OA}$, $\overline{OB}$와 $\overparen{AB}$에 모두 접하는 원 P가 있다. $\angle AOB = \theta$라 하고, 원 P의 둘레의 길이를 l_1, 호 AB의 길이를 l_2라 할 때, $\displaystyle\lim_{\theta \to 0+} \dfrac{\pi \times l_2}{l_1}$의 값을 구하시오. (단, $0 < \theta < \dfrac{\pi}{2}$, p와 q는 서로소인 자연수이다.)

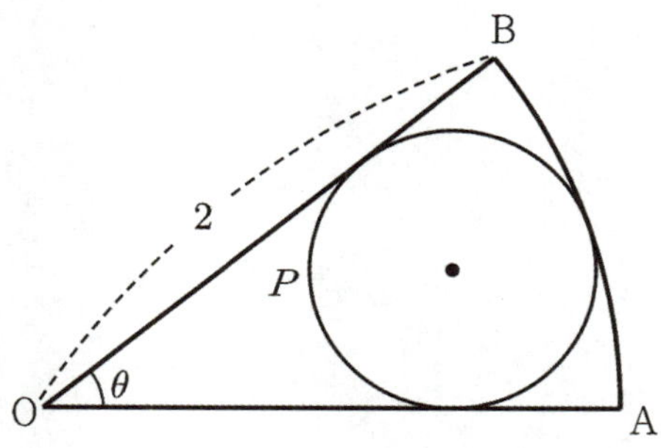

182

함수 $f(x) = \begin{cases} \dfrac{1-\cos x}{x^2} & (x \neq 0) \\ a & (x = 0) \end{cases}$ 가 모든 실수 x에서 연속이기 위한 실수 a의 값은?

① $\dfrac{1}{4}$ ② $\dfrac{1}{2}$ ③ 1 ④ $\dfrac{3}{2}$ ⑤ $\dfrac{7}{4}$

183

좌표평면에서 곡선 $y = \tan x$ 위의 점 $P(t,\ \tan t)$ $\left(0 < t < \dfrac{\pi}{2}\right)$를 중심으로 하고 y축에 접하는 원을 C라 하자. 원 C가 y축에 접하는 점을 Q, 선분 OP와 만나는 점을 R라 하자.

$\displaystyle\lim_{t \to 0+} \dfrac{\overline{OR}}{\overline{OQ}}$의 값은? (단, O는 원점이다.)

① $\sqrt{2}-1$ ② $\sqrt{3}-1$ ③ $\sqrt{2}$
④ $\sqrt{3}$ ⑤ $\sqrt{2}+1$

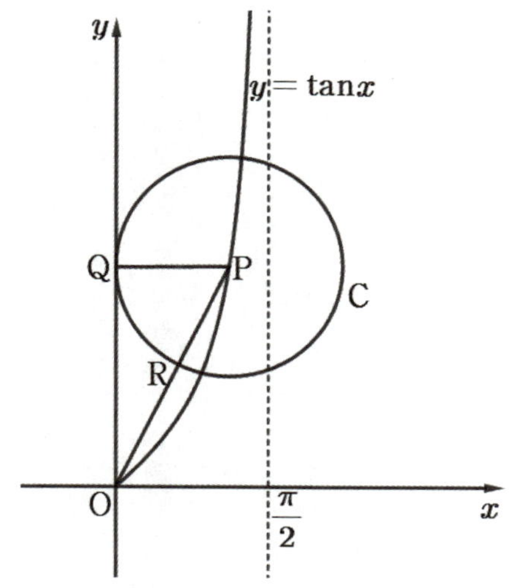

삼각함수의 미분

출제유형 | 삼각함수의 도함수를 구하는 문제가 출제된다.

출제유형잡기 | 다음과 같은 사인함수와 코사인함수의 도함수를 이용하여 문제를 해결한다.

(1) $y = \sin x$ 이면 $y' = \cos x$

(2) $y = \cos x$ 이면 $y' = -\sin x$

184

함수 $f(x) = x\cos x$ 에 대하여 $\lim\limits_{h \to 0} \dfrac{f(\pi + h) - f(\pi)}{h}$ 의 값은?

① -1 ② -2 ③ -3 ④ π ⑤ 2π

185

함수 $f(x) = \begin{cases} ax + b & (-1 < x < 0) \\ \sin x & (0 \leq x < 1) \end{cases}$ 가 $x = 0$ 에서 미분 가능하도록 하는 두 상수 a, b 에 대하여 $a + b$ 의 값은?

① -1 ② 0 ③ 1 ④ 2 ⑤ 3

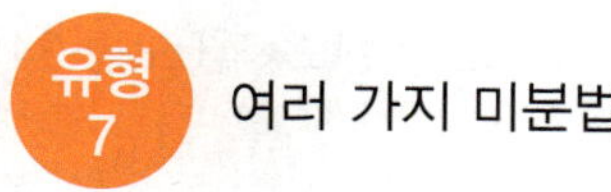

유형 7 여러 가지 미분법

출제유형 | 함수의 몫의 미분법과 합성함수의 미분법을 이용하여 미분계수를 구하는 문제가 출제된다.

출제유형잡기 | 다음과 같은 함수의 몫의 미분법과 합성함수의 미분법을 이용하여 문제를 해결한다.

(1) 함수의 몫의 미분법

① $y = \dfrac{f(x)}{g(x)}$ 이면 $y' = \dfrac{f'(x)g(x) - f(x)g'(x)}{\{g(x)\}^2}$

　(단, $g(x) \neq 0$)

② $y = \dfrac{1}{g(x)}$ 이면 $y' = -\dfrac{g'(x)}{\{g(x)\}^2}$ (단, $g(x) \neq 0$)

(2) 합성함수의 미분법

　미분가능한 두 함수 $y = f(u)$, $u = g(x)$에 대하여
　합성함수 $y = f(g(x))$의 도함수는
　$y' = f'(g(x))g'(x)$이다.

(3) 매개변수로 나타낸 함수의 미분법
두 함수 $x = f(t)$, $y = g(t)$가 t에 대하여 미분가능하고

$f'(t) \neq 0$이면 $\dfrac{dy}{dx} = \dfrac{\dfrac{dy}{dt}}{\dfrac{dx}{dt}} = \dfrac{g'(t)}{f'(t)}$

186
2024학년도 11월 수능

매개변수 t $(t > 0)$으로 나타내어진 곡선

$$x = \ln(t^3 + 1), \quad y = \sin \pi t$$

에서 $t = 1$일 때, $\dfrac{dy}{dx}$의 값은??

① $-\dfrac{1}{3}\pi$ 　　② $-\dfrac{2}{3}\pi$ 　　③ $-\pi$

④ $-\dfrac{4}{3}\pi$ 　　⑤ $-\dfrac{5}{3}\pi$

x에 대한 방정식 $x^2 - 5x + 2\ln x = t$의 서로 다른 실근의 개수가 2가 되도록 하는 모든 실수 t의 값의 합은?

① $-\dfrac{17}{2}$ ② $-\dfrac{33}{4}$ ③ -8

④ $-\dfrac{31}{4}$ ⑤ $-\dfrac{15}{2}$

매개변수 t로 나타내어진 곡선

$$x = \dfrac{5t}{t^2 + 1}, \ y = 3\ln(t^2 + 1)$$

에서 $t = 2$일 때, $\dfrac{dy}{dx}$의 값은?

① -1 ② -2 ③ -3 ④ -4 ⑤ -5

매개변수 t로 나타내어진 곡선

$$x = t + \cos 2t, \ y = \sin^2 t$$

에서 $t = \dfrac{\pi}{4}$일 때, $\dfrac{dy}{dx}$의 값은?

① -2 ② -1 ③ 0 ④ 1 ⑤ 2

실수 전체의 집합에서 미분가능한 함수 $f(x)$가 모든 실수 x에 대하여

$$f(x^3 + x) = e^x$$

을 만족시킬 때, $f'(2)$의 값은?

① e ② $\dfrac{e}{2}$ ③ $\dfrac{e}{3}$ ④ $\dfrac{e}{4}$ ⑤ $\dfrac{e}{5}$

191

매개변수 t로 나타내어진 곡선

$$x = e^t - 4e^{-t}, \ y = t+1$$

에서 $t = \ln 2$일 때, $\dfrac{dy}{dx}$의 값은?

① 1　② $\dfrac{1}{2}$　③ $\dfrac{1}{3}$　④ $\dfrac{1}{4}$　⑤ $\dfrac{1}{5}$

192

실수 전체의 집합에서 미분가능한 함수 $f(x)$에 대하여 함수 $g(x)$를

$$g(x) = \frac{f(x)}{(e^x + 1)^2}$$

라 하자. $f'(0) - f(0) = 2$일 때, $g'(0)$의 값은?

① $\dfrac{1}{4}$　② $\dfrac{3}{8}$　③ $\dfrac{1}{2}$　④ $\dfrac{5}{8}$　⑤ $\dfrac{3}{4}$

193

함수 $f(x) = x \ln(2x-1)$에 대하여 $f'(1)$의 값을 구하시오.

194

매개변수 $t \ (t > 0)$으로 나타내어진 함수

$$x = \ln t + t, \ y = -t^3 + 3t$$

에 대하여 $\dfrac{dy}{dx}$가 $t = a$에서 최댓값을 가질 때, a의 값은?

① $\dfrac{1}{6}$　② $\dfrac{1}{5}$　③ $\dfrac{1}{4}$　④ $\dfrac{1}{3}$　⑤ $\dfrac{1}{2}$

195

함수 $f(x)=\ln(2x-1)$에 대하여 $f'(10)=\dfrac{q}{p}$일 때, $p+q$의 값을 구하시오. (단, p와 q는 서로소인 자연수이다.)

196

양의 실수 전체의 집합에서 정의된 미분가능한 함수 $f(x)$가

$$f(x^3)=2x^3-x^2+32x$$

를 만족시킬 때, $f'(1)$의 값을 구하시오.

197

실수 전체의 집합에서 미분가능한 함수 $f(x)$가 모든 실수 x에 대하여 $f(2x+1)=(x^2+1)^2$을 만족시킬 때, $f'(3)$의 값은?

① 1   ② 2   ③ 3   ④ 4   ⑤ 5

198

실수 전체의 집합에서 미분가능한 함수 $f(x)$에 대하여 함수 $g(x)$를

$$g(x)=\frac{f(x)}{e^{x-2}}$$

라 하자. $\displaystyle\lim_{x\to 2}\frac{f(x)-3}{x-2}=5$일 때, $g'(2)$의 값은?

① 1   ② 2   ③ 3   ④ 4   ⑤ 5

함수 $f(x)=\tan 2x+3\sin x$ 에 대하여

$\displaystyle\lim_{h\to 0}\frac{f(\pi+h)-f(\pi-h)}{h}$ 의 값은?

① -2　　② -4　　③ -6　　④ -8　　⑤ -10

함수 $f(x)=\dfrac{2^x}{\ln 2}$ 과 실수 전체의 집합에서 미분가능한
함수 $g(x)$ 가 다음 조건을 만족시킬 때, $g(2)$ 의 값은?

(가) $\displaystyle\lim_{h\to 0}\frac{g(2+4h)-g(2)}{h}=8$

(나) 함수 $(f\circ g)(x)$ 의 $x=2$ 에서의 미분계수는
　　 10이다.

---

① 1　　　　② $\log_2 3$　　　③ 2

④ $\log_2 5$　　⑤ $\log_2 6$

함수 $f(x)=\sin(x+\alpha)+2\cos(x+\alpha)$ 에 대하여

$f'\left(\dfrac{\pi}{4}\right)=0$ 일 때, $\tan\alpha$ 의 값은? (단, α 는 상수이다.)

① $-\dfrac{5}{6}$　　② $-\dfrac{2}{3}$　　③ $-\dfrac{1}{2}$　　④ $-\dfrac{1}{3}$　　⑤ $-\dfrac{1}{6}$

함수 $f(x)=\dfrac{\ln x}{x^2}$ 에 대하여

$\displaystyle\lim_{h\to 0}\frac{f(e+h)-f(e-2h)}{h}$ 의 값은?

① $-\dfrac{2}{e}$　　　　② $-\dfrac{3}{e^2}$　　　　③ $-\dfrac{1}{e}$

④ $-\dfrac{2}{e^2}$　　　　⑤ $-\dfrac{3}{e^3}$

203

매개변수 $t\ (t > 0)$로 나타내어진 함수

$$x = t^2 + 1, \qquad y = \frac{2}{3}t^3 + 10t - 1$$

에서 $t = 1$ 일 때, $\dfrac{dy}{dx}$ 의 값을 구하시오.

204

매개변수 $t\ (t > 0)$으로 나타내어진 함수

$$x = t - \frac{2}{t}, \qquad y = t^2 + \frac{2}{t^2}$$

에서 $t = 1$ 일 때, $\dfrac{dy}{dx}$ 의 값은?

① $-\dfrac{2}{3}$ ② -1 ③ $-\dfrac{4}{3}$

④ $-\dfrac{5}{3}$ ⑤ -2

205

자연수 $a,\ b$에 대하여 함수

$$f(x) = \lim_{n \to \infty} \frac{a x^{n+b} + 2x - 1}{x^n + 1}\ (x > 0)\text{이 } x = 1 \text{ 에서}$$

미분가능할 때, $a + 10b$ 의 값을 구하시오.

206

점 $A(1,\ 0)$ 을 지나고 기울기가 양수인 직선 l 이 곡선 $y = 2\sqrt{x}$ 와 만나는 점을 B, 점 B 에서 x 축에 내린 수선의 발을 C, 직선 l 이 y 축과 만나는 점을 D 라 하자.

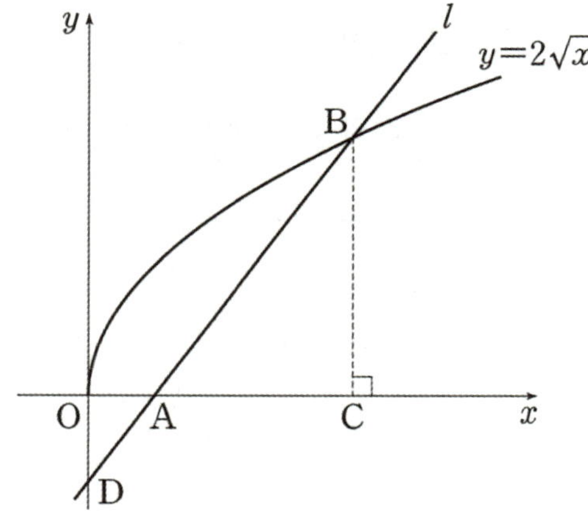

점 $B\left(t,\ 2\sqrt{t}\right)$ 에 대하여 삼각형 BAC 의 넓이를 $f(t)$ 라 할 때, $f'(9)$ 의 값은?

① 3 ② $\dfrac{10}{3}$ ③ $\dfrac{11}{3}$

④ 4 ⑤ $\dfrac{13}{3}$

207

함수 $f(x) = \ln x$에 대하여 닫힌구간 $[2, 4]$에 속하는 서로 다른 두 수 x_1, x_2에 대한 평균변화율의 값 $\dfrac{f(x_2) - f(x_1)}{x_2 - x_1}$의 집합을 S라 할 때, 다음 중 옳은 것은? (단, $x_1 < x_2$)

① $S \subset \{x \mid 2 \le x \le 4\}$

② $S = \left\{x \mid \dfrac{1}{2} \le x \le \sqrt{2}\right\}$

③ $S \subset \left\{x \mid \dfrac{\sqrt{2}}{2} < x < \sqrt{2}\right\}$

④ $S = \left\{x \mid \dfrac{1}{4} < x < \dfrac{1}{2}\right\}$

⑤ $S \subset \left\{x \mid \dfrac{1}{6} \le x \le \dfrac{1}{3}\right\}$

208

모두 실수 x에 대해 $f(x) > 0$, $g(x) > 0$인 미분 가능한 두 함수 $f(x)$, $g(x)$가 다음 조건을 만족시킬 때, $\dfrac{f'(0)}{f(0)}$의 값을 구하시오.

(가) $\dfrac{f(x)}{\ln g(x)} = e^x$

(나) $\dfrac{g'(0)}{g(0)} = 2f(0)$

209

$x > -1$에서 정의된 함수 $f(x) = (2+x)^{\frac{1}{1+x}}$가 있다.

$\dfrac{\displaystyle\lim_{x \to -1+} f(x)}{e} - f'(0)$의 값은?

① $\ln 2$ ② $\ln 3$ ③ $\ln 4$ ④ $\ln 5$ ⑤ $\ln 6$

210

미분가능 한 함수 $f(x)$의 역함수 $g(x)$가 미분가능하고 $g(1) = -1$이다. $f'(x) = 1 + \{f(x)\}^2$이고, 미분가능한 함수 $h(x)$에 대하여 $(h \circ g)'(1) = 1$일 때, $h'(-1)$의 값은?

① 1 ② 2 ③ 3 ④ 4 ⑤ 5

211

두 함수 $f(x) = 4x^2 - 2x$, $g(x) = e^{kx} + 1$ 이 있다.
함수 $h(x) = (f \circ g)(x)$ 에 대하여 $h'(0) = 28$일 때,
상수 k의 값을 구하시오.

212

함수 $f(x) = 3\cos(x-\alpha) + 2\sin(x-\alpha) + 2x$에 대하여
$f'\left(\dfrac{\pi}{4}\right) = 2$일 때, $\tan\alpha$의 값은? (단, α는 상수이다.)

① $-\dfrac{1}{5}$　② $-\dfrac{1}{2}$　③ $\dfrac{2}{3}$　④ $\dfrac{1}{2}$　⑤ $\dfrac{1}{5}$

213

매개변수 $t\,(t > 0)$으로 나타내어진 함수

$$x = \ln t, \quad y = \ln\left(t^4 + t^2\right)$$

에 대하여 $\displaystyle\lim_{t \to \infty} \dfrac{dy}{dx}$ 의 값은?

① 2　② 3　③ 4　④ 5　⑤ 6

214

$t > 0$인 실수 t에 대하여 곡선 $y = x^2$와 직선 $y = t$가
만나는 두 점 중에서 x좌표가 큰 점의 좌표를
$(f(t),\, t)$라 하자. $g(t) = \dfrac{f(t)}{t}$라 할 때, $\{16g'(4)\}^2$의
값을 구하시오.

 **유형 8** 역함수의 미분법

출제유형 | 역함수의 미분법을 이용하여 미분계수를 구하는 문제가 출제된다.

출제유형잡기 | 미분가능한 함수 $y = f(x)$의 역함수 $y = f^{-1}(x)$가 존재하고 미분가능할 때,
함수 $y = f^{-1}(x)$의 도함수는

$$\frac{dy}{dx} = \frac{1}{\dfrac{dx}{dy}} \ \text{또는} \ (f^{-1})'(x) = \frac{1}{f'(f^{-1}(x))} = \frac{1}{f'(y)}$$

$$\left(\text{단,} \ \frac{dx}{dy} \neq 0, \ f'(y) \neq 0\right)$$

임을 이용하여 문제를 해결한다.

215

함수 $f(x) = x^3 + 2x + 3$의 역함수를 $g(x)$라 할 때, $g'(3)$의 값은?

① 1 ② $\dfrac{1}{2}$ ③ $\dfrac{1}{3}$ ④ $\dfrac{1}{4}$ ⑤ $\dfrac{1}{5}$

216

미분가능한 함수 $f(x)$의 역함수 $g(x)$가

$$\lim_{x \to 1} \frac{g(x) - 2}{x - 1} = 3$$

을 만족시킬 때, 미분계수 $f'(2)$의 값은?

① 1 ② $\dfrac{1}{2}$ ③ $\dfrac{1}{3}$ ④ $\dfrac{1}{4}$ ⑤ $\dfrac{1}{6}$

함수 $f(x) = \ln(e^x - 1)$의 역함수를 $g(x)$라 할 때, 양수 a에 대하여 $\dfrac{1}{f'(a)} + \dfrac{1}{g'(a)}$의 값은?

① 2 ② 4 ③ 6 ④ 8 ⑤ 10

실수 전체의 집합에서 미분가능한 두 함수 $f(x)$, $g(x)$가 있다. $f(x)$가 $g(x)$의 역함수이고 $f(1) = 2$, $f'(1) = 3$이다. 함수 $h(x) = xg(x)$라 할 때, $h'(2)$의 값은?

① 1 ② $\dfrac{4}{3}$ ③ $\dfrac{5}{3}$ ④ 2 ⑤ $\dfrac{7}{3}$

함수 $f(x) = 3e^{5x} + x + \sin x$의 역함수를 $g(x)$라 할 때, 곡선 $y = g(x)$는 점 $(3, 0)$을 지난다.

$\displaystyle\lim_{x \to 3} \dfrac{x - 3}{g(x) - g(3)}$의 값을 구하시오.

함수 $f(x) = \dfrac{1}{1 + e^{-x}}$의 역함수를 $g(x)$라 할 때, $g'(f(-1))$의 값은?

① $\dfrac{1}{(1 + e)^2}$ ② $\dfrac{e}{1 + e}$ ③ $\left(\dfrac{1 + e}{e}\right)^2$

④ $\dfrac{e^2}{1 + e}$ ⑤ $\dfrac{(1 + e)^2}{e}$

221

정의역이 $\left\{x \mid -\dfrac{\pi}{4} < x < \dfrac{\pi}{4}\right\}$인 함수 $f(x) = \tan 2x$의 역함수를 $g(x)$라 할 때, $100 \times g'(1)$의 값을 구하시오.

222

함수

$$f(x) = \begin{cases} \dfrac{2^x - 1}{\ln 2} & (x < 0) \\ \ln(x+1) & (x \geq 0) \end{cases}$$

의 역함수를 $g(x)$라 할 때, $g'\left(-\dfrac{1}{2\ln 2}\right) + g'(1)$의 값은?

① $2 + e$ ② $2 + \dfrac{1}{e}$ ③ $1 + \dfrac{1}{e}$

④ $\dfrac{1}{2} + e$ ⑤ $2 + \dfrac{2}{e}$

223

함수 $f(x) = \ln(e^{2x} + k)$의 역함수를 $g(x)$라 할 때,

$\dfrac{1}{f'(a)} + \dfrac{1}{4e^a g'(a)} = 1$을 만족하는 a의 값은? (단, $k > 0$)

① 0 ② $\dfrac{1}{2}$ ③ 1 ④ $\dfrac{3}{2}$ ⑤ 2

224

실수 전체 집합에서 미분 가능한 함수 $f(x)$의 역함수를 $g(x)$라 할 때, $g(1) = 2$, $f'(2) = 2$이다. $y = f\left(\dfrac{1}{2}x + 1\right)$의 역함수를 $h(x)$라 할 때, $h'(1)$의 값은?

① 0 ② $\dfrac{1}{2}$ ③ 1 ④ $\dfrac{3}{2}$ ⑤ 2

225

닫힌구간 $[0, \pi]$ 에서 정의된 함수 $f(x) = 4\sin\dfrac{x}{2} - 1$ 의 역함수를 $g(x)$ 라 할 때, $g'(1)$ 의 값은?

① $\dfrac{\sqrt{3}}{9}$ ② $\dfrac{\sqrt{3}}{6}$ ③ $\dfrac{\sqrt{3}}{3}$ ④ 1 ⑤ $\sqrt{3}$

226

실수 전체의 집합에서 미분가능한 함수 $f(x)$ 의 역함수가 존재하고, 그 역함수를 $g(x)$ 라 할 때,

$\displaystyle\lim_{x \to 1}\dfrac{g(x) - 3}{x^3 - 1} = 2$ 이다. $f'(3)$ 의 값은?

① $\dfrac{1}{6}$ ② $\dfrac{1}{4}$ ③ $\dfrac{1}{3}$ ④ $\dfrac{1}{2}$ ⑤ 1

227

구간 $(-2, \infty)$ 에서 정의된 함수
$f(x) = (x+1)e^x + e$ 의 역함수를 $g(x)$ 라 할 때,
$\dfrac{100\,g'(e)}{e}$ 의 값을 구하시오.

228

실수 전체의 집합에서 정의된 함수 $f(x) = \dfrac{e^x}{e^2 - 1}$ 의

역함수를 $g(x)$ 라 하자. $\displaystyle\sum_{n=1}^{\infty} g'\!\left(\dfrac{e^n}{e^2 - 1}\right)$ 의 값은?

① e^2 ② $e + 1$ ③ $e - 1$
④ $e^2 - 2$ ⑤ $e^2 - 1$

229

함수 $f(x) = 6x + \sin x$ 의 역함수를 $g(x)$ 라 할 때,
$\lim\limits_{x \to 0} \dfrac{x}{g(x)}$ 의 값을 구하시오.

230

함수 $f(x) = x^3 + x + 1$에 대하여 함수 $f(2x+1)$의
역함수를 $g(x)$라 할 때, $g'(3)$의 값은?

① $\dfrac{1}{8}$　　② $\dfrac{1}{4}$　　③ $\dfrac{1}{2}$　　④ 1　　⑤ 2

231

열린구간 $(0, 1)$에서 정의된 함수 $f(x)$와 $f(x)$의
역함수 $g(x)$는 미분 가능한 함수이다. $0 < t < \dfrac{\pi}{2}$ 인
실수 t 에 대하여 $f(\sin t) = \tan t$ 일 때, $g'(1)$의 값은?

① $\dfrac{\sqrt{2}}{4}$　② $\dfrac{\sqrt{2}}{2}$　③ 1　　④ $\sqrt{2}$　⑤ $2\sqrt{2}$

232

함수 $f(x) = 2e^x + e^{2x}$에 대하여 함수 $f(2x)$의
역함수가 $g(x)$일 때, $g'(3)$의 값은?

① $\dfrac{1}{8}$　　② $\dfrac{1}{7}$　　③ $\dfrac{1}{6}$　　④ $\dfrac{1}{5}$　　⑤ $\dfrac{1}{4}$

함수 $f(x) = \dfrac{e^x}{e^x + 1}$ 의 역함수를 $g(x)$라 할 때, $g'(f(1))$의 값은?

① $\dfrac{1}{(1+e)^2}$ ② $\dfrac{e}{1+e}$ ③ $\left(\dfrac{1+e}{e}\right)^2$

④ $\dfrac{(1+e)^2}{e}$ ⑤ $\dfrac{(1+e)^2}{2e}$

$x \geq -1$에서 정의된 함수 $f(x) = xe^x$ 의 그래프가 점 $(1, e)$를 지난다. 함수 $f(x)$의 역함수를 $g(x)$라고 할 때, $\displaystyle \lim_{h \to 0} \dfrac{g(e+h) - g(e-h)}{h}$ 의 값은?

① $\dfrac{1}{e}$ ② $\dfrac{2}{e}$ ③ $\dfrac{1}{2e}$ ④ e ⑤ $2e$

유형 9 이계도함수

출제유형 | 여러 가지 함수의 도함수와 미분법을 이용하여 이계도함수를 구하고 미분계수를 구하는 문제가 출제된다.

출제유형잡기 | 이계도함수를 이용하여 조건을 만족시키는 상수의 값을 구하고 문제를 해결한다.

---

235 2020학년도 6월 모평

함수 $f(x) = xe^x$에 대하여 곡선 $y = f(x)$의 변곡점의 좌표가 $(a,\ b)$일 때, 두 수 $a,\ b$의 곱 ab의 값은?

① $4e^2$ ② e ③ $\dfrac{1}{e}$ ④ $\dfrac{4}{e^2}$ ⑤ $\dfrac{9}{e^3}$

---

236 2018학년도 6월 모평

함수 $f(x) = \dfrac{1}{x+3}$에 대하여

$\displaystyle\lim_{h \to 0} \dfrac{f'(a+h) - f'(a)}{h} = 2$를 만족시키는 실수 a의

값은?

① -2 ② -1 ③ 0 ④ 1 ⑤ 2

함수 $f(x)=(ax+b)\sin x$에 대하여
$f'(0)=2$, $f''(0)=3$일 때, $a\times b$의 값은? (단, a와 b는 상수이다.)

① 1   ② 2   ③ 3   ④ 4   ⑤ 5

함수 $f(x)=\displaystyle\sum_{k=1}^{10}\left(\dfrac{1}{x}\right)^k$에 대하여 $f''(1)$의 값을 구하시오.

곡선 $y=\dfrac{1}{2}x^2+2\sin x$ $(0 \le x \le 2\pi)$의 두 변곡점에서 접선의 기울기의 합은?

① π ② $\dfrac{5}{6}\pi$ ③ $\pi+2$

④ $\dfrac{5}{6}\pi+2\sqrt{3}$ ⑤ $\dfrac{4}{3}\pi$

곡선 $y=\dfrac{x}{x^2+1}$의 변곡점의 개수는?

① 1   ② 2   ③ 3   ④ 4   ⑤ 5

함수 $f(x) = e^x(x^2 - 2x + 2)$ 가 극대 또는 극소인 값을
갖는 x의 개수를 a, 곡선 $y = f(x)$의 변곡점의 개수를
b라 할 때, $a + b$의 값은?

① 1　　　② 2　　　③ 3　　　④ 4　　　⑤ 5

곡선 $f(x) = \ln(x^2 + 1)^2$ 의 두 변곡점 사이의 거리를
구하면?

① 1　　　② 2　　　③ 3　　　④ 4　　　⑤ 5

함수 $f(x) = \dfrac{x}{e^x}$ 는 $x = \alpha$ 에서 극값을 갖고, 변곡점의
x좌표는 β 이다. $f(\alpha + \beta)$의 값은?

① $\dfrac{\sqrt[3]{e}}{3}$　② $\dfrac{3}{e^3}$　③ $\dfrac{\sqrt{e}}{2}$　④ $\dfrac{2}{e^2}$　⑤ $-\dfrac{1}{e}$

유형 10 접선의 방정식

출제유형 | 미분을 이용하여 곡선 위의 점에서의 접선의 방정식을 구하는 문제가 출제된다.

출제유형잡기 | (1) 함수 $f(x)$가 $x=a$에서 미분가능할 때, 곡선 $y=f(x)$ 위의 점 $P(a, f(a))$에서의 접선의 방정식은 $y-f(a)=f'(a)(x-a)$

(2) 매개변수 t로 나타낸 함수 $x=f(t)$, $y=g(t)$가 $t=t_1$에서 각각 미분가능하고 $f'(t_1)\neq 0$일 때, 점 $(f(t_1), g(t_1))$에서의 접선의 방정식은

$$y-g(t_1)=\frac{g'(t_1)}{f'(t_1)}\{x-f(t_1)\}$$

(3) 음함수 $f(x, y)=0$이 점 (x_1, y_1)에서 미분가능할 때, 곡선 $f(x, y)=0$ 위의 점 (x_1, y_1)에서의 접선의 방정식은 음함수의 미분을 이용하여 점 (x_1, y_1)에서의 $\frac{dy}{dx}$의 값을 구한 후 이 값을 m이라 할 때,

$$y-y_1=m(x-x_1)$$

244

2024학년도 11월 수능

실수 t에 대하여 원점을 지나고 곡선 $y=\dfrac{1}{e^x}+e^t$에 접하는 직선의 기울기를 $f(t)$라 하자. $f(a)=-e\sqrt{e}$를 만족시키는 상수 a에 대하여 $f'(a)$의 값은?

① $-\dfrac{1}{3}e\sqrt{e}$ ② $-\dfrac{1}{2}e\sqrt{e}$ ③ $-\dfrac{2}{3}e\sqrt{e}$

④ $-\dfrac{5}{6}e\sqrt{e}$ ⑤ $-e\sqrt{e}$

245

2022학년도 6월 모평

원점에서 곡선 $y=e^{|x|}$에 그은 두 접선이 이루는 예각의 크기를 θ라 할 때, $\tan\theta$의 값은?

① $\dfrac{e}{e^2+1}$ ② $\dfrac{e}{e^2-1}$ ③ $\dfrac{2e}{e^2+1}$

④ $\dfrac{2e}{e^2-1}$ ⑤ 1

246

곡선 $x^3 - y^3 = e^{xy}$ 위의 점 $(a, 0)$에서의 접선의 기울기가 b일 때, $a+b$의 값을 구하시오.

248

곡선 $y = \ln(x-3) + 1$ 위의 점 $(4, 1)$에서의 접선의 방정식이 $y = ax + b$일 때, 두 상수 a, b의 합 $a+b$의 값은?

① -2　② -1　③ 0　④ 1　⑤ 2

247

곡선 $y = \ln 5x$ 위의 점 $\left(\dfrac{1}{5}, 0\right)$에서의 접선의 y절편은?

① $-\dfrac{5}{2}$　② -2　③ $-\dfrac{3}{2}$　④ -1　⑤ $-\dfrac{1}{2}$

249

곡선 $x^3 - xy^2 = 10$ 위의 점 $(-2, 3)$에서의 접선의 기울기는?

① $-\dfrac{1}{4}$　② $-\dfrac{1}{6}$　③ 0

④ $\dfrac{1}{6}$　⑤ $\dfrac{1}{4}$

y 가 x 의 함수일 때, 곡선 $e^x \ln y = 1$ 위의 점 $(0,\ e)$ 에서의 접선의 기울기는?

① $-e$ ② $-\dfrac{1}{e}$ ③ $\dfrac{1}{e}$ ④ e ⑤ $2e$

곡선 $e^x - e^y = y$ 위의 점 $(a,\ b)$ 에서의 접선의 기울기가 1일 때, $a+b$ 의 값은?

① $1 + \ln(e+1)$ ② $2 + \ln(e^2 + 2)$
③ $3 + \ln(e^3 + 3)$ ④ $4 + \ln(e^4 + 4)$
⑤ $5 + \ln(e^5 + 5)$

좌표평면에서 곡선 $y^3 = \ln(5 - x^2) + xy + 4$ 위의 점 $(2,\ 2)$ 에서의 접선의 기울기는?

① $-\dfrac{3}{5}$ ② $-\dfrac{1}{2}$ ③ $-\dfrac{2}{5}$ ④ $-\dfrac{3}{10}$ ⑤ $-\dfrac{1}{5}$

곡선 $e^y \ln x = 2y + 1$ 위의 점 $(e,\ 0)$ 에서의 접선의 방정식을 $y = ax + b$ 라 할 때, ab 의 값은? (단, a 와 b 는 상수이다.)

① $-2e$ ② $-e$ ③ -1 ④ $-\dfrac{2}{e}$ ⑤ $-\dfrac{1}{e}$

254

곡선 $\pi x = \cos y + x \sin y$ 위의 점 $\left(0, \dfrac{\pi}{2}\right)$에서의 접선의 기울기는?

① $1 - \dfrac{5}{2}\pi$ ② $1 - 2\pi$ ③ $1 - \dfrac{3}{2}\pi$

④ $1 - \pi$ ⑤ $1 - \dfrac{\pi}{2}$

255

곡선 $y = e^x$ 위의 점 $(1, e)$에서의 접선이

곡선 $y = 2\sqrt{x-k}$ 에 접할 때, 실수 k 의 값은?

① $\dfrac{1}{e}$ ② $\dfrac{1}{e^2}$ ③ $\dfrac{1}{e^4}$

④ $\dfrac{1}{1+e}$ ⑤ $\dfrac{1}{1+e^2}$

256

곡선 $y = 3e^{x-1}$ 위의 점 A에서의 접선이 원점 O를 지날 때, 선분 OA의 길이는?

① $\sqrt{6}$ ② $\sqrt{7}$ ③ $2\sqrt{2}$ ④ 3 ⑤ $\sqrt{10}$

257

양수 k에 대하여 두 곡선 $y = ke^x + 1$, $y = x^2 - 3x + 4$가 점 P에서 만나고, 점 P에서 두 곡선에 접하는 두 직선이 서로 수직일 때, k의 값은?

① $\dfrac{1}{e}$ ② $\dfrac{1}{e^2}$ ③ $\dfrac{2}{e^2}$ ④ $\dfrac{2}{e^3}$ ⑤ $\dfrac{3}{e^3}$

258

실수 k에 대하여 y축 위의 점 $(0,\ k)$에서 곡선 $y=\ln x$에 그은 접선의 기울기를 $f(k)$라 하자. 상수 a가 $f'(a)=-\dfrac{1}{e}$을 만족시킬 때, $f(a)$의 값은?

① e ② 2 ③ 1 ④ $\dfrac{1}{e}$ ⑤ $\dfrac{1}{e^2}$

259

곡선 $x^3+x+y+y^3=b$ 위의 점 $\mathrm{P}\,(a,\ 1)$에서의 접선의 기울기가 -7일 때, $a+b$의 값을 구하시오. (단, $a>0$)

260

곡선 $x^3+ay^2-2xy+b=0$ 위의 점 $(1,\ -1)$에서의 접선의 기울기가 -1일 때, 두 상수 $a,\ b$에 대하여 $2a+4b$의 값은?

① -1 ② -2 ③ -3 ④ -4 ⑤ -5

261

곡선 $x+2xy+y^2=4$ 위의 점 $(1,\ 1)$에서의 접선의 방정식은 $y=mx+n$이다. $m+5n$의 값을 구하시오.

262

곡선 $e^{y-1}\ln(x+1)=2y-1$ 위의 점 $(e-1,1)$ 에서의 접선의 방정식을 $y=ax+b$ 라 할 때, $\dfrac{b}{a}$ 의 값은?(단, $a,\ b$ 는 상수이다.)

① $\dfrac{3}{16e}$ ② $\dfrac{1}{2e}$ ③ $\dfrac{1}{e}$ ④ $\dfrac{2}{e}$ ⑤ 1

263

매개변수 t 로 나타내어진 곡선

$$x=e^{3t-6},\ y=t^2-t+4$$

에서 $t=2$ 일 때, $\dfrac{dy}{dx}$ 의 값을 구하시오.

264

곡선 $y^2+2xy+8=0$ 위의 점 $(-3,4)$ 에서의 접선의 기울기는?

① -1 ② -2 ③ -3 ④ -4 ⑤ -5

265

곡선 $x^3+ay^2-3xy+b=0$ 위의 점 $(1,-1)$ 에서의 접선의 기울기가 1 일 때, 두 상수 a,b 에 대하여 $a-b$ 의 값은?

① $\dfrac{11}{2}$ ② 7 ③ $\dfrac{17}{2}$ ④ 10 ⑤ $\dfrac{23}{2}$

266

곡선 $x^3 + 2xy + y^3 - 8 = 0$과 x축이 만나는 점에서의 접선의 기울기는?

① -3 ② -2 ③ -1 ④ 0 ⑤ 1

267

곡선 $2e^x + xe^y = y$위의 점 $(0,\ 2)$에서의 접선의 기울기는?

① $2 + e^2$ ② $2 - e^2$ ③ $1 + e$

④ $1 - e$ ⑤ $2 + \dfrac{1}{e^2}$

268

매개변수 $t\,(t > 0)$으로 나타낸 곡선
$x = e^t,\ y = t - 2\ln t$에 대하여 $t = 2$에 대응하는 점에서의 접선의 y절편은?

① 1 ② $2 - 2\ln 2$ ③ $3 - 2\ln 2$
④ $3 - \ln 2$ ⑤ 2

269

함수 $f(x) = x(\ln x + 1)$ 에 대하여 함수 $f(3x - 2)$ 의 역함수를 $g(x)$라 할 때, 곡선 $y = g(x)$ 위의 점 $(f(1),\ g(f(1)))$ 에서의 접선의 기울기는?

(단, $x \geq \dfrac{1}{3}\left(2 + \dfrac{1}{e}\right)$)

① $\dfrac{1}{18}$ ② $\dfrac{1}{15}$ ③ $\dfrac{1}{12}$ ④ $\dfrac{1}{9}$ ⑤ $\dfrac{1}{6}$

270

함수 $f(x) = x \ln x \ (x > 1)$ 의 역함수를 $g(x)$ 라 할 때,
곡선 $y = g(x)$ 위의 점 $(3e^3,\ e^3)$ 에서의 접선의
기울기는?

① 1　　② $\dfrac{1}{2}$　　③ $\dfrac{1}{3}$　　④ $\dfrac{1}{4}$　　⑤ $\dfrac{1}{5}$

271

곡선 $y = \ln x$ 위의 점 $(a,\ \ln a)$ 에서의 접선이 원
$x^2 + y^2 - 2y = 0$ 의 넓이를 이등분할 때, a 의 값은?

① 1　　② e　　③ $2e$　　④ e^2　　⑤ e^3

272

좌표평면에서 곡선 $y = e^{x+1}$ 위의 점 $A(0,\ e)$ 에서의
접선이 x 축과 만나는 점을 B 라 하자. 삼각형 OAB 의
넓이는? (단, O 는 원점이다.)

① $\dfrac{1}{2}e$　　② $\dfrac{2}{3}e$　　③ e　　④ $\dfrac{3}{2}e$　　⑤ $2e$

273

곡선 $y = \ln x$ 위의 점 $(t,\ \ln t)$ 에서의 접선과 $x = e$ 가
만나는 점의 y 좌표를 $f(t)$ 라 하자. $f'(e)$ 의 최솟값은?

① $\dfrac{4e}{3}$　　② e　　③ 2　　④ $\dfrac{1}{2}$　　⑤ 0

출제유형 | 미분을 이용하여 함수 $f(x)$의 증가와 감소를 판정하는 문제 또는 $f(x)$의 극값을 구하는 문제가 출제된다.

출제유형잡기 | 함수 $f(x)$의 도함수 $f'(x)$를 구하고 $f'(x)=0$이 되도록 하는 x의 값을 구한 후에 이 x의 값의 좌우에서 $f'(x)$의 부호를 조사하여 언제 $f(x)$가 극값을 가지는지 파악하여 문제를 해결한다.

274
2021학년도 12월 수능

함수 $f(x)=(x^2-2x-7)e^x$의 극댓값과 극솟값을 각각 a, b라 할 때, $a\times b$의 값은?

① -32 ② -30 ③ -28

④ -26 ⑤ -24

275
2012학년도 6월 모평

함수 $f(x)=\dfrac{1}{2}x^2-a\ln x$ $(a>0)$ 의 극솟값이 0 일 때, 상수 a 의 값은?

① $\dfrac{1}{e}$ ② $\dfrac{2}{e}$ ③ $\sqrt{e}$ ④ e ⑤ $2e$

276

함수 $f(x) = (x^2 - 3)e^{-x}$의 극댓값과 극솟값을 각각 a, b라 할 때, $a \times b$의 값은?

① $-12e^2$ ② $-12e$ ③ $-\dfrac{12}{e}$ ④ $-\dfrac{12}{e^2}$ ⑤ $-\dfrac{12}{e^3}$

277

함수 $f(x) = (x^2 - 8)e^{-x+1}$은 극솟값 a와 극댓값 b를 갖는다. 두 수 a, b의 곱 ab의 값은?

① -34 ② -32 ③ -30 ④ -28 ⑤ -26

278

함수 $f(x) = \ln(x^2 + 2x + 5) + (x + a)e^x$이 $x = -1$에서 극솟값 b를 가질 때, $a + b$의 값은?

① $\ln 2 - \dfrac{1}{e}$

② $\ln 2 - \dfrac{2}{e}$

③ $2\ln 2 - \dfrac{1}{e}$

④ $2\ln 2 - \dfrac{2}{e}$

⑤ $3\ln 2 - \dfrac{1}{e}$

279

$0 < x < \dfrac{\pi}{2}$에서 정의된 함수

$f(x) = a\cos^2 x - \cos x + 8\sin x$가 극값을 가지지 않을 때, 실수 a의 최댓값은?

① $\dfrac{5\sqrt{5}}{2}$

② $3\sqrt{5}$

③ $\dfrac{7\sqrt{5}}{2}$

④ $4\sqrt{5}$

⑤ $\dfrac{9\sqrt{5}}{2}$

280

함수 $f(x) = x + \sin x$의 역함수를 $g(x)$라 할 때, 함수 $g(x)$가 $x = a$에서 미분가능하지 않은 모든 양수 a를 작은 수부터 크기순으로 나열할 때, n번째 수를 a_n이라 하자. a_5의 값은?

① 9   ② 11   ③ 7π ④ 9π ⑤ 11π

281

함수 $f(x) = (x^2 + ax - a)e^x$이 열린구간 $(-\infty, \infty)$에서 항상 증가함수가 되도록 하는 상수 a의 값은?

① 2   ② -2 ③ 3   ④ -3 ⑤ 4

282

함수 $f(x) = (x^2 + ax + 5)e^x$이 극값을 갖지 않도록 하는 정수 a의 개수는?

① 6   ② 7   ③ 8   ④ 9   ⑤ 10

283

함수 $f(x) = (x-1)(\ln x)^2 - (2x+a)\ln x$이 $x = 1$에서 극댓값을 가질 때, 방정식 $f(x) = 0$의 모든 근의 합은? (단, a는 상수이고 중근은 한 개의 근이다.)

① $\dfrac{3}{2}$ ② 2   ③ $2 + e$

④ $1 + e^2$ ⑤ $2 + 2e^2$

출제유형 | 함수의 증가와 감소, 함수의 극대와 극소, 곡선의 오목과 볼록, 곡선의 변곡점 등을 구하거나 이것을 이용하여 함수의 그래프를 파악하는 문제 또는 그래프를 파악하여 최댓값과 최솟값을 구하는 문제가 출제된다.

출제유형잡기 | 미분을 이용하여 함수의 증가와 감소, 함수의 극대와 극소, 곡선의 오목과 볼록, 곡선의 변곡점 등을 구하고 이를 이용하여 그래프의 개형을 그려 문제를 해결한다.

284

1998학년도 11월 수능

함수 $y = \dfrac{\ln x}{x}$ 가 최댓값을 가질 때의 x의 값은?

① 1　　② e　　③ $\dfrac{1}{e}$　　④ $2e$　　⑤ e^2

285

2008학년도 11월 수능

함수 $f(x) = x + \sin x$ 에 대하여 함수 $g(x)$를 $g(x) = (f \circ f)(x)$ 로 정의할 때, 〈보기〉에서 옳은 것을 모두 고른 것은?

| 보기 |

ㄱ. 함수 $f(x)$의 그래프는 열린구간 $(0, \pi)$에서 위로 볼록하다.

ㄴ. 함수 $g(x)$는 열린구간 $(0, \pi)$에서 증가한다.

ㄷ. $g'(x) = 1$인 실수 x가 열린구간 $(0, \pi)$에 존재한다.

---

① ㄱ　　　② ㄷ　　　③ ㄱ, ㄴ
④ ㄴ, ㄷ　　　⑤ ㄱ, ㄴ, ㄷ

좌표평면에서 곡선

$$y = \cos^n x \quad (0 < x < \frac{\pi}{2},\ n = 2, 3, 4,\ \dots)$$

의 변곡점의 y 좌표를 a_n 이라 할 때, $\lim\limits_{n \to \infty} a_n$ 의 값은?

① $\dfrac{1}{e^2}$　　② $\dfrac{1}{e}$　　③ $\dfrac{1}{\sqrt{e}}$

④ $\dfrac{1}{2e}$　　⑤ $\dfrac{1}{\sqrt{2e}}$

곡선 $y = \left(\ln \dfrac{1}{ax}\right)^2$ 의 변곡점이 직선 $y = 2x$ 위에 있을 때, 양수 a 의 값은?

① e　　② $\dfrac{5}{4}e$　　③ $\dfrac{3}{2}e$　　④ $\dfrac{7}{4}e$　　⑤ $2e$

곡선 $y = (\ln x)^2 - x + 1$ 의 변곡점에서의 접선의 기울기는?

① $\dfrac{1}{e} - 1$　② $\dfrac{2}{e} - 1$　③ $\dfrac{1}{e}$　　④ $\dfrac{2}{e} + 1$　⑤ $\dfrac{5}{2}$

그림과 같이 $\overline{AB} = 4$, $\overline{AC} = 5$, $\overline{BD} = 3$ 이고 선분 AC와 선분 BD가 수직인 두 삼각형 ABC, ABD가 있다. 두 삼각형 ABC, ABD의 넓이의 합이 최대일 때, $\tan(\angle BAC)$ 의 값은?

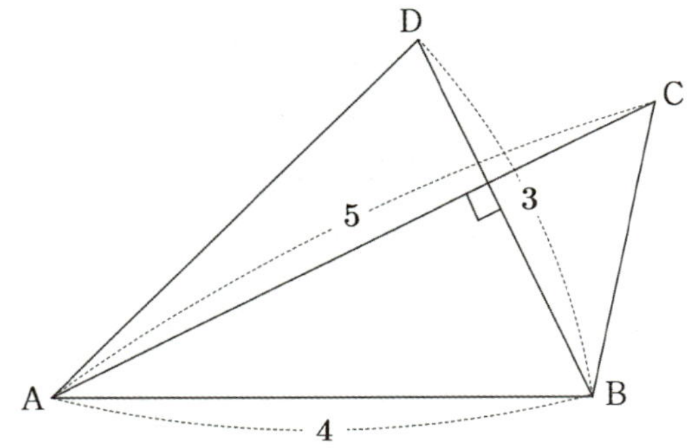

① 1　　② $\dfrac{4}{3}$　　③ $\dfrac{5}{3}$　　④ 2　　⑤ $\dfrac{7}{3}$

방정식과 부등식에의 활용

출제유형 | 함수의 그래프를 이용하여 방정식의 실근의 개수나 부등식이 성립하는 조건을 구하는 문제가 출제된다.

출제유형잡기 | 미분을 이용하여 함수의 그래프를 그린 후, 함수의 그래프를 이용하여 방정식의 실근의 개수를 구하거나 부등식이 성립하는 조건을 이해하여 문제를 해결한다.

290 2022학년도 6월 27번

두 함수

$$f(x) = e^x,\ g(x) = k\sin x$$

에 대하여 방정식 $f(x) = g(x)$의 서로 다른 양의 실근의 개수가 3일 때, 양수 k의 값은?

① $\sqrt{2}\,e^{\frac{3\pi}{2}}$　　② $\sqrt{2}\,e^{\frac{7\pi}{4}}$　　③ $\sqrt{2}\,e^{2\pi}$

④ $\sqrt{2}\,e^{\frac{9\pi}{4}}$　　⑤ $\sqrt{2}\,e^{\frac{5\pi}{2}}$

291 2004학년도 11월 수능

함수 $y = \dfrac{16}{x}$의 그래프와 함수 $y = -x^2 + a$의 그래프가 서로 다른 두 점에서 만날 때, 상수 a의 값은?

① 9　　② 10　　③ 11　　④ 12　　⑤ 13

$0 < x < \dfrac{\pi}{4}$ 인 모든 x 에 대하여 부등식

$\tan 2x > ax$ 를 만족하는 a 의 최댓값은?

① $\dfrac{1}{2}$　② 1　③ $\dfrac{3}{2}$　④ 2　⑤ $\dfrac{5}{2}$

$1 \le x \le 2$ 인 모든 실수 x 에 대하여 부등식

$\alpha x \le e^x \le \beta x$ 가 성립하도록 상수 α, β 를 정할 때, $\beta - \alpha$ 의 최솟값은?

① $\dfrac{e}{2}$　② e　③ $e\left(\dfrac{e^3}{4} - 1\right)$

④ $e\left(\dfrac{e^2}{3} - 1\right)$　⑤ $e\left(\dfrac{e}{2} - 1\right)$

x에 대한 방정식 $\ln x - x + 20 - n = 0$ 이 서로 다른 두 실근을 갖도록 하는 자연수 n의 개수를 구하시오.

$f(x) = 3x^3 - 9x^2 + 1$, $g(x) = \begin{cases} f(x) & (x \ge a) \\ -f(2a - x) & (x < a) \end{cases}$

일 때, 방정식 $f(x) = g(x) + b$의 해가 무수히 많을 때, $a - b$의 값을 구하시오. (단, a, b는 상수이다.)

296

두 함수

$$f(x) = \frac{e^x}{k}, \; g(x) = \cos x$$

에 대하여 방정식 $f(x) = g(x)$의 서로 다른 양의 실근의
개수가 4일 때, 양수 k의 값은?

① $\sqrt{2}\,e^{\frac{9}{4}\pi}$ ② $\sqrt{2}\,e^{\frac{11\pi}{4}}$ ③ $\sqrt{2}\,e^{\frac{13}{4}\pi}$

④ $\sqrt{2}\,e^{\frac{15\pi}{4}}$ ⑤ $\sqrt{2}\,e^{\frac{17\pi}{4}}$

출제유형 | 좌표평면 위를 움직이는 점의 시각 t에서의 위치가 주어질 때, 점의 속도, 속력, 가속도, 가속도의 크기를 구하는 문제가 출제된다.

출제유형잡기 | 좌표평면 위를 움직이는 점 P 의 시각 t에서의 위치 (x, y)가 $x = f(t)$, $y = g(t)$일 때, 점 P 의 시각 t에서의 속도, 속력, 가속도, 가속도의 크기를 구하는 방법을 이용하여 문제를 해결한다.

297
2017학년도 11월 수능

좌표평면 위를 움직이는 점 P 의 시각 $t\,(t > 0)$에서의 위치 (x, y)가

$$x = t - \frac{2}{t}, \quad y = 2t + \frac{1}{t}$$

이다. 시각 $t = 1$에서 점 P 의 속력은?

① $2\sqrt{2}$ ② 3 ③ $\sqrt{10}$
④ $\sqrt{11}$ ⑤ $2\sqrt{3}$

298
2019학년도 9월 모평

좌표평면 위를 움직이는 점 P 의 시간 $t\,(t \geq 0)$에서의 위치 (x, y)가

$$x = 3t - \sin t, \quad y = 4 - \cos t$$

이다. 점 P 의 속력의 최댓값을 M, 최솟값을 m 이라 할 때, $M + m$ 의 값은?

① 3 ② 4 ③ 5 ④ 6 ⑤ 7

좌표평면 위를 움직이는 점 P 의 시각 $t\,(t \geq 0)$에서의 위치 $(x,\,y)$가

$$x = 1 - \cos 4t, \quad y = \frac{1}{4}\sin 4t$$

이다. 점 P 의 속력이 최대일 때, 점 P 의 가속도의 크기를 구하시오.

좌표평면 위를 움직이는 점 P $(x,\,y)$의 위치는 $x = \sqrt{2}\,e^t \cos t,\ y = \sqrt{2}\,e^t \sin t$ 이다. 점 P 의 속력이 $2e^3$일 때의 t의 값은?

① 1   ② 2   ③ 3   ④ 4   ⑤ 5

좌표평면 위를 움직이는 점 P 의 시각 $t \left(0 < t < \dfrac{\pi}{2}\right)$에서의 위치 $(x,\,y)$가

$$x = t + \sin t \cos t, \quad y = \tan t$$

이다. $0 < t < \dfrac{\pi}{2}$에서 점 P 의 속력의 최솟값은?

① 1   ② $\sqrt{3}$ ③ 2

④ $2\sqrt{2}$ ⑤ $2\sqrt{3}$

좌표평면 위를 움직이는 점 P 의 시각 $t\,(0 < t < \pi)$에서의 위치 P $(x,\,y)$가

$$x = 2\cos t - 1, \quad y = 2\sin t + 3$$

이다. 시각 $t = \dfrac{\pi}{3}$ 에서 점 P 의 속력을 구하시오.

303

좌표평면 위를 움직이는 점 P의 시각 t $(t \geq 0)$에서의 위치 (x, y)가

$$x = 1 - \cos 2t, \quad y = \frac{1}{2}\sin 2t$$

이다. 점 P의 속력이 최대일 때, 점 P의 가속도의 크기를 구하시오.

304

수직선 위를 움직이는 점 P가 출발 후 t초가 지난 순간 점 P의 좌표가

$$x = 6\cos\pi t - 2\cos^3\pi t$$

로 나타내어진다고 할 때, $t = \frac{1}{2}$에서의 점 P의 속력은?

① 2π ② 3π ③ 4π ④ 5π ⑤ 6π

305

좌표평면에서 움직이는 점 P의 시각 t $(t > 0)$에서의 위치 (x, y)가

$$x = \cos t - 1, \quad y = 3\sin t + 2t$$

이다. 점 P의 속력의 최솟값을 m이라 할 때, $100m^2$의 값을 구하시오.

306

두 상수 $a\,(a>0)$, b에 대하여 실수 전체의 집합에서 연속인 함수 $f(x)$가 다음 조건을 만족시킬 때, $a\times b$의 값은? [4점]

> (가) 모든 실수 x에 대하여
> $$\{f(x)\}^2 + 2f(x) = a\cos^3\pi x \times e^{\sin^2\pi x} + b$$
> 이다.
> (나) $f(0) = f(2) + 1$

① $-\dfrac{1}{16}$ ② $-\dfrac{7}{64}$ ③ $-\dfrac{5}{32}$

④ $-\dfrac{13}{64}$ ⑤ $-\dfrac{1}{4}$

307

두 상수 $p\,(p>0)$, q에 대하여 실수 전체의 집합에서 연속인 함수 $f'(x)$가 다음 조건을 만족시킬 때, 함수 $f(x)$는 구간 $(0,\,6\pi)$의 x의 값이 a_1, a_2, a_3, a_4일 때 극값을 갖는다. $f(\pi)=0$일 때, $f(6\pi)$의 값은? [4점]

> (가) 모든 실수 x에 대하여
> $$|\,f'(x) - 2\,| = p\cos x + q\text{이다.}$$
> (나) $f'(0) - f'(2\pi) = 6$

① $\dfrac{9}{2}\pi$ ② $\dfrac{11}{2}\pi$ ③ $\dfrac{13}{2}\pi$ ④ $\dfrac{15}{2}\pi$ ⑤ $\dfrac{17}{2}\pi$

세 실수 a, b, k에 대하여 두 점 $A(a,\ a+k)$, $B(b,\ b+k)$가 곡선 $C : x^2 - 2xy + 2y^2 = 15$ 위에 있다. 곡선 C 위의 점 A에서의 접선과 곡선 C 위의 점 B에서의 접선이 서로 수직일 때, k^2의 값을 구하시오. (단, $a + 2k \neq 0$, $b + 2k \neq 0$) [4점]

세 실수 a, b, k에 대하여 두 점 $A(a,\ a-k)$, $B(b,\ b-k)$가 곡선 $C : x^2 - xy + x + y^2 - 2y = 0$ 위에 있다. 곡선 C 위의 점 A에서의 접선과 곡선 C 위의 점 B에서의 접선이 서로 수직일 때, k의 값의 합을 α라 하자. α^2의 값을 구하시오. (단, $a - 2k \neq 2$, $b - 2k \neq 2$) [4점]

그림과 같이 중심이 O 이고 길이가 2인 선분 AB를 지름으로 하는 반원 위에 $\angle AOC = \dfrac{\pi}{2}$ 인 점 C가 있다. 호 BC 위에 점 P와 호 CA 위에 점 Q를 $\overline{PB} = \overline{QC}$ 가 되도록 잡고, 선분 AP 위에 점 R을 $\angle CQR = \dfrac{\pi}{2}$ 가 되도록 잡는다. 선분 AP와 선분 CO의 교점을 S라 하자. $\angle PAB = \theta$ 일 때, 삼각형 POB의 넓이를 $f(\theta)$, 사각형 CQRS의 넓이를 $g(\theta)$라 하자.

$$\lim_{\theta \to 0+} \frac{3f(\theta) - 2g(\theta)}{\theta^2}$$ 의 값은? $\left(단, \ 0 < \theta < \dfrac{\pi}{4} \right)$ [4점]

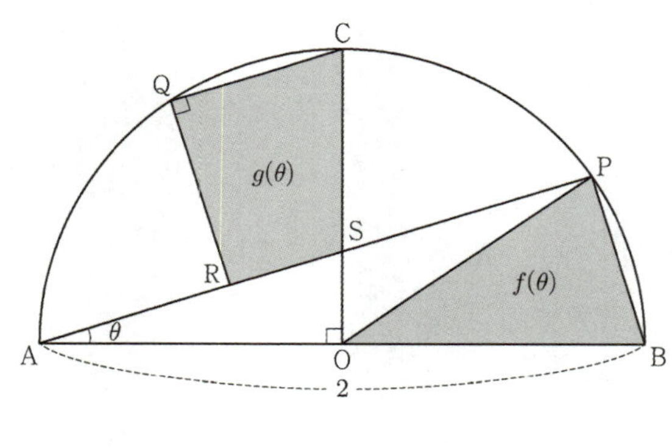

① 1   ② 2   ③ 3   ④ 4   ⑤ 5

그림과 같이 중심이 O 이고 길이가 2 인 선분 AB를 지름으로 하는 반원이 있다. 호 AB 위에 점 P를 잡고 점 B를 지나고 선분 OP 에 수직인 직선이 선분 OP , 호 AB와 만나는 점을 각각 H , C 라 하자. 호 CA 위에 점 Q를 $\overline{PB} = \overline{QC}$ 가 되도록 잡고 선분 OQ , OC와 선분 AP 가 만나는 점을 각각 R , S 라 하자. $\angle PAB = \theta$ 일 때, 삼각형 OBH의 넓이를 $f(\theta)$, 사각형 CQRS의 넓이를 $g(\theta)$라 하자. $\lim\limits_{\theta \to 0+} \dfrac{f(\theta) - g(\theta)}{\theta} = \dfrac{q}{p}$ 일 때, $p + q$ 의 값은? (단, $0 < \theta < \dfrac{\pi}{3}$ 이고 p 와 q 는 서로소인 자연수이다.) [4점]

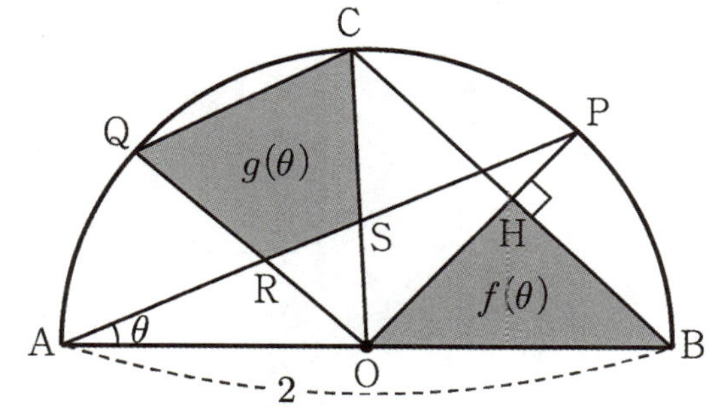

① 12   ② 13   ③ 14   ④ 15   ⑤ 16

함수 $f(x) = e^x + x$가 있다. 양수 t에 대하여 점 $(t, 0)$과 점 $(x, f(x))$ 사이의 거리가 $x = s$에서 최소일 때, 실수 $f(s)$의 값을 $g(t)$라 하자. 함수 $g(t)$의 역함수를 $h(t)$라 할 때, $h'(1)$의 값을 구하시오. [4점]

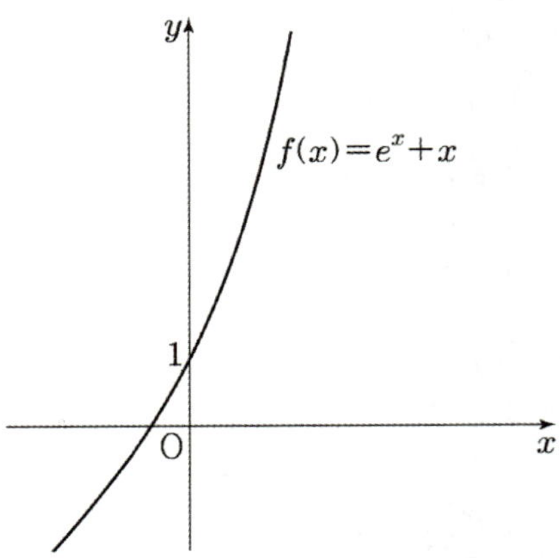

함수 $f(x) = e^{2x} + 1$이 있다. 양수 t에 대하여 점 $(t, 0)$과 점 $(x, f(x))$사이의 거리가 $x = a$에서 최소일 때, 실수 $f(a)$의 값을 $g(t)$라 하자. 함수 $g(t)$의 역함수를 $h(t)$라 할 때, $2h'(2)$의 값을 구하시오. [4점]

최고차항의 계수가 $\frac{1}{2}$ 인 삼차함수 $f(x)$ 에 대하여 함수 $g(x)$ 가

$$g(x) = \begin{cases} \ln|f(x)| & (f(x) \neq 0) \\ 1 & (f(x) = 0) \end{cases}$$

이고 다음 조건을 만족시킬 때, 함수 $g(x)$ 의 극솟값은? [4점]

> (가) 함수 $g(x)$ 는 $x \neq 1$ 인 모든 실수 x 에서 연속이다.
> (나) 함수 $g(x)$ 는 $x = 2$ 에서 극대이고, 함수 $|g(x)|$ 는 $x = 2$ 에서 극소이다.
> (다) 방정식 $g(x) = 0$ 의 서로 다른 실근의 개수는 3 이다.

① $\ln\frac{13}{27}$　② $\ln\frac{16}{27}$　③ $\ln\frac{19}{27}$　④ $\ln\frac{22}{27}$　⑤ $\ln\frac{25}{27}$

최고차항의 계수가 양수이고 $f'(3) = 0$ 인 사차함수 $f(x)$ 에 대하여 함수 $g(x)$ 가

$$g(x) = \begin{cases} \ln|f(x)| & (f(x) \neq 0) \\ 1 & (f(x) = 0) \end{cases}$$

이고 다음 조건을 만족시킬 때, $f(6)$ 의 값은? [4점]

> (가) 함수 $g(x)$ 는 $x \neq -1$, $x \neq 3$ 인 모든 실수 x 에서 연속이다.
> (나) 함수 $g(x)$ 는 $x = 0$ 에서 극대이고, 함수 $|g(x)|$ 는 $x = 0$ 에서 극소이다.
> (다) 방정식 $g(x) = 0$ 의 서로 다른 실근의 개수는 3 이다.

① 4　　② 5　　③ 6　　④ 7　　⑤ 8

함수 $f(x) = 6\pi(x-1)^2$에 대하여 함수 $g(x)$를

$$g(x) = 3f(x) + 4\cos f(x)$$

라 하자. $0 < x < 2$에서 함수 $g(x)$가 극소가 되는 x의 개수는? [4점]

① 6　　② 7　　③ 8　　④ 9　　⑤ 10

함수 $f(x) = \pi(x-1)^2(x-4) + 4\pi$에 대하여 함수 $g(x)$를

$$g(x) = \sin f(x) - f(x)$$

라 하자. $0 < x < 4$에서 함수 $g(x)$가 극점이 되는 x의 개수는? [4점]

① 2　　② 3　　③ 4　　④ 5　　⑤ 6

이차함수 $f(x)$에 대하여 함수
$g(x) = \{f(x) + 2\}e^{f(x)}$ 이 다음 조건을 만족시킨다.

> (가) $f(a) = 6$인 a에 대하여 $g(x)$는 $x = a$에서
> 최댓값을 갖는다.
> (나) $g(x)$는 $x = b$, $x = b + 6$에서 최솟값을 갖는다.

방정식 $f(x) = 0$의 서로 다른 두 실근을 α, β라 할 때,
$(\alpha - \beta)^2$의 값을 구하시오. (단, a와 b는 실수이다.)
[4점]

이차방정식 $f(x) = 0$의 서로 다른 두 실근이 α, β일 때,
열린구간 (α, β)에서 정의된 함수
$g(x) = f(x)\ln\{f(x)\}$이 다음 조건을 만족시킨다.

> (가) 두 함수 $f(x)$와 $g(x)$는 $x = a$에서 동일한
> 최댓값 M을 갖는다.
> (나) 함수 $g(x)$는 $x = b$, $x = b + \sqrt{e - \dfrac{1}{e}}$에서
> 최솟값을 갖는다.

$M - f(a+1)$의 값을 구하시오. [4점]

$t > 2e$인 실수 t에 대하여 함수 $f(x) = t(\ln x)^2 - x^2$이 $x = k$에서 극대일 때, 실수 k의 값을 $g(t)$라 하면 $g(t)$는 미분가능한 함수이다. $g(\alpha) = e^2$인 실수 α에 대하여 $\alpha \times \{g'(\alpha)\}^2 = \dfrac{q}{p}$일 때, $p+q$의 값을 구하시오. (단, p와 q는 서로소인 자연수이다.) [4점]

실수 t에 대하여 함수 $f(x) = te^{2x} - \ln(t^2 x)$이 $x = k$에서 극값을 가질 때, 실수 k의 값을 $g(t)$라 하면 $g(t)$는 미분가능한 함수이다. $g(\alpha) = \ln 2$인 실수 α에 대하여 $\ln(4e) \times \alpha^2 \times g'(\alpha) = -\dfrac{q}{p}$일 때, $p+q$의 값을 구하시오. (단, p와 q는 서로소인 자연수이다.) [4점]

두 상수 $a, b\ (a < b)$에 대하여 함수 $f(x)$를

$$f(x) = (x-a)(x-b)^2$$

이라 하자. 함수 $g(x) = x^3 + x + 1$의 역함수 $g^{-1}(x)$에 대하여 합성함수 $h(x) = (f \circ g^{-1})(x)$가 다음 조건을 만족시킬 때, $f(8)$의 값을 구하시오. [4점]

(가) 함수 $(x-1)|h(x)|$가 실수 전체의 집합에서 미분가능하다.

(나) $h'(3) = 2$

최고차항의 계수가 1인 삼차함수 $f(x)$와 함수 $g(x) = 2e^x + x$의 역함수 $g^{-1}(x)$에 대하여 함수 $h(x)$를

$$h(x) = (f \circ g^{-1})(x)$$

라 하자. 두 함수 $f(x)$와 $h(x)$가 다음 조건을 만족시킬 때, $f(1)$의 최댓값을 구하시오. [4점]

(가) 방정식 $f(x) = 0$은 서로 다른 두 실근을 갖는다.

(나) 함수 $(x-2)|h(x)|$가 실수 전체의 집합에서 미분가능하다.

(다) $h'(2) = 3$

양수 t에 대하여 다음 조건을 만족시키는 실수 k의 값을 $f(t)$라 하자.

> 직선 $x = k$와 두 곡선 $y = e^{\frac{x}{2}}$, $y = e^{\frac{x}{2}+3t}$이 만나는 점을 각각 P, Q라 하고, 점 Q를 지나고 y축에 수직인 직선이 곡선 $y = e^{\frac{x}{2}}$과 만나는 점을 R라 할 때, $\overline{PQ} = \overline{QR}$이다.

함수 $f(t)$에 대하여 $\displaystyle\lim_{t \to 0+} f(t)$의 값은? [4점]

① $\ln 2$ ② $\ln 3$ ③ $\ln 4$ ④ $\ln 5$ ⑤ $\ln 6$

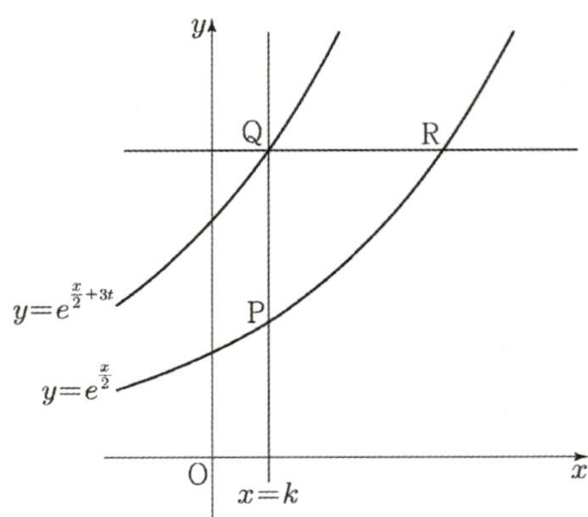

양수 t에 대하여 다음 조건을 만족시키는 실수 k의 값을 $f(t)$라 하자.

> 직선 $y = k$와 두 곡선 $y = e^{\frac{x}{2}}$, $y = e^{\frac{x}{2}+3t}$이 만나는 점을 각각 R, Q라 하고, 점 Q를 지나고 x축에 수직인 직선이 곡선 $y = e^{\frac{x}{2}}$와 만나는 점을 P이라 할 때, $\overline{PQ} : \overline{QR} = 1 : 1$이다.

함수 $f(t)$에 대하여 $\displaystyle\int_{\ln 2}^{\ln 3} \frac{f(t)}{t}\,dt$의 값을 구한 것은? [4점]

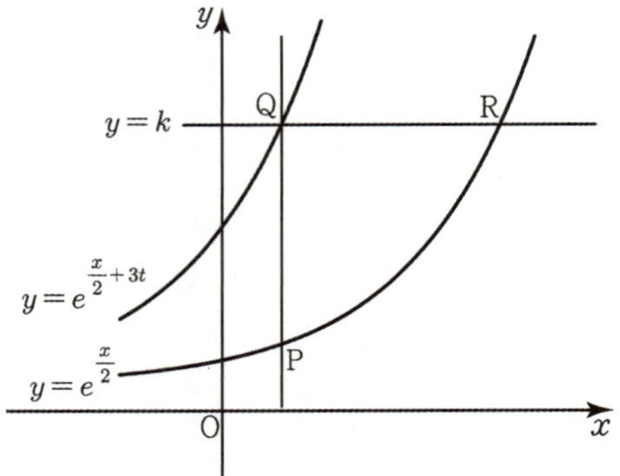

① $2\ln \dfrac{26}{7}$ ② $2\ln \dfrac{24}{7}$ ③ $2\ln \dfrac{22}{7}$

④ $2\ln \dfrac{20}{7}$ ⑤ $2\ln \dfrac{18}{7}$

함수 $f(x) = (x^2 + 2)e^{-x}$에 대하여 함수 $g(x)$가 미분가능하고

$$g\left(\frac{x+8}{10}\right) = f^{-1}(x), \quad g(1) = 0$$

을 만족시킬 때, $|g'(1)|$의 값을 구하시오. [4점]

함수 $f(x) = e^{2x}(x^2 + 1)$에 대하여 함수 $g(x)$가 미분가능하고

$$g(x^3 + 1) = f^{-1}(x)$$

을 만족시킬 때, $36\,g'(2)$의 값을 구하시오. [4점]

함수 $f(x) = 3\sin kx + 4x^3$의 그래프가 오직 하나의 변곡점을 가지도록 하는 실수 k의 최댓값을 구하시오. [4점]

함수 $f(x) = \dfrac{kx}{x^2+1} + 2x^3$의 그래프가 오직 하나의 변곡점을 가지도록 하는 실수 k의 최댓값을 구하시오. [4점]

330

실수 전체의 집합에서 미분가능한 함수 $f(x)$에 대하여 함수 $g(x)$를

$$g(x) = \frac{f(x)\cos x}{e^x}$$

라 하자. $g'(\pi) = e^\pi g(\pi)$ 일 때, $\dfrac{f'(\pi)}{f(\pi)}$ 의 값은? (단, $f(\pi) \neq 0$) [4점]

① $e^{-2\pi}$ ② 1 ③ $e^{-\pi}+1$

④ $e^\pi + 1$ ⑤ $e^{2\pi}$

331

실수 전체의 집합에서 미분가능한 함수 $f(x)$에 대하여 함수 $g(x)$를

$$g(x) = \frac{f(x)\cos x}{x^2+1}$$

하자. $g'(\pi) = \dfrac{g(\pi)}{\pi^2+1}$ 일 때, $\dfrac{f'(\pi)}{f(\pi)}$ 의 값은? (단, $f(\pi) \neq 0$) [4점]

① $\dfrac{2\pi+1}{\pi^2+1}$ ② $\dfrac{2\pi}{\pi^2+1}$ ③ $\dfrac{\pi+1}{\pi^2+1}$

④ $\dfrac{\pi}{\pi^2+1}$ ⑤ $\dfrac{2}{\pi^2+1}$

실수 전체의 집합에서 미분가능한 함수 $f(x)$에 대하여 함수 $g(x)$를

양수 a와 실수 b에 대하여 함수 $f(x) = ae^{3x} + be^x$ 이 다음 조건을 만족시킬 때, $f(0)$의 값은? [4점]

> (가) $x_1 < \ln\dfrac{2}{3} < x_2$를 만족시키는 모든 실수 x_1, x_2에 대하여 $f''(x_1)f''(x_2) < 0$ 이다.
>
> (나) 구간 $[k, \infty)$에서 함수 $f(x)$의 역함수가 존재하도록 하는 실수 k의 최솟값을 m이라 할 때, $f(2m) = -\dfrac{80}{9}$ 이다.

① -15 ② -12 ③ -9 ④ -6 ⑤ -3

양수 a와 실수 b에 대하여 $x > 0$에서 정의된 함수 $f(x) = a(\ln x)^2 + b\ln x$ 가 다음 조건을 만족시킬 때, 방정식 $f(x) = 0$ 의 모든 근의 곱은? [4점]

> (가) $0 < x_1 < e^3 < x_2$를 만족시키는 모든 실수 x_1, x_2에 대하여 $f''(x_1)f''(x_2) < 0$ 이다.
>
> (나) 구간 $[k, \infty)$에서 함수 $f(x)$의 역함수가 존재하도록 하는 실수 k의 최솟값을 m이라 할 때, $f(m) = -8$ 이다.

① e^4 ② $2e^3$ ③ $3e^2$ ④ e^6 ⑤ $4e^4$

그림과 같이 x 축 위의 두 점 $A(20, 0)$, $B(80, 0)$ 와 양의 y 축 위의 점 $P(0, y)$ 에 대하여 $\angle APB = \theta$ 라고 할 때, $\tan \theta$ 의 값이 최대가 되는 점 P 의 y 좌표를 구하시오. [4점]

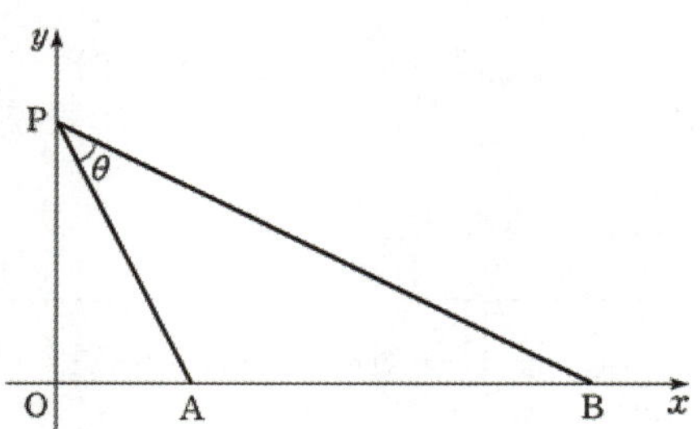

다음 그림과 같이 $y = -\sqrt{3}\,x$ 위의 두 점 $A(-1, \sqrt{3})$, $B(-4, 4\sqrt{3})$ 와 $y = \dfrac{1}{\sqrt{3}}x$ 위의 점 P 에 대하여 $\angle APB = \theta$ 라고 할 때, $\tan \theta$ 의 값이 최대가 되는 점 P 의 x 좌표를 a 라 하자. a^2 의 값을 구하시오. (단, $a > 0$) [4점]

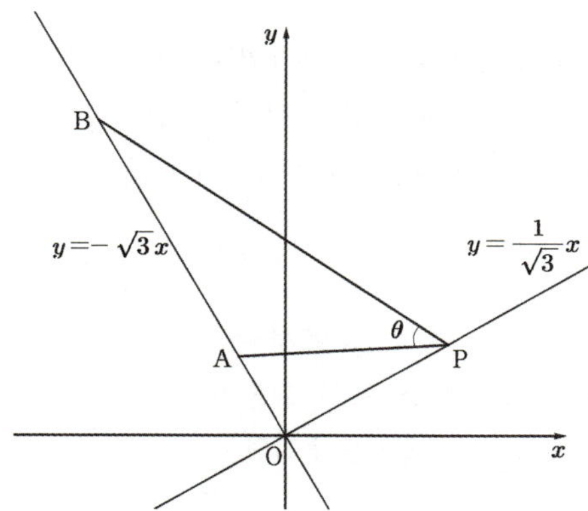

336

최고차항의 계수가 양수인 삼차함수 $f(x)$와 함수 $g(x) = e^{\sin \pi x} - 1$에 대하여 실수 전체의 집합에서 정의된 합성함수 $h(x) = g(f(x))$가 다음 조건을 만족시킨다.

> (가) 함수 $h(x)$는 $x = 0$에서 극댓값 0을 갖는다.
> (나) 열린구간 $(0, 3)$에서 방정식 $h(x) = 1$의 서로 다른 실근의 개수는 7이다.

$f(3) = \dfrac{1}{2}$, $f'(3) = 0$일 때, $f(2) = \dfrac{q}{p}$이다. $p + q$의 값을 구하시오. (단, p와 q는 서로소인 자연수이다.) [4점]

쌍둥이 문제 – 풀이 없음

사차함수 $f(x)$는 $f(-x) = f(x)$을 만족시키며, 함수 $g(x) = e^{\sin \pi x} - 1$에 대하여 실수 전체의 집합에서 정의된 합성함수 $h(x) = g(f(x))$가 다음 조건을 만족시킨다.

> (가) 함수 $h(x)$는 $x = 0$에서 극솟값 0을 갖는다.
> (나) 열린구간 $(0, 2)$에서 방정식 $h(x) = 1$의 서로 다른 양의 실근의 개수는 5이다.

$f(2) = \dfrac{5}{2}$, $f'(2) = 0$일 때, $f(1) = \dfrac{q}{p}$이다. $p + q$의 값을 구하시오. (단, p와 q는 서로소인 자연수이다.)

정답 223

337

두 상수 a $(a > 0)$ 와 b $(b > 1)$에 대하여 함수 $f(x)$가

$$f(x) = \begin{cases} \cos\{\pi \ln(ax^2 + b)\} & (-2 < x < 2) \\ 0 & (x \le -2 \text{ 또는 } x \ge 2) \end{cases}$$

이고 다음 조건을 만족시킨다.

> (가) 함수 $f(x)$는 실수 전체의 집합에서 연속이다.
> (나) 함수 $f(x)$는 $x = 0$에서 극솟값 $-\dfrac{1}{2}$을 갖는다.
> (다) $-2 < p < 2$인 실수 p에 대하여 함수 $f(x)$가 $x = p$에서 극값을 갖도록 하는 서로 다른 실수 p의 개수는 7이다.

b가 최소일 때, $6\ln\left(\dfrac{4a}{b} + 1\right)$의 값을 구하시오.

양수 a에 대하여 함수 $f(x)$는

$$f(x) = \frac{x^2 - ax}{e^x}$$

이다. 실수 t에 대하여 x에 대한 방정식

$$f(x) = f'(t)(x-t) + f(t)$$

의 서로 다른 실근의 개수를 $g(t)$라 하자.
$g(5) + \lim\limits_{t \to 5} g(t) = 5$일 때, $\lim\limits_{t \to k-} g(t) \neq \lim\limits_{t \to k+} g(t)$를

만족시키는 모든 실수 k의 값의 합은 $\dfrac{q}{p}$이다. $p+q$의

값을 구하시오. (단, p와 q는 서로소인 자연수이다.)
[4점]

양수 a에 대하여 함수 $f(x)$는

$$f(x) = \frac{x^2 - ax}{x^2 + 1}$$

이다. 실수 t에 대하여 x에 대한 방정식

$$f(x) = f'(t)(x-t) + f(t)$$

의 서로 다른 실근의 개수를 $g(t)$라 하자.
함수 $g(t)$가 $t = \alpha$에서 불연속일 때, α의 값을 작은
것부터 차례대로 나타내면 α_1, α_2, α_3, $\cdots$, α_n

$(n \geq 4)$이다. $\alpha_2 + \alpha_4 = -1$일 때, $f(2a) = \dfrac{q}{p}$이다.

$p+q$의 값을 구하시오. (단, p와 q는 서로소인
자연수이다.) [4점]

$t > \dfrac{1}{2}\ln 2$ 인 실수 t에 대하여 곡선

$y = \ln\left(1 + e^{2x} - e^{-2t}\right)$과 직선 $y = x + t$가 만나는 서로 다른 두 점 사이의 거리를 $f(t)$라 할 때,

$f'(\ln 2) = \dfrac{q}{p}\sqrt{2}$ 이다. $p + q$의 값을 구하시오. (단, p와 q는 서로소인 자연수이다.) [4점]

쌍둥이 문제 – 풀이 없음

양수 t에 대하여 곡선 $y = \ln\left(\dfrac{2 + e^{2x} - e^{-2t}}{2}\right)$과 직선 $y = x + t$가 만나는 서로 다른 두 점 사이의 거리를 $f(t)$라 할 때, $f'(\ln\sqrt{2}) = a\sqrt{2}$ 이다. a의 값을 구하시오. (단, a는 자연수이다.) [4점]

정답 11

실수 t에 대하여 $x > \dfrac{1}{\sqrt{e}}$ 에서 정의된 곡선

$y = e^{\ln(x + \ln x)} + \dfrac{t(e^t + e^{-t})}{\ln x} - (e^t + e^{-t})$과 직선

$y = x + t$가 만나는 서로 다른 두 점 사이의 거리를 $f(t)$라 할 때, $\dfrac{f'(\ln 2) + 2\sqrt{2}}{\sqrt{2}} = a e^b$이다. $a + b$의 값을 구하시오. (단, a와 b는 유리수이다.) [4점]

두 양수 a, b $(b < 1)$에 대하여 함수 $f(x)$를

$$f(x) = \begin{cases} -x^2 + ax & (x \leq 0) \\ \dfrac{\ln(x+b)}{x} & (x > 0) \end{cases}$$

이라 하자. 양수 m에 대하여 직선 $y = mx$와 함수 $y = f(x)$의 그래프가 만나는 서로 다른 점의 개수를 $g(m)$이라 할 때, 함수 $g(m)$은 다음 조건을 만족시킨다.

$$\lim_{m \to \alpha-} g(m) - \lim_{m \to \alpha+} g(m) = 1$$을 만족시키는 양수 α가 오직 하나 존재하고, 이 α에 대하여 점 $(b, f(b))$는 직선 $y = \alpha x$와 곡선 $y = f(x)$의 교점이다.

$ab^2 = \dfrac{q}{p}$일 때, $p+q$의 값을 구하시오. (단, p와 q는 서로소인 자연수이고, $\displaystyle\lim_{x \to \infty} f(x) = 0$이다.) [4점]

쌍둥이 문제 – 풀이 없음

두 양수 a, $b\,(b > 2)$에 대하여 함수 $f(x)$를

$$f(x) = \begin{cases} x^2 - ax & (x \leq 0) \\ 2x^2 - 2bx + b & (x > 0) \end{cases}$$

이라 하자. 실수 m에 대하여 직선 $y = mx$와 함수 $y = f(x)$의 그래프가 만나는 서로 다른 점의 개수를 $g(m)$이라 할 때, 함수 $g(m)$은 다음 조건을 만족시킨다.

$$\lim_{m \to \alpha+} g(m) - \lim_{m \to \alpha-} g(m) = 1$$을 만족시키는 음수 α가 오직 하나 존재하고, 이 α에 대하여 점 $\left(\dfrac{b}{4}, f\left(\dfrac{b}{4}\right)\right)$는 직선 $y = \alpha x$와 곡선 $y = f(x)$의 교점이다.

$a+b$의 값을 구하시오.

정답 16

두 양수 a, b에 대하여 함수 $f(x)$를

$$f(x) = \begin{cases} e^x - a & (0 < x \leq 2) \\ \sqrt{x-2} + b & (x > 2) \end{cases}$$

이라 하자. 양수 m에 대하여 직선 $y = mx - 1$와 함수 $y = f(x)$의 그래프가 만나는 서로 다른 점의 개수를 $g(m)$이라 할 때, 함수 $g(m)$은 다음 조건을 만족시킨다.

$$\lim_{m \to \alpha+} g(m) - \lim_{m \to \alpha-} g(m) =$$
$$\lim_{m \to \beta-} g(m) - \lim_{m \to \beta+} g(m) = 1$$
을 만족시키는 양수 α와 양수 $\beta\,(\alpha < \beta)$가 오직 하나씩 존재하고 $\beta = \dfrac{e^2}{2}$이다.

$50 \times (2\alpha + a - b)$의 값을 구하시오. (단, $0 < a < 2$) [4점]

최고차항의 계수가 1인 삼차함수 $f(x)$에 대하여 실수 전체의 집합에서 정의된 함수 $g(x)=f\left(\sin^2\pi x\right)$가 다음 조건을 만족시킨다.

(가) $0<x<1$에서 함수 $g(x)$가 극대가 되는 x의 개수가 3이고, 이때 극댓값이 모두 동일하다.

(나) 함수 $g(x)$의 최댓값은 $\dfrac{1}{2}$이고 최솟값은 0이다.

$f(2)=a+b\sqrt{2}$일 때, a^2+b^2의 값을 구하시오. (단, a와 b는 유리수이다.) [4점]

양의 실수 k에 대하여 함수 $f(x)$는 $f(x)=\dfrac{kx}{x^2+4}$

이다. $y=\sin(f(x)\pi)$의 극값의 개수가 10일 때,

$f(1)$의 최댓값을 M이라 하자. $50M$의 값을 구하시오. [4점]

다음 조건을 만족시키는 실수 a, b에 대하여 ab의 최댓값을 M, 최솟값을 m이라 하자.

> 모든 실수 x에 대하여 부등식
> $$-e^{-x+1} \leq ax+b \leq e^{x-2}$$
> 이 성립한다.

$\left| M \times m^3 \right| = \dfrac{q}{p}$ 일 때, $p+q$의 값을 구하시오. (단, p와 q는 서로소인 자연수이다.) [4점]

쌍둥이 문제 – 풀이 없음

다음 조건을 만족시키는 실수 a, b에 대하여 ab의 최솟값은?

> 모든 실수 x에 대하여 부등식
> $$-(x+1)^2-1 \leq ax+b \leq (x-2)^2+1$$
> 이 성립한다.

① $-\dfrac{(\sqrt{13}+3)^2}{2}$ ② $-\dfrac{(\sqrt{13}+3)^2}{4}$

③ $-\dfrac{(\sqrt{13}-3)^2}{2}$ ④ $-\dfrac{(\sqrt{13}-3)^2}{4}$

⑤ $-\dfrac{(\sqrt{13}-3)^2}{8}$

정답 ①

다음 조건을 만족시키는 실수 a에 대하여 a의 최댓값을 M, 최솟값을 m이라 하자.

> 0을 제외한 모든 실수 x에 대하여 부등식
> $$\ln|x|+1 \leq ax^2 \leq e^{x^2+2}$$
> 이 성립한다.

$\dfrac{M}{m^3}$의 값을 구하시오. [4점]

실수 전체의 집합에서 정의된 함수 $f(x)$는 $0 \le x < 3$일 때 $f(x) = |x-1| + |x-2|$이고, 모든 실수 x에 대하여 $f(x+3) = f(x)$를 만족시킨다. 함수 $g(x)$를

$$g(x) = \lim_{h \to 0+} \left| \frac{f(2^{x+h}) - f(2^x)}{h} \right|$$

이라 하자. 함수 $g(x)$가 $x = a$에서 불연속인 a의 값 중에서 열린구간 $(-5, 5)$에 속하는 모든 값을 작은 수부터 크기순으로 나열한 것을 $a_1, a_2, \cdots, a_n$

(n은 자연수)라 할 때, $n + \displaystyle\sum_{k=1}^{n} \frac{g(a_k)}{\ln 2}$의 값을 구하시오. [4점]

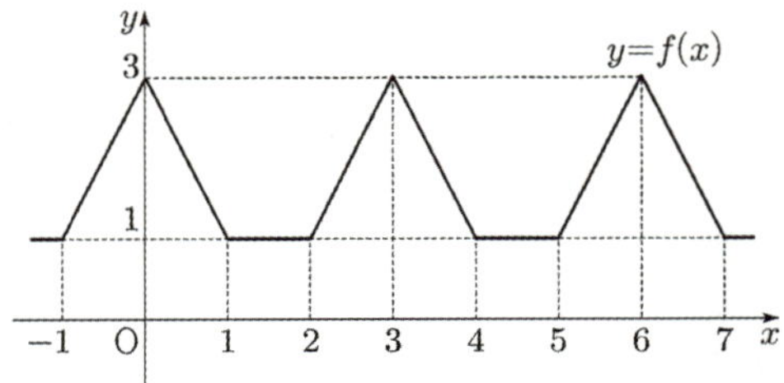

쌍둥이 문제 – 풀이 없음

자연수 n에 대하여 양의 실수 전체에서 정의된 함수 $f(x)$를 $f(x) = (-1)^{n-1}\{x^2 - (2n-1)x + n^2 - n\}$

$(n-1 < x \le n)$

이라 하자. 함수 $g(x) = f(x) - |f(x)|$에 대하여 함수 $h(x)$를 $h(x) = \lim_{h \to 0+} \left| \dfrac{g(x+h) - g(x)}{h} \right|$

이라 할 때, 함수 $h(x)$가 $x = a$에서 불연속인 a의 값 중에서 열린구간 $(0, 8)$에 속하는 모든 값을 작은 수부터 크기순으로 나열한 것을 $a_1, a_2, \cdots, a_p$

(p는 자연수)라 하자. $p + \displaystyle\sum_{k=1}^{p} k\, h(a_k)$의 값을 구하시오. [4점]   정답 31

자연수 n에 대하여 양의 실수 전체에서 정의된 함수 $f(x)$를

$$f(x) = (-1)^{n-1}\{x^2 - (2n-1)x + n^2 - n\}$$
$(n-1 < x \le n)$

이라 하자. 함수 $g(x) = f(x) - |f(x)|$에 대하여 함수 $h(x)$를

$$h(x) = \lim_{h \to 0+} \left| \frac{g(\ln(x+h)) - g(\ln x)}{h} \right|$$

이라 할 때, 함수 $h(x)$가 $x = a$에서 미분가능하지 않은 a의 값 중에서 열린구간 $(1, e^8)$에 속하는 모든 값을 작은 수부터 크기순으로 나열한 것을 $a_1, a_2, \cdots, a_p$

(p는 자연수)라 하자. $p + \displaystyle\sum_{k=1}^{p} k\, a_k\, h(a_k)$의 값을 구하시오. [4점]

양의 실수 t에 대하여 곡선 $y = t^3 \ln(x - t)$가 곡선 $y = 2e^{x-a}$과 오직 한 점에서 만나도록 하는 실수 a의 값을 $f(t)$라 하자. $\left\{ f'\left(\dfrac{1}{3}\right) \right\}^2$의 값을 구하시오. [4점]

쌍둥이 문제 – 풀이 없음

양의 실수 t에 대하여 곡선 $y = t^2(x - t)^2 - 1$가 직선 $y = 2x + a$과 오직 한 점에서 만나도록 하는 실수 a의 값을 $f(t)$라 하자. $f'\left(\dfrac{1}{2}\right)$의 값을 구하시오.

정답 14

양의 실수 t에 대하여 곡선 $y = e^{x-t}$가 곡선 $y = -(x - a)^2 + 3$과 오직 한 점에서 만나도록 하는 실수 a의 값을 $f(t)$라 하자. $f'(100)$의 값을 구하시오. [4점]

함수 $f(x) = \dfrac{\ln x}{x}$ 와 양의 실수 t에 대하여 기울기가 t인 직선이 곡선 $y = f(x)$에 접할 때 접점의 x좌표를 $g(t)$라 하자. 원점에서 곡선 $y = f(x)$에 그은 접선의 기울기가 a일 때, 미분가능한 함수 $g(t)$에 대하여 $a \times g'(a)$의 값은? [4점]

① $-\dfrac{\sqrt{e}}{3}$ ② $-\dfrac{\sqrt{e}}{4}$ ③ $-\dfrac{\sqrt{e}}{5}$

④ $-\dfrac{\sqrt{e}}{6}$ ⑤ $-\dfrac{\sqrt{e}}{7}$

쌍둥이 문제 – 풀이 없음

함수 $f(x) = (x+1)^2$와 양의 실수 t에 대하여 기울기가 t인 직선이 곡선 $y = f(x)$에 접할 때 접점의 x좌표를 $g(t)$라 하자. 원점에서 곡선 $y = f(x)$에 그은 접선의 기울기가 a일 때, 미분가능한 함수 $g(t)$에 대하여 $a \times g'(a)$의 값을 구하시오.

정답 2

함수 $f(x) = (x+1)e^x$와 양의 실수 t에 대하여 기울기가 t인 직선이 곡선 $y = f(x)$에 접할 때 접점의 x좌표를 $g(t)$라 하자. 원점에서 곡선 $y = f(x)$에 그은 접선의 기울기가 a일 때, 미분가능한 함수 $g(t)$에 대하여 모든 $g'(a)$의 곱의 값은? [4점]

① $\dfrac{e}{3}$ ② $\dfrac{e}{4}$ ③ $\dfrac{e}{5}$ ④ $\dfrac{e}{6}$ ⑤ $\dfrac{e}{7}$

354

점 $\left(-\dfrac{\pi}{2},\,0\right)$ 에서 곡선 $y=\sin x\ (x>0)$ 에 접선을

그어 접점의 x좌표를 작은 수부터 크기순으로 모두
나열할 때, n번째 수를 a_n이라 하자. 모든 자연수 n에
대하여 〈보기〉에서 옳은 것만을 있는 대로 고른 것은?
[4점]

> | 보기 |
>
> ㄱ. $\tan a_n = a_n + \dfrac{\pi}{2}$
>
> ㄴ. $\tan a_{n+2} - \tan a_n > 2\pi$
>
> ㄷ. $a_{n+1} + a_{n+2} > a_n + a_{n+3}$

① ㄱ   ② ㄱ, ㄴ   ③ ㄱ, ㄷ
④ ㄴ, ㄷ   ⑤ ㄱ, ㄴ, ㄷ

355

점 $(0,\,0)$ 에서 곡선 $y=\cos x\ (x>0)$ 에 접선을 그어
접점의 x좌표를 작은 수부터 크기순으로 모두 나열할 때,
n번째 수를 a_n이라 하자. 모든 자연수 n에 대하여
〈보기〉에서 옳은 것만을 있는 대로 고른 것은? [4점]

> | 보기 |
>
> ㄱ. $a_n = -\cot a_n$
>
> ㄴ. $\cot a_{n+2} - \cot a_n > -2\pi$
>
> ㄷ. $a_{n+1} + a_{n+2} > a_n + a_{n+3}$

① ㄱ   ② ㄱ, ㄴ   ③ ㄱ, ㄷ
④ ㄴ, ㄷ   ⑤ ㄱ, ㄴ, ㄷ

최고차항의 계수가 6π인 삼차함수 $f(x)$에 대하여 함수 $g(x) = \dfrac{1}{2 + \sin(f(x))}$이 $x = \alpha$에서 극대 또는 극소이고, $\alpha \geq 0$인 모든 α를 작은 수부터 크기순으로 나열한 것을 α_1, α_2, α_3, α_4, α_5, $\cdots$라 할 때, $g(x)$는 다음 조건을 만족시킨다.

(가) $\alpha_1 = 0$이고 $g(\alpha_1) = \dfrac{2}{5}$이다.

(나) $\dfrac{1}{g(\alpha_5)} = \dfrac{1}{g(\alpha_2)} + \dfrac{1}{2}$

$g'\left(-\dfrac{1}{2}\right) = a\pi$라 할 때, a^2의 값을 구하시오. (단, $0 < f(0) < \dfrac{\pi}{2}$) [4점]

쌍둥이 문제 – 풀이 없음

함수 $g(x) = \dfrac{2}{3 + \sin\left(\dfrac{\pi}{2}x + a\right)}$는 $x = 1$에서 극값을 갖는다. 함수 $g(x)$의 최댓값을 M, 최솟값을 m이라 할 때, $M + m + \dfrac{a}{2\pi}$의 값을 구하시오.

(단, $0 < a < 2\pi$)

정답 2

최고차항의 계수가 3π인 삼차함수 $f(x)$에 대하여 함수 $g(x) = \dfrac{1}{2 - \cos(f(x))}$이 $x = \alpha$에서 극대 또는 극소이고, $\alpha \geq 0$인 모든 α를 작은 수부터 크기순으로 나열한 것을 α_1, α_2, α_3, α_4, α_5, $\cdots$라 할 때, $g(x)$는 다음 조건을 만족시킨다.

(가) $\alpha_1 = 0$이고 $g(\alpha_1) = \dfrac{2}{3}$이다.

(나) $\dfrac{1}{g(\alpha_{14})} = \dfrac{1}{g(\alpha_2)} + \dfrac{1}{2}$

$g'(-1) = a\pi$라 할 때, a^2의 값을 구하시오. (단, $0 < f(0) < \dfrac{\pi}{2}$) [4점]

열린 구간 $(0,\ 2\pi)$ 에서 정의된 함수

$f(x) = \cos x + 2x \sin x$ 가 $x = \alpha$ 와 $x = \beta$ 에서 극값

을 가진다. 〈보기〉에서 옳은 것만을 있는 대로 고른 것은?
(단, $\alpha < \beta$) [4점]

─── | 보기 | ───

ㄱ. $\tan(\alpha + \pi) = -2\alpha$

ㄴ. $g(x) = \tan x$ 라 할 때,
$g'(\alpha + \pi) < g'(\beta)$ 이다.

ㄷ. $\dfrac{2(\beta - \alpha)}{\alpha + \pi - \beta} < \sec^2 \alpha$

① ㄱ　　　　② ㄷ　　　　③ ㄱ, ㄴ

④ ㄴ, ㄷ　　　⑤ ㄱ, ㄴ, ㄷ

열린구간 $(0,\ 2\pi)$ 에서 정의된 함수
$f(x) = \sin x - 2x \cos x$ 가 $x = \alpha$ 와 $x = \beta$ 에서 극값을
가질 때, 〈보기〉에서 옳은 것만을 있는 대로 고른 것은?
(단, $\alpha < \beta$) [4점]

─── | 보기 | ───

ㄱ. $\tan(\alpha + \pi) = \dfrac{1}{2\alpha}$

ㄴ. $g(x) = \tan x$ 라 할 때,
$g'(\alpha + \pi) < g'(\beta)$ 이다.

ㄷ. $\dfrac{1}{\alpha} - \dfrac{1}{\beta} > 2(\pi + \alpha - \beta)\sec^2 \beta$

① ㄱ　　　　② ㄷ　　　　③ ㄱ, ㄴ

④ ㄱ, ㄷ　　　⑤ ㄱ, ㄴ, ㄷ

최고차항의 계수가 $\dfrac{1}{2}$ 이고 최솟값이 0 인 사차함수

$f(x)$ 와 함수 $g(x)=2x^4 e^{-x}$ 에 대하여 합성함수

$h(x)=(f \circ g)(x)$ 가 다음 조건을 만족한다.

> (가) 방정식 $h(x)=0$ 의 서로 다른 실근의 개수는 4 이다.
> (나) 함수 $h(x)$ 는 $x=0$ 에서 극소이다.
> (다) 방정식 $h(x)=8$ 의 서로 다른 실근의 개수는 6 이다.

$f'(5)$ 의 값을 구하시오. (단, $\displaystyle\lim_{x \to \infty} g(x)=0$) [4점]

쌍둥이 문제 - 풀이 없음

사차함수 $f(x)=x^2(x-2)^2$ 와 함수 $g(x)=x^2 e^{-x}$

에 대하여 방정식 $f(g(x))-k=0$의 실근의 개수가 5일 때, k의 값의 범위는 $a<k<b$이다. $a+b$의 값은?

(단, a, b는 유리수이고 $e^2 \fallingdotseq 7.4$, $e^4 \fallingdotseq 54.6$이다.)

① $\dfrac{4}{e^2}\left(\dfrac{2}{e^2}-1\right)^2$ ② $\dfrac{16}{e^2}\left(\dfrac{2}{e^2}-1\right)^2$ ③ $\dfrac{64}{e^2}\left(\dfrac{2}{e^2}-1\right)^2$

④ $\dfrac{16}{e^4}\left(\dfrac{2}{e^2}-1\right)^2$ ⑤ $\dfrac{64}{e^4}\left(\dfrac{2}{e^2}-1\right)^2$

정답 ⑤

최고차항의 계수가 1이고 최솟값이 0 인 사차함수

$f(x)$ 와 함수 $g(x)=4x^2 e^x$ 에 대하여 합성함수

$h(x)=(f \circ g)(x)$ 가 다음 조건을 만족한다.

> (가) 방정식 $h(x)=0$ 의 서로 다른 실근의 개수는 4 이다.
> (나) 함수 $h(x)$ 는 $x=0$ 에서 극소이다.
> (다) 방정식 $h(x)=1$의 서로 다른 실근의 개수는 4 이다.

$f'(3)$ 의 값을 구하시오. (단, $\displaystyle\lim_{x \to -\infty} g(x)=0$) [4점]

열린 구간 $\left(-\dfrac{\pi}{2},\ \dfrac{3\pi}{2}\right)$ 에서 정의된 함수

$$f(x)=\begin{cases} 2\sin^3 x & \left(-\dfrac{\pi}{2}<x<\dfrac{\pi}{4}\right)\\[2mm] \cos x & \left(\dfrac{\pi}{4}\le x<\dfrac{3\pi}{2}\right)\end{cases}$$

가 있다. 실수 t 에 대하여 다음 조건을 만족시키는 모든 실수 k의 개수를 $g(t)$ 라 하자.

> (가) $-\dfrac{\pi}{2}<k<\dfrac{3\pi}{2}$
> (나) 함수 $\sqrt{|f(x)-t|}$ 는 $x=k$ 에서 미분가능하지 않다.

함수 $g(t)$ 에 대하여 합성함수 $(h\circ g)(t)$ 가 실수 전체의 집합에서 연속이 되도록 하는 최고차항의 계수가 1 인 사차함수 $h(x)$ 가 있다.

$g\left(\dfrac{\sqrt{2}}{2}\right)=a,\ g(0)=b,\ g(-1)=c$ 라 할 때,

$h(a+5)-h(b+3)+c$ 의 값은? [4점]

① 96   ② 97   ③ 98   ④ 99   ⑤ 100

쌍둥이 문제 – 풀이 없음

열린 구간 $(-1,\ 4)$ 에서 정의된 함수

$$f(x)=\begin{cases} -x^2+1 & (-1<x<1)\\[2mm] \cos^3\left(\dfrac{\pi}{2}x\right) & (1\le x<4)\end{cases}$$

가 있다. 실수 t 에 대하여 다음 조건을 만족시키는 모든 실수 k의 개수를 $g(t)$ 라 하자.

> (가) $-1<k<4$
> (나) 함수 $\sqrt{|f(x)-t|}$ 는 $x=k$ 에서 미분가능하지 않다.

함수 $g(t)$ 에 대하여 합성함수 $(h\circ g)(t)$ 가 실수 전체의 집합에서 연속이 되도록 하는 최고차항의 계수가 1 인 사차함수 $h(x)$ 가 있다.

$g(1)=a,\ g(0)=b,\ g(-1)=c$ 라 할 때,
$h(a+3)-h(b+5)+100c$ 의 값은?

① 104   ② 103   ③ 102   ④ 101   ⑤ 100

정답 ①

열린구간 $(-1,\ 5)$ 에서 정의된 함수

$$f(x)=\begin{cases} x^2+1 & (-1<x<1)\\[2mm] \dfrac{2}{3}(x-2)^3+\dfrac{8}{3} & (1\le x<3)\\[2mm] -\dfrac{5}{3}(x-5) & (3\le x<5)\end{cases}$$

가 있다. 실수 t 에 대하여 다음 조건을 만족시키는 모든 실수 k의 개수를 $g(t)$ 라 하자.

> (가) $-1<k<5$
> (나) 함수 $|f(x)-t|$ 는 $x=k$ 에서 미분가능하지 않다.

함수 $g(t)$ 에 대하여 합성함수 $(h\circ g)(t)$ 가 실수 전체의 집합에서 연속이 되도록 하는 최고차항의 계수가 1 인 사차함수 $h(x)$ 가 있다.

$g(1)=a,\ g\left(\dfrac{8}{3}\right)=b,\ g(3)=c$ 라 할 때,

$h(a+3)-h(b+2)+100c$ 의 값을 구하시오. [4점]

양수 t 에 대하여 구간 $[1, \infty)$에서 정의된 함수 $f(x)$가

$$f(x)=\begin{cases} \ln x & (1 \le x < e) \\ -t+\ln x & (x \ge e) \end{cases}$$

일 때, 다음 조건을 만족시키는 일차함수 $g(x)$ 중에서 직선 $y=g(x)$의 기울기의 최솟값을 $h(t)$라 하자.

> 1 이상의 모든 실수 x에 대하여
> $(x-e)\{g(x)-f(x)\} \ge 0$이다.

미분 가능한 함수 $h(t)$에 대하여 양수 a가

$h(a)=\dfrac{1}{e+2}$ 을 만족시킨다. $h'\left(\dfrac{1}{2e}\right) \times h'(a)$의 값은? [4점]

① $\dfrac{1}{(e+1)^2}$

② $\dfrac{1}{e(e+1)}$

③ $\dfrac{1}{e^2}$

④ $\dfrac{1}{(e-1)(e+1)}$

⑤ $\dfrac{1}{e(e-1)}$

쌍둥이 문제 - 풀이 없음

실수 전체 집합에서 정의된 함수 $f(x)$와 함수 $g(x)$가 다음과 같다.

$$f(x)=\begin{cases} e^{-x} & (x \le 0) \\ -e^{x-1} & (x > 0) \end{cases}, \quad g(x)=-x+t$$

함수 $f(x)$와 $g(x)$가 다음 조건을 만족시킬 때, t의 최댓값을 M, 최솟값을 m이라 하자.

> 모든 실수 x에 대하여 $x\{g(x)-f(x)\} \ge 0$이다.

$10(M-m)$의 값을 구하시오.

정답 10

양수 t 에 대하여 구간 $[0, \infty)$에서 정의된 함수 $f(x)$가

$$f(x)=\begin{cases} \sqrt{x} & (0 \le x < 4) \\ -t+\sqrt{x} & (x \ge 4) \end{cases}$$

일 때, 다음 조건을 만족시키는 일차함수 $g(x)$ 중에서 직선 $y=g(x)$의 기울기의 최솟값을 $h(t)$라 하자.

> 0 이상의 모든 실수 x에 대하여
> $(x-4)\{g(x)-f(x)\} \ge 0$이다.

미분 가능한 함수 $h(t)$에 대하여 양수 a가 $h(a)=\dfrac{1}{5}$ 을

만족시킨다. $h'\left(\dfrac{9}{10}\right) \times h'(a)$의 값은? [4점]

① $\dfrac{1}{15}$

② $\dfrac{1}{20}$

③ $\dfrac{1}{25}$

④ $\dfrac{1}{30}$

⑤ $\dfrac{1}{35}$

함수 $f(x) = \ln(e^x + 1) + 2e^x$ 에 대하여 이차함수

$g(x)$ 와 실수 k 는 다음 조건을 만족시킨다.

> 함수 $h(x) = |g(x) - f(x-k)|$ 는
> $x = k$ 에서 최솟값 $g(k)$ 를 갖고, 닫힌구간
> $[k-1, k+1]$ 에서 최댓값 $2e + \ln\left(\dfrac{1+e}{\sqrt{2}}\right)$ 을
> 갖는다.

$g'\left(k - \dfrac{1}{2}\right)$ 의 값을 구하시오. (단, $\dfrac{5}{2} < e < 3$) [4점]

쌍둥이 문제 - 풀이 없음

이차함수 $f(x) = x^2$ 에 대하여 최고차항의 계수가 -1 인
이차함수 $g(x)$ 와 실수 k 는 다음 조건을 만족시킨다.

> 함수 $h(x) = |g(x) - f(x-k)|$ 는 $x = k+1$ 에서
> 최솟값 1 을 갖는다.

함수 $h(x)$ 의 닫힌구간 $[k, k+2]$ 에서 최댓값을
구하시오.

정답 3

함수

$$f(x) = \begin{cases} 2x + 1 & (x \geq 0) \\ x^3 + 2x + 1 & (x < 0) \end{cases}$$

에 대하여 이차함수 $g(x)$ 와 실수 k 는 다음 조건을
만족시킨다.

> 함수 $h(x) = |g(x) - f(x-k)|$ 는 $x = k$ 에서
> 최솟값 $\dfrac{g(k)}{2}$ 를 갖고, 닫힌구간 $[k-1, k+1]$ 에서
> 최댓값 7 을 갖는다.

$g'\left(k + \dfrac{1}{2}\right)$ 의 값을 구하시오. [4점]

최고차항의 계수가 1인 사차함수 $f(x)$에 대하여

$$F(x) = \ln | f(x) |$$

라 하고, 최고차항의 계수가 1인 삼차함수 $g(x)$에 대하여

$$G(x) = \ln | g(x) \sin x |$$ 라 하자.

$\displaystyle \lim_{x \to 1} (x-1) F'(x) = 3$, $\displaystyle \lim_{x \to 0} \frac{F'(x)}{G'(x)} = \frac{1}{4}$ 일 때,

$f(3) + g(3)$의 값은? [4점]

① 57　　② 55　　③ 53　　④ 51　　⑤ 49

쌍둥이 문제 - 풀이 없음

최고차항의 계수가 1인 사차함수 $f(x)$에 대하여

$$F(x) = \ln | f(x) |$$

라 하고, 최고차항의 계수가 1인 삼차함수 $g(x)$에 대하여

$$G(x) = \ln | g(x) \tan x |$$

라 하자.

$\displaystyle \lim_{x \to 1} (x-1) F'(x) = 2$, $\displaystyle \lim_{x \to 0} \frac{F'(x)}{G'(x)} = \frac{1}{2}$, $f(-1) = 4$

일 때, $f(2) + g(3)$의 값을 구하시오.

정답 31

최고차항의 계수가 1인 사차함수 $f(x)$에 대하여

$$F(x) = \ln | f(x) |$$

라 하고, $g(x) = f(x)(e^x - 1)$이라 하자.

$\displaystyle \lim_{x \to 3} (x-3) F'(x) = 2$일 때, $\displaystyle \lim_{x \to 0} \frac{1 - \cos x}{g'(x)} = \frac{q}{p}$ 이다.

$p + q$의 값을 구하시오.

(단, p, q는 서로소인 자연수이다.) [4점]

$x > a$에서 정의된 함수 $f(x)$와 최고차항의 계수가 -1인 사차함수 $g(x)$가 다음 조건을 만족시킨다. (단, a는 상수이다.)

> (가) $x > a$인 모든 실수 x에 대하여
> $(x-a)f(x) = g(x)$이다.
> (나) 서로 다른 두 실수 α, β에 대하여
> 함수 $f(x)$는 $x = \alpha$와 $x = \beta$에서 동일한
> 극댓값 M을 갖는다. (단, $M > 0$)
> (다) 함수 $f(x)$가 극대 또는 극소가 되는 x의 개수는
> 함수 $g(x)$가 극대 또는 극소가 되는 x의
> 개수보다 많다.

$\beta - \alpha = 6\sqrt{3}$일 때, M의 최솟값을 구하시오. [4점]

쌍둥이 문제 - 풀이 없음

$x > a$에서 정의된 함수 $f(x)$와 최고차항의 계수가 1인 사차함수 $g(x)$가 다음 조건을 만족시킨다. (단, a는 상수이다.)

> (가) $x > a$인 모든 실수 x에 대하여
> $(x-a)f(x) = g(x)$이다.
> (나) 서로 다른 두 실수 α, β에 대하여 함수 $f(x)$는
> $x = \alpha$와 $x = \beta$에서 동일한 극솟값 m을
> 갖는다. (단, $m < 0$)
> (다) 함수 $f(x)$가 극대 또는 극소가 되는 x의 개수는
> 함수 $g(x)$가 극대 또는 극소가 되는 x의
> 개수보다 많다.

$\alpha - \beta = 6$일 때, m의 최댓값을 M이라 할 때 $-\sqrt{3}\,M$의 값을 구하시오.

정답 72

최고차항의 계수가 양수이고 모든 계수가 유리수인 삼차함수 $f(x)$와 $x \neq 0$인 모든 실수에서 정의된 함수 $g(x)$가 다음 조건을 만족시킨다.

> (가) $x \neq 0$인 모든 실수 x에 대하여
> $f(x) = xg(x) + 36$이다.
> (나) $f'(0) = 0$이고 방정식 $f(x) = 0$은 두 실근을
> 갖고 두 실근의 차는 6이다.
> (다) $x < 0$에서 $g(x)$의 극솟값의 최솟값은
> $g(1 - \sqrt{3}\,)$이다.

$x > 0$에서 $g(x) = k$가 서로 다른 두 실근을 갖도록 하는 모든 k값의 곱을 m이라 하자. $\sqrt{3}\,m$의 값을 구하시오. [4점]

최고차항의 계수가 1인 사차함수 $f(x)$와 함수

$$g(x) = |\,2\sin(x+2|\,x\,|)+1\,|$$

에 대하여 함수 $h(x) = f(g(x))$는 실수 전체의 집합에서 이계도함수 $h''(x)$를 갖고, $h''(x)$는 실수 전체의 집합에서 연속이다. $f'(3)$의 값을 구하시오. [4점]

쌍둥이 문제 – 풀이 없음

최고차항의 계수가 1인 사차함수 $f(x)$와 함수

$$g(x) = |\,4\sin(2x-3|\,x\,|)-2\,|$$

에 대하여 함수 $h(x) = f(g(x))$는 실수 전체의 집합에서 이계도함수 $h''(x)$를 갖고, $h''(x)$는 실수 전체의 집합에서 연속이다. 이 때, $f'(4)$의 값을 구하시오.

정답 64

최고차항의 계수가 1인 사차함수 $f(x)$와 함수

$$g(x) = \frac{|\,x-1\,|}{e^{|x|}} - 1$$

에 대하여 함수 $h(x) = f(g(x))$는 실수 전체의 집합에서 이계도함수 $h''(x)$를 갖고, $h''(x)$는 실수 전체의 집합에서 연속이다. $f'(2)$의 값은? [4점]

① 40 ② 44 ③ 48 ④ 52 ⑤ 56

실수 전체의 집합에서 미분 가능한 함수 $f(x)$가 모든 실수 x에 대하여 다음 조건을 만족시킨다.

> (가) $f(x) \neq 1$
> (나) $f(x) + f(-x) = 0$
> (다) $f'(x) = \{1 + f(x)\}\{1 + f(-x)\}$

보기에서 옳은 것만을 있는 대로 고른 것은? [4점]

——— | 보기 | ———

ㄱ. 모든 실수 x에 대하여 $f(x) \neq -1$이다.
ㄴ. 함수 $f(x)$는 어떤 열린구간에서 감소한다.
ㄷ. 곡선 $y = f(x)$는 세 개의 변곡점을 갖는다.

① ㄱ   ② ㄴ   ③ ㄱ, ㄷ
④ ㄴ, ㄷ   ⑤ ㄱ, ㄴ, ㄷ

실수 전체의 집합에서 미분 가능한 함수 $f(x)$가 모든 실수 x에 대하여 다음 조건을 만족시킨다.

> (가) $\lim\limits_{x \to -\infty} f(x) = 2$
> (나) $f(x) + f(-x) = 0$
> (다) $f'(x) = \{-f(x) + 2\}\{f(-x) - 2\}$

보기에서 옳은 것만을 있는 대로 고른 것은? [4점]

——— | 보기 | ———

ㄱ. 모든 실수 x에 대하여 $f(x) \neq -2$이다.
ㄴ. 함수 $f(x)$는 어떤 열린구간에서 증가한다.
ㄷ. 곡선 $y = f(x)$는 $x = 0$에서 변곡점을 갖는다.

① ㄱ   ② ㄷ   ③ ㄱ, ㄷ
④ ㄴ, ㄷ   ⑤ ㄱ, ㄴ, ㄷ

$0 < t < 41$인 실수 t에 대하여 곡선
$y = x^3 + 2x^2 - 15x + 5$와 직선 $y = t$가 만나는 세 점
중에서 x좌표가 가장 큰 점의 좌표를 $(f(t),\ t)$,
x좌표가 가장 작은 점의 좌표를 $(g(t),\ t)$라 하자.
$h(t) = t \times \{f(t) - g(t)\}$라 할 때, $h'(5)$의 값은? [4점]

① $\dfrac{79}{12}$　　② $\dfrac{85}{12}$　　③ $\dfrac{91}{12}$　　④ $\dfrac{97}{12}$　　⑤ $\dfrac{103}{12}$

쌍둥이 문제 - 풀이 없음

실수 t에 대하여 곡선 $y = \dfrac{1}{\sqrt{3}} \tan 2x$와 직선 $y = t$

가 만나는 네 점 중에서 x좌표가 가장 큰 점의 좌표

를 $(f(t),\ t)$, x좌표가 가장 작은 점의 좌표를

$(g(t),\ t)$라 하자. $h(t) = \ln\left(\dfrac{f(t)}{g(t)}\right)$라 할 때, $h'(1)$의

값은? (단, $0 \le x < 2\pi$)

① $-\dfrac{27\sqrt{3}}{40\pi}$　　② $\dfrac{51\sqrt{3}}{40\pi}$　　③ $-\dfrac{27\sqrt{3}}{50\pi}$

④ $\dfrac{27\sqrt{3}}{5\pi}$　　⑤ $-\dfrac{108\sqrt{3}}{5\pi}$

정답 ①

$0 < t < \dfrac{5}{2}$인 실수 t에 대하여 곡선 $y = \left|\dfrac{5x}{x^2+1}\right|$와

직선 $y = t$가 만나는 점 중에서 x좌표가 가장 큰 점의
좌표를 $(f(t),\ t)$, x좌표가 가장 작은 점의 좌표를
$(g(t),\ t)$라 하자. $h(t) = \ln|f(t)g(t)|$라 할 때,
$h'(2)$의 값은? [4점]

① $\dfrac{5}{6}$　　　　② $\dfrac{5}{3}$　　　　③ 0

④ $-\dfrac{5}{6}$　　　　⑤ $-\dfrac{5}{3}$

378

양수 a와 두 실수 b, c에 대하여 함수

$$f(x) = (ax^2 + bx + c)e^x$$

은 다음 조건을 만족시킨다.

(가) $f(x)$는 $x = -\sqrt{3}$과 $x = \sqrt{3}$에서
   극값을 갖는다.

(나) $0 \le x_1 < x_2$인 임의의 두 실수 x_1, x_2에
   대하여 $f(x_2) - f(x_1) + x_2 - x_1 \ge 0$이다.

세 수 a, b, c의 곱 abc의 최댓값을 $\dfrac{k}{e^3}$라

할 때, $60k$의 값을 구하시오. [4점]

379

최고차항의 계수가 1인 삼차함수 $f(x)$와 함수
$g(x) = e^x f(x)$는 다음 조건을 만족시킨다.

(가) $g(x)$는 $x = 0$에서 극값을 갖는다.

(나) $|g(x) - g(2)|$는 $x = a$ $(a < 0)$에서만
   미분가능하지 않다.

(다) $0 \le x_1 < x_2 \le 2$인 임의의 두 실수 x_1, x_2에
   대하여 $g(x_2) - kx_2 \le g(x_1) - kx_1$이다.

이때, k의 최솟값을 m이라 하면 $g(2) \times m = -pe^q$이다.
$p^2 + q^2$의 값을 구하시오. (단, p, q는 자연수이다.) [4점]

2 이상의 자연수 n에 대하여 실수 전체의 집합
에서 정의된 함수

$$f(x) = e^{x+1}\{x^2 + (n-2)x - n + 3\} + ax$$

가 역함수를 갖도록 하는 실수 a의 최솟값을
$g(n)$이라 하자. $1 \le g(n) \le 8$을 만족시키는 모든 n의
값의 합은? [4점]

① 43   ② 46   ③ 49   ④ 52   ⑤ 55

$n \ge -6$인 실수 n에 대하여 실수 전체의 집합에서
정의된 함수

$$f(x) = e^{x+n}(x^2 - nx - 2n - 2) + ax$$

가 역함수를 갖도록 하는 실수 a의 최솟값을
$g(n)$이라 하자. $g(-3) + g'(0)$의 값을 구하시오. [4점]

함수 $f(x) = e^{x+1} - 1$과 자연수 n에 대하여 함수 $g(x)$를

$$g(x) = 100\,|\,f(x)\,| - \sum_{k=1}^{n} |\,f(x^k)\,|$$

이라 하자. $g(x)$가 실수 전체의 집합에서 미분 가능하도록 하는 모든 자연수 n의 값의 합을 구하시오. [4점]

$x > -2$에서 정의된 함수 $f(x) = \ln(x+2)$과 자연수 n에 대하여 함수 $g(x)$를

$$g(x) = 225\,|\,f(x)\,| - \sum_{k=1}^{n} |\,f(x^k)\,|$$

이라 하자. $g(x)$가 $x > -2$인 모든 실수에서 미분 가능하도록 하는 모든 자연수 n의 값의 합을 구하시오. [4점]

이차함수 $f(x)$에 대하여 함수 $g(x) = f(x)e^{-x}$이

다음 조건을 만족시킨다.

(가) 점 $(1, g(1))$과 점 $(4, g(4))$는 곡선
     $y = g(x)$의 변곡점이다.

(나) 점 $(0, k)$에서 곡선 $y = g(x)$에 그은
     접선의 개수가 3인 k의 값의 범위는
     $-1 < k < 0$이다.

$g(-2) \times g(4)$의 값을 구하시오. [4점]

$f(0) = 0$인 이차함수 $f(x)$에 대하여 $x > 0$에서

정의된 함수 $g(x) = f(x)\ln x$가 다음 조건을 만족시킨다.

(가) 함수 $g(x)$는 $x = e^{-\frac{3}{2}}$에서 변곡점을 가진다.

(나) 점 $(0, k)$에서 곡선 $y = g(|x|)$에 그은
     개수가 4인 k의 값의 범위는 $0 < k < 1$이다.

이때, $g(e) \times g(e^3) = p \times e^q$일 때 $p + q$의 값을

구하시오. (단, p와 q는 서로소인 자연수이다.) [4점]

기출과 변형
미적분

3
적분법

적분법
Level 1

유형 1 여러 가지 함수의 부정적분

출제유형 | 여러 가지 함수의 부정적분을 구하는 문제가 출제된다.

출제유형잡기 | 함수 $y = x^a$ (a는 실수), 지수함수, 로그함수, 삼각함수의 부정적분을 이용하여 문제를 해결한다.

386

함수 $f(x)$가

$$f'(x) = 6^x - 3 \times 2^x - 3^x + 3$$

을 만족시킨다. 함수 $f(x)$의 극댓값과 극솟값을 각각 M, m이라 할 때, $M - m$의 값은?

① $-\dfrac{5}{\ln 6} + \dfrac{3}{\ln 2} + \dfrac{2}{\ln 3} - 3$

② $-\dfrac{5}{\ln 6} + \dfrac{3}{\ln 2} + \dfrac{2}{\ln 3} + 3$

③ $\dfrac{6}{\ln 6} - \dfrac{3}{\ln 2} - \dfrac{2}{\ln 3} + 3$

④ $\dfrac{5}{\ln 6} - \dfrac{3}{\ln 2} - \dfrac{2}{\ln 3} + 1$

⑤ $\dfrac{5}{\ln 6} - \dfrac{3}{\ln 2} - \dfrac{2}{\ln 3} + 3$

387

함수 $f(x)$의 도함수가 $f'(x) = \sin x$일 때, $f(\pi) - f(0)$의 값은?

① 1   ② 2   ③ 3   ④ 4   ⑤ 5

388

실수 전체의 집합에서 연속인 함수 $f(x)$의 도함수 $f'(x)$가

$$f'(x) = \begin{cases} e^{x-1} - 1 & (x < 1) \\ \ln x & (x > 1) \end{cases}$$

이다. $f(e) = 2$일 때, $f(0)$의 값은?

① $\dfrac{1}{e} - 1$ ② $\dfrac{1}{e}$ ③ $\dfrac{1}{e} + 1$

④ $\dfrac{1}{e} + \dfrac{3}{2}$ ⑤ $\dfrac{1}{e} + 2$

389

이계도함수를 갖는 함수 $f(x)$가

$$f'(x) - 4f(x) = 3e^{-x}, \quad f(0) = \frac{2}{5}$$

을 만족시킬 때, $f(1) + f'(1)$의 값을 구하면?

① $3e^4$ ② $5e^4$ ③ $6e^4$ ④ $4e^5$ ⑤ $6e^5$

치환적분법과 부분적분법

출제유형 | 치환적분법과 부분적분법을 이용하여 부정적분을 구하는 문제가 출제된다.

출제유형잡기 | 치환적분법과 부분적분법을 이용하여 문제를 해결한다.

(1) $g(x)=t$ 라고 놓으면 $g'(x)=\dfrac{dt}{dx}$ 이므로

$$\int f(g(x))g'(x)dx=\int f(t)dt$$

(2) 미분가능한 두 함수 $f(x)$, $g(x)$에 대하여

$$\int f(x)g'(x)dx=f(x)g(x)-\int f'(x)g(x)dx$$

390

양의 실수 전체의 집합에서 함수 $f(x)$가

$$f'(x)=\frac{(\ln x)^2}{x},\ f(e)=1$$

을 만족시킬 때, $f(e^4)$의 값을 구하시오.

391

실수 전체의 집합에서 미분가능한 함수 $f(x)$가

$$f'(x)=xe^x,\ f(0)=-1$$

을 만족시킬 때, $f(1)$의 값은?

① $-e$　② $-\dfrac{1}{2}e$　③ 0　④ $\dfrac{1}{2}e$　⑤ e

유형 **3** 부정적분과 미분의 관계

출제유형 | 부정적분과 미분의 관계를 이해하고 있는지를 묻는 문제가 출제된다.

출제유형잡기 | 다음을 이용하여 문제를 해결한다.

(1) $\dfrac{d}{dx}\left\{\displaystyle\int f(x)dx\right\} = f(x)$

(2) $\displaystyle\int\left\{\dfrac{d}{dx}f(x)\right\}dx = f(x) + C$ (단, C는 적분상수)

392

실수 전체의 집합에서 함수 $f(x)$가

$$f(x) = \dfrac{d}{dx}\left(\int e^x \cos x\, dx\right)$$

를 만족시킬 때, $f(0)$의 값을 구하시오.

393

양의 실수 전체의 집합에서 미분가능한 함수 $f(x)$가

$$xf(x) = \int f(x)dx + x \,,\ f(1) = 0$$

을 만족시킨다. $f(e^4)$의 값을 구하시오.

 **유형 4** 정적분의 계산

출제유형 | 정적분의 정의와 성질을 이용하여 정적분의 값을 구하는 문제가 출제된다.

출제유형잡기 | 정적분의 정의와 성질을 이용하여 문제를 해결한다.

(1) 함수 $f(x)$가 닫힌구간 $[a, b]$에서 연속이고 $f(x)$의 한 부정적분을 $F(x)$라 할 때,

$$\int_a^b f(x)dx = \left[F(x)\right]_a^b = F(b) - F(a)$$

(2) 임의의 세 실수 a, b, c를 포함하는 구간에서 두 함수 $f(x)$, $g(x)$가 연속일 때,

① $\displaystyle\int_a^b kf(x)dx = k\int_a^b f(x)dx$ (단, k는 상수)

② $\displaystyle\int_a^b \{f(x) + g(x)\} = \int_a^b f(x)dx + \int_a^b g(x)dx$

③ $\displaystyle\int_a^b \{f(x) - g(x)\} = \int_a^b f(x)dx - \int_a^b g(x)dx$

④ $\displaystyle\int_a^c f(x)dx + \int_c^b f(x)dx = \int_a^b f(x)dx$

394

$\displaystyle\int_0^1 2e^{2x}\, dx$ 의 값은?

① $e^2 - 1$ ② $e^2 + 1$ ③ $e^2 + 2$

④ $2e^2 - 1$ ⑤ $2e^2 + 1$

395

$\displaystyle\int_0^1 3\sqrt{x}\, dx$의 값은?

① 1 ② 2 ③ 3 ④ 4 ⑤ 5

$\displaystyle\int_1^{16}\frac{1}{\sqrt{x}}\,dx$ 의 값을 구하시오.

$\displaystyle\int_0^e\frac{5}{x+e}\,dx$ 의 값은?

① $\ln 2$ ② $2\ln 2$ ③ $3\ln 2$

④ $4\ln 2$ ⑤ $5\ln 2$

$\displaystyle\int_2^4 2e^{2x-4}\,dx = k$ 일 때, $\ln(k+1)$ 의 값을 구하시오.

포물선 $y=x^2$ 위의 한 점 $P(x,\,y)$에서 접선이 x축의 양의 방향과 이루는 각의 크기를 $\theta(x)$라 할 때,

$\displaystyle\int_0^1 \tan\theta(x)\,dx$ 의

값은?

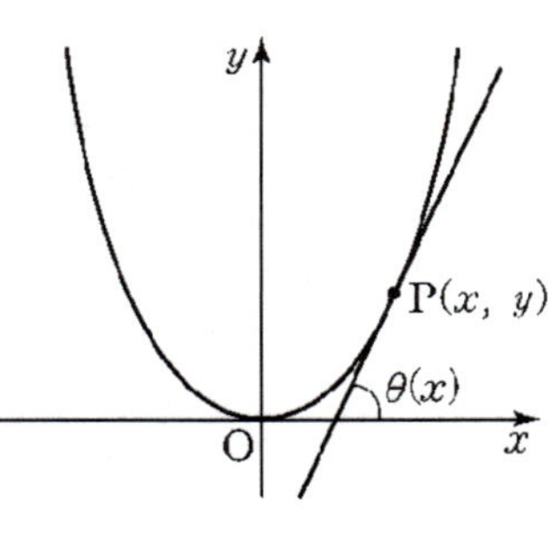

① $\dfrac{\sqrt{3}}{3}$ ② $\dfrac{1}{3}$ ③ $\dfrac{1}{2}$

④ $\dfrac{\sqrt{2}}{2}$ ⑤ 1

삼차함수 $y = f(x)$의 그래프가 그림과 같고, $f(x)$는

$$\int_a^b f(x)\,dx = 3, \quad \int_a^c f(x)\,dx = 0$$

을 만족시킨다. 함수 $f(x)$의 한 부정적분을 $F(x)$라 할 때, 옳은 것만을 〈보기〉에서 있는 대로 고른 것은?

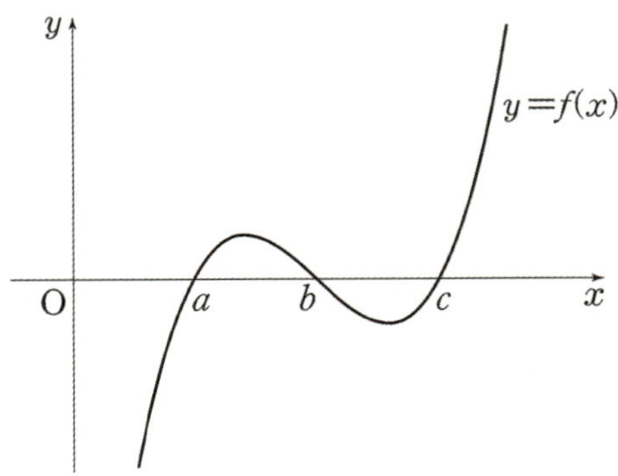

| 보기 |

ㄱ. $F(b) = F(a) + 3$

ㄴ. 점 $(c,\ F(c))$는 곡선 $y = F(x)$의 변곡점이다.

ㄷ. $-3 < F(a) < 0$이면 방정식 $F(x) = 0$은 서로 다른 네 실근을 갖는다.

---

① ㄱ   ② ㄴ   ③ ㄱ, ㄷ

④ ㄴ, ㄷ   ⑤ ㄱ, ㄴ, ㄷ

$$\int_0^1 \frac{4^x}{4^x + 2^x + 1}\,dx + \int_0^1 \frac{2^x}{4^x - 2^x + 1}\,dx$$

$$+ \int_0^1 \frac{2^{-x} - 1 - 2^x}{8^x + 2^x + 2^{-x}}\,dx \text{의 값은?}$$

① $\ln 2$ ② 1 ③ $2\ln 2$

④ 2 ⑤ $3\ln 2$

402

상수 p, q에 대하여

$$\int_0^1 \sqrt{4^x + 2 \cdot 2^{x+1} + 4}\, dx = \frac{p}{\ln 2} + q \text{ 일 때,}$$

$p+q$의 값을 구하시오.

치환적분법을 이용한 정적분

출제유형 | 치환적분법을 이용하여 정적분의 값을 구하는 문제가 출제된다.

출제유형잡기 | $g(x) = t$로 치환한 후

$g(\alpha) = a$, $g(\beta) = b$일 때,

$$\int_{\alpha}^{\beta} f(g(x))g'(x)dx = \int_{a}^{b} f(t)dt$$

임을 이용하여 문제를 해결한다.

403

2024학년도 11월 수능

양의 실수 전체의 집합에서 정의되고 미분가능한 두 함수 $f(x)$, $g(x)$가 있다. $g(x)$는 $f(x)$의 역함수이고, $g'(x)$는 양의 실수 전체의 집합에서 연속이다.

모든 양수 a에 대하여

$$\int_{1}^{a} \frac{1}{g'(f(x))f(x)}dx = 2\ln a + \ln(a+1) - \ln 2$$

이고 $f(1) = 8$일 때, $f(2)$의 값은?

① 36　　② 40　　③ 44　　④ 48　　⑤ 52

404

2024학년도 9월 모평

함수 $f(x) = x + \ln x$에 대하여 $\displaystyle\int_{1}^{e}\left(1 + \frac{1}{x}\right)f(x)dx$의 값은?

① $\dfrac{e^2}{2} + \dfrac{e}{2}$　　② $\dfrac{e^2}{2} + e$　　③ $\dfrac{e^2}{2} + 2e$

④ $e^2 + e$　　⑤ $e^2 + 2e$

적분 $\displaystyle\int_0^\pi (1-\cos^3 x)\cos x\,\sin x\,dx$ 의 값은?

① 0 ② $-\dfrac{1}{5}$ ③ $-\dfrac{2}{5}$

④ $-\dfrac{3}{5}$ ⑤ $-\dfrac{4}{5}$

정적분 $\displaystyle\int_e^{e^2} \dfrac{3(\ln x)^2}{x}\,dx$의 값은?

① 3 ② 4 ③ 5
④ 6 ⑤ 7

$\displaystyle\int_e^{e^3} \dfrac{\ln x}{x}\,dx$ 의 값은?

① 1 ② 2 ③ 3 ④ 4 ⑤ 5

$\displaystyle\int_1^{\sqrt{2}} x^3\sqrt{x^2-1}\,dx$ 의 값은?

① $\dfrac{7}{15}$ ② $\dfrac{8}{15}$ ③ $\dfrac{3}{5}$ ④ $\dfrac{2}{3}$ ⑤ $\dfrac{11}{15}$

1보다 큰 실수 a에 대하여 $f(a) = \displaystyle\int_1^a \frac{\sqrt{\ln x}}{x}dx$ 라

할 때, $f(a^4)$과 같은 것은?

① $4f(a)$ 　　② $8f(a)$ 　　③ $12f(a)$

④ $16f(a)$ 　　⑤ $20f(a)$

함수 $f(x) = x^3 + x$에 대하여 $\displaystyle\int_2^{10} \frac{x}{f^{-1}(x)}dx$의 값은?

(단, f^{-1}는 f의 역함수이다.)

① $\dfrac{419}{15}$ 　　② $\dfrac{434}{15}$ 　　③ $\dfrac{449}{15}$

④ $\dfrac{464}{15}$ 　　⑤ $\dfrac{479}{15}$

실수 전체의 집합에서 연속인 함수 $f(x)$가 모든 실수 t에 대하여 $\displaystyle\int_0^2 xf(tx)dx = 4t^2$을 만족시킬 때, $f(2)$의 값은?

① 1 　　② 2 　　③ 3 　　④ 4 　　⑤ 5

$\displaystyle\int_1^2 \frac{3x^2-1}{x^3-x+3}dx$ 의 값은?

① 0 　　② $\ln 2$ 　　③ $\ln 3$ 　　④ $2\ln 2$ 　　⑤ $\ln 5$

413

$\displaystyle\int_e^{e^3} \frac{(\ln x)^3}{x}\,dx$ 의 값은?

① 20　　② 6e　　③ 15　　④ 5e　　⑤ 10

414

실수 전체의 집합에서 연속인 함수 $f(x)$ 에 대하여

$$\int_1^e \frac{f(1+\ln x)}{x}\,dx = 10$$

일 때, $\displaystyle\int_1^2 f(x)\,dx$ 의 값은?

① 8　　② 10　　③ 12　　④ 14　　⑤ 16

415

연속함수 $f(x)$ 에 대하여 $\displaystyle\int_0^1 f(x)\,dx = 1$ 일 때,

$$\int_0^1 f(1-x)\,dx$$ 의 값은?

① 1　　② $\sqrt{3}$　　③ 2　　④ $2\sqrt{2}$　　⑤ 3

416

정적분 $\displaystyle\int_0^{\frac{\pi}{4}} \tan x\,dx$ 의 값을 $\dfrac{q}{p}\ln 2$ 이라 할 때, $p+q$ 의 값을 구하시오. (단, p 와 q 는 서로소인 자연수이다.)

$\displaystyle\int_0^{\frac{\pi}{4}} \sec x\, dx$ 의 값이 k일 때, $\left(e^k-1\right)^2$의 값을 구하시오.

$\displaystyle\int_1^{e^3} \frac{(\ln x)^2}{x}\, dx$ 의 값은?

① $2\ln 2$ ② 4 ③ $6\ln 2$ ④ 9 ⑤ $10\ln 2$

 부분적분법을 이용한 정적분

출제유형 | 부분적분법을 이용하여 정적분의 값을 구하는 문제가 출제된다.

출제유형잡기 | 두 함수 $f(x)$, $g(x)$가 미분가능하고 $f'(x)$, $g'(x)$가 닫힌구간 $[a, b]$에서 연속일 때,

$$\int_a^b f(x)g'(x)dx = \left[f(x)g(x)\right]_a^b - \int_a^b f'(x)g(x)dx$$

임을 이용하여 문제를 해결한다.

419

2021학년도 9월 모평

$\displaystyle\int_1^2 (x-1)e^{-x}dx$의 값은?

① $\dfrac{1}{e} - \dfrac{2}{e^2}$ ② $\dfrac{1}{e} - \dfrac{1}{e^2}$ ③ $\dfrac{1}{e}$

④ $\dfrac{2}{e} - \dfrac{2}{e^2}$ ⑤ $\dfrac{2}{e} - \dfrac{1}{e^2}$

420

1996학년도 11월 수능

정적분 $\displaystyle\int_{-1}^1 |x|e^x\,dx$ 의 값은?

① $2(e+1)$ ② $2(1-e^{-1})$

③ $2(1-e-e^{-1})$ ④ $2(e^{-1}-e)$

⑤ $2(e+e^{-1})$

정적분 $\displaystyle\int_1^e (4x \ln x)\, dx$ 의 값은?

① $e^2 - 1$ ② $e^2 + 1$ ③ $e^2 + 2$
④ $e^2 + e - 1$ ⑤ $e^2 + 2e + 2$

$\displaystyle\int_1^e x(1 - \ln x)\, dx$ 의 값은?

① $\dfrac{1}{4}(e^2 - 7)$ ② $\dfrac{1}{4}(e^2 - 6)$ ③ $\dfrac{1}{4}(e^2 - 5)$
④ $\dfrac{1}{4}(e^2 - 4)$ ⑤ $\dfrac{1}{4}(e^2 - 3)$

$\displaystyle\int_{2\pi}^{3\pi} x \sin x\, dx$ 의 값은?

① π ② 2π ③ 3π ④ 4π ⑤ 5π

$\displaystyle\int_2^6 \ln(x - 1)\, dx$ 의 값은?

① $4\ln 5 - 4$ ② $4\ln 5 - 3$ ③ $5\ln 5 - 4$
④ $5\ln 5 - 3$ ⑤ $6\ln 5 - 4$

425

$\displaystyle\int_{1}^{e} \ln\frac{x}{e}\, dx$ 의 값은?

① $\dfrac{1}{e}-1$　　② $2-e$　　③ $\dfrac{1}{e}-2$

④ $1-e$　　⑤ $\dfrac{1}{2}-e$

426

$\displaystyle\int_{1}^{e} x^3 \ln x\, dx$의 값은?

① $\dfrac{3e^4}{16}$　　② $\dfrac{3e^4+1}{16}$　　③ $\dfrac{3e^4+2}{16}$

④ $\dfrac{3e^4+3}{16}$　　⑤ $\dfrac{3e^4+4}{16}$

427

$\displaystyle\int_{e}^{e^2} \frac{\ln x - 1}{x^2}\, dx$의 값은?

① $\dfrac{e+2}{e^2}$　　② $\dfrac{e+1}{e^2}$　　③ $\dfrac{1}{e}$

④ $\dfrac{e-1}{e^2}$　　⑤ $\dfrac{e-2}{e^2}$

428

$\displaystyle\int_{0}^{\pi} x \cos(\pi - x)\, dx$의 값을 구하시오.

2011학년도 11월 수능

실수 전제의 집합에서 미분가능한 함수 $f(x)$가 있다. 모든 실수 x에 대하여 $f(2x) = 2f(x)f'(x)$이고,

$$f(a) = 0, \quad \int_{2a}^{4a} \frac{f(x)}{x} dx = k \quad (a > 0, \ 0 < k < 1)$$

일 때, $\int_{a}^{2a} \frac{\{f(x)\}^2}{x^2} dx$의 값을 k로 나타낸 것은?

① $\dfrac{k^2}{4}$ ② $\dfrac{k^2}{2}$ ③ k^2 ④ k ⑤ $2k$

430

함수 $f(x)$에 대하여 $f'(x) = \dfrac{1}{1 - \sin x}$이고 함수 $g(x) = \cos^3 x$이다. $\int_{0}^{\frac{\pi}{2}} f(x)g'(x)dx = 1$일 때, $f(0)$의 값은?

① $-\dfrac{7}{2}$ ② $-\dfrac{5}{2}$ ③ $-\dfrac{3}{2}$

④ $-\dfrac{1}{2}$ ⑤ $\dfrac{1}{2}$

431

$\int_{1}^{e} (2x + \ln x)\, dx$ 의 값은?

① e ② $e + 1$ ③ $e + 2$

④ e^2 ⑤ $2e^2 + 1$

432

$x > 0$일 때, 함수 $f(x)$가 $xf'(x) - f(x) = x^2 e^x$을 만족시킨다. $f(1) = e$일 때, $\int_{1}^{2} f(x)dx$의 값은?

① $2e$ ② e^2 ③ $e^2 + e$ ④ $2e^2$ ⑤ $2e^2 + e$

유형 7 정적분으로 나타낸 함수의 미분

출제유형 | 정적분으로 나타낸 함수 $\displaystyle\int_a^x f(t)dt$, $\displaystyle\int_a^x xf(t)dt$ 를 미분하는 문제가 출제된다.

출제유형잡기 | $\displaystyle\int_a^x f(t)dt$, $\displaystyle\int_a^x xf(t)dt$ 를 포함하는 함수가 주어질 때, 다음을 이용하여 문제를 해결한다.

(1) $\displaystyle\frac{d}{dx}\int_a^x f(t)dt = f(x)$, $\displaystyle\int_a^a f(t)dt = 0$

(2) $\displaystyle\frac{d}{dx}\int_a^x xf(t)dt = \int_a^x f(t)dt + xf(x)$

433
2002학년도 11월 수능

두 함수 $f(x) = ax + b$ 와 $g(x) = e^x$ 가

$$f(g(x)) = \int_0^x f(t)g(t)dt - xe^x + 3$$

을 만족할 때, $f(2)$의 값은?

① 4   ② 2   ③ 0   ④ -2 ⑤ -4

434
2013학년도 6월 모평

연속함수 $f(x)$ 가 모든 실수 x 에 대하여

$$\int_0^x f(t)\,dt = e^x + ax + a$$

를 만족시킬 때, $f(\ln 2)$ 의 값은? (단, a 는 상수이다.)

① 1   ② 2   ③ e ④ 3   ⑤ $2e$

양의 실수 전체의 집합에서 연속인 함수 $f(x)$ 가

$$\int_1^x f(t)\,dt = x^2 - a\sqrt{x} \quad (x > 0)$$

을 만족시킬 때, $f(1)$ 의 값은? (단, a 는 상수이다.)

① 1 ② $\dfrac{3}{2}$ ③ 2 ④ $\dfrac{5}{2}$ ⑤ 3

연속함수 $f(x)$ 가 $f(x) = e^{x^2} + \displaystyle\int_0^1 t f(t)\,dt$ 를 만족시킬

때, $\displaystyle\int_0^1 x f(x)\,dx$ 의 값은?

① $e - 2$ ② $\dfrac{e-1}{2}$ ③ $\dfrac{e}{2}$

④ $e - 1$ ⑤ $\dfrac{e+1}{2}$

함수 $f(x) = \displaystyle\int_0^x \dfrac{1}{1+t^6}\,dt$ 에 대하여 상수 a 가

$f(a) = \dfrac{1}{2}$ 을 만족시킬 때, $\displaystyle\int_0^a \dfrac{e^{f(x)}}{1+x^6}\,dx$ 의 값은?

① $\dfrac{\sqrt{e}-1}{2}$ ② $\sqrt{e}-1$ ③ 1

④ $\dfrac{\sqrt{e}+1}{2}$ ⑤ $\sqrt{e}+1$

실수 전체의 집합에서 미분 가능한 함수 $f(x)$ 가

$$f(x) = -\sin x + \int_0^\pi t f'(t)\,dt$$

를 만족시킬 때, $f\left(\dfrac{3}{2}\pi\right)$ 의 값을 구하시오.

439

연속함수 $f(x)$가 모든 실수 x에 대하여

$$f(x) = xe^x \int_0^2 f(t)dt + (x+1)e^x$$

를 만족시킬 때, $\int_0^2 f(x)dx$의 값은?

① -2 ② -1 ③ 1 ④ 2 ⑤ 3

440

다항함수 $f(x)$와 도함수 $f'(x)$에 대하여

$$f(0) = 0, \quad f'(x) = 2x - \int_0^1 2f(t)dt$$

가 성립할 때, 정적분 $\int_{-1}^1 \frac{f(x)}{x}dx$의 값은?

① $-\dfrac{1}{2}$ ② $-\dfrac{1}{3}$ ③ $-\dfrac{2}{3}$ ④ -1 ⑤ $-\dfrac{3}{2}$

441

일차함수 $f(x)$가 모든 실수 x에 대하여

$$f(x) = \int_0^x e^t f(t)dt - 3xe^x + 3x + 3$$

를 만족시킬 때, $f(1)$의 값은?

① 2 ② 4 ③ 6 ④ 8 ⑤ 10

442

실수 전체의 집합에서 정의된 함수

$$f(x) = \int_0^x \frac{t-1}{t^2-2t+3}dt$$

의 최솟값은 $\dfrac{q}{p}\ln\left(\dfrac{2}{3}\right)$이다. $p+q$의 값을 구하시오.

(단, p와 q는 서로소인 자연수이다.)

443

함수 $f(x)=\displaystyle\int_0^x t\,e^t\,dt$ 에 대하여

$\displaystyle\int_0^a x\,e^x\,f(x)\,dx=32$ 일 때, $f(a)$ 의 값을 구하시오.

(단, $a>0$)

444

$f(x)=\displaystyle\int_x^{x+1} e^t\,dt$ 일 때, $\displaystyle\int_0^1 f'(x)\,dx$ 의 값은?

① $e-1$ ② $e+1$ ③ $(e-1)^2$

④ $(e+1)^2$ ⑤ e^2-1

445

함수 $f(x)=\displaystyle\int_1^x \dfrac{e^t}{1+e^t}\,dt$의 역함수를 $g(x)$라 할 때, $g'(0)$의 값은?

① $\dfrac{1}{e}$ ② $\dfrac{1}{e+1}$ ③ $\dfrac{e}{e+1}$

④ $\dfrac{e+1}{e}$ ⑤ $\dfrac{e+2}{e}$

446

연속함수 $f(x)$가 $f(x)=2e^{x^2}+\displaystyle\int_0^1 t\,f(t)\,dt$를 만족시킬 때, $\displaystyle\int_0^1 x\,f(x)\,dx$의 값은?

① $2e-2$ ② $e-2$ ③ $\dfrac{e}{2}-1$

④ $e-1$ ⑤ $\dfrac{e+1}{2}$

정적분으로 나타낸 함수의 극한

출제유형 | 정적분의 정의와 미분계수의 정의를 이용하여 함수의 극한값을 구하는 문제가 출제된다.

출제유형잡기 | 연속함수 $f(x)$와 상수 a에 대하여 $\lim\limits_{x \to a} \dfrac{1}{x-a} \displaystyle\int_a^x f(t)dt$ 의 값을 구할 때, $f(t)$의 한 부정적분을 $F(t)$라 하면

(1) $\lim\limits_{x \to a} \dfrac{1}{x-a} \displaystyle\int_a^x f(t)dt = \lim\limits_{x \to a} \dfrac{F(x)-F(a)}{x-a}$

(2) $f(a) = F'(a) = \lim\limits_{x \to a} \dfrac{F(x)-F(a)}{x-a}$

임을 이용하여 문제를 해결한다.

447

함수 $f(x) = ke^{x-2}$에 대하여

$$\lim_{x \to 2} \frac{1}{x-2} \int_2^x f(t)dt = 2$$

일 때, $f(3)$의 값은? (단, k는 상수이다.)

① e ② $2e$ ③ $3e$ ④ $4e$ ⑤ $5e$

448

함수 $f(x) = \log_2 x + \log_2(4-x)$에 대하여

$$\lim_{h \to 0} \frac{1}{h} \int_{a-h}^{a+2h} f(t)dt = 6$$

일 때, 실수 a의 값을 구하시오.

 정적분과 급수

출제유형 | 정적분을 이용하여 급수의 합을 구하는 문제가 출제된다.

출제유형잡기 | 급수의 합은 경우에 따라 여러 가지의 정적분으로 나타낼 수 있음을 알고 이를 이용하여 문제를 해결한다.

$$\lim_{n \to \infty} \sum_{k=1}^{n} f\left(a + \frac{p}{n}k\right)\frac{p}{n} = \int_{a}^{a+p} f(x)dx$$

$$= \int_{0}^{p} f(a+x)dx$$

$$= p\int_{0}^{1} f(a+px)dx \quad (\text{단, } a, p \text{는 상수이다.})$$

449

2023학년도 11월 수능

$\lim\limits_{n\to\infty} \dfrac{1}{n}\sum\limits_{k=1}^{n}\sqrt{1+\dfrac{3k}{n}}$ 의 값은?

① $\dfrac{4}{3}$　② $\dfrac{13}{9}$　③ $\dfrac{14}{9}$　④ $\dfrac{5}{3}$　⑤ $\dfrac{16}{9}$

450

2022학년도 11월 수능

$\lim\limits_{n\to\infty} \sum\limits_{k=1}^{n} \dfrac{k^2+2kn}{k^3+3k^2n+n^3}$ 의 값은?

① $\ln 5$　② $\dfrac{\ln 5}{2}$　③ $\dfrac{\ln 5}{3}$　④ $\dfrac{\ln 5}{4}$　⑤ $\dfrac{\ln 5}{5}$

$$\lim_{n \to \infty} \frac{1}{n} \sum_{k=1}^{n} \sqrt{\frac{3n}{3n+k}}$$ 의 값은?

① $4\sqrt{3} - 6$ ② $\sqrt{3} - 1$ ③ $5\sqrt{3} - 8$

④ $2\sqrt{3} - 3$ ⑤ $3\sqrt{3} - 5$

$$\lim_{n \to \infty} \sum_{k=1}^{n} \frac{2}{n}\left(1 + \frac{2k}{n}\right)^4 = a$$ 일 때, $5a$의 값을 구하시오.

함수 $f(x) = 3x^2 - ax$가

$$\lim_{n \to \infty} \frac{1}{n} \sum_{k=1}^{n} f\left(\frac{3k}{n}\right) = f(1)$$

을 만족시킬 때, 상수 a의 값을 구하시오.

이차함수 $y = f(x)$의 그래프는 그림과 같고,
$f(0) = f(3) = 0$ 이다. $\displaystyle\lim_{n \to \infty} \frac{1}{n} \sum_{k=1}^{n} f\left(\frac{k}{n}\right) = \frac{7}{6}$일 때,
$f'(0)$의 값은?

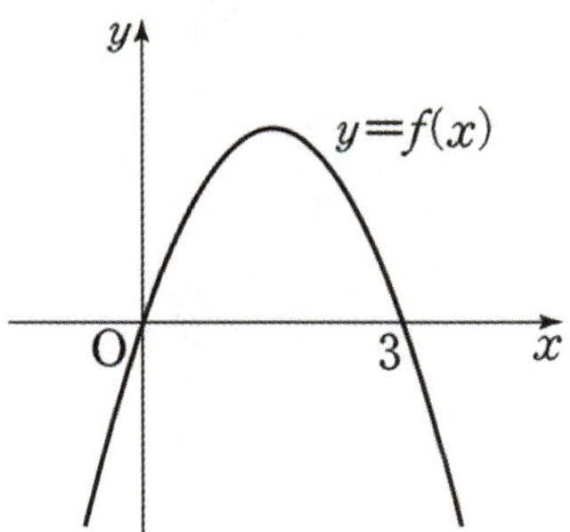

① $\dfrac{5}{2}$ ② 3 ③ $\dfrac{7}{2}$ ④ 4 ⑤ $\dfrac{9}{2}$

함수 $f(x) = \dfrac{1}{x}$ 에 대하여 $\displaystyle\lim_{n\to\infty}\sum_{k=1}^{n} f\left(1 + \dfrac{2k}{n}\right)\dfrac{2}{n}$ 의 값은?

① $\ln 2$ ② $\ln 3$ ③ $2\ln 2$ ④ $\ln 5$ ⑤ $\ln 6$

456

함수 $f(x) = x\,e^x$ 에 대하여 $\displaystyle\lim_{n\to\infty}\sum_{k=1}^{n} f\left(1 + \dfrac{k}{n}\right)\dfrac{1}{n}$ 의 값은? (단, e 는 자연로그의 밑이다.)

① e^2 ② $2e^2$ ③ $e^2 - 1$ ④ $2e^2 - e$ ⑤ $e^2 + e$

457

함수 $f(x) = \dfrac{1}{x^2 + x}$ 에 대하여 $\displaystyle\lim_{n\to\infty}\dfrac{3}{n}\sum_{k=1}^{n} f\left(1 + \dfrac{3k}{n}\right)$ 의 값은?

① $\ln\dfrac{9}{8}$ ② $\ln\dfrac{5}{4}$ ③ $\ln\dfrac{8}{5}$ ④ $\ln\dfrac{3}{2}$ ⑤ $\ln\dfrac{13}{8}$

458

자연수 n 에 대하여 $a_n = \displaystyle\sum_{k=1}^{n}\int_0^1 x^{2n+k-1}\,dx$ 이다.

$\displaystyle\lim_{n\to\infty} a_n$ 의 값은?

① $\ln 2$ ② $\ln 3$ ③ 1 ④ $\ln\dfrac{3}{2}$ ⑤ $\ln\dfrac{2}{3}$

유형 10 곡선과 좌표축 사이의 넓이

출제유형 | 곡선과 좌표축 사이의 넓이를 구하는 문제가
출제된다.

출제유형잡기 | 곡선 $y = f(x)$와 x축 및 두 직선 $x = a$,
$x = b \ (a < b)$로 둘러싸인 영역의 넓이 S는

$$S = \int_a^b |f(x)|\,dx$$

임을 이용하여 문제를 해결한다.

459

2021학년도 12월 수능

곡선 $y = e^{2x}$과 x축 및 두 직선 $x = \ln\dfrac{1}{2}$, $x = \ln 2$로
둘러싸인 부분의 넓이는?

① $\dfrac{5}{3}$ 　② $\dfrac{15}{8}$ 　③ $\dfrac{15}{7}$ 　④ $\dfrac{5}{2}$ 　⑤ 3

460

2019학년도 6월 모평

곡선 $y = |\sin 2x| + 1$과 x축 및
두 직선 $x = \dfrac{\pi}{4}$, $x = \dfrac{5\pi}{4}$로 둘러싸인 부분의 넓이는?

① $\pi + 1$ 　② $\pi + \dfrac{3}{2}$ 　③ $\pi + 2$

④ $\pi + \dfrac{5}{2}$ 　⑤ $\pi + 3$

함수 $y = \cos 2x$ 의 그래프와 x 축, y 축 및 직선

$x = \dfrac{\pi}{12}$ 로 둘러싸인 영역의 넓이가 직선 $y = a$ 에 의하여

이등분될 때, 상수 a 의 값은?

① $\dfrac{1}{2\pi}$　② $\dfrac{1}{\pi}$　③ $\dfrac{3}{2\pi}$　④ $\dfrac{2}{\pi}$　⑤ $\dfrac{5}{2\pi}$

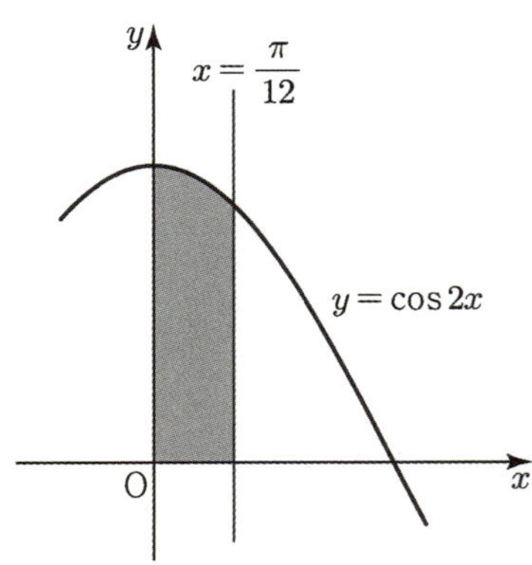

곡선 $y = \sqrt{x} - 3$와 x축 및 y축으로 둘러싸인 부분의 넓이는?

① 9　② 8　③ 5　④ 4　⑤ 1

출제유형 | 두 곡선 사이의 넓이를 구하는 문제가 출제된다.

출제유형잡기 | 두 곡선 $y = f(x)$, $y = g(x)$ 및 두 직선 $x = a$, $x = b \, (a < b)$로 둘러싸인 영역이 넓이 S는

$$S = \int_a^b |f(x) - g(x)| \, dx$$

임을 이용하여 문제를 해결한다.

463 2005학년도 11월 수능

곡선 $y = 3\sqrt{x-9}$ 와 이 곡선 위의 점 $(18, 9)$에서의 접선 및 x 축으로 둘러싸인 영역의 넓이를 구하시오.

464 2009학년도 9월 모평

좌표평면에서 곡선 $y = \dfrac{xe^{x^2}}{e^{x^2}+1}$ 과 직선 $y = \dfrac{2}{3}x$ 로 둘러싸인 두 부분의 넓이의 합은?

① $\dfrac{5}{3}\ln 2 - \ln 3$ ② $2\ln 3 - \dfrac{5}{3}\ln 2$

③ $\dfrac{5}{3}\ln 2 + \ln 3$ ④ $2\ln 3 + \dfrac{5}{3}\ln 2$

⑤ $\dfrac{7}{3}\ln 2 - \ln 3$

함수 $y = e^x$ 의 그래프와 x 축, y 축 및 직선
$x = 1$ 로 둘러싸인 영역의 넓이가
직선 $y = ax \ (0 < a < e)$ 에 의하여 이등분될 때, 상수
a 의 값은?

① $e - \dfrac{1}{3}$　　　② $e - \dfrac{1}{2}$　　　③ $e - 1$

④ $e - \dfrac{4}{3}$　　　⑤ $e - \dfrac{3}{2}$

닫힌 구간 $[0, \ 4]$ 에서 정의된 함수

$$f(x) = 2\sqrt{2} \sin \frac{\pi}{4} x$$

의 그래프가 그림과 같고 직선 $y = g(x)$ 가 $y = f(x)$ 의
그래프 위의 점 $\mathrm{A}\,(1, \ 2)$ 를 지난다. 직선 $y = g(x)$ 가
x축에 평행할 때, 곡선 $y = f(x)$ 와 직선 $y = g(x)$ 에
둘러싸인 부분의 넓이는?

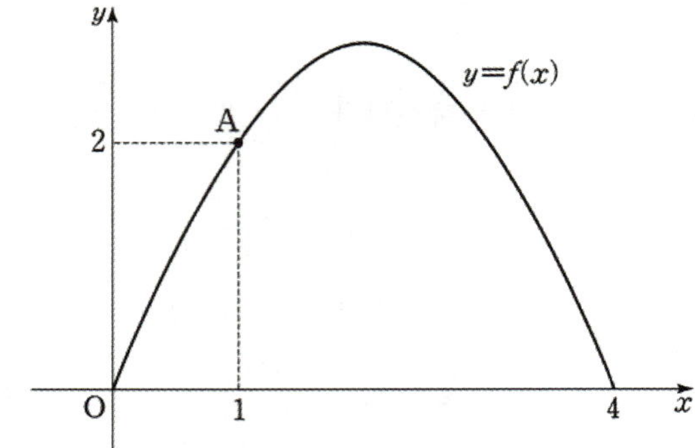

① $\dfrac{16}{\pi} - 4$　　　② $\dfrac{17}{\pi} - 4$　　　③ $\dfrac{18}{\pi} - 4$

④ $\dfrac{16}{\pi} - 2$　　　⑤ $\dfrac{17}{\pi} - 2$

곡선 $y = e^{2x}$와 y축 및 직선 $y = -2x + a$로 둘러싸인 영역을 A, 곡선 $y = e^{2x}$와 두 직선 $y = -2x + a$, $x = 1$로 둘러싸인 영역을 B라 하자. A의 넓이와 B의 넓이가 같을 때, 상수 a의 값은? (단, $1 < a < e^2$)

① $\dfrac{e^2 + 1}{2} 4$ ② $\dfrac{2e^2 + 1}{4}$ ③ $\dfrac{e^2}{2}$

④ $\dfrac{2e^2 - 1}{4}$ ⑤ $\dfrac{e^2 - 1}{2}$

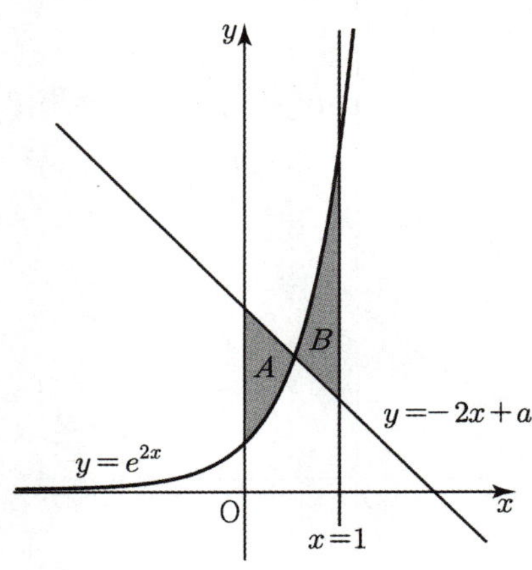

그림과 같이 두 곡선 $y = 2^x - 1$, $y = \left| \sin \dfrac{\pi}{2} x \right|$ 가 원점 O 와 점 $(1,\ 1)$에서 만난다. 두 곡선 $y = 2^x - 1$, $y = \left| \sin \dfrac{\pi}{2} x \right|$ 로 둘러싸인 부분의 넓이는?

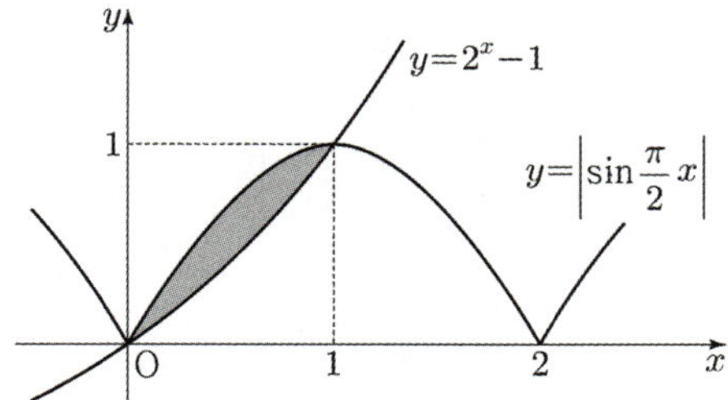

① $-\dfrac{1}{\pi} + \dfrac{1}{\ln 2} - 1$ ② $\dfrac{2}{\pi} - \dfrac{1}{\ln 2} + 1$

③ $\dfrac{2}{\pi} + \dfrac{1}{2\ln 2} - 1$ ④ $\dfrac{1}{\pi} - \dfrac{1}{2\ln 2} + 1$

⑤ $\dfrac{1}{\pi} + \dfrac{1}{\ln 2} - 1$

469

함수 $y = e^x$ 의 그래프와 x 축, y 축 및 직선 $x = 2$로
둘러싸인 영역의 넓이가 직선 $y = ax$ 에 의하여 이등분될
때, 양수 a 의 값은?

① $\dfrac{e^2 - 1}{6}$ ② $\dfrac{e^2 - 1}{5}$ ③ $\dfrac{e^2 - 1}{4}$

④ $\dfrac{e^2 - 1}{3}$ ⑤ $\dfrac{e^2 - 1}{2}$

470

점 $(0,\ 0)$에서 곡선 $y = e^x$ 에 그은 접선을 l 이라 하자.
곡선 $y = e^x$ 과 y 축 및 직선 l 으로 둘러싸인 부분의
넓이는?

① $\dfrac{1}{2}e - 2$ ② $\dfrac{1}{2}e - 1$ ③ $e - 3$

④ $e^2 - 2$ ⑤ $e^2 - 1$

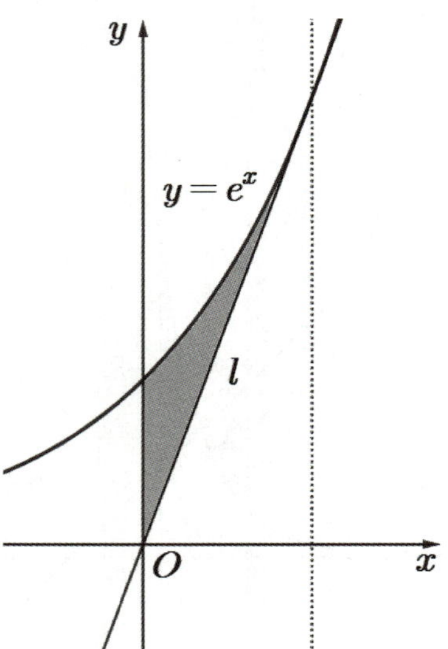

471

그림과 같이 두 곡선 $y = 2^x$, $y = 2^{-x}$가 만나는 점을 A라 하고, 직선 $y = k\,(k > 1)$이 두 곡선과 만나는 점을 각각 B, C라 하자. 삼각형 ABC의 무게중심의 좌표가 $(0, 3)$일 때, 선분 AB와 $y = 2^x$으로 둘러싸인 부분과 선분 AC와 $y = 2^{-x}$으로 둘러싸인 부분의 넓이의 합은?

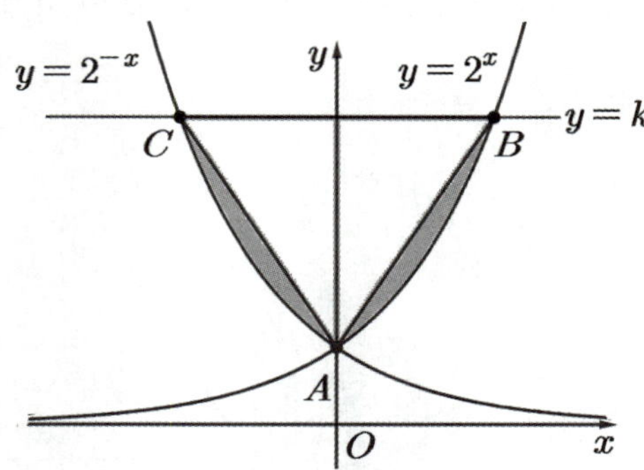

① $5 - \dfrac{3}{\ln 2}$ ② $10 - \dfrac{6}{\ln 2}$ ③ $5 - \dfrac{4}{\ln 2}$

④ $10 - \dfrac{8}{\ln 2}$ ⑤ $5 - \dfrac{6}{\ln 2}$

472

좌표평면에서 원점 O를 지나고 곡선 $y = e^{|x|}$에 접하는 두 직선을 l_1, l_2라 하자. 곡선 $y = e^{|x|}$와 두 직선 l_1, l_2로 둘러싸인 부분의 넓이는?

① $e - 2$ ② $e - 1$ ③ e

④ $e + 1$ ⑤ $2e$

473

곡선 $y = \dfrac{1}{x + 2}$과 y축 및 직선 $y = 2$로 둘러싸인 부분의 넓이는?

① $5 - 3\ln 2$ ② $4 - 2\ln 2$ ③ $3 - 2\ln 2$

④ 3 ⑤ 2

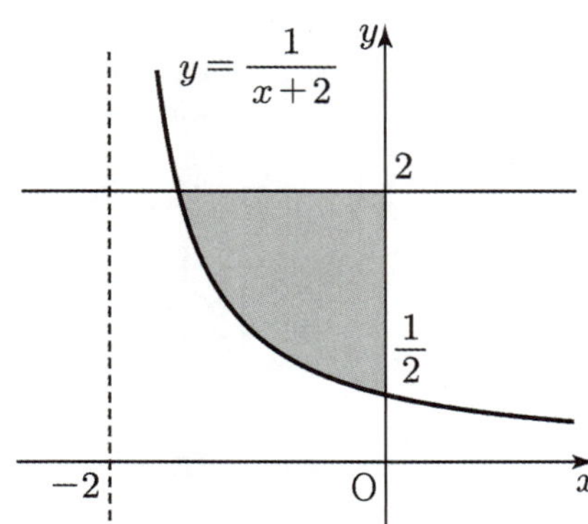

유형 12 입체도형의 부피

출제유형 | 정적분을 이용하여 입체도형의 부피를 구하는 문제가 출제된다.

출제유형잡기 | 닫힌구간 $[a, b]$의 임의의 점 x에서 x축에 수직인 평면으로 입체도형을 자른 단면의 넓이가 $S(x)$이고 함수 $S(x)$가 닫힌 구간 $[a, b]$에서 연속일 때, 이 입체도형의 부피 V는

$$V = \int_a^b S(x)\,dx$$

임을 이용하여 문제를 해결한다.

474 2024학년도 11월 수능

그림과 같이 곡선

$$y = \sqrt{(1-2x)\cos x}\left(\frac{3}{4}\pi \le x \le \frac{5}{4}\pi\right)$$와 x축 및 두

직선 $x = \frac{3}{4}\pi$, $x = \frac{5}{4}\pi$로 둘러싸인 부분을 밑면으로

하는 입체도형이 있다. 이 입체도형을 x축에 수직인 평면으로 자른 단면이 모두 정사각형일 때, 이 입체도형의 부피는?

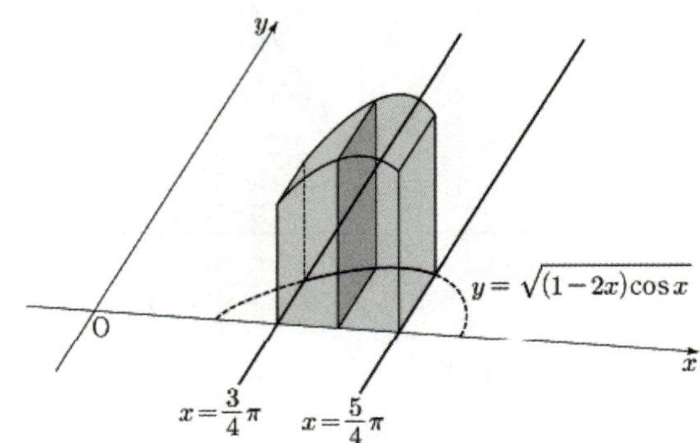

① $\sqrt{2}\,\pi - \sqrt{2}$ ② $\sqrt{2}\,\pi - 1$

③ $2\sqrt{2}\,\pi - \sqrt{2}$ ④ $2\sqrt{2}\,\pi - 1$

⑤ $2\sqrt{2}\,\pi$

그림과 같이 곡선

$$y = \sqrt{\sec^2 x + \tan x}\ \left(0 \le x \le \frac{\pi}{3}\right)$$와 x축, y축 및

직선 $x = \frac{\pi}{3}$로 둘러싸인 부분을 밑면으로 하는

입체도형이 있다. 이 입체도형을 x축에 수직인 평면으로
자른 단면이 모두 정사각형일 때, 이 입체도형의 부피는?

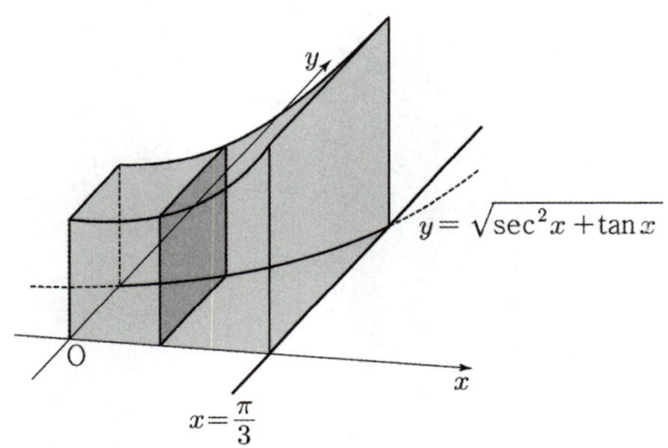

① $\dfrac{\sqrt{3}}{2} + \dfrac{\ln 2}{2}$ ② $\dfrac{\sqrt{3}}{2} + \ln 2$

③ $\sqrt{3} + \dfrac{\ln 2}{2}$ ④ $\sqrt{3} + \ln 2$

⑤ $\sqrt{3} + 2\ln 2$

그림과 같이 양수 k에 대하여 곡선 $y = \sqrt{\dfrac{kx}{2x^2 + 1}}$ 와

x축 및 두 직선 $x = 1$, $x = 2$로 둘러싸인 부분을
밑면으로 하고 x축에 수직인 평면으로 자른 단면이 모두
정사각형인 입체도형의 부피가 $2\ln 3$일 때, k의 값은?

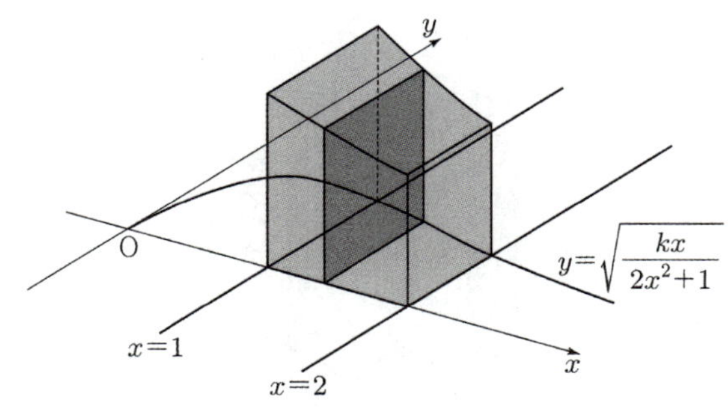

① 6   ② 7   ③ 8   ④ 9   ⑤ 10

그림과 같이 곡선 $y = \sqrt{\dfrac{3x+1}{x^2}}\ (x > 0)$ 과 x축 및

두 직선 $x = 1$, $x = 2$로 둘러싸인 부분을 밑면으로 하고 x축에 수직인 평면으로 자른 단면이 모두 정사각형인 입체도형의 부피는?

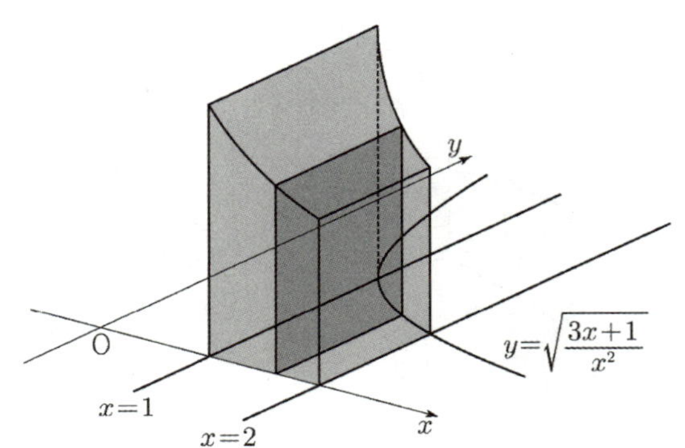

① $3\ln 2$ ② $\dfrac{1}{2} + 3\ln 2$ ③ $1 + 3\ln 2$

④ $\dfrac{1}{2} + 4\ln 2$ ⑤ $1 + 4\ln 2$

그림과 같이 곡선 $y = \sqrt{x} + 1$ 과 x축, y축 및 직선 $x = 1$로 둘러싸인 도형을 밑면으로 하는 입체도형이 있다. 이 입체도형을 x축에 수직인 평면으로 자른 단면이 모두 정사각형일 때, 이 입체도형의 부피는?

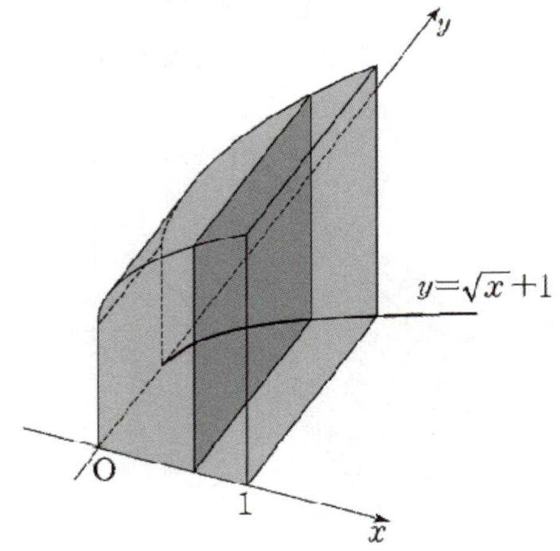

① $\dfrac{7}{3}$ ② $\dfrac{5}{2}$ ③ $\dfrac{8}{3}$ ④ $\dfrac{17}{6}$ ⑤ 3

그림과 같이 양수 k에 대하여 곡선 $y = \sqrt{\dfrac{e^x}{e^x+1}}$ 과

x축, y축 및 직선 $x = k$로 둘러싸인 부분을 밑면으로
하고 x축에 수직인 평면으로 자른 단면이 모두
정사각형인 입체도형의 부피가 $\ln 7$일 때, k의 값은?

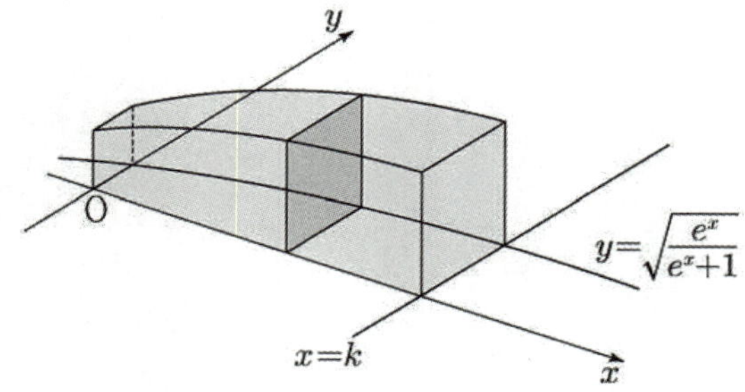

① $\ln 11$ ② $\ln 13$ ③ $\ln 15$ ④ $\ln 17$ ⑤ $\ln 19$

 좌표평면 위를 움직이는 점의 속도와 거리

출제유형 | 좌표평면 위를 움직이는 점의 위치가 주어질 때, 점이 움직인 거리를 구하는 문제가 출제된다.

출제유형잡기 | 좌표평면 위를 움직이는 점 P의 시각 t $(a \leq t \leq b)$에서의 위치 (x, y)가 $x = f(t)$, $y = g(t)$일 때, 점 P가 $t = a$에서 $t = b$까지 움직인 거리 s는

$$s = \int_a^b \sqrt{\left(\frac{dx}{dt}\right)^2 + \left(\frac{dy}{dt}\right)^2}\, dt$$

$$= \int_a^b \sqrt{\{f'(t)\}^2 + \{g'(t)\}^2}\, dt$$

임을 이용하여 문제를 해결한다.

480

좌표평면 위를 움직이는 점 P의 시각 t $(t \geq 0)$에서의 위치 (x, y)가 $x = \cos t$, $y = 1$일 때, 시각 $t = 0$에서 시각 $t = 2\pi$까지 점 P가 움직인 거리와 점 P가 나타내는 곡선의 길이의 합을 구하시오.

481

좌표평면 위를 움직이는 점 P의 시각 t에서의 위치 (x, y)가

$$x = t^3 - 2t, \quad y = \sqrt{6}\, t^2$$

일 때, 점 P가 $t = 0$에서 $t = 2$까지 움직인 거리는?

① 8 　　② 9 　　③ 10 　　④ 11 　　⑤ 12

출제유형 | 곡선 $y = f(x)$가 주어질 때,
$a \leq x \leq b$에서 곡선 $y = f(x)$의 길이를 구하는 문제가
출제된다.

출제유형잡기 | $a \leq x \leq b$에서 곡선 $y = f(x)$의 길이
l은

$$l = \int_a^b \sqrt{1 + \{f'(x)\}^2}\, dx$$

임을 이용하여 문제를 해결한다.

482

$x = -\ln 4$에서 $x = 1$까지의 곡선
$y = \dfrac{1}{2}\left(|e^x - 1| - e^{|x|} + 1\right)$의 길이는?

① $\dfrac{23}{8}$　　② $\dfrac{13}{4}$　　③ $\dfrac{29}{8}$

④ 4　　⑤ $\dfrac{35}{8}$

483

실수 전체의 집합에서 이계도함수를 갖고

$$f(0) = 0, \quad f(1) = \sqrt{3}$$

을 만족시키는 모든 함수 $f(x)$에 대하여

$$\int_0^1 \sqrt{1 + \{f'(x)\}^2}\, dx$$

의 최솟값은?

① $\sqrt{2}$　　② 2　　③ $1 + \sqrt{2}$
④ $\sqrt{5}$　　⑤ $1 + \sqrt{3}$

$x = 0$에서 $x = 6$까지 곡선 $y = \dfrac{1}{3}(x^2 + 2)^{\frac{3}{2}}$ 의 길이를 구하시오.

$x = 0$ 에서 $x = \ln 2$ 까지의 곡선 $y = \dfrac{1}{8}e^{2x} + \dfrac{1}{2}e^{-2x}$ 의 길이는?

① $\dfrac{1}{2}$　　② $\dfrac{9}{16}$　　③ $\dfrac{5}{8}$　　④ $\dfrac{11}{16}$　　⑤ $\dfrac{3}{4}$

실수 전체의 집합에서 이계도함수를 갖고

$f(0) = 1$, $f(1) = 4$를 만족시키는 모든 함수 $f(x)$에

대하여 $\displaystyle\int_0^1 \sqrt{1 + \{f'(x)\}^2}\,dx$의 최솟값을 m이라 할 때,

m^2의 값을 구하시오.

487

실수 전체의 집합에서 미분가능한 함수 $f(x)$의 도함수 $f'(x)$가

$$f'(x) = |\sin x| \cos x$$

이다. 양수 a에 대하여 곡선 $y = f(x)$ 위의 점 $(a,\ f(a))$에서의 접선의 방정식을 $y = g(x)$라 하자. 함수

$$h(x) = \int_0^x \{f(t) - g(t)\}\,dt$$

가 $x = a$에서 극대 또는 극소가 되도록 하는 모든 양수 a를 작은 수부터 크기순으로 나열할 때, n번째 수를 a_n이라 하자. $\dfrac{100}{\pi} \times (a_6 - a_2)$의 값을 구하시오. [4점]

488

실수 전체의 집합에서 미분가능한 함수 $f(x)$가

$$f(x) = \int_0^x |\sin t| \cos t\,dt$$

이다. 양수 p에 대하여 함수

$$h(x) = \int_0^x |f(t) - f(x)|\,dt$$

가 $x = p$에서 극대 또는 극소가 되도록 하는 모든 양수 p를 작은 수부터 크기순으로 나열하때, k번째 수를 p_k이라 하자. $\dfrac{120}{\pi} \times (p_4 - p_2)$의 값을 구하시오. [4점]

길이가 10인 선분 AB를 지름으로 하는 원과 선분 AB
위에 $\overline{AC} = 4$인 점 C가 있다. 이 원 위의 점 P를
$\angle PCB = \theta$가 되도록 잡고, 점 P를 지나고 선분 AB에
수직인 직선이 이 원과 만나는 점 중 P가 아닌 점을 Q라
하자. 삼각형 PCQ의 넓이를 $S(\theta)$라 할 때,
$-7 \times S'\left(\dfrac{\pi}{4}\right)$의 값을 구하시오. $\left(\text{단, } 0 < \theta < \dfrac{\pi}{2}\right)$ [4점]

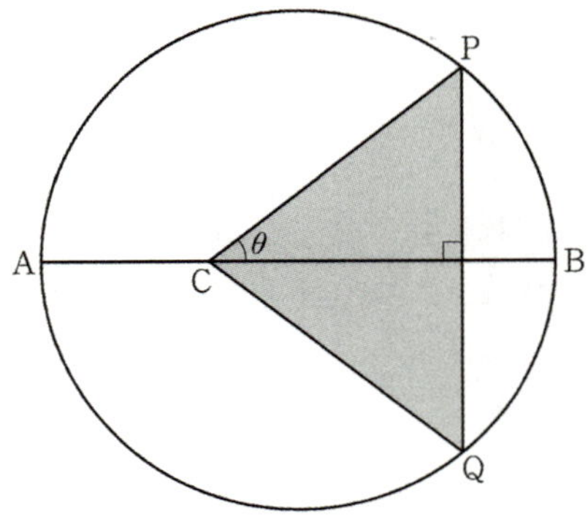

그림과 같이 반지름의 길이가 1이고 중심이 O인 원 C가
있다. 원 위의 두 점 A, B에 대하여 선분 AB를 접는
선으로 하여 원 C의 일부를 접으면 원의 중심 O가 원
C의 접힌 부분의 원주 위에 있다. 점 B를 지나는 직선이
원 C와 만나는 점을 P, 원 C의 접힌 부분과 만나는 점을
Q라 하자. $\angle ABP = \theta$일 때, 삼각형 APQ의 넓이를
$S(\theta)$라 하자. $\sqrt{3} \times S'\left(\dfrac{\pi}{4}\right)$의 값을 구하시오.

$\left(\text{단, } 0 < \theta < \dfrac{\pi}{6}\right)$ [4점]

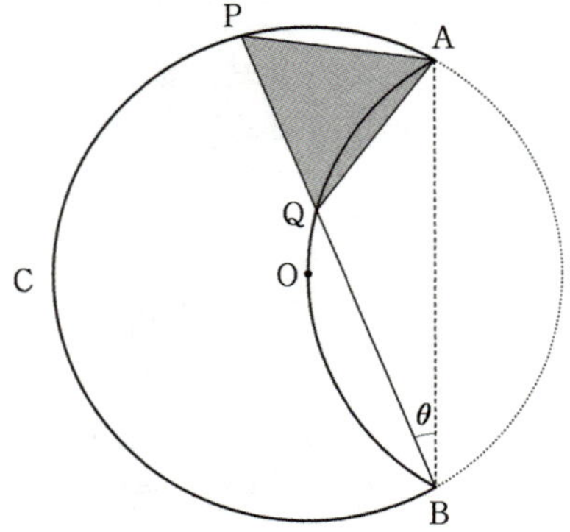

실수 $a\,(0 < a < 2)$에 대하여 함수 $f(x)$를

$$f(x)=\begin{cases}2|\sin 4x| & (x < 0)\\ -\sin ax & (x \geq 0)\end{cases}$$

이라 하자. 함수

$$g(x)=\left|\int_{-a\pi}^{x} f(t)dt\right|$$

가 실수 전체의 집합에서 미분가능할 때, a의 최솟값은? [4점]

① $\dfrac{1}{2}$　　② $\dfrac{3}{4}$　　③ 1　　④ $\dfrac{5}{4}$　　⑤ $\dfrac{3}{2}$

함수 $f(x)=\pi\sin(\pi x)$와 함수
$g(x)=\sin|\pi x|+\sin(\pi x)$에 대하여 함수 $h(x)$를

$$h(x)=\begin{cases}\dfrac{1}{a}f(x)+g(x) & (x < 0)\\[2mm] \dfrac{1}{\pi}f(x)g(x) & (x \geq 0)\end{cases}$$

이라 하자. 함수

$$\left|\int_{a}^{x} h(t)dt\right|$$

가 실수 전체의 집합에서 미분가능할 때, a의 최솟값은?
(단, $a > 0$) [4점]

① 1　　② $\dfrac{3}{2}$　　③ 2　　④ $\dfrac{5}{2}$　　⑤ 3

세 상수 a, b, c에 대하여 함수 $f(x) = ae^{2x} + be^x + c$가 다음 조건을 만족시킨다.

> (가) $\displaystyle\lim_{x \to -\infty} \frac{f(x)+6}{e^x} = 1$
>
> (나) $f(\ln 2) = 0$

함수 $f(x)$의 역함수를 $g(x)$라 할 때,

$$\int_0^{14} g(x)\,dx = p + q\ln 2$$ 이다. $p+q$의 값을 구하시오.

(단, p, q는 유리수이고, $\ln 2$는 무리수이다.) [4점]

세 상수 a, b, c에 대하여 함수

$f(x) = ae^{2x} + be^x + c$ 가 다음 조건을 만족시킨다.

> (가) $\displaystyle\lim_{x \to -\infty} \frac{f(x)-3}{e^x} = -4$
>
> (나) $f(\ln 2) = -1$

방정식 $f(x) = k$ $(k \geq -1)$가 두 실근 $\alpha_k(x)$, $\beta_k(x)$를 가질 때, $\displaystyle\int_{-1}^{0} \beta_k(x)\,dk = p + \ln q$ 이다. $p^3 q$의

값을 구하시오. (단, p, q는 유리수이고, $\alpha_k(x) \leq \beta_k(x)$이다.) [4점]

좌표평면 위를 움직이는 점 P의 시각 $t\,(t>0)$에서의 위치가 곡선 $y=x^2$과 직선 $y=t^2x-\dfrac{\ln t}{8}$가 만나는 서로 다른 두 점의 중점일 때, 시각 $t=1$에서 $t=e$까지 점 P가 움직인 거리는?

① $\dfrac{e^4}{2}-\dfrac{3}{8}$ ② $\dfrac{e^4}{2}-\dfrac{5}{16}$ ③ $\dfrac{e^4}{2}-\dfrac{1}{4}$

④ $\dfrac{e^4}{2}-\dfrac{3}{16}$ ⑤ $\dfrac{e^4}{2}-\dfrac{1}{8}$

좌표평면 위를 움직이는 점 P의 시각 $t\,(t>0)$에서의 위치가 곡선 $y=x^2$과 직선 $y=tx+\dfrac{e^t-t^2}{2}$가 만나는 서로 다른 두 점의 중점일 때, 시각 $t=1$에서 $t=a$ $(a>1)$까지 점 P가 움직인 거리를 $f(a)$이라 하자. $f'(\ln 7)$의 값은? [4점]

① $\dfrac{7}{2}$ ② $\dfrac{5\sqrt{2}}{2}$ ③ 7

④ $5\sqrt{2}$ ⑤ 8

좌표평면에서 원점을 중심으로 하고 반지름의 길이가 2인 원 C 와 두 점 $A(2,\ 0)$, $B(0,\ -2)$가 있다. 원 C 위에 있고 x좌표가 음수인 점 P 에 대하여 $\angle PAB = \theta$ 라 하자. 점 $Q(0,\ 2\cos\theta)$에서 직선 BP 에 내린 수선의 발을 R 라 하고, 두 점 P 와 R 사이의 거리를 $f(\theta)$라 할 때, $\displaystyle\int_{\frac{\pi}{6}}^{\frac{\pi}{3}} f(\theta)d\theta$ 의 값은? [4점]

① $\dfrac{2\sqrt{3}-3}{2}$ ② $\sqrt{3}-1$ ③ $\dfrac{3\sqrt{3}-3}{2}$

④ $\dfrac{2\sqrt{3}-1}{2}$ ⑤ $\dfrac{4\sqrt{3}-3}{2}$

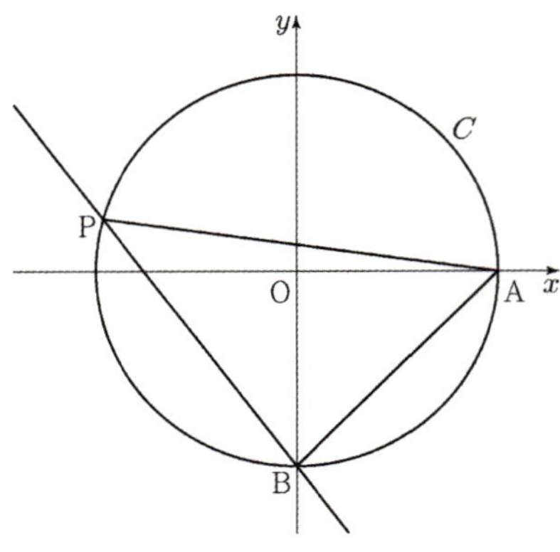

그림과 같이 중심이 원점 O 이고 반지름의 길이가 2인 원이 있다. $A(1,\ 0)$을 지나고 x축의 양의 방향과 이루는 각의 크기가 θ인 직선을 l이라 한다. 직선 l과 원이 만나는 점을 P, Q 라 하고 직선 l로 나누어진 원이 두 부분 중 큰 쪽의 호 위에 점 R이 있다. $0 < \theta < \dfrac{\pi}{2}$인 θ에 대하여 삼각형 PQR의 넓이가 최대일 때의 넓이를 $S(\theta)$라 할 때, $\displaystyle\int_{\frac{\pi}{6}}^{\frac{\pi}{3}} \dfrac{S(\theta)}{\sqrt{4-\sin^2\theta}} d\theta$의 값은? [4점]

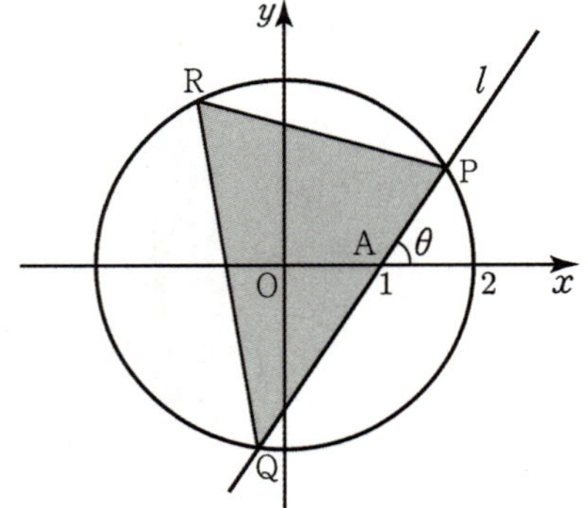

① $\dfrac{\pi-1+\sqrt{3}}{6}$ ② $\dfrac{2\pi-3+3\sqrt{3}}{6}$

③ $\dfrac{\pi-1+\sqrt{3}}{3}$ ④ $\dfrac{2\pi-3+3\sqrt{3}}{4}$

⑤ $\dfrac{\pi-1+\sqrt{3}}{2}$

함수 $f(x)=e^x+x-1$과 양수 t에 대하여 함수

$$F(x)=\int_0^x \{t-f(s)\}ds$$

가 $x=\alpha$에서 최댓값을 가질 때, 실수 α의 값을 $g(t)$라 하자. 미분가능한 함수 $g(t)$에 대하여

$\displaystyle\int_{f(1)}^{f(5)} \dfrac{g(t)}{1+e^{g(t)}}dt$의 값을 구하시오. [4점]

함수 $f(x)=2^{\sin x+2x}$과 양수 t에 대하여 함수

$$F(x)=\int_0^x \{f(s)-t\}ds$$

가 $x=\alpha$에서 최솟값을 가질 때, 실수 α의 값을 $g(t)$라 하자. 미분가능한 함수 $g(t)$에 대하여

$\displaystyle\int_{f(1)}^{f(4)} \dfrac{1}{(\cos g(t)+2)\,2^{\sin g(t)-1}}dt$의 값을 구하시오. [4점]

함수

$$f(x) = \begin{cases} 0 & (x \le 0) \\ \{\ln(1 + x^4)\}^{10} & (x > 0) \end{cases}$$

에 대하여 실수 전체의 집합에서 정의된 함수 $g(x)$를

$$g(x) = \int_0^x f(t)f(1-t)dt$$

라 하자. 〈보기〉에서 옳은 것만을 있는 대로 고른 것은? [4점]

——— | 보기 | ———

ㄱ. $x \le 0$인 모든 실수 x에 대하여 $g(x) = 0$이다.

ㄴ. $g(1) = 2g\left(\dfrac{1}{2}\right)$

ㄷ. $g(a) \ge 1$인 실수 a가 존재한다.

① ㄱ   ② ㄱ, ㄴ   ③ ㄱ, ㄷ

④ ㄴ, ㄷ   ⑤ ㄱ, ㄴ, ㄷ

두 함수

$$f(x) = \begin{cases} 0 & (x \le 0) \\ \dfrac{e^{x^2} - 1}{e - 1} & (x > 0) \end{cases},$$

$$g(x) = \begin{cases} \dfrac{e^{(x-2)^2} - 1}{e - 1} & (x < 2) \\ 0 & (x \ge 2) \end{cases}$$

에 대하여 실수 전체의 집합에서 정의된 함수 $h(x)$를

$$h(x) = \int_1^x f(t)g(t)dt$$

라 하자. 〈보기〉에서 옳은 것만을 있는 대로 고른 것은? $\left(\text{단, } \dfrac{1}{2} < \displaystyle\int_0^1 f(x)g(x)dx < 1\right)$ [4점]

——— | 보기 | ———

ㄱ. $x \le 1$인 모든 실수 x에 대하여 $h(x) \le 0$이다.

ㄴ. 모든 실수 x에 대하여 $h(x) + h(2-x) = 0$이 성립한다.

ㄷ. $\displaystyle\int_0^x h(t)dt \ge 1$을 만족하는 양의 실수 x의 최솟값을 a라 할 때, a는 구간 $(3, 4)$에 존재한다.

① ㄱ   ② ㄱ, ㄴ   ③ ㄱ, ㄷ

④ ㄴ, ㄷ   ⑤ ㄱ, ㄴ, ㄷ

$x = \dfrac{1}{\sqrt{2k}}$, $x = \dfrac{1}{\sqrt{k}}$ 로 둘러싸인 부분을 밑면으로

하고 x축에 수직인 평면으로 자른 단면이 모두

정삼각형인 입체도형의 부피가 $\sqrt{3}\left(e^2 - e\right)$일 때, k의

값은? [4점]

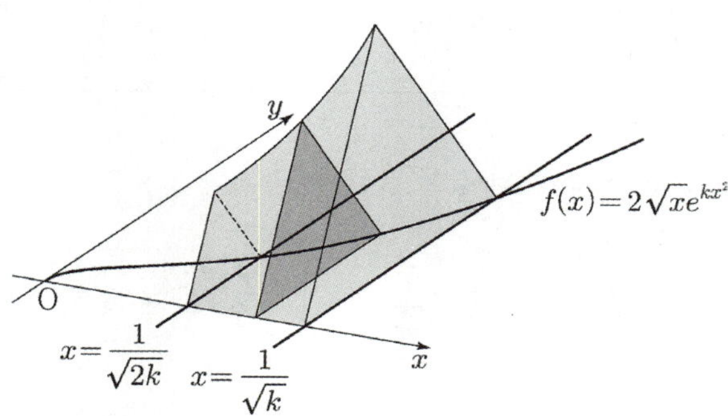

① $\dfrac{1}{12}$ ② $\dfrac{1}{6}$ ③ $\dfrac{1}{4}$ ④ $\dfrac{1}{3}$ ⑤ $\dfrac{1}{2}$

그림과 같이 유리수 k $(k > 1)$에 대하여 함수

$$f(x) = \dfrac{x^{\frac{3}{2}}\sqrt{8\ln(x^2+1)}}{\sqrt{x^2+1}}$$ 의 그래프와 x축 및 두 직선

$x = \sqrt{e-1}$, $x = \sqrt{e^k - 1}$ 로 둘러싸인 부분을

밑면으로 하고 x축에 수직인 평면으로 자른 단면이 모두

정삼각형인 입체도형의 부피가 $\sqrt{3}\left(e^2 - \dfrac{3}{2}\right)$일 때, k의

값은? [4점]

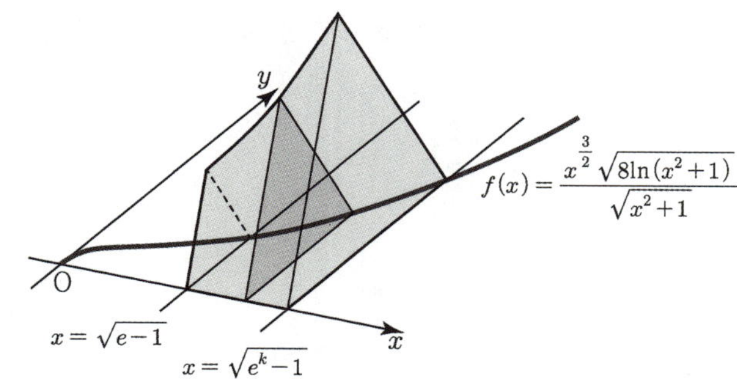

① $\dfrac{3}{2}$ ② $\dfrac{7}{4}$ ③ 2 ④ $\dfrac{9}{4}$ ⑤ $\dfrac{5}{2}$

두 함수 $f(x)$, $g(x)$는 실수 전체의 집합에서 도함수가 연속이고 다음 조건을 만족시킨다.

> (가) 모든 실수 x에 대하여 $f(x)g(x)=x^4-1$이다.
>
> (나) $\displaystyle\int_{-1}^{1}\{f(x)\}^2 g'(x)dx=120$

$\displaystyle\int_{-1}^{1} x^3 f(x)dx$의 값은? [4점]

① 12   ② 15   ③ 18   ④ 21   ⑤ 24

두 함수 $f(x)$, $g(x)$는 실수 전체의 집합에서 도함수가 연속이고 다음 조건을 만족시킨다.

> (가) 모든 실수 x에 대하여
> $$f(x)g(x)=\cos\pi x+1$$이다.
>
> (나) $\displaystyle\int_{-1}^{1}\{f(x)\}^2 g'(x)dx=-\frac{4}{\pi}$

$\displaystyle\int_{-1}^{1} f(x)\sin\pi x\, dx$의 값은? [4점]

① 1   ② 2   ③ $\dfrac{1}{\pi^2}$ ④ $\dfrac{2}{\pi^2}$ ⑤ π

실수 전체의 집합에서 미분가능한 함수 $f(x)$가 모든 실수 x에 대하여 다음 조건을 만족시킨다.

> (가) $f(x) > 0$
>
> (나) $\ln f(x) + 2\displaystyle\int_0^x (x-t)f(t)dt = 0$

보기에서 옳은 것만을 있는 대로 고른 것은? [4점]

> | 보기 |
>
> ㄱ. $x > 0$에서 함수 $f(x)$는 감소한다.
>
> ㄴ. 함수 $f(x)$의 최댓값은 1이다.
>
> ㄷ. 함수 $F(x)$를 $F(x) = \displaystyle\int_0^x f(t)dt$라 할 때,
>
> $f(1) + \{F(1)\}^2 = 1$이다.

① ㄱ   ② ㄷ   ③ ㄱ, ㄴ

④ ㄱ, ㄷ   ⑤ ㄱ, ㄴ, ㄷ

실수 전체의 집합에서 미분가능한 함수 $f(x)$가 모든 실수 x에 대하여 다음 조건을 만족시킨다.

$$e^{f(x)} + \int_0^x (x-t)e^{f(t)}dt = 1$$

보기에서 옳은 것만을 있는 대로 고른 것은? [4점]

> | 보기 |
>
> ㄱ. $x > 0$에서 함수 $f(x)$는 감소한다.
>
> ㄴ. 함수 $f(x)$의 최댓값은 1이다.
>
> ㄷ. 함수 $F(x)$를 $F(x) = \displaystyle\int_0^x e^{f(t)}dt$라 할 때,
>
> $F(1) + F''(1) = 0$이다.

① ㄱ   ② ㄴ   ③ ㄱ, ㄴ

④ ㄱ, ㄷ   ⑤ ㄱ, ㄴ, ㄷ

실수 전체의 집합에서 미분가능한 함수 $f(x)$가 $f(0)=0$이고 모든 실수 x에 대하여 $f'(x)>0$이다. 곡선 $y=f(x)$ 위의 점 $A(t,\,f(t))\ (t>0)$에서 x축에 내린 수선의 발을 B라 하고, 점 A를 지나고 점 A에서의 접선과 수직인 직선이 x축과 만나는 점을 C라 하자. 모든 양수 t에 대하여 삼각형 ABC의 넓이가 $\dfrac{1}{2}(e^{3t}-2e^{2t}+e^{t})$일 때, 곡선 $y=f(x)$와 x축 및 직선 $x=1$로 둘러싸인 부분의 넓이는? [4점]

① $e-2$ ② e ③ $e+2$ ④ $e+4$ ⑤ $e+6$

$x \geq 1$에서 정의된 함수 $f(x)$가 $f(1)=-1$이고 $x>1$인 실수 x에 대하여 미분가능하고 $f'(x)>0$이다. 곡선 $y=f(x)$ 위의 점 $A(t,\,f(t))\ (t>1)$에서 y축에 내린 수선의 발을 B라 하고, 점 A를 지나고 점 A에서의 접선이 y축과 만나는 점을 C라 하자. $t>1$인 t에 대하여 삼각형 ABC의 넓이가 $\dfrac{t^2\ln t}{2}$일 때, 곡선 $y=f(x)$와 x축 및 직선 $x=1$로 둘러싸인 부분의 넓이는? [4점]

① $\dfrac{e^2-1}{4}$ ② $\dfrac{e^2-3}{4}$ ③ $\dfrac{e^2-5}{4}$

④ $\dfrac{9-e^2}{4}$ ⑤ $\dfrac{11-e^2}{4}$

511

함수 $f(x) = e^{-x} \int_0^x \sin(t^2)\,dt$ 에 대하여 보기에서

옳은 것만을 있는 대로 고른 것은? [4점]

> **| 보기 |**
>
> ㄱ. $f(\sqrt{\pi}) > 0$
> ㄴ. $f'(a) > 0$ 을 만족시키는 a가 열린 구간
> $(0,\ \sqrt{\pi})$에 적어도 하나 존재한다.
> ㄷ. $f'(b) = 0$ 을 만족시키는 b가 열린
>   구간 $(0,\ \sqrt{\pi})$에 적어도 하나 존재한다.

① ㄱ   ② ㄷ   ③ ㄱ, ㄴ
④ ㄴ, ㄷ   ⑤ ㄱ, ㄴ, ㄷ

512

함수 $f(x) = e^{-x} \int_0^x \cos\left(\frac{1}{2}t^2\right) dt$ 에 대하여 보기에서

옳은 것만을 있는 대로 고른 것은? [4점]

> **| 보기 |**
>
> ㄱ. $f(\sqrt{\pi}) > 0$
> ㄴ. $f'(a) > 0$ 을 만족시키는 a가 열린구간
> $(0,\ \sqrt{\pi})$에 적어도 하나 존재한다.
> ㄷ. $f'(b) = 0$ 을 만족시키는 b가
>   열린구간 $(0,\ \sqrt{\pi})$에 적어도 하나 존재한다.

① ㄱ   ② ㄷ   ③ ㄱ, ㄴ
④ ㄴ, ㄷ   ⑤ ㄱ, ㄴ, ㄷ

513

함수 $f(x) = \dfrac{5}{2} - \dfrac{10x}{x^2+4}$ 와 함수 $g(x) = \dfrac{4-|x-4|}{2}$

의 그래프가 그림과 같다.

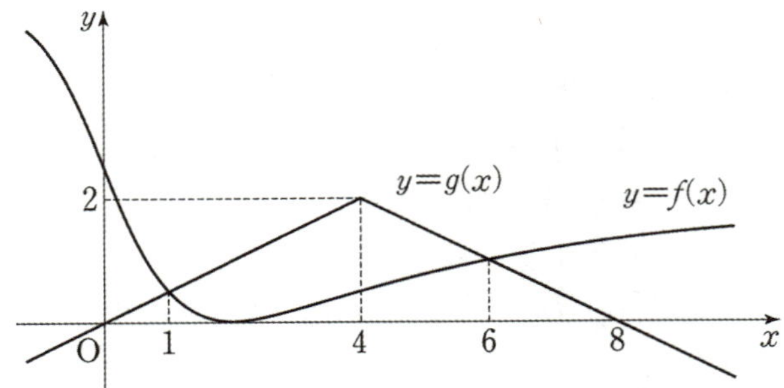

$0 \le a \le 8$인 a에 대하여 $\displaystyle\int_0^a f(x)dx + \int_a^8 g(x)dx$ 의

최솟값은? [4점]

① $14 - 5\ln 5$ ② $15 - 5\ln 10$ ③ $15 - 5\ln 5$

④ $16 - 5\ln 10$ ⑤ $16 - 5\ln 5$

514

함수 $f(x) = 1 - \dfrac{2(x-1)}{(x-1)^2+5}$ 와 함수

$g(x) = -\dfrac{1}{9}(x-1)^2 + 1$의 그래프가 그림과 같다.

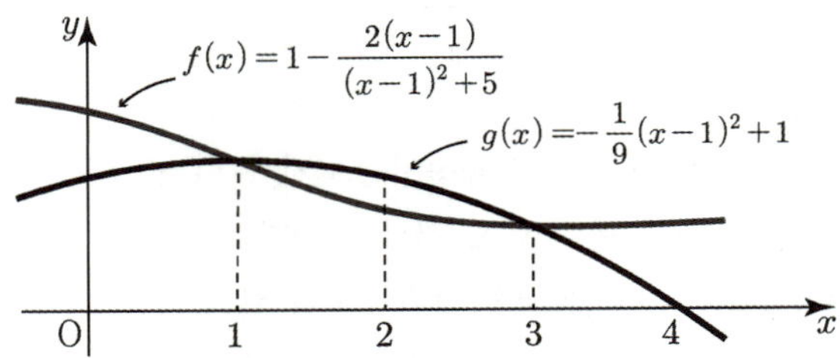

$0 \le a \le 4$인 a에 대하여 $\displaystyle\int_0^a f(x)dx + \int_a^4 g(x)dx$ 의

최솟값은? [4점]

① $\dfrac{89}{27} - \ln\dfrac{3}{2}$ ② $\dfrac{49}{9} - \ln\dfrac{3}{2}$ ③ $\dfrac{79}{27} - \ln\dfrac{2}{3}$

④ $4 - \ln 3$ ⑤ $4 - \ln 2$

두 연속함수 $f(x)$, $g(x)$ 가

$$g(e^x) = \begin{cases} f(x) & (0 \le x < 1) \\ g(e^{x-1}) + 5 & (1 \le x \le 2) \end{cases}$$

를 만족시키고, $\displaystyle\int_1^{e^2} g(x)\,dx = 6e^2 + 4$ 이다.

$\displaystyle\int_1^{e} f(\ln x)\,dx = ae + b$ 일 때, $a^2 + b^2$ 의 값을 구하시오. (단, a, b 는 정수이다.) [4점]

두 연속함수 $f(x)$, $g(x)$ 가

$$g(\ln x) = \begin{cases} f(x) & (1 \le x < e) \\ g\left(\ln\left(\dfrac{x}{e}\right)\right) + 4 & (e \le x \le e^2) \end{cases}$$

를 만족시키고, $\displaystyle\int_0^2 g(x)e^x\,dx = 5e^2 + 3$ 이다.

$\displaystyle\int_0^1 f(e^x)e^x\,dx = ae + b$ 일 때, $a^2 + b^2$ 의 값을 구하시오. (단, a, b 는 정수이다.) [4점]

함수 $f(x) = x^2 + ax + b \ (a \geq 0, \ b > 0)$가 있다.
그림과 같이 2이상인 자연수 n에 대하여 닫힌구간
$[0, \ 1]$을 n 등분한 각 분점 (양 끝점도 포함)을 차례로
$0 = x_0, \ x_1, \ x_2, \ \cdots, \ x_{n-1}, \ x_n = 1$이라 하자. 닫힌구간
$[x_{k-1}, \ x_k]$를 밑변으로 하고 높이가 $f(x_k)$ 인
직사각형의 넓이를 A_k라 하자. $(k = 1, \ 2, \ \cdots, \ n)$

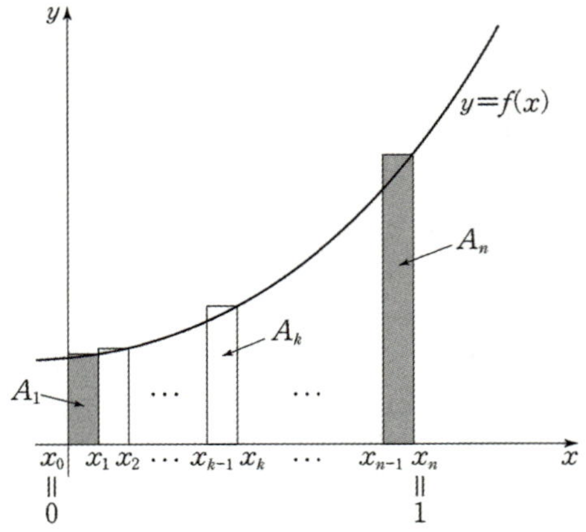

양 끝에 있는 두 직사각형의 넓이의 합이

$$A_1 + A_n = \frac{7n^2 + 1}{n^3} \text{ 일 때, } \lim_{n \to \infty} \sum_{k=1}^{n} \frac{8k}{n} A_k \text{ 의 값을}$$

구하시오. [4점]

함수 $f(x) = -x^2 + ax + b \ (a \leq 0, \ b > 0)$가 있다.
그림과 같이 2이상인 자연수 n에 대하여 닫힌구간
$[0, \ 1]$을 n 등분한 각 분점 (양 끝점도 포함)을 차례로
$0 = x_0, \ x_1, \ x_2, \ \cdots, \ x_{n-1}, \ x_n = 1$이라 하자. 닫힌구간
$[x_{k-1}, \ x_k]$를 밑변으로 하고 높이가 $f(x_k)$ 인
직사각형의 넓이를 A_k라 하자. $(k = 1, \ 2, \ \cdots, \ n)$

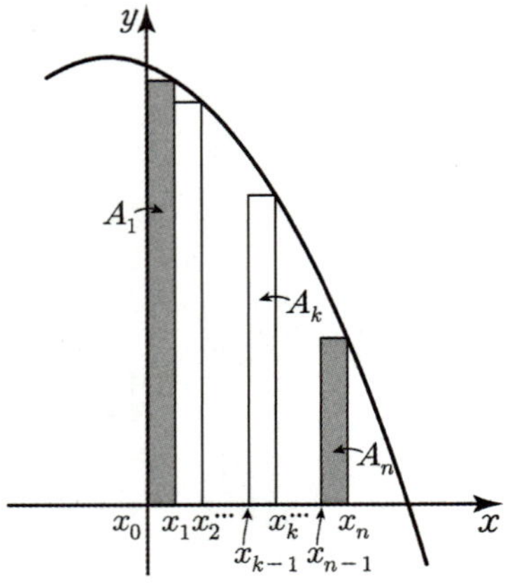

양 끝에 있는 두 직사각형의 넓이의 합이

$$A_1 + A_n = \frac{7n^2 - 2n - 1}{n^3} \text{ 일 때, } \lim_{n \to \infty} \sum_{k=1}^{n} \frac{12k}{n} A_k \text{ 의}$$

값을 구하시오. (단, 그림의 $f(x)$의 x절편은 1보다
크다.) [4점]

적분법
Level 3

519

실수 전체의 집합에서 연속인 함수 $f(x)$가 모든 실수 x에 대하여 $f(x) \geq 0$이고, $x < 0$일 때,

$$f(x) = -4xe^{4x^2}$$이다.

모든 양수 t에 대하여 x에 대한 방정식 $f(x) = t$의 서로 다른 실근의 개수는 2이고, 이 방정식의 두 실근 중 작은 값을 $g(t)$, 큰 값을 $h(t)$라 하자.

두 함수 $g(t)$, $h(t)$는 모든 양수 t에 대하여

$$2g(t) + h(t) = k \ (k는 \ 상수)$$

를 만족시킨다. $\displaystyle\int_0^7 f(x)dx = e^4 - 1$일 때, $\dfrac{f(9)}{f(8)}$의 값은? [4점]

① $\dfrac{3}{2}e^5$ ② $\dfrac{4}{3}e^7$ ③ $\dfrac{5}{4}e^9$ ④ $\dfrac{6}{5}e^{11}$ ⑤ $\dfrac{7}{6}e^{13}$

520

실수 전체의 집합에서 연속인 함수 $f(x)$가 모든 실수 x에 대하여 $f(x) \geq 0$이고, $x < 0$일 때 $f(x) = -x + \sin x$이다. 모든 양수 t에 대하여 x에 대한 방정식 $f(x) = t$의 서로 다른 실근의 개수는 2이고, 이 방정식의 두 실근 중 작은 값을 $g(t)$, 큰 값을 $h(t)$라 하자. 두 함수 $g(t)$, $h(t)$는 모든 양수 t에 대하여

$$g(t + 2\pi) + h(t) = k \ (k는 \ 상수)$$

를 만족시킨다. $\displaystyle\int_0^{3\pi} f(x)dx = \dfrac{\pi^2}{8} - 1$일 때,

$k + f(9\pi)$의 값은? [4점]

① $5\pi - 1$ ② $7\pi - 1$ ③ $7\pi - 2$
④ $9\pi - 3$ ⑤ $9\pi - 6$

최고차항의 계수가 1인 사차함수 $f(x)$와 구간 $(0,\ \infty)$에서 $g(x) \geq 0$인 함수 $g(x)$가 다음 조건을 만족시킨다.

> (가) $x \leq -3$인 모든 실수 x에 대하여
> $\quad f(x) \geq f(-3)$이다.
> (나) $x > -3$인 모든 실수 x에 대하여
> $\quad g(x+3)\{f(x)-f(0)\}^2 = f'(x)$이다.

$\displaystyle \int_4^5 g(x)dx = \dfrac{q}{p}$일 때, $p+q$의 값을 구하시오.

(단, p와 q는 서로소인 자연수이다.) [4점]

최고차항의 계수가 양수인 사차함수 $f(x)$와 실수 t에 대하여 부등식 $\ln|f(x)| \leq t$를 만족시키는 x의 최댓값을 $M(t)$, 최솟값을 $m(t)$라 하자. 실수 전체의 집합에서 연속인 두 함수 $M(t)$와 $m(t)$가 다음 조건을 만족시킨다.

> (가) 함수 $M(t)$는 0이 아닌 모든 실수에서
> $\quad$미분가능하고 $M(0)= 3$이다.
> (나) 함수 $m(t)$는 실수 전체의 집합에서
> $\quad$미분가능하고 $m(0)=-1$이다.
> (다) $\displaystyle \lim_{t \to -\infty} M(t) = \lim_{t \to -\infty} m(t) = 0$

실수 전체의 집합에서 정의된 함수 $g(x)$가 $g(x-4)\{f(x)\}^2 = f'(x)$일 때, $\displaystyle \int_{-1}^2 g(x)dx = \dfrac{q}{p}$이다.

$p+q$의 값을 구하시오. (단, p와 q는 서로소인 자연수이다.) [4점]

실수 전체의 집합에서 증가하고 미분가능한 함수 $f(x)$가 다음 조건을 만족시킨다.

> (가) $f(1)=1$, $\displaystyle\int_1^2 f(x)dx = \dfrac{5}{4}$
>
> (나) 함수 $f(x)$의 역함수를 $g(x)$라 할 때, $x \geq 1$인 모든 실수 x에 대하여 $g(2x)=2f(x)$이다.

$\displaystyle\int_1^8 xf'(x)dx = \dfrac{q}{p}$ 일 때, $p+q$의 값을 구하시오. (단, p와 q는 서로소인 자연수이다.) [4점]

쌍둥이 문제 – 풀이 없음

실수 전체의 집합에서 증가하고 미분가능한 함수 $f(x)$가 다음 조건을 만족시킨다.

> (가) $f(1)=1$, $\displaystyle\int_1^3 f(x)dx = \dfrac{15}{4}$
>
> (나) 함수 $f(x)$의 역함수를 $g(x)$라 할 때, $x \geq 1$인 모든 실수 x에 대하여 $g(3x)=3f(x)$이다.

$\displaystyle\int_1^9 xf'(x)dx$의 값을 구하시오. [4점]

정답 38

양수 a에 대하여 실수 전체의 집합에서 도함수가 연속인 함수 $f(x)$가 다음 조건을 만족시킨다.

> (가) $f(a)=a$, $\displaystyle\int_a^{3a} f(x)dx = \dfrac{4}{3}a^2$
>
> (나) $x \geq a$인 모든 실수 x에 대하여 $f'(x) \geq 0$이고 $f^{-1}(3x)=3f(x)$이다.

$\displaystyle\int_a^{27a} x\left(f^{-1}\right)'(x)dx = 508$일 때, a^2의 값을 구하시오. (단, $f^{-1}(x)$는 $f(x)$의 역함수이다.) [4점]

최고차항의 계수가 9인 삼차함수 $f(x)$가 다음 조건을 만족시킨다.

> (가) $\displaystyle\lim_{x \to 0} \frac{\sin(\pi \times f(x))}{x} = 0$
>
> (나) $f(x)$의 극댓값과 극솟값의 곱은 5이다.

함수 $g(x)$는 $0 \le x < 1$일 때 $g(x) = f(x)$이고 모든 실수 x에 대하여 $g(x+1) = g(x)$이다.

$g(x)$가 실수 전체의 집합에서 연속일 때,

$\displaystyle\int_0^5 xg(x)dx = \dfrac{q}{p}$이다. $p+q$의 값을 구하시오. (단, p와 q는 서로소인 자연수이다.) [4점]

쌍둥이 문제 – 풀이 없음

최고차항의 계수가 1인 삼차함수 $f(x)$가 다음 조건을 만족시킨다.

> (가) $\displaystyle\lim_{x \to 0} \frac{\sin(\pi \times f(x))}{x} = 0$
>
> (나) $f(x)$의 극댓값과 극솟값의 곱은 $\dfrac{100}{27}$이다.

함수 $g(x)$는 $0 \le x < 1$일 때 $g(x) = f(x)$이고 모든 실수 x에 대하여 $g(x+1) = g(x)$이다.

$g(x)$가 실수 전체의 집합에서 연속일 때,

$\displaystyle\int_0^4 xg(x)dx = \dfrac{q}{p}$이다. $p+q$의 값을 구하시오. (단, p와 q는 서로소인 자연수이다.)

정답 163

최고차항의 계수가 a $(a \ne 0)$인 삼차함수 $f(x)$가 다음 조건을 만족시킨다.

> (가) $\displaystyle\lim_{x \to 0} \frac{\sin f(x)}{x} = 9$
>
> (나) $f(x)$의 두 극값의 차는 1이하다.

함수 $g(x)$는 $0 \le x < 1$일 때, $g(x) = f(x) - f(0)$이고 모든 실수 x에 대하여 $g(x+1) = g(x)+1$이다. 함수 $g(x)$가 실수 전체의 집합에서 미분가능할 때,

$\displaystyle\int_0^{\frac{a}{4}} xg(x)dx = \dfrac{q}{p}$이다. $p+q$의 값을 구하시오.

(단, p와 q는 서로소인 자연수이다.) [4점]

함수 $f(x) = \pi \sin 2\pi x$에 대하여 정의역이 실수 전체의 집합이고 치역이 $\{0, 1\}$인 함수 $g(x)$와 자연수 n이 다음 조건을 만족시킬 때, n의 값은? [4점]

함수 $h(x) = f(nx)g(x)$는 실수 전체의 집합에서 연속이고

$$\int_{-1}^{1} h(x)\,dx = 2, \quad \int_{-1}^{1} x\,h(x)\,dx = -\frac{1}{32}$$

이다.

① 8   ② 10   ③ 12   ④ 14   ⑤ 16

정의역이 실수 전체의 집합이고 치역이 $\{0, 1\}$인 함수 $f(x)$와 자연수 n에 대하여 실수 전체의 집합에서 연속인 함수 $g(x) = \sin(nx)f(x)$가 있다.

$$\int_{-2\pi}^{2\pi} g(x)\,dx = 4$$을 만족하는 $g(x)$에 대하여

$$\int_{-2\pi}^{2\pi} x\,g(x)\,dx = -\frac{1}{128}\pi$$인 n의 값을 구하시오. [4점]

함수 $f(x) = \sin(\pi\sqrt{x})$에 대하여 함수

$$g(x) = \int_0^x t f(x-t)\,dt \quad (x \geq 0)$$

이 $x = a$에서 극대인 모든 a를 작은 수부터 크기순으로 나열할 때, n번째 수를 a_n이라 하자.

$k^2 < a_6 < (k+1)^2$인 자연수 k의 값은? [4점]

① 11   ② 14   ③ 17   ④ 20   ⑤ 23

함수 $f(x) = \cos(\pi\sqrt{x})$에 대하여 함수 $g(x)$는

$$g(x) = \int_0^x t(2x-t) f(x-t)\,dt \ (x \geq 0)$$

이고 함수 $f(x)$와 $g(x)$에 대하여 함수

$h(x) = \dfrac{1}{2}g''(x) - xf(x)$이 $x = a$에서 극값을 갖는 모든

a를 작은 수부터 크기순으로 나열할 때, n번째 수를

a_n이라 하자. $\displaystyle\sum_{n=1}^{\infty} \dfrac{1}{\sqrt{a_n a_{n+1}}}$의 값을 구하시오. [4점]

531

실수 t에 대하여 곡선 $y = e^x$ 위의 점 $(t,\, e^t)$에서의 접선의 방정식을 $y = f(x)$라 할 때,

함수 $y = |f(x) + k - \ln x|$가 양의 실수 전체의 집합에서 미분가능 하도록 하는 실수 k의 최솟값을 $g(t)$라 하자. 두 실수 a, b $(a < b)$에 대하여

$$\int_a^b g(t)dt = m$$

이라 할 때, 〈보기〉에서 옳은 것만을 있는 대로 고른 것은? [4점]

——— | 보기 | ———

ㄱ. $m < 0$이 되도록 하는 두 실수 a, b $(a < b)$가 존재한다.

ㄴ. 실수 c에 대하여 $g(c) = 0$이면 $g(-c) = 0$이다.

ㄷ. $a = \alpha$, $b = \beta$ $(\alpha < \beta)$일 때 m의 값이 최소이면 $\dfrac{1 + g'(\beta)}{1 + g'(\alpha)} < -e^2$이다.

① ㄱ ② ㄴ ③ ㄱ, ㄴ
④ ㄱ, ㄷ ⑤ ㄱ, ㄴ, ㄷ

쌍둥이 문제 – 풀이 없음

양수 t에 대하여 함수 $y = |e^x - tx - k|$가 실수 전체의 집합에서 미분가능 하도록 하는 실수 k의 최댓값을 $g(t)$라 하자. $\displaystyle\int_1^2 g(t)dt$의 값은?

① $\dfrac{9}{4} - 2\ln 2$ ② $\dfrac{9}{4} - \ln 2$ ③ $\dfrac{7}{4} - 2\ln 2$

④ $\dfrac{7}{4} - \ln 2$ ⑤ $\dfrac{5}{4} - \ln 2$

정답 ①

532

실수 t에 대하여 함수 $f(x)$가

$$f(x) = 2^t x + 2^t(\ln 2 - 1) + (t+1)\ln 2$$

라 할 때, 함수

$$y = \left| f(x) + k + \frac{1}{e^x} \right|$$

가 실수 전체의 집합에서 미분가능 하도록 하는 실수 k의 최솟값을 $g(t)$라 하자. 두 실수 a, b $(a < b)$에 대하여 $\displaystyle\int_a^b g(t)dt = m$이라 할 때,

〈보기〉에서 옳은 것만을 있는 대로 고른 것은? [4점]

——— | 보기 | ———

ㄱ. $m < 0$이 되도록 하는 두 실수 a, b $(a < b)$가 존재한다.

ㄴ. 실수 c에 대하여 $g(c) = 0$이면 $g(-c) = 0$이다.

ㄷ. $a = \alpha$, $b = \beta$ $(\alpha < \beta)$일 때 m의 값이 최소이면 $\dfrac{g'(\beta)}{g'(\alpha)} < -2$이다.

① ㄱ ② ㄴ ③ ㄱ, ㄴ
④ ㄱ, ㄷ ⑤ ㄱ, ㄴ, ㄷ

실수 전체의 집합에서 미분가능한 함수 $f(x)$가 모든 실수 x에 대하여

$$f'(x^2+x+1)=\pi f(1)\sin\pi x + f(3)x + 5x^2$$

을 만족시킬 때, $f(7)$의 값을 구하시오. [4점]

쌍둥이 문제 - 풀이 없음

실수 전체의 집합에서 미분가능한 함수 $f(x)$가 모든 실수 x에 대하여

$$f'(x^2)=f(1)x^2+e^{x^2-1},\ f(0)=\frac{1}{e}$$

을 만족시킬 때, $f(2)$의 값은?

① $3+e$ ② $4+e$ ③ $5+e$

④ $3+e^2$ ⑤ $4+e^2$

정답 ②

실수 전체의 집합에서 미분가능한 함수 $f(x)$가 모든 실수 x에 대하여

$$\frac{f'(x)}{2\{f(x)\}^3}=\frac{f'(2x-1)}{\{f(2x-1)\}^3}+\frac{1}{2\{f(2)\}^2}\pi\sin\pi x$$
$$+\frac{1}{2\{f(3)\}^2}x$$

을 만족시킨다. $f(5)=\dfrac{\sqrt{3}}{9}$ 일 때, $\left\{\dfrac{f(3)}{f(9)}\right\}^2$ 의 값을 구하시오. [4점]

상수 a, b에 대하여 함수 $f(x)= a\sin^3 x + b\sin x$가

$$f\left(\frac{\pi}{4}\right)= 3\sqrt{2}, \quad f\left(\frac{\pi}{3}\right)= 5\sqrt{3}$$

을 만족시킨다. 실수 t $(1 < t < 14)$에 대하여 함수 $y = f(x)$의 그래프와 직선 $y = t$가 만나는 점의 x좌표 중 양수인 것을 작은 수부터 크기순으로 모두 나열할 때, n번째 수를 x_n이라 하고

$$c_n = \int_{3\sqrt{2}}^{5\sqrt{3}} \frac{t}{f'(x_n)}dt$$

라 하자. $\displaystyle\sum_{n=1}^{101} c_n = p + q\sqrt{2}$ 일 때, $q - p$의 값을 구하시오. (단, p와 q는 유리수이다.) [4점]

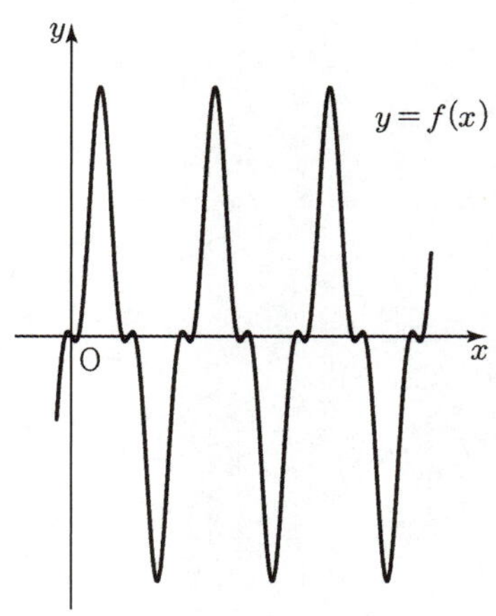

쌍둥이 문제 - 풀이 없음

함수 $f(x)= (x - 4)^2$와 실수 t $(t > 0)$에 대하여

함수 $y = f(x)$의 그래프와 직선 $y = t$가 만나는 점의 x좌표를 x_1, x_2 $(x_1 < x_2)$라 하고

$$c_n = \left| \int_{4}^{9} \frac{t}{f'(x_n)}dt \right| \quad (n = 1, 2)$$

라 하자. $c_1 + c_2 = \dfrac{q}{p}$ 일 때, $p + q$의 값을 구하시오. (단, p, q는 서로소인 자연수이다.)

정답 41

구간 $[0, 2)$에서 함수 $f(x)$가 모든 자연수 k에 대하여 각 구간 $\left[2 - \dfrac{1}{2^{k-2}}, \, 2 - \dfrac{1}{2^{k-1}}\right)$에서 $f(x) = \sin(2^k \pi x)$로 정의된다.

실수 t $(0 < t < 1)$에 대하여 함수 $y = f(x)$의 그래프와 직선 $y = t$가 만나는 점의 x좌표 중 양수인 것을 작은 수부터 크기순으로 모두 나열할 때, n번째 수를 x_n이라 하고

$$c_n = \int_{\frac{1}{2}}^{\frac{\sqrt{3}}{2}} \frac{t}{f'(x_n)}dt$$

라 하자.

$$\sum_{n=1}^{51} c_n = \frac{\sqrt{b} - 1}{2^a \pi}$$ 일 때, $a + b$의 값을 구하시오.

(단, a와 b는 자연수이다.) [4점]

실수 전체의 집합에서 미분 가능한 함수 $f(x)$가 다음 조건을 만족시킬 때, $f(-1)$의 값은? [4점]

> (가) 모든 실수 x에 대하여
> $$2\{f(x)\}^2 f'(x) = \{f(2x+1)\}^2 f'(2x+1)$$ 이다.
> (나) $f\left(-\dfrac{1}{8}\right) = 1$, $f(6) = 2$

① $\dfrac{\sqrt[3]{3}}{6}$ ② $\dfrac{\sqrt[3]{3}}{3}$ ③ $\dfrac{\sqrt[3]{3}}{2}$

④ $\dfrac{2\sqrt[3]{3}}{3}$ ⑤ $\dfrac{5\sqrt[3]{3}}{6}$

쌍둥이 문제 – 풀이 없음

실수 전체의 집합에서 $f(x) > 0$이고 미분 가능한 함수 $f(x)$가 다음 조건을 만족시킬 때, $f\left(\dfrac{1}{2}\right)$의 값은?

> (가) 모든 실수 x에 대하여
> $$\{f(x)\}f'(x) = \{f(1-x)\}f'(1-x)$$ 이다.
> (나) $f(0) = f(1) = 1$

① 1 ② $\sqrt{2}$ ③ $\sqrt{3}$ ④ 2 ⑤ $\sqrt{5}$

정답 ①

실수 전체의 집합에서 미분 가능한 함수 $f(x)$가 다음 조건을 만족시킬 때, $f\left(\dfrac{\sqrt{3}}{2}\right)$의 값은? [4점]

> (가) 모든 실수 x에 대하여
> $$f'(\sin x) = -2f'(2\cos x)\tan x$$ 이다.
> (나) $f(0) = 1$, $f(1) = f(-2) + 2$

① $\dfrac{\sqrt{3}}{2}$ ② $\sqrt{3}$ ③ 2 ④ $2\sqrt{3}$ ⑤ 3

0이 아닌 세 정수 $l,\ m,\ n$ 이

$$|l|+|m|+|n| \le 10$$

을 만족시킨다. $0 \le x \le \dfrac{3}{2}\pi$ 에서 정의된 연속함수

$f(x)$ 가 $f(0)=0,\ f\!\left(\dfrac{3}{2}\pi\right)=1$ 이고

$$f'(x)=\begin{cases} l\cos x & \left(0<x<\dfrac{\pi}{2}\right) \\ m\cos x & \left(\dfrac{\pi}{2}<x<\pi\right) \\ n\cos x & \left(\pi<x<\dfrac{3}{2}\pi\right) \end{cases}$$

를 만족시킬 때, $\displaystyle\int_0^{\frac{3}{2}\pi} f(x)\,dx$ 의 값이 최대가 되도록

하는 $l,\ m,\ n$ 에 대하여 $l+2m+3n$ 의 값은? [4점]

① 12　　② 13　　③ 14　　④ 15　　⑤ 16

쌍둥이 문제 – 풀이 없음

$0 \le x \le \dfrac{3}{2}\pi$ 에서 정의된 연속함수 $f(x)$ 가

$f(0)=0,\ f\!\left(\dfrac{3}{2}\pi\right)=1$ 이고

두 유리수 $a, b\ (a \ge 1)$에 대하여

$$f'(x)=\begin{cases} a\cos x & \left(0<x<\dfrac{\pi}{2}\right) \\ -\cos x & \left(\dfrac{\pi}{2}<x<\pi\right) \\ b\cos x & \left(\pi<x<\dfrac{3}{2}\pi\right) \end{cases}$$

를 만족시킨다.

$\displaystyle\int_0^{\frac{3}{2}\pi} f(x)\,dx = 5\pi - 1$일 때, $a+b$의 값을 구하시오.

정답 8

0이 아닌 세 정수 $l,\ m,\ n$ 이

$$|l|+|m|+|n| \le 10$$

을 만족시킨다. $0 \le x \le \dfrac{3}{2}\pi$ 에서 정의된 연속함수

$f(x)$ 가 $f(0)=0,\ f\!\left(\dfrac{3}{2}\pi\right)=0$ 이고

$$f'(x)=\begin{cases} l\sin x & \left(0<x<\dfrac{\pi}{2}\right) \\ m\sin x & \left(\dfrac{\pi}{2}<x<\pi\right) \\ n\sin x & \left(\pi<x<\dfrac{3}{2}\pi\right) \end{cases}$$

를 만족시킬 때, $\displaystyle\int_0^{\frac{3}{2}\pi} f(x)\,dx$ 의 값이 최대가 되도록

하는 $l,\ m,\ n$ 에 대하여 $3l+2m+n$ 의 값은? [4점]

① 21　　② 19　　③ 17　　④ 15　　⑤ 13

실수 전체의 집합에서 미분 가능한 함수 $f(x)$ 에 대하여 곡선 $y=f(x)$ 위의 점 $(t,\ f(t))$ 에서의 접선의 y 절편을 $g(t)$ 라 하자. 모든 실수 t 에 대하여

$$(1+t^2)\{g(t+1)-g(t)\}=2t$$

이고, $\displaystyle\int_0^1 f(x)dx=-\dfrac{\ln 10}{4}$, $f(1)=4+\dfrac{\ln 17}{8}$ 일 때,

$2\{f(4)+f(-4)\}-\displaystyle\int_{-4}^4 f(x)dx$ 의 값을 구하시오.

[4점]

쌍둥이 문제 - 풀이 없음

이계도함수를 갖는 함수 $f(x)$가

$$f'(x)-4f(x)=3e^{-x},\ f(0)=\dfrac{2}{5}$$

을 만족시킬 때, $f(1)+f'(1)$의 값을 구하면?

① $3e^4$ ② $5e^4$ ③ $6e^4$ ④ $4e^5$ ⑤ $6e^5$

정답 ②

다항함수 $f(x)$에 대하여 함수 $g(x)$를

$$g(x)=xf'(x)-4f(x)$$

라 하자. 모든 실수 t에 대하여

$$g(t+1)-g(t)=\dfrac{\sqrt{2}}{3}t^2+2t+\dfrac{\sqrt{3}}{2}$$

이고, $\displaystyle\int_0^1 f(x)dx=\dfrac{5}{2}-\dfrac{5\sqrt{2}}{18}$, $f(1)=\dfrac{\sqrt{3}}{4}+5$

$f(5)+f(-5)-\displaystyle\int_{-5}^5 f(x)dx$의 값을 구하시오. [4점]

실수 t에 대하여 함수 $f(x)$를

$$f(x) = \begin{cases} 1 - |x-t| & (|x-t| \leq 1) \\ 0 & (|x-t| > 1) \end{cases} \text{이라 할 때,}$$

어떤 홀수 k에 대하여 함수

$$g(t) = \int_{k}^{k+8} f(x)\cos(\pi x)\,dx$$

가 다음 조건을 만족시킨다.

> 함수 $g(t)$가 $t=\alpha$에서 극소이고 $g(\alpha) < 0$
> 인 모든 α를 작은 수부터 크기순으로 나열
> 한 것을 $\alpha_1, \alpha_2, \cdots, \alpha_m$($m$은 자연수)라 할
> 때, $\displaystyle\sum_{i=1}^{m} \alpha_i = 45$이다.

$k - \pi^2 \displaystyle\sum_{i=1}^{m} g(\alpha_i)$의 값을 구하시오. [4점]

쌍둥이 문제 - 풀이 없음

실수 t에 대하여 함수 $f(x)$를

$$f(x) = \begin{cases} 1 - \dfrac{1}{2}|x-t| & (|x-t| \leq 2) \\ 0 & (|x-t| > 2) \end{cases} \text{이라 할 때,}$$

함수 $g(t)$는 $g(t) = \displaystyle\int_{0}^{1} f(x)\,dx$이다.

함수 $g(t)$가 $t=\alpha$에서 $g(\alpha) > 0$인 극댓값을 가질 때,
$80\,\alpha\,g(\alpha)$의 값을 구하시오.

정답 35

실수 t에 대하여 함수 $f(x)$를

$$f(x) = \begin{cases} 1 - |x-t| & (|x-t| \leq 1) \\ 0 & (|x-t| > 1) \end{cases}$$

이라 하고 함수 $g(t)$를

$$g(t) = \pi^2 \int_{1}^{4} f(x)\cos(\pi x)\,dx$$

라 하자. $\displaystyle\sum_{t=0}^{5} |g(t)|$의 값을 구하시오. [4점]

수열 $\{a_n\}$이 $a_1 = -1$, $a_n = 2 - \dfrac{1}{2^{n-2}}\ (n \geq 2)$이다.

구간 $[-1, 2)$에서 정의된 함수 $f(x)$가 모든 자연수 n에 대하여 $f(x) = \sin(2^n \pi x)\ (a_n \leq x \leq a_{n+1})$이다.

$-1 < \alpha < 0$인 실수 α에 대하여 $\displaystyle\int_{\alpha}^{t} f(x)\,dx = 0$을 만족시키는 $t\,(0 < t < 2)$의 값의 개수가 103개일 때, $\log_2(1 - \cos(2\pi\alpha))$의 값은? [4점]

① -48 ② -50 ③ -52 ④ -54 ⑤ -56

쌍둥이 문제 - 풀이 없음

함수 $f(x) = x^3 - 4x^2 + 3x$와 양수 α에 대하여

$$\int_{\alpha}^{t} f(x)\,dx = 0$$

을 만족시키는 t의 값의 개수가 1일 때, $f\left(\dfrac{4}{3}\alpha\right)$의 값을 구하시오.

정답 12

수열 $\{a_n\}$이 $a_1 = 0$, $a_{n+1} = a_n + 2^n$이다. $x \geq 0$에서 정의된 함수 $f(x)$가 모든 자연수 n에 대하여

$$f(x) = \frac{1}{3^{n-2}} \sin\left(\frac{\pi(x - a_n)}{2^{n-1}}\right)\ (a_n \leq x \leq a_{n+1})$$

이다.

$0 < \alpha < 2$인 실수 α에 대하여

$$\int_{\alpha}^{t} f(x)\,dx = 0$$

을 만족시키는 $t\,(t > 0)$의 값의 개수가 27일 때의 $\ln(1 - \cos(\alpha\pi))$의 값은 $p\ln 2 - q\ln 3$이다.

자연수 p, q에 대하여 $p + q$의 값을 구하시오. [4점]

실수 a와 함수

$$f(x) = \ln(x^4 + 1) - c \ (c > 0 인 \ 상수)$$

에 대하여 함수 $g(x)$를

$$g(x) = \int_a^x f(t)\,dt$$

라 하자. 함수 $y = g(x)$의 그래프가 x축과 만나는 서로 다른 점의 개수가 2가 되도록 하는 모든 a의 값을 작은 수부터 크기순으로 나열하면
$\alpha_1, \ \alpha_2, \ \cdots, \ \alpha_m \ (m$은 자연수)이다.
$a = \alpha_1$일 때, 함수 $g(x)$와 상수 k는 다음 조건을 만족시킨다.

> (가) 함수 $g(x)$는 $x = 1$에서 극솟값을 갖는다.
>
> (나) $\displaystyle \int_{\alpha_1}^{\alpha_m} g(x)\,dx = k\alpha_m \int_0^1 |f(x)|\,dx$

$mk \times e^c$의 값을 구하시오. [4점]

쌍둥이 문제 – 풀이 없음

실수 a와 함수

$$f(x) = x^2 - c \ (c > 0 인 \ 상수)$$

에 대하여 함수 $g(x)$를

$$g(x) = \int_a^x f(t)\,dt$$

라 하자. 함수 $y = g(x)$의 그래프가 x축과 만나는 서로 다른 점의 개수가 2가 되도록 하는 모든 a의 값을 작은 수부터 크기순으로 나열하면
$\alpha_1, \ \alpha_2, \ \cdots, \ \alpha_m \ (m$은 자연수)이다.
$a = \alpha_1$일 때, 함수 $g(x)$와 상수 k는 다음 조건을 만족시킨다.

> (가) 함수 $g(x)$는 $x = -1$에서 극댓값을 갖는다.
>
> (나) $\displaystyle \int_{\alpha_1}^{\alpha_m} g(x)\,dx = k\alpha_m \int_0^1 f(x)\,dx$

$c + k + m$의 값을 구하시오.

정답 3

실수 a와 함수

$$f(x) = x^2 - c \ (c > 0 인 \ 상수)$$

에 대하여 함수 $g(x)$를

$$g(x) = \int_a^x f(t)\,dt$$

라 하자. 함수 $y = g(x)$의 그래프가 x축과 만나는 서로 다른 점의 개수가 2가 되도록 하는 모든 a의 값을 작은 수부터 크기순으로 나열하면 $\alpha_1, \ \alpha_2, \ \cdots, \ \alpha_m \ (m$은 자연수)이다.
$a = \alpha_1$일 때, 함수 $g(x)$와 상수 k는 다음 조건을 만족시킨다.

> (가) 함수 $g(x)$는 $x = -1$에서 극댓값을 갖는다.
>
> (나) $\displaystyle \int_{\alpha_1}^{\alpha_m} g(x)\,dx = k\alpha_m \int_0^1 f(x)\,dx$

$c + k + m$의 값을 구하시오. [4점]

닫힌구간 $[0,\ 1]$ 에서 증가하는 연속함수 $f(x)$가

$$\int_0^1 f(x)dx = 2,\quad \int_0^1 |\,f(x)\,|dx = 2\sqrt{2}$$

를 만족시킨다. 함수 $F(x)$가

$$F(x) = \int_0^x |\,f(t)\,|dt \ (0 \leq x \leq 1)$$

일 때, $\int_0^1 f(x)F(x)dx$의 값은? [4점]

① $4 - \sqrt{2}$ ② $4 + \sqrt{2}$ ③ $5 - \sqrt{2}$
④ $1 + 2\sqrt{2}$ ⑤ $2 + 2\sqrt{2}$

쌍둥이 문제 – 풀이 없음

실수 전체에서 미분가능 한 함수 $f(x)$는 열린구간
$(0, 2)$에서 극솟값을 갖고 $f(x) = 0$가 닫힌구간
$[0, 2]$에서 서로 다른 두 실근을 갖는다.

$$f(0) \geq 0,\quad \int_0^2 f(x)dx = 2,\quad \int_0^2 |\,f(x)\,|dx = 6$$

를 만족시킨다. 함수 $F(x)$가

$$F(x) = \int_0^x |\,f(t)\,|dt \ (0 \leq x \leq 2)$$

일 때, $\int_0^2 f(x)F(x)dx$의 최댓값과 최솟값의 합을
구하시오.

정답 12

양수 $c\ (c > 1)$에 대하여 함수 $f(x)$가
$$f(x) = \ln(x^2 + 1) - 2\ln c$$ 일 때

$$\int_0^c f(x)dx = A,\quad \int_0^c |\,f(x)\,|dx = B$$

를 만족시킨다. 함수 $F(x)$가

$$F(x) = \int_0^x |\,f(t)\,|dt \ (0 \leq x \leq c)$$

일 때, $\int_0^c f(x)F(x)dx$의 값은 $pA^2 + \dfrac{1}{2}AB + qB^2$

이다. $q - p$의 값은? (단, $B > 0 > A$이고 p와 q는
유리수이다.) [4점]

① $-\dfrac{1}{2}$ ② $\dfrac{1}{2}$ ③ $-\dfrac{3}{2}$ ④ $\dfrac{3}{2}$ ⑤ 2

양의 실수 전체의 집합에서 미분가능한 두 함수
$f(x)$와 $g(x)$가 모든 양의 실수 x에 대하여 다음 조건을 만족시킨다.

> (가) $\left(\dfrac{f(x)}{x}\right)' = x^2 e^{-x^2}$
>
> (나) $g(x) = \dfrac{4}{e^4} \displaystyle\int_1^x e^{t^2} f(t)\,dt$

$f(1) = \dfrac{1}{e}$일 때, $f(2) - g(2)$의 값은? [4점]

① $\dfrac{16}{3e^4}$ ② $\dfrac{6}{e^4}$ ③ $\dfrac{20}{3e^4}$ ④ $\dfrac{22}{3e^4}$ ⑤ $\dfrac{8}{e^4}$

쌍둥이 문제 - 풀이 없음

구간 $\left(0, \dfrac{\pi}{2}\right)$에서 미분 가능한 두 함수 $f(x)$와 $g(x)$

가 구간 $\left(0, \dfrac{\pi}{2}\right)$의 모든 실수 x에 대하여 다음 조건을 만족한다.

> (가) $\{\cos x\, f(x)\}' = \dfrac{x}{\tan x}$
>
> (나) $g(x) = \dfrac{2}{\sqrt{3}} \displaystyle\int_{\frac{\pi}{4}}^x \dfrac{f(t)}{\cos t}\,dt$

$f\left(\dfrac{\pi}{4}\right) = \dfrac{\sqrt{2}}{32}\pi^2$일 때, $f\left(\dfrac{\pi}{3}\right) - g\left(\dfrac{\pi}{3}\right)$의 값은?

① $\dfrac{\pi^2}{6\sqrt{3}}$ ② $\dfrac{\pi^2}{9\sqrt{3}}$ ③ $\dfrac{\pi^2}{12\sqrt{3}}$

④ $\dfrac{\pi^2}{15\sqrt{3}}$ ⑤ $\dfrac{\pi^2}{18\sqrt{3}}$

정답 ②

양의 실수 전체의 집합에서 미분 가능한 두 함수
$f(x)$와 $g(x)$가 모든 양의 실수 x에 대하여 다음 조건을 만족시킨다.

> (가) $\left(\dfrac{f(x)}{x^2}\right)' = \dfrac{x^2}{\ln(x^3+1)}$
>
> (나) $g(x) = \dfrac{6}{\ln 3} \displaystyle\int_1^x \left(\dfrac{f(t)}{t^3+1}\right)dt$

$f(1) = \dfrac{1}{\ln 2}$일 때, $f(2) - g(2) = \dfrac{q}{p\ln 3}$일 때

$p+q$의 값을 구하시오. (단, p와 q는 서로소인 자연수이다.) [4점]

양의 실수 전체의 집합에서 이계도함수를 갖는 함수 $f(t)$ 에 대하여 좌표평면 위를 움직이는 점 P 의 시각 $t \, (t \geq 1)$ 에서의 위치 $(x, \, y)$ 가

$$\begin{cases} x = 2\ln t \\ y = f(t) \end{cases}$$

이다. 점 P 가 점 $(0, \, f(1))$ 로부터 움직인 거리가 s 가 될 때 시각 t 는 $t = \dfrac{s + \sqrt{s^2 + 4}}{2}$ 이고, $t = 2$ 일 때 점 P 의 속도는 $\left(1, \, \dfrac{3}{4}\right)$ 이다.

시각 $t = 2$ 일 때, 점 P 의 가속도를 $\left(-\dfrac{1}{2}, \, a\right)$ 라 할 때, $60a$ 의 값을 구하시오. [4점]

쌍둥이 문제 – 풀이 없음

좌표평면 위를 움직이는 점 $\mathrm{P}(x, y)$ 는 $\left(0, \, \dfrac{1}{2}\right)$ 에서 출발하여 함수 $y = \dfrac{1}{4}\left(e^{2x} + e^{-2x}\right)$ 의 그래프를 따라 x 좌표가 증가하는 방향으로 움직인다. 출발 후 시각 t 까지 움직인 거리가 t^2 이고 점 P 의 x 좌표가 1이 되는 시각을 t_1 이라 할 때, 시각 t_1 에서 점 P 의 x 좌표의 속도는?

① $\dfrac{\sqrt{e^2 - e^{-2}}}{e^2 + e^{-2}}$ ② $\dfrac{2\sqrt{e^2 - e^{-2}}}{e^2 + e^{-2}}$

③ $\dfrac{3\sqrt{e^2 - e^{-2}}}{e^2 + e^{-2}}$ ④ $\dfrac{4\sqrt{e^2 - e^{-2}}}{e^2 + e^{-2}}$

⑤ $\dfrac{5\sqrt{e^2 - e^{-2}}}{e^2 + e^{-2}}$

정답 ②

실수 전체의 집합에서 이계도함수를 갖는 함수 $f(t)$ 에 대하여 좌표평면 위를 움직이는 점 P 의 시각 $t \, (t \geq 0)$ 에서의 위치 $(x, \, y)$ 가

$$\begin{cases} x = f(t) \\ y = 4\sqrt{e^t} \end{cases}$$

이다. 점 P 가 점 $(f(0), \, 4)$ 로부터 움직인 거리가 s 가 될 때 시각 t 와 s 는 $\ln|s - t| = t$ 를 만족한다. $t = 2$ 일 때 점 P 의 속도는 $\left(1 - e^2, \, 2e\right)$ 이다. 시각 $t = 2$ 일 때, 점 P 의 가속도를 $(a, \, b)$ 라 할 때, $\ln\left(a^2 b^3\right)$ 의 값을 구하시오. [4점]

실수 전체의 집합에서 미분 가능한 함수 $f(x)$가 상수 $a\,(0 < a < 2\pi)$와 모든 실수 x에 대하여 다음 조건을 만족시킨다.

> (가) $f(x) = f(-x)$
> (나) $\displaystyle\int_{x}^{x+a} f(t)\,dt = \sin\left(x + \dfrac{\pi}{3}\right)$

닫힌구간 $\left[0,\ \dfrac{a}{2}\right]$에서 두 실수 $b,\ c$에 대하여

$f(x) = b\cos(3x) + c\cos(5x)$일 때 $abc = -\dfrac{q}{p}\pi$

이다. $p + q$의 값을 구하시오. (단, p와 q는 서로소인 자연수이다.) [4점]

쌍둥이 문제 – 풀이 없음

실수 전체의 집합에서 미분 가능한 함수 $f(x)$가 상수 $a\,(a > 0)$와 모든 실수 x에 대하여 다음 조건을 만족시킨다.

> (가) $f(x) = f(-x)$
> (나) $\displaystyle\int_{x}^{x+2a} f(t)\,dt = -\dfrac{3}{2}e^{x} - \dfrac{3}{8}e^{-x}$

닫힌구간 $[0,\ a]$에서 두 실수 $b,\ c$에 대하여
$f(x) = \dfrac{e^{x} + e^{-x}}{b} + c$일 때, $f(x)$의 구간
$(-\infty,\ \infty)$에서 최댓값을 M이라 하자.
$e^{a} + b + c - M$의 값을 구하시오.

정답 1

실수 전체의 집합에서 미분 가능한 함수 $f(x)$가 상수 a, b와 모든 실수 x에 대하여 다음 조건을 만족시킨다.

> (가) $f(x) = f(-x)$
> (나) $\displaystyle\int_{x}^{2-x} f(t)\,dt = a\sin\dfrac{\pi x}{6} + \cos\dfrac{\pi x}{6} + b$

$\displaystyle\int_{2}^{4}\{f(x) + f(3)x + 1\}\,dx$의 값을 구하시오. [4점]

실수 전체의 집합에서 연속인 함수 $f(x)$ 가 다음 조건을 만족시킨다.

> (가) $x \leq b$ 일 때, $f(x) = a(x-b)^2 + c$ 이다.
> 　　(단, a, b, c 는 상수이다.)
> (나) 모든 실수 x 에 대하여
> $$f(x) = \int_0^x \sqrt{4 - 2f(t)}\, dt \text{이다.}$$

일 때, $\displaystyle\int_0^6 f(x)dx = \dfrac{q}{p}$ 일 때, $p+q$ 의 값을 구하시오.

(단, p 와 q 는 서로소인 자연수이다.) [4점]

쌍둥이 문제 - 풀이 없음

실수 전체의 집합에서 연속인 함수 $f(x)$ 가 다음 조건을 만족시킨다.

> (가) $x \geq b$ 일 때, $f(x) = a(x-b)^2 + c$ 이다.
> 　　단, a, b, c 는 상수이다.)
> (나) 모든 실수 x 에 대하여
> $$\frac{f(x)}{2} = \int_0^x \sqrt{1 + f(t)}\, dt \text{이다.}$$

$\displaystyle\int_{-2}^2 f(x)dx$ 의 값을 구하시오.

정답 5

$x \geq -\dfrac{\pi}{2}$ 인 모든 실수에서 미분 가능한 함수 $f(x)$ 가 다음 조건을 만족시킨다.

> (가) $-\dfrac{\pi}{2} \leq x \leq \dfrac{\pi}{2}$ 일 때, $f(x) = a\sin bx + c$ 이다.
> 　　(단, a, b, c 는 상수이다. $a \neq 0$)
> (나) $x \geq -\dfrac{\pi}{2}$ 인 모든 실수 x 에 대하여
> $$f(x) = 2 + \int_0^x \sqrt{4f(t) - \{f(t)\}^2 - 3}\, dt \text{이다.}$$

이 때, $\displaystyle\int_{-\frac{\pi}{2}}^{2\pi} f(x)dx$ 의 값이 $\dfrac{q}{p}\pi$ 일 때, $p+q$ 의 값을 구하시오. (단, p 와 q 는 서로소인 자연수이다.) [4점]

함수 $f(x)$ 를

$$f(x) = \begin{cases} |\sin x| - \sin x & \left(-\dfrac{7}{2}\pi \le x \le 0\right) \\ \sin x - |\sin x| & \left(0 \le x \le \dfrac{7}{2}\pi\right) \end{cases}$$

라 하자. 닫힌구간 $\left[-\dfrac{7}{2}\pi, \ \dfrac{7}{2}\pi\right]$ 에 속하는 모든 실수 x 에 대하여 $\displaystyle\int_a^x f(t)\,dt \ge 0$ 이 되도록 하는 실수 a 의 최솟값을 α, 최댓값을 β 라 할 때, $\beta - \alpha$ 의 값은? $\left(\text{단, } -\dfrac{7}{2}\pi \le a \le \dfrac{7}{2}\pi\right)$ [4점]

① $\dfrac{\pi}{2}$ ② $\dfrac{3}{2}\pi$ ③ $\dfrac{5}{2}\pi$ ④ $\dfrac{7}{2}\pi$ ⑤ $\dfrac{9}{2}\pi$

쌍둥이 문제 – 풀이 없음

함수 $f(x)$ 를

$$f(x) = \begin{cases} \cos x - |\cos x| & (-4\pi \le x \le 0) \\ |\cos x| - \cos x & (0 \le x \le 4\pi) \end{cases}$$

라 하자. 닫힌구간 $[-4\pi, \ 4\pi]$ 에 속하는 실수 a 에 대하여 $\displaystyle\int_{-\pi}^{a} f(t)\,dt \ge 0$ 이 되도록 하는 실수 a 의 최솟값을 α, $\displaystyle\int_{-\pi}^{a} f(t)\,dt \le 0$ 이 되도록 하는 실수 a 의 최댓값을 β 라 할 때, $\beta - \alpha = k\pi$ 일 때 $4k$ 의 값을 구하시오. $(\text{단, } -4\pi \le a \le 4\pi)$

정답 20

함수 $f(x)$ 를

$$f(x) = \begin{cases} \cos x - |\cos x| & (-4\pi \le x \le 0) \\ |\cos x| - \cos x & (0 \le x \le 4\pi) \end{cases}$$

라 하자. 닫힌구간 $[-4\pi, \ 4\pi]$ 에 속하는 실수 a 에 대하여 $\displaystyle\int_{-\pi}^{a} f(t)\,dt \ge 0$ 이 되도록 하는 실수 a 의 최솟값을 α, $\displaystyle\int_{-\pi}^{a} f(t)\,dt \le 0$ 이 되도록 하는 실수 a 의 최댓값을 β 라 할 때, $\beta - \alpha = k\pi$ 일 때 $4k$ 의 값을 구하시오. $(\text{단, } -4\pi \le a \le 4\pi)$ [4점]

정의역이 $\{x \mid 0 \le x \le 8\}$ 이고 다음 조건을 만족시키는 모든 연속함수 $f(x)$ 에 대하여 $\displaystyle\int_0^8 f(x)\,dx$의 최댓값은 $p + \dfrac{q}{\ln 2}$ 이다. $p+q$ 의 값을 구하시오. (단, p와 q는 자연수이고, $\ln 2$ 는 무리수이다.) [4점]

(가) $f(0) = 1$ 이고 $f(8) \le 100$ 이다.

(나) $0 \le k \le 7$ 인 각각의 정수 k 에 대하여
$$f(k+t) = f(k) \quad (0 < t \le 1)$$
또는 $f(k+t) = 2^t \times f(k) \quad (0 < t \le 1)$ 이다.

(다) 열린구간 $(0,\ 8)$ 에서 함수 $f(x)$ 가 미분가능하지 않은 점의 개수는 2 이다.

$x \ge 1$에서 정의된 연속함수 $f(x)$는 다음 조건을 만족시킨다. 이때, $\displaystyle\int_1^{25} f(x)\,dx$의 최댓값은 $p + \dfrac{q\ln 3 - r}{\ln 2}$이다. $p+q+r$의 값을 구하시오. (단, $p,\ q,\ r$는 자연수이고, $\ln 2,\ \ln 3$는 무리수이다.) [4점]

(가) $f(1) = 1$ 이고 $f(25) \le 5$이다.

(나) $1 \le k \le 24$ 인 각각의 정수 k 에 대하여
$$f(kt) = f(k)\left(1 < t \le 1 + \frac{1}{k}\right) \text{ 또는}$$
$$f(kt) = \log_2 t + f(k)\left(1 < t \le 1 + \frac{1}{k}\right) \text{ 이다.}$$

(다) 열린구간 $(1,\ 25)$ 에서 함수 $f(x)$ 가 미분가능하지 않은 점의 개수는 2 이다.

563

양의 실수 전체의 집합에서 감소하고 연속인 함수
$f(x)$ 가 다음 조건을 만족시킨다.

> (가) 모든 양의 실수 x 에 대하여 $f(x) > 0$ 이다.
> (나) 임의의 양의 실수 t 에 대하여 세 점 $(0,\ 0)$,
> $(t,\ f(t))$, $(t+1,\ f(t+1))$을 꼭짓점으로
> 하는 삼각형의 넓이가 $\dfrac{t+1}{t}$ 이다.
> (다) $\displaystyle\int_{1}^{2}\dfrac{f(x)}{x}\,dx = 2$

$\displaystyle\int_{\frac{7}{2}}^{\frac{11}{2}}\dfrac{f(x)}{x}\,dx = \dfrac{q}{p}$ 라 할 때, $p+q$ 의 값을 구하시
오. (단, p 와 q는 서로소인 자연수이다.) [4점]

564

양의 실수 전체의 집합에서 증가하고 연속인 함수
$f(x)$ 가 다음 조건을 만족시킨다.

> (가) 모든 양의 실수 x 에 대하여 $f(x) < 0$ 이다.
> (나) $t > 1$인 모든 실수 t 에 대하여 세 점 $(0,\ 0)$,
> $(t-1,\ f(t-1))$, $(t+1,\ f(t+1))$을
> 꼭짓점으로 하는 삼각형의 넓이가 $\dfrac{1}{t}$ 이다.
> (다) $\displaystyle\int_{1}^{3}\dfrac{f(x)}{x}\,dx = \ln\dfrac{3}{4}$

$\displaystyle\int_{\frac{7}{3}}^{\frac{19}{3}}\dfrac{f(x)}{x}\,dx = 2\ln\left(\dfrac{q}{p}\right)+\ln\dfrac{7}{19}$ 라 할 때, $q-p$의

값을 구하시오. (단, p 와 q는 서로소인 자연수이다.)
[4점]

랑데뷰
기출과 변형

미적분

해설

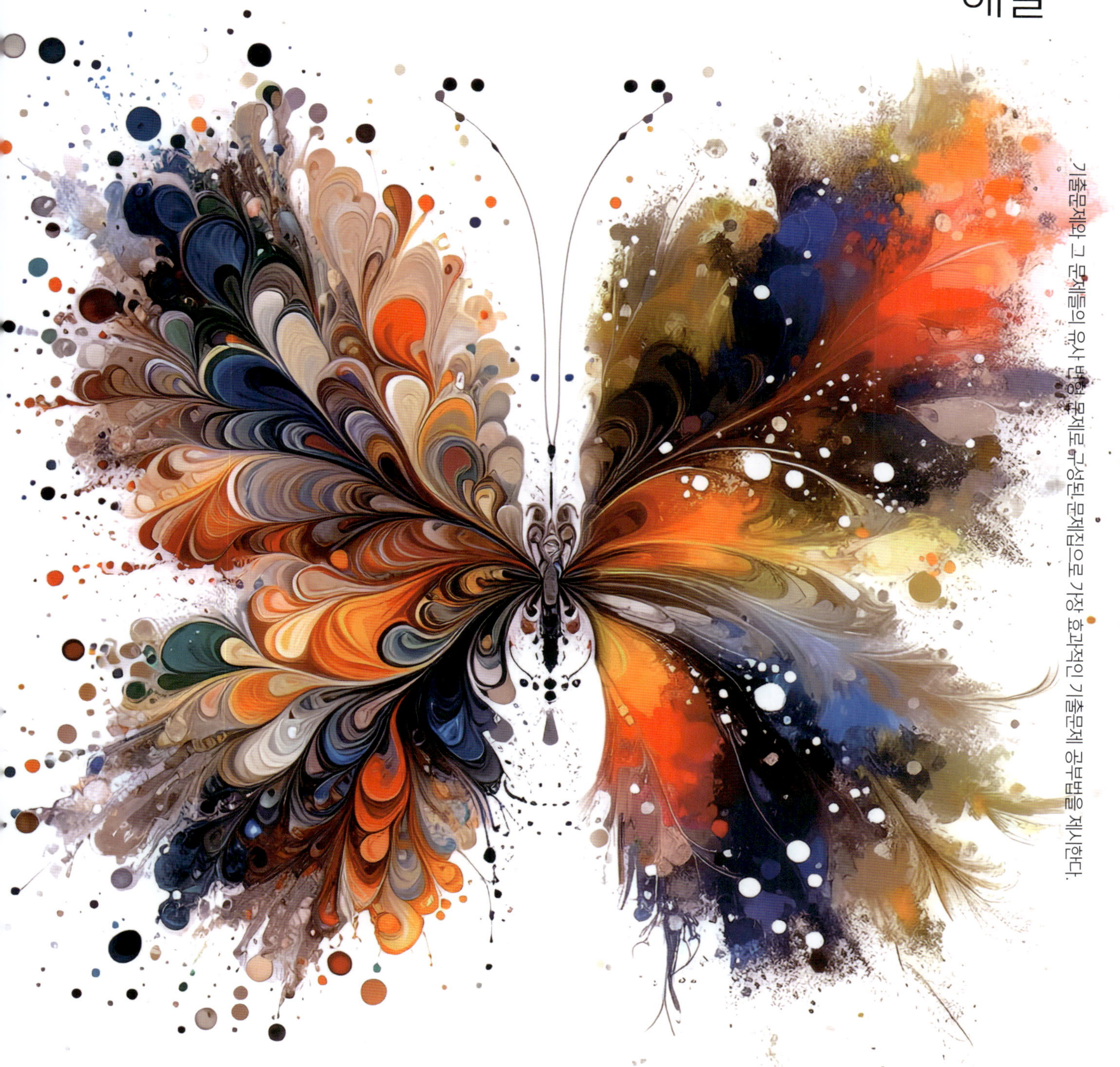

황보백 지음

RANDEZVOUS

기출과 변형

미적분

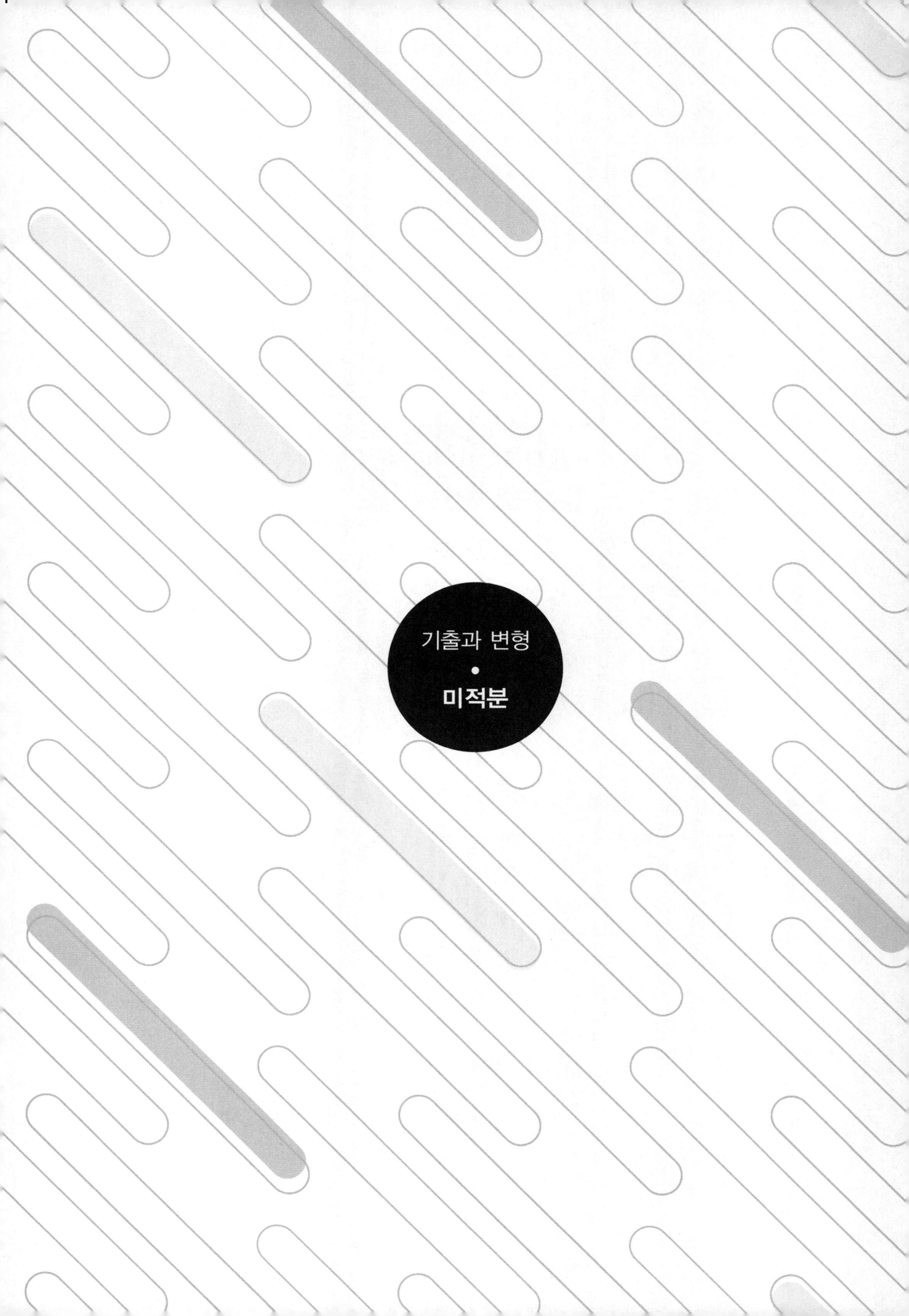
기출과 변형
·
미적분

빠른 정답

1 수열의 극한

Level 1

유형 1   수열의 극한에 대한 기본성질

1	⑤	2	③	3	④	4	④

유형 2   수열의 극한

5	①	6	25	7	12	8	35	9	12
10	110	11	①	12	④	13	①	14	3

유형 3   수열의 극한의 대소 관계

15	15	16	④	17	②	18	②

유형 4   등비수열의 극한

19	⑤	20	②	21	17	22	40	23	③
24	③	25	②	26	⑤	27	4	28	②

29	⑤

유형 5   수열의 극한의 활용

30	2	31	⑤	32	③	33	④	34	②
35	①	36	②	37	①	38	②

유형 6   급수의 계산

39	②	40	54	41	①	42	①	43	①
44	③	45	①	46	①	47	2

유형 7   급수와 수열의 극한 사이의 관계

48	⑤	49	③	50	①	51	5	52	9
53	4	54	16	55	③	56	②	57	③

58	③	59	36	60	③

유형 8   등비급수의 수렴 조건

61	⑤	62	⑤	63	⑤	64	③	65	②

유형 9   등비급수의 합

66	②	67	③	68	16	69	④	70	18
71	12	72	16	73	32	74	16	75	①
76	②	77	4	78	②	79	4	80	②

유형 10   등비급수의 활용

81	②	82	④

Level 2

83	24	84	32	85	18	86	6	87	162
88	125	89	16	90	④

Level 3

91	①	92	④

Level 1

유형 1 　지수함수와 로그함수의 극한

93	①	94	①	95	⑤	96	③	97	①
98	③	99	③	100	②	101	②	102	③
103	⑤	104	2	105	④	106	⑤	107	②
108	2	109	②	110	①	111	④		

유형 2 　지수함수와 로그함수의 미분

112	①	113	④	114	②	115	4	116	⑤
117	9	118	4	119	2	120	①		

유형 3 　삼각함수 사이의 관계

121	④	122	④

유형 4 　삼각함수의 덧셈정리

123	①	124	⑤	125	④	126	①	127	①
128	③	129	②	130	①	131	③	132	④
133	④	134	④	135	④	136	④	137	④
138	⑤	139	③	140	③	141	⑤	142	③
143	⑤	144	12	145	35	146	30	147	③
148	④	149	④	150	⑤	151	④	152	⑤
153	②	154	②	155	⑤	156	①	157	①
158	④	159	①	160	10	161	②		

유형 5 　삼각함수의 극한의 활용

162	③	163	⑤	164	①	165	⑤	166	③
167	③	168	④	169	④	170	④	171	②
172	④	173	③	174	②	175	④	176	2
177	③	178	③	179	②	180	③	181	1
182	②	183	①						

유형 6 　삼각함수의 미분

184	①	185	③

유형 7 　여러 가지 미분법

186	②	187	②	188	④	189	②	190	④
191	④	192	③	193	2	194	⑤	195	21
196	12	197	④	198	④	199	①	200	④
201	④	202	⑤	203	6	204	①	205	21
206	⑤	207	④	208	3	209	③	210	②
211	2	212	⑤	213	③	214	1		

유형 8 　역함수의 미분법

215	②	216	③	217	①	218	③	219	17
220	⑤	221	25	222	①	223	①	224	③
225	③	226	①	227	100	228	②	229	7
230	①	231	①	232	①	233	④	234	①

유형 9 　이계도함수

235	④	236	①	237	③	238	440	239	①
240	③	241	②	242	②	243	②		

유형 10 　접선의 방정식

244	①	245	④	246	4	247	④	248	①
249	①	250	①	251	⑤	252	①	253	⑤
254	④	255	②	256	⑤	257	①	258	④
259	35	260	⑤	261	8	262	⑤	263	1
264	④	265	②	266	①	267	①	268	②
269	⑤	270	④	271	④	272	①	273	⑤

유형 11 　함수의 증가와 감소, 극대와 극소

274	①	275	④	276	④	277	②	278	③
279	①	280	④	281	②	282	④	283	④

유형 12 　함수의 그래프와 최대, 최소

284	②	285	⑤	286	③	287	⑤	288	②
289	③								

유형 13 　방정식과 부등식에의 활용

290	④	291	④	292	④	293	⑤	294	18
295	11	296	④						

297	③	298	④	299	4	300	③	301	③
302	2	303	2	304	⑤	305	50		

Level 2

306	②	307	②	308	5	309	4	310	②
311	⑤	312	3	313	13	314	⑤	315	④
316	②	317	①	318	24	319	4	320	17
321	9	322	72	323	16	324	③	325	①
326	5	327	6	328	2	329	2	330	④
331	①	332	③	333	①	334	40	335	12

Level 3

336	31	337	19	338	16	339	25	340	11
341	4	342	5	343	100	344	29	345	100
346	43	347	8	348	331	349	47	350	64
351	1	352	②	353	③	354	⑤	355	③
356	27	357	108	358	③	359	④	360	30
361	24	362	④	363	324	364	④	365	③
366	6	367	7	368	④	369	55	370	216
371	162	372	48	373	③	374	①	375	②
376	④	377	⑤	378	15	379	13	380	④
381	5	382	39	383	59	384	72	385	26

③ 적분법

Level 1

유형 1 — 여러 가지 함수의 부정적분

386	①	387	②	388	③	389	②

유형 2 — 치환적분법과 부분적분법

390	22	391	③

유형 3 — 부정적분과 미분의 관계

392	1	393	4

유형 4 — 정적분의 계산

394	①	395	②	396	6	397	⑤	398	4
399	⑤	400	③	401	②	402	3		

유형 5 — 치환적분법을 이용한 정적분

403	④	404	②	405	③	406	⑤	407	④
408	②	409	②	410	④	411	②	412	③
413	①	414	②	415	①	416	3	417	2
418	④								

유형 6 — 부분적분법을 이용한 정적분

419	①	420	②	421	②	422	⑤	423	⑤
424	③	425	②	426	②	427	⑤	428	2
429	④	430	②	431	④	432	②		

유형 7 — 정적분으로 나타낸 함수의 미분

433	①	434	①	435	②	436	④	437	②
438	3	439	①	440	③	441	③	442	3
443	8	444	③	445	④	446	①		

유형 8 — 정적분으로 나타낸 함수의 극한

447	②	448	2

유형 9 — 정적분과 급수

449	③	450	③	451	①	452	242	453	12
454	②	455	②	456	①	457	③	458	④

유형 10 — 곡선과 좌표축 사이의 넓이

459	②	460	③	461	③	462	①

유형 11 — 두 곡선 사이의 넓이

463	27	464	①	465	③	466	①	467	①
468	②	469	③	470	②	471	②	472	①
473	③								

유형 12 — 입체도형의 부피

474	③	475	④	476	③	477	②	478	④
479	②								

유형 13 — 좌표평면 위를 움직이는 점의 속도와 거리

480	6	481	⑤

유형 14 — 곡선의 길이

482	①	483	②	484	78	485	⑤	486	10

Level 2

487	125	488	160	489	32	490	3	491	②
492	③	493	26	494	2	495	①	496	②
497	①	498	②	499	12	500	252	501	②
502	⑤	503	③	504	③	505	②	506	④
507	⑤	508	④	509	①	510	②	511	⑤
512	⑤	513	④	514	①	515	17	516	10
517	14	518	19						

Level 3

519	②	520	②	521	283	522	15	523	143
524	3	525	115	526	109	527	⑤	528	256
529	①	530	2	531	⑤	532	⑤	533	93
534	33	535	12	536	30	537	④	538	⑤
539	⑤	540	②	541	16	542	2	543	21
544	12	545	②	546	27	547	16	548	3
549	④	550	②	551	③	552	23	553	15
554	7	555	83	556	2	557	35	558	15
559	①	560	20	561	128	562	121	563	127
564	87								

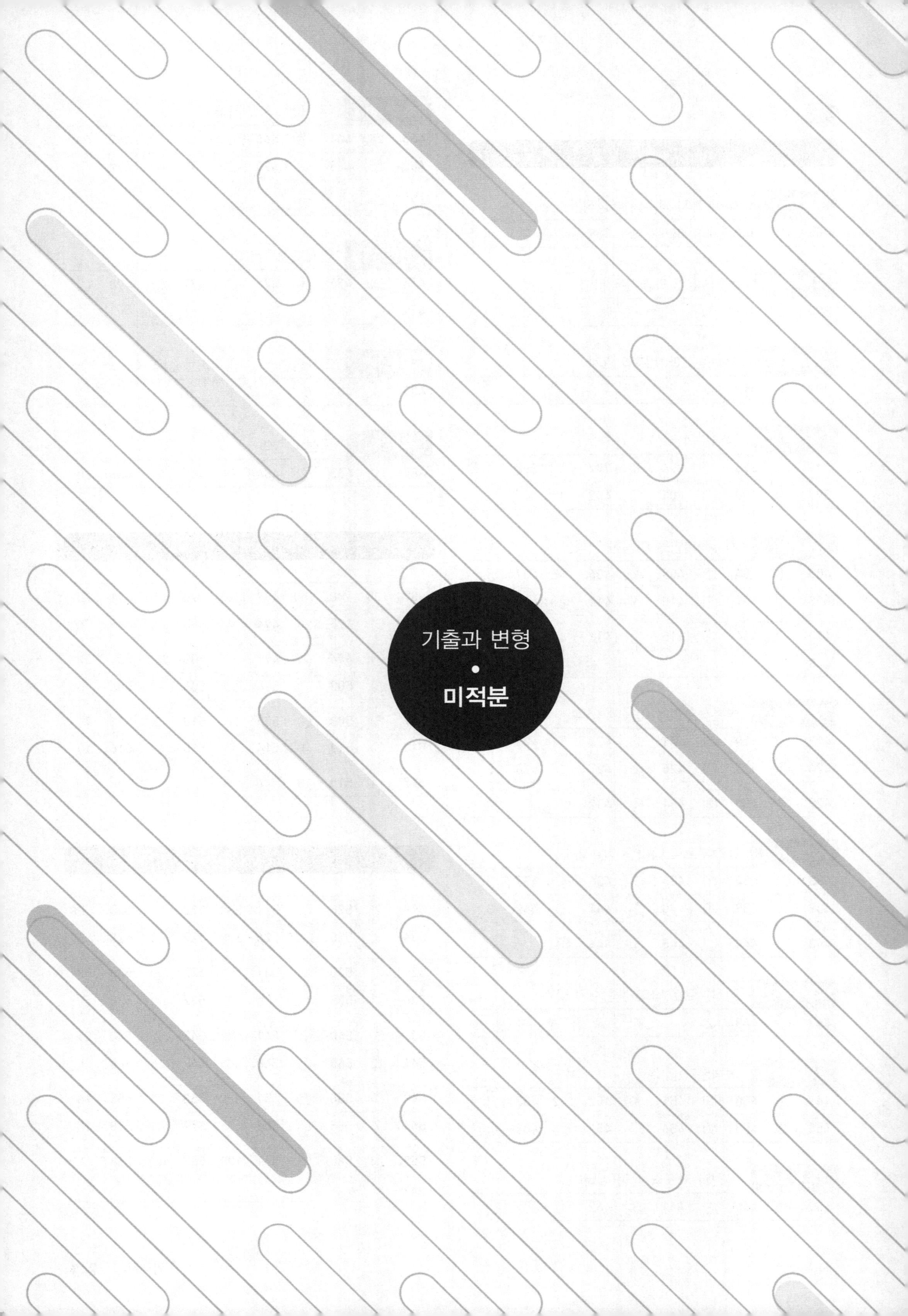

기출과 변형
·
미적분

상세 해설

Level 1
수열의 극한

유형 1 수열의 극한에 대한 기본성질

001 정답 ⑤

$\dfrac{a_n+2}{2}=b_n$라 하면 $\lim\limits_{n\to\infty}b_n=6$이고 $a_n=2b_n-2$이다.

$$\lim_{n\to\infty}\frac{na_n+1}{a_n+2n}=\lim_{n\to\infty}\frac{n(2b_n-2)+1}{(2b_n-2)+2n}$$
$$=\lim_{n\to\infty}\frac{(2b_n-2)n+1}{2n+2b_n-2}$$
$$=\lim_{n\to\infty}\frac{2b_n-2+\dfrac{1}{n}}{2+\dfrac{2b_n-2}{n}}$$
$$=\frac{2\times6-2}{2}$$
$$=5$$

002 정답 ③

$\dfrac{2a_n-3}{a_n+1}=b_n$으로 놓으면

$$\lim_{n\to\infty}b_n=\frac{3}{4},\ a_n=\frac{b_n+3}{2-b_n}$$

$$\lim_{n\to\infty}a_n=\lim_{n\to\infty}\frac{b_n+3}{2-b_n}=\frac{\dfrac{3}{4}+3}{2-\dfrac{3}{4}}=3$$

003 정답 ④

$(2n-1)^2b_n=(n^2+1)c_n$에서 $\dfrac{c_n}{b_n}=\dfrac{(2n-1)^2}{n^2+1}$이므로

$$\lim_{n\to\infty}\frac{c_n}{b_n}=\lim_{n\to\infty}\frac{(2n-1)^2}{n^2+1}=4$$

$$\lim_{n\to\infty}\frac{b_n}{a_n+c_n}=\lim_{n\to\infty}\frac{1}{\dfrac{a_n}{b_n}+\dfrac{c_n}{b_n}}=\frac{1}{\lim\limits_{n\to\infty}\dfrac{a_n}{b_n}+4}=4$$

$\lim\limits_{n\to\infty}\dfrac{a_n}{b_n}=x$라 하면

$\dfrac{1}{x+4}=4$에서 $4x+16=1$

$x=-\dfrac{15}{4}$이다.

$$\lim_{n\to\infty}\frac{a_n}{b_n}=-\frac{15}{4}$$

004 정답 ④

$\lim\limits_{n\to\infty}\dfrac{1}{a_n}=0$이므로

$$\lim_{n\to\infty}\frac{2a_n+1}{3a_n-2}=\lim_{n\to\infty}\frac{2+\dfrac{1}{a_n}}{3-\dfrac{2}{a_n}}$$

$$=\frac{2}{3}$$

유형 2 수열의 극한

005 정답 ①

$$\lim_{n\to\infty}\frac{1}{\sqrt{n^2+3n}-\sqrt{n^2+n}}$$
$$=\lim_{n\to\infty}\frac{\sqrt{n^2+3n}+\sqrt{n^2+n}}{(\sqrt{n^2+3n}-\sqrt{n^2+n})(\sqrt{n^2+3n}+\sqrt{n^2+n})}$$
$$=\lim_{n\to\infty}\frac{\sqrt{n^2+3n}+\sqrt{n^2+n}}{(n^2+3n)-(n^2+n)}$$
$$=\lim_{n\to\infty}\frac{\sqrt{n^2+3n}+\sqrt{n^2+n}}{2n}$$
$$=\lim_{n\to\infty}\frac{\sqrt{1+\dfrac{3}{n}}+\sqrt{1+\dfrac{1}{n}}}{2}$$
$$=\frac{1+1}{2}=1$$

006 정답 25

$$(\text{주어진 식})=\lim_{n\to\infty}\frac{\sqrt{kn+1}\,(\sqrt{n+1}+\sqrt{n-1})}{n(n+1-n+1)}$$
$$=\lim_{n\to\infty}\frac{\sqrt{kn+1}\,(\sqrt{n+1}+\sqrt{n-1})}{2n}$$

$$= \lim_{n\to\infty} \frac{\sqrt{k+\dfrac{1}{n}}\left(\sqrt{1+\dfrac{1}{n}}+\sqrt{1-\dfrac{1}{n}}\right)}{2}$$

$$= \frac{\sqrt{k+0}\left(\sqrt{1+0}+\sqrt{1-0}\right)}{2}$$

$$= \sqrt{k} = 5$$

$$\therefore\ k = 25$$

007 정답 12

$$a_1 - a_2 + a_3 - a_4 + a_5$$
$$= a_1 + (a_3 - a_2) + (a_5 - a_4)$$
$$= a_1 + 2d = 4 + 2d = 28$$
$$\therefore\ d = 12$$
$$\therefore\ a_n = 12n - 8$$
$$\therefore\ \lim_{n\to\infty}\frac{a_n}{n} = \frac{12n-8}{n} = 12$$

008 정답 35

$$\lim_{n\to\infty}\frac{(10n+1)b_n}{a_n} = \lim_{n\to\infty}\frac{(n^2+1)b_n}{(n+1)a_n}\times\frac{(n+1)(10n+1)}{n^2+1}$$

$$= \frac{7}{2}\lim_{n\to\infty}\frac{10+\dfrac{11}{n}+\dfrac{1}{n^2}}{1+\dfrac{1}{n^2}} = \frac{7}{2}\times 10 = 35$$

009 정답 12

분자가 일차식이어야 하므로 $a = 0$

극한에서 일차항 계수의 비가 $\dfrac{b}{3} = 4$ 이므로 $b = 12$

$$\therefore\ a + b = 12$$

010 정답 110

$$\lim_{n\to\infty}\left(\sqrt{an^2+4n}-bn\right) = \frac{1}{5}$$

$$\Leftrightarrow \lim_{n\to\infty}\left(\sqrt{an^2+4n}-bn\times\frac{\sqrt{an^2+4n}+bn}{\sqrt{an^2+4n}+bn}\right) = \frac{1}{5}$$

$$\Leftrightarrow \lim_{n\to\infty}\left(\frac{(a-b^2)n^2+4n}{\sqrt{an^2+4n}+bn}\right) = \frac{1}{5}$$

위 식의 극한값이 존재하므로 $a - b^2 = 0$, $\dfrac{4}{\sqrt{a}+b} = \dfrac{1}{5}$

따라서 $a = 100$, $b = 10$

$$\therefore\ a + b = 110$$

011 정답 ①

$$a_n = \log\frac{n+1}{n} = \log(n+1) - \log n$$

$$a_1 + a_2 + \cdots + a_n$$
$$= \{(\log 2 - \log 1) + (\log 3 - \log 2) + \cdots$$
$$+ (\log(n+1) - \log n\}$$
$$= \log(n+1)$$

$$\lim_{n\to\infty}\frac{n}{10^{a_1+a_2+\cdots+a_n}} = \lim_{n\to\infty}\frac{n}{10^{\log(n+1)}} = \lim_{n\to\infty}\frac{n}{n+1} = 1$$

012 정답 ④

$$(4n)^2 < 16n^2+4n+1 < (4n+1)^2 = 16n^2+8n+1$$

이므로 $4n < \sqrt{16n^2+4n+1} < 4n+1$이다.

따라서 $\sqrt{16n^2+4n+1}$ 의 정수 부분은 $4n$이고

소수 부분은 $\sqrt{16n^2+4n+1}-4n$이다.

$$\therefore\ a_n = \sqrt{16n^2+4n+1}-4n$$

$$\lim_{n\to\infty}a_n = \lim_{n\to\infty}\left(\sqrt{16n^2+4n+1}-4n\right)$$

$$= \lim_{n\to\infty}\frac{(16n^2+4n+1)-(4n)^2}{\sqrt{16n^2+4n+1}+4n}$$

$$= \lim_{n\to\infty}\frac{4n+1}{\sqrt{16n^2+4n+1}+4n} = \lim_{n\to\infty}\frac{4}{\sqrt{16+\dfrac{4}{n}+\dfrac{1}{n^2}}+4}$$

$$= \frac{4}{\sqrt{16}+4} = \frac{1}{2}$$

013 정답 ①

$$a_n = 3n - 1$$

$$S_n = \frac{n\{4+(n-1)3\}}{2} = \frac{3n^2+n}{2}\ \text{이다.}$$

$$\lim_{n\to\infty}\left(2\sqrt{S_n}-\sqrt{2}\,a_n\right)$$

$$= \lim_{n\to\infty}\left(2\sqrt{\frac{3n^2+n}{2}}-\frac{\sqrt{6}}{3}(3n-1)\right)\ \leftarrow\text{분자유리화}$$

$$= \lim_{n\to\infty}\frac{\left\{2\sqrt{\dfrac{3n^2+n}{2}}-\dfrac{\sqrt{6}}{3}(3n-1)\right\}\left\{2\sqrt{\dfrac{3n^2+n}{2}}+\dfrac{\sqrt{6}}{3}(3n-1)\right\}}{2\sqrt{\dfrac{3n^2+n}{2}}+\dfrac{\sqrt{6}}{3}(3n-1)}$$

$$= \lim_{n\to\infty}\frac{6n^2+2n-\dfrac{2}{3}(9n^2-6n+1)}{\sqrt{6n^2+2n}+\sqrt{6}\,n-\dfrac{\sqrt{6}}{3}}$$

$$= \lim_{n\to\infty}\frac{6n-\dfrac{2}{3}}{\sqrt{6n^2+2n}+\sqrt{6}\,n-\dfrac{\sqrt{6}}{3}}$$

$$= \frac{6}{2\sqrt{6}} = \frac{\sqrt{6}}{2}$$

014 정답 3

x에 대한 이차방정식 $x^2 - nx - n - 4 = 0$의 두 근은

$$x = \frac{n \pm \sqrt{n^2 - 4(-n-4)}}{2} = \frac{n \pm \sqrt{n^2 + 4n + 16}}{2}$$ 이므로

$$a_n = \frac{n + \sqrt{n^2 + 4n + 16}}{2} - \frac{n - \sqrt{n^2 + 4n + 16}}{2}$$

$$= \sqrt{n^2 + 4n + 16}$$

$\lim_{n \to \infty}(a_n - pn) = q$에서

$$q = \lim_{n \to \infty}\left(\sqrt{n^2 + 4n + 16} - pn\right)$$

$$= \lim_{n \to \infty}\frac{(1 - p^2)n^2 + 4n + 16}{\sqrt{n^2 + 4n + 16} + pn}$$

$$= \lim_{n \to \infty}\frac{(1 - p^2)n + 4 + \dfrac{16}{n}}{\sqrt{1 + \dfrac{4}{n} + \dfrac{16}{n^2}} + p} \cdots \text{㉠}$$

이때 ㉠이 수렴하려면 $1 - p^2 = 0$이어야 한다.

$\therefore\ p = \pm 1 \cdots \text{㉡}$

그런데 $\lim_{n \to \infty} a_n = \infty$이므로 $p \le 0$이면

$\lim_{n \to \infty}(a_n - pn) = \infty$ (발산)이다.

따라서 $p > 0$이므로 ㉡에서 $p = 1$

㉠에서 $q = \dfrac{4}{1 + 1} = 2$

$\therefore\ p + q = 3$

유형 3 수열의 극한의 대소 관계

015 정답 15

$3n^2 + 2n < a_n < 3n^2 + 3n$의 양변에 $\dfrac{5}{n^2 + 2n}$를 곱하면

$$\frac{5(3n^2 + 2n)}{n^2 + 2n} < \frac{5a_n}{n^2 + 2n} < \frac{5(3n^2 + 3n)}{n^2 + 2n}$$ 이다.

양변에 n을 한없이 크게 하는 극한을 취하면

$$\lim_{n \to \infty}\frac{5(3n^2 + 2n)}{n^2 + 2n} = 15,\ \lim_{n \to \infty}\frac{5(3n^2 + 3n)}{n^2 + 2n} = 15$$ 이므로

$$\lim_{n \to \infty}\frac{5a_n}{n^2 + 2n} = 15$$이다.

016 정답 ④

문제에 주어진 식의 양변을 제곱하고 n^2으로 나누면

$$\frac{9n^2 + 4}{n^2} < \frac{a_n}{n} < \frac{9n^2 + 12n + 4}{n^2}$$ 이 된다. 그러므로

$$\lim_{n \to \infty}\frac{9n^2 + 4}{n^2} \le \lim_{n \to \infty}\frac{a_n}{n} \le \lim_{n \to \infty}\frac{9n^2 + 12n + 4}{n^2}$$

$$9 \le \lim_{n \to \infty}\frac{a_n}{n} \le 9$$

$$\therefore\ \lim_{n \to \infty}\frac{a_n}{n} = 9$$

017 정답 ②

$b_n = n,\ c_n = n + 1$이라 하면

$$\sum_{k=1}^{n} b_k = \frac{n(n+1)}{2},$$

$$\sum_{k=1}^{n} c_k = \sum_{k=1}^{n}(k+1) = \frac{n(n+1)}{2} + n = \frac{n^2 + 3n}{2}$$ 이므로

$$\lim_{n \to \infty}\frac{n^2}{\sum_{k=1}^{n} b_k} = \lim_{n \to \infty}\frac{n^2}{\sum_{k=1}^{n} c_k} = 2$$

그런데 $\sum_{k=1}^{n} b_k < \sum_{k=1}^{n} a_k < \sum_{k=1}^{n} c_k$이므로

$$\frac{n^2}{\sum_{k=1}^{n} b_k} > \frac{n^2}{\sum_{k=1}^{n} a_k} > \frac{n^2}{\sum_{k=1}^{n} c_k}$$

$$\therefore\ \lim_{n \to \infty}\frac{n^2}{\sum_{k=1}^{n} a_k} = 2$$

018 정답 ②

$\dfrac{15}{3n^2 + 2n} < a_n < \dfrac{15}{3n^2 + n}$ 의 양변에 $\times n^2$을 하면

$$\lim_{n \to \infty}\frac{15n^2}{3n^2 + 2n} \le \lim_{n \to \infty} n^2 a_n \le \lim_{n \to \infty}\frac{15n^2}{3n^2 + n}$$

$$5 \le \lim_{n \to \infty} n^2 a_n \le 5$$

따라서 $\lim_{n \to \infty} n^2 a_n = 5$

유형 4 등비수열의 극한

019 정답 ⑤

등비수열 $\{a_n\}$의 첫째항을 a, 공비를 r라 하면

$$a_n = ar^{n-1}$$

이때

$$\lim_{n\to\infty}\frac{a_n+1}{3^n+2^{2n-1}}=\lim_{n\to\infty}\frac{a\times\dfrac{r^{n-1}}{4^n}+\left(\dfrac{1}{4}\right)^n}{\left(\dfrac{3}{4}\right)^n+\dfrac{1}{2}}$$

이고 극한값이 존재하므로

$r=4$

따라서

$$\lim_{n\to\infty}\frac{a_n+1}{3^n+2^{2n-1}}=\lim_{n\to\infty}\frac{\dfrac{a}{4}+\left(\dfrac{1}{4}\right)^n}{\left(\dfrac{3}{4}\right)^n+\dfrac{1}{2}}$$

$$=\frac{\dfrac{a}{4}+0}{0+\dfrac{1}{2}}=\frac{a}{2}=3$$

에서 $a=6$이므로

$a_2=6\times4=24$

020 정답 ②

함수 $f(x)$는 다음의 네 가지로 나누어 계산할 수 있다.

(i) $-4<x<4$인 경우

$-1<\dfrac{x}{4}<1$이므로

$$\lim_{n\to\infty}\left(\frac{x}{4}\right)^{2n}=0$$

따라서

$$f(x)=\frac{2\times0-1}{0+3}=-\frac{1}{3}$$

(ii) $x=-4$인 경우

$$f(x)=\frac{2\times(-1)-1}{1+3}=-\frac{3}{4}$$

(iii) $x=4$이면

$$f(x)=\frac{2\times1-1}{1+3}=\frac{1}{4}$$

(iv) $x<-4$ 또는 $x>4$인 경우

$\dfrac{x}{4}<-1$ 또는 $\dfrac{x}{4}>1$이므로

$$f(x)=\lim_{n\to\infty}\frac{2\times\left(\dfrac{x}{4}\right)^{2n+1}-1}{\left(\dfrac{x}{4}\right)^{2n}+3}$$

$$=\lim_{n\to\infty}\frac{2\times\dfrac{x}{4}-\dfrac{1}{\left(\dfrac{x}{4}\right)^{2n}}}{1+\dfrac{3}{\left(\dfrac{x}{4}\right)^{2n}}}$$

$$=\frac{\dfrac{x}{2}-0}{1+0}=\frac{x}{2}$$

$f(k)=\dfrac{k}{2}=-\dfrac{1}{3}$에서 $k=-\dfrac{2}{3}$이고 이는 정수가 아니므로 조건을 만족시키지 않는다.

(i)~(iv)에서 $f(k)=-\dfrac{1}{3}$을 만족시키는 정수 k의 개수는 -3, -2, -1, 0, 1, 2, 3의 7이다.

021 정답 17

(i) $|x|<1$일 때, $f(x)=\lim\limits_{n\to\infty}\dfrac{x^{2n+4}+2x}{x^{2n}+1}=2x$

(ii) $|x|>1$일 때,

$$f(x)=\lim_{n\to\infty}\frac{x^4+\dfrac{2}{x^{2n-1}}}{1+\dfrac{1}{x^{2n}}}=\frac{x^4+0}{1+0}=x^4$$

따라서 $f\left(\dfrac{1}{2}\right)+f(2)=1+16=17$

022 정답 40

$-1<r=\dfrac{2x-1}{4}\leq1,\quad -4<2x-1\leq4$

$-3<2x\leq5,\quad -\dfrac{3}{2}<x\leq\dfrac{5}{2}$

$x=-1,\ 0,\ 1,\ 2\quad \therefore\ k=4$

$\therefore\ 10k=40$

023 정답 ③

$\lim\limits_{n\to\infty}\dfrac{5^n a_n}{3^n+1}=\alpha\ (\alpha\neq0)\quad \dfrac{5^n a_n}{3^n+1}=b_n$이라 하면

$\lim\limits_{n\to\infty}b_n=\alpha\ (\alpha\neq0)$이다.

$a_n=\dfrac{3^n+1}{5^n}b_n$에서

$$\lim_{n\to\infty}\frac{a_n}{a_{n+1}}=\lim_{n\to\infty}\frac{\dfrac{3^n+1}{5^n}b_n}{\dfrac{3^{n+1}+1}{5^{n+1}}b_{n+1}}$$

$$=\lim_{n\to\infty}\frac{5^{n+1}(3^n+1)b_n}{5^n(3^{n+1}+1)b_{n+1}}=\frac{5}{3}$$

$\left(\because\ \lim\limits_{n\to\infty}b_{n+1}=\alpha\right)$

024 정답 ③

$a_n = 3 \times 3^{n-1} = 3^n$

$$\lim_{n \to \infty} \frac{3^{n+1} - 7}{a_n} = \lim_{n \to \infty} \frac{3^{n+1} - 7}{3^n} = \lim_{n \to \infty} \frac{3 - \dfrac{7}{3^n}}{1} = \frac{3 - 0}{1} = 3$$

025 정답 ②

함수 $f(x) = \begin{cases} x + a & (x \le 1) \\ \displaystyle\lim_{n \to \infty} \dfrac{2x^{n+1} + 3x^n}{x^n + 1} & (x > 1) \end{cases}$

실수 전체의 집합에서 연속이기 때문에 $x = 1$ 에서도 연속

$\therefore f(1) = \displaystyle\lim_{x \to 1-} f(x) = \lim_{x \to 1+} f(x)$

$f(1) = \displaystyle\lim_{x \to 1-} f(x) = 1 + a \cdots \text{㉠}$

$f(x) = \displaystyle\lim_{n \to \infty} \frac{2x^{n+1} + 3x^n}{x^n + 1} \quad (x > 1)$

$\quad = \displaystyle\lim_{n \to \infty} \frac{(2x^{n+1} + 3x^n)\left(\dfrac{1}{x^n}\right)}{(x^n + 1)\left(\dfrac{1}{x^n}\right)} = 2x + 3$

$\displaystyle\lim_{x \to 1+} f(x) = 5 \cdots \text{㉡}$

㉠, ㉡에서 $a = 4$

026 정답 ⑤

$\dfrac{a_{n+1}}{a_n} \le \dfrac{999}{1000}$ 에 $n = 1, 2, 3, \cdots, n-1$ 을 순서대로 대입하면

$\dfrac{a_2}{a_1} \le \dfrac{999}{1000}, \ \dfrac{a_3}{a_2} \le \dfrac{999}{1000}, \ \cdots, \ \dfrac{a_n}{a_{n-1}} \le \dfrac{999}{1000}$

이를 변끼리 곱하면

$\dfrac{a_2}{a_1} \times \dfrac{a_3}{a_2} \times \cdots \times \dfrac{a_n}{a_{n-1}} \le \left(\dfrac{999}{1000}\right)^{n-1}, \ \dfrac{a_n}{a_1} \le \left(\dfrac{999}{1000}\right)^{n-1}$

양변에 양수 a_1을 곱하면

$0 < a_n \le a_1 \left(\dfrac{999}{1000}\right)^{n-1} \quad (\because a_n > 0)$

이때, $\displaystyle\lim_{n \to \infty} 0 = \lim_{n \to \infty} a_1 \left(\dfrac{99}{100}\right)^{n-1} = 0$ 이므로

$\displaystyle\lim_{n \to \infty} a_n = 0$

$\therefore \displaystyle\lim_{n \to \infty} \frac{999 a_n + 10n + 9}{1000 a_n + 9n + 10} = \lim_{n \to \infty} \frac{10n + 9}{9n + 10} = \frac{10}{9}$

027 정답 4

$a_1 = 1$ 이고 $a_{n+1} = 2a_{n-1} \, (n \ge 2)$ 에서

$a_3 = 2a_1 = 2, \ a_5 = 2a_3 = 2^2, \ a_7 = 2a_5 = 2^3, \ \cdots$

따라서 수열 $\{a_{2n-1}\}$ 은 첫째항이 1, 공비가 2인

등비수열이므로 $a_{2n-1} = 2^{n-1}$

$$\lim_{n \to \infty} \frac{1 + 2^{n+1}}{a_{2n-1}} = \lim_{n \to \infty} \frac{1 + 2^{n+1}}{2^{n-1}} = 4$$

028 정답 ②

나머지정리에 의하여 $f(x) = 2^n x^2 + 3^n x - 1$를 $x - 2$로 나누었을 때의 나머지는

$f(2) = 4 \times 2^n + 2 \times 3^n - 1 = a_n$

$a_n = 2^{n+2} + 2 \times 3^n - 1$

$f(x)$를 $x - 3$으로 나누었을 때의 나머지는

$f(3) = 9 \times 2^n + 3 \times 3^n - 1 = b_n$

$b_n = 9 \times 2^n + 3^{n+1} - 1$

$\displaystyle\lim_{n \to \infty} \frac{a_n}{b_n} = \lim_{n \to \infty} \frac{2^{n+2} + 2 \times 3^n - 1}{9 \times 2^n + 3^{n+1} - 1}$

$\quad = \displaystyle\lim_{n \to \infty} \frac{4 \times \left(\dfrac{2}{3}\right)^n + 2 - \dfrac{1}{3^n}}{9 \times \left(\dfrac{2}{3}\right)^n + 3 - \dfrac{1}{3^n}} = \frac{2}{3}$

029 정답 ⑤

$\displaystyle\lim_{n \to \infty} \frac{a^{n+1} + 2b^{n+1}}{a^n b + a b^n} = \lim_{n \to \infty} \frac{\dfrac{a^{n+1}}{a^n} + \dfrac{2b^{n+1}}{a^n}}{\dfrac{a^n b}{a^n} + \dfrac{a b^n}{a^n}}$

$\quad = \displaystyle\lim_{n \to \infty} \frac{a + 2b\left(\dfrac{b}{a}\right)^n}{b + a\left(\dfrac{b}{a}\right)^n} = \frac{a}{b} = \frac{3}{2}$

따라서 $\dfrac{a^2 + b^2}{ab} = \dfrac{a}{b} + \dfrac{b}{a} = \dfrac{3}{2} + \dfrac{2}{3} = \dfrac{13}{6}$

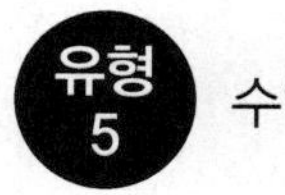 수열의 극한의 활용

030 정답 2

주어진 이차방정식의 양의 실근 a_n 을 구하면

$a_n = -n + \sqrt{n^2 + 4n}$ 이다.

$$\therefore \lim_{n \to \infty} a_n = \lim_{n \to \infty} (-n + \sqrt{n^2 + 4n})$$

$$= \lim_{n \to \infty} \frac{4n}{n + \sqrt{n^2 + 4n}} = 2$$

031 정답 ⑤

이차방정식 $x^2 - (n+1)x + a_n = 0$의 판별식을 D_1이라 하면

$D_1 = (n+1)^2 - 4a_n \geq 0$에서

$$a_n \leq \frac{(n+1)^2}{4}$$

또 이차방정식 $x^2 - nx + a_n = 0$의 판별식을 D_2이라 하면

$D_2 = n^2 - 4a_n < 0$에서

$$a_n > \frac{n^2}{4}$$

즉 $\dfrac{n^2}{4} < a_n \leq \dfrac{(n+1)^2}{4}$

$$\frac{n^2}{4n^2} < \frac{a_n}{n^2} \leq \frac{(n+1)^2}{4n^2}$$

$$\lim_{n \to \infty} \frac{n^2}{4n^2} < \lim_{n \to} \frac{a_n}{n^2} \leq \lim_{n \to \infty} \frac{(n+1)^2}{4n^2}$$

$\lim_{n \to \infty} \dfrac{n^2}{4n^2} = \lim_{n \to \infty} \dfrac{(n+1)^2}{4n^2} = \dfrac{1}{4}$ 이므로

$$\lim_{n \to \infty} \frac{a_n}{n^2} = \frac{1}{4}$$

032 정답 ③

$$\lim_{n \to \infty} (a_n + b_n) = 20 , \quad \lim_{n \to \infty} (a_n - b_n) = 10$$

$c_n = a_n + b_n \quad \cdots ① \quad \therefore \lim_{n \to \infty} c_n = 20$

$d_n = a_n - b_n \quad \cdots ② \quad \therefore \lim_{n \to \infty} d_n = 10$

①−②를 하면 $c_n - d_n = 2b_n$

$$\therefore \lim_{n \to \infty} b_n = \lim_{n \to \infty} \frac{1}{2}(c_n - d_n) = \frac{1}{2}(20 - 10) = 5$$

033 정답 ④

$f(x)$를 $(x-1)$로 나눈 나머지:

$f(1) = 2^n + 3^n + 1 = a_n$

$f(x)$를 $(x-2)$로 나눈 나머지:

$f(2) = 4 \times 2^n + 2 \times 3^n + 1 = b_n$

$$\lim_{n \to \infty} \frac{a_n}{b_n} = \lim_{n \to \infty} \frac{2^n + 3^n + 1}{4 \times 2^n + 2 \times 3^n + 1}$$

$$= \lim_{n \to \infty} \frac{\left(\frac{2}{3}\right)^n + 1 + 1\left(\frac{1}{3}\right)^n}{4 \times \left(\frac{2}{3}\right)^n + 2 \times 1 + \left(\frac{1}{3}\right)^n} = \frac{1}{2}$$

034 정답 ②

$a_1 = S_1 = 1$

$\begin{aligned} a_n &= S_n - S_{n-1} (n \geq 2) \\ &= (2n^2 - n) - \{2(n-1)^2 - (n-1)\} \\ &= (2n^2 - n) - (2n^2 - 5n + 3) \\ &= 4n - 3 \end{aligned}$

$\therefore a_n = 4n - 3 (n \geq 1)$

$$\lim_{n \to \infty} \frac{na_n}{S_n} = \lim_{n \to \infty} \frac{4n^2 - 3n}{2n^2 - n} = \lim_{n \to \infty} \frac{4 - \frac{3}{n}}{2 - \frac{1}{n}} = \frac{4}{2} = 2$$

035 정답 ①

$S_n = 2n + \dfrac{1}{2^n}$ 이므로

$$a_n = 2n + \frac{1}{2^n} - 2(n-1) - \frac{1}{2^{n-1}} = 2 - \frac{1}{2^n} \ (n \geq 2)$$

$$a_1 = S_1 = 2 + \frac{1}{2} = \frac{5}{2}$$

$$\therefore \lim_{n \to \infty} a_n = \lim_{n \to \infty} \left(2 - \frac{1}{2^n}\right) = 2$$

036 정답 ②

첫째항이 1, 공차가 6이므로

$a_n = 1 + (n-1) \times 6 = 1 + 6n - 6 = 6n - 5$

$$b_n = \frac{(6n-5) + \{6(n+1) - 5\}}{3} = \frac{6n - 5 + 6n + 6 - 5}{3}$$

$$= \frac{12n - 4}{3}$$

$$\therefore \lim_{n \to \infty} \frac{b_n}{a_n} = \lim_{n \to \infty} \frac{\frac{12n-4}{3}}{6n-5} = \lim_{n \to \infty} \frac{12n-4}{18n-15}$$

$$= \lim_{n \to \infty} \frac{12 - \frac{4}{n}}{18 - \frac{15}{n}} = \frac{2}{3}$$

037 정답 ①

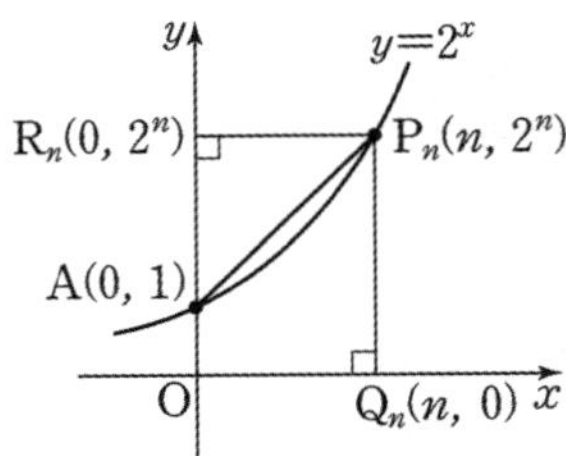

그림에서 $\triangle \mathrm{AP}_n \mathrm{R}_n$의 넓이 $T_n = \dfrac{1}{2}(2^n-1)\times n$

사각형 $\mathrm{AOQ}_n \mathrm{P}_n$의 넓이 $S_n = \dfrac{1+2^n}{2}\times n$

$\therefore \lim_{n\to\infty} \dfrac{T_n}{S_n} = \lim_{n\to\infty} \dfrac{2^n-1}{1+2^n} = 1$

038 정답 ②

직선 $\mathrm{P}_0 \mathrm{P}_1$의 기울기가 1이므로 직선 $\mathrm{P}_1 \mathrm{P}_2$의 기울기는 -1이다.

점 $\mathrm{P}_1(1,\,1)$을 지나고 기울기가 -1인 직선의 방정식은

$y-1=-(x-1)$

즉, $y=-x+2$이므로 점 P_2의 좌표를 구하면

$x^2 = -x+2$에서 $x^2+x-2=0$, $(x+2)(x-1)=0$

$x<0$ 이므로 $x=-2$

$\therefore \mathrm{P}_2(-2,\,4)$

점 $\mathrm{P}_2(-2,\,4)$를 지나고 기울기가 1인 직선의 방정식은

$y-4=x+2$ 즉, $y=x+6$이므로 점 P_3의 좌표를 구하면

$x^2 = x+6$에서 $x^2-x-6=0$, $(x+2)(x-3)=0$

$x>0$이므로 $x=3$

$\therefore \mathrm{P}_3(3,\,9)$

점 $\mathrm{P}_3(3,\,9)$를 지나고 기울기가 -1인 직선의 방정식은

$y-9=-(x-3)$ 즉, $y=-x+12$이므로 점 P_4의 좌표를 구하면

$x^2 = -x+12$에서

$x^2+x-12=0$, $(x+4)(x-3)=0$

$x<0$이므로 $x=-4$

$\therefore \mathrm{P}_4(-4,\,16)$

이와 같은 방법으로 P_n의 좌표를 구하면

$\mathrm{P}_{2m-1}(2m-1,\,4m^2-4m+1)$

$\mathrm{P}_{2m}(-2m,\,4m^2)$

$n=2m$ 일 때,

$l_n = l_{2m} = \overline{\mathrm{P}_{2m-1}\mathrm{P}_{2m}} = \overline{\mathrm{P}_{2m-1}\mathrm{P}_{2m}}$

$\qquad = \sqrt{(4m-1)^2 + (4m-1)^2} = \sqrt{2}\,(4m-1)$

$\qquad = \sqrt{2}\,(2n-1)$

$n=2m+1$ 일 때,

$l_n = l_{2m+1} = \overline{\mathrm{P}_{2m}\mathrm{P}_{2m+1}} = \sqrt{(4m+1)^2 + (4m+1)^2}$

$\qquad = \sqrt{2}\,(4m+1) = \sqrt{2}\,(2n-1)$

$\therefore \lim_{n\to\infty} \dfrac{l_n}{n} = \lim_{n\to\infty} \dfrac{\sqrt{2}\,(2n-1)}{n} = 2\sqrt{2}$

039 정답 ②

$\displaystyle\sum_{n=1}^{\infty} \dfrac{2}{n(n+2)} = \sum_{n=1}^{\infty}\left(\dfrac{1}{n}-\dfrac{1}{n+2}\right)$

$= \left(\dfrac{1}{1}-\dfrac{1}{3}\right)+\left(\dfrac{1}{2}-\dfrac{1}{4}\right)+\left(\dfrac{1}{3}-\dfrac{1}{5}\right)+\cdots$

$= \lim_{n\to\infty}\left(1+\dfrac{1}{2}-\dfrac{1}{n+1}-\dfrac{1}{n+2}\right) = \dfrac{3}{2}$

040 정답 54

$\displaystyle\sum_{n=1}^{\infty}(a_n+5b_n) = \sum_{n=1}^{\infty}a_n + 5\sum_{n=1}^{\infty}b_n = 4+5\times 10 = 54$

041 정답 ①

등차수열 $\{a_n\}$의 공차를 d라 하면 $a_4-a_2 = 2d=4 \Leftrightarrow d=2$

$\therefore a_n = 2n+2$

$\displaystyle\sum_{n=1}^{\infty}\dfrac{2}{na_n} = \sum_{n=1}^{\infty}\dfrac{2}{n(2n+2)}$

$\qquad = \sum_{n=1}^{\infty}\dfrac{1}{n(n+1)}$

$\qquad = \sum_{n=1}^{\infty}\left(\dfrac{1}{n}-\dfrac{1}{n+1}\right) = 1$

042 정답 ①

$(4n^2-1)x^2 - 4nx+1=0$

$\{(2n-1)x-1\}\{(2n+1)x-1\}=0$

$x = \dfrac{1}{2n-1},\ \dfrac{1}{2n+1}$

$\alpha_n > \beta_n$이고 n이 자연수이므로

$\alpha_n = \dfrac{1}{2n-1},\ \beta_n = \dfrac{1}{2n+1}$

$\therefore \displaystyle\sum_{n=1}^{\infty}(\alpha_n - \beta_n) = \sum_{n=1}^{\infty}\left(\dfrac{1}{2n-1}-\dfrac{1}{2n+1}\right)$

$= \lim_{n\to\infty}\left\{\left(\dfrac{1}{1}-\dfrac{1}{3}\right)+\left(\dfrac{1}{3}-\dfrac{1}{5}\right)+\left(\dfrac{1}{5}-\dfrac{1}{7}\right)\right.$

$\left.+\cdots+\left(\dfrac{1}{2n-1}-\dfrac{1}{2n+1}\right)\right\}$

$$= \lim_{n \to \infty}\left(1 - \frac{1}{2n+1}\right) = 1$$

[다른 풀이]

$$(\alpha_n - \beta_n)^2 = (\alpha_n + \beta_n)^2 - 4\alpha_n\beta_n$$

$$\alpha_n + \beta_n = \frac{4n}{4n^2-1} \ , \ \alpha_n\beta_n = \frac{1}{4n^2-1} \text{이므로}$$

$$(\alpha_n - \beta_n)^2 = \left(\frac{4n}{4n^2-1}\right)^2 - 4 \times \frac{1}{4n^2-1} = \left(\frac{2}{4n^2-1}\right)^2$$

$$\alpha_n - \beta_n = \frac{2}{4n^2-1} \quad (\because \ \alpha_n > \beta_n)$$

$$= \frac{2}{(2n-1)(2n+1)} = \frac{1}{2n-1} - \frac{1}{2n+1}$$

$$\therefore \sum_{n=1}^{\infty}(\alpha_n - \beta_n) = \sum_{n=1}^{\infty}\left(\frac{1}{2n-1} - \frac{1}{2n+1}\right)$$

$$= \lim_{n \to \infty}\left\{\left(\frac{1}{1} - \frac{1}{3}\right) + \left(\frac{1}{3} - \frac{1}{5}\right) + \left(\frac{1}{5} - \frac{1}{7}\right)\right.$$

$$\left. + \cdots + \left(\frac{1}{2n-1} - \frac{1}{2n+1}\right)\right\}$$

$$= \lim_{n \to \infty}\left(1 - \frac{1}{2n+1}\right) = 1$$

043 정답 ①

$3^n \times 5^{n+1}$ 의 모든 양의 약수의 개수는

$a_n = (n+1)(n+2)$ 이다.

따라서

$$\sum_{n=1}^{\infty}\frac{1}{a_n}$$

$$= \sum_{n=1}^{\infty}\frac{1}{(n+1)(n+2)}$$

$$= \sum_{n=1}^{\infty}\left\{\frac{1}{n+1} - \frac{1}{n+2}\right\}$$

$$= \lim_{n \to \infty}\sum_{k=1}^{n}\left\{\frac{1}{k+1} - \frac{1}{k+2}\right\}$$

$$= \lim_{n \to \infty}\left\{\left(\frac{1}{2} - \frac{1}{3}\right) + \left(\frac{1}{3} - \frac{1}{4}\right) + \cdots + \left(\frac{1}{n+1} - \frac{1}{n+2}\right)\right\}$$

$$= \lim_{n \to \infty}\left\{\frac{1}{2} - \frac{1}{n+2}\right\} = \frac{1}{2}$$

044 정답 ③

직선의 방정식은 $y = \frac{1}{3}x + 1$ 이므로 x 는 3의 배수이다.

$x = 3n$ 로 놓으면 $y = n+1$ 이다. $(n = 1,2,3,\cdots)$

따라서 $a_n = 3n$, $b_n = n+1$ 이다.

$$\frac{1}{a_n b_n} = \frac{1}{3n(n+1)} = \frac{1}{3}\left(\frac{1}{n} - \frac{1}{n+1}\right) \text{이므로}$$

$$\sum_{n=1}^{\infty}\frac{1}{a_n b_n} = \sum_{n=1}^{\infty}\frac{1}{3}\left(\frac{1}{n} - \frac{1}{n+1}\right) = \frac{1}{3}\lim_{n \to \infty}\left(1 - \frac{1}{n+1}\right) = \frac{1}{3}$$

045 정답 ①

$$a_{n+2} = a_{n+1} + a_n \quad \Rightarrow \quad a_n = a_{n+2} - a_{n+1} \text{ 에서}$$

$$\frac{a_n}{a_{n+1}a_{n+2}} = \frac{a_{n+2} - a_{n+1}}{a_{n+1}a_{n+2}} = \frac{1}{a_{n+1}} - \frac{1}{a_{n+2}} \text{이므로}$$

$$\sum_{n=1}^{n}\frac{a_k}{a_{k+1}a_{k+2}} = \sum_{k=1}^{n}\left(\frac{1}{a_{k+1}} - \frac{1}{a_{k+2}}\right)$$

$$= \left(\frac{1}{a_2} - \frac{1}{a_3}\right) + \left(\frac{1}{a_3} - \frac{1}{a_4}\right) + \left(\frac{1}{a_4} - \frac{1}{a_5}\right) + \cdots$$

$$+ \left(\frac{1}{a_{n+1}} - \frac{1}{a_{n+2}}\right)$$

$$= \frac{1}{a_2} - \frac{1}{a_{n+2}} = \frac{1}{2} - \frac{1}{a_{n+2}}$$

수열 $\{a_n\}$ 은 $a_{n+2} = a_{n+1} + a_n$ 을 만족하므로 증가하는

수열이므로 $\displaystyle\lim_{n \to \infty}\frac{1}{a_n} = 0$ 이다.

$$\sum_{n=1}^{\infty}\frac{a_n}{a_{n+1}a_{n+2}} = \frac{1}{2}$$

046 정답 ①

$$(\text{주어진 식}) = \lim_{n \to \infty}\frac{1 + (-1) + 1 + \cdots + (-1)^{n-1}}{n} = 0$$

047 정답 2

$$\sum_{n=1}^{\infty}\frac{6}{(n+2)(n+3)} = 6\sum_{n=1}^{\infty}\left(\frac{1}{n+2} - \frac{1}{n+3}\right)$$

$$= 6\lim_{n \to \infty}\sum_{k=1}^{n}\left(\frac{1}{k+2} - \frac{1}{k+3}\right)$$

$$= 6\lim_{n \to \infty}\left(\frac{1}{3} - \frac{1}{n+3}\right) = 2$$

유형 7 급수와 수열의 극한 사이의 관계

048 정답 ⑤

등차수열 $\{a_n\}$ 의 공차를 $d(d > 0)$ 이라 하면

$$\frac{1}{a_n a_{n+1}} = \frac{1}{a_{n+1} - a_n}\left(\frac{1}{a_n} - \frac{1}{a_{n+1}}\right)$$

$$= \frac{1}{d}\left(\frac{1}{a_n} - \frac{1}{a_{n+1}}\right)$$

이므로

$$\sum_{k=1}^{n}\frac{1}{a_k a_{k+1}} = \frac{1}{d}\sum_{k=1}^{n}\left(\frac{1}{a_k} - \frac{1}{a_{k+1}}\right)$$

$$= \frac{1}{d}\left\{\left(\frac{1}{a_1} - \frac{1}{a_2}\right) + \left(\frac{1}{a_2} - \frac{1}{a_3}\right) + \cdots + \left(\frac{1}{a_n} - \frac{1}{a_{n+1}}\right)\right\}$$

$$= \frac{1}{d}\left(\frac{1}{a_1} - \frac{1}{a_{n+1}}\right) \qquad \cdots\cdots \ \text{㉠}$$

이때

$$a_n = a_1 + (n-1)d = dn + 1 - d$$

이므로

$$\lim_{n\to\infty} a_n = \lim_{n\to\infty}(dn+1-d) = \infty$$

$$\lim_{n\to\infty} a_{n+1} = \lim_{n\to\infty} a_n = \infty$$

$$\lim_{n\to\infty} \frac{1}{a_{n+1}} = 0$$

㉠에서

$$\sum_{n=1}^{\infty} \frac{1}{a_n a_{n+1}} = \lim_{n\to\infty}\sum_{k=1}^{n} \frac{1}{a_k a_{k+1}}$$

$$= \lim_{n\to\infty} \frac{1}{d}\left(\frac{1}{a_1} - \frac{1}{a_{n+1}}\right)$$

$$= \frac{1}{d}\left(\lim_{n\to\infty} 1 - \lim_{n\to\infty} \frac{1}{a_{n+1}}\right)$$

$$= \frac{1}{d}(1-0) = \frac{1}{d}$$

$$\sum_{n=1}^{\infty}\left(\frac{1}{a_n a_{n+1}} + b_n\right) = 2 \text{에서}$$

$$\frac{1}{a_n a_{n+1}} + b_n = c_n \text{이라 하면}$$

$$\sum_{n=1}^{\infty} c_n = 2$$

$b_n = c_n - \dfrac{1}{a_n a_{n+1}}$ 이므로 급수의 성질에 의하여

$$\sum_{n=1}^{\infty} b_n = \sum_{n=1}^{\infty}\left(c_n - \frac{1}{a_n a_{n+1}}\right)$$

$$= \sum_{n=1}^{\infty} c_n - \sum_{n=1}^{\infty} \frac{1}{a_n a_{n+1}}$$

$$= 2 - \frac{1}{d} \quad \cdots\cdots \ \text{㉡}$$

따라서 등비급수 $\displaystyle\sum_{n=1}^{\infty} b_n$ 이 수렴하므로 등비수열 $\{b_n\}$의 공비를

r라 하면

$-1 < r < 1$이고 $a_2 b_2 = (1+d)r = 1$에서

$$r = \frac{1}{1+d}$$

이때 $d > 0$이므로

$$\sum_{n=1}^{\infty} b_n = \frac{b_1}{1-r} = \frac{1}{1-\dfrac{1}{1+d}} = \frac{1+d}{d} \quad \cdots\cdots \ \text{㉢}$$

이므로 ㉡, ㉢에서

$$2 - \frac{1}{d} = \frac{1+d}{d},$$

$$\frac{2d-1}{d} = \frac{1+d}{d}$$

$$d = 2$$

㉡ 또는 ㉢에서

$$\sum_{n=1}^{\infty} b_n = \frac{3}{2}$$

049 정답 ③

수열 $\{a_n\}$의 첫째항이므로 공차를 d라 하면

$$a_n = 4 + (n-1)d$$

이때 급수 $\displaystyle\sum_{n=1}^{\infty}\left(\frac{a_n}{n} - \frac{3n+7}{n+2}\right)$이 수렴하므로

$$\lim_{n\to\infty}\left(\frac{a_n}{n} - \frac{3n+7}{n+2}\right) = \lim_{n\to\infty}\left\{\frac{4+(n-1)d}{n} - \frac{3n+7}{n+2}\right\}$$

$$= \lim_{n\to\infty}\left(\frac{d + \dfrac{4-d}{n}}{1} - \frac{3 + \dfrac{7}{n}}{1 + \dfrac{2}{n}}\right)$$

$$= d - 3 = 0$$

그러므로 $d = 3$

이때 $a_n = 3n+1$이므로 주어진 급수에 대입하면

$$\sum_{n=1}^{\infty}\left(\frac{a_n}{n} - \frac{3n+7}{n+2}\right)$$

$$= \sum_{n=1}^{\infty}\left(\frac{3n+1}{n} - \frac{3n+7}{n+2}\right)$$

$$= \sum_{n=1}^{\infty}\left\{\left(3 + \frac{1}{n}\right) - \left(3 + \frac{1}{n+2}\right)\right\}$$

$$= \sum_{n=1}^{\infty}\left(\frac{1}{n} - \frac{1}{n+2}\right)$$

$$= \lim_{n\to\infty}\sum_{k=1}^{n}\left(\frac{1}{k} - \frac{1}{k+2}\right)$$

$$= \lim_{n\to\infty}\left\{\left(\frac{1}{1} - \frac{1}{3}\right) + \left(\frac{1}{2} - \frac{1}{4}\right) + \left(\frac{1}{3} - \frac{1}{5}\right) + \right.$$

$$\left. \cdots + \left(\frac{1}{n-1} - \frac{1}{n+1}\right) + \left(\frac{1}{n} - \frac{1}{n+2}\right)\right\}$$

$$= \lim_{n\to\infty}\left(1 + \frac{1}{2} - \frac{1}{n+1} - \frac{1}{n+2}\right)$$

$$= \frac{3}{2}$$

050 정답 ①

$\displaystyle\sum_{n=1}^{\infty} \frac{a_n}{n} = 10$이므로 $\displaystyle\lim_{n\to\infty} \frac{a_n}{n} = 0$이다.

따라서

$$\lim_{n\to\infty} \frac{a_n + 2a_n^2 + 3n^2}{a_n^2 + n^2}$$

$$= \lim_{n\to\infty} \frac{\dfrac{a_n}{n^2} + 2\left(\dfrac{a_n}{n}\right)^2 + 3}{\left(\dfrac{a_n}{n}\right)^2 + 1}$$

$$= \frac{0+0+3}{0+1}$$
$$= 3$$

051 정답 5

급수 $\displaystyle\sum_{n=1}^{\infty}\left(a_n - \frac{5n}{n+1}\right)$이 수렴하려면

$\displaystyle\lim_{n\to\infty}\left(a_n - \frac{5n}{n+1}\right) = 0$으로 수렴해야 하므로

$\displaystyle\lim_{n\to\infty}a_n = 5$이다.

052 정답 9

$\displaystyle\sum_{n=1}^{\infty}\frac{a_n}{n}$이 수렴하므로 $\displaystyle\lim_{n\to\infty}\frac{a_n}{n} = 0$ 으로부터

$$\lim_{n\to\infty}\frac{a_n + 9n}{n} = \lim_{n\to\infty}\frac{\frac{a_n}{n}+9}{1} = 9$$

053 정답 4

급수가 수렴하므로 일반항은 0으로 수렴한다.

$\displaystyle\lim_{n\to\infty}\left(3^n a_n - 2\right) = 0$이므로 $\displaystyle\lim_{n\to\infty}3^n a_n = 2$이다.

$$\lim_{n\to\infty}\frac{6a_n + 5\cdot 4^{-n}}{a_n + 3^{-n}} = \lim_{n\to\infty}\frac{6\cdot 3^n a_n + 5\left(\frac{3}{4}\right)^n}{3^n a_n + 1} \text{ 이므로}$$

주어진 식의 극한값은 $\dfrac{12}{3} = 4$이다.

054 정답 16

$\displaystyle\sum_{n=1}^{\infty}\frac{a_n}{4^n} = 2$에서 급수의 합이 수렴하므로

$$\lim_{n\to\infty}\frac{a_n}{4^n} = 0$$

$\therefore$ (주어진 식) $= \displaystyle\lim_{n\to\infty}\dfrac{\frac{a_n}{4^n}+4-\frac{1}{3}\left(\frac{3}{4}\right)^n}{\frac{1}{4}+3\cdot\left(\frac{3}{4}\right)^n} = \dfrac{4}{\frac{1}{4}} = 16$

055 정답 ③

급수 $\displaystyle\sum_{n=1}^{\infty}\left(2a_n - 3\right)$가 수렴하므로 $\displaystyle\lim_{n\to\infty}(2a_n - 3) = 0$이다.

$2a_n - 3 = b_n$이라 하면

$\displaystyle\lim_{n\to\infty}b_n = 0$이고, $a_n = \dfrac{1}{2}(b_n + 3)$이므로

$$\lim_{n\to\infty}a_n = \lim_{n\to\infty}\frac{1}{2}(b_n + 3) = \frac{1}{2}\times(0+3) = \frac{3}{2}$$

즉, $r = \dfrac{3}{2}$이므로

$$\lim_{n\to\infty}\frac{r^{n+2}-1}{r^n + 1} = \lim_{n\to\infty}\frac{\left(\frac{3}{2}\right)^{n+2}-1}{\left(\frac{3}{2}\right)^n + 1} = \lim_{n\to\infty}\frac{\frac{9}{4}-\left(\frac{2}{3}\right)^n}{1+\left(\frac{2}{3}\right)^n}$$

$$= \frac{\frac{9}{4}-0}{1+0} = \frac{9}{4}$$

056 정답 ②

$\displaystyle\sum_{n=1}^{\infty}\left(a_n - \frac{3n}{n+1}\right)$, $\displaystyle\sum_{n=1}^{\infty}\left(a_n + b_n\right)$ 이 수렴하므로

$$\lim_{n\to\infty}\left(a_n - \frac{3n}{n+1}\right) = \lim_{n\to\infty}(a_n - 3) = 0$$

$\therefore\ \displaystyle\lim_{n\to\infty}a_n = 3$

$\displaystyle\lim_{n\to\infty}(a_n + b_n) = 3 + \lim_{n\to\infty}b_n = 0$

$\therefore\ \displaystyle\lim_{n\to\infty}b_n = -3$

$\therefore\ \displaystyle\lim_{n\to\infty}\frac{3 - b_n}{a_n} = \frac{3 - (-3)}{3} = 2$

[다른 풀이]−서영만T

$\displaystyle\sum_{n=1}^{\infty}\left(a_n - \frac{3n}{n+1}\right)$, $\displaystyle\sum_{n=1}^{\infty}\left(a_n + b_n\right)$이 수렴하므로

$$\lim_{n\to\infty}\left(a_n - \frac{3n}{n+1}\right) = \lim_{n\to\infty}(a_n - 3) = 0$$

$\therefore\ \displaystyle\lim_{n\to\infty}a_n = 3$

$\displaystyle\lim_{n\to\infty}(a_n + b_n) = 0$에서 $a_n + b_n = c_n$이라 두면

$\displaystyle\lim_{n\to\infty}c_n = 0$이고 $b_n = c_n - a_n$이다.

$\therefore\ \displaystyle\lim_{n\to\infty}\frac{3 - b_n}{a_n} = \lim_{n\to\infty}\frac{3 - c_n + a_n}{a_n} = \frac{3 - 0 + 3}{3} = 2$

057 정답 ③

$\displaystyle\sum_{n=1}^{\infty}\left\{\frac{a_n}{n(n+1)} - 4\right\}$이 수렴하므로

$\displaystyle\lim_{n\to\infty}\left\{\frac{a_n}{n(n+1)} - 4\right\} = 0$이어야 한다.

즉, $\displaystyle\lim_{n\to\infty}\frac{a_n}{n(n+1)} = 4$ 이므로

$$\lim_{n\to\infty}\frac{3n^2 + a_n}{2n + 3a_n} = \lim_{n\to\infty}\frac{\frac{3n^2}{n(n+1)} + \frac{a_n}{n(n+1)}}{\frac{2n}{n(n+1)} + 3\times\frac{a_n}{n(n+1)}}$$

$$= \frac{3+4}{0+3\times 4} = \frac{7}{12}$$

058 정답 ③

급수 $\displaystyle\sum_{n=1}^{\infty}\left(a_n - \frac{5n}{2n+1}\right)$, $\displaystyle\sum_{n=1}^{\infty}(a_n + 2b_n)$이 수렴하므로

$$\lim_{n\to\infty}\left(a_n - \frac{5n}{2n+1}\right) = \lim_{n\to\infty}\left(a_n - \frac{5}{2}\right) = 0$$

$$\therefore \lim_{n\to\infty} a_n = \frac{5}{2}$$

$$\lim_{n\to\infty}(a_n + 2b_n) = \frac{5}{2} + \lim_{n\to\infty} 2b_n = 0$$

$$\therefore \lim_{n\to\infty} b_n = -\frac{5}{4}$$

$$\therefore \lim_{n\to\infty} \frac{1-b_n}{a_n} = \frac{1-\left(-\dfrac{5}{4}\right)}{\dfrac{5}{2}} = \frac{9}{10}$$

[다른 풀이]–서영만T

$\displaystyle\sum_{n=1}^{\infty}\left(a_n - \frac{5n}{2n+1}\right)$, $\displaystyle\sum_{n=1}^{\infty}(a_n + 2b_n)$이 수렴하므로

$$\lim_{n\to\infty}\left(a_n - \frac{5n}{2n+1}\right) = \lim_{n\to\infty}\left(a_n - \frac{5}{2}\right) = 0$$

$$\therefore \lim_{n\to\infty} a_n = \frac{5}{2}$$

$\displaystyle\lim_{n\to\infty}(a_n + 2b_n) = 0$에서 $a_n + 2b_n = c_n$이라 두면

$\displaystyle\lim_{n\to\infty} c_n = 0$이고 $b_n = \dfrac{c_n - a_n}{2}$ 이다.

$$\lim_{n\to\infty} \frac{1-b_n}{a_n} = \lim_{n\to\infty} \frac{1-\dfrac{c_n - a_n}{2}}{a_n} = \lim_{n\to\infty} \frac{2-c_n + a_n}{2a_n}$$

$$= \frac{2-0+\dfrac{5}{2}}{2\times \dfrac{5}{2}} = \frac{\dfrac{9}{2}}{5} = \frac{9}{10}$$

059 정답 36

$\displaystyle\lim_{n\to\infty} S_n = 2$이므로 $\displaystyle\lim_{n\to\infty} a_n = 0$이다.

따라서

$$\lim_{n\to\infty}(a_n - 3S_n)^2 = \left(\lim_{n\to\infty} a_n - 3\lim_{n\to\infty} S_n\right)^2 = (-6)^2 = 36$$

060 정답 ③

$$\lim_{n\to\infty}\left(\frac{S_n}{n^2} - \frac{2n^2 + 9n + 10}{n^2 + 4n + 4}\right) = 0$$

$$\lim_{n\to\infty} \frac{S_n}{n^2} = 2$$

따라서 $S_n = 2n^2 + An$

$S_1 = a_1 = 3$ 이므로 $A = 1$

$$\therefore S_n = 2n^2 + n$$

$$\sum_{n=1}^{\infty}\left(\frac{2n^2 + n}{n^2} - \frac{2n^2 + 9n + 10}{n^2 + 4n + 4}\right)$$

$$= \sum_{n=1}^{\infty}\left(2 + \frac{1}{n} - 2 - \frac{1}{n+2}\right)$$

$$= \sum_{n=1}^{\infty}\left(\frac{1}{n} - \frac{1}{n+2}\right) = \lim_{n\to\infty}\sum_{k=1}^{n}\left(\frac{1}{k} - \frac{1}{k+2}\right)$$

$$= \lim_{n\to\infty}\left\{\left(1-\frac{1}{3}\right) + \left(\frac{1}{2} - \frac{1}{4}\right) + \left(\frac{1}{3} - \frac{1}{5}\right) + \cdots + \left(\frac{1}{n} - \frac{1}{n+2}\right)\right\}$$

$$= \lim_{n\to\infty}\left(1 + \frac{1}{2} - \frac{1}{n+1} - \frac{1}{n+2}\right)$$

$$= \frac{3}{2}$$

유형 8 등비급수의 수렴 조건

061 정답 ⑤

$\displaystyle\sum_{n=1}^{\infty} r^n$이 수렴하므로 $|r| < 1 \cdots \bigcirc$

$0 \le |r^2| < 1$, $0 \le |-r| < 1$이므로

$\displaystyle\sum_{n=1}^{\infty} r^n$, $\displaystyle\sum_{n=1}^{\infty} r^{2n}$, $\displaystyle\sum_{n=1}^{\infty}(-r)^n$은 모두 수렴한다.

즉, ①, ②, ③은 수렴한다.

④ : $\bigcirc$에서 $-1 < r < 1 \Rightarrow -2 < r-1 < 0$

$\Rightarrow -1 < \dfrac{r-1}{2} < 0$이므로

$\displaystyle\sum_{n=1}^{\infty}\left(\frac{r-1}{2}\right)^n$ 은 수렴한다.

⑤ : $-\dfrac{1}{2} < \dfrac{r}{2} < \dfrac{1}{2} \Rightarrow -\dfrac{3}{2} < \dfrac{r}{2} - 1 < -\dfrac{1}{2}$

$\displaystyle\sum_{n=1}^{\infty}\left(\frac{r}{2} - 1\right)^n$ 은 반드시 수렴한다고 할 수 없다.

062 정답 ⑤

$$a_n = \left(\frac{1}{3}\right)^{n-1}, \quad b_n = \left(\frac{1}{2}\right)^{n-1}$$

① $\displaystyle\sum_{n=1}^{\infty} 2a_n = 2\sum_{n=1}^{\infty} a_n = 2 \times \frac{1}{1-\dfrac{1}{3}} = 3$ (수렴)

② $\displaystyle\sum_{n=1}^{\infty}(a_n - b_n) = \sum_{n=1}^{\infty} a_n - \sum_{n=1}^{\infty} b_n$

$$= \sum_{n=1}^{\infty}\left(\frac{1}{3}\right)^{n-1} - \sum_{n=1}^{\infty}\left(\frac{1}{2}\right)^{n-1}$$

$$= \frac{1}{1-\frac{1}{3}} - \frac{1}{1-\frac{1}{2}} = -\frac{1}{2} \ (\text{수렴})$$

③ $\displaystyle\sum_{n=1}^{\infty}(-1)^n b_n = \sum_{n=1}^{\infty}(-1)^n\left(\frac{1}{2}\right)^{n-1} = -\sum_{n=1}^{\infty}\left(-\frac{1}{2}\right)^{n-1}$

$$= -\frac{1}{1-\left(-\frac{1}{2}\right)} = -\frac{2}{3} \ (\text{수렴})$$

④ $\displaystyle\sum_{n=1}^{\infty}a_n b_n = \sum_{n=1}^{\infty}\left(\frac{1}{3}\right)^{n-1}\left(\frac{1}{2}\right)^{n-1} = \sum_{n=1}^{\infty}\left(\frac{1}{6}\right)^{n-1}$

$$= \frac{1}{1-\left(\frac{1}{6}\right)} = \frac{6}{5} \ (\text{수렴})$$

⑤ $\displaystyle\sum_{n=1}^{\infty}\frac{b_n}{a_n} = \sum_{n=1}^{\infty}\frac{\left(\frac{1}{2}\right)^{n-1}}{\left(\frac{1}{3}\right)^{n-1}} = \sum_{n=1}^{\infty}\left(\frac{3}{2}\right)^{n-1} \ (\text{발산})$

따라서 수렴하지 않는 급수는 ⑤이다.

063 정답 ⑤

공비가 r인 등비급수의 수렴 조건은 $-1 < r < 1$이다.

주어진 등비수열의 공비는 $\dfrac{x}{5}$이므로 등비급수가 수렴하는 x의 범위는

$-1 < \dfrac{x}{5} < 1$ 이고 $-5 < x < 5$이다.

따라서 모든 정수 x의 개수는 9개다.

064 정답 ③

무한등비수열 $\{a_n\}$의 공비를 r라고 하자.

ㄱ. 등비급수 $\displaystyle\sum_{n=1}^{\infty}a_n$이 수렴하면 $-1 < r < 1$이다.

등비수열 $\{a_{2n}\}$의 공비는 r^2이고 $0 \le r^2 < 1$이므로 $\displaystyle\sum_{n=1}^{\infty}a_{2n}$도 수렴한다. (참)

ㄴ. 등비급수 $\displaystyle\sum_{n=1}^{\infty}a_n$이 발산하면 $\displaystyle\sum_{n=1}^{\infty}a_{2n}$도 발산한다. (참)

ㄷ. 등비급수 $\displaystyle\sum_{n=1}^{\infty}a_n$이 수렴한다고 해서

$\displaystyle\sum_{n=1}^{\infty}\left(a_n + \frac{1}{2}\right)$도 수렴한다고 할 수 없다.

반례) $a_n = \left(-\dfrac{1}{2}\right)^n$이면

$\left\{a_n + \dfrac{1}{2}\right\}$: $0, 1, 0, 1, 0, 1, \cdots$

이고 $\displaystyle\sum_{n=1}^{\infty}\left(a_n + \frac{1}{2}\right) = 1+1+1+1+\cdots = \infty$이다.

(거짓)

065 정답 ②

x가 정수일 때, 급수 $\displaystyle\sum_{n=1}^{\infty}\left(\frac{3x-2}{5}\right)^n$은 첫째항과 공비가 모두

$\dfrac{3x-2}{5}$인 등비급수이다.

그러므로 등비급수 $\displaystyle\sum_{n=1}^{\infty}\left(\frac{3x-2}{5}\right)^n$이 수렴하기 위한

필요충분조건은 $-1 < \dfrac{3x-2}{5} < 1$이다.

$-5 < 3x-2 < 5$

$-3 < 3x < 7$

$-1 < x < \dfrac{7}{3}$

따라서 정수 x는 $0, 1, 2$이므로 3개다.

유형 9 등비급수의 합

066 정답 ②

수열 a_n의 초항을 a 공비를 r이라 하자.

$\displaystyle\sum_{n=1}^{\infty}(a_{2n-1} - a_{2n}) = 3$

$= \dfrac{a}{1-r^2} - \dfrac{ar}{1-r^2} = 3$

$= \dfrac{a(1-r)}{1-r^2} = 3$

$= \dfrac{a}{1+r} = 3 \cdots \ \bigcirc$

$\displaystyle\sum_{n=1}^{\infty}a_n^2 = 6$

$= \dfrac{a^2}{1-r^2} = 6$

$= \dfrac{a}{1-r} \cdot \dfrac{a}{1+r} = 6$

$= \dfrac{a}{1-r} = 2 \ (\because \ \bigcirc)$

$\therefore \displaystyle\sum_{n=1}^{\infty}a_n = \dfrac{a}{1-r} = 2$

067 정답 ③

$a_n = a \times r^{n-1}$이라 하면

(i) $r \ne 3$일 때는 주어진 식이 성립할 수 없다.

(ii) $r = 3$일 때,

$\displaystyle\lim_{n \to \infty}\frac{3^n}{a_n + 2^n} = \lim_{n \to \infty}\frac{3^n}{a \times 3^{n-1} + 2^n}$

$$= \lim_{n \to \infty} \frac{3 \times 1}{a \times 1 + 2 \times \left(\frac{2}{3}\right)^{n-1}}$$

$$= \frac{3}{a+0} = 6$$

에서 $a = \frac{1}{2}$이므로 $a_n = \frac{1}{2} \times 3^{n-1}$이다.

(준식) $\displaystyle\sum_{n=1}^{\infty} \frac{1}{a_n} = \sum_{n=1}^{\infty} \frac{1}{\frac{1}{2} \times 3^{n-1}}$

$$= \sum_{n=1}^{\infty} 2 \times \left(\frac{1}{3}\right)^{n-1}$$

$$= \frac{2}{1 - \frac{1}{3}} = \frac{6}{3-1} = 3$$

$$\therefore \ 3$$

068 정답 16

$a_n = \left\{\frac{1 + (-1)^n}{3}\right\}$이라 하면 $a_{2n-1} = 0$이므로

$$S = a_2 + a_4 + a_6 + \cdots = \left(\frac{2}{3}\right)^2 + \left(\frac{2}{3}\right)^4 + \left(\frac{2}{3}\right)^6 + \cdots \text{ 이다.}$$

즉 S는 공비가 $\frac{4}{9}$, 첫째항이 $\frac{4}{9}$인 무한등비수열이므로

$$\sum_{n=1}^{\infty} a_n = \frac{\frac{4}{9}}{1 - \frac{4}{9}} = \frac{4}{5} = S$$

$$\therefore \ 20S = 20 \times \frac{4}{5} = 16$$

069 정답 ④

$S_n = 2^n + 3^n$이므로

$$a_n = S_n - S_{n-1}$$
$$= (2^n + 3^n) - (2^{n-1} + 3^{n-1})$$
$$= 2 \cdot 3^{n-1} + 2^{n-1} (n \geq 2)$$

$$\lim_{n\to\infty} \frac{a_n}{S_n} = \lim_{n\to\infty} \frac{2 \cdot 3^{n-1} + 2^{n-1}}{2^n + 3^n}$$

$$= \lim_{n\to\infty} \frac{\frac{2}{3} + \frac{1}{2} \cdot \left(\frac{2}{3}\right)^n}{\left(\frac{2}{3}\right)^n + 1} = \frac{2}{3}$$

070 정답 18

$a = 12$, $r = \frac{1}{3}$이므로

$$\sum_{n=1}^{\infty} a_n = \frac{12}{1 - \frac{1}{3}} = 18$$

071 정답 12

$$r = \frac{1}{5}$$

$$\sum_{n=1}^{\infty} a_n = \frac{a_1}{1-r} = \frac{a_1}{1 - \frac{1}{5}} = \frac{5}{4} a_1 = 15$$

$$\therefore \ a_1 = 12$$

072 정답 16

두 무한등비수열 $\{a_n\}$, $\{b_n\}$의 공비를 r라 하자.

$$\sum_{n=1}^{\infty} a_n = \frac{a_1}{1-r} = 8 \ \cdots \ \text{㉠}$$

$$\sum_{n=1}^{\infty} b_n = \frac{b_1}{1-r} = 6 \ \cdots \ \text{㉡}$$

㉠$-$㉡에서 $\dfrac{a_1 - b_1}{1-r} = 2$

$a_1 - b_1 = 1$ 이므로 $\dfrac{1}{1-r} = 2$, $1 - r = \dfrac{1}{2}$

$$\therefore \ r = \frac{1}{2}$$

㉠에서 $a_1 = 8(1-r) = 8 \cdot \frac{1}{2} = 4$

㉡에서 $b_1 = 6(1-r) = 6 \cdot \frac{1}{2} = 3$

따라서 수열 $\{a_n b_n\}$은 첫째항이 $a_1 b_1 = 4 \cdot 3 = 12$이고, 공비가

$r^2 = \dfrac{1}{4}$인 등비수열이다.

$$\therefore \ \sum_{n=1}^{\infty} a_n b_n = \frac{12}{1 - \frac{1}{4}} = \frac{12}{\frac{3}{4}} = 16$$

073 정답 32

$$ar^4 = 2^8 \ \cdots \ ①$$
$$ar^7 = 2^5 \ \cdots \ ②$$

이므로 ①$\div$②를 계산하면 $r^3 = 2^{-3}$이므로 $r = \dfrac{1}{2}$이다. 따라서

$$a = 2^{12}$$

$\displaystyle\sum_{n=9}^{\infty} a_n$은 첫째항이 a_9이고 공비가 $\dfrac{1}{2}$인 등비급수이므로

$$\sum_{n=9}^{\infty} a_n = \frac{a_9}{1 - \frac{1}{2}} = 2^5 = 32$$

074 정답 16

등비수열 $\{a_n\}$의 첫째항을 a, 공비를 r이라 하면

$a_n = a \cdot r^{n-1}$

$a_1 + a_2 = a + ar = 20 \ \cdots \ ①$

$\displaystyle\sum_{n=3}^{\infty} a_n = \frac{4}{3}$ 으로 수렴하므로 $-1 < r < 1$이고

$\displaystyle\sum_{n=3}^{\infty} a_n = \frac{a_3}{1-r} = \frac{ar^2}{1-r} = \frac{4}{3} \ \cdots \ ②$

①과 ②를 연립하면

$16r^2 = 1$

$\therefore \ r = \dfrac{1}{4}$ $(\because$ 조건에 의하여 공비 $r > 0)$

이 값을 ①에 대입하여 풀면

$\dfrac{5}{4}a = 20$ $\therefore a = 16$

075 정답 ①

등비수열 a_n 의 공비를 r 라 하면

$r = \dfrac{a_2}{a_1} = \dfrac{1}{3}$

$\therefore \ a_n = 3 \times \left(\dfrac{1}{3}\right)^{n-1}$

$\displaystyle\sum_{n=1}^{\infty} (a_n)^2 = \sum_{n=1}^{\infty} 9 \times \left(\dfrac{1}{9}\right)^{n-1} = \dfrac{9}{1 - \dfrac{1}{9}} = \dfrac{81}{8}$

076 정답 ②

$S_n = \dfrac{a_1(3^n - 1)}{3 - 1} = \dfrac{a_1(3^n - 1)}{2}$ 이므로

$\displaystyle\lim_{n\to\infty} \dfrac{S_n}{3^n} = \lim_{x\to\infty} \dfrac{\dfrac{a_1(3^n-1)}{2}}{3^n}$

$\qquad = \displaystyle\lim_{x\to\infty} \dfrac{a_1(3^n-1)}{2 \cdot 3^n} = \dfrac{a_1}{2} = 5$

$a_1 = 10$

077 정답 4

첫째항이 1, 공비가 r 인 등비수열 $\{a_n\}$의 일반항 a_n은

$a_n = r^{n-1},\ S_n = \dfrac{r^n - 1}{r - 1}$

그러므로

$\displaystyle\lim_{n\to\infty} \dfrac{a_n}{S_n} = \lim_{n\to\infty} \dfrac{r^{n-1}}{\dfrac{r^n - 1}{r - 1}}$

$\qquad = \displaystyle\lim_{n\to\infty} \dfrac{r^n - r^{n-1}}{r^n - 1} = \lim_{n\to\infty} \dfrac{r - 1}{r - \left(\dfrac{1}{r}\right)^{n-1}}$

$\qquad = \dfrac{r - 1}{r} = 1 - \dfrac{1}{r} = \dfrac{3}{4}$

$\therefore \ \dfrac{1}{r} = \dfrac{1}{4}$ $\therefore \ r = 4$

078 정답 ②

$a_n = \dfrac{n(n+1)}{2}$ 이므로

$b_n = \dfrac{1 \times 2}{2} \times \dfrac{2 \times 3}{2} \times \dfrac{3 \times 4}{2} \times \cdots \dfrac{n(n+1)}{2}$

$\qquad = \dfrac{n! \times (n+1)!}{2^n}$

$\displaystyle\sum_{n=1}^{\infty} \dfrac{b_n}{n! \times (n+1)!}$

$\qquad = \displaystyle\sum_{n=1}^{\infty} \dfrac{1}{2^n} = \dfrac{\dfrac{1}{2}}{1 - \dfrac{1}{2}} = 1$

079 정답 4

$\displaystyle\lim_{n\to\infty} \left(\sqrt{an+1} - \sqrt{bn-1} \right)$

$= \displaystyle\lim_{n\to\infty} \dfrac{(a-b)n + 2}{\sqrt{an+1} + \sqrt{bn-1}} = 0$

$\therefore \ a - b = 0 \qquad \cdots ㉠$

$0 < \dfrac{1}{a+b} < 1$이므로

$\displaystyle\sum_{n=1}^{\infty} \left(\dfrac{1}{a+b}\right)^n = \dfrac{\dfrac{1}{a+b}}{1 - \dfrac{1}{a+b}} = \dfrac{1}{a+b-1} = \dfrac{1}{3} \qquad \cdots ㉡$

$\therefore \ a + b = 4$

㉠, ㉡을 연립하면 $a = 2,\ b = 2$

$\therefore \ ab = 4$

080 정답 ②

$y = \left(\dfrac{1}{3}\right)^x,\ y = \left(\dfrac{1}{2}\right)^x$ 위의 점 $A_n,\ B_n$ 의 x 좌표가

모두 n 이므로 점 $A_n\left(n,\ \dfrac{1}{3^n}\right),\ B_n\left(n,\ \dfrac{1}{2^n}\right)$ 이다.

따라서 $\overline{A_n B_n} = \dfrac{1}{2^n} - \dfrac{1}{3^n}$ 이므로

$S(n) = \dfrac{1}{2} \times \left(\dfrac{1}{2^n} - \dfrac{1}{3^n}\right) \times n$

$\therefore \ \displaystyle\sum_{n=1}^{\infty} \dfrac{S(n)}{n} = \sum_{n=1}^{\infty} \left\{ \dfrac{1}{n} \times \dfrac{1}{2} \times \left(\dfrac{1}{2^n} - \dfrac{1}{3^n}\right) \times n \right\}$

$$= \frac{1}{2} \sum_{n=1}^{\infty} \left(\frac{1}{2^n} - \frac{1}{3^n} \right)$$

$$= \frac{1}{2} \left(\frac{\frac{1}{2}}{1-\frac{1}{2}} - \frac{\frac{1}{3}}{1-\frac{1}{3}} \right)$$

$$= \frac{1}{2} \left(1 - \frac{1}{2} \right)$$

$$= \frac{1}{4}$$

유형 10 등비급수의 활용

081 정답 ②

$\overline{OC_1} = 3t$, $\overline{OD_1} = 4t\,(t>0)$라 하면 $\overline{OP_1} = 5t$이므로

$5t = 1$에서 $t = \dfrac{1}{5}$

따라서 $\overline{OC_1} = \dfrac{3}{5}$에서 $\overline{A_1C_1} = \dfrac{2}{5}$이고 $\overline{C_1P_1} = \overline{OD_1} = \dfrac{4}{5}$이므로

$$\overline{A_1P_1} = \sqrt{\left(\frac{2}{5}\right)^2 + \left(\frac{4}{5}\right)^2} = \frac{2}{\sqrt{5}}$$

이때 삼각형 $P_1Q_1A_1$은 직각이등변삼각형이므로

$$\overline{A_1Q_1} = \overline{P_1Q_1} = \frac{\sqrt{2}}{\sqrt{5}}$$

따라서

$$S_1 = \frac{1}{2} \times \left(\frac{\sqrt{2}}{\sqrt{5}}\right)^2 = \frac{1}{5}$$

또한, 선분 A_1P_1의 중점을 M이라 하면

$$\overline{A_1P_1} \perp \overline{Q_1M}, \quad \overline{A_1P_1} \perp \overline{OM}$$

이므로 세 점 O, Q_1, M은 한 직선 위에 있다.

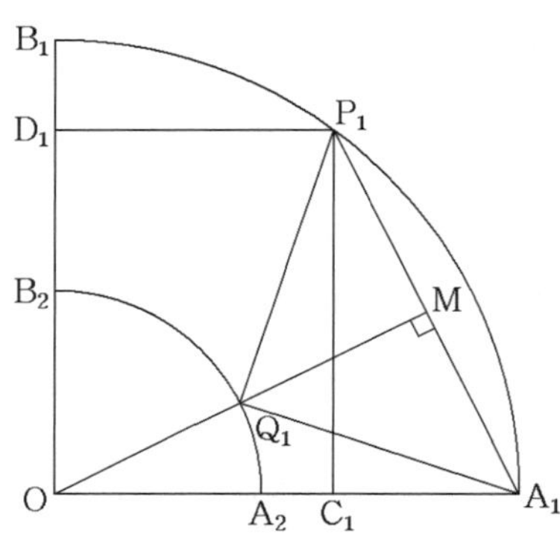

이때

$$\overline{OM} = \sqrt{1^2 - \left(\frac{1}{\sqrt{5}}\right)^2} = \frac{2}{\sqrt{5}}$$

$$\overline{Q_1M} = \frac{1}{\sqrt{5}}$$

이므로

$$\overline{OQ_1} = \frac{2}{\sqrt{5}} - \frac{1}{\sqrt{5}} = \frac{1}{\sqrt{5}}$$

따라서 두 도형(부채꼴) OA_1B_1, OA_2B_2의 닮음비는

$1 : \dfrac{1}{\sqrt{5}}$ 이므로 넓이의 비는 $1 : \dfrac{1}{5}$ 이다.

$$\lim_{n \to \infty} S_n = \frac{\frac{1}{5}}{1 - \frac{1}{5}} = \frac{1}{4}$$

082 정답 ④

[그림 : 최성훈T]

그림과 같이 삼각형 $B_1B_2C_2$에서 $\angle B_1B_2C_2 = 120°$이므로

$$S_1 = \frac{1}{2} \times \overline{B_1B_2} \times \overline{B_2C_2} \times \sin 120° = \frac{1}{2} \times 1 \times 2\frac{\sqrt{3}}{2} = \frac{\sqrt{3}}{2}$$

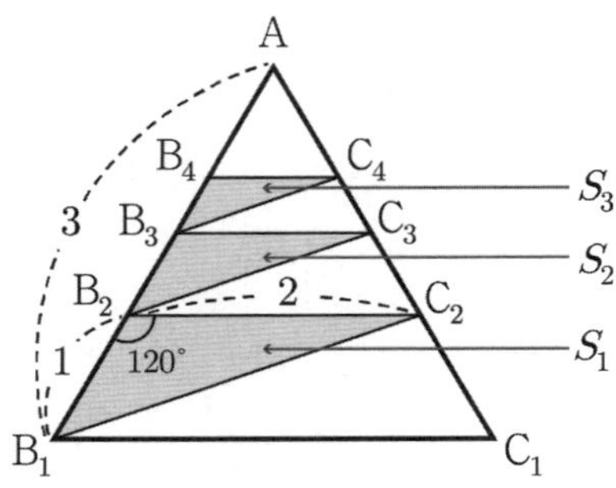

삼각형 $B_1B_2C_2$와 삼각형 $B_2B_3C_3$의 닮음비는

$\overline{B_2C_2} : \overline{B_3C_3} = 3 : 2$으로 닮음비가 $1 : \dfrac{2}{3}$이므로 넓이의 비는

$S_1 : S_2 = 1 : \dfrac{4}{9}$이다.

$$\therefore \sum_{k=1}^{\infty} S_n = \frac{\frac{\sqrt{3}}{2}}{1 - \frac{4}{9}} = \frac{9\sqrt{3}}{10}$$

083 정답 24

등비수열 $\{a_n\}$의 일반항을

$$a_n = a_1 r^{n-1}$$

이라 하자. 이때 주어진 조건을 만족시키기 위해서는

$a_1 \neq 0$이다.

(i) $r > 1$인 경우

a_n의 절댓값이 한없이 커지므로 주어진 조건을 만족시킬 수 없다.

(ii) $r = 1$인 경우

a_n의 값이 일정한 값을 가지므로 주어진 조건을 만족시킬 수 없다.

(iii) $r = -1$인 경우

a_n의 값이 $a_1,\ -a_1,\ a_1,\ -a_1,\ a_1,\ \cdots$이 반복되므로 주어진 조건을 만족시킬 수 없다.

(iv) $r < -1$인 경우

a_n의 절댓값이 한없이 커지므로 주어진 조건을 만족시킬 수 없다.

(v) $r = 0$인 경우

a_n의 값이 첫째항을 제외하고 모두 0이므로 주어진 조건을 만족시킬 수 없다.

따라서 $-1 < r < 0$ 또는 $0 < r < 1$이다.

그런데 $b_3 = -1$ 이므로 $a_3 \leq -1$이다.

즉 $a_1 r^2 \leq -1$이다.

그런데 $0 < r^2 < 1$이므로

$$a_1 \leq -1$$

따라서 $b_1 = -1$이다.

또한 $a_1 \leq -1$ 이므로 $0 < r < 1$ 이면 a_n의 모든 항은 음수이므로 주어진 조건을 만족시킬 수 없다.

따라서 $-1 < r < 0$이다.

① $a_2 = a_1 r \leq -1$일 때

$r \geq -\dfrac{1}{a_1} > 0$ 이므로 모순이다.

따라서 $a_2 = a_1 r > -1$이므로 $b_2 = a_2 = a_1 r$

② $b_3 = -1$ 이므로 $a_3 = a_1 r^2 \leq -1$

③ $a_4 = a_1 r^3 \leq -1$일 때

$a_4 = a_1 r^3 = a_1 r^2 \times r \geq -r > 0$

이므로 모순이다.

즉 $a_4 > -1$이므로 $b_4 = a_4 = a_1 r^3$

④ $a_5 = a_1 r^4 \leq -1$일 때

$b_5 = -1$

인데

$$b_1 + b_3 + b_5 = -3$$

이므로 조건 (가)에 의하여 모순이다.

$$b_5 = a_5 = a_1 r^4$$

⑤ $a_6 = a_4 r^2$이고 $a_4 > -1$이므로

$$a_6 > -r^2 > -1$$

따라서

$$b_6 = a_6 = a_1 r^5$$

같은 방법으로 생각하면

$$b_7 = a_7,\ b_8 = a_8,\ b_9 = a_9,\ \cdots$$

이므로

$$b_n = \begin{cases} -1 & (n=1,\ n=3) \\ a_1 r^{n-1} & (n=2,\ n \geq 4) \end{cases}$$

이다.

조건 (가)에서

$$\sum_{n=1}^{\infty} b_{2n-1} = -1 + (-1) + a_1 r^4 + a_1 r^6 + a_1 r^8 + \cdots$$

$$= -2 + \frac{a_1 r^4}{1 - r^2}$$

$$= -3$$

$$\frac{a_1 r^4}{1 - r^2} = -1$$

$$a_1 r^4 = r^2 - 1$$

$$\cdots\cdots \text{㉠}$$

조건 (나)에서

$$\sum_{n=1}^{\infty} b_{2n} = a_1 r + a_1 r^3 + a_1 r^5 + \cdots$$

$$= \frac{a_1 r}{1 - r^2} = 8$$

$$a_1 r = 8 - 8r^2 = 8(1 - r^2) \qquad \cdots\cdots \text{㉡}$$

㉠, ㉡에서

$$a_1 r = -8 a_1 r^4$$

이므로

$$r^3 = -\frac{1}{8}$$

즉 $r = -\dfrac{1}{2}$이므로 ㉡에 대입하면

$$-\frac{1}{2} a_1 = 6,\ a_1 = -12$$

따라서 $a_n = -12\left(-\dfrac{1}{2}\right)^{n-1}$ 이므로

$$\sum_{n=1}^{\infty} |a_n| = \sum_{n=1}^{\infty} \left| -12\left(-\frac{1}{2}\right)^{n-1} \right|$$

$$= \sum_{n=1}^{\infty} 12\left(\frac{1}{2}\right)^{n-1}$$

$$= \frac{12}{1-\dfrac{1}{2}}$$

$$= 24$$

084 정답 32

[출제자 : 오세준T]

조건 (가), (나), (다)에 의해

$$\lim_{n\to\infty} b_{3n-2} = \lim_{n\to\infty} b_{3n-1} = \lim_{n\to\infty} b_{3n} = 0$$이므로

등비수열 $\{a_n\}$의 공비를 r이라 하면 $-1 < r < 1$이다.

이때, $0 \le r < 1$이면 조건 (가), (다)를 만족하지 않으므로 $-1 < r < 0$이고 수열 $\{a_n\}$의 홀수항은 음수, 짝수항은 양수임을 알 수 있다.

$b_4 = 2$이므로 $a_4 = k(k \ge 2)$라 하면

$a_3 = \dfrac{k}{r} < -2$이므로 $b_3 = -\alpha$

$a_2 = \dfrac{k}{r^2} > 2$이므로 $b_2 = \alpha$

$a_1 = \dfrac{k}{r^3} < -2$이므로 $b_1 = -\alpha$

$n \ge 5$이면 $a_n = b_n$이다.

조건 (가)에서 수열 $\{b_{3n-2}\}$은

$b_1 = -\alpha$, $b_4 = a_4 = k$, $b_7 = a_7 = kr^3$, $\cdots$이므로

$$\sum_{n=1}^{\infty} b_{3n-2} = -\alpha + \frac{k}{1-r^3} = -\frac{2}{9}$$

$$\frac{k}{1-r^3} = -\frac{2}{9} + \alpha \qquad \cdots \text{㉠}$$

조건 (나)에서 수열 $\{b_{3n-1}\}$은

$b_2 = \alpha$, $b_5 = a_5 = kr$, $b_8 = a_8 = kr^4$, $\cdots$이므로

$$\sum_{n=1}^{\infty} b_{3n-1} = \alpha + \frac{kr}{1-r^3} = \frac{10}{9}$$

$$\frac{kr}{1-r^3} = \frac{10}{9} - \alpha \qquad \cdots \text{㉡}$$

조건 (다)에서 수열 $\{b_{3n}\}$은

$b_3 = -\alpha$, $b_6 = a_6 = kr^2$, $b_9 = a_9 = kr^5$, $\cdots$이므로

$$\sum_{n=1}^{\infty} b_{3n} = -\alpha + \frac{kr^2}{1-r^3} = -\frac{14}{9}$$

$$\frac{kr^2}{1-r^3} = -\frac{14}{9} + \alpha \qquad \cdots \text{㉢}$$

㉠, ㉡, ㉢은 공비가 r인 등비수열이므로

$$\left(\frac{10}{9} - \alpha\right)^2 = \left(-\frac{2}{9} + \alpha\right)\left(-\frac{14}{9} + \alpha\right)$$

$$\frac{100}{81} - \frac{20}{9}\alpha + \alpha^2 = \frac{28}{81} - \frac{16}{9}\alpha + \alpha^2, \quad \frac{4}{9}\alpha = \frac{72}{81}$$

$$\therefore \ \alpha = 2$$

이를 ㉠, ㉡에 각각 대입하여 정리하면

$$\frac{k}{1-r^3} = \frac{16}{9}, \quad \frac{kr}{1-r^3} = -\frac{8}{9}$$

$$\frac{16}{9}r = -\frac{8}{9}$$

$$\therefore \ r = -\frac{1}{2}, \ k = 2$$

따라서 수열 $\{a_n\}$은 $a_4 = k = 2$, $r = -\dfrac{1}{2}$이므로 $a_1 = -16$이고

수열 $\{|a_n|\}$은 첫째항이 16, 공비가 $\dfrac{1}{2}$인 등비수열이다.

$$\therefore \ \sum_{n=1}^{\infty} |a_n| = \frac{16}{1-\dfrac{1}{2}} = 32$$

[다른 풀이] - 황보성호T

조건 (가), (나), (다)에 의해

$$\lim_{n\to\infty} b_{3n-2} = \lim_{n\to\infty} b_{3n-1} = \lim_{n\to\infty} b_{3n} = 0$$이므로

등비수열 $\{a_n\}$의 공비를 r이라 하면 $-1 < r < 1$이다.

이때, $0 \le r < 1$이면 조건 (가), (다)를 만족하지 않으므로 $-1 < r < 0$이고 수열 $\{a_n\}$의 홀수항은 음수, 짝수항은 양수임을 알 수 있다.

$b_4 = 2$이므로 수열 $\{b_n\}$의 정의에 의해

$a_4 = k$라 하면 $k \ge 2$이고, $\alpha = 2$임을 알 수 있다.

그리고 $a_3 = \dfrac{k}{r} < -2$이므로 $b_3 = -2$

$a_2 = \dfrac{k}{r^2} > 2$이므로 $b_2 = 2$

$a_1 = \dfrac{k}{r^3} < -2$이므로 $b_1 = -2$

$n \ge 5$이면 $a_n = b_n$이다.

조건 (가)에서 수열 $\{b_{3n-2}\}$은

$b_1 = -2$, $b_4 = 2$, $b_7 = a_7 = kr^3$, $\cdots$ 이므로

$$\sum_{n=1}^{\infty} b_{3n-2} = -2 + 2 + \frac{kr^3}{1-r^3} = -\frac{2}{9}$$

$$즉, \ \frac{kr^3}{1-r^3} = -\frac{2}{9} \qquad \cdots \text{㉠}$$

조건 (나)에서 수열 $\{b_{3n-1}\}$은

$b_2 = 2$, $b_5 = a_5 = kr$, $b_8 = a_8 = kr^4$, $\cdots$ 이므로

$$\sum_{n=1}^{\infty} b_{3n-1} = 2 + \frac{kr}{1-r^3} = \frac{10}{9}$$

$$즉, \ \frac{kr}{1-r^3} = -\frac{8}{9} \qquad \cdots \text{㉡}$$

조건 (다)에서 수열 $\{b_{3n}\}$은

$b_3=-2,\ b_6=a_6=kr^2,\ b_9=a_9=kr^5,\ \cdots$ 이므로

$$\sum_{n=1}^{\infty} b_{3n}=-2+\frac{kr^2}{1-r^3}=-\frac{14}{9}$$

즉, $\dfrac{kr^2}{1-r^3}=\dfrac{4}{9}$ $\qquad\cdots\ ㉢$

㉡, ㉢, ㉠은 공비가 r인 등비수열이므로 $r=-\dfrac{1}{2}$

이를 ㉡에 대입하여 정리하면

$$\frac{-\dfrac{1}{2}k}{1-\left(-\dfrac{1}{2}\right)^3}=-\frac{8}{9},\ \ \frac{-\dfrac{1}{2}k}{\dfrac{9}{8}}=-\frac{8}{9},\ k=2$$

따라서 등비수열 $\{a_n\}$은 $a_4=k=2,\ r=-\dfrac{1}{2}$ 이므로

$a_1=-16$이고,

수열 $\{|a_n|\}$은 첫째항이 16, 공비가 $\dfrac{1}{2}$인 등비수열이다.

$$\therefore \sum_{n=1}^{\infty}|a_n|=\frac{16}{1-\dfrac{1}{2}}=32$$

085 정답 18

(i) $1<a<3$인 경우

$\lim\limits_{n\to\infty}\left(\dfrac{a}{3}\right)^n=0$이므로

$$\lim_{n\to\infty}\frac{3^n+a^{n+1}}{3^{n+1}+a^n}=\lim_{n\to\infty}\frac{1+a\left(\dfrac{a}{3}\right)^n}{3+\left(\dfrac{a}{3}\right)^n}$$

$$=\frac{1+a\times 0}{3+0}=\frac{1}{3}=a$$

$a=\dfrac{1}{3}<1$이므로 모순이다.

(ii) $a=3$인 경우

$$\lim_{n\to\infty}\frac{3^n+a^{n+1}}{3^{n+1}+a^n}=\lim_{n\to\infty}\frac{3^n+3^{n+1}}{3^{n+1}+3^n}$$

$$=\lim_{n\to\infty}1=1=a$$

이므로 모순이다.

(iii) $a>3$인 경우

$\lim\limits_{n\to\infty}\left(\dfrac{3}{a}\right)^n=0$이므로

$$\lim_{n\to\infty}\frac{3^n+a^{n+1}}{3^{n+1}+a^n}=\lim_{n\to\infty}\frac{\left(\dfrac{3}{a}\right)^n+a}{3\left(\dfrac{3}{a}\right)^n+1}$$

$$=\frac{0+a}{3\times 0+1}=a$$

이므로 등식을 만족시킨다.

(1) $3<a<b$일 때
같은 방법으로

$$\lim_{n\to\infty}\frac{a^n+b^{n+1}}{a^{n+1}+b^n}$$

$$=b>3=\frac{9}{3}>\frac{9}{a}$$

이므로 등식을 만족시키지 않는다.

(2) $3<b<a$일 때
같은 방법으로

$$\lim_{n\to\infty}\frac{a^n+b^{n+1}}{a^{n+1}+b^n}$$

$$=\frac{1}{a}\neq\frac{9}{a}$$

이므로 등식을 만족시키지 않는다.

(3) $3<a=b$일 때

$$\lim_{n\to\infty}\frac{a^n+b^{n+1}}{a^{n+1}+b^n}$$

$$=\lim_{n\to\infty}\frac{a^n+a^{n+1}}{a^{n+1}+a^n}=1=\frac{9}{a}$$

에서

$a=9,\ b=9$

이상에서 $a=9,\ b=9$이므로

$a+b=18$

086 정답 6

[그림 : 이정배T]

$g(x)=\lim\limits_{n\to\infty}\dfrac{\{f(x)\}^{2n}+3^{2n}}{\{f(x)\}^{2n}+3\times 3^{2n}}$ 에서

(i) $|f(x)|>3$일 때,

$\lim\limits_{n\to\infty}\left(\dfrac{3}{f(x)}\right)^{2n}=0$이므로 $g(x)=1$

(ii) $|f(x)|=3$일 때,

$g(x)=\dfrac{1+1}{1+3}=\dfrac{1}{2}$

(iii) $|f(x)|<3$일 때,

$\lim\limits_{n\to\infty}\left(\dfrac{f(x)}{3}\right)^{2n}=0$이므로 $g(x)=\dfrac{1}{3}$

(i), (ii), (iii)에서
함수 $g(x)$는 방정식 $|f(x)|=3$의 해를 x좌표를 갖는 점에서
불연속이다.

따라서

$|f(x)|=3$의 해가 $x=0,\ x=\alpha,\ x=\beta,\ x=\gamma$

$(0<\alpha<\beta<\gamma)$이고 $f(0)=f(\gamma)$이기 위해서는 다음과 같다.

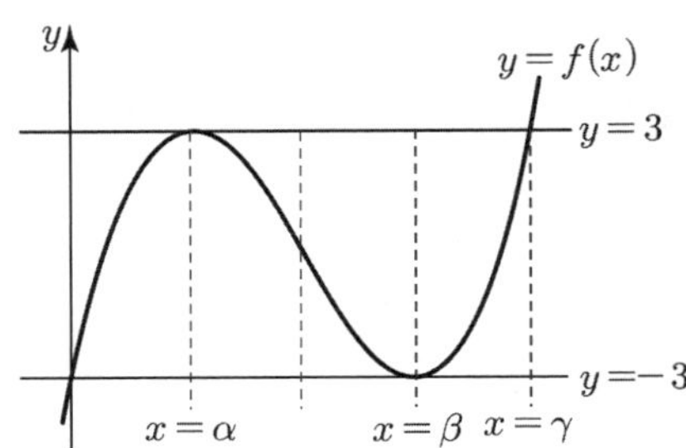

$f(\alpha)=f(\gamma)=3$, $f(0)=f(\beta)=-3$이고 $f'(\alpha)=f'(\beta)=0$이다.

$$f(\alpha)-f(\beta)=\int_{\beta}^{\alpha}f'(x)dx=\frac{3\times\frac{3}{2}\times(\beta-\alpha)^3}{6}=6$$

에서 $(\beta-\alpha)^3=8$

$\therefore\ \beta-\alpha=2$

삼차함수 비율에서 $\alpha=1$, $\beta=3$, $\gamma=4$이다.

$$f(x)=\frac{3}{2}x(x-3)^3-3$$

그러므로

$\dfrac{g(\alpha+\beta)}{g(\beta+\gamma)}=\dfrac{g(4)}{g(7)}$이고

$f(4)=3$, $f(7)>3$이므로 (i), (ii)에서 $g(4)=\dfrac{1}{2}$, $g(7)=1$이다.

따라서 $12\times\dfrac{g(\alpha+\beta)}{g(\beta+\gamma)}=12\times\dfrac{\frac{1}{2}}{1}=6$이다.

087 정답 162

$a_n=ar_1^{n-1}$, $-1<r_1<1$, $b_n=br_2^{n-1}$, $-1<r_2<1$라 하면

$$\frac{a}{1-r_1}\cdot\frac{b}{1-r_2}=\frac{ab}{1-r_1r_2}$$

이므로 $(1-r_1)(1-r_2)=1-r_1r_2$

$2r_1r_2-r_1-r_2=0$ $\cdots\cdots$ ㉠

(i) $0<r_1<1$이면

$$\frac{3|a_2|}{1-r_1^2}=\frac{7|a_3|}{1-r_1^3},\ \frac{3|a_2|}{1+r_1}=\frac{7r_1|a_2|}{1+r_1+r_1^2}$$

$3+3r_1+3r_1^2=7r_1^2+7r_1$, $r_1=\dfrac{1}{2}$, $r_1=-\dfrac{1}{2}$

$r_1=\dfrac{1}{2}$이면 ㉠에 대입하면 모순.

(ii) $-1<r_1<0$

$$\frac{3|a_2|}{1-r_1^2}=\frac{7|a_3|}{1-r_1^3},\ \frac{3|a_2|}{1+r_1}=\frac{7r_1|a_2|}{1+r_1+r_1^2}$$

$3+3r_1+3r_1^2=7r_1^2+7r_1$, $r_1=\dfrac{1}{2}$, $r_1=-\dfrac{1}{2}$

㉠에 의하여 $r_1=-\dfrac{1}{2}$, $r_2=\dfrac{1}{4}$

$$\frac{b_{2n-1}+b_{3n+1}}{b_n}=\frac{b_1\times\left(\frac{1}{4}\right)^{2n-2}+b_1\times\left(\frac{1}{4}\right)^{3n}}{b_1\times\left(\frac{1}{4}\right)^{n-1}}$$

$$=\left(\frac{1}{4}\right)^{n-1}+\left(\frac{1}{4}\right)^{2n+1}$$

이므로

$$\sum_{n=1}^{\infty}\frac{b_{2n-1}+b_{3n+1}}{b_n}=\sum_{n=1}^{\infty}\left\{\left(\frac{1}{4}\right)^{n-1}+\left(\frac{1}{4}\right)^{2n+1}\right\}$$

$$=\frac{1}{1-\frac{1}{4}}+\frac{\frac{1}{64}}{1-\frac{1}{16}}$$

$$=\frac{4}{3}+\frac{1}{60}$$

$$=\frac{27}{20}$$

이다.

$\therefore\ 120S=120\times\dfrac{27}{20}=162$

088 정답 125

[출제자 : 이호진T]

$a_n=ar_1^{n-1}$, $-1<r_1<1$, $b_n=br_2^{n-1}$, $-1<r_2<1$라 하면

$$\frac{a}{1-r_1}\cdot\frac{b}{1-r_2}=\frac{ab}{1-r_1r_2}$$

이므로 $(1-r_1)(1-r_2)=1-r_1r_2$

$2r_1r_2-r_1-r_2=0$ $\cdots\cdots$ ㉠

(i) $0<r_1<1$이면

$$\frac{|a_1|}{1-r_1}=\frac{2|a_2|}{1-r_1^2},\ 1+r_1=2r_1$$

$r_1=1$ 모순.

(ii) $-1<r_1<0$

$$\frac{|a_1|}{1+r_1}=\frac{2|a_2|}{1-r_1^2},$$

$$-(1+r_1)=2r_1,\ r_1=-\frac{1}{3},$$

㉠에 의하여 $r_1=-\dfrac{1}{3}$, $r_2=\dfrac{1}{5}$

$b_{2k+1}=b\left(\dfrac{1}{5}\right)^{2k}$, $b_{3k+1}=b\left(\dfrac{1}{5}\right)^{3k}$ 이므로

$$\lim_{n\to\infty}\sum_{k=1}^{n}\frac{1}{n^2}(\ln b_{2k+1}-\ln b_{3k+1})=\lim_{n\to\infty}\sum_{k=1}^{n}\frac{1}{n^2}\ln 5^k=\frac{\ln 5}{3}$$ 에서

$e^{9S}=e^{3\ln 5}=125$이다.

089 정답 16

$P_n(4^n,\ 2^n),\ P_{n+1}(4^{n+1},\ 2^{n+1})$

$$L_n = \sqrt{(4^{n+1}-4^n)^2+(2^{n+1}-2^n)^2}$$
$$= \sqrt{(3\times 4^n)^2+(2^n)^2}$$
$$= \sqrt{9\times 16^n+4^n}$$

따라서

$$\lim_{n\to\infty}\left(\frac{L_{n+1}}{L_n}\right)^2=\lim_{n\to\infty}\left(\frac{\sqrt{9\times 16^{n+1}+4^{n+1}}}{\sqrt{9\times 16^n+4^n}}\right)^2$$

$$=\lim_{n\to\infty}\frac{9\times 16^{n+1}+4^{n+1}}{9\times 16^n+4^n}$$

$$=\lim_{n\to\infty}\frac{9\times 16+4\times\left(\dfrac{1}{4}\right)^n}{9+\left(\dfrac{1}{4}\right)^n}=\frac{9\times 16+4\times 0}{9+0}=16$$

090 정답 ④

세 점 P_n, Q_n, P_{n+1}의 좌표는 각각

$P_n(n,\ 2^n),\ Q_n(n,\ 2^n+4),\ P_{n+1}(n+1,\ 2^{n+1})$

삼각형 $P_nQ_nP_{n+1}$의 넓이를 S_n이라 하면

$$S_n=\frac{1}{2}\times 1\times\overline{P_nQ_n}=\frac{1}{2}\times\overline{P_nQ_n}\times\overline{Q_nP_{n+1}}\times\sin\theta_n$$

따라서 $\sin\theta_n=\dfrac{1}{\overline{Q_nP_{n+1}}}=\dfrac{1}{\sqrt{1+\left(2^{n+1}-2^n-4\right)^2}}$

$$\therefore\ \sin^2\theta_n=\frac{1}{\overline{Q_nP_{n+1}}^{\,2}}=\frac{1}{1+\left(2^{n+1}-2^n-4\right)^2}$$

$$=\frac{1}{1+\left(2^n-4\right)^2}=\frac{1}{4^n-8\times 2^n+17}$$

따라서

$$\lim_{n\to\infty}4^n\sin^2\theta_n$$

$$=\lim_{n\to\infty}\frac{4^n}{4^n-8\times 2^n+17}$$
$$=1$$

091 정답 ①

삼각형 AB_1C_1 에서

$\overline{AB_1}=3$, $\overline{AC_1}=2$, $\angle B_1AC_1=\dfrac{\pi}{3}$ 이므로

$\overline{B_1C_1}=x$ 라 두고 코사인 법칙을 적용하면

$x^2=9+4-2\times3\times2\times\cos\dfrac{\pi}{3}=7$

따라서 $\overline{B_1C_1}=\sqrt{7}\ (\because x>0)$

선분 AD_1 이 $\angle B_1AC_1$의 이등분선이므로 $\overline{B_1D_1}:\overline{C_1D_1}=3:2$

따라서 $\overline{B_1D_1}=\dfrac{3\sqrt{7}}{5}$, $\overline{C_1D_1}=\dfrac{2\sqrt{7}}{5}$

$\angle C_1AD_1=\dfrac{\pi}{6}$ 이므로 원의 중심을 O라 할 때 호 C_1D_1에 대한 중심각

$\angle C_1OD_1=\dfrac{\pi}{3}$ 이므로 삼각형 C_1OD_1 는 한 변의 길이가

$\overline{C_1D_1}=\dfrac{2\sqrt{7}}{5}$ 인 정삼각형이다.

같은식으로 삼각형 B_2OD_1 은 삼각형 C_1OD_1 와 합동인 정삼각형이다.

따라서 호 C_1D_1 과 선분 C_1D_1 으로 둘러싸인 활꼴의 넓이는 호 B_2D_1 과 선분 B_2D_1 으로 둘러싸인 활꼴의 넓이와 같다.

따라서 다음 그림과 같이 S_1 의 넓이는 삼각형 $B_1D_1B_2$ 의 넓이와 같다.

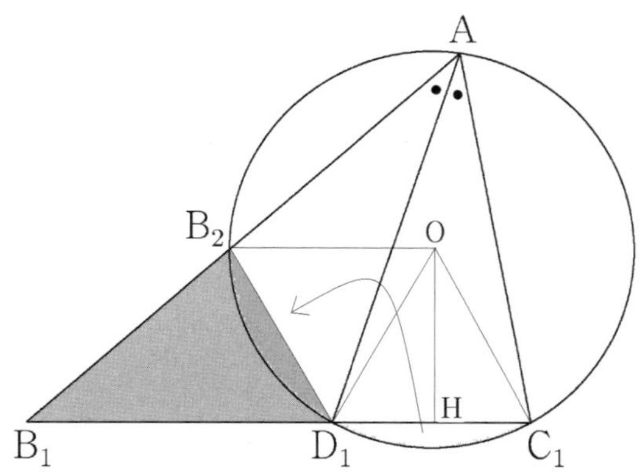

또한 사각형 $OB_2D_1C_1$ 은 마름모이므로 원의 중심 O 에서 선분 C_1D_1 에 내린 수선의 발을 H 라 하면 삼각형 $B_1D_1B_2$ 의 높이는 $\overline{OH}$ 와 같다.

$\overline{OH}=\dfrac{\sqrt{3}}{2}\times\dfrac{2\sqrt{7}}{5}=\dfrac{\sqrt{21}}{5}$

$\overline{B_1D_1}=\dfrac{3\sqrt{7}}{5}$ 이므로

$S_1=\dfrac{1}{2}\times\dfrac{3\sqrt{7}}{5}\times\dfrac{\sqrt{21}}{5}=\dfrac{21\sqrt{3}}{50}$ 이다.

한편, 원과 비례 성질에서[방멱정리]

$\overline{B_1B_2}\times\overline{B_1A}=\overline{B_1D_1}\times\overline{B_1C_1}$

$\overline{B_1B_2}\times3=\dfrac{3\sqrt{7}}{5}\times\sqrt{7}$

따라서 $\overline{B_1B_2}=\dfrac{7}{5}$ 이다.

$\overline{AB_1}=3$ 이므로 $\overline{AB_1}:\overline{AB_2}=3:\left(3-\dfrac{7}{5}\right)=15:8$

따라서 그림 R_1 과 그림 R_2 의 닮음비는 $15:8$ 이므로

등비급수의 공비는 $\left(\dfrac{8}{15}\right)^2$ 이다.

$\displaystyle\lim_{n\to\infty}S_n=\dfrac{\dfrac{21\sqrt{3}}{50}}{1-\dfrac{64}{225}}=\dfrac{27\sqrt{3}}{46}$

092 정답 ④

풀이 도움-이현일T

삼각형 $A_1B_1C_1$에서 $\overline{A_1B_1}=3$, $\overline{A_1C_1}=2$이고

$\angle B_1A_1C_1=\dfrac{\pi}{3}$이므로

코사인 법칙을 적용하면

$\overline{B_1C_1}=\sqrt{3^2+2^2-2\times3\times2\times\cos\dfrac{\pi}{3}}=\sqrt{7}$

$\angle C_1A_1D_1=\dfrac{\pi}{3}$이므로 선분 A_1D_1은 $\angle A_1$의 외각의 이등분선이므로

$\overline{A_1B_1}:\overline{A_1C_1}=\overline{D_1B_1}:\overline{D_1C_1}$이 성립한다.

따라서 $3:2=\overline{D_1B_1}:\overline{D_1C_1}$에서 $\overline{C_1D_1}=2\sqrt{7}$이다.

$\overline{A_1D_1}=x$라 하고 삼각형 $A_1C_1D_1$에 코사인 법칙을 적용하면

$(2\sqrt{7})^2=2^2+x^2-2\times2\times x\times\cos\dfrac{\pi}{3}$

$28=x^2-2x+4$

$x^2-2x-24=0$

$(x-6)(x+4)=0$

$x=6\ \left(\because \overline{A_1D_1}>0\right)$

한편, $\angle B_1A_1C_1 = \angle C_1A_1D_1$이므로
$\overline{C_1B_2} = \overline{C_1E_1}$이다. 따라서 그림과 같이 활꼴의 모양을 옮길 수 있다.

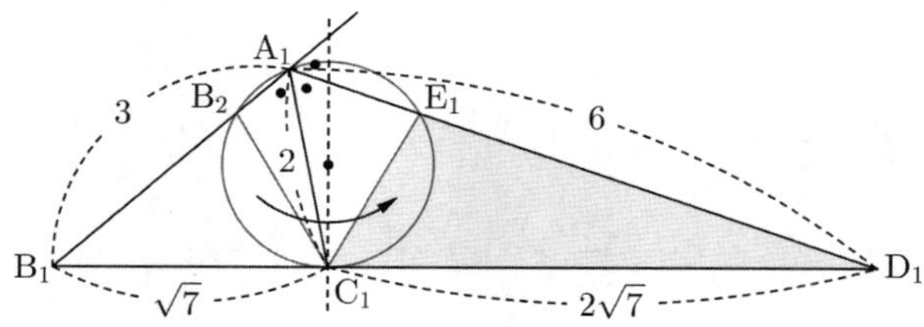

그러므로 S_1은 삼각형 $E_1C_1D_1$의 넓이이다.
원의 비례 성질에서
$\overline{D_1C_1}^2 = \overline{D_1A_1} \times \overline{D_1E_1}$이 성립한다.
$28 = 6 \times \overline{D_1E_1}$ 에서 $\overline{D_1E_1} = \dfrac{14}{3}$, $\overline{A_1E_1} = \dfrac{4}{3}$
따라서 $\overline{B_1C_1} : \overline{D_1C_1} = 1 : 2$, $\overline{A_1E_1} : \overline{D_1E_1} = 2 : 7$이다.

$$\triangle C_1D_1E_1 = \frac{7}{9}\triangle A_1C_1D_1$$
$$= \frac{7}{9} \times 2\triangle A_1B_1C_1$$
$$= \frac{14}{9} \times \frac{1}{2} \times 3 \times 2 \times \frac{\sqrt{3}}{2} = \frac{7\sqrt{3}}{3}$$
$$\left(\because \triangle A_1B_1C_1 = \frac{1}{2} \times \overline{A_1B_1} \times \overline{A_1C_1} \times \sin\frac{\pi}{3} \right)$$

따라서 $S_1 = \dfrac{7\sqrt{3}}{3} \cdots \bigcirc$

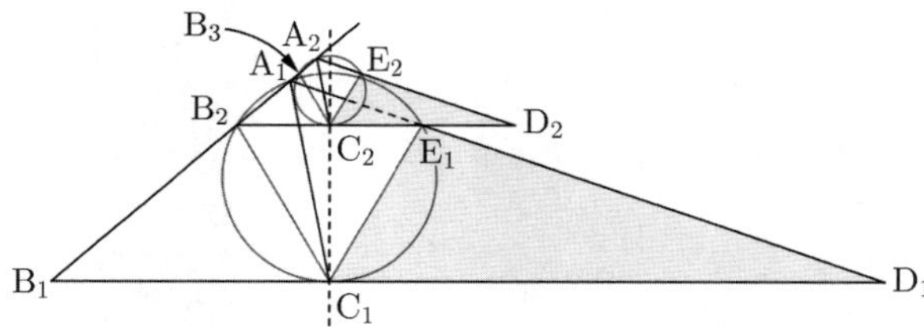

또한 위 그림에서 닮음비는 삼각형 $E_1C_1D_1$과 삼각형 $E_2C_2D_2$에서 $\overline{C_1D_1} : \overline{C_2D_2}$이고
$\overline{C_2D_2} = 2\overline{B_2C_2}$, $\overline{B_2C_2} = \dfrac{1}{2}\overline{B_2E_1}$이다. ($\because$ 직선 C_1C_2가 원의 중심을 지나는 직선이고 원의 중심을 지나는 직선은 현 $\left(\overline{B_2E_1}\right)$을 수직이등분 한다.)
즉, $\overline{C_2D_2} = \overline{B_2E_1}$이다.

$\overline{A_1E_1} : \overline{D_1E_1} = 2 : 7$이므로 $\overline{B_2E_1} : \overline{B_1D_1} = 2 : 7$이다.
따라서 $\overline{B_2E_1} = \dfrac{2}{9}\overline{B_1D_1} = \dfrac{2}{9} \times 3\sqrt{7} = \dfrac{2}{3}\sqrt{7}$ 이므로
$\overline{C_2D_2} = \dfrac{2}{3}\sqrt{7}$ 이다.

따라서 등비급수의 공비는 $\left(\dfrac{\dfrac{2}{3}\sqrt{7}}{2\sqrt{7}} \right)^2 = \dfrac{1}{9}$이다. $\cdots \bigcirc\hspace{-0.5em}\bigcirc$

$\bigcirc$, $\bigcirc\hspace{-0.5em}\bigcirc$에서

$$\lim_{n\to\infty} S_n = \frac{\dfrac{7\sqrt{3}}{3}}{1 - \dfrac{1}{9}} = \frac{\dfrac{7\sqrt{3}}{3}}{\dfrac{8}{9}} = \frac{21\sqrt{3}}{8} = \frac{63}{8\sqrt{3}}$$

[다른 풀이] – S_1 구하기

$\angle A_1D_1C_1 = \theta$라 하면 삼각형 $A_1C_1D_1$에서
$$\cos\theta = \frac{6^2 + \left(2\sqrt{7}\right)^2 - 2^2}{2 \times 6 \times \left(2\sqrt{7}\right)} = \frac{36 + 28 - 4}{24\sqrt{7}} = \frac{5\sqrt{7}}{14}$$
$\sin\theta = \dfrac{\sqrt{21}}{14}$ 이다.

그러므로 삼각형 $C_1D_1E_1$의 넓이는
$$S_1 = \frac{1}{2} \times \overline{C_1D_1} \times \overline{D_1E_1} \times \sin\theta$$
$$= \frac{1}{2} \times 2\sqrt{7} \times \frac{14}{3} \times \frac{\sqrt{21}}{14} = \frac{7\sqrt{3}}{3}$$

미분법
Level 1

유형 1 **지수함수와 로그함수의 극한**

093 정답 ①

$\lim\limits_{x\to 0}\dfrac{2^{ax+b}-8}{2^{bx}-1}=16$ 에서

$x\to 0$일 때, (분모)$\to 0$이고 극한값이 존재하므로
(분자)$\to 0$이어야 한다.

이때 함수 $2^{ax+b}-8$은 실수 전체의 집합에서 연속이므로

$\lim\limits_{x\to 0}(2^{ax+b}-8)=2^b-8=0$

$2^b=8$

$b=3$

$\lim\limits_{x\to 0}\dfrac{2^{ax+3}-8}{2^{3x}-1}=\lim\limits_{x\to 0}\dfrac{8(2^{ax}-1)}{2^{3x}-1}$

$=\dfrac{8a}{3}\times\lim\limits_{x\to 0}\dfrac{\dfrac{2^{ax}-1}{ax}}{\dfrac{2^{3x}-1}{3x}}=\dfrac{8a}{3}\times\dfrac{\ln 2}{\ln 2}=\dfrac{8a}{3}$

이므로

$\dfrac{8a}{3}=16$ 에서

$a=6$
따라서
$a+b=6+3=9$

094 정답 ①

$\lim\limits_{x\to 0}\dfrac{f(x)}{\ln(1-x)}=\lim\limits_{x\to 0}\dfrac{\dfrac{f(x)}{x}}{\dfrac{\ln(1-x)}{x}}=4$ 에서

$\lim\limits_{x\to 0}\dfrac{\ln(1-x)}{x}=\lim\limits_{x\to 0}\dfrac{-\ln(1-x)}{-x}=-\lim\limits_{x\to 0}ln(1-x)^{\frac{1}{-x}}=-1$

이므로 $\lim\limits_{x\to 0}\dfrac{f(x)}{x}=-4$

095 정답 ⑤

$\lim\limits_{x\to 0}\dfrac{(a+12)^x-a^x}{x}$

$=\lim\limits_{x\to 0}\dfrac{(a+12)^x-1-\ a^x-1}{x}$

$=\ln(a+12)-\ln a$

$=\ln\dfrac{a+12}{a}=\ln 3$

$\therefore\ \dfrac{a+12}{a}=3$

$a+12=3a \qquad \therefore\ a=6$

096 정답 ③

ㄱ. $\lim\limits_{x\to\infty}f(x)=\lim\limits_{x\to\infty}\left(\dfrac{x}{x-1}\right)^x=\lim\limits_{x\to\infty}\left(1+\dfrac{1}{x-1}\right)^x$

$=\lim\limits_{x\to\infty}\left\{\left(1+\dfrac{1}{x-1}\right)^{x-1}\right\}^{\frac{x}{x-1}}$

그런데, $\lim\limits_{x\to\infty}\left(1+\dfrac{1}{x-1}\right)^{x-1}=e$, $\lim\limits_{x\to\infty}\dfrac{x}{x-1}=1$이므로

$\lim\limits_{x\to\infty}\left\{\left(1+\dfrac{1}{x-1}\right)^{x-1}\right\}^{\frac{x}{x-1}}=e^1=e$ (참)

ㄴ. $\lim\limits_{x\to\infty}f(x)=e$ 이므로

$x+1=t$라 하면 $\lim\limits_{x\to\infty}f(x+1)=\lim\limits_{t\to\infty}f(t)=e$

수렴하는 함수의 곱은 수렴하므로

$\lim\limits_{x\to\infty}f(x)\cdot f(x+1)=\lim\limits_{x\to\infty}f(x)\times\lim\limits_{x\to\infty}f(x+1)$

$\qquad\qquad =e\times e=e^2 \qquad$ (참)

ㄷ. $\lim\limits_{x\to\infty}f(kx)=\lim\limits_{x\to\infty}\left(\dfrac{kx}{kx-1}\right)^{kx}=\lim\limits_{x\to\infty}\left(1+\dfrac{1}{kx-1}\right)^{kx}$

$=\lim\limits_{x\to\infty}\left\{\left(1+\dfrac{1}{kx-1}\right)^{kx-1}\right\}^{\frac{kx}{kx-1}}$

그런데, $x\to\infty$이면 $kx\to\infty$ 이므로

$\lim\limits_{x\to\infty}\left(1+\dfrac{1}{kx-1}\right)^{kx-1}=e$

$\lim\limits_{x\to\infty}\dfrac{kx}{kx-1}=1$ 이므로

$\therefore\ \lim\limits_{x\to\infty}\left\{\left(1+\dfrac{1}{kx-1}\right)^{kx-1}\right\}^{\frac{kx}{kx-1}}=e^1=e$ (거짓)

따라서 옳은 것은 ㄱ, ㄴ이다.

097 정답 ①

$\dfrac{1}{x}=t$ 라 하자

준식$=\lim\limits_{t\to 0}\dfrac{\ln(b+c\,t^2)}{t^a}=2$

$\lim\limits_{t\to 0}t^a=0$ 이므로 $\lim\limits_{t\to 0}\ln(b+ct^2)=\ln b=0$

$\therefore\ b=1$

준식 $=\lim\limits_{t\to 0}\dfrac{\ln(1+ct^2)}{t^a}=2$ 에서 $a=2$, $c=2$

따라서 $a+b+c=5$

098 정답 ③

$$\lim_{x\to 0}(1+3x)^{\frac{1}{6x}}=\lim_{x\to 0}\left((1+3x)^{\frac{1}{3x}}\right)^{\frac{1}{2}}=e^{\frac{1}{2}}=\sqrt{e}$$

099 정답 ③

$x>0$ 일 때

$$\dfrac{\ln(1+3x)}{x}\leq\dfrac{f(3x)}{x}\leq\dfrac{\frac{1}{2}(e^{6x}-1)}{x}$$ 이고

$-1<x<0$ 일 때

$$\dfrac{\ln(1+3x)}{x}\geq\dfrac{f(3x)}{x}\geq\dfrac{\frac{1}{2}(e^{6x}-1)}{x}$$ 이므로

$$\therefore\ \lim_{x\to 0}\dfrac{f(3x)}{x}=3$$

100 정답 ②

함수 $f(x)$가 $x=0$에서 연속이므로

$a=\lim\limits_{x\to 0}f(x)$

$\quad=\lim\limits_{x\to 0}\dfrac{e^{3x}-1}{x(e^x+1)}$

$\quad=\lim\limits_{x\to 0}\left(\dfrac{e^{3x}-1}{3x}\times\dfrac{3}{e^x+1}\right)=1\times\dfrac{3}{2}=\dfrac{3}{2}$

101 정답 ②

$f(x)=x^2+ax+b$로 놓으면

$$f(x)g(x)=\begin{cases}\dfrac{x^2+ax+b}{\ln(x+1)} & (x\neq 0,\ x>-1)\\[2mm] 8b & (x=0)\end{cases}$$

함수 $f(x)g(x)$가 $x=0$에서 연속이므로

$$\lim_{x\to 0}\dfrac{x^2+ax+b}{\ln(x+1)}=8b$$

(i) $x\to 0$일 때, (분모) $\to 0$ 이므로 (분자) $\to 0$ 이어야 한다.

즉, $b=0$

(ii) $\lim\limits_{x\to 0}\dfrac{x^2+ax}{\ln(x+1)}=0$에서

$$\lim_{x\to 0}\dfrac{x+a}{\dfrac{\ln(x+1)}{x}}=\dfrac{a}{1}=0$$ 이므로 $a=0$이다.

(i), (ii)에서 $f(x)=x^2$

$\therefore\ f(3)=3^2=9$

[다른 풀이]–최수영T

함수 $g(x)$는 $\lim\limits_{x\to 0}g(x)=\lim\limits_{x\to 0}\dfrac{1}{\ln(x+1)}=0$, $g(0)=8$이므로

$x=0$에서 불연속이다.

$f(x)$는 실수 전체의 집합에서 연속인 그래프이고

(연속×불연속)그래프가 연속이 되려면 연속인 그래프가

불연속인 점에서 근을 가져야 한다.

$x=0$에서 $g(x)$가 불연속이므로 $f(x)$는 $x=0$에서 근(중근)을

가지면 된다.

$y=f(x)$가 $x=0$애서 중근을 가지고 최고차항의 계수가

1이므로 $f(x)=x^2$이다.

$\therefore\ f(3)=9$

102 정답 ③

$f(a)=0$이므로 $x\to a$일 때, $f(x)\to 0$이다.

이때 0이 아닌 극한값이 존재하므로

$$\lim_{x\to a}(e^{x-2}-1)=e^{a-2}-1=0$$

따라서 $a=2$이고 $f(x)=\ln(5-2x)$이다.

$\lim\limits_{x\to a}\dfrac{e^{x-2}-1}{f(x)}$

$=\lim\limits_{x\to 2}\dfrac{e^{x-2}-1}{\ln(5-2x)}$ $(t=x-2$라 두면$)$

$=\lim\limits_{t\to 0}\dfrac{e^t-1}{\ln(1-2t)}$

$=\lim\limits_{t\to 0}\dfrac{e^t-1}{t}\times\dfrac{-2t}{\ln(1-2t)}\times\left(-\dfrac{1}{2}\right)=-\dfrac{1}{2}$

따라서 $a=2$, $b=-\dfrac{1}{2}$

$a\times b=-1$

103 정답 ⑤

$\lim\limits_{x\to\infty}\dfrac{\log_3 x+5}{\log_2 x+4}$

$=\lim\limits_{x\to\infty}\dfrac{\dfrac{\log x}{\log 3}+5}{\dfrac{\log x}{\log 4}+4}$

$=\lim\limits_{x\to\infty}\dfrac{\dfrac{1}{\log 3}+\dfrac{5}{\log x}}{\dfrac{1}{\log 4}+\dfrac{4}{\log x}}$

$=\dfrac{\log 4}{\log 3}=2\log_3 2$

104 정답 2

$x \to 0$일 때, (분모)$\to 0$이므로 (분자)$\to 0$이어야 한다.

$\therefore\ e^0 + a = 0 \quad \therefore\ a = -1$

$\therefore\ b = \lim_{x \to 0} \dfrac{e^x - 1}{x} = 1$

$a^2 + b^2 = 2$

105 정답 ④

$\overline{AQ} = \sqrt{\{f(t)\}^2 + 1}$, $\overline{PQ} = \sqrt{\{f(t) - t\}^2 + e^{2t}}$

$\overline{AQ} = \overline{PQ}$ 에서

$\{f(t)\}^2 + 1 = \{f(t)\}^2 - 2tf(t) + t^2 + e^{2t}$

$2tf(t) = t^2 - 1 + e^{2t}$

따라서 $f(t) = \dfrac{t}{2} + \dfrac{e^{2t} - 1}{2t}$

$\lim_{t \to 0} f(t) = \lim_{t \to 0}\left(\dfrac{t}{2} + \dfrac{e^{2t} - 1}{2t} \right) = 0 + 1 = 1$

$\overline{AR} = |g(t) - 1|$, $\overline{PR} = \sqrt{t^2 + \{g(t) - e^t\}^2}$

$\overline{AR} = \overline{PR}$ 에서

$\{g(t)\}^2 - 2g(t) + 1 = t^2 + \{g(t)\}^2 - 2e^t g(t) + e^{2t}$

$2(e^t - 1)g(t) = t^2 - 1 + e^{2t}$

따라서

$g(t) = \dfrac{t^2 - 1 + e^{2t}}{2(e^t - 1)} = \dfrac{t^2}{2(e^t - 1)} + \dfrac{(e^t - 1)(e^t + 1)}{2(e^t - 1)}$

$\lim_{t \to 0} g(t) = \lim_{t \to 0}\left(\dfrac{t}{2} \times \dfrac{t}{e^t - 1} + \dfrac{e^t + 1}{2} \right) = 0 + 1$

따라서 $\lim_{t \to 0}\{f(t) + g(t)\} = 2$

106 정답 ⑤

$\lim_{x \to 0}(1 + 3x)^{\frac{1}{x}} = \lim_{x \to 0}\left\{ (1 + 3x)^{\frac{1}{3x}} \right\}^3$

$= e^3$

107 정답 ②

$\lim_{x \to \infty} \ln\left(1 + \dfrac{2}{x}\right)^x = \lim_{x \to \infty} \ln\left\{ \left(1 + \dfrac{2}{x}\right)^{\frac{x}{2}} \right\}^2 = 2$

108 정답 2

$\lim_{x \to 1} \dfrac{\ln x}{x - 1} = -1 + a$, $1 = -1 + a$

$\therefore\ a = 2$

109 정답 ②

$S_n = \dfrac{1}{1 \times 3} + \dfrac{1}{3 \times 5} + \dfrac{1}{5 \times 7} + \cdots + \dfrac{1}{(2n-1)(2n+1)}$

$= \dfrac{1}{2}\left\{ \left(1 - \dfrac{1}{3}\right) + \left(\dfrac{1}{3} - \dfrac{1}{5}\right) + \cdots + \left(\dfrac{1}{2n-1} - \dfrac{1}{2n+1}\right) \right\}$

$= \dfrac{1}{2}\left(1 - \dfrac{1}{2n+1}\right)$

$= \dfrac{1}{2}\left(\dfrac{2n}{2n+1}\right) = \dfrac{n}{2n+1}$

$\lim_{n \to \infty}\left(\dfrac{1}{S_n} - 1\right)^n = \lim_{n \to \infty}\left(\dfrac{2n+1}{n} - 1\right)^n = \lim_{n \to \infty}\left(1 + \dfrac{1}{n}\right)^n = e$

110 정답 ①

$f(x) = \dfrac{(3^{x+1} - 1)(3^{x-1} - 1)}{(x+1)(x-1)}$ 에서 $(x^2 \neq 1)$

$f(1) = \lim_{x \to 1} f(x)$

$= \lim_{x \to 1} \dfrac{(3^{x+1} - 1)(3^{x-1} - 1)}{(x+1)(x-1)}$

$= \dfrac{9 - 1}{2} \lim_{x \to 1} \dfrac{3^{x-1} - 1}{x - 1} = 4\ln 3$

$f(-1) = \lim_{x \to -1} f(x)$

$= \lim_{x \to -1} \dfrac{(3^{x+1} - 1)(3^{x-1} - 1)}{(x+1)(x-1)}$

$= \dfrac{\frac{1}{9} - 1}{-2} \lim_{x \to -1} \dfrac{3^{x+1} - 1}{x + 1} = \dfrac{4}{9}\ln 3$

따라서 $f(1) + f(-1) = \dfrac{40}{9}\ln 3$

111 정답 ④

직선 OP의 기울기 : $\dfrac{\log_2 (t+1)}{t}$

직선 l의 방정식의 해를 구하자.

$l : y - \log_2(t+1) = -\dfrac{t}{\log_2(t+1)}(x - t)$

x절편을 구하기 위해 $y = 0$을 대입하면

$x - t = \dfrac{\{\log_2(t+1)\}^2}{t} \rightarrow A\left(\dfrac{\{\log_2(t+1)\}^2}{t} + t,\ 0\right)$

$\therefore\ S(t) = \dfrac{1}{2}\left(\dfrac{\{\log_2(t+1)\}^2}{t} + t\right)(\log_2(t+1))$

$\lim_{t \to 0+} \dfrac{S(t)}{t^2} = \dfrac{1}{2}\lim_{t \to 0+}\left(\left(\dfrac{\log_2(t+1)}{t}\right)^2 + 1\right)\left(\dfrac{\log_2(t+1)}{t}\right)$

$= \dfrac{1}{2}\left(\dfrac{1}{(\ln 2)^2} + 1\right)\left(\dfrac{1}{\ln 2}\right)$

$= \dfrac{1}{2(\ln 2)^3} + \dfrac{1}{2\ln 2}$

112 정답 ①

$x^2 - y\ln x + x = e$

의 양변을 x에 대하여 미분하면

$2x - \dfrac{dy}{dx} \times \ln x - y \times \dfrac{1}{x} + 1 = 0$

$\dfrac{dy}{dx} = \dfrac{2x - \dfrac{y}{x} + 1}{\ln x}$

그러므로 점 $(e,\ e^2)$에서의 접선의 기울기는

$\dfrac{2e - \dfrac{e^2}{e} + 1}{\ln e} = e + 1$

113 정답 ④

$f(x) = e^x(2x+1)$ 를 미분하면

$f'(x) = e^x(2x+1) + e^x \times 2 = e^x(2x+3)$

$\therefore\ f'(1) = 5e$ 이다.

114 정답 ②

미분계수의 정의에 의하여

$\lim\limits_{h \to 0} \dfrac{f(3+h) - f(3-h)}{h} = 2f'(3)$ 이다.

$f(x) = \log_3 x$ 이고 $f'(x) = \dfrac{1}{\ln 3} \times \dfrac{1}{x}$ 이므로

$2f'(3) = \dfrac{2}{3\ln 3}$ 이다.

115 정답 4

$f(x) = x^3 \ln x$ 이므로

$f'(x) = 3x^2 \ln x + x^3 \times \dfrac{1}{x} = 3x^2 \ln x + x^2$

따라서

$f'(e) = 3e^2 \ln e + e^2 = 4e^2$ 이므로

$\dfrac{f'(e)}{e^2} = 4$

116 정답 ⑤

$\lim\limits_{x \to 3} \dfrac{x^2 f(x) + 9}{x^2 - 9} = 1$

$x \to 3$일 때 분모가 0으로 수렴하므로 분자도 0이어야 한다.

따라서 $9f(3) + 9 = 0$ 에서 $f(3) = -1$

$\lim\limits_{x \to 3} \dfrac{x^2 f(x) + 9}{x^2 - 9} = \lim\limits_{x \to 3} \dfrac{x^2 f(x) - x^2 f(3) + x^2 f(3) + 9}{(x+3)(x-3)}$

$= \lim\limits_{x \to 3} \dfrac{x^2\{f(x) - f(3)\}}{(x+3)(x-3)} + \lim\limits_{x \to 3} \dfrac{-x^2 + 9}{(x+3)(x-3)}$

$= \dfrac{3}{2}f'(3) - 1 = 1$

$\therefore\ f'(3) = \dfrac{4}{3}$

따라서 $\lim\limits_{x \to 3} \dfrac{x^2 f(x) + 9}{x^2 - 9} = 1$

$\Rightarrow f(3) = -1,\ f'(3) = \dfrac{4}{3}$

한편, $g(x) = f(x)3^x$ 에서 양변을 미분하면

$g'(x) = f'(x)3^x + f(x)\,3^x \ln 3$

$g'(3) = f'(3) \times 3^3 + f(3) \times 3^3 \times \ln 3$

$\quad = \dfrac{4}{3} \times 27 - 27\ln 3$

$\quad = 36 - 27\ln 3$

117 정답 9

$x = 1 + t$ 라 하면 $x \to 1$ 일 때, $t \to 0$ 이다.

$\lim\limits_{x \to 1} \dfrac{f(x) - x^2 f(1)}{\ln x} = \lim\limits_{t \to 0} \dfrac{f(1+t) - (1+t)^2 f(1)}{\ln(1+t)}$

$= \lim\limits_{t \to 0} \dfrac{f(1+t) - f(1)}{\ln(1+t)} - f(1)\lim\limits_{t \to 0} \dfrac{t^2 + 2t}{\ln(1+t)}$

$= \lim\limits_{t \to 0} \left\{ \dfrac{f(1+t) - f(1)}{t} \times \dfrac{t}{\ln(1+t)} \right\}$

$\qquad\quad - f(1)\lim\limits_{t \to 0} \dfrac{t+2}{\dfrac{\ln(1+t)}{t}}$

$= f'(1) \times 1 - 2f(1) = 15 - 6 = 9$

118 정답 4

$f'(x) = 2^x$

$\therefore\ f'(2) = 4$

119 정답 2

곱의 미분법에 의하여

$f'(x)$

$= (2x^2 + 2)' e^x + (2x^2 + 2)(e^x)'$

$= 4x e^x + (2x^2 + 2)e^x$

$= (2x^2 + 4x + 2)e^x$

$\therefore\ f'(0) = 2 \cdot e^0 = 2$

120 정답 ①

$\lim\limits_{x \to 1} \dfrac{f(x)-1}{x-1}=2$에서 $x \to 1$일 때 (분모)$\to 0$이므로

(분자)$\to 0$이어야 한다.

즉, $\lim\limits_{x \to 1}\{f(x)-1\}=0$

함수 $f(x)$가 실수 전체의 집합에서 미분가능하므로 실수 전체의 집합에서 연속이다.

따라서

$\lim\limits_{x \to 1}\{f(x)-1\}=f(1)-1=0$에서 $f(1)=1$

$\lim\limits_{x \to 1}\dfrac{f(x)-f(1)}{x-1}=2$이므로 $f'(1)=2$

한편 $g(x)=\dfrac{f(x)}{e^{x-1}}$에서

$g'(x)=\dfrac{f'(x)\times(e^{x-1})-f(x)\times(e^{x-1})'}{(e^{x-1})^2}$

$\quad=\dfrac{\{f'(x)-f(x)\}\times(e^{x-1})}{(e^{x-1})^2}=\dfrac{f'(x)-f(x)}{e^{x-1}}$

따라서

$g'(1)=\dfrac{f'(1)-f(1)}{e^0}=\dfrac{2-1}{1}=1$

 **유형 3** 삼각함수 사이의 관계

121 정답 ④

$\sin\left(\dfrac{\pi}{2}-\theta\right)=\cos\theta$

$\cot\theta=-\dfrac{4}{3}$에서 $\tan\theta=-\dfrac{3}{4}$

$1+\tan^2\theta=\sec^2\theta$

$1+\dfrac{9}{16}=\sec^2\theta=\dfrac{25}{16}$

$\cos^2\theta=\dfrac{16}{25}$

이때 $\dfrac{\pi}{2}<\theta<\pi$이므로 $\cos\theta<0$

따라서 $\cos\theta=-\dfrac{4}{5}$이므로

$\sin\left(\dfrac{\pi}{2}-\theta\right)=\cos\theta=-\dfrac{4}{5}$

122 정답 ④

$\angle\mathrm{ABF}=\theta\left(0<\theta<\dfrac{\pi}{2}\right)$라 하자.

$\angle\mathrm{BFO}=\dfrac{\pi}{2}-\theta$이므로 $\angle\mathrm{QFA}=\angle\mathrm{QAF}=\dfrac{\pi}{2}-\theta$

따라서 $\angle\mathrm{QAO}=\theta-\left(\dfrac{\pi}{2}-\theta\right)=2\theta-\dfrac{\pi}{2}$

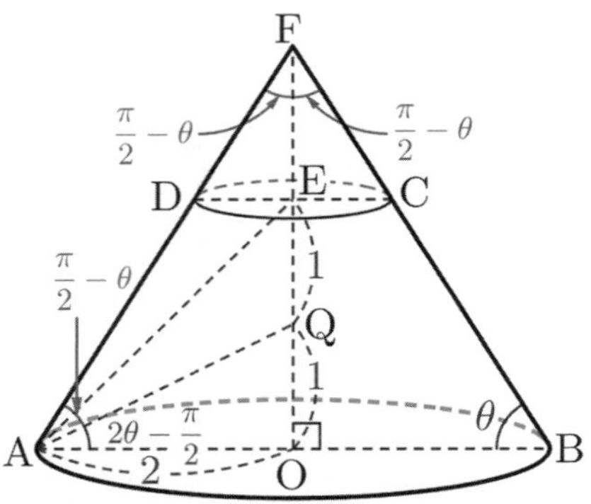

$\tan(\angle\mathrm{QAO})=\tan\left(2\theta-\dfrac{\pi}{2}\right)=\dfrac{\overline{\mathrm{OQ}}}{\overline{\mathrm{AO}}}=\dfrac{1}{2}$에서

$\cot2\theta=-\dfrac{1}{2}\Rightarrow\tan2\theta=-2$

$\dfrac{2\tan\theta}{1-\tan^2\theta}=-2$을 정리하면

$2\tan^2\theta-2\tan\theta-2=0$

$\tan\theta=\dfrac{1+\sqrt{5}}{2}\left(\because 0<\theta<\dfrac{\pi}{2}\right)$

$\sec^2\theta=1+\tan^2\theta=1+\left(\dfrac{1+\sqrt{5}}{2}\right)^2$

$\quad=1+\dfrac{3+\sqrt{5}}{2}=\dfrac{5+\sqrt{5}}{2}$

유형 4 삼각함수의 덧셈정리

123 정답 ①

$\sin\alpha=\dfrac{1}{3}$이고 $0<\alpha<\dfrac{\pi}{2}$이므로

$\cos\alpha=\sqrt{1-\sin^2\alpha}=\sqrt{1-\dfrac{1}{9}}=\dfrac{2\sqrt{2}}{3}$

$\therefore\cos\left(\dfrac{\pi}{3}+\alpha\right)=\cos\dfrac{\pi}{3}\cos\alpha-\sin\dfrac{\pi}{3}\sin\alpha$

$\quad=\dfrac{1}{2}\times\dfrac{2\sqrt{2}}{3}-\dfrac{\sqrt{3}}{2}\times\dfrac{1}{3}=\dfrac{2\sqrt{2}-\sqrt{3}}{6}$

124 정답 ⑤

$y=\sin x-\left(\sin x\cos\dfrac{\pi}{3}+\cos x\sin\dfrac{\pi}{3}\right)$

$\quad=\sin x-\left(\dfrac{1}{2}\sin x+\dfrac{\sqrt{3}}{2}\cos x\right)$

$\quad=\dfrac{1}{2}\sin x-\dfrac{\sqrt{3}}{2}\cos x$

$$= \sin\left(x - \frac{\pi}{3}\right)$$

$x - \frac{\pi}{3} = \theta$ 라 하면

$0 \leq x \leq \pi$ 이므로 $-\frac{\pi}{3} \leq \theta \leq \frac{2}{3}\pi$ 이다.

따라서 함수 $y = \sin\theta$ 에서

$\theta = \frac{\pi}{2}$ 일 때 y 의 최댓값은 1이고,

$\theta = -\frac{\pi}{3}$ 일 때 y 의 최솟값은 $-\frac{\sqrt{3}}{2}$ 이다.

$$\therefore M - m = 1 - \left(-\frac{\sqrt{3}}{2}\right) = \frac{2 + \sqrt{3}}{2}$$

125 정답 ④

$\sin x + \sin y = 1$ 에서

$\sin^2 x + \sin^2 y + 2\sin x \sin y = 1 \cdots \bigcirc$

$\cos x + \cos y = \frac{1}{2}$ 에서

$\cos^2 x + \cos^2 y + 2\cos x \cos y = \frac{1}{4} \cdots \bigcirc$

$\bigcirc + \bigcirc$ 에서

$2 + 2(\sin x \sin y + \cos x \cos y) = \frac{5}{4}$

$2 + 2\cos(x - y) = \frac{5}{4}$

$$\therefore \cos(x - y) = \frac{1}{2}\left(\frac{5}{4} - 2\right) = -\frac{3}{8}$$

126 정답 ①

$\tan\left(\alpha + \frac{\pi}{4}\right) = 2$

주어진 식을 덧셈정리를 이용하여 정리하면 다음과 같다.

$$\frac{\tan\alpha + \tan\dfrac{\pi}{4}}{1 - \tan\alpha \tan\dfrac{\pi}{4}} = \frac{\tan\alpha + 1}{1 - \tan\alpha} = 2$$

$1 + \tan\alpha = 2(1 - \tan\alpha)$

$1 + \tan\alpha = 2 - 2\tan\alpha$

$3\tan\alpha = 1 \quad \therefore \tan\alpha = \frac{1}{3}$

127 정답 ①

$\cos(\alpha + \beta) = \cos\alpha\cos\beta - \sin\alpha\sin\beta$

$\frac{5}{7} = \frac{4}{7} - \sin\alpha\sin\beta$

$\sin\alpha\sin\beta = -\frac{1}{7}$

128 정답 ③

$\cos\theta = -\frac{3}{5}$ 이므로

$$\sin\theta = \sqrt{1 - \cos^2\theta} = \sqrt{1 - \left(-\frac{3}{5}\right)^2} = \frac{4}{5}$$

$$\csc(\pi + \theta) = \frac{1}{\sin(\pi + \theta)} = \frac{1}{-\sin\theta} = -\frac{5}{4}$$

129 정답 ②

$4\cos^2 x - 1 = 0$ 에서

$(2\cos x + 1)(2\cos x - 1) = 0$

$\cos x = -\frac{1}{2}$ 또는 $\cos x = \frac{1}{2}$

(i) $\cos x = \frac{1}{2}$ 일 때, $x = \frac{\pi}{3}$ 또는 $x = \frac{5}{3}\pi$

(ii) $\cos x = -\frac{1}{2}$ 일 때, $x = \frac{2}{3}\pi$ 또는 $x = \frac{4}{3}\pi$

한편, $\sin x \cos x < 0$ 이므로

x 는 제2사분면의 각 또는 제4사분면의 각이다.

따라서 구하는 x 의 값은 $x = \frac{2}{3}\pi$ 또는 $x = \frac{5}{3}\pi$ 이므로 모든

x 의 합은 $\frac{7}{3}\pi$ 이다.

130 정답 ①

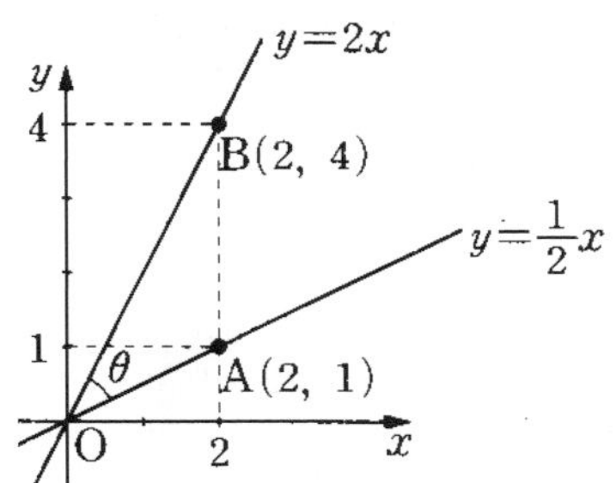

직선 $y = \frac{1}{2}x$ 의 기울기를 m_1

직선 $y = 2x$ 의 기울기를 m_2

이라 하면 $m_2 = 2$, $m_1 = \frac{1}{2}$ 이다.

$$\tan\theta = \left|\frac{m_2 - m_1}{1 + m_2 m_1}\right| = \frac{3}{4}$$

$$\therefore \cos\theta = \frac{4}{5}$$

131 정답 ③

P_1 과 x 축과 이루는 각을 θ 라 하면

$P_1(\cos\theta, \sin\theta)$ 으로 둘 수 있고 접선은

$x\cos\theta + y\sin\theta = 1$이 된다.

$Q_1\left(\dfrac{1}{\cos\theta},\, 0\right)$이고 삼각형 P_1OQ_1의 넓이는 $\dfrac{1}{2}\tan\theta$ 가 된다.

넓이가 $\dfrac{1}{4}$이므로 $\tan\theta = \dfrac{1}{2}$이다.

$$\therefore \triangle P_2OQ_2 = \dfrac{1}{2}\cdot\tan\left(\theta+\dfrac{\pi}{4}\right)$$

$$= \dfrac{1}{2}\cdot\dfrac{\tan\theta + \tan\dfrac{\pi}{4}}{1-\tan\theta\cdot\tan\dfrac{\pi}{4}} = \dfrac{3}{2}$$

132 정답 ④

두 직선 $y=x$, $y=-2x$가 x축의 양의 방향과 이루는 각의 크기를 각각 θ_1, θ_2라고 하면

$\tan\theta_1 = 1$, $\tan\theta_2 = -2$

$$\therefore \tan\theta = |\tan(\theta_1-\theta_2)|$$

$$= \left|\dfrac{\tan\theta_1 - \tan\theta_2}{1+\tan\theta_1\tan\theta_2}\right| = \left|\dfrac{1-(-2)}{1+1\times(-2)}\right| = 3$$

133 정답 ④

$x-y-1=0$의 기울기를 m_1,

$ax-y+1=0$의 기울기를 m_2라 하면

$m_1 = 1$, $m_2 = a$이고

$$\tan\theta = \left|\dfrac{m_1-m_2}{1+m_1m_2}\right| = \left|\dfrac{1-a}{1+a}\right| = \dfrac{a-1}{a+1} = \dfrac{1}{6}\ (\because a>1)$$

따라서

$6a-6 = 1+a$, $5a=7$, $\therefore a = \dfrac{7}{5}$

134 정답 ④

$\angle C = \gamma$ 라 하면

$\tan\gamma = \tan\{\pi-(\alpha+\beta)\} = -\tan(\alpha+\beta) = \dfrac{3}{2}$

한편, 삼각형 ABC는 $\overline{AB} = \overline{AC}$ 이므로 $\beta = \gamma$이다.

그러므로

$\tan\beta = \tan\gamma = \dfrac{3}{2}$

따라서

$\tan\alpha = \tan\{\pi-(\beta+\gamma)\} = -\tan(\beta+\gamma)$

$$= -\tan(2\beta) = -\dfrac{2\tan\beta}{1-\tan^2\beta}$$

$$= -\dfrac{2\times\dfrac{3}{2}}{1-\left(\dfrac{3}{2}\right)^2} = \dfrac{12}{5}$$

135 정답 ③

$\cos 2\theta = 2\cos^2\theta - 1 = -\dfrac{1}{3}$

$2\cos^2\theta = 1 - \dfrac{1}{3} = \dfrac{2}{3}$

$\cos^2\theta = \dfrac{1}{3}$

$$\therefore \cos\theta = -\dfrac{1}{\sqrt{3}}$$

$(\because \theta$는 제2사분면의 각$) = -\dfrac{\sqrt{3}}{3}$

136 정답 ④

$y = 5\sin x + (1-2\sin^2 x) = -2\sin^2 x + 5\sin x + 1$

이 때, $\sin x = t\ (-1 \le t \le 1)$ 라 하면

$$y = -2t^2 + 5t + 1 = -2\left(t-\dfrac{5}{4}\right)^2 + \dfrac{33}{8}$$

따라서 $t=1$일 때, 최댓값은 4이다.

137 정답 ①

$3(1-2\sin^2\theta) + 4\sqrt{2}\sin\theta - 3 = 0$

$6\sin^2\theta - 4\sqrt{2}\sin\theta = 0$

$\sin\theta(3\sin\theta - 2\sqrt{2}) = 0$

$0 < \theta < \dfrac{\pi}{2}$ 이므로 $\sin\theta \ne 0$

$$\therefore \sin\theta = \dfrac{2\sqrt{2}}{3}$$

$\cos^2\theta = 1 - \sin^2\theta = 1 - \dfrac{8}{9} = \dfrac{1}{9}$

$0 < \theta < \dfrac{\pi}{2}$ 에서 $\cos\theta > 0$ 이므로 $\cos\theta = \dfrac{1}{3}$

138 정답 ⑤

$$\tan\theta = \dfrac{2\tan\dfrac{\theta}{2}}{1-\tan^2\dfrac{\theta}{2}} = \dfrac{\dfrac{4}{3}}{1-\dfrac{4}{9}} = \dfrac{12}{5}$$

$$\therefore \cos\theta = \dfrac{5}{13}\ \left(\because 0 < \theta < \dfrac{\pi}{2}\right)$$

139 정답 ③

$\cos 2\alpha = 1 - 2\sin^2\alpha = 1 - 2\times\left(\dfrac{3}{4}\right)^2 = 1 - \dfrac{9}{8} = -\dfrac{1}{8}$

140 정답 ③

$$\sin\left(2x-\frac{\pi}{2}\right)=-\sin\left(\frac{\pi}{2}-2x\right)=-\cos 2x$$
$$=-(2\cos^2 x-1)=1-2\cos^2 x$$

이므로

$$1-2\cos^2 x=2\cos^2 x\text{에서 }\cos^2 x=\frac{1}{4}$$

$$\therefore \cos x=\pm\frac{1}{2}$$

$\cos x=\frac{1}{2}$ 이면 $x=\frac{\pi}{3},\ \frac{5}{3}\pi$

$\cos x=-\frac{1}{2}$ 이면 $x=\frac{2}{3}\pi,\ \frac{4}{3}\pi$

따라서 모든 해의 합은 4π 이다.

141 정답 ⑤

$\sin 2x=2\sin x\cos x$ 이므로 주어진 방정식은

$2\sin x\cos x=2\cos x-2\cos^2 x$

$\cos x(\sin x+\cos x-1)=0$

$\therefore \cos x=0$ 또는 $\sin x+\cos x=1$

(i) $\cos x=0$ 에서 $x=\frac{\pi}{2}$ 또는 $x=\frac{3}{2}\pi$

(ii) $\sin x+\cos x=1$ 에서 $\sqrt{2}\sin\left(x+\frac{\pi}{4}\right)=1$

$$\sin\left(x+\frac{\pi}{4}\right)=\frac{1}{\sqrt{2}}$$

$$\therefore x+\frac{\pi}{4}=\frac{\pi}{4} \text{ 또는 } x+\frac{\pi}{4}=\frac{3\pi}{4}$$

$$\therefore x=0 \text{ 또는 } x=\frac{\pi}{2}$$

따라서 구하는 서로 다른 모든 x 의 값의 합은

$$0+\frac{\pi}{2}+\frac{3}{2}\pi=2\pi$$

142 정답 ③

$\tan\theta=-\sqrt{2}$ 이므로 $\sin\theta=\frac{\sqrt{6}}{3}\left(\because \frac{\pi}{2}<\theta<\pi\right)$

$$\therefore \sin\theta\tan 2\theta=\sin\theta\times\frac{2\tan\theta}{1-\tan^2\theta}=\frac{\sqrt{6}}{3}\times\frac{2(-\sqrt{2})}{1-(-\sqrt{2})^2}$$

$$=\frac{4\sqrt{3}}{3}$$

143 정답 ⑤

$\cos 2x=1-2\sin^2 x$, $\cos^2 x=1-\sin^2 x$ 을 대입하면

$2\sin x-4\sin x(1-\sin^2 x)-(1-2\sin^2 x)+1=0$

정리하면

$\sin x(2\sin x-1)(\sin x+1)=0$

$\sin x=0,\frac{1}{2},-1$ 에서

$x=0,\ \pi,\ \frac{\pi}{6},\ \frac{5\pi}{6},\ \frac{3\pi}{2}$

모든 근의 합은 $\frac{7\pi}{2}$

144 정답 12

$\tan 2\alpha=\dfrac{2\tan\alpha}{1-\tan^2\alpha}=\dfrac{5}{12}$ 에서

$\tan\alpha=p$ 로 치환하면

$24p=5-5p^2$

$5p^2+24p-5=0$

$p=\frac{1}{5},\ p=-5$

$0<\alpha<\frac{\pi}{4}$ 이므로 $p=\frac{1}{5}$

$60p=12$

145 정답 35

$3\cos 2x+17\cos x=0$

$3(2\cos^2 x-1)+17\cos x=0$

$\cos x=t\ (-1\le t\le 1)$ 로 치환하면

$6t^2+17t-3=0$

$(t+3)(6t-1)=0 \therefore t=\cos x=\frac{1}{6}\ (\because -1\le t\le 1)$

$\tan^2 x=\sec^2 x-1=36-1=35$

146 정답 30

$\cos 2x=2\cos^2 x-1$ 이므로

$(\cos 2x-\cos x)\sin x$

$=(2\cos^2 x-\cos x-1)\sin x$

$=(\cos x-1)(2\cos x+1)\sin x=0$

(i) $\sin x=0$ 에서 $x=\pi$

(ii) $\cos x=1$ 을 만족시키는 x 는 $0<x<2\pi$ 에 존재하지 않는다.

(iii) $\cos x=-\frac{1}{2}$ 에서 $x=\frac{2}{3}\pi$ 또는 $x=\frac{4}{3}\pi$

모든 해의 합은 3π 이므로 $k=3$

$\therefore 10k=30$

147 정답 ③

$\sin 2x-\sin x$

$=2\sin x\cos x-\sin x$

$=\sin x(2\cos x-1)=2(2\cos x-1)$ 에서

$$(2\cos x-1)(\sin x-2)=0$$

$\sin x \neq 2$이므로 $\cos x = \dfrac{1}{2}$

$$\therefore\ x=\dfrac{\pi}{3},\ \dfrac{5\pi}{3}$$

$$\therefore\ \dfrac{\pi}{3}+\dfrac{5\pi}{3}=2\pi$$

148 정답 ④

$$\sin x = 2\sin x\cos x$$

$$\sin x(2\cos x-1)=0$$

$$\sin x=0\ \text{또는}\ \cos x=\dfrac{1}{2}$$

$$x=0,\ \pi,\ \dfrac{\pi}{3}\quad(\because\ 0\le x\le\pi)$$

$\therefore$ 모든 해의 합은 $\dfrac{4}{3}\pi$

149 정답 ④

그림과 같이 점 D에서 $\overline{AB}$에 내린 수선의 발을 E라 하자.

$\overline{OA}=\overline{OB}=2a$로 놓으면 $\overline{AE}=\overline{ED}=\overline{EO}=a$

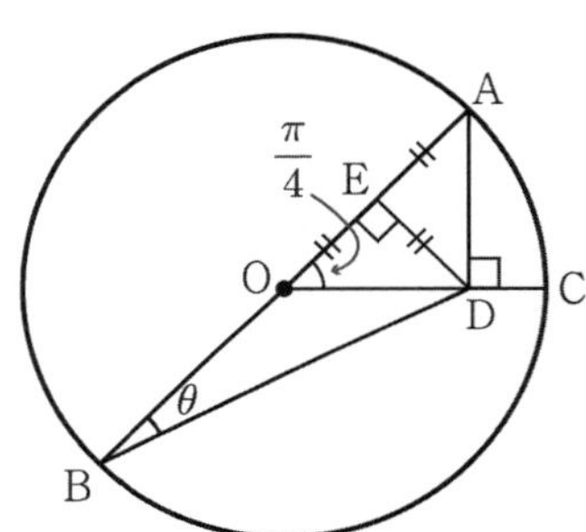

즉, $\overline{BD}=\sqrt{\overline{BE}^2+\overline{ED}^2}=\sqrt{(3a)^2+a^2}=\sqrt{10}\,a$

따라서 직각삼각형 BDE로부터

$$\sin\theta=\dfrac{\overline{DE}}{\overline{BD}}=\dfrac{a}{\sqrt{10}\,a}=\dfrac{1}{\sqrt{10}}$$

$$\cos\theta=\dfrac{\overline{BE}}{\overline{BD}}=\dfrac{3a}{\sqrt{10}\,a}=\dfrac{3}{\sqrt{10}}$$

$$\therefore\ \sin2\theta=2\sin\theta\cos\theta=2\times\dfrac{1}{\sqrt{10}}\times\dfrac{3}{\sqrt{10}}=\dfrac{6}{10}=\dfrac{3}{5}$$

150 정답 ⑤

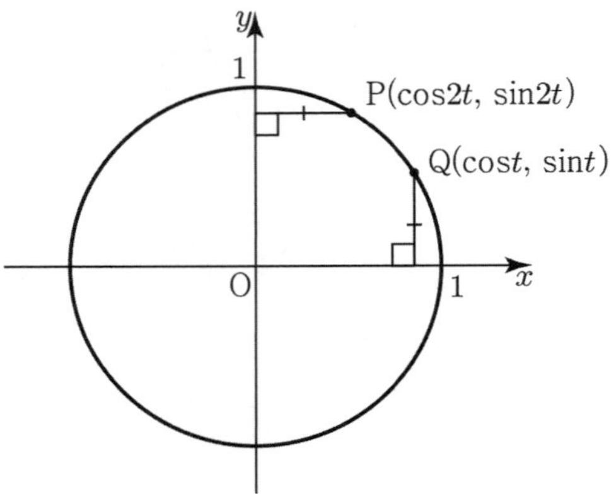

두 점을 $P(\cos 2t,\sin 2t),\ Q(\cos t,\sin t)$ 라 하면

$$|\cos 2t|=\sin t \Rightarrow \cos 2t=\pm\sin t$$

(i) $\cos 2t=\sin t$ 에서 $2\sin^2 t+\sin t-1=0$

$$(2\sin t-1)(\sin t+1)=0$$

$$\therefore\ \sin t=\dfrac{1}{2}\ (0\le t\le\pi)\quad\therefore\ t=\dfrac{\pi}{6},\ \dfrac{5}{6}\pi$$

(ii) $\cos 2t=-\sin t$ 에서 $2\sin^2 t-\sin t-1=0$

$$(2\sin t+1)(\sin t-1)=0$$

$$\therefore\ \sin t=1\ (0\le t\le\pi)\quad\therefore\ t=\dfrac{\pi}{2}$$

따라서 t 의 값의 합은 $\dfrac{\pi}{6}+\dfrac{5\pi}{6}+\dfrac{\pi}{2}=\dfrac{3\pi}{2}$

151 정답 ④

$$P\left(\dfrac{\sqrt{3}}{2},\dfrac{1}{2}\right),\ Q\left(\dfrac{\sqrt{7}}{2},\dfrac{1}{2}\right)$$

$$\alpha+\beta=\dfrac{\pi}{6},\ \sin\beta=\dfrac{\sqrt{2}}{4},\ \cos\beta=\dfrac{\sqrt{14}}{4}$$

$$\alpha=\dfrac{\pi}{6}-\beta$$

$$\sin 2\beta=2\sin\beta\cos\beta=\dfrac{\sqrt{7}}{4}$$

$$\cos 2\beta=2\cos^2\beta-1=\dfrac{3}{4}$$

$$\sin(\alpha-\beta)=\sin\left(\dfrac{\pi}{6}-\beta-\beta\right)=\sin\left(\dfrac{\pi}{6}-2\beta\right)$$

$$=\dfrac{1}{2}\cdot\dfrac{3}{4}-\dfrac{\sqrt{3}}{2}\cdot\dfrac{\sqrt{7}}{4}=\dfrac{3-\sqrt{21}}{8}$$

152 정답 ⑤

원주각 $=\dfrac{1}{2}\times$중심각 이므로 $\angle ACB=\dfrac{\theta}{2}$

$\dfrac{1}{2}\cdot 4\cdot 3\cdot\sin\dfrac{\theta}{2}=2$ 에서 $\sin\dfrac{\theta}{2}=\dfrac{1}{3}$ 이고

$0 < \dfrac{\theta}{2} < \dfrac{\pi}{2}$ 이므로 $\cos\dfrac{\theta}{2} = \dfrac{2\sqrt{2}}{3}$

따라서 $\sin\theta = 2\sin\dfrac{\theta}{2}\cos\dfrac{\theta}{2} = \dfrac{4\sqrt{2}}{9}$

153 정답 ②

등변사다리꼴에서 $\alpha + \beta = \pi$이므로 $\alpha = \pi - \beta$이다.

$\tan(\alpha - \beta) = \tan(\pi - 2\beta) = -\tan2\beta$이다.

따라서

$\tan2\beta = \dfrac{4}{3} \Rightarrow \dfrac{2\tan\beta}{1 - \tan^2\beta} = \dfrac{4}{3} \Rightarrow 2 - 2\tan^2\beta = 3\tan\beta$

$(\tan\beta + 2)(2\tan\beta - 1) = 0$에서

$0 < \beta < \dfrac{\pi}{2}$이므로 $\tan\beta = \dfrac{1}{2}$이다.

따라서 $\tan\beta = \tan(\pi - \alpha) = -\tan\alpha = \dfrac{1}{2}$

따라서 $\tan\alpha = -\dfrac{1}{2}$이다.

$\sec^2\alpha = 1 + \tan^2\alpha = 1 + \left(-\dfrac{1}{2}\right)^2 = \dfrac{5}{4}$

154 정답 ②

$\sin\alpha = \dfrac{\sqrt{2}}{4}$, $\sin^2\alpha + \cos^2\alpha = 1$ 이고

$0 < \alpha < \dfrac{\pi}{2}$ 이므로 $\cos\alpha = \dfrac{\sqrt{14}}{4}$

삼각형 ROQ 에 대하여

$\overline{\text{OR}} = 2$, $\overline{\text{OQ}} = 1$, $\angle\text{OQR} = \dfrac{\pi}{2}$ 이므로 $\beta = \dfrac{\pi}{3}$

그러므로 $\sin\beta = \dfrac{\sqrt{3}}{2}$, $\cos\beta = \dfrac{1}{2}$

따라서

$\sin(\alpha + \beta) = \sin\alpha\cos\beta + \cos\alpha\sin\beta$

$= \dfrac{\sqrt{2}}{4} \times \dfrac{1}{2} + \dfrac{\sqrt{14}}{4} \times \dfrac{\sqrt{3}}{2}$

$= \dfrac{\sqrt{2} + \sqrt{42}}{8}$

155 정답 ⑤

$\sin\alpha = \dfrac{4}{5}$, $\cos\beta = \dfrac{5}{13}$ 이고 α, β는 예각이므로

$\cos\alpha = \dfrac{3}{5}$, $\sin\beta = \dfrac{12}{13}$ 이다.

$\cos(\beta - \alpha) = \cos\beta\cos\alpha + \sin\beta\sin\alpha$

$= \left(\dfrac{5}{13} \times \dfrac{3}{5}\right) + \left(\dfrac{12}{13} \times \dfrac{4}{5}\right) = \dfrac{15 + 48}{65} = \dfrac{63}{65}$

156 정답 ①

$\dfrac{2\tan\theta}{1 + \tan^2\theta} = \dfrac{2\tan\theta}{\sec^2\theta} = 2\tan\theta\cos^2\theta = 2\sin\theta\cos\theta = \sin2\theta = \dfrac{1}{3}$

157 정답 ①

$3x - 4y + 1 = 0 \Rightarrow y = \dfrac{3}{4}x + \dfrac{1}{4}$ 이므로 $\tan\theta = \dfrac{3}{4}$

$\tan\left(\dfrac{\pi}{4} - \theta\right) = \dfrac{\tan\dfrac{\pi}{4} - \tan\theta}{1 + \tan\dfrac{\pi}{4}\cdot\tan\theta} = \dfrac{1 - \tan\theta}{1 + \tan\theta} = \dfrac{1}{7}$

158 정답 ④

두 직선 $y = x + a$, $y = -2x + b$의 교점을 R 이라 할 때,

$\angle\text{PRQ} = \pi - \theta$이다.

직선 $y = x + a$이 x축의 양의 방향과 이루는 각의 크기를 α라

하면 $\tan\alpha = 1$

직선 $y = -2x + b$이 x축의 양의 방향과 이루는 각의 크기를 β라

하면 $\tan\beta = -2$이다.

한편, $\alpha + (\pi - \theta) = \beta$에서 $\pi - \theta = \beta - \alpha$이다.

따라서

$\tan(\pi - \theta) = \tan(\beta - \alpha)$

$\qquad = \dfrac{\tan\beta - \tan\alpha}{1 + \tan\beta\tan\alpha}$

$\qquad = \dfrac{-2 - 1}{1 + (-2 \times 1)} = 3$

$\tan(\pi - \theta) = -\tan\theta$이므로 $\tan\theta = -3$이다.

159 정답 ①

$(\tan x + 2)(\tan y - 2) = -5$

$\tan x\tan y - 2\tan x + 2\tan y - 4 = -5$

$\tan x\tan y + 1 = 2\tan x - 2\tan y$

$\dfrac{1}{2} = \dfrac{\tan x - \tan y}{1 + \tan x\tan y}$

$\dfrac{1}{2} = \tan(x - y)$

따라서 $\sin(x - y) = \dfrac{1}{\sqrt{5}}$

160 정답 10

$y^2 + xy - (6x^2 + 5x + 1)$

$= y^2 + xy - (3x + 1)(2x + 1)$

$= (y + 3x + 1)(y - 2x - 1) = 0$

이므로 방정식이 나타내는 두 직선은

$y = -3x - 1$, $y = 2x + 1$이다.

두 직선의 기울기가 각각 -3, 2이므로 두 직선이 x축의 양의

방향과 이루는 각의 크기를 각각 α, β라 하면 $\tan\alpha=-3$, $\tan\beta=2$이다.

두 직선이 이루는 각의 크기가 θ이므로
$\theta=\alpha-\beta$이다.

$\tan\theta=|\tan(\alpha-\beta)|$이다.

$\tan(\alpha-\beta)=\dfrac{\tan\alpha-\tan\beta}{1+\tan\alpha\tan\beta}=\dfrac{-3-2}{1+(-6)}=1$

에서 $\tan\theta=1$

따라서 $10\tan\theta=10$이다.

161 정답 ②

선분 AB가 원 C의 지름이므로

$\angle ACB=\angle ADB=\dfrac{\pi}{2}$이다.

$\angle CAB=\alpha$, $\angle DAB=\beta$라 하면

$\overline{AD}\times\overline{BC}+\overline{AC}\times\overline{BD}$
$=(2\cos\beta)(2\sin\alpha)+(2\cos\alpha)(2\sin\beta)$
$=4\sin(\beta+\alpha)=3$

따라서 $\sin(\alpha+\beta)=\dfrac{3}{4}$

삼각형 ACD에서 사인법칙을 적용하면

$\dfrac{\overline{CD}}{\sin(\alpha+\beta)}=2$

$\therefore\ \overline{CD}=2\times\dfrac{3}{4}=\dfrac{3}{2}$

[랑데뷰팁] −톨레미 정리

한 원의 내접하는 사각형 ABCD에 대해 두 대각선의 곱은 두 쌍의 대변끼리의 곱의 합과 같다.

$\overline{AB}\times\overline{CD}=\overline{AD}\times\overline{BC}+\overline{AC}\times\overline{BD}$

$\Rightarrow 2\times\overline{CD}=3$

 삼각함수의 극한의 활용

162 정답 ③

$y=\sin x$에서 $y'=\cos x$이므로 곡선 $y=\sin x$ 위의 점 $P(t,\ \sin t)$에서의 접선의 기울기는 $\cos t$이다.

따라서 점 P에서의 접선과 점 P를 지나고 기울기가 -1인 직선이 이루는 예각의 크기가 θ이므로

$\tan\theta=\left|\dfrac{\cos t-(-1)}{1+\cos t\times(-1)}\right|$
$\quad\ =\left|\dfrac{\cos t+1}{1-\cos t}\right|$

그런데 $0<t<\pi$이므로

$\tan\theta=\dfrac{\cos t+1}{1-\cos t}$

따라서

$\lim\limits_{t\to\pi-}\dfrac{\tan\theta}{(\pi-t)^2}$

$=\lim\limits_{t\to\pi-}\dfrac{\dfrac{\cos t+1}{1-\cos t}}{(\pi-t)^2}$

$=\lim\limits_{t\to\pi-}\dfrac{\cos t+1}{(\pi-t)^2(1-\cos t)}$

이므로

$\pi-t=x$라 하면 $t\to\pi-$일 때 $x\to0+$이고

$\cos t=\cos(\pi-x)=-\cos x$

이므로

$\lim\limits_{t\to\pi-}\dfrac{\tan\theta}{(\pi-t)^2}$

$=\lim\limits_{t\to\pi-}\dfrac{\cos t+1}{(\pi-t)^2(1-\cos t)}$

$=\lim\limits_{x\to0+}\dfrac{1-\cos x}{x^2(1+\cos x)}$

$=\lim\limits_{x\to0+}\dfrac{1-\cos^2 x}{x^2(1+\cos x)^2}$

$=\lim\limits_{x\to0+}\dfrac{\sin^2 x}{x^2(1+\cos x)^2}$

$=\lim\limits_{x\to0+}\left\{\left(\dfrac{\sin x}{x}\right)^2\times\dfrac{1}{(1+\cos x)^2}\right\}$

$=1^2\times\dfrac{1}{2^2}$

$=\dfrac{1}{4}$

163 정답 ⑤

$(e^{2x}-1)^2 f(x)=a-4\cos\dfrac{\pi}{2}x$에서 양변에 $x=0$을 대입하면

$0=a-4$에서 $a=4$

$x\neq0$이면 $e^{2x}-1\neq0$이므로

$f(x)=\dfrac{4-4\cos\dfrac{\pi}{2}x}{(e^{2x}-1)^2}\ (x\neq0)$

이때 함수 $f(x)$는 실수 전체의 집합에서 연속이므로 $x=0$에서 연속이다.

따라서

$f(0)=\lim\limits_{x\to0}f(x)$

$=\lim\limits_{x\to0}\dfrac{4-4\cos\dfrac{\pi}{2}x}{(e^{2x}-1)^2}$

$=\lim\limits_{x\to0}\dfrac{4\sin^2\dfrac{\pi}{2}x}{(e^{2x}-1)^2\left(1+\cos\dfrac{\pi}{2}x\right)}$

$$=\lim_{x\to 0}\frac{4\left(1-\cos\frac{\pi}{2}x\right)\left(1+\cos\frac{\pi}{2}x\right)}{(e^{2x}-1)^2\left(1+\cos\frac{\pi}{2}x\right)}$$

$$=\lim_{x\to 0}\frac{\left(\dfrac{\sin\frac{\pi}{2}x}{\frac{\pi}{2}x}\right)^2}{\left(\dfrac{e^{2x}-1}{2x}\right)^2}\times\lim_{x\to 0}\frac{\frac{\pi^2}{4}}{1+\cos\frac{\pi}{2}x}$$

$$=\frac{\pi^2}{8}$$

따라서

$$a\times f(0)=4\times\frac{\pi^2}{8}=\frac{\pi^2}{2}$$

164 정답 ①

$$\lim_{x\to 0}\frac{\sin(3x^3+5x^2+4x)}{3x^3+5x^2+4x}\times\frac{3x^3+5x^2+4x}{2x^3+2x^2+x}$$

$$=1\times\lim_{x\to 0}\frac{3x^2+5x+4}{2x^2+2x+1}=4$$

165 정답 ⑤

$$\lim_{x\to 0}\frac{x^2}{a\cos^2x+b}=\frac{1}{2}\text{에서 }\lim_{x\to 0}x^2=0\text{이므로}$$

$$\lim_{x\to 0}(a\cos^2x+b)=0\text{이어야 한다.}$$

즉, $a+b=0$

$$\therefore\ \lim_{x\to 0}\frac{x^2}{a\cos^2x+b}=\lim_{x\to 0}\frac{x^2}{a\cos^2x-a}=\lim_{x\to 0}\frac{x^2}{-a\sin^2x}$$

$$=-\frac{1}{a}\left(\because\lim_{x\to 0}\frac{x}{\sin x}=1\right)$$

$-\dfrac{1}{a}=\dfrac{1}{2}$에서 $a=-2$

$\therefore b=2\ (\because a+b=0)$

$\therefore ab=-4$

166 정답 ③

ㄱ. $\displaystyle\lim_{x\to 0}\frac{e^x-1}{2x}=\frac{1}{2}\lim_{x\to 0}\frac{e^x-1}{x}=\frac{1}{2}$

ㄴ. $\displaystyle\lim_{x\to 0}\frac{e^x-1}{e^{2x}-1}=\lim_{x\to 0}\frac{e^x-1}{(e^x-1)(e^x+1)}$

$$=\lim_{x\to 0}\frac{1}{e^x+1}=\frac{1}{2}$$

ㄷ. $\displaystyle\lim_{x\to 0}\frac{e^x-1}{1-\cos x}$

$$=\lim_{x\to 0}\frac{(e^x-1)(1+\cos x)}{1-\cos^2x}$$

$$=\lim_{x\to 0}\left(\frac{e^x-1}{x}\cdot\frac{x^2}{\sin^2x}\cdot\frac{1+\cos x}{x}\right)$$

이때, $\displaystyle\lim_{x\to 0}\frac{e^x-1}{x}=\lim_{x\to 0}\frac{x}{\sin x}=1$이지만 $x\to 0$일 때,

$\dfrac{1+\cos x}{x}$의 극한값은 존재하지 않는다.

따라서 $\displaystyle\lim_{x\to 0}\frac{e^x-1}{f(x)}$이 존재하는 것은 ㄱ, ㄴ이다.

167 정답 ③

$\displaystyle\lim_{x\to 0}xf(x)=1$에서 $xf(x)=h(x)$라 하면

$\displaystyle\lim_{x\to 0}h(x)=1,\ f(x)=\frac{1}{x}h(x)(x\ne 0)\ \cdots\ \bigcirc$

ㄱ. $\displaystyle\lim_{x\to 0}f(x)\cdot g(x)=\lim_{x\to 0}\frac{1}{x}\cdot h(x)\cdot\sin x$

$$=\lim_{x\to 0}\frac{\sin x}{x}\cdot h(x)=1\times 1=1$$

ㄴ. $\displaystyle\lim_{x\to 0}f(x)\cdot g(x)=\lim_{x\to 0}\frac{1}{x}\cdot h(x)\cdot\cos x$

$$=\lim_{x\to 0}\frac{\cos x}{x}\cdot h(x)\ \cdots\ \bigcirc$$

그런데, $\displaystyle\lim_{x\to 0}\frac{\cos x}{x}$의 값이 존재하지 않으므로 ㄴ의 값은

존재하지 않는다.

ㄷ. $\displaystyle\lim_{x\to 0}f(x)\cdot g(x)=\lim_{x\to 0}\frac{1}{x}\times h(x)\times\ln(x+1)$

$$=\lim_{x\to 0}\frac{\ln(x+1)}{x}\times h(x)=1\times 1=1$$

따라서 $\displaystyle\lim_{x\to 0}f(x)\cdot g(x)$가 존재하는 것은 ㄱ, ㄷ이다.

168 정답 ④

$$\lim_{\theta\to 0}\frac{\sec 2\theta-1}{\sec\theta-1}=\lim_{\theta\to 0}\frac{\frac{1}{\cos 2\theta}-1}{\frac{1}{\cos\theta}-1}=\lim_{\theta\to 0}\frac{\frac{1-\cos 2\theta}{\cos 2\theta}}{\frac{1-\cos\theta}{\cos\theta}}$$

$$=\lim_{\theta\to 0}\frac{1-\cos 2\theta}{1-\cos\theta}\cdot\frac{\cos\theta}{\cos 2\theta}$$

$$=\lim_{\theta\to 0}\frac{1-\cos 2\theta}{1-\cos\theta}\cdot\lim_{\theta\to 0}\frac{\cos\theta}{\cos 2\theta}$$

$$=\lim_{\theta\to 0}\frac{1-\cos 2\theta}{1-\cos\theta}\left(\because\lim_{\theta\to 0}\frac{\cos\theta}{\cos 2\theta}=\frac{1}{1}=1\right)$$

$$=\lim_{\theta\to 0}\frac{2-2\cos^2\theta}{1-\cos\theta}\ (\because\cos 2\theta=2\cos^2\theta-1)$$

$$=2\lim_{\theta\to 0}\frac{(1-\cos\theta)(1+\cos\theta)}{1-\cos\theta}$$

$$=2\lim_{\theta\to 0}(1+\cos\theta)=2(1+1)=4$$

$$\lim_{x\to 0}\frac{f(x)}{\ln(1+x)}=\lim_{x\to 0}\frac{\dfrac{f(x)}{x}}{\dfrac{\ln(1+x)}{x}}=\lim_{x\to 0}\frac{f(x)}{x}$$

이므로 $\displaystyle\lim_{x\to 0}\frac{f(x)}{x}=1$

ㄱ. $\displaystyle\lim_{x\to 0}\frac{\sin x}{f(x)}=\lim_{x\to 0}\frac{\dfrac{\sin x}{x}}{\dfrac{f(x)}{x}}=\frac{1}{1}=1$ (거짓)

ㄴ. $\displaystyle\lim_{x\to 0}\frac{f(x)+x}{\ln(1+x)}=\lim_{x\to 0}\frac{\dfrac{f(x)}{x}+1}{\dfrac{\ln(1+x)}{x}}=\frac{1+1}{1}=2$

(참)

ㄷ. $\displaystyle\lim_{x\to 0}\frac{f(x)}{\ln(1+x)}=1$ 에서 $x\to 0$ 일 때,

(분모)$\to 0$ 이므로 (분자)$\to 0$ 이어야 한다.

$\therefore\ \displaystyle\lim_{x\to 0}f(x)=0$

$\therefore\ \displaystyle\lim_{x\to 0}\frac{\{f(x)\}^2}{\ln(1+x)}=\lim_{x\to 0}\frac{f(x)}{\ln(1+x)}\cdot f(x)$

$\quad=\displaystyle\lim_{x\to 0}\frac{f(x)}{\ln(1+x)}\cdot\lim_{x\to 0}f(x)=1\cdot 0=0$ (참)

따라서 보기 중 옳은 것은 ㄴ, ㄷ이다.

170 정답 ④

(분자)$=2^x-1$ 에서 $\displaystyle\lim_{x\to a}(2^x-1)=2^a-1=0$

$\therefore\ a=0$

$\therefore\ \displaystyle\lim_{x\to 0}\frac{2^x-1}{3\sin x}=\lim_{x\to 0}\frac{1}{3}\frac{x}{\sin x}\cdot\frac{2^x-1}{x}=\frac{1}{3}\times 1\times\ln 2$

$\therefore\ b=\dfrac{1}{3}$

$\therefore\ a+b=\dfrac{1}{3}$

171 정답 ②

$$\lim_{x\to 0}\frac{f(x)}{1-\cos(x^2)}=\lim_{x\to 0}\frac{f(x)\{1+\cos(x^2)\}}{\{1-\cos(x^2)\}\{1+\cos(x^2)\}}$$

$=\displaystyle\lim_{x\to 0}\frac{2\cdot f(x)}{\sin^2(x^2)}=\lim_{x\to 0}\frac{(x^2)^2}{\sin^2(x^2)}\cdot\frac{2\cdot f(x)}{(x^2)^2}$

$=2\cdot\displaystyle\lim_{x\to 0}\frac{f(x)}{x^4}=2$

따라서 $\displaystyle\lim_{x\to 0}\frac{f(x)}{x^4}=1$이므로 $\displaystyle\lim_{x\to 0}\frac{f(x)}{x^p}=q$를 반드시 만족하는

상수 p, q는 $p=4$, $q=1$일 때이다.

따라서 $p+q=5$

172 정답 ④

준식은

$$\lim_{x\to 0}\frac{e^{1-\sin x}-e^{1-\tan x}}{\tan x-\sin x}=\lim_{x\to 0}e^{1-\tan x}\times\frac{e^{\tan x-\sin x}-1}{\tan x-\sin x}$$

$=\displaystyle\lim_{x\to 0}e^{1-\tan x}\times\lim_{x\to 0}\frac{e^{\tan x-\sin x}-1}{\tan x-\sin x}$

(여기서 $\tan x-\sin x=t$ 라 하면)

$=\displaystyle\lim_{x\to 0}e^{1-\tan x}\times\lim_{t\to 0}\frac{e^t-1}{t}=e$

173 정답 ③

$$\lim_{x\to 0}\frac{e^{2x^2}-1}{\tan x\sin 2x}=\lim_{x\to 0}\frac{e^{2x^2}-1}{2x^2}\cdot\frac{x}{\tan x}\cdot\frac{2x}{\sin 2x}$$ 이므로

극한값은 $1\cdot 1\cdot 1=1$

174 정답 ②

사각형 ADOE에서 $\angle\mathrm{DAE}=\pi-2\theta$,

$\angle\mathrm{ADO}=\angle\mathrm{AEO}=90^\circ$ 이므로 $\angle\mathrm{DOE}=2\theta$

한편, O에서 선분BC에 내린 수선의 발을 H라 하고, 내접원의

반지름의 길이를 r라 하면

$$\tan\frac{\theta}{2}=\frac{\overline{\mathrm{OH}}}{\overline{\mathrm{CH}}}=\frac{r}{1}=r$$

$\therefore\ S(\theta)=\triangle\mathrm{OED}=\dfrac{1}{2}r^2\sin 2\theta=\dfrac{1}{2}\tan^2\dfrac{\theta}{2}\sin 2\theta$

$$\therefore\ \lim_{\theta\to 0+}\frac{S(\theta)}{\theta^3}=\lim_{\theta\to 0+}\frac{\dfrac{1}{2}\sin 2\theta\tan^2\dfrac{\theta}{2}}{\theta^3}$$

$=\displaystyle\lim_{\theta\to 0+}\frac{1}{4}\frac{\sin 2\theta}{2\theta}\frac{\tan^2\dfrac{\theta}{2}}{\left(\dfrac{\theta}{2}\right)^2}=\frac{1}{4}$

175 정답 ④

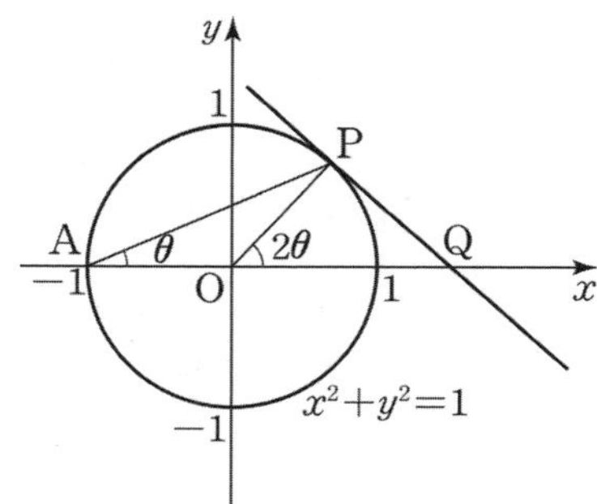

그림에서 $\triangle\mathrm{AOP}$가 이등변삼각형이므로

$\angle\mathrm{POQ}=2\theta$

$\therefore\ \mathrm{P}(\cos 2\theta,\ \sin 2\theta)$

점 P를 지나는 접선의 방정식은
$$\cos 2\theta x + \sin 2\theta y = 1$$
$$\therefore \ Q\left(\frac{1}{\cos 2\theta}, 0\right)$$
$$\therefore \ \overline{PQ} - \overline{OQ} = \sqrt{\left(\cos 2\theta - \frac{1}{\cos 2\theta}\right)^2 + \sin^2 2\theta} - \frac{1}{\cos 2\theta}$$
$$= \sqrt{1 - 2 + \frac{1}{\cos^2 2\theta}} - \frac{1}{\cos 2\theta}$$
$$= \sqrt{\sec^2 2\theta - 1} - \frac{1}{\cos 2\theta}$$
$$= \tan 2\theta - \frac{1}{\cos 2\theta} = \frac{\sin 2\theta - 1}{\cos 2\theta}$$

한편 $\theta - \dfrac{\pi}{4} = t$라 하면 $\theta = \dfrac{\pi}{4} + t$이므로

$$\frac{\sin 2\theta - 1}{\cos 2\theta} = \frac{\sin\left(\frac{\pi}{2} + 2t\right) - 1}{\cos\left(\frac{\pi}{2} + 2t\right)}$$
$$= \frac{\cos 2t - 1}{-\sin 2t} = \frac{-2\sin^2 t}{-\sin 2t} = \frac{2\sin^2 t}{\sin 2t}$$
$$\therefore \ \lim_{\theta \to \frac{\pi}{4}-} \frac{\overline{PQ} - \overline{OQ}}{\theta - \frac{\pi}{4}} = \lim_{t \to 0-} \frac{\frac{2\sin^2 t}{\sin 2t}}{t}$$
$$= 2\lim_{t \to 0-} \frac{\sin^2 t}{t^2} \times \frac{2t}{\sin 2t} \times \frac{1}{2} = 1$$

176 정답 2

점 P의 좌표가 $(t, \sin t)$ $(0 < t < \pi)$이므로 점 Q의 좌표는 $(t, 0)$다.
$$\overline{PR} = \overline{PQ} = \sin t$$
$$\overline{OR} = \overline{OP} - \overline{PR} = \sqrt{t^2 + \sin^2 t} - \sin t$$
이므로
$$\lim_{t \to 0+} \frac{\overline{OQ}}{\overline{OR}} = \lim_{t \to 0+} \frac{t}{\sqrt{t^2 + \sin^2 t} - \sin t}$$
$$= \lim_{t \to 0+} \frac{t(\sqrt{t^2 + \sin^2 t} + \sin t)}{(t^2 + \sin^2 t) - \sin^2 t}$$
$$= \lim_{t \to 0+} \frac{\sqrt{t^2 + \sin^2 t} + \sin t}{t}$$
$$= \lim_{t \to 0+} \left\{\sqrt{1 + \left(\frac{\sin t}{t}\right)^2} + \frac{\sin t}{t}\right\}$$
$$= \sqrt{1 + 1^2} + 1$$
$$= 1 + \sqrt{2}$$
이때, $1 + \sqrt{2} = a + b\sqrt{2}$에서 a, b가 정수이므로 $a = 1$, $b = 1$
따라서
$$a + b = 1 + 1 = 2$$

177 정답 ③

함수 $f(x)$가 $x = 1$에서 연속이려면 $\lim\limits_{x \to 1} f(x) = f(1)$이어야 한다.
$$\lim_{x \to 1} f(x) = \lim_{x \to 1} \frac{\sin 2(x-1)}{x-1} = \lim_{x \to 1} 2 \times \frac{\sin 2(x-1)}{2(x-1)} = 2$$
$$\therefore \ f(1) = a = 2$$

178 정답 ③

주어진 식의 분모, 분자를 각각 x로 나누면
$$\lim_{x \to 0} \frac{\sin 5x - \sin 3x}{\sin x} = \lim_{x \to 0} \frac{\frac{\sin 5x}{5x} \times 5 - \frac{\sin 3x}{3x} \times 3}{\frac{\sin x}{x}}$$
$$= \frac{5 - 3}{1} = 2$$

179 정답 ②

$$\lim_{x \to 0} \frac{\ln(1 + 3x)}{\tan 2x} = \lim_{x \to 0} \frac{\frac{\ln(1 + 3x)}{3x} \times 3x}{\frac{\tan 2x}{2x} \times 2x}$$
$$= \frac{3}{2} \lim_{x \to 0} \frac{\frac{\ln(1 + 3x)}{3x}}{\frac{\tan 2x}{2x}} = \frac{3}{2} \times 1 = \frac{3}{2}$$

180 정답 ③

$$\lim_{x \to 0} \frac{x f(\sin x)}{1 - \cos x} = \lim_{x \to 0} \frac{x \tan(\sin x)}{1 - \cos x}$$
$$= \lim_{x \to 0} \frac{\tan(\sin x)}{\sin x} \times \lim_{x \to 0} \frac{x \sin x}{1 - \cos x}$$
$$= \lim_{x \to 0} \frac{\tan(\sin x)}{\sin x} \times \lim_{x \to 0} \frac{x \sin x}{\frac{1}{2} x^2} = 1 \times 2 = 2$$

181 정답 1

[그림 : 최성훈T]

원 P의 중심 C에서 $\overline{OA}$에 내린 수선의 발을 H, 원 P의 반지름의 길이를 r라 하면
$$\overline{CH} = r, \ \overline{OC} = 2 - r$$이므로
$$\overline{OC} \sin \frac{\theta}{2} = \overline{CH}, \ (2 - r) \sin \frac{\theta}{2} = r$$이므로

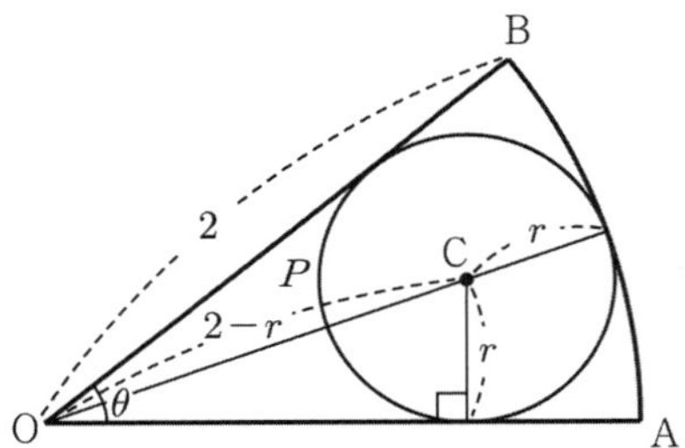

$$r = \frac{2\sin\dfrac{\theta}{2}}{\sin\dfrac{\theta}{2}+1}$$

$$\therefore\ l_1 = 2\pi \times \frac{2\sin\dfrac{\theta}{2}}{\sin\dfrac{\theta}{2}+1},\quad l_2 = 2\theta$$

$$\therefore\ \lim_{\theta\to0+}\frac{\pi l_2}{l_1} = \lim_{\theta\to0+}\frac{\pi 2\theta}{2\pi\times\dfrac{2\sin\dfrac{\theta}{2}}{\sin\dfrac{\theta}{2}+1}} = \lim_{\theta\to0+}\frac{\theta}{\dfrac{2\sin\dfrac{\theta}{2}}{\sin\dfrac{\theta}{2}+1}}$$

$$= \lim_{\theta\to0+}\frac{\theta\left(\sin\dfrac{\theta}{2}+1\right)}{2\sin\dfrac{\theta}{2}} = 1$$

[다른 풀이]

$$\lim_{\theta\to0}\overset{\frown}{AB} = 2r$$

$$l_2 = 2r,\ l_1 = 2\pi r$$

따라서 $\displaystyle\lim_{\theta\to0+}\frac{\pi\times l_2}{l_1} = \frac{\pi\times 2r}{2\pi r} = 1$

182 정답 ②

$x \neq 0$에서 $f(x)$는 연속이므로, $x = 0$에서 연속이면 모든 실수 x에서 연속이 된다.

즉, $\displaystyle\lim_{x\to0}f(x) = f(0)$이어야 한다.

$$\therefore\ a = f(0) = \lim_{x\to0}\frac{1-\cos x}{x^2}$$

$$= \lim_{x\to0}\frac{(1-\cos x)(1+\cos x)}{x^2(1+\cos x)}$$

$$= \lim_{x\to0}\frac{\sin^2 x}{x^2(1+\cos x)}$$

$$= \lim_{x\to0}\frac{\sin^2 x}{x^2}\cdot\frac{1}{1+\cos x} = \frac{1}{2}$$

183 정답 ①

$\overline{OQ} = \tan t,\ \overline{OP} = \sqrt{t^2+\tan^2 t},\ \overline{PQ} = t = \overline{PR}$ 이므로

$\overline{OR} = \overline{OP} - \overline{PR} = \sqrt{t^2+\tan^2 t} - t$이다.

$$\lim_{t\to0+}\frac{\overline{OR}}{\overline{OQ}} = \lim_{t\to0+}\frac{\sqrt{t^2+\tan^2 t}-t}{\tan t}$$

$$= \lim_{t\to0+}\frac{\tan^2 t}{\tan t\{\sqrt{t^2+\tan^2 t}+t\}}$$

$$= \lim_{t\to0+}\frac{\tan t}{\sqrt{t^2+\tan^2 t}+t}$$

$$= \lim_{t\to0+}\frac{\dfrac{\tan t}{t}}{\sqrt{1+\left(\dfrac{\tan t}{t}\right)^2}+1}$$

$$= \frac{1}{\sqrt{2}+1} = \sqrt{2}-1$$

[다른 풀이]–이태형T

$\overline{OQ} = \tan t,\ \overline{OP} = \sqrt{t^2+\tan^2 t},\ \overline{PQ} = t = \overline{PR}$ 이므로

$\overline{OR} = \overline{OP} - \overline{PR} = \sqrt{t^2+\tan^2 t} - t$이다.

$$\lim_{t\to0+}\frac{\overline{OR}}{\overline{OQ}} = \lim_{t\to0+}\frac{\sqrt{t^2+\tan^2 t}-t}{\tan t}$$

$$= \lim_{t\to0+}\left(\sqrt{\frac{t^2+\tan^2 t}{\tan^2 t}} - \frac{t}{\tan t}\right) = \sqrt{2}-1$$

 **유형 6** 삼각함수의 미분

184 정답 ①

함수 $f(x) = x\cos x$에서 $f'(x) = \cos x - x\sin x$이므로

$$\lim_{h\to0}\frac{f(\pi+h)-f(\pi)}{h} = f'(\pi) = -1$$

185 정답 ③

$f'(x) = \begin{cases} a & (-1 < x < 0) \\ \cos x & (0 < x < 1) \end{cases}$ 이때, 함수 $f(x)$ 가

$x = 0$ 에서 연속이므로 $\displaystyle\lim_{x\to0-}f(x) = f(0)$ 에서 $b = 0$

또, 함수 $f(x)$ 가 $x = 0$ 에서 미분 가능하므로

$$\lim_{x\to0-}f'(x) = \lim_{x\to0+}f'(x) \text{ 에서 } a = 1$$

$$\therefore\ a+b = 1+0 = 1$$

 **유형 7** 여러 가지 미분법

186 정답 ②

x와 y를 각각 t에 대하여 미분하면

$$\frac{dx}{dt} = \frac{3t^2}{t^3+1}, \quad \frac{dy}{dt} = \pi\cos\pi t$$

$$\therefore \frac{dy}{dx} = \frac{\dfrac{dy}{dt}}{\dfrac{dx}{dt}} = \frac{\pi\cos\pi t}{\dfrac{3t^2}{t^3+1}}$$

따라서 $t=1$일 때, $\dfrac{dy}{dx} = \dfrac{\pi\cos\pi}{\dfrac{3\times 1^2}{1^3+1}} = -\dfrac{2}{3}\pi$

187 정답 ②

$x^2-5x+2\ln x = t$에서

$f(x) = x^2-5x+2\ln x$라 하면

$$f'(x) = 2x-5+\frac{2}{x}$$

$$= \frac{2x^2-5x+2}{x}$$

$$= \frac{(2x-1)(x-2)}{x}$$

따라서 함수 $f(x)$의 증가와 감소를 표로 나타내면 다음과 같다.

x	(0)	$\cdots$	$\dfrac{1}{2}$	$\cdots$	2	$\cdots$
$f'(x)$		$+$	0	$-$	0	$+$
$f(x)$		↗	극대	↘	극소	↗

이때 함수 $f(x)$의 극댓값은

$$f\left(\frac{1}{2}\right) = \left(\frac{1}{2}\right)^2 - 5\times\frac{1}{2} + 2\ln\frac{1}{2}$$

$$= -\frac{9}{4} - 2\ln 2$$

극솟값은

$$f(2) = 2^2 - 5\times 2 + 2\ln 2$$

$$= -6 + 2\ln 2$$

이므로 함수 $y=f(x)$의 그래프는 다음과 같다.

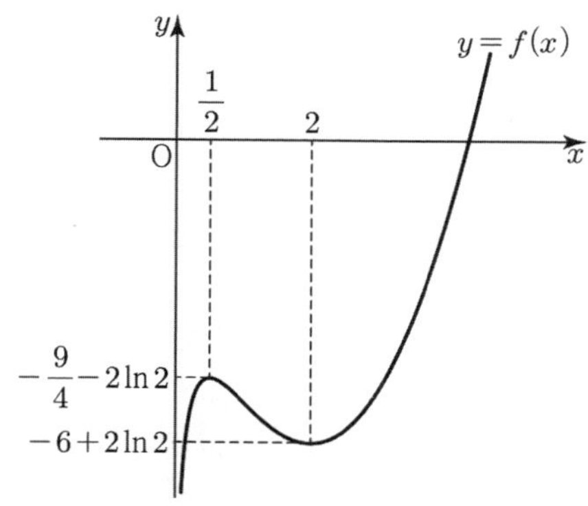

이때 x에 대한 방정식 $x^2-5x+2\ln x = t$이 서로 다른 실근의 개수가

2가 되기 위해서는 함수 $y=f(x)$의 그래프와 직선 $y=t$의 교점의

개수가 2가 되어야 하므로

$$t = -\frac{9}{4} - 2\ln 2 \text{ 또는 } t = -6 + 2\ln 2$$

따라서 모든 실수 t의 값의 합은

$$\left(-\frac{9}{4} - 2\ln 2\right) + (-6 + 2\ln 2) = -\frac{33}{4}$$

188 정답 ④

$$\frac{dx}{dt} = \frac{5(t^2+1) - 5t\times 2t}{(t^2+1)^2}$$

$$= \frac{-5t^2+5}{(t^2+1)^2}$$

$$\frac{dy}{dt} = \frac{3}{t^2+1}\times 2t = \frac{6t}{t^2+1}$$

$$\frac{dy}{dx} = \frac{\dfrac{dy}{dt}}{\dfrac{dx}{dt}} = \frac{\dfrac{6t}{t^2+1}}{\dfrac{-5t^2+5}{(t^2+1)^2}} = \frac{6t(t^2+1)}{-5t^2+5}$$

따라서 $t=2$일 때 $\dfrac{dy}{dx}$의 값은

$$\frac{6\times 2\times(2^2+1)}{-5\times 2^2+5} = \frac{60}{-15} = -4$$

189 정답 ②

$$\frac{dx}{dt} = 1-2\sin 2t, \quad \frac{dy}{dt} = 2\sin t\cos t \text{이므로}$$

$$\frac{dy}{dx} = \frac{\dfrac{dy}{dt}}{\dfrac{dx}{dt}} = \frac{2\sin t\cos t}{1-2\sin 2t} \quad \cdots\cdots \ \text{㉠}$$

(단, $1-2\sin 2t \neq 0$)

㉠의 우변에 $t = \dfrac{\pi}{4}$를 대입하면

$$\frac{2\sin\dfrac{\pi}{4}\cos\dfrac{\pi}{4}}{1-2\sin\dfrac{\pi}{2}}=\frac{2\times\dfrac{\sqrt{2}}{2}\times\dfrac{\sqrt{2}}{2}}{1-2\times1}$$

$$=\frac{1}{1-2}=-1$$

190 정답 ④

주어진 식을 미분하면 $f'(x^3+x)\times(3x^2+1)=e^x$ 이다

구하고자 하는 바는 $f'(2)$ 이기 때문에 x에 1을 대입한다.

$f'(2)\times4=e$ 이다. 그러므로 $f'(2)=\dfrac{e}{4}$

191 정답 ④

$x=e^t-4e^{-t},\ \dfrac{dx}{dt}=e^t+4e^{-t}$

$y=t+1,\ \dfrac{dy}{dt}=1$

$$\frac{dy}{dx}=\frac{\dfrac{dy}{dt}}{\dfrac{dx}{dt}}=\frac{1}{e^t+4e^{-t}}$$

따라서 $t=\ln2$일 때 $\dfrac{dy}{dx}$의 값은

$$\frac{1}{e^{\ln2}+4e^{-\ln2}}=\frac{1}{2+4\times\dfrac{1}{2}}=\frac{1}{4}$$

192 정답 ③

$g(x)=\dfrac{f(x)}{(e^x+1)^2}$ 이므로

$$g'(x)=\frac{f'(x)\times(e^x+1)^2-f(x)\times2(e^x+1)e^x}{(e^x+1)^4}$$

$$=\frac{f'(x)\times(e^x+1)-2e^xf(x)}{(e^x+1)^3}$$

따라서

$$g'(0)=\frac{f'(0)\times(e^0+1)-2e^0f(0)}{(e^0+1)^3}$$

$$=\frac{2f'(0)-2f(0)}{2^3}$$

$$=\frac{f'(0)-f(0)}{4}$$

$$=\frac{2}{4}=\frac{1}{2}$$

193 정답 2

함수 $f(x)$를 미분하면

$$f'(x)=\ln(2x-1)+\frac{2x}{2x-1}$$

이므로

$$f'(1)=2$$

194 정답 ⑤

$x=\ln t+t$ 이므로 $\dfrac{dx}{dt}=\dfrac{1}{t}+1$,

$y=-t^3+3t$ 이므로 $\dfrac{dy}{dt}=-3t^2+3$ 이다.

$$\frac{dy}{dx}=\frac{\dfrac{dy}{dt}}{\dfrac{dx}{dt}}=\frac{-3t^2+3}{\dfrac{1}{t}+1}=\frac{-3t(t+1)(t-1)}{t+1}$$

$$=-3t(t-1)=-3\left(t^2-t+\frac{1}{4}-\frac{1}{4}\right)$$

$$=-3\left(t-\frac{1}{2}\right)^2+\frac{3}{4}$$

이므로 $t=\dfrac{1}{2}$에서 최댓값 $\dfrac{3}{4}$를 갖는다.

$\therefore\ a=\dfrac{1}{2}$ 이다.

195 정답 21

$f(x)=\ln(2x-1)$ 에서 $f'(x)=\dfrac{2}{2x-1}$ 이므로

$f'(10)=\dfrac{2}{19}$

$\therefore\ p+q=19+2=21$

196 정답 12

주어진 식의 양변을 미분하면

$f'(x^3)\times3x^2=6x^2-2x+32$

따라서 $x=1$을 대입하면

$f'(1)\times3=36$

$\therefore\ f'(1)=12$

197 정답 ④

$f(2x+1)=(x^2+1)^2$의 양변을 미분하면

$f'(2x+1)\cdot2=2(x^2+1)\times2x$ 이다.

양변에 $x=1$을 대입하여 계산하면,

$f'(3)\times2=2\times2\times2=8$

따라서 $f'(3)=4$이다.

198 정답 ②

$\lim\limits_{x\to2}\dfrac{f(x)-3}{x-2}=5$에서 $x\to2$일 때

(분모)$\to0$이므로 (분자)$\to0$이어야 한다.

즉, $\lim\limits_{x\to2}\{f(x)-3\}=0$

함수 $f(x)$가 실수 전체의 집합에서 미분가능하므로 실수 전체의 집합에서 연속이다. 따라서

$\lim\limits_{x\to2}\{f(x)-3\}=f(2)-3=0$에서 $f(2)=3$

$\lim\limits_{x\to2}\dfrac{f(x)-3}{x-2}=5$

즉, $\lim\limits_{x\to2}\dfrac{f(x)-f(2)}{x-2}=5$

이므로

$f'(2)=5$

한편 $g(x)=\dfrac{f(x)}{e^{x-2}}$에서

$g'(x)=\dfrac{f'(x)\times(e^{x-2})-f(x)\times(e^{x-2})'}{(e^{x-2})^2}$

$=\dfrac{\{f'(x)-f(x)\}\times(e^{x-2})}{(e^{x-2})^2}=\dfrac{f'(x)-f(x)}{e^{x-2}}$

따라서

$g'(2)=\dfrac{f'(2)-f(2)}{e^0}=\dfrac{5-3}{1}=2$

199 정답 ①

$\lim\limits_{h\to0}\dfrac{f(\pi+h)-f(\pi+h)}{h}=2f'(\pi)$이다.

$f(x)=\tan2x+3\sin x$

$f'(x)=2\sec^2 2x+3\cos x$이므로

$f'(\pi)=2\sec^2 2\pi+3\cos\pi=2-3=-1$이고

따라서 $2f'(\pi)=-2$이다.

200 정답 ④

조건 (가)에서

$\lim\limits_{h\to0}\dfrac{g(2+4h)-g(2)}{h}=\lim\limits_{h\to0}\left\{\dfrac{g(2+4h)-g(2)}{h}\times4\right\}=4g'(2)$

$=8$

따라서 $g'(2)=2$이다.

또한 조건 (나)에서

$f'(g(2))\times g'(2)=10$이므로

$f'(g(2))=5$

그런데 $f'(x)=2^x$이므로

$f'(g(2))=2^{g(2)}=5$

따라서 $g(2)=\log_2 5$

201 정답 ④

$f'(x)=\cos(x+\alpha)-2\sin(x+\alpha)$이므로

$f'\left(\dfrac{\pi}{4}\right)\cos\left(\dfrac{\pi}{4}+\alpha\right)-2\sin\left(\dfrac{\pi}{4}+\alpha\right)=0$

즉, $\cos\left(\dfrac{\pi}{4}+\alpha\right)=2\sin\left(\dfrac{\pi}{4}+\alpha\right)$에서

$\tan\left(\dfrac{\pi}{4}+\alpha\right)=\dfrac{1}{2}$이므로

$\dfrac{\tan\dfrac{\pi}{4}+\tan\alpha}{1-\tan\dfrac{\pi}{4}\tan\alpha}=\dfrac{1}{2}$, $\dfrac{1+\tan\alpha}{1-\tan\alpha}=\dfrac{1}{2}$

$2(1+\tan\alpha)=1-\tan\alpha$

$\tan\alpha=-\dfrac{1}{3}$

202 정답 ⑤

$\lim\limits_{h\to0}\dfrac{f(e+h)-f(e-2h)}{h}=3f'(e)$이다.

$f(x)=\dfrac{\ln x}{x^2}$이므로 $f'(x)=\dfrac{x-\ln x\times2x}{x^4}$이다.

$3f'(e)=3\times\left(-\dfrac{1}{e^3}\right)=-\dfrac{3}{e^3}$

203 정답 6

$x=t^2+1$에서 $\dfrac{dx}{dt}=2t$,

$y=\dfrac{2}{3}t^3+10t-1$에서 $\dfrac{dy}{dt}=2t^2+10$

$\therefore \dfrac{dy}{dx}=\dfrac{\dfrac{dy}{dt}}{\dfrac{dx}{dt}}=\dfrac{2t^2+10}{2t}$

$t=1$일 때, $\dfrac{dy}{dx}=\dfrac{12}{2}=6$

204 정답 ①

$x=t-\dfrac{2}{t}$, $\dfrac{dx}{dt}=1+\dfrac{2}{t^2}$

$x=t-\dfrac{2}{t}$, $\dfrac{dy}{dt}=2t-\dfrac{4}{t^3}$

$t=1$일 때, $\dfrac{dy}{dx}=\dfrac{2-4}{1+2}=-\dfrac{2}{3}$이다.

205 정답 21

각 구간에서 $f(x)$를 구하면

(i) $0<x<1$: $f(x)=2x-1$

(ii) $x=1 : f(1)=\dfrac{a+1}{2}$

(iii) $x>1 : f(x)=ax^b$

$x=1$에서 미분 가능하므로

① 연속조건 : $\displaystyle\lim_{x\to 1-}f(x)=\lim_{x\to 1+}f(x)=f(1)$

$\therefore\ a=1$

② 미분가능조건 : $f'(x)=\begin{cases}2 & (x<1)\\ abx^{b-1} & (x>1)\end{cases}$

$\therefore\ 2=ab$

①와 ②에서 $a=1$, $b=2$

$\therefore\ a+10b=1+20=21$

206 정답 ⑤

$A(1,0)$, $B(t,2\sqrt{2})$, $C(t,0)$이므로

$f(t)=\dfrac{1}{2}(t-1)\cdot 2\sqrt{t}=(t-1)\sqrt{t}$

$f'(t)=\sqrt{t}+\dfrac{t-1}{2\sqrt{t}}$ 이므로

$f'(9)=3+\dfrac{8}{6}=\dfrac{13}{3}$

207 정답 ④

함수 $f(x)=\ln x$에 대하여

$f'(x)=\dfrac{1}{x}$이고 $x_1<x_2$일 때, 평균값정리에 의하여

$\dfrac{f(x_2)-f(x_1)}{x_2-x_1}=f'(c)$ 를 만족하는 c가 구간

(x_1,x_2)안에 존재한다.

따라서 구하는 집합 S는

$S=\{f'(c)\,|\,c\in(x_1,x_2)\,2\le x_1\le 4, 2\le x_2\le 4, x_1<x_2\}$

$\quad=\{x\,|\,f'(4)<x<f'(2)\}=\left\{x\,\middle|\,\dfrac{1}{4}<x<\dfrac{1}{2}\right\}$

208 정답 3

$\dfrac{f(0)}{\ln g(0)}=1$

$\therefore\ f(0)=\ln g(0)$

$\dfrac{f'(x)\ln g(x)-f(x)\dfrac{g'(x)}{g(x)}}{\{\ln g(x)\}^2}=e^x$

$\to \dfrac{f'(x)}{\ln g(x)}-\dfrac{f(x)g'(x)}{\{\ln g(x)\}^2 g(x)}=e^x$에서 $x=0$을 대입하면

$\dfrac{f'(0)}{\ln g(0)}-\dfrac{f(0)g'(0)}{\{\ln g(0)\}^2 g(0)}=1\to \dfrac{f'(0)}{f(0)}-\dfrac{g'(0)}{f(0)g(0)}=1$

(나)에서 $\dfrac{g'(0)}{g(0)}=2f(0)$에서 $\dfrac{g'(0)}{f(0)g(0)}=2$이므로

$\dfrac{f'(0)}{f(0)}=3$

209 정답 ③

$\displaystyle\lim_{x\to -1+}f(x)=\lim_{x\to -1+}(2+x)^{\frac{1}{1+x}}=\lim_{t\to 0+}(1+t)^{\frac{1}{t}}=e$

한편, $\ln f(x)=\dfrac{\ln(2+x)}{1+x}$ 에서 양변 미분하면

$\dfrac{f'(x)}{f(x)}=\dfrac{\dfrac{1+x}{2+x}-\ln(2+x)}{(1+x)^2}$ 이고 $f(0)=2$이므로

$\dfrac{f'(0)}{f(0)}=\dfrac{\dfrac{1}{2}-\ln 2}{1}$

따라서 $f'(0)=1-2\ln 2$

따라서

$\dfrac{\displaystyle\lim_{x\to -1+}f(x)}{e}-f'(0)=1-(1-2\ln 2)=2\ln 2=\ln 4$

210 정답 ②

$g(1)=-1$이므로 $f(-1)=1$이고

$f'(x)=1+\{f(x)\}^2$의 양변에 $x=g(t)$를 대입하면

$f'(g(t))=1+\{f(g(t))\}^2=1+t^2\cdots\bigcirc$

한편, $f(g(x))=x$의 양변 미분하면

$f'(g(x))g'(x)=1$이므로

$f'(g(x))=\dfrac{1}{g'(x)}\cdots\bigcirc\!\!\bigcirc$

$(h\circ g)'(x)=h'(g(x))g'(x)$이므로

$(h\circ g)'(1)=h'(g(1))g'(1)=h'(-1)g'(1)=1$

따라서 $h'(-1)=\dfrac{1}{g'(1)}$이다.

$\bigcirc\!\!\bigcirc$에서 $f'(g(1))=\dfrac{1}{g'(1)}=1+1^2=2\,(\because\bigcirc)$이므로

$h'(-1)=2$이다.

211 정답 2

두 함수 $f(x)=4x^2-2x$, $g(x)=e^{kx}+1$에서

$f'(x)=8x-2$, $g'(x)=ke^{kx}$

$f'(2)=14$, $g(0)=2$, $g'(0)=k$

함수 $h(x)=(f\circ g)(x)$에서

$h'(x)=f'(g(x))g'(x)$

$h'(0)=f'(g(0))g'(0)=f'(2)\times k=14\times k=28$

따라서 $k=2$

212 정답 ⑤

$f(x)=3\cos(x-\alpha)+2\sin(x-\alpha)+2x$ 에서

$f'(x)=-3\sin(x-\alpha)+2\cos(x-\alpha)+2$

$f'\left(\dfrac{\pi}{4}\right)=-3\sin\left(\dfrac{\pi}{4}-\alpha\right)+2\cos\left(\dfrac{\pi}{4}-\alpha\right)+2=2$

$2\cos\left(\dfrac{\pi}{4}-\alpha\right)=3\sin\left(\dfrac{\pi}{4}-\alpha\right)$

$\tan\left(\dfrac{\pi}{4}-\alpha\right)=\dfrac{2}{3}$

$\dfrac{1-\tan\alpha}{1+\tan\alpha}=\dfrac{2}{3}\Rightarrow 3-3\tan\alpha=2+2\tan\alpha\Rightarrow 5\tan\alpha=1$

$\therefore\ \tan\alpha=\dfrac{1}{5}$

213 정답 ③

$\dfrac{dx}{dt}=\dfrac{1}{t}$, $\dfrac{dy}{dt}=\dfrac{4t^3+2t}{t^4+t^2}=\dfrac{4t^2+2}{t^3+t}$ 이므로

$\dfrac{dy}{dx}=\dfrac{\dfrac{dy}{dt}}{\dfrac{dx}{dt}}=\dfrac{4t^2+2}{t^2+1}$

따라서 $\displaystyle\lim_{t\to\infty}\dfrac{dy}{dx}=\lim_{t\to\infty}\dfrac{4t^2+2}{t^2+1}=4$

214 정답 1

$t=4$일 때, $y=x^2$과 $y=4$의 교점 중 x좌표가 큰 점의 좌표가 2이므로 $f(4)=2$

$\{f(t)\}^2=t$에서 양변 미분하면

$2f(t)f'(t)=1$에서 $f'(t)=\dfrac{1}{2f(t)}$ 이다.

따라서 $f'(4)=\dfrac{1}{2\times2}=\dfrac{1}{4}$

따라서 $g(t)=\dfrac{f(t)}{t}\Rightarrow g'(t)=\dfrac{f'(t)t-f(t)}{t^2}$ 이므로

$g'(4)=\dfrac{f'(4)\times4-f(4)}{4^2}=\dfrac{\dfrac{1}{4}\times4-2}{16}=-\dfrac{1}{16}$

따라서 $\{16g'(4)\}^2=(-1)^2=1$

유형 8 역함수의 미분법

215 정답 ②

함수 $g(x)$는 함수 $f(x)=x^3+2x+3$의 역함수이므로

$x=y^3+2y+3$ $\cdots\cdots$ ㉠

$x=3$일 때,

$3=y^3+2y+3,\ y(y^2+2)=0$

$y=0$

또, ㉠의 양변을 x에 대하여 미분하면

$1=(3y^2+2)\dfrac{dy}{dx}$

$\dfrac{dy}{dx}=\dfrac{1}{3y^2+2}$

따라서

$g'(3)=\dfrac{1}{3\times0^2+2}=\dfrac{1}{2}$

216 정답 ③

$\displaystyle\lim_{x\to1}\dfrac{g(x)-2}{x-1}$ 가 3으로 수렴하고,

$x\to1$일 때 분모$\to0$이므로 분자$\to0$이다.

즉, $\displaystyle\lim_{x\to1}g(x)=2$

$\therefore\ g(1)=2,\ g^{-1}(2)=f(2)=1$

$\displaystyle\lim_{x\to1}\dfrac{g(x)-2}{x-1}=\lim_{x\to1}\dfrac{g(x)-g(1)}{x-1}=g'(1)=3$

$f(x)$의 역함수가 $g(x)$이므로 $g(f(x))=x$

양변을 x에 대하여 미분하면

$g'(f(x))\cdot f'(x)=1$

$x=2$를 대입하면 $g'(f(2))\cdot f'(2)=1$

$g'(1)\cdot f'(2)=1,\ 3f'(2)=1$

$\therefore\ f'(2)=\dfrac{1}{3}$

217 정답 ①

$f'(x)=\dfrac{e^x}{e^x-1}$ $\cdots$ ㉠

$y=g(x)$ 에서, $x=f(y)=\ln(e^y-1)$

$\therefore\ e^y-1=e^x$

$g'(x)=\dfrac{1}{f'(y)}=\dfrac{e^y-1}{e^y}=\dfrac{e^x}{e^x+1}$ $\cdots$ ㉡

㉠, ㉡에 의해

$\dfrac{1}{f'(a)}+\dfrac{1}{g'(a)}=\dfrac{e^a-1}{e^a}+\dfrac{e^a+1}{e^a}=2$

218 정답 ③

함수 $f(x)$의 역함수가 $g(x)$이고
$f(1)=2$, $f'(1)=3$ 이므로 $g(2)=1$
$$g'(2)=\frac{1}{f'(g(2))}=\frac{1}{f'(1)}=\frac{1}{3}$$
한편, 함수 $h(x)=xg(x)$에서
$$h'(x)=g(x)+xg'(x)$$
따라서
$$h'(2)=g(2)+2g'(2)=1+2\times\frac{1}{3}=\frac{5}{3}$$

219 정답 17

$$f'(x)=15e^{5x}+1+\cos x$$
$$f'(0)=15e^0+1+\cos 0=17$$
$g(x)$는 $(3,\ 0)$을 지나고 미분가능하므로
$$\lim_{x\to 3}\frac{x-3}{g(x)-g(3)}=\frac{1}{g'(3)}=f'(0)=17$$

220 정답 ⑤

$$f'(x)=\frac{e^{-x}}{\left(1+e^{-x}\right)^2}\text{에서}$$
$$f'(-1)=\frac{e}{(1+e)^2}$$
따라서
$$g'(f(-1))=\frac{1}{f'(-1)}=\frac{(1+e)^2}{e}$$

221 정답 25

$f(x)$의 역함수가 $g(x)$이므로 $g(1)=a$라
하면 $f(a)=1$이고,
$\tan 2a=1$에서 $a=\dfrac{\pi}{8}$이다.

이때 $f'(x)=2\sec^2 2x$이므로 $f'\left(\dfrac{\pi}{8}\right)=4$이다.

따라서 $g'(1)=\dfrac{1}{f'\left(\dfrac{\pi}{8}\right)}=\dfrac{1}{4}$

$$100g'(1)=25$$

222 정답 ①

$$f(x)=\begin{cases}\dfrac{2^x-1}{\ln 2} & (x<0)\\[2ex]\ln(x+1) & (x\geq 0)\end{cases}$$
두 함수 f와 g가 역함수 관계이므로

$f(a)=-\dfrac{1}{2\ln 2}$, $f(b)=1$이라 할 때
$$g'\left(-\frac{1}{2\ln 2}\right)+g'(1)=\frac{1}{f'(a)}+\frac{1}{f'(b)}\text{이다.}$$
$f(-1)=-\dfrac{1}{2\ln 2}$, $f(e-1)=1$이므로
$$f'(x)=\begin{cases}2^x & (x<0)\\[2ex]\dfrac{1}{x+1} & (x\geq 0)\end{cases}\text{에서}$$
$$g'\left(-\frac{1}{2\ln 2}\right)+g'(1)=\frac{1}{f'(-1)}+\frac{1}{f'(e-1)}=2+e$$

[추가 설명]–장세완T

$x<0$일 때, $\dfrac{2^x-1}{\ln 2}<0$이므로
$$f(a)=-\frac{1}{2\ln 2}$$
$$\frac{2^a-1}{\ln 2}=-\frac{1}{2\ln 2}$$
$$a=-1$$
$x\geq 0$일 때, $\ln(x+1)\geq 0$이므로
$$f(b)=1$$
$$\ln(b+1)=1$$
$$b=e-1$$

223 정답 ①

$$f(x)=\ln\left(e^{2x}+k\right)$$
$f'(x)=\dfrac{2e^{2x}}{e^{2x}+k}$이므로 $f'(a)=\dfrac{2e^{2a}}{e^{2a}+k}$에서
$$\frac{1}{f'(a)}=\frac{e^{2a}+k}{2e^{2a}}$$
한편,
$g(a)=b$이면 $f(b)=a$이고 $g'(a)=\dfrac{1}{f'(b)}$에서
$$\frac{1}{g'(a)}=f'(b)\text{이다.}$$
$f(b)=a\Rightarrow\ln\left(e^{2b}+k\right)=a\Rightarrow e^{2b}+k=e^a$이므로
$$f'(b)=\frac{2e^{2b}}{e^{2b}+k}=\frac{2\left(e^a-k\right)}{e^a}$$
$$\frac{1}{4e^a g'(a)}=\frac{1}{4e^a}\times\frac{2\left(e^a-k\right)}{e^a}=\frac{e^a-k}{2e^{2a}}$$
따라서
$$\frac{1}{f'(a)}+\frac{1}{4e^a g'(a)}$$
$$=\frac{e^{2a}+k}{2e^{2a}}+\frac{e^a-k}{2e^{2a}}=\frac{e^{2a}+e^a}{2e^{2a}}$$
$$=\frac{1}{2}+\frac{1}{2e^a}=1$$
$$\therefore\ e^a=1$$
따라서 $a=0$

224 정답 ③

$y = f\left(\dfrac{1}{2}x+1\right)$의 역함수는 $x = f\left(\dfrac{1}{2}y+1\right)$이다.

또한 $f(x)$의 역함수가 $g(x)$이므로

$g(x) = g\left(f\left(\dfrac{1}{2}y+1\right)\right)$에서 $g(x) = \dfrac{1}{2}y+1$

$$\therefore \ y = h(x) = 2g(x) - 2$$

양변을 x에 대하여 미분하면

$$h'(x) = 2g'(x)$$

따라서 $h'(1) = 2g'(1) = \dfrac{2}{f'(2)} = \dfrac{2}{2} = 1$

[다른 풀이]

$y = f\left(\dfrac{1}{2}x+1\right)$의 역함수가 $h(x)$이므로

$$f\left(\dfrac{1}{2}h(x)+1\right) = x$$

이때, $f(x)$의 역함수가 $g(x)$이므로

$$g(x) = \dfrac{1}{2}h(x) + 1$$

양변을 x에 대하여 미분하면 $g'(x) = \dfrac{1}{2}h'(x)$

$$\therefore \ h'(x) = 2g'(x)$$

따라서 $h'(1) = 2g'(1) = \dfrac{2}{f'(2)} = \dfrac{2}{2} = 1$

225 정답 ③

함수 $f(x) = 4\sin\dfrac{x}{2} - 1\,(0 \le x \le \pi)$의 역함수가

$g(x)$이므로

$g(1) = \theta$라 하면 $f(\theta) = 1$

$4\sin\dfrac{\theta}{2} - 1 = 1$

$\sin\dfrac{\theta}{2} = \dfrac{1}{2}$

$0 \le \dfrac{\theta}{2} \le \dfrac{\pi}{2}$이므로 $\dfrac{\theta}{2} = \dfrac{\pi}{6}$

즉, $\theta = \dfrac{\pi}{3}$이므로 $g(1) = \dfrac{\pi}{3}$

$f(x) = 4\sin\dfrac{x}{2} - 1$에서 $f'(x) = 2\cos\dfrac{x}{2}$

$f(g(x)) = x$의 양변을 x에 대하여 미분하면

$f'(g(x))g'(x) = 1$이므로

$g'(x) = \dfrac{1}{f'(g(x))}$

$g'(1) = \dfrac{1}{f'(g(1))} = \dfrac{1}{f'\left(\frac{\pi}{3}\right)} = \dfrac{1}{2\cos\frac{\pi}{6}} = \dfrac{1}{\sqrt{3}} = \dfrac{\sqrt{3}}{3}$

226 정답 ①

$\displaystyle\lim_{x\to1}\dfrac{g(x)-3}{x^3-1} = 2$에서

$x \to 1$일 때 (분모) $\to 0$이므로 (분자) $\to 0$ 이어야 한다.

즉, $\displaystyle\lim_{x\to1}\{g(x)-3\} = 0$ 이어야 하므로

$g(1) = 3 \ \cdots\ ㉠$

이 값을 주어진 식에 대입하면

$$\lim_{x\to1}\dfrac{g(x)-3}{x^3-1} = \lim_{x\to1}\left\{\dfrac{g(x)-g(1)}{x-1} \times \dfrac{1}{x^2+x+1}\right\}$$

$$= \lim_{x\to1}\dfrac{g(x)-g(1)}{x-1} \times \lim_{x\to1}\dfrac{1}{x^2+x+1}$$

$$= g'(1) \times \dfrac{1}{3} = 2$$

$g'(1) = 6 \ \cdots\ ㉡$

또, 함수 $f(x)$의 역함수가 $g(x)$이므로

$f(g(x)) = x$

양변을 x에 대하여 미분하면

$f'(g(x))g'(x) = 1$

$g'(x) = \dfrac{1}{f'(g(x))}$

$x = 1$을 대입하면

$g'(1) = \dfrac{1}{f'(g(1))}$

㉠과 ㉡으로부터 $6 = \dfrac{1}{f'(3)}$

따라서 $f'(3) = \dfrac{1}{6}$

227 정답 100

$f(x) = (x+1)e^x + e$

$g(e) = t$라 하면, $f(t) = e$

$f(t) = (t+1)e^t + e = e$

그러므로 $t = -1$

$f'(x) = (x+2)e^x$

$f'(-1) = (-1+2)e^{-1} = \dfrac{1}{e}$

$g'(e) = \dfrac{1}{f'(g(e))} = \dfrac{1}{f'(-1)} = e$

따라서 $\dfrac{100\,g'(e)}{e} = 100$

228 정답 ②

함수 f의 역함수가 g이므로 $g(f(x)) = x$에서

$g\left(\dfrac{e^x}{e^2-1}\right) = x$

양변을 미분하면

$g'\left(\dfrac{e^x}{e^2-1}\right) \times \dfrac{e^x}{e^2-1} = 1$

$$\therefore\ g'\left(\frac{e^n}{e^2-1}\right)=\frac{e^2-1}{e^n}$$

따라서

$$\sum_{n=1}^{\infty} g'\left(\frac{e^n}{e^2-1}\right)=\sum_{n=1}^{\infty}\left(\frac{1}{e^{n-2}}-\frac{1}{e^n}\right)$$
$$=\frac{1}{e^{-1}}+\frac{1}{e^0}=e+1$$

229 정답 7

$f(0)=0$ 이므로 $g(0)=0$
$f'(x)=6+\cos x$ 이므로
$f'(0)=6+1=7$
$f(g(x))=x$ 의 양변을 x 에 대하여 미분하면
$f'(g(x))\times g'(x)=1$
$$g'(x)=\frac{1}{f'(g(x))}$$
$$\therefore\ \lim_{x\to 0}\frac{x}{g(x)}=\lim_{x\to 0}\frac{1}{\dfrac{g(x)-g(0)}{x-0}}$$
$$=\frac{1}{g'(0)}=f'(g(0))=f'(0)=7$$

230 정답 ①

$g(x)$는 $f(2x+1)$의 역함수이므로 $g(f(2x+1))=x$이고 이 식의 양변을 x에 대하여 미분하면
$g'(f(2x+1))f'(2x+1)\cdot 2=1$
한편 $f(2x+1)=3$일 때는 $2x+1=1$
즉, $x=0$일 때이다.
$x=0$일 때 $g'(3)\cdot f'(1)\cdot 2=1$이고
$f'(x)=3x^2+1$이므로
$f'(1)=4$이다.
$$\therefore\ g'(3)=\frac{1}{2\cdot f'(1)}=\frac{1}{8}$$

231 정답 ①

$t=\dfrac{\pi}{4}$ 일 때, $f\left(\dfrac{\sqrt{2}}{2}\right)=1$이므로 $g(1)=\dfrac{\sqrt{2}}{2}$
$f(\sin t)=\tan t$ 의 양변을 미분하면
$(\cos t)\times f'(\sin t)=\sec^2 t$
$t=\dfrac{\pi}{4}$를 대입하면
$$\left(\frac{\sqrt{2}}{2}\right)\times f'\left(\frac{\sqrt{2}}{2}\right)=2\text{이므로 } f'\left(\frac{\sqrt{2}}{2}\right)=2\sqrt{2}$$
$$\therefore\ g'(1)=\frac{1}{f'(g(1))}=\frac{1}{f'\left(\dfrac{\sqrt{2}}{2}\right)}=\frac{1}{2\sqrt{2}}=\frac{\sqrt{2}}{4}$$

232 정답 ①

$f(x)=2e^x+e^{2x}$에서 $f'(x)=2e^x+2e^{2x}$
함수 $f(2x)$의 역함수가 $g(x)$이므로
$g(f(2x))=x\cdots\text{㉠}$
㉠의 양변을 x에 대하여 미분하면
$g'(f(2x))f'(2x)\times 2=1\cdots\text{㉡}$
이때 $g'(3)$의 값은 방정식 $f(2x)=3$의 해를 ㉡에 대입하여 구할 수 있다.
$f(2x)=3$에서
$2e^{2x}+e^{4x}=3,\ (e^{2x}+3)(e^{2x}-1)=0$
$e^{2x}+3>0$이므로 $e^{2x}-1=0,\ x=0$
따라서 ㉡의 양변에 $x=0$을 대입하면

$g'(f(0))f'(0)\times 2=1$
이때 $f(0)=3, f'(0)=4$이므로
$$g'(3)=\frac{1}{2f'(0)}=\frac{1}{2\times 4}=\frac{1}{8}$$

233 정답 ④

$$f'(x)=\frac{e^x(e^x+1)-e^x(e^x)}{(e^x+1)^2}=\frac{e^x}{(e^x+1)^2}\text{에서}$$
$$f'(1)=\frac{e}{(e+1)^2}$$
따라서
$$g'(f(1))=\frac{1}{f'(1)}=\frac{(1+e)^2}{e}$$

234 정답 ①

$$\lim_{h\to 0}\frac{g(e+h)-g(e-h)}{h}=2g'(e)\text{이고 } f(1)=e\text{이므로 역함수}$$
미분법에 의해
$$g'(e)=\frac{1}{f'(1)}$$
$$f'(x)=e^x(x+1)$$
$f'(1)=2e$이므로 $g'(e)=\dfrac{1}{2e}$
$$\therefore\ 2g'(e)=\frac{1}{e}$$

유형 9 이계도함수

235 정답 ④

$f(x) = xe^x$ 에서

$f'(x) = e^x + xe^x = (x+1)e^x$

$f''(x) = e^x + (x+1)e^x = (x+2)e^x$

$f''(x) = 0$ 에서

$(x+2)e^x = 0, \ x = -2$

$f''(-2) = 0$ 이고, $x = -2$ 의 좌우에서 $f''(x)$ 의 부호가

변하므로 곡선 $y = f(x)$ 의 변곡점의 좌표는

$(-2, \ f(-2))$ 이다.

이때, $f(-2) = -2e^{-2} = -\dfrac{2}{e^2}$ 이므로

$a = -2, \ b = -\dfrac{2}{e^2}$

따라서 $ab = (-2) \times \left(-\dfrac{2}{e^2}\right) = \dfrac{4}{e^2}$

236 정답 ①

도함수의 정의에 의하여

$\displaystyle\lim_{h \to 0}\dfrac{f'(a+h) - f'(a)}{h} = f''(a)$ 이다.

$f(x) = \dfrac{1}{x+3}$ 를 미분하면

$f'(x) = -\dfrac{1}{(x+3)^2}, \quad f''(x) = \dfrac{2}{(x+3)^3}$

$f''(a) = \dfrac{2}{(a+3)^3} = 2$ 이므로 $a+3 = 1$

따라서 $a = -2$ 이다.

237 정답 ③

$f(x) = (ax+b)\sin x$ 에서

$f'(x) = a\sin x + (ax+b)\cos x$

$f'(0) = 2$ 이므로

$a\sin 0 + (a \times 0 + b)\cos 0 = 2$ 에서

$b = 2$

$f'(x) = a\sin x + (ax+2)\cos x$ 에서

$f''(x) = a\cos x + a\cos x - (ax+2)\sin x$

$\quad\quad = 2a\cos x - (ax+2)\sin x$

$f''(0) = 3$ 이므로

$2a\cos 0 - (a \times 0 + 2)\sin 0 = 3$ 에서

$2a = 3$, 즉 $a = \dfrac{3}{2}$

따라서 $a \times b = \dfrac{3}{2} \times 2 = 3$

238 정답 440

$f(x) = \displaystyle\sum_{k=1}^{10}\left(\dfrac{1}{x}\right)^k = \sum_{k=1}^{10} x^{-k}$ 에서

$f'(x) = \displaystyle\sum_{k=1}^{10}\left(-kx^{-k-1}\right)$

$f''(x) = \displaystyle\sum_{k=1}^{10}\left\{(-k) \times (-k-1)x^{-k-2}\right\}$

$\quad\quad = \displaystyle\sum_{k=1}^{10} k(k+1)x^{-k-2}$

따라서

$f''(1) = \displaystyle\sum_{k=1}^{10} k(k+1)$

$\quad\quad = \displaystyle\sum_{k=1}^{10} k^2 + \sum_{k=1}^{10} k$

$\quad\quad = \dfrac{10 \times 11 \times 21}{6} + \dfrac{10 \times 11}{2}$

$\quad\quad = 385 + 55 = 440$

239 정답 ①

$f(x) = \dfrac{1}{2}x^2 + 2\sin x$ 로 놓으면 $f'(x) = x + 2\cos x$,

$f''(x) = 1 - 2\sin x$

$f''(x) = 0$ 에서 $\sin x = \dfrac{1}{2}$

$0 \le x \le 2\pi$ 이므로 $x = \dfrac{\pi}{6}$ 또는 $x = \dfrac{5\pi}{6}$

$x = \dfrac{\pi}{6}$ 와 $x = \dfrac{5\pi}{6}$ 의 좌우에서 $f''(x)$ 의 부호가 바뀌므로

곡선 $y = f(x)$ 의 두 변곡점은

$\left(\dfrac{\pi}{6}, f\left(\dfrac{\pi}{6}\right)\right), \ \left(\dfrac{5\pi}{6}, f\left(\dfrac{5\pi}{6}\right)\right)$

곡선 $y = f(x)$ 의 변곡점 $\left(\dfrac{\pi}{6}, f\left(\dfrac{\pi}{6}\right)\right)$ 에서의 접선의 기울기는

$f'\left(\dfrac{\pi}{6}\right) = \dfrac{\pi}{6} + 2\cos\dfrac{\pi}{6} = \dfrac{\pi}{6} + \sqrt{3}$ 이고,

곡선 $y = f(x)$ 의 변곡점 $\left(\dfrac{5\pi}{6}, f\left(\dfrac{5\pi}{6}\right)\right)$ 에서의 접선의 기울기는

$f'\left(\dfrac{5\pi}{6}\right) = \dfrac{5\pi}{6} + 2\cos\dfrac{5\pi}{6} = \dfrac{5\pi}{6} - \sqrt{3}$

이므로 곡선 $y = f(x)$ 의 두 변곡점에서의 접선의 기울기의

합은 $\left(\dfrac{\pi}{6} + \sqrt{3}\right) + \left(\dfrac{5\pi}{6} - \sqrt{3}\right) = \pi$

240 정답 ③

$y = \dfrac{x}{x^2+1}$

$y' = \dfrac{x^2+1-2x^2}{(x^2+1)^2} = \dfrac{-x^2+1}{(x^2+1)^2}$

$$y'' = \frac{-2x(x^2+1)^2 - 2(-x^2+1)(x^2+1)(2x)}{(x^2+1)^4}$$

$$= \frac{-2x^3 - 2x + 4x^3 - 4x}{(x^2+1)^3}$$

$$= \frac{2x^3 - 6x}{(x^2+1)^3} = \frac{2x(x^2-3)}{(x^2+1)^3}$$

따라서 $y'' = 0$의 근 $x = -\sqrt{3},\ 0,\ \sqrt{3}$ 이고
그 값의 좌우에서 y'' 의 값의 부호가 바뀌므로
모두 변곡점의 x좌표이다. 따라서 3개다.

241 정답 ②

$f(x) = e^x(x^2 - 2x + 2)$ 에서

$f'(x) = e^x(x^2 - 2x + 2) + e^x(2x - 2) = e^x x^2$

$f'(x) = 0$ 에서 $x = 0$

그런데 $x < 0$과 $x > 0$에서 $f'(x)$의 부호가 $+ \to +$로 변화가
없으므로 $x = 0$에서 극값을 갖지 않는다.

$\therefore\ a = 0$

$f''(x) = e^x x^2 + 2e^x x = e^x x(x+2)$

$f''(x) = 0$에서 $x = -2,\ x = 0$이고 그 값 좌우에서 $f''(x)$의
부호 변화가 있으므로 두 점 모두 변곡점이다.

$\therefore\ b = 2$

$\therefore\ a + b = 2$

242 정답 ②

$f'(x) = 2 \cdot \dfrac{2x}{x^2+1} = \dfrac{4x}{x^2+1}$

$f''(x) = \dfrac{4(x^2+1) - 4x \cdot 2x}{(x^2+1)^2} = \dfrac{-4(x^2-1)}{(x^2+1)^2}$

$\qquad = \dfrac{-4(x+1)(x-1)}{(x^2+1)^2}$

$f''(x) = 0$ 에서 $\qquad x = -1$ 또는 $x = 1$

$\qquad\qquad x < -1$ 또는 $x > 1$일 때 $f''(x) < 0$

$\qquad\qquad -1 < x < 1$ 일 때 일 때 $f''(x) > 0$

따라서 $x = -1,\ x = 1$ 의 좌우에서 $f''(x)$의 부호가
바뀌므로 변곡점은 $(-1,\ \ln 4),\ (1,\ \ln 4)$이다.
따라서 두 변곡점 사이의 거리는

$$1 - (-1) = 2$$

243 정답 ②

$f(x) = \dfrac{x}{e^x}$ 에서

$f'(x) = \dfrac{1 \cdot e^x - x \cdot e^x}{e^{2x}} = \dfrac{1-x}{e^x}$

$f'(x) = 0 \ \to\ x = 1$ 이다.

$$f''(x) = \frac{(-1) \cdot e^x - (1-x) \cdot e^x}{e^{2x}} = \frac{x-2}{e^x}$$

$f''(x) = 0 \ \to\ x = 2$ 이다.
함수의 증감표를 만들면

x	$-\infty$	$\cdots$	1	$\cdots$	2	$\cdots$	∞
$f'(x)$	✕	$+$	0	$-$	$-$	$-$	✕
$f''(x)$	✕	$-$	$-$	$-$	0	$+$	✕
$f(x)$	$-\infty$	↗	$\dfrac{1}{e}$	↘	$\dfrac{2}{e^2}$	↘	0

따라서 $x = 1$에서 극댓값을 갖고, 변곡점의 x 좌표는 2 이다.

$\therefore\ \alpha = 1,\ \beta = 2$

$f(\alpha + \beta) = f(3) = \dfrac{3}{e^3}$

유형 10 접선의 방정식

244 정답 ①

$y = e^{-x} + e^t$ 에서

$y' = -e^{-x}$ 이므로 접점의 x좌표를 p라 하면 접점
$(p,\ e^{-p} + e^t)$ 를 지나고 기울기는 $-e^{-p} = f(t)$라 할 수 있다.

즉, 접선은 원점과 접점 $(p,\ e^{-p} + e^t)$을 지나므로

$f(t) = -e^{-p} = \dfrac{e^{-p} + e^t}{p}$ 이다.

이때, $f(a) = -e^{-p} = -e^{\frac{3}{2}}$ 이므로 $p = -\dfrac{3}{2}$ 이다.

한편 $f'(t) = e^{-p} \times \dfrac{dp}{dt}$ $\cdots\cdots$ ㉠ 이고

$-pe^{-p} = e^{-p} + e^t$ 를 만족하므로

$t = a,\ p = -\dfrac{3}{2}$ 를 대입하면

$\dfrac{3}{2} e^{\frac{3}{2}} = e^{\frac{3}{2}} + e^a$

$e^a = \dfrac{1}{2} e^{\frac{3}{2}}$ $\cdots\cdots$ ㉡

$f(t) = \dfrac{e^{-p} + e^t}{p}$ 에서 $f'(t) = \dfrac{e^t}{p}$ 이므로

$\therefore\ f'(a) = \dfrac{e^a}{p} = \dfrac{\frac{1}{2} e^{\frac{3}{2}}}{-\frac{3}{2}} = -\dfrac{1}{3} e^{\frac{3}{2}}$

245 정답 ④

$y=e^x$와 제1사분면에서 접하는 접선의 방정식을 $y=mx$라
하면 $y=e^{-x}$와 제2사분면에서 접하는 접선의 방정식은
$y=-mx$이다.

$y=e^x$와 제1사분면에서 접하는 접점의 좌표를 $(t,\ e^t)$라 하면
접선의 기울기가 e^t이므로

접선의 방정식은 $y=e^t(x-t)+e^t$이고 원점을 지나므로
$(0,\ 0)$을 대입하면 $0=-te^t+e^t$이다.

$e^t(t-1)=0$에서 $e^t>0$이므로 $t=1$이고 접점의 좌표는
$(1,\ e)$이다.

따라서 두 접선의 방정식은 각각 $y=ex$와 $y=-ex$이다.

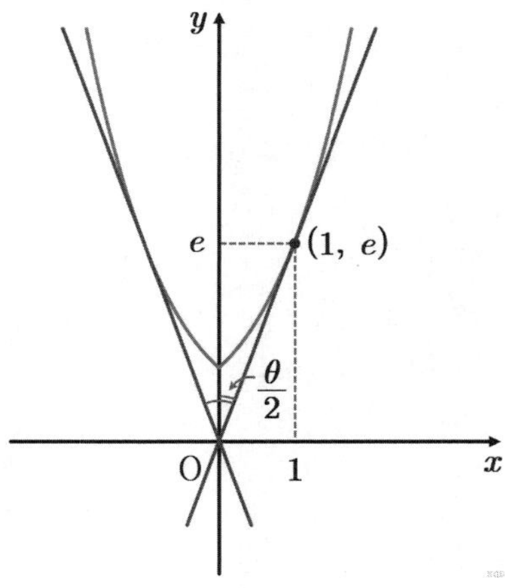

$y=ex$와 y축의 양의 방향이 이루는 각의 크기가 $\dfrac{\theta}{2}$이므로

$\tan\dfrac{\theta}{2}=\dfrac{1}{e}$이다.

$y=ex$와 $y=-ex$가 이루는 예각의 크기가 θ이므로

$$\tan\theta=\dfrac{2\tan\dfrac{\theta}{2}}{1-\tan^2\dfrac{\theta}{2}}=\dfrac{\dfrac{2}{e}}{1-\dfrac{1}{e^2}}=\dfrac{2e}{e^2-1}$$

246 정답 4

점 $(a,0)$는 곡선 $x^3-y^3=e^{xy}$ 위의 점이므로

$a^3=1$에서 $a=1$

$x^3-y^3=e^{xy}$의 양변을 x에 대하여 미분하면

$3x^2-3y^2\dfrac{dy}{dx}=ye^{xy}+xe^{xy}\dfrac{dy}{dx}$ 이므로

$\dfrac{dy}{dx}=\dfrac{3x^2-ye^{xy}}{xe^{xy}+3y^2}$ (단, $xe^{xy}+3y^2\neq0$)

따라서 곡선 $x^3-y^3=e^{xy}$ 위의 점 $(1,0)$에서의 접선의
기울기는

$b=\dfrac{3-0}{1+0}=3$

따라서 $a+b=1+3=4$

247 정답 ④

곡선 $y=\ln 5x$ 위의 점 $\left(\dfrac{1}{5},\ 0\right)$에서의 접선을 구해보면

$y'=\dfrac{1}{x}$이므로 기울기는 5이다.

따라서 접선은

$y=5\left(x-\dfrac{1}{5}\right)=5x-1$이고 y절편은 -1

248 정답 ①

$y'=\dfrac{1}{x-3}$이므로 $x=4$일 때, 미분계수는 1이다.

곡선 위의 점 $(4,\ 1)$에서의 접선의 방정식을 구하면

$y=x-3$이다.

$\therefore\ a=1,\ b=-3$

따라서 $a+b=-2$이다.

249 정답 ①

$x^3-xy^2=10$의 양변을 x에 대하여 미분하면

$3x^2-\left(y^2+x\cdot2y\cdot\dfrac{dy}{dx}\right)=0$

이므로 $\dfrac{dy}{dx}=\dfrac{3x^2-y^2}{2xy}$

따라서 구하는 접선의 기울기는

$\dfrac{dy}{dx}=\dfrac{3\cdot4-9}{2\cdot(-2)\cdot3}=-\dfrac{1}{4}$

250 정답 ①

양변을 x에 대하여 미분하면

$\dfrac{d}{dx}(e^x\ln y)=\dfrac{d}{dx}(1)$

$e^x\ln y+e^x\dfrac{1}{y}\dfrac{dy}{dx}=0$

$\dfrac{dy}{dx}=-y\ln y$

따라서 점 $(0,\ e)$에서의 접선의 기울기는 $-e$

251 정답 ⑤

음함수의 미분법에 의하여

$3y^2y'=\dfrac{-2x}{5-x^2}+y+xy'$,

$(3y^2-x)y'=\dfrac{-2x}{5-x^2}+y$,

$(2,\ 2)$를 대입하여 정리하면 $10y'=-2$

$\therefore\ y'=-\dfrac{1}{5}$

252 정답 ①

$e^x - e^y = y \cdots \boxed{\bigcirc}$의 양변을 x에 대해 미분하면

$e^x - e^y \dfrac{dy}{dx} = \dfrac{dy}{dx} \cdots \boxed{\bigcirc}$이므로

$\dfrac{dy}{dx} = \dfrac{e^x}{1+e^y}$이다.

$(a,\ b)$를 $\boxed{\bigcirc}$과 $\boxed{\bigcirc}$에 대입하면

$\dfrac{dy}{dx} = \dfrac{e^a}{1+e^b}$이고 $e^a - e^b = b$이다.

$\dfrac{e^a}{1+e^b} = 1$

$e^a - e^b = b$

연립하면 $e^a - e^b = 1$이므로 $b = 1$이고, $a = \ln(1+e)$이다.

따라서 정답은 $a + b = 1 + \ln(1+e)$이다.

253 정답 ⑤

음함수 미분법에 의하여 곡선을 미분하면

$e^y \dfrac{dy}{dx} \ln x + e^y \dfrac{1}{x} = 2 \dfrac{dy}{dx}$

점 $(e,\ 0)$을 대입하면

$\dfrac{dy}{dx} + \dfrac{1}{e} = 2 \dfrac{dy}{dx}$

$\therefore\ \dfrac{dy}{dx} = \dfrac{1}{e}$

따라서 접선의 방정식은

$y = \dfrac{1}{e}(x-e) + 0$

$y = \dfrac{1}{e}x - 1$

$\therefore\ ab = -\dfrac{1}{e}$

254 정답 ④

$\pi x = \cos y + x \sin y$를 x에 대하여 미분하면

$\pi = -\sin y \times \dfrac{dy}{dx} + \sin y + x \times \cos y \times \dfrac{dy}{dx}$

이를 정리하면

$\dfrac{dy}{dx} = \dfrac{\pi - \sin y}{x \times \cos y - \sin y}$

이고 점 $\left(0,\ \dfrac{\pi}{2}\right)$에서의 접선의 기울기는

$x = 0,\ y = \dfrac{\pi}{2}$일 때의 미분계수이므로

$\dfrac{\pi - \sin \dfrac{\pi}{2}}{0 \times \cos \dfrac{\pi}{2} - \sin \dfrac{\pi}{2}} = 1 - \pi$

255 정답 ②

$f(x) = e^x$이라 할 때, $f'(x) = e^x$에서 $f'(1) = e$이므로
점 $(1,\ e)$에서의 접선의 방정식은 $y = e(x-1) + e$

$\therefore\ y = ex$

이 직선과 곡선 $y = 2\sqrt{x-k}$가 접하므로

$ex = 2\sqrt{x-k}$

양변을 제곱하면 $e^2 x^2 = 4(x-k)$

방정식 $e^2 x^2 = 4(x-k)$

즉, $e^2 x^2 - 4x + 4k = 0$의 판별식을 D라 하면

$D/4 = 4 - e^2 \cdot 4k = 0 \quad \therefore\ k = \dfrac{1}{e^2}$

256 정답 ⑤

곡선 $y = 3e^{x-1}$ 위의 점 A의 좌표를 $\left(a,\ 3e^{a-1}\right)$으로 놓으면

$y' = 3e^{x-1}$이므로 접선의 기울기는 $3e^{a-1}$이다.

그러므로 접선의 방정식은
$$y = 3e^{a-1}(x-a) + 3e^{a-1}$$

이 접선이 원점 $O(0,\ 0)$을 지나므로
$$0 = 3e^{a-1}(-a) + 3^{a-1}$$

$$\therefore\ a = 1$$

따라서 $A(1,\ 3)$이므로

$$\overline{OA} = \sqrt{1^2 + 3^2} = \sqrt{10}$$

257 정답 ①

두 곡선의 교점의 x좌표를 p라고 하자.

두 곡선이 점 p에서 만나므로,

$ke^p + 1 = p^2 - 3p + 4 \cdots \boxed{\bigcirc}$이고

p에서 접하는 두 직선이 수직이므로 기울기의 곱이 -1이다.

$ke^p \times (2p-3) = -1 \cdots \boxed{\bigcirc}$

$\boxed{\bigcirc}$식을 k에 관하여 변형하면 $k = \dfrac{p^2 - 3p + 3}{e^p}$이고,

$\boxed{\bigcirc}$식을 k에 관하여 변형하면 $k = \dfrac{-1}{e^p(2p-3)}$이다.

$\dfrac{p^2 - 3p + 3}{e^p} = \dfrac{-1}{e^p(2p-3)} \Rightarrow 2p^3 - 9p^2 + 15p - 8 = 0$이

성립한다.

따라서 $p = 1$이므로 $k = \dfrac{1}{e}$

258 정답 ④

접점의 x좌표를 $t\ (t>0)$라 두면 접점은 $(t,\ \ln t)$이고

$y = \ln x \to y' = \dfrac{1}{x}$이므로

$\dfrac{\ln t - k}{t} = \dfrac{1}{t}$이 성립한다.

따라서 $k=\ln t-1$

접점이 $x=t$일 때의 접선의 기울기는 $\dfrac{1}{t}$이므로

$f(k)=\dfrac{1}{t}$이다.

따라서 $f(\ln t-1)=\dfrac{1}{t}\cdots\bigcirc$

양변 미분하면

$$\dfrac{f'(\ln t-1)}{t}=-\dfrac{1}{t^2}\rightarrow f'(\ln t-1)=-\dfrac{1}{t}$$

$f'(a)=-\dfrac{1}{e}$에서 $f'(\ln e-1)=-\dfrac{1}{e}$이므로

$a=\ln e-1=0$이다.

$\bigcirc$에서 $t=e$을 대입하면 $f(a)=f(0)=\dfrac{1}{e}$이다.

259 정답 35

$x^3+x+y+y^3=b$의 양변을 x에 대하여 미분하면

$$3x^2+1+\dfrac{dy}{dx}+3y^2\dfrac{dy}{dx}=0$$

따라서 $\dfrac{dy}{dx}=-\dfrac{3x^2+1}{3y^2+1}$

$$\left\{\dfrac{dy}{dx}\right\}_{\substack{x=a\\y=1}}=-\dfrac{3a^2+1}{3+1}=-7$$에서

$3a^2+1=28\Rightarrow a^2=9\Rightarrow a=\pm3$

$a>0$이므로 $a=3$

따라서 $(3,1)$이 $x^3+x+y+y^3=b$위의 점이므로

$27+3+1+1=32$

$\therefore\ b=32$

$a+b=3+32=35$

260 정답 ⑤

점 $(1,-1)$이 곡선 $x^3+ay^2-2xy+b=0$위의 점이므로

$1+a+2+b=0$

$a+b=-3\ \cdots\bigcirc$

$x^3+ay^2-2xy+b=0$의 양변을 x에 대하여 미분하면

$$3x^2+2ay\times\dfrac{dy}{dx}-2y-2x\times\dfrac{dy}{dx}=0$$

$\dfrac{dy}{dx}=\dfrac{2y-3x^2}{2ay-2x}$ (단, $2ay-2x\neq0$)

점 $(1,-1)$에서의 접선의 기울기가 -1이므로

$\dfrac{-2-3}{-2a-2}=-1$

$-5=2a+2,\ 2a=-7$

즉, $a=-\dfrac{7}{2}$

이 값을 $\bigcirc$에 대입하면

$b=\dfrac{1}{2}$

따라서 $2a+4b=2\left(-\dfrac{7}{2}\right)+4\left(\dfrac{1}{2}\right)=-5$

261 정답 8

$x+2xy+y^2=4$

양변을 x에 대하여 미분하면

$$1+2y+2x\dfrac{dy}{dx}+2y\dfrac{dy}{dx}=0$$

$\therefore\ \dfrac{dy}{dx}=-\dfrac{2y+1}{2x+2y}$ (단, $2x+2y\neq0$)

따라서 점 $(1,1)$에서의 접선의 기울기는 $-\dfrac{3}{4}$이다.

따라서 $y=-\dfrac{3}{4}x+\dfrac{7}{4}$

$m=-\dfrac{3}{4},\ n=\dfrac{7}{4}$이므로

$m+5n=-\dfrac{3}{4}+\dfrac{35}{4}=\dfrac{32}{4}=8$

262 정답 ⑤

음함수 미분법에 의하여 곡선을 미분하면

$$e^{y-1}\dfrac{dy}{dx}\ln(x+1)+e^{y-1}\dfrac{1}{x+1}=2\dfrac{dy}{dx}$$

점 $(e-1,1)$을 대입하면

$$\dfrac{dy}{dx}+\dfrac{1}{e}=2\dfrac{dy}{dx}$$

$\therefore\ \dfrac{dy}{dx}=\dfrac{1}{e}$

따라서 접선의 방정식은

$$y=\dfrac{1}{e}(x-e+1)+1\Rightarrow y=\dfrac{1}{e}x-1+\dfrac{1}{e}+1$$

$$\Rightarrow y=\dfrac{1}{e}x+\dfrac{1}{e}$$

따라서 $a=\dfrac{1}{e},\ b=\dfrac{1}{e}$

$\therefore\ \dfrac{b}{a}=1$

263 정답 1

$\dfrac{dx}{dt}=3e^{3t-6}$, $\dfrac{dy}{dt}=2t-1$

$$\dfrac{dy}{dx}=\dfrac{\dfrac{dy}{dt}}{\dfrac{dx}{dt}}=\dfrac{2t-1}{3e^{3t-6}}$$

따라서 $t=2$일 때, $\dfrac{dy}{dx}=\dfrac{3}{3e^0}=1$

264 정답 ④

$y^2+2xy+8=0$ 을 x로 미분하면

$2y\dfrac{dy}{dx}+2y+2x\dfrac{dy}{dx}=0$ 이므로 $x=-3$, $y=4$을 대입하면

$$8\dfrac{dy}{dx}+8-6\dfrac{dy}{dx}=0$$

$$\therefore \dfrac{dy}{dx}=-4$$

265 정답 ②

점 $(1,-1)$이 곡선 $x^3+ay^2-3xy+b=0$위의 점이므로

$1+a+3+b=0$

$a+b=-4$ $\cdots$㉠

$x^3+ay^2-3xy+b=0$의 양변을 x에 대하여 미분하면

$3x^2+2ay\times\dfrac{dy}{dx}-3y-3x\times\dfrac{dy}{dx}=0$

$\dfrac{dy}{dx}=\dfrac{3y-3x^2}{2ay-3x}$ (단, $2ay-3x\neq0$)

점 $(1,-1)$에서의 접선의 기울기가 1이므로

$\dfrac{-3-3}{-2a-3}=1$

$2a+3=6$

즉, $a=\dfrac{3}{2}$

이 값을 ㉠에 대입하면

$b=-\dfrac{11}{2}$

따라서 $a-b=\dfrac{3}{2}-\left(-\dfrac{11}{2}\right)=7$

266 정답 ①

$x^3+xy+y^3-8=0$에 $y=0$을 대입하면 $x=2$이다.

$x^3+2xy+y^3-8=0$의 양변을 x에 대하여 미분하면

$3x^2+2y+2xy'+3y^2y'=0$

$x=2$, $y=0$을 대입하면 $12+4y'=0$

따라서 점 $(2,0)$에서의 접선의 기울기는 -3이다.

267 정답 ①

$2e^x+xe^y=y$의 양변을 x에 대하여 미분하면

$2e^x+e^y+xe^y\times\dfrac{dy}{dx}=\dfrac{dy}{dx}$

이므로 $\dfrac{dy}{dx}=\dfrac{2e^x+e^y}{-xe^y+1}$

따라서 곡선 위의 점 $(0,2)$에서의 접선의 기울기는

$\dfrac{2e^0+e^2}{-0\times e^2+1}=2+e^2$

268 정답 ②

$x=e^t, y=t-2\ln t$에서

$\dfrac{dx}{dt}=e^t, \dfrac{dy}{dt}=1-\dfrac{2}{t}$

$\dfrac{dy}{dx}=\dfrac{\dfrac{dy}{dt}}{\dfrac{dx}{dt}}=\dfrac{1-\dfrac{2}{t}}{e^t}$ $\cdots$㉠

$t=2$에 대응하는 점에서의 접선의 기울기는 ㉠에 $t=2$을

대입한 값과 같으므로 $\dfrac{1-\dfrac{2}{2}}{e^2}=0$

또 곡선 $x=e^t, y=t-2\ln t$의 $t=2$에 대응하는 점의 좌표는

$(e^2, 2-2\ln2)$이고 이 점을 지나고 기울기가 0인 직선은

$y=2-2\ln2$이다.

따라서 y절편은 $2-2\ln2$

269 정답 ⑤

함수 $f(3x-2)$ 의 역함수가 $g(x)$ 이므로

$g(f(3x-2))=x$ $\cdots$㉠

㉠의 양변을 x 에 대하여 미분하면

$g'(f(3x-2))\times f'(3x-2)\times3=1$ $\cdots$㉡

㉡의 양변에 $x=1$을 대입하면

$g'(f(1))\times f'(1)\times3=1$ 이므로

$g'(f(1))=\dfrac{1}{3f'(1)}$

$f'(x)=\ln x+2$에서

$f'(1)=2$이므로

$g'(f(1))=\dfrac{1}{3\times2}=\dfrac{1}{6}$

270 정답 ④

$f(x)=x\ln x$에서 $f'(x)=\ln x+1$이므로

$$g'(3e^3)=\dfrac{1}{f'(e^3)}=\dfrac{1}{4}$$

따라서 접선의 기울기는 $\dfrac{1}{4}$

271 정답 ④

$y=\ln x$에서 $y'=\dfrac{1}{x}$이므로 점 $(a,\ln a)$에서의 접선의

방정식은

$$y - \ln a = \frac{1}{a}(x-a), \quad y = \frac{1}{a}x - 1 + \ln a \quad \cdots \text{㉠}$$

또한, 원 $x^2 + y^2 - 2y = 0$, 즉

$x^2 + (y-1)^2 = 1$의 중심의 좌표는 $(0,\ 1)$이다.

따라서 직선 ㉠이 점 $(0,\ 1)$를 지날 때 이 원의 넓이를

이등분하므로 $1 = -1 + \ln a,\ \ln a = 2$

$\therefore a = e^2$

272 정답 ①

함수 $f(x) = e^{x+1}$이라 하면 $f'(x) = e^{x+1}$

$f'(0) = e$

곡선 위의 점 $A(0, e)$에서의 접선의 방정식은

$y = ex + e$

이 접선이 x축과 만나는 점의 좌표는 $B(-1, 0)$

따라서 삼각형 OAB의 넓이는 $\dfrac{1}{2} \times |-1| \times e = \dfrac{1}{2}e$

273 정답 ⑤

곡선 $y = \ln x$을 미분하면 $y' = \dfrac{1}{x}$이다.

따라서 점 $(t, \ln t)$에서의 접선의 방정식은

$y = \dfrac{1}{t}(x-t) + \ln t$이고 이 접선에 $x = e$을 대입해서 y값을

구해보면 $y = \dfrac{1}{t}(e-t) + \ln t$이다.

따라서 $f(t) = \dfrac{1}{t}(e-t) + \ln t = \dfrac{e}{t} + \ln t - 1$

$f'(t) = -\dfrac{e}{t^2} + \dfrac{1}{t} = \dfrac{-e+t}{t^2}$이므로

$\therefore f'(e) = 0$

 **유형 11** 함수의 증가와 감소, 극대와 극소

274 정답 ①

주어진 함수 $f(x) = (x^2 - 2x - 7)e^x$에 대해

$f'(x) = (2x-2)e^x + (x^2 - 2x - 7)e^x$

$= (x^2 - 9)e^x$

이때, e^x는 모든 x에 대해 항상 $e^x > 0$이므로

$x = 3$일 때, 극댓값을 $x = -3$일 때, 극솟값을 가진다.

$f(3) = -4e^3 = a,\ f(-3) = 8e^{-3} = b$

$\therefore a \times b = (-4e^3) \times 8e^{-3} = -32$

275 정답 ④

$f(x) = \dfrac{1}{2}x^2 - a\ln x \ (a > 0)$

$f'(x) = x - \dfrac{a}{x} = \dfrac{x^2 - a}{x} = 0$

$f'(x) = 0$에서 $x = \sqrt{a}$이므로 함수 $f(x)$의 증감표는 다음과

같다.

x	$\cdots$	$\sqrt{a}$	$\cdots$
$f'(x)$	$-$	0	$+$
$f(x)$	$\searrow$	극소	$\nearrow$

따라서 $f(x)$의 극솟값은

$$f(\sqrt{a}) = \frac{1}{2}a - a\ln\sqrt{a} = 0$$

$\therefore a = e$

276 정답 ④

$f'(x) = (2x)e^{-x} - (x^2 - 3)e^{-x}$

$\qquad = -e^{-x}(x^2 - 2x - 3) = -e^{-x}(x-3)(x+1)$

$x = 3$일 때 극댓값을 갖고 $x = -1$일 때 극솟값을 갖는다.

$a = f(3) = 6e^{-3},\ b = f(-1) = (-2)e$이므로

$a \times b = -\dfrac{12}{e^2}$

277 정답 ②

$f'(x) = -(x-4)(x+2)e^{-x+1}$에서

$x = -2$에서 극솟값 a를 갖고 $x = 4$에서 극댓값 b를

갖는다.

$a = f(-2) = -4e^3$

$b = f(4) = 8e^{-3}$

따라서 $ab = -32$이다.

278 정답 ③

$f'(x) = \dfrac{2x+2}{x^2 + 2x + 5} + e^x + (x+a)e^x$

$f(x)$는 연속이고 $x = -1$에서 극솟값을 가지므로 $f'(-1) = 0$

그러므로 $a = 0$

$f(-1) = 2\ln 2 - \dfrac{1}{e}$

극솟값 b는

$b = f(-1) = 2\ln 2 - \dfrac{1}{e}$

그러므로 $a + b = 2\ln 2 - \dfrac{1}{e}$

279 정답 ①

$f(x) = a\cos^2 x - \cos x + 8\sin x$ 에서

$f'(x) = -2a\cos x \sin x + \sin x + 8\cos x$

$$= \sin x \cos x \left(-2a + \frac{1}{\cos x} + \frac{8}{\sin x} \right)$$

$g(x) = \dfrac{1}{\cos x} + \dfrac{8}{\sin x}$ 이라 하면 $f'(x) = 0$의 근은

$g(x) = 2a$의 근과 같다.

$$g'(x) = \frac{\sin x}{\cos^2 x} + \frac{-8\cos x}{\sin^2 x}$$

$$= \frac{\sin^3 x - 8\cos^3 x}{\cos^2 x \sin^2 x}$$

$$= \frac{\sin^3 x - (2\cos x)^3}{\cos^2 x \sin^2 x}$$

$g'(x) = 0$에서 $\sin x = 2\cos x$이고 $\tan x = 2$이다.

$\tan \alpha = 2$라 할 때, $g(x)$는 $x = \alpha$에서 극솟값을 가진다.

$0 < x < \dfrac{\pi}{2}$에서 $f'(x)$의 부호가 바뀌지 않기 위해서는 함수

$y = g(x)$의 그래프와 직선 $y = 2a$의 그래프가 만나지 않거나

접해야 한다.

$\tan \alpha = 2$에서 $\sin \alpha = \dfrac{2}{\sqrt{5}}$, $\cos \alpha = \dfrac{1}{\sqrt{5}}$ 이므로

$$g(\alpha) = \frac{1}{\cos \alpha} + \frac{8}{\sin \alpha} = \sqrt{5} + 4\sqrt{5} = 5\sqrt{5}$$

$2a \leq 5\sqrt{5}$ 이어야 하므로 $a \leq \dfrac{5\sqrt{5}}{2}$ 이다.

280 정답 ④

$f'(x) = 1 + \cos x \geq 0$이므로 $f(x)$는 역함수가 존재하고

$f'(x) = 0$인 점의 y좌표값이 a이다.

$f'(x) = 0 \rightarrow \cos x = -1$

$x = \pi, 3\pi, 5\pi, \cdots$

$f(\pi) = \pi$, $f(3\pi) = 3\pi$, $f(5\pi) = 5\pi$, $\cdots$이므로

y값인 양수 a의 값은 π, 3π, 5π,

따라서 $a_n = (2n-1)\pi$

$a_5 = 9\pi$

281 정답 ②

$f(x) = (x^2 + ax - a)e^x$

구간 $(-\infty, \infty)$에서 함수 $f(x)$가 증가함수가 되려면 모든

실수 x에 대하여 $f'(x) \geq 0$ 이어야 한다.

$f'(x) = (2x + a)e^x + (x^2 + ax - a)e^x$

$$= \{x^2 + (a+2)x\}e^x$$

$f'(x) \geq 0$ 이려면 $e^x > 0$ 이므로 $x^2 + (a+2)x \geq 0$

따라서 $a = -2$일 때 $x^2 \geq 0$이다.

$\therefore a = -2$

282 정답 ④

$f(x) = (x^2 + ax + 5)e^x$ 에서

$f'(x) = (2x + a)e^x + (x^2 + ax + 5)e^x$

$$= \{x^2 + (a+2)x + a + 5\}e^x$$

$e^x > 0$이므로 $f'(x) = 0$에서

$x^2 + (a+2)x + a + 5 = 0$ $\cdots$ ㉠

함수 $f(x)$가 극값을 갖지 않으려면 이차방정식 ㉠이 중근 또는

허근을 가져야 한다.

따라서 이차방정식 ㉠의 판별식 $D \leq 0$이어야 하므로

$D = (a+2)^2 - 4(a+5) \leq 0$, $a^2 - 16 \leq 0$

$\therefore -4 \leq a \leq 4$

따라서 정수 a의 개수는 9개다.

283 정답 ④

$f'(x) = (\ln x)^2 + (x-1) \times 2\ln x \times \dfrac{1}{x} - 2\ln x - \dfrac{2x + a}{x}$

$$= (\ln x)^2 - \frac{2\ln x}{x} - \frac{2x + a}{x}$$

$f'(1) = -(2 + a) = 0$에서 $a = -2$

따라서

$f(x) = (x-1)(\ln x)^2 - 2(x-1)\ln x = (x-1)\ln x(\ln x - 2)$

$f(x) = 0$의 근은 $x = 1$ 또는 $x = e^2$이다.

따라서 모든 근의 합은 $1 + e^2$이다.

유형 12 함수의 그래프와 최대, 최소

284 정답 ②

$y = \dfrac{\ln x}{x}$ 에서 $y' = \dfrac{(\ln x)'(x) - \ln x (x)'}{x^2} = \dfrac{1 - \ln x}{x^2}$

도함수 $y' = \dfrac{1 - \ln x}{x^2}$, $x > e$이면 $y' < 0$

$0 < x < e$이면 $y' > 0$이므로

함수 $y = \dfrac{\ln x}{x}$는 $x = e$에서 극대이며 최대이다.

285 정답 ⑤

ㄱ. $f(x) = x + \sin x$에서 $f'(x) = 1 + \cos x$,

$f''(x) = -\sin x$

$0 < x < \pi$에서 $0 < \sin x < 1$

$\therefore -1 < f''(x) < 0$

따라서 $f(x)$는 $0 < x < \pi$에서 위로 볼록하다. (참)

ㄴ.

$g'(x) = f'(f(x))f'(x) = (1 + \cos f(x))(1 + \cos x)$

$0 < x < \pi$에서 $-1 < \cos x < 1$, $\cos f(x) > 0$이므로
$1 + \cos f(x) > 0$, $1 + \cos x > 0$
$\therefore \ g'(x) > 0$
따라서 $g(x)$는 $0 < x < \pi$에서 증가한다. (참)
ㄷ. $g(0) = f(f(0)) = f(0) = 0$
$g(\pi) = f(f(\pi)) = f(\pi) = \pi$
$g(x)$가 $[0, \pi]$에서 연속이고, 구간 $(0, \pi)$에서 미분가능하므로
$f'(x) = \dfrac{g(\pi) - g(0)}{\pi - 0} = 1$인 $x\,(0 < x < \pi)$가

적어도 하나 존재한다. (평균값의 정리) (참)
따라서 옳은 것은 ㄱ, ㄴ, ㄷ 이다.

286 정답 ③

$y = \cos^n x$

$y' = -n\cos^{n-1} x \sin x$

$y'' = n(n-1)\cos^{n-2} x \sin^2 x - n\cos^{n-1} x \cos x$

$\quad = n(n-1)\cos^{n-2} x (1 - \cos^2 x) - n\cos^{n-1} x \cos x$

$\quad = n(n-1)\cos^{n-2} x - n(n-1)\cos^n x - n\cos^n x$

$\quad = n(n-1)\cos^{n-2} x - n^2 \cos^n x$

$\quad = \cos^{n-2} x(n^2 - n - n^2 \cos^2 x)$

$\quad = \cos^{n-2} x(n^2 \sin^2 x - n)$

$0 < x < \dfrac{\pi}{2}$에서 $\cos x \neq 0$이므로

$y'' = 0$에서 $n^2 \sin^2 x - n = 0$, $\sin^2 x = \dfrac{1}{n}$

꼭짓점의 좌표를 (b_n, a_n)이라 하면

$\sin^2 b_n = \dfrac{1}{n}$이므로

$a_n = \cos^n b_n = (\cos^2 b_n)^{\frac{n}{2}} = \left(1 - \dfrac{1}{n}\right)^{\frac{n}{2}}$

$\therefore \ \lim\limits_{n \to \infty} a_n = \lim\limits_{n \to \infty}\left(1 - \dfrac{1}{n}\right)^{\frac{n}{2}} = \lim\limits_{n \to \infty}\left\{\left(1 - \dfrac{1}{n}\right)^{-n}\right\}^{-\frac{1}{2}}$

$= e^{-\frac{1}{2}} = \dfrac{1}{\sqrt{e}}$

287 정답 ⑤

$f(x) = \left(\ln \dfrac{1}{ax}\right)^2 = (-\ln ax)^2 = (\ln ax)^2$에서

$f'(x) = 2\ln ax \times \dfrac{a}{ax} = \dfrac{2\ln ax}{x}$

$f''(x) = \dfrac{\dfrac{2}{x} \times x - 2\ln ax}{x^2} = \dfrac{2(1 - \ln ax)}{x^2}$

$f''(x) = 0$에서 $x = \dfrac{e}{a}$

$x < \dfrac{e}{a}$일 때, $f''(x) > 0$이고 $x > \dfrac{e}{a}$일 때,

$f''(x) < 0$이다.

따라서 $x = \dfrac{e}{a}$의 좌우에서 $f''(x)$의 부호가 바뀌므로 변곡점의

좌표는 $\left(\dfrac{e}{a}, 1\right)$

변곡점이 직선 $y = 2x$ 위에 있으므로

$\dfrac{2e}{a} = 1$

$\therefore \ a = 2e$

288 정답 ②

$y = (\ln x)^2 - x + 1$에서

$y' = \dfrac{2\ln x}{x} - 1$, $y'' = \dfrac{2 - 2\ln x}{x^2}$

$2 - 2\ln x = 0$에서 $x = e$이고, $x = e$의 좌우에서 y''의 부호가

바뀌므로 곡선 $y = (\ln x)^2 - x + 1$은

$x = e$에서 변곡점 $(e, 2 - e)$를 갖는다.

따라서 변곡점에서의 접선의 기울기는

$\dfrac{2\ln e}{e} - 1 = \dfrac{2}{e} - 1$

289 정답 ③

$\angle \mathrm{BAC} = \theta$라 하면

삼각형 ABC의 넓이는 $\dfrac{1}{2} \times 5 \times 4 \times \sin\theta = 10\sin\theta$

선분 AC와 선분 BD의 교점을 E라 하면

$\overline{\mathrm{AE}} = 4\cos\theta$이다.

따라서 삼각형 ABD의 넓이는

$\dfrac{1}{2} \times \overline{\mathrm{BD}} \times \overline{\mathrm{AE}} = \dfrac{1}{2} \times 3 \times 4\cos\theta = 6\cos\theta$

두 삼각형 ABC, ABD의 넓이의 합을 $f(\theta)$라 할 때,

$f(\theta) = 10\sin\theta + 6\cos\theta$이고

$f'(\theta) = 10\cos\theta - 6\sin\theta = 0$

$10\cos\theta = 6\sin\theta$

$\dfrac{\sin\theta}{\cos\theta} = \dfrac{10}{6} = \dfrac{5}{3}$

$f(\theta)$는 $\tan\theta = \dfrac{5}{3}$일 때, 극대이자 최댓값을 가지므로

$\tan(\angle \mathrm{BAC}) = \dfrac{5}{3}$

방정식과 부등식에의 활용

290 정답 ④

$f(x) = g(x)$에서 만나는 교점의 x좌표를 $x = t$라 두면,

$e^t = k\sin t \cdots \bigcirc$

$f(x) = e^x$, $g(x) = k\sin x$

양변을 x에 대하여 미분하면

$f'(x) = e^x$, $g'(x) = k\cos x$

아래 그림과 같이 접하는 경우에 서로 다른 양의 실근의 개수가 3가 되므로 접선의 기울기가 같다. 즉,

$e^t = k\cos t \cdots \bigcirc$

인 t를 구하기 위해

$\bigcirc$, $\bigcirc$을 연립하면

$k\cos t = k\sin t$

$t = \dfrac{\pi}{4}, \ \dfrac{9\pi}{4}, \ \cdots \ (\because \ k \neq 0)$

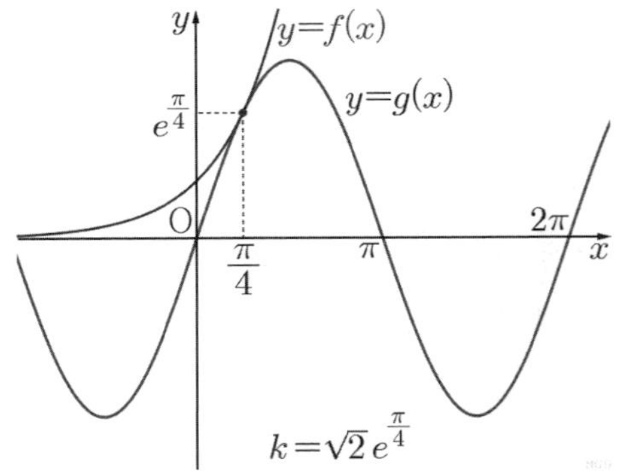

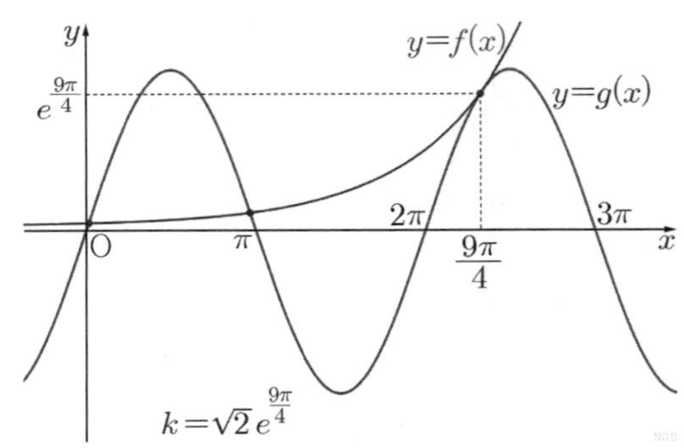

그림을 참고하면

$t = \dfrac{\pi}{4}$일 때, $k = \sqrt{2}\,e^{\frac{\pi}{4}}$이고 이 경우는 근이 1개이고,

$t = \dfrac{9\pi}{4}$일 때, $k = \sqrt{2}\,e^{\frac{9\pi}{4}}$이고, 이 경우가 근이 3개다.

$\therefore \ k = \sqrt{2}\,e^{\frac{9\pi}{4}}$

291 정답 ④

서로 다른 두 점에서 만나려면 $x > 0$인 범위에서 두 그래프가 접할 때이다.

$f(x) = \dfrac{16}{x}$, $g(x) = -x^2 + a$라 하고 접점의 좌표를 α라 하면

$f(\alpha) = g(\alpha)$에서 $\dfrac{16}{\alpha} = -\alpha^2 + \alpha$ $\cdots \bigcirc$

$f'(x) = -\dfrac{16}{x^2}$, $g'(x) = -2x$ 이므로

$f'(\alpha) = g'(\alpha)$에서 $-\dfrac{16}{\alpha^2} = -2\alpha$ $\cdots \bigcirc$

$\bigcirc$에서 $\alpha = 2$

$\bigcirc$에 $\alpha = 2$를 대입하면

$8 = -4 + a$이므로 $a = 12$

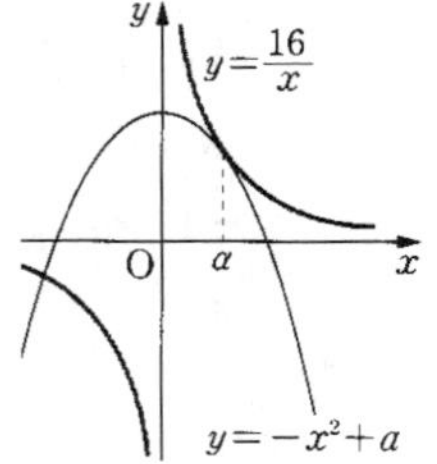

292 정답 ④

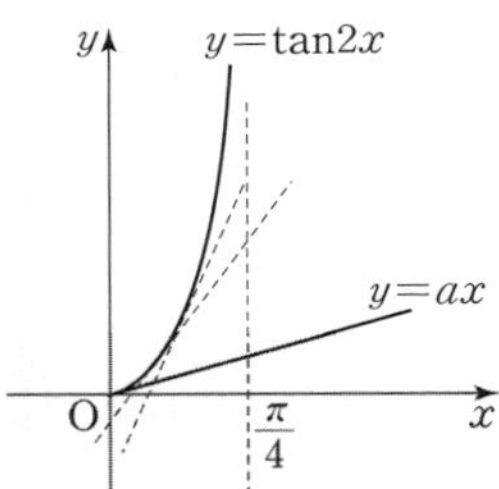

$f(x) = \tan 2x$라 하자.

주어진 조건을 만족하려면 그림과 같이 원점에 가까운 점에서 $f(x)$의 접선의 기울기가 a 이상이면 되므로

$f'(x) = 2\sec^2 2x$에서

$\displaystyle \lim_{x \to +0} 2\sec^2 2x \geq a$

$\therefore \ a \leq 2$

따라서 a의 최댓값은 2이다.

293 정답 ⑤

$y = e^x$의 접선 중 원점을 지나는 것은 $y = ex$ 즉, $(1, \, e)$에서의 접선과 같다.

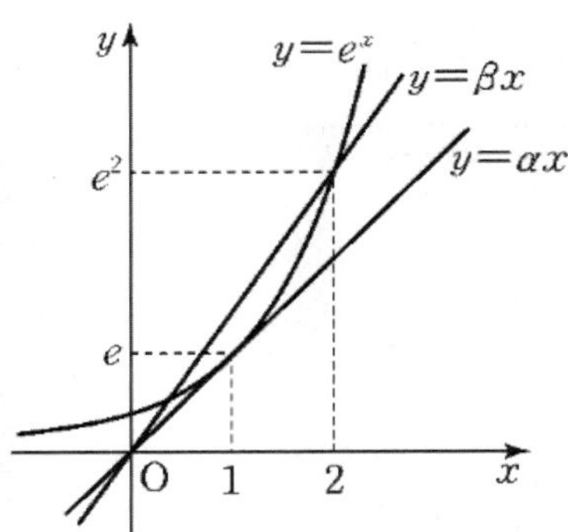

$$\beta \geq \frac{e^2}{2},\ \alpha \leq e$$

따라서 $\beta - \alpha$의 최솟값은 $\dfrac{e^2}{2} - e = e\left(\dfrac{e}{2} - 1\right)$

294 정답 18

$\ln x - x + 20 - n = 0$에서

$y = \ln x - x + 20$과 $y = 20$이 서로 다른 두 점에서 만나면 된다.

$y' = \dfrac{1}{x} - 1 = \dfrac{1-x}{x} \Rightarrow x = 1$일 때 $y' = 0$

x	$\cdots$	1	$\cdots$
$f'(x)$	$+$	0	$-$
$f(x)$	$\nearrow$	19	$\searrow$

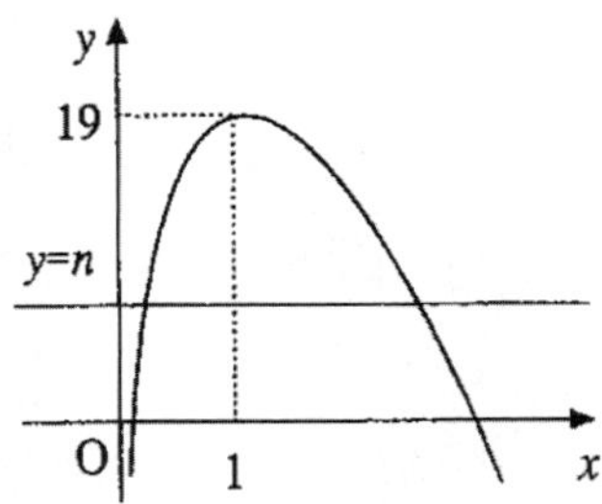

x는 진수이므로 $x > 0$

$\therefore\ n < 19$이면 서로 다른 두 점에서 만난다.

따라서 자연수 n은 $1, 2, 3, \cdots, 18$로 18개다.

295 정답 11

$f(x) = 3x^2(x-3) + 1$이므로, $y = f(x)$의 그래프는 다음 그림과 같다.

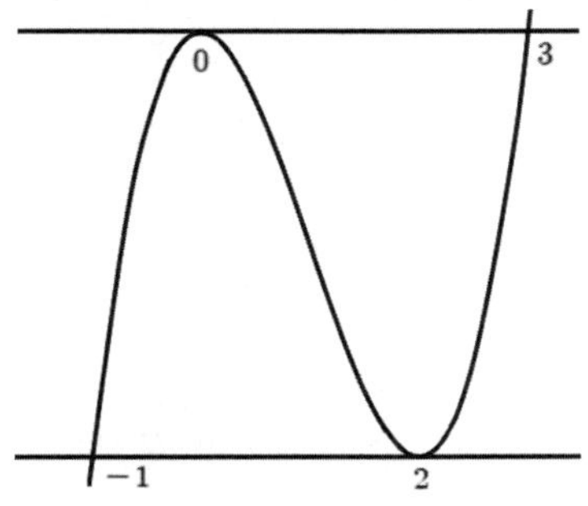

$g(x) = \begin{cases} f(x) & (x \geq a) \\ -f(2a-x) & (x < a) \end{cases}$에서

$g(x) + b = \begin{cases} f(x) + b & (x \geq a) \\ -f(2a-x) + b & (x < a) \end{cases}$이므로

$x \geq a$에서는 $y = f(x)$와 $y = f(x) + b$는 만나지 않으므로 $f(x) = g(x) + b$의 해는 존재하지 않는다. 따라서 $x < a$에서 $f(x) = g(x) + b$에서 해가 무수히 많아야 한다.

$x < a$일 때, $y = -f(2a-x) + b$는 $y = f(x)$을 $\left(a, \dfrac{b}{2}\right)$에 대칭이동한 그래프이다.

삼차함수 $f(x)$의 변곡점이 $(1, -5)$이므로

$a = 1$, $b = -10$이다.

$\therefore\ a - b = 1 - (-10) = 11$

[랑데뷰팁]

$y = f(x)$을 점 $(a, 0)$에 대칭이동하면 $-y = f(2a-x)$이다.

즉, $y = -f(2a-x)$는 $y = f(x)$을 $(a, 0)$점에 점대칭 그래프이다.

한편, 삼차함수 $f(x)$는 변곡점에 점대칭인 함수이다.

$f'(x) = 9x^2 - 18x$, $f''(x) = 18x - 18$에서

방정식 $f''(x) = 0$의 해가 $x = 1$이고 $f(1) = -5$이므로 함수 $f(x)$의 변곡점의 좌표가 $(1, -5)$이다.

따라서

$y = f(x)$는 점 $(1, -5)$의 점대칭이므로,

$y = f(x)$를 점 $(1, -5)$에 대칭하면 $y = g(x)$의 그래프와 일치하는 부분이 있어야 한다.

---

296 정답 ④

[그림 : 이현일T]

$$\frac{e^x}{k} = \cos x$$

$$\frac{1}{k} = \frac{\cos x}{e^x}$$

따라서 $x > 0$에서 $y = \dfrac{\cos x}{e^x}$와 $y = \dfrac{1}{k}$의 교점의 개수가 4가 되도록 하면 된다.

교점의 개수가 4가 되려면 $y = \dfrac{\cos x}{e^x}$의 그래프의 $x > 0$에서 4번째 극값, 즉 2번째 극댓값이 $\dfrac{1}{k}$이면 된다.

$h(x) = \dfrac{\cos x}{e^x}$ 라 할 때,

$h'(x) = \dfrac{-\sin x - \cos x}{e^x}$

$h'(x) = 0$의 해는 $-\sin x - \cos x = 0$에서 $\tan x = -1$을 만족하는 x값들이다.

따라서 $x = \dfrac{3}{4}\pi$, $x = \dfrac{7}{4}\pi$, $x = \dfrac{11}{4}\pi$, $x = \dfrac{15}{4}\pi$, $\cdots$

그러므로 $x = \dfrac{15}{4}\pi$일 때, $x > 0$에서 두 번째 극댓값을 갖는다.

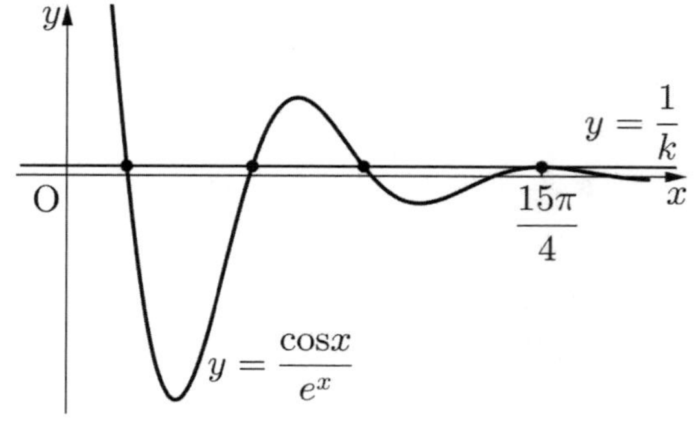

따라서 $f\left(\dfrac{15}{4}\pi\right) = \dfrac{1}{k}$

$\dfrac{\dfrac{\sqrt{2}}{2}}{e^{\frac{15}{4}\pi}} = \dfrac{1}{k}$

$\therefore k = \sqrt{2}\, e^{\frac{15}{4}\pi}$

유형 14 속도와 가속도

297 정답 ③

$\dfrac{dx}{dt} = 1 + \dfrac{2}{t^2}$, $\dfrac{dy}{dt} = 2 - \dfrac{1}{t^2}$

이므로 시각 $t = 1$에서의 점 P의 속도는 $(3, 1)$

따라서 시각 $t = 1$에서의 점 P의 속력은

$\sqrt{3^2 + 1^2} = \sqrt{10}$

298 정답 ④

$\dfrac{dx}{dy} = 3 - \cos t$, $\dfrac{dy}{dt} = \sin t$이므로

속도는 $(3 - \cos t,\ \sin t)$이다.

따라서 속력은 $\sqrt{(3 - \cos t)^2 + \sin^2 t}$ 이다.

$\begin{aligned}
&\sqrt{(3 - \cos t)^2 + \sin^2 t} \\
&= \sqrt{9 - 6\cos t + \cos^2 t + \sin^2 t} \\
&= \sqrt{10 - 6\cos t}
\end{aligned}$

$-1 \le \cos t \le$ 이므로

$M = \sqrt{10 - 6 \times (-1)} = 4$

$m = \sqrt{10 - 6 \times (1)} = 2$

$\therefore M + m = 6$

299 정답 4

$\dfrac{dx}{dt} = 4\sin 4t$, $\dfrac{dy}{dt} = \cos 4t$이므로

$\left(\dfrac{dx}{dt}\right)^2 + \left(\dfrac{dy}{dt}\right)^2 = 16\sin^2 4t + \cos^2 4t = 15\sin^2 4t + 1$

따라서 점 P의 속력은 $\sqrt{15\sin^2 4t + 1}$ 이므로 속력이 최대가 되기 위해서는 $\sin^2 4t = 1$ 즉, $\cos^2 4t = 0$

또한,

$\dfrac{d^2 x}{dt^2} = 16\cos 4t$, $\dfrac{d^2 y}{dt^2} = -4\sin 4t$ 이므로

$\left(\dfrac{d^2 x}{dt^2}\right)^2 + \left(\dfrac{d^2 y}{dt^2}\right)^2 = 256\cos^2 4t + 16\sin^2 4t$

따라서 점 P의 가속도의 크기는

$\sqrt{256 \times 0 + 16 \times 1} = 4$

300 정답 ③

점 P의 시각 $t\left(0 < t < \dfrac{\pi}{2}\right)$에서의 위치 (x, y)가

$x = t + \sin t \cos t$, $y = \tan t$

이므로 P의 시각 t에서의 속도 $\left(\dfrac{dx}{dt},\ \dfrac{dy}{dt}\right)$는

$\dfrac{dx}{dt} = 1 + \cos^2 t - \sin^2 t = 2\cos^2 t$

$\dfrac{dy}{dt} = \sec^2 t$

P의 시각 t에서의 속력은

$\sqrt{\left(\dfrac{dx}{dt}\right)^2 + \left(\dfrac{dy}{dt}\right)^2} = \sqrt{(2\cos^2 t)^2 + (\sec^2 t)^2}$

$= \sqrt{4\cos^4 t + \sec^4 t}$

이때, $4\cos^4 t > 0$, $\sec^4 t > 0$이므로

$4\cos^4 t + \sec^4 t \ge 2\sqrt{4\cos^4 t \times \sec^4 t}$

$= 2\sqrt{4\cos^4 t \times \dfrac{1}{\cos^4 t}}$

$= 4$

(단, 등호는 $4\cos^4 t = \sec^4 t$일 때 성립한다.)

따라서 P의 시각 t에서의 속력의 최댓값은 $\sqrt{4} = 2$이다.

301 정답 ③

$x=\sqrt{2}\,e^{t}\cos t,\ y=\sqrt{2}\,e^{t}\sin t$에서

$\dfrac{dx}{dt}=\sqrt{2}\,(e^{t}\cos t-e^{t}\sin t)=\sqrt{2}\,e^{t}(\cos t-\sin t),$

$\dfrac{dy}{dt}=\sqrt{2}\,(e^{t}\sin t+e^{t}\cos t)=\sqrt{2}\,e^{t}(\sin t+\cos t)$이므로 점

P의 시각 t에서의 속력은

$\sqrt{\left(\dfrac{dx}{dt}\right)^{2}+\left(\dfrac{dy}{dt}\right)^{2}}$

$=\sqrt{2e^{2t}(\cos t-\sin t)^{2}+2e^{2t}(\sin t+\cos t)^{2}}$

$=\sqrt{4e^{2t}}=2e^{t}$

$2e^{t}=2e^{3}$에서 구하는 t의 값은 3이다.

302 정답 2

$\vec{v}=(-2\sin t,\ 2\cos t)=(-\sqrt{3},\ 1)$

$\therefore\ |\vec{v}|=\sqrt{(-\sqrt{3})^{2}+(1)^{2}}=2$

303 정답 2

$\dfrac{dx}{dt}=2\sin 2t,\ \dfrac{dy}{dt}=\cos 2t$이므로

$\left(\dfrac{dx}{dt}\right)^{2}+\left(\dfrac{dy}{dt}\right)^{2}=4\sin^{2}2t+\cos^{2}2t=3\sin^{2}2t+1$

따라서 점 P의 속력은 $\sqrt{3\sin^{2}2t+1}$ 이므로 속력이 최대가

되기 위해서는 $\sin^{2}2t=1$

즉, $\cos^{2}2t=0$

또한,

$\dfrac{d^{2}x}{dt^{2}}=4\cos 2t,\ \dfrac{d^{2}y}{dt^{2}}=-2\sin 2t$이므로

$\left(\dfrac{d^{2}x}{dt^{2}}\right)^{2}+\left(\dfrac{d^{2}y}{dt^{2}}\right)^{2}=16\cos^{2}2t+4\sin^{2}2t$

따라서 점 P의 가속도의 크기는

$\sqrt{16\times 0+4\times 1}=2$

304 정답 ⑤

$x=6\cos\pi t-2\cos^{3}\pi t$에서

$\dfrac{dx}{dt}=-6\pi\sin\pi t+6\pi\cos^{2}\pi t\sin\pi t$

$t=\dfrac{1}{2}$ 일 때

$\dfrac{dx}{dt}=-6\pi\sin\dfrac{\pi}{2}+6\pi\cos^{2}\dfrac{\pi}{2}\sin\dfrac{\pi}{2}=-6\pi$

$\therefore$ 점 P의 속력은 $|-6\pi|=6\pi$

305 정답 50

$\dfrac{dx}{dt}=-\sin t,\ \dfrac{dy}{dt}=3\cos t+2$

따라서

$|v|=\sqrt{\sin^{2}t+9\cos^{2}t+12\cos t+4}$

$\quad=\sqrt{8\cos^{2}t+12\cos t+5}$

$\quad=\sqrt{8\left(\cos t+\dfrac{3}{4}\right)^{2}+\dfrac{1}{2}}$

따라서 속력의 최솟값은 $\dfrac{\sqrt{2}}{2}$

$m=\dfrac{\sqrt{2}}{2}$ 이므로 $100m^{2}=50$

306 정답 ②

(가)의 양변에 1을 더하면
$$\{f(x)+1\}^2 = a\cos^3 \pi x \times e^{\sin^2 \pi x} + b + 1 \quad \cdots\cdots \; \bigcirc$$
이다.

양변에 $x=0$을 대입하면
$$\{f(0)+1\}^2 = a+b+1$$
양변에 $x=2$을 대입하면
$$\{f(2)+1\}^2 = a+b+1$$
에서 $f(2)+1 = f(0)$이므로
$$\{f(0)+1\}^2 = \{f(0)\}^2$$
$$2f(0)+1 = 0$$
$$\therefore \; f(0) = -\frac{1}{2}, \; f(2) = -\frac{3}{2} \quad \cdots\cdots \; \bigcirc$$

그러므로 $a+b = -\dfrac{3}{4}$ 이다.

한편, $\bigcirc$에서

$g(x) = a\cos^3 \pi x \times e^{\sin^2 \pi x} + b + 1$라 하면 $g(x) \geq 0$이다.
$\bigcirc$에서 $f(c) = -1$인 c가 구간 $(0, 2)$에 적어도 하나 존재한다.
따라서 $g(c) = 0$이고 모든 실수 x에 대하여 $g(x) \geq 0$이므로
$g'(c) = 0$이다.
$$g'(x) = a\pi \cos^2 \pi x \sin \pi x \{-3 + 2\cos^2 \pi x\} \times e^{\sin^2 \pi x}$$

이고 $\cos^2 \pi x \geq 0$, $-3 + 2\cos^2 x < 0$, $e^{\sin^2 \pi x} > 0$이므로
$g'(x)$의 부호 변화만 관찰하기 위해서는
$g'(x) = -\sin \pi x$라 할 수 있다.
구간 $(0, 2)$에서 $g'(1) = 0$이고 $x=1$의 좌우에서 $g'(x)$의
부호가 (음)→(양)이므로 함수 $g(x)$는 $x=1$에서 극소이다.
따라서 $c=1$이므로 $f(1) = -1$이다.
그러므로 $-a+b = -1$

$a+b = -\dfrac{3}{4}$, $-a+b = -1$에서

$a = \dfrac{1}{8}$, $b = -\dfrac{7}{8}$이다.

따라서 $a \times b = -\dfrac{7}{64}$이다.

307 정답 ②

[출제자 : 김진성T]

[그림 : 최성훈T]

$|f'(0) - 2| = |f'(2\pi) - 2|$이므로 $f'(0) + f'(2\pi) = 4$ 이고
조건 (나)의 방정식과 연립방정식을 풀면
$f'(0) = 5$, $f'(2\pi) = -1$를 얻는다.

또 $|f'(x) - 2| = p\cos x + q$ 에서 좌변은
$f'(0) = 5$, $f'(2\pi) = -1$이고 연속이므로 $|f'(c) - 2| = 0$이
존재하므로 우변은 $p\cos x + q \geq 0$이고 $p\cos x + q$ 의
최솟값이 0이다. 따라서 $-p+q = 0$과 $3 = p+q$를 연립하면
$p = q = \dfrac{3}{2}$이다.

함수 $f(x)$가 구간 $(0, 6\pi)$에서 4개의 극값을 가지기 위해서는
$(0, \pi)$과 $[5\pi, 6\pi)$에서 $f'(x) = 2 + \dfrac{3}{2}(\cos x + 1)$ 이고

$[\pi, 5\pi]$에서 $f'(x) = 2 - \dfrac{3}{2}(\cos x + 1)$ 이어야 한다.

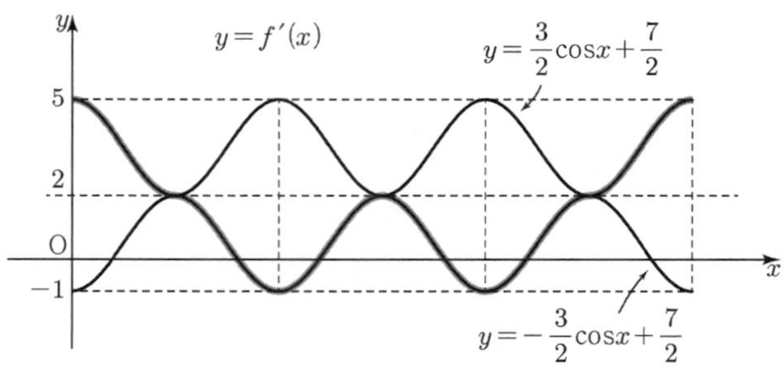

따라서

$\displaystyle\int_{\pi}^{6\pi} f'(x)dx = f(6\pi) - f(\pi) = f(6\pi)$를 이용해서

$$f(6\pi) = \int_{\pi}^{5\pi}\left(2 - \frac{3}{2}(\cos x + 1)\right)dx$$
$$+ \int_{5\pi}^{6\pi}\left(2 + \frac{3}{2}(\cos x + 1)\right)dx$$
$$= \frac{11}{2}\pi$$

308 정답 5

곡선 $x^2 - 2xy + 2y^2 = 15$에서 양변을 x에 대하여 미분하면
$$2x - 2y - 2x\frac{dy}{dx} + 4y\frac{dy}{dx} = 0$$
$$\frac{dy}{dx} = \frac{x-y}{x-2y} \; (단, \; x \neq 2y)$$
점 A it $(a, a+k)$에서의 접선의 기울기는
$$\frac{a-(a+k)}{a-2(a+k)} = \frac{k}{a+2k}$$
점 $B(b, b+k)$에서의 접선의 기울기는
$$\frac{b-(b+k)}{b-2(b+k)} = \frac{k}{b+2k}$$
두 점 A, B에서의 접선이 서로 수직이므로
$$\frac{k}{a+2k} \times \frac{k}{b+2k} = -1$$
$$ab + 2(a+b)k + 5k^2 = 0 \quad \cdots\cdots \; \bigcirc$$

점 A가 곡선 $x^2-2xy+2y^2=15$

즉, $(x-y)^2+y^2=15$ 위의 점이므로

$k^2+(a+k)^2=15$ ······ ㉡

점 B가 곡선 $x^2-2xy+2y^2=15$

즉, $(x-y)^2+y^2=15$ 위의 점이므로

$k^2+(b+k)^2=15$ ······ ㉢

㉡, ㉢에서

$(a+k)^2=(b+k)^2$

$(a-b)(a+b+2k)=0$

$a \neq b$이므로

$a+b=-2k$ ······ ㉣

㉣을 ㉠에 대입하면

$ab-4k^2+5k^2=0$

$k^2=-ab$ ······ ㉤

㉡에서

$2k^2+2ak+a^2=15$

㉣, ㉤을 위 식에 대입하면

$-2ab+a(-a-b)+a^2=15$

$ab=-5$

따라서

$k^2=-ab=-(-5)=5$

309 정답 4

곡선 C에 $x=t$, $y=t-k$을 대입하면

$t^2-t(t-k)+t+(t-k)^2-2(t-k)=0$

$t^2-t^2+kt+t+t^2-2kt+k^2-2t+2k=0$

$t^2-(k+1)t+k^2+2k=0$에서

두 실수 a, b는 이차방정식의 두 실근이다.

$a+b=k+1$, $ab=k^2+2k \cdots$ ㉠

한편,

$x^2-xy+x+y^2-2y=0$을 x에 관해 미분하면

$2x-y-x\dfrac{dy}{dx}+1+2y\dfrac{dy}{dx}-2\dfrac{dy}{dx}=0$

$(-x+2y-2)\dfrac{dy}{dx}=-2x+y-1$

$\dfrac{dy}{dx}=\dfrac{-2x+y-1}{-x+2y-2}$이다.

점 A에서의 접선의 기울기는 $\dfrac{-2a+a-k-1}{-a+2(a-k)-2}=\dfrac{-a-k-1}{a-2k-2}$

이고

점 B에서의 접선의 기울기는 $\dfrac{-2b+b-k-1}{-b+2(b-k)-2}=\dfrac{-b-k-1}{b-2k-2}$

이다.

그러므로

$\dfrac{-a-k-1}{a-2k-2}\times\dfrac{-b-k-1}{b-2k-2}=-1$

$(a+k+1)(b+k+1)=-(a-2k-2)(b-2k-2)$

$ab+(a+b)(k+1)+(k+1)^2=-ab+2(a+b)(k+1)-4(k+1)^2$

$2ab-(a+b)(k+1)+5(k+1)^2=0$

㉠에서 $2\times(k^2+2k)-(k+1)^2+5(k+1)^2=0$

$2k^2+4k+4(k+1)^2=0$

$6k^2+12k+4=0$

$3k^2+6k+2=0$

모든 k의 합은 -2이다.

$\alpha=-2$이므로 $\alpha^2=4$이다.

310 정답 ②

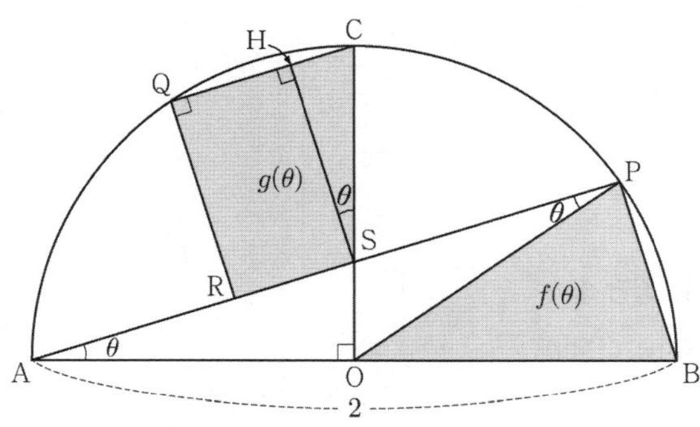

$\angle OAP = \angle OPA = \theta$이므로

$\angle BOP = 2\theta$

따라서

$f(\theta)=\dfrac{1}{2}\sin 2\theta$

또한, $\overline{OA}=1$에서 $\overline{OS}=\tan\theta$이므로

$\overline{CS}=1-\tan\theta$

이때 $\angle BOP=\angle COQ=2\theta$이고

삼각형 OCQ는 이등변삼각형이므로

$\angle SCQ=\dfrac{\pi}{2}-\theta$

또한, $\angle CSR=\theta+\dfrac{\pi}{2}$이므로

$\angle QRS=\dfrac{\pi}{2}$

따라서 점 S에서 변 CQ에 내린 수선의 발을 H라 하면

$\angle CSH=\theta$이므로

$\overline{SH}=\overline{RQ}=(1-\tan\theta)\cos\theta$

$\overline{CH}=(1-\tan\theta)\sin\theta$이고

$\overline{CQ}=\overline{BP}=2\sin\theta$

$\overline{RS}=\overline{QH}=\overline{CQ}-\overline{CH}$

$=2\sin\theta-(\sin\theta-\sin\theta\tan\theta)$

$=\sin\theta+\sin\theta\tan\theta$

따라서

$g(\theta)=\dfrac{1}{2}\times(\overline{CQ}+\overline{RS})\times\overline{QR}$

$=\dfrac{1}{2}\times(2\sin\theta+\sin\theta+\sin\theta\tan\theta)\times(1-\tan\theta)\cos\theta$

$$= \frac{1}{2} \times (3\sin\theta + \sin\theta\tan\theta)(1-\tan\theta)\cos\theta \text{이므로}$$

$$3f(\theta) - 2g(\theta)$$

$$= \frac{3}{2}\sin 2\theta - (3\sin\theta + \sin\theta\tan\theta)(1-\tan\theta)\cos\theta$$

$$= 3\sin\theta\cos\theta - \sin\theta\cos\theta(3+\tan\theta)(1-\tan\theta)$$

$$= \sin\theta\cos\theta\tan\theta(\tan\theta + 2)$$

따라서

$$\lim_{\theta \to 0+} \frac{3f(\theta) - 2g(\theta)}{\theta^2}$$

$$= \lim_{\theta \to 0+} \frac{\sin\theta\cos\theta\tan\theta(\tan\theta+2)}{\theta^2}$$

$$= \lim_{\theta \to 0+} \left\{ \frac{\sin\theta}{\theta} \times \frac{\tan\theta}{\theta} \times \cos\theta \times (\tan\theta+2) \right\}$$

$$= 1 \times 1 \times 1 \times 2 = 2$$

311 정답 ⑤

[출제자 : 이정배T]

$\theta \to 0+$ 이므로 다음 그림과 같은 θ 에서 살펴보자.

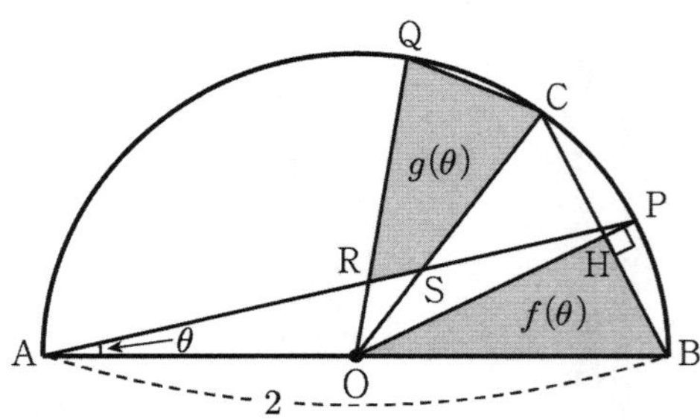

$\angle \text{OAP} = \angle \text{OPA} = \theta$, $\overline{\text{BC}} \perp \overline{\text{OP}}$, $\overline{\text{PB}} = \overline{\text{QC}}$ 이므로
$\angle \text{BOP} = \angle \text{POC} = \angle \text{COQ} = 2\theta$

이때, 점 O에서 $\overline{\text{AP}}$ 에 내린 수선의 발을 M이라 하면
직각삼각형 SMO와 RMO에서 $\angle \text{MSO} = 3\theta$, $\angle \text{MRO} = 5\theta$

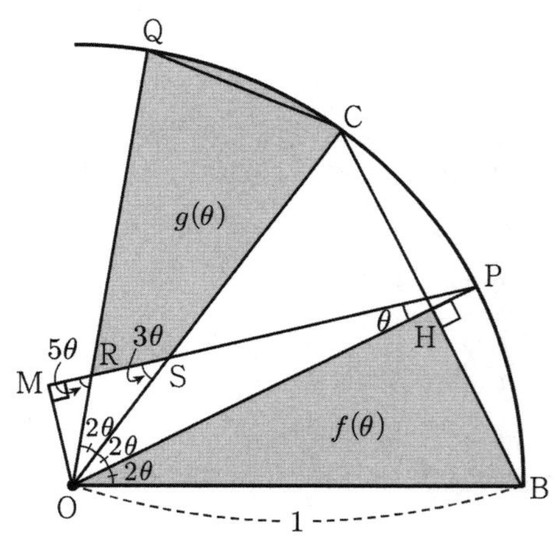

i) 삼각형 OBH에서 $\overline{\text{OH}} = \cos 2\theta$ 이므로
$$\triangle \text{OBH} = \frac{1}{2} \cdot 1 \cdot \cos 2\theta \cdot \sin 2\theta = \frac{1}{2}\cos 2\theta \sin 2\theta$$

$$\therefore f(\theta) = \frac{1}{2}\cos 2\theta \sin 2\theta$$

ii) $g(\theta)$를 구하자.

$$\overline{\text{OM}} = \sin\theta, \quad \overline{\text{OR}} = \frac{\sin\theta}{\sin 5\theta}, \quad \overline{\text{OS}} = \frac{\sin\theta}{\sin 3\theta} \text{이므로}$$

$$\triangle \text{OSR} = \frac{1}{2} \cdot \overline{\text{OR}} \cdot \overline{\text{OS}} \cdot \sin 2\theta$$

$$= \frac{1}{2} \cdot \frac{\sin\theta}{\sin 5\theta} \cdot \frac{\sin\theta}{\sin 3\theta} \cdot \sin 2\theta$$

$$\therefore g(\theta) = \triangle \text{OCQ} - \triangle \text{OSR}$$

$$= \frac{1}{2} \cdot 1 \cdot 1 \cdot \sin 2\theta - \frac{1}{2} \cdot \frac{\sin\theta}{\sin 5\theta} \cdot \frac{\sin\theta}{\sin 3\theta} \cdot \sin 2\theta$$

$$= \frac{1}{2}\sin 2\theta - \frac{1}{2} \cdot \frac{\sin\theta}{\sin 5\theta} \cdot \frac{\sin\theta}{\sin 3\theta} \cdot \sin 2\theta$$

$$f(\theta) - g(\theta)$$

$$= \frac{1}{2}\cos 2\theta \sin 2\theta - \frac{1}{2}\sin 2\theta + \frac{1}{2} \cdot \frac{\sin\theta}{\sin 5\theta} \cdot \frac{\sin\theta}{\sin 3\theta} \cdot \sin 2\theta$$

$$= \frac{1}{2}\sin 2\theta \left\{ (\cos 2\theta - 1) + \frac{\sin\theta}{\sin 5\theta} \cdot \frac{\sin\theta}{\sin 3\theta} \right\}$$

$$\lim_{\theta \to 0+} \frac{f(\theta) - g(\theta)}{\theta}$$

$$= \lim_{\theta \to 0+} \frac{\sin 2\theta}{2\theta} \left\{ (\cos 2\theta - 1) + \frac{\sin\theta}{\sin 5\theta} \cdot \frac{\sin\theta}{\sin 3\theta} \right\}$$

$$= 0 + \frac{1}{5} \cdot \frac{1}{3} = \frac{1}{15} = \frac{q}{p}$$

$$\therefore p + q = 16$$

312 정답 3

함수 $y = f(x)$의 그래프 위의 한 점을 $(s, f(s))$라 하자. t가 정해져 있다면 점 $(t, 0)$에서 $(s, f(s))$ 사이의 거리가 최소일 때, $(t, 0)$과 $(s, f(s))$를 연결한 직선은 $y = f(x)$ 위의 점 $(s, f(s))$에서의 접선과 수직이다.

따라서 $\dfrac{-f(s)}{t-s} = -\dfrac{1}{f'(s)}$ 이고, $t = s + f(s)f'(s)$ $\cdots$ ㉠이다.

이때, $g(t) = e^s + s$, $h(g(t)) = t$이므로,
$h(1)$을 찾기 위해 $g(t) = 1$이 되는 s를 찾으면 $s = 0$이고,
㉠에서 $s = 0$일 때, $t = 2$이다.

한편, $h'(1) = \dfrac{1}{g'(h(1))} = \dfrac{1}{g'(2)}$, $g'(t) = (e^s + 1)\dfrac{ds}{dt}$,

㉠을 미분하면, $1 = \{1 + f'(s)f'(s) + f(s)f''(s)\}\dfrac{ds}{dt}$ 이므로

$s = 0$ 대입하면, $g'(2) = \dfrac{1}{3}$ 임을 알 수 있다.

$$\therefore h'(1) = 3$$

[다른 풀이]

점 $(t, 0)$과 점 $(x, f(x))$사이의 거리가 최소일 때, 두 점 $(t, 0)$과 $(x, f(x))$를 지나는 직선과 점 $(x, f(x))$에서의 $y = f(x)$에서의 접선은 서로 수직이다.
이때 $x = s$이므로

$$\frac{f(s)}{s-t}\times f'(s)=-1, \ t=s+f(s)\times f'(s)\cdots\bigcirc\text{이다.}$$

$h(1)=a$라 하면 $g(a)=1$이고, $h'(1)=\dfrac{1}{g'(a)}$이다.

$t=a$일 때 $s=b$라 하면 $g(a)=f(b)=1$에서
$e^b+b=1$, $b=0$이다.

$\bigcirc$에서 $a=0+f(0)\times f'(0)=2$이다.

$\bigcirc$의 양변을 s로 미분하면

$$\frac{dt}{ds}=1+f'(s)\times f'(s)+f(s)\times f''(s)$$

$$=1+(e^s+1)^2+(e^s+s)e^s\text{이므로}$$

$t=2$, $s=0$일 때 $\dfrac{dt}{ds}=6$이다.

$g(t)=f(s)$의 양변을 s로 미분하면

$$g'(t)\times\frac{dt}{ds}=f'(s)\text{이므로 } g'(2)\times6=f'(0),$$

$$g'(2)=\frac{2}{6}=\frac{1}{3}\text{이다.}$$

$$\therefore\ h'(1)=\frac{1}{g'(2)}=3$$

313 정답 13

$$g(t)=f(a)=e^{2a}+1$$

함수 $g(t)$의 역함수가 $h(t)$이므로
$$h(g(t))=t$$
$$h(e^{2a}+1)=t$$
$$h'(e^{2a}+1)2e^{2a}\frac{da}{dt}=1$$
$$h'(e^{2a}+1)=\frac{1}{2e^{2a}}\frac{dt}{da}$$

$e^{2a}+1=2$에서 $a=0$

$$h'(2)=\frac{1}{2}\frac{dt}{da}\text{이다.}$$

한편, 점 $(t,0)$과 점 $(x,f(x))$사이 거리가 최소일 때는 곡선 위의 점 $(x,f(x))$에서의 접선과 수직인 직선이 $(t,0)$을 지날 때이다.

따라서
$$\frac{-f(a)}{t-a}\times f'(a)=-1$$
$$t-a=f(a)f'(a)$$
$$t=a+f(a)f'(a)$$
$$t=a+2(e^{2a}+1)e^{2a}\text{이다.}$$

양변을 a에 관하여 미분하면

$$\frac{dt}{da}=1+4e^{2a}\times e^{2a}+4(e^{2a}+1)e^{2a}$$

$a=0$일 때, $\dfrac{dt}{da}=1+4+8=13$

따라서
$$h'(2)=\frac{1}{2}\times13=\frac{13}{2}$$

따라서 $2h'(2)=13$

314 정답 ⑤

함수 $f(x)$는 최고차항의 계수가 양수인 삼차함수이므로 함수 $y=f(x)$의 그래프와 x축은 적어도 한 점에서 만난다.

조건 (가)에서 함수 $g(x)$가 $x\neq1$인 모든 실수 x에서 연속이므로
$$\begin{cases} x=1\text{일 때, } f(1)=0 \\ x\neq1\text{일 때, } f(x)\neq0 \end{cases}\cdots\bigcirc$$

한편,
$$g(x)=\begin{cases} \ln|f(x)| & (f(x)\neq0) \\ 1 & (f(x)=0) \end{cases}$$

이므로
$$g'(x)=\frac{f'(x)}{f(x)}\ (f(x)\neq0)$$

이때 조건 (나)에서 함수 $g(x)$가 $x=2$에서 극값을 가지고 $\bigcirc$을 만족시켜야 하므로
$$f'(2)=0\qquad\cdots\bigcirc\!\!\!\bigcirc$$

한편, 조건 (다)에서 주어진 방정식 $g(x)=0$은
$$\ln|f(x)|=0,\ |f(x)|=1$$
$$f(x)=-1\ \text{또는}\ f(x)=1$$

이때 이 방정식이 서로 다른 세 실근을 갖고 $\bigcirc$을 만족시키려면 함수 $y=f(x)$는 극값을 가져야 한다.

한편, $\bigcirc\!\!\!\bigcirc$으로부터 함수 $f(x)$는 $x=2$에서 극값을 가지므로
$$f'(\alpha)=f'(\beta)=0\ (1<\alpha<\beta)$$
로 놓을 수 있다.

이때 $\alpha=2$이거나 $\beta=2$이다.

이때 조건 (다)를 만족시키는 함수 $f(x)$의 그래프와 $g(x)$의 그래프의 개형은 다음과 같다.

(i)

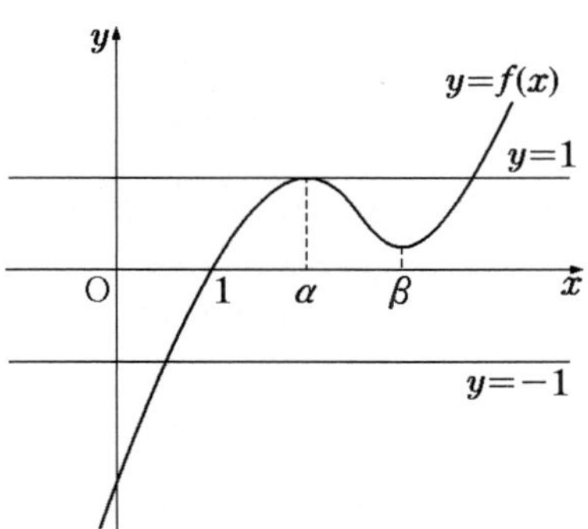

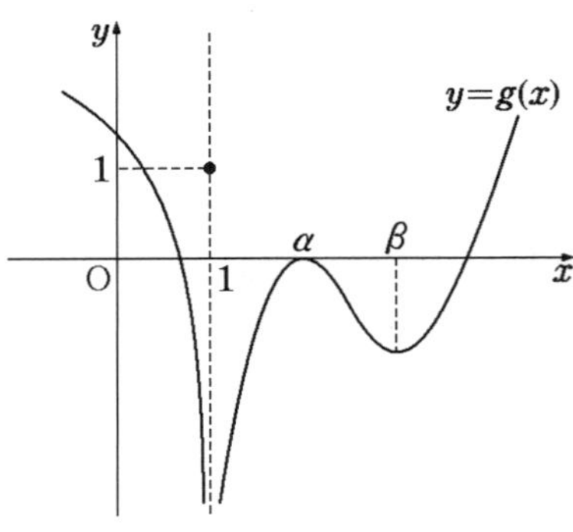

(ii)

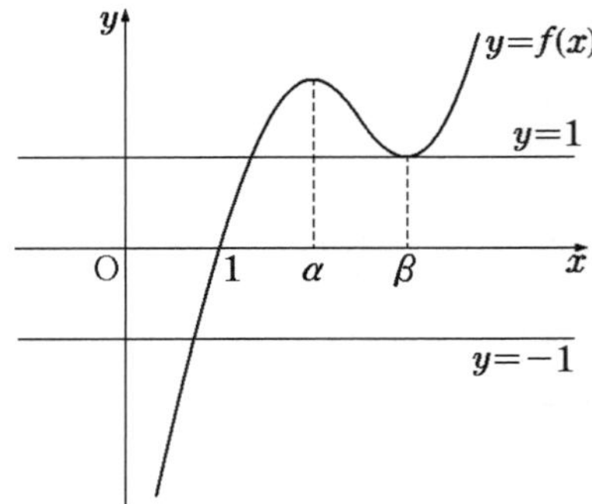

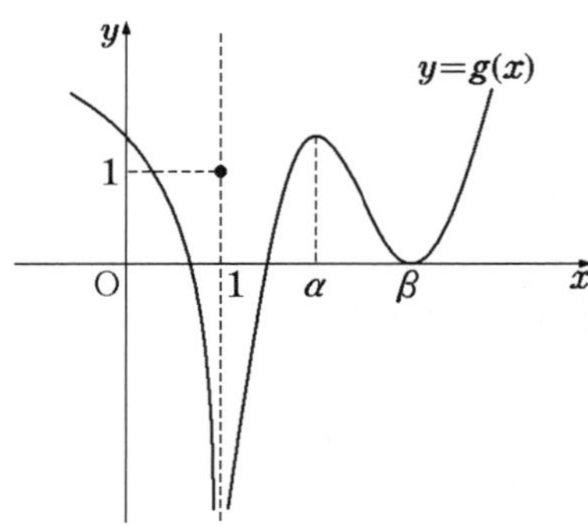

이때 조건 (나)로부터 $g(x)$가 $x=2$에서 극대이고 $|g(x)|$가 $x=2$에서 극소이기 위해서는 그림 (i)과 같아야 하고 $\alpha=2$

이때 함수 $f(x)$의 최고차항의 계수가 $\dfrac{1}{2}$이므로

$$f(x)-1=\frac{1}{2}(x-2)^2(x-k) \quad (k\text{는 상수})$$

즉, $f(x)=\dfrac{1}{2}(x-2)^2(x-k)+1$

이고 ㉠에서 $f(1)=0$이므로

$$f(1)=\frac{1}{2}(1-k)+1=0$$

$$1-k=-2$$

$$k=3$$

이때 $f(x)=\dfrac{1}{2}(x-2)^2(x-3)+1$

이므로

$$f'(x)=(x-2)(x-3)+\frac{1}{2}(x-2)^2$$

$$=\frac{1}{2}(x-2)\{(2x-6)+(x-2)\}$$

$$=\frac{1}{2}(x-2)(3x-8)$$

이때 $f'(x)=0$에서 $x=2$ 또는 $x=\dfrac{8}{3}$

그러므로 $\beta=\dfrac{8}{3}$

따라서 함수 $g(x)$는 $x=\dfrac{8}{3}$에서 극솟값을 갖고 그 값은

$$\ln\left|f\left(\frac{8}{3}\right)\right|=\ln\left|\frac{1}{2}\times\left(\frac{2}{3}\right)^2\times\left(-\frac{1}{3}\right)+1\right|=\ln\frac{25}{27}$$

[다른 풀이]
[그림 : 최성훈T]

$g(x)$는 $x=1$에서 불연속이므로 $f(1)=0$이다.

$$g'(x)=\frac{f'(x)}{f(x)}\quad (f(x)\neq 0)$$

$g(x)$가 $x=2$에서 극대를 가지려면 $f(x)$가 $x=2$에서 극대를 가져야 한다. 또한 $|g(x)|$가 $x=2$에서 극소가 되기 위해서는 $\ln|f(2)|\leq 0$이어야 하므로 $0<f(2)\leq 1$이다.

한편, $g(x)=0$의 실근은 $\ln|f(x)|=0$의 실근의 개수와 같으므로 $|f(x)|=1$의 서로 다른 실근의 개수가 3이어야 한다. 따라서 $|f(x)|$의 개형은 다음과 같다.

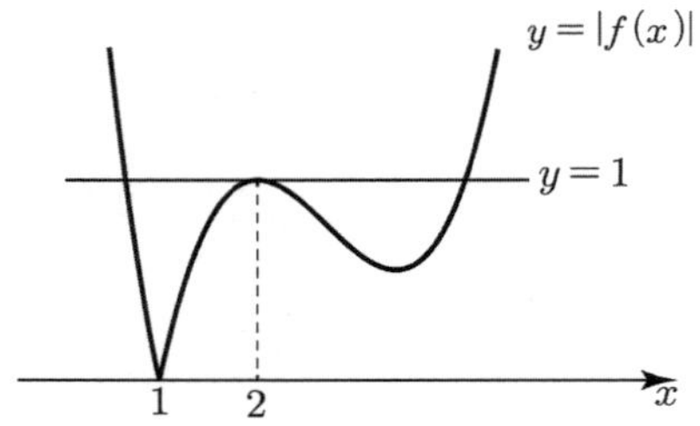

$f(x)$의 최고차항의 계수가 $\dfrac{1}{2}$이므로 개형은 다음과 같다.

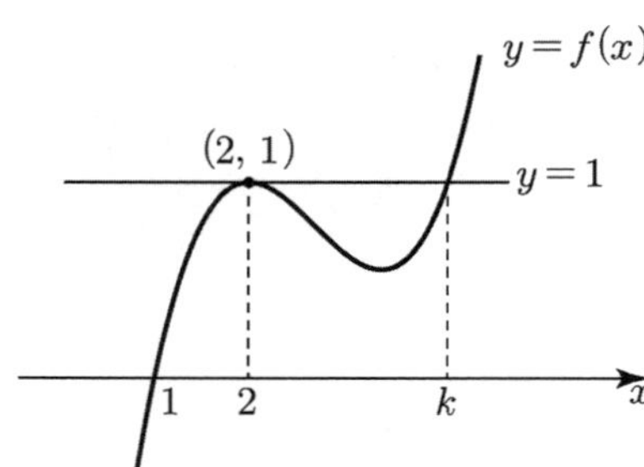

$$f(x)=\frac{1}{2}(x-2)^2(x-k)+1$$

$$f(1)=\frac{1}{2}(1-k)+1=0$$

$$\frac{1}{2}(1-k)=-1$$

$$\therefore\ k=3$$

따라서 $f(x)=\dfrac{1}{2}(x-2)^2(x-3)+1$이다.

$$f'(x) = (x-2)(x-3) + \frac{1}{2}(x-2)^2$$
$$= \frac{1}{2}(x-2)(3x-8)$$

$x = \dfrac{8}{3}$ 일 때 $f(x)$ 가 극솟값을 가지므로 $g(x)$ 도 $x=3$ 에서 극솟값을 갖는다.

$$f\left(\frac{8}{3}\right) = \frac{1}{2}\left(\frac{2}{3}\right)\left(-\frac{1}{3}\right) + 1 = \frac{25}{27}$$
$$\therefore\ g\left(\frac{8}{3}\right) = \ln\left| f\left(\frac{8}{3}\right)\right| = \ln\frac{25}{27}$$

315 정답 ④

[그림 : 이정배T]

$g(x)$ 는 $x=-1$과 $x=3$에서 불연속이므로 $f(-1)=0$, $f(3)=0$이다.

$g(x)$ 가 $x=0$에서 극대를 가지려면 $g'(0)=0$이다.

$$g'(x) = \frac{f'(x)}{f(x)}\quad (f(x) \neq 0)\text{에서}$$
$$\therefore\ f'(0)=0$$

또한 $|g(x)|$가 $x=0$에서 극소가 되기 위해서는
$\ln| f(0) | \leq 0$ 이어야 하므로 $0 < |f(0)| \leq 1$ 이다.

한편, $g(x)=0$ 의 실근은 $\ln|f(x)|=0$의 실근의 개수와
같으므로 $|f(x)|=1$ 의 서로 다른 실근의 개수가 3 이어야 한다.

따라서 $f(0)=-1$

$f'(3)=0$이므로 사차함수 $f(x)$는 다음과 같다.

$$f(x) = a(x+1)(x-3)^3$$

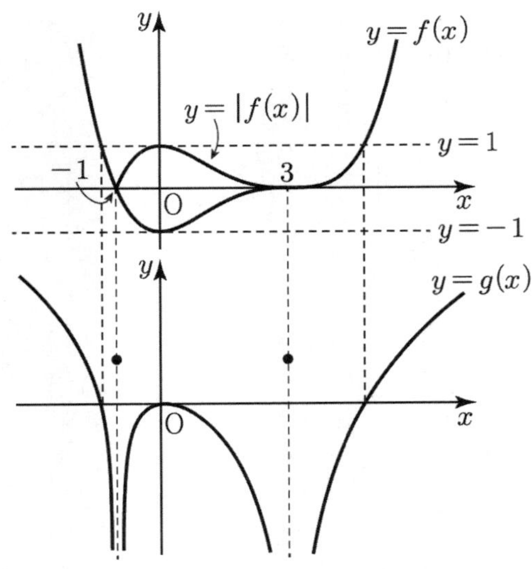

$$f(0) = -27a = -1$$
$$a = \frac{1}{27}$$
$$f(x) = \frac{1}{27}(x+1)(x-3)^3$$

그러므로

$$f(6) = \frac{1}{27} \times 7 \times 27 = 7$$

316 정답 ②

$$f(x) = 6\pi(x-1)^2$$
$$f'(x) = 12\pi(x-1)$$

$g(x) = 3f(x) + 4\cos f(x)$를 x에 대하여 미분하면
$$g'(x) = 3f'(x) - 4\sin f(x) \times f'(x)$$
$$= f'(x)\{3 - 4\sin f(x)\}$$

함수 $y=g(x)$가 극소가 되는 x는 방정식
$$f'(x)=0\ \text{ or }\ \sin f(x) = \frac{3}{4}$$

을 만족하는 x의 전후에서 $g'(x)$의 부호가 바뀌어야 한다. 즉

$f'(x)=0$에서 $x=1$

$\sin f(x) = \dfrac{3}{4}$에서 $y = \sin f(x)$와 $y = \dfrac{3}{4}$의 교점의 개수는

$y = \sin f(x)$를
$$y = \sin f(x) = \sin 6\pi(x-1)^2 = \sin 6\pi t$$
$$(t = (x-1)^2\ (0 < x < 1))$$

라 할 때, $y = \sin 6\pi t\ (0 < t < 1)$의 그래프와 $y = \dfrac{3}{4}$의 교점의
개수와 같다. 따라서 아래 그림에서 보는 바와 같이

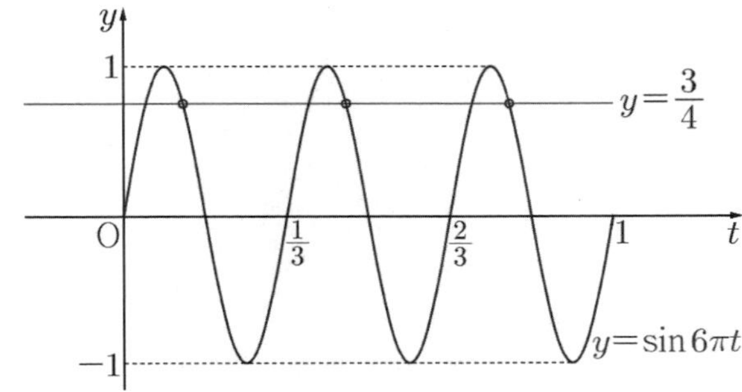

극소를 갖도록 하는 t의 값은 3개이고 $1 \leq x < 2$일 때 역시
극소를 갖도록 하는 t의 값은 3개다.

따라서 함수 $y=g(x)$가 극소가 되는 x의 개수는
$$3+1+3 = 7\text{이다.}$$

317 정답 ①

[그림 : 최성훈T]

$$f'(x) = 2\pi(x-1)(x-4) + \pi(x-1)^2$$
$$= \pi(x-1)\{2(x-4)+(x-1)\}$$
$$= 3\pi(x-1)(x-3)$$

이므로 $0 < x < 4$에서 함수 $f(x)$의 그래프는 다음 그림과 같다.

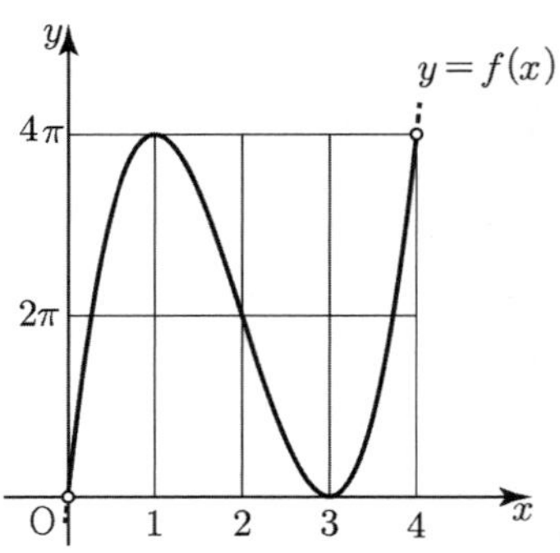

$g(x)=\sin f(x)-f(x)$를 x에 대하여 미분하면

$g'(x)=f'(x)\cos f(x)-f'(x)$

$\qquad =f'(x)\{\cos f(x)-1\}$

함수 $y=g(x)$가 극값이 되는 x는

방정식 $f'(x)=0$ 또는 방정식 $\cos f(x)=1$

을 만족하는 실근 중 좌우에서 $g'(x)$의 부호가 $(+)\to(-)$로

바뀌는 값이다.

(i) $f'(x)=0$에서 $x=1$ 또는 $x=3$

㉠ $x=1$일 때, $f(1)=4\pi$이므로 $\cos f(1)-1=\cos 4\pi-1=0$

$f'(x)=3\pi(x-1)(x-3)$의 부호는 $x=1$의 좌우에서

$(+)\to(-)$이고 $\cos f(1)\le 1$이므로

$g'(x)$의 부호는 $x=1$의 좌우에서 $(-)\to(+)$으로 바뀌게

되므로 함수 $g(x)$는 $x=1$에서 극솟값을 갖는다.

㉡ $x=3$일 때, $f(3)=0$이므로 $\cos f(3)-1=\cos 0-1=0$

$f'(x)=3\pi(x-1)(x-3)$의 부호는 $x=3$의 좌우에서

$(-)\to(+)$이고 $\cos f(3)\le 1$

$g'(x)$의 부호는 $x=3$의 좌우에서 $(+)\to(-)$으로 바뀌게

되므로 함수 $g(x)$는 $x=3$에서 극댓값을 갖는다.

(ii) $\cos f(x)=1$

$0<x<4$에서 함수 $f(x)$는 $0\le f(x)\le 4\pi$이다.

$f(x)=0$, $f(x)=2\pi$, $f(x)=4\pi$일 때, $\cos f(x)=1$이다.

㉠ $f(x)=0$일 때,

$x=3$이고 (i)의 ㉡에서 극댓값을 갖는다.

㉡ $f(x)=2\pi$일 때,

만족하는 x의 값은 α, 2, β $(\alpha<2<\beta)$로 3개가 존재하지만

$f'(\alpha)\ne 0$, $f'(2)\ne 0$, $f'(\beta)\ne 0$이고 $\cos f(x)-1$의 부호도

항상 음수이므로 극값을 갖지 않는다.

㉢ $f(x)=4\pi$일 때,

$x=1$이고 (i)의 ㉠에서 극솟값을 갖는다.

(i), (ii)에서 함수 $g(x)$가 극점이 되는 x는 $x=1$, $x=3$으로

2개다.

318 정답 24

$f(a)=6$인 a에 대하여

$g(x)$가 $x=a$에서 최댓값을 가지므로 $g'(a)=0$이다.

$g'(x)=f'(x)e^{f(x)}+\{f(x)+2\}f'(x)e^{f(x)}$

$g'(a)=0$에서 $f'(a)\{f(a)+3\}=0$이다.

$g(x)$가 $x=b$와 $x=b+6$에서 최솟값을 가지므로

$f'(b)\{f(b)+3\}=f'(b+6)\{f(b+6)+3\}=0$이다.

방정식 $f'(x)\{f(x)+3\}=0$이 삼차방정식이고

이차함수 $y=f(x)+3$의 그래프는 이차함수의 대칭성에 의해

$f(x)+3=0$의 실근, $f'(x)=0$의 실근, $f(x)+3=0$의

실근으로 번갈아 나타난다.

이 방정식의 세 실근은 b, a, $b+6$ 순이고

이차함수의 대칭성에 의해 $a=b+3$이다.

$f(b+3)=f(a)=6$이므로 $f(x)=k(x-b-3)^2+6$이고

$f(b)+3=9k+6+3=9k+9=0$에서 $k=-1$이다.

따라서 $f(x)=-(x-b-3)^2+6$이다.

$f(x)=0$의 서로 다른 두 실근은

$(x-b-3)^2=6$, $x=b+3\pm\sqrt{6}$

이고 두 실근의 차 $(\alpha-\beta)^2=\left(2\sqrt{6}\right)^2=24$

319 정답 4

(가)에서 $g(a)=f(a)$이므로 $\ln f(a)=1$이다.

따라서 $f(a)=e$

$\therefore\ f(x)=k(x-a)^2+e\ (k<0)\ \cdots㉠$

$\therefore\ M=e$

한편,

$g'(x)=f'(x)\ln\{f(x)\}+f(x)\times\dfrac{f'(x)}{f(x)}$

$\qquad =f'(x)\{\ln f(x)+1\}$

$g'(x)=0$의 해는 $f'(x)=0$ 또는 $\ln f(x)+1=0$을 만족하는

x값들이다.

$f'(x)=0$의 해는 $x=a$이고 함수 $g(x)$는 $x=a$에서 최댓값을

가지므로

$\ln f(x)+1=0$의 해에서 함수 $g(x)$는 최솟값을 갖는다.

$\ln f(x)=-1$

$f(x)=\dfrac{1}{e}$

$k(x-a)^2+e=\dfrac{1}{e}$

$-k(x-a)^2=e-\dfrac{1}{e}$

$(x-a)^2=-\dfrac{1}{k}\left(e-\dfrac{1}{e}\right)$

$x-a=\pm\sqrt{-\dfrac{1}{k}\left(e-\dfrac{1}{e}\right)}$

$x=a\pm\sqrt{-\dfrac{1}{k}\left(e-\dfrac{1}{e}\right)}$

따라서 (나)에서 $\left(b+\sqrt{e-\dfrac{1}{e}}\right)-b=\sqrt{e-\dfrac{1}{e}}$ 이므로

$2\sqrt{-\dfrac{1}{k}\left(e-\dfrac{1}{e}\right)}=\sqrt{e-\dfrac{1}{e}}$

$\sqrt{-\dfrac{1}{k}}=\dfrac{1}{2}$

$-\dfrac{1}{k}=\dfrac{1}{4}$

$\therefore\ k=-4$

그러므로 $f(x)=-4(x-a)^2+e$ 이고
$M-f(a+1)=e-(-4+e)=4$ 이다.

320 정답 17

$f'(g(t))=0$을 만족하며 $x=g(t)$에서 부호가 $(+)$에서 $(-)$로
변하는 점이 극대이다.

$f'(g(t))=\dfrac{2}{g(t)}\{t\ln(g(t))-\{g(t)\}^2\}=0$

따라서 $g(\alpha)=e^2$ 을 만족하는 α에 대하여

$\alpha\ln(e^2)-(e^2)^2=0$

$\therefore \ \alpha=\dfrac{1}{2}e^4$

$h(t)=t\ln(g(t))-\{g(t)\}^2$ 라 하면

$h'(t)=\ln(g(t))+t\cdot\dfrac{g'(t)}{g(t)}-2g(t)g'(t)$

$t=\alpha$일 때를 확인해보면 $h(\alpha)=0$ 이므로

$h'(\alpha)=2+\dfrac{e^2}{2}g'(\alpha)-2e^2g'(\alpha)=0$

따라서 $g'(\alpha)=\dfrac{4}{3e^2}$ 이다.

$\alpha\times\{g'(\alpha)\}^2=\dfrac{e^4}{2}\times\left(\dfrac{4}{3e^2}\right)^2=\dfrac{8}{9}$

$\therefore \ p+q=8+9=17$

321 정답 9

$f(x)=te^{2x}-\ln(t^2x)$ 양변을 x에 관해 미분하면

$f'(x)=2te^{2x}-\dfrac{1}{x}$

$f'(k)=0$에서 $k=g(t)$이므로

$f'(k)=f'(g(t))=2te^{2g(t)}-\dfrac{1}{g(t)}=0$

$2tg(t)e^{2g(t)}-1=0\cdots㉠$

㉠의 양변에 $t=\alpha$을 대입하면

$2\alpha g(\alpha)e^{2g(\alpha)}-1=0$

$2\alpha\times\ln2\times e^{\ln4}-1=0$

$8\alpha=\dfrac{1}{\ln2}$

$\therefore \ \alpha=\dfrac{1}{8\ln2}$

㉠의 양변을 t에 관해 미분하면

$2g(t)e^{2g(t)}+2tg'(t)e^{2g(t)}+2tg(t)e^{2g(t)}\times 2g'(t)=0$

양변에 $t=\alpha$을 대입하면

$2g(\alpha)e^{2g(\alpha)}+2\alpha g'(\alpha)e^{2g(\alpha)}+2\alpha g(\alpha)e^{2g(\alpha)}\times 2g'(\alpha)=0$

정리하면

$2e^{2g(\alpha)}\{g(\alpha)+\alpha g'(\alpha)+2\alpha g(\alpha)g'(\alpha)\}=0$

에서 $2e^{2g(\alpha)}>0$이므로

$g(\alpha)+\alpha g'(\alpha)+2\alpha g(\alpha)g'(\alpha)=0$이다.

$g(\alpha)=\ln2$, $\alpha=\dfrac{1}{8\ln2}$ 이므로

$\ln2+\dfrac{1}{8\ln2}\times g'(\alpha)+\dfrac{2}{8\ln2}\times\ln2\times g'(\alpha)=0$

$\left(\dfrac{1}{8\ln2}+\dfrac{1}{4}\right)\times g'(\alpha)=-\ln2$

$\dfrac{1+2\ln2}{8\ln2}\times g'(\alpha)=-\ln2$

$\therefore \ g'(\alpha)=-\dfrac{8(\ln2)^2}{1+2\ln2}$

따라서

$\ln(4e)\times\alpha^2\times g'(\alpha)$

$=\ln(4e)\times\dfrac{1}{8^2(\ln2)^2}\times\left\{-\dfrac{8(\ln2)^2}{\ln(4e)}\right\}$

$=-\dfrac{1}{8}$

따라서 $p=8$, $q=1$이므로

$p+q=9$이다.

322 정답 72

$g(0)=1$이므로 $g^{-1}(1)=0$이고 $\cdots㉠$

$g'(x)=3x^2+1\geq 1$이므로 $0<(g^{-1})'(x)\leq 1$으로 방정식

$g^{-1}(x)=0$의 해는 $x=1$이 유일하다.

한편,

$(x-1)|h(x)|$

$=(x-1)\left|\{g^{-1}(x)-a\}\{g^{-1}(x)-b\}^2\right|$이고

함수 $\left|\{g^{-1}(x)-a\}\{g^{-1}(x)-b\}^2\right|$는 $g^{-1}(x)=a$를 만족하는

x값에서 미분가능하지 않다.

(가)에서 함수 $(x-1)|h(x)|$ 가 실수 전체의 집합에서

미분가능하기 위해서는 $g^{-1}(x)=a$의 해가 $x=1$이면 된다.

따라서 $g^{-1}(1)=a$

㉠에서 $a=0$

$\therefore \ f(x)=x(x-b)^2 \ (b>0)$

$h(x)=(f\circ g^{-1})(x)$에서

$h'(x)=f'(g^{-1}(x))(g^{-1})'(x)$이고

$$h'(3)=f'\big(g^{-1}(3)\big)\big(g^{-1}\big)'(3)=2$$

$g(1)=3$, $g'(1)=4$에서 $g^{-1}(3)=1$, $\big(g^{-1}\big)'(3)=\dfrac{1}{4}$ 이다.

따라서 $f'(1)\times\dfrac{1}{4}=2 \;\cdots(\star)$

$\therefore\; f'(1)=8$

$f'(x)=(x-b)^2+2x(x-b)$에서

$f'(1)=(1-b)^2+2(1-b)=b^2-4b+3=8$

$b^2-4b-5=0$

$(b-5)(b+1)=0$

$b=5 \;(\because b>0)$

그러므로

$f(x)=x(x-5)^2$이다.

$f(8)=8\times9=72$

[다른 풀이]$-(\star)$부분
[랑데뷰세미나(89) 역함수 관련팁 참조]

$h(x)=(f\circ g^{-1})(x)$의 양변에 $x=g(t)$를 대입하면

$h(g(t))=f(t)$이고 양변 t에 관하여 미분하면

$h'(g(t))g'(t)=f'(t)$

$h'(3)=2$이므로 $g(t)=3$을 만족하는 t의 값은

$t^3+t+1=3$에서 $t=1$이다.

따라서

$h'(g(1))g'(1)=f'(1)$

$h'(3)\times g'(1)=f'(1)$

$g'(t)=3t^2+1$에서 $g'(1)=4$이므로

$\therefore\; f'(1)=2\times4=8$

323 정답 16

(가)에서 방정식 $f(x)=0$의 서로 다른 두 실근을 a, b
$(a<b)$라 하면

$f(x)=(x-a)^2(x-b)\;(a<b)$ 또는 $f(x)=(x-a)(x-b)^2$
$(a<b)$꼴이다.

(i) $f(x)=(x-a)^2(x-b)\;(a<b)$ 꼴일 때

$g(x)=2e^x+x$에서 $g(0)=2$이므로 $g^{-1}(2)=0$이고 $\cdots(\star)$

$g'(x)=2e^x+1>1$이므로 $0<\big(g^{-1}\big)'(x)<1$으로 방정식

$g^{-1}(x)=0$의 해는 $x=2$이 유일하다.

한편,

$(x-2)|h(x)|$

$=(x-2)\Big|\{g^{-1}(x)-a\}^2\{g^{-1}(x)-b\}\Big|$이고

함수 $\Big|\{g^{-1}(x)-a\}^2\{g^{-1}(x)-b\}\Big|$는 $g^{-1}(x)=b$를 만족하는

x값에서 미분가능하지 않는다.

(가)에서 함수 $(x-2)|h(x)|$가 실수 전체의 집합에서

미분가능하기 위해서는

$g^{-1}(x)=b$의 해가 $x=2$이면 된다.

따라서 $g^{-1}(2)=b$

$\star$ 에서 $b=0$

$\therefore\; f(x)=(x-a)^2x\;(a<0)$

$h(x)=(f\circ g^{-1})(x)$에서

$h'(x)=f'\big(g^{-1}(x)\big)\big(g^{-1}\big)'(x)$이고

$h'(2)=f'\big(g^{-1}(2)\big)\big(g^{-1}\big)'(2)=3$이다.

$g(x)=2e^x+x$, $g'(x)=2e^x+1$에서

$g(0)=2$, $g'(0)=3$에서 $g^{-1}(2)=0$, $\big(g^{-1}\big)'(2)=\dfrac{1}{3}$이다.

따라서

$h'(2)=f'\big(g^{-1}(2)\big)\big(g^{-1}\big)'(2)$

$\qquad=f'(0)\times\dfrac{1}{3}=3$

$\therefore\; f'(0)=9\cdots\bigcirc$

$f'(x)=2(x-a)x+(x-a)^2$에서

$f'(0)=a^2=9$

$a=-3\;(\because a<0)$

그러므로

$f(x)=x(x+3)^2$이다.

$f(1)=1\times16=16$

(ii) $f(x)=(x-a)(x-b)^2\;(a<b)$ 꼴일 때

$(x-2)|h(x)|$

$=(x-2)\Big|\{g^{-1}(x)-a\}\{g^{-1}(x)-b\}^2\Big|$이고

함수 $\Big|\{g^{-1}(x)-a\}\{g^{-1}(x)-b\}^2\Big|$는 $g^{-1}(x)=a$를 만족하는

x값에서 미분가능하지 않다.

(가)에서 함수 $(x-2)|h(x)|$가 실수 전체의 집합에서

미분가능하기 위해서는

$g^{-1}(x)=a$의 해가 $x=2$이면 된다.

따라서 $g^{-1}(2)=a$

$g(a)=2$에서 $a=0$

$\therefore\; f(x)=x(x-b)^2\;(b>0)$

$\bigcirc$에서 $f'(0)=9$이므로

$f'(x)=(x-b)^2$에서 $f'(0)=b^2=9$

$b=3\;(\because b>0)$

그러므로

$f(x)=x(x-3)^2$이다.

$f(1)=1\times4=4$

(i), (ii)에서 $f(1)$의 최댓값은 16이다.

324 정답 ③

$P\left(k,\;e^{\frac{k}{2}}\right)$, $Q\left(k,\;e^{\frac{k}{2}+3t}\right)$이므로

$\overline{PQ}=e^{\frac{k}{2}+3t}-e^{\frac{k}{2}}=e^{\frac{k}{2}}\big(e^{3t}-1\big)$

한편 점 R의 y좌표가 점 Q의 y좌표와 같으므로

$e^{\frac{x}{2}}=e^{\frac{k}{2}+3t}$

이 성립한다.

$x=k+6t$이므로 $\overline{QR}=6t$이다.

따라서 $\overline{PQ}=\overline{QR}$에서

$$e^{\frac{k}{2}}(e^{3t}-1)=6t$$

$$e^{\frac{k}{2}}=\frac{6t}{e^{3t}-1}$$

$$\frac{k}{2}=\ln\left(\frac{6t}{e^{3t}-1}\right)$$

$$\therefore\ k=f(t)=2\ln\left(\frac{6t}{3t-1}\right)$$

$$\lim_{t\to0+}f(t)=2\ln2=\ln4$$

325 정답 ①

점 Q의 x좌표는 $2\ln k-6t$이며, 점 R의 x좌표는 $2\ln k$이므로, 선분 $\overline{QR}=6t$임을 알 수 있다.

한편, Q의 x좌표를 $y=e^{\frac{x}{2}}$에 대입하면

$e^{\frac{2\ln k-6t}{2}}=e^{\ln k-3t}$이므로, 선분 $\overline{PQ}$의 길이는

$k-\left(e^{\ln k-3t}\right)$이므로, $k\left(1-e^{-3t}\right)$임을 알 수 있다.

한편, $\overline{PQ}=\overline{QR}$이므로, $6t=k\left(1-e^{-3t}\right)$에서

$f(t)=\dfrac{6t}{1-e^{-3t}}$임을 알 수 있다.

한편, $\displaystyle\int_{\ln2}^{\ln3}\frac{f(t)}{t}\,dt=\int_{\ln2}^{\ln3}\frac{1}{t}\times\left(\frac{6t}{1-e^{-3t}}\right)dt$이므로,

$$\int_{\ln2}^{\ln3}\frac{1}{t}\times\left(\frac{6t}{1-e^{-3t}}\right)dt=\int_{\ln2}^{\ln3}\frac{6\times e^{3t}}{e^{3t}-1}\,dt$$
$$=\left[\,2\ln\left(e^{3t}-1\right)\right]_{\ln2}^{\ln3}=2\ln\frac{26}{7}$$

임을 알 수 있다.

[추가 설명]－오세준T

$k=e^{\frac{x}{2}+3t}$에서 $x=2\ln k-6t$이므로 점 Q의 x좌표는

$2\ln k-6t$이고 $k=e^{\frac{x}{2}}$에서 $x=2\ln k$이므로 점 R의 x좌표는

$2\ln k$이므로 $\overline{QR}=6t$

점 Q의 x좌표를 $y=e^{\frac{x}{2}}$에 대입하면

$$y=e^{\frac{x}{2}}=e^{\frac{2\ln k-6t}{2}}=e^{\ln k-3t}$$이므로

점 P의 y좌표는 $e^{\ln k-3t}$이고

$\overline{PQ}=k-\left(e^{\ln k-3t}\right)=k\left(1-e^{-3t}\right)$

$\overline{PQ}=\overline{QR}$이므로 $6t=k\left(1-e^{-3t}\right)$

따라서 $f(t)=k=\dfrac{6t}{1-e^{-3t}}$이고

$$\int_{\ln2}^{\ln3}\frac{f(t)}{t}\,dt=\int_{\ln2}^{\ln3}\frac{6}{1-e^{-3t}}\,dt=\int_{\ln2}^{\ln3}\frac{6e^{3t}}{e^{3t}-1}\,dt$$
$$=\left[\,2\ln\left(e^{3t}-1\right)\,\right]_{\ln2}^{\ln3}=2\ln\frac{26}{7}$$

326 정답 5

$g\left(\dfrac{x+8}{10}\right)=f^{-1}(x)$의 양변에 $x=f(t)$를 대입하면

$g\left(\dfrac{f(t)+8}{10}\right)=f^{-1}(f(t))=t$ 양변 미분하면

$g'\left(\dfrac{f(t)+8}{10}\right)\dfrac{f'(t)}{10}=1$

$f(0)=2$이므로 양변에 $t=0$을 대입하면

$g'(1)\dfrac{f'(0)}{10}=1$

$f'(x)=e^{-x}(2x-x^2-2)$에서 $f'(0)=-2$

따라서 $g'(1)=-5$

$|g'(1)|=5$이다.

[다른 풀이]

$g\left(\dfrac{x+8}{10}\right)=f^{-1}(x)$에서

$f\left(g\left(\dfrac{x+8}{10}\right)\right)=x$

양변을 x에 대하여 미분하면

$f'\left(g\left(\dfrac{x+8}{10}\right)\right)\times g'\left(\dfrac{x+8}{10}\right)\times\dfrac{1}{10}=1$

이 식에 $x=2$를 대입하면

$f'(g(1))\times g'(1)=10$

$f'(0)\times g'(1)=10$

한편, $f'(x)=2xe^{-x}-(x^2+2)e^{-x}=(2x-x^2-2)e^{-x}$

이므로 $f'(0)=-2$

따라서 $(-2)\times g'(1)=10$에서

$g'(1)=-5$

즉 $|g'(1)|=|-5|=5$

327 정답 6

$g(x^3+1)=f^{-1}(x)$의 양변에 $x=f(t)$를 대입하면

$g(\{f(t)\}^3+1)=f^{-1}(f(t))=t$ 양변 미분하면

$g'(\{f(t)\}^3+1)\,3\{f(t)\}^2 f'(t)=1$

$f(0)=1$이므로 양변에 $t=0$을 대입하면

$g'(2)\times3\{f(0)\}^2 f'(0)=1$

$f'(x)=e^{2x}(2x+2x^2+2)$에서 $f'(0)=2$

따라서 $g'(2)\times3\times1^2\times2=1$

$g'(2)=\dfrac{1}{6}$

$36g'(2)=6$

[다른 풀이]－장정보T

$g'(x^3+1)\times3x^2=(f^{-1})'(x)=\dfrac{1}{f'(f^{-1}(x))}$

양변에 $x=1$을 대입하면

$$3g'(2)=\frac{1}{f'(f^{-1}(1))}=\frac{1}{f'(0)}=\frac{1}{2}$$

따라서 $g'(2)=\dfrac{1}{6}$

328 정답 2

$f'(x)=3k\cos kx+12x^2$

$f''(x)=-3k^2\sin kx+24x$

$f''(x)=0$에서 $3k^2\sin kx=24x$

$f(x)$가 오직 하나의 변곡점을 갖기 위해서는 $y=3k^2\sin kx$와
$y=24x$가 원점에서 접할 때 k의 최댓값이 된다.

따라서 $g(x)=3k^2\sin kx$의 $x=0$에서의 접선의 기울기가
24이면 된다.

$g'(x)=3k^3\cos kx \rightarrow g'(0)=3k^3=24$

따라서 k의 최댓값은 2이다.

329 정답 2

$f'(x)=\dfrac{k(x^2+1)-2kx^2}{(x^2+1)^2}+6x^2=\dfrac{-k(x^2-1)}{(x^2+1)^2}+6x^2$

$f''(x)=\dfrac{-2kx(x^2+1)^2+4kx(x^2-1)(x^2+1)}{(x^2+1)^4}+12x$

$\quad\;\;=\dfrac{-2kx(x^2+1)+4kx(x^2-1)}{(x^2+1)^3}+12x$

$\quad\;\;=\dfrac{2kx(x^2-3)}{(x^2+1)^3}+12x$

$f''(x)=0$에서 $\dfrac{-2kx(x^2-3)}{(x^2+1)^3}=12x$

$f(x)$가 오직 하나의 변곡점을 갖기 위해서는

$y=\dfrac{-2kx(x^2-3)}{(x^2+1)^3}$와 $y=12x$가 원점에서 접할 때 k의

최댓값이 된다.

따라서 $g(x)=\dfrac{-2kx(x^2-3)}{(x^2+1)^3}$의 $x=0$에서의 접선의 기울기가

12이면 된다.

$g'(x)=\dfrac{(-6kx^2+6k)(x^2+1)^3+2kx(x^2-3)\{3(x^2+1)^2 2x\}}{(x^2+1)^6}$

$\rightarrow g'(0)=6k=12$

따라서 k의 최댓값은 2이다.

330 정답 ④

$g(x)=\dfrac{f(x)\cos x}{e^x}$의 양변에 자연로그를 취하면

$\ln|g(x)|=\ln|f(x)|+\ln|\cos x|-\ln e^x$

$\quad\quad\quad=\ln|f(x)|+\ln|\cos x|-x$

위 등식의 양변을 x에 대하여 미분하면

$\dfrac{g'(x)}{g(x)}=\dfrac{f'(x)}{f(x)}+\dfrac{-\sin x}{\cos x}-1$

위 등식에 $x=\pi$를 대입하면

$\dfrac{g'(\pi)}{g(\pi)}=\dfrac{f'(\pi)}{f(\pi)}+\dfrac{-\sin \pi}{\cos \pi}-1$이고,

$\dfrac{g'(\pi)}{g(\pi)}=e^{\pi}$이므로

$\dfrac{f'(\pi)}{f(\pi)}=e^{\pi}+1$

331 정답 ①

$g(x)=\dfrac{f(x)\cos x}{x^2+1}$의 양변에 $\ln$을 취하면

$\ln g(x)=\ln f(x)+\ln\cos x-\ln(x^2+1)$ 양변을 미분하면

$\dfrac{g'(x)}{g(x)}=\dfrac{f'(x)}{f(x)}-\tan x-\dfrac{2x}{x^2+1}$ 양변에 π를 대입하면

$\dfrac{g'(\pi)}{g(\pi)}=\dfrac{1}{\pi^2+1}$이므로

$\dfrac{1}{\pi^2+1}=\dfrac{f'(\pi)}{f(\pi)}-0-\dfrac{2\pi}{\pi^2+1}$

따라서 $\dfrac{f'(\pi)}{f(\pi)}=\dfrac{2\pi+1}{\pi^2+1}$

[다른 풀이]

$g(\pi)=-\dfrac{f(\pi)}{\pi^2+1}$이므로 $g'(\pi)=-\dfrac{f(\pi)}{(\pi^2+1)^2}$

$g'(x)=\dfrac{\{f'(x)\cos x-f(x)\sin x\}(x^2+1)-2xf(x)\cos x}{(x^2+1)^2}$

에서

$g'(\pi)=\dfrac{-f'(\pi)(\pi^2+1)+2\pi f(\pi)}{(\pi^2+1)^2}=-\dfrac{f(\pi)}{(\pi^2+1)^2}$

따라서 $-f'(\pi)(\pi^2+1)+2\pi f(\pi)=-f(\pi)$

$(2\pi+1)f(\pi)=f'(\pi)(\pi^2+1)$

따라서 $\dfrac{f'(\pi)}{f(\pi)}=\dfrac{2\pi+1}{\pi^2+1}$

332 정답 ③

(가)에 의해 $x=\ln\dfrac{2}{3}$이 변곡점임을 확인할 수 있다.

$f'(x)=3ae^{3x}+be^x$

$f''(x)=9ae^{3x}+be^x$

$f''\left(\ln\dfrac{2}{3}\right)=9a\times\left(\dfrac{2}{3}\right)^3+b\times\dfrac{2}{3}=\dfrac{8a+2b}{3}=0$

$\therefore\;\; b=-4a$

$f'(x)=ae^x(3e^{2x}-4)$

(나) 조건에서 $3\cdot e^{2m}-4=0$이다.

$f(2m)=a\cdot e^{6m}-4a\cdot e^{2m}$

$$= a\left(\frac{4}{3}\right)^3 - 4a\left(\frac{4}{3}\right) = -\frac{80}{9}$$

따라서 $a = 3$, $b = -12$이다.

$\therefore f(0) = -9$

333 정답 ①

(가)에 의해 $x = e^3$이 변곡점임을 확인할 수 있다.

$$f'(x) = \frac{2a\ln x + b}{x}$$

$$f''(x) = \frac{2a - (2a\ln x + b)}{x^2} = \frac{2a - b - 2a\ln x}{x^2}$$

에서

$$f''(e^3) = \frac{2a - b - 6a}{e^6} = 0$$ 이므로

$\therefore b = -4a$

$$f(x) = a(\ln x)^2 - 4a\ln x, \quad f'(x) = \frac{2a(\ln x - 2)}{x}$$

(나) 조건에서 $\ln m - 2 = 0$이다.

따라서 $m = e^2$

$$f(m) = f(e^2) = a(\ln e^2)^2 - 4a\ln e^2$$
$$= 4a - 8a = -4a = -8$$

따라서 $a = 2$, $b = -8$

$$f(x) = 2(\ln x)^2 - 8\ln x$$

$2\ln x(\ln x - 4) = 0$에서

$x = 1$ 또는 $x = e^4$이다.

따라서 모든 근의 곱은 e^4

334 정답 40

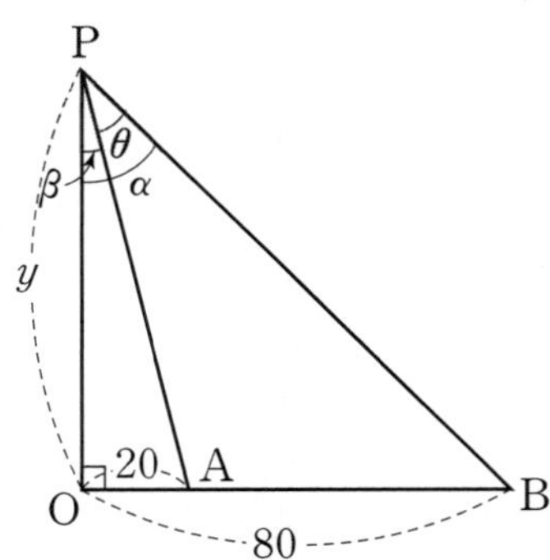

위의 그림에서 $\angle BPO = \alpha$, $\angle APO = \beta$라 하면
$\theta = \alpha - \beta$ 이므로

$$\tan\theta = \tan(\alpha - \beta) = \frac{\tan\alpha - \tan\beta}{1 + \tan\alpha\tan\beta}$$

$$= \frac{\dfrac{80}{y} - \dfrac{20}{y}}{1 + \dfrac{80}{y} \times \dfrac{20}{y}} = \frac{60y}{y^2 + 1600} = \frac{60}{y + \dfrac{1600}{y}} \cdots \text{㉠}$$

따라서 $\tan\theta$의 값이 최대가 되려면 $y + \dfrac{1600}{y}$이 최솟값을

가져야 한다. 이 때, $y > 0$ 이므로 산술평균과 기하평균의 관계에서

$$y + \frac{1600}{y} \geq 2\sqrt{y \cdot \frac{1600}{y}} = 80 \cdots \text{㉡}$$

즉, ㉠, ㉡에서 $y = \dfrac{1600}{y}$,

즉 $y = 40$일 때 최솟값을 가지므로 $\tan\theta$는 $y = 40$일 때,
최댓값을 갖는다.

따라서 점 P의 y좌표는 40이다.

335 정답 12

다음 그림과 같은 상황일 때, θ가 최대이므로 $\tan\theta$가 최대가
된다.

$2 \times 8 = k^2$에서 $k = 4$이다.

즉, $\tan\theta$는 $k = 4$일 때, 최댓값을 갖는다.

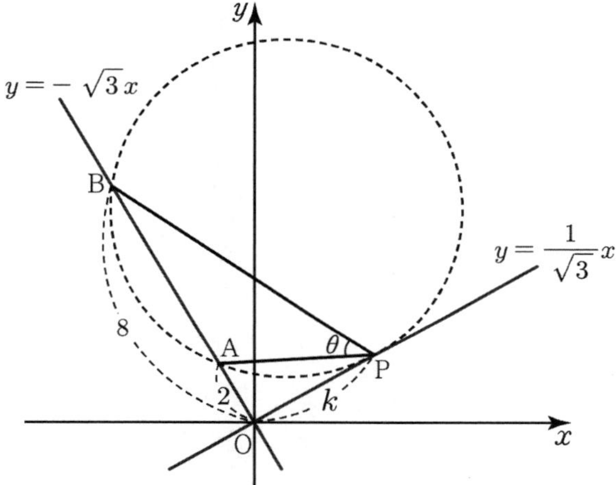

따라서 점 P의 x좌표를 a라 하면 $P\left(a, \dfrac{1}{\sqrt{3}}a\right)$에서

$$\overline{OP} = \sqrt{\frac{4}{3}a^2} = 4$$

에서 $a^2 = 12$이다.

[다른 풀이]

그림에서 $\angle BPO = \alpha$, $\angle APO = \beta$라 하면
$\theta = \alpha - \beta$ 이고 $\overline{OA} = 2$, $\overline{OB} = 8$이다. $\overline{OP} = k$라 하면 두 직선

$y = -\sqrt{3}x$와 $y = \dfrac{1}{\sqrt{3}}x$ 는 수직이므로

$$\tan\alpha = \frac{8}{k}, \quad \tan\beta = \frac{2}{k}$$이다.

따라서

$$\tan\theta = \tan(\alpha - \beta) = \frac{\tan\alpha - \tan\beta}{1 + \tan\alpha \cdot \tan\beta}$$

$$= \frac{\dfrac{8}{k} - \dfrac{2}{k}}{1 + \dfrac{8}{k} \times \dfrac{2}{k}} = \frac{6k}{k^2 + 16} = \frac{6}{k + \dfrac{16}{k}} \cdots \text{㉠}$$

따라서 $\tan\theta$의 값이 최대가 되려면 $k+\dfrac{16}{k}$이 최솟값을 가져야

한다. 이 때, $k>0$ 이므로 산술평균과 기하평균의 관계에서

$$k+\frac{16}{k} \geq 2\sqrt{k\cdot\frac{16}{k}}=8 \ \cdots\cdots \text{ⓛ}$$

즉, ㉠, ㉡에서 $k=\dfrac{16}{k}$, 즉 $k=4$일 때 최솟값을 가지므로

$\tan\theta$는 $k=4$일 때, 최댓값을 갖는다.

따라서 점 P 의 x좌표를 a라 하면 $\mathrm{P}\left(a, \dfrac{1}{\sqrt{3}}a\right)$에서

$$\overline{\mathrm{OP}}=\sqrt{\frac{4}{3}a^2}=4$$

에서 $a^2=12$이다.

336 정답 31

−N축−풀이

[그림 : 최성훈T]

$y = g(x)$의 그래프는 다음 그림과 같다.

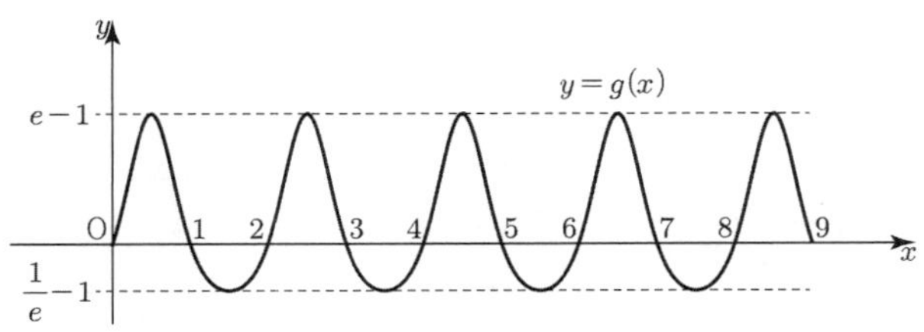

(가)에서 함수 $h(x)$가 $x = 0$에서 극값 0을 가지고 방정식 $g(x) = 0$의 양수해가 1, 2, 3 …이므로 최고차항의 계수가 양수인 삼차함수 $f(x)$는 $x = 0$에서 극값 1, 2, 3, …을 가져야 한다. 또한 다음 그림과 같이 $h(x)$가 $x = 0$에서 극댓값을 가지기 위해서는 $g(x)$의 그래프가 증가하다 멈추는 2, 4, 6, …등 짝숫값을 가져야 한다.

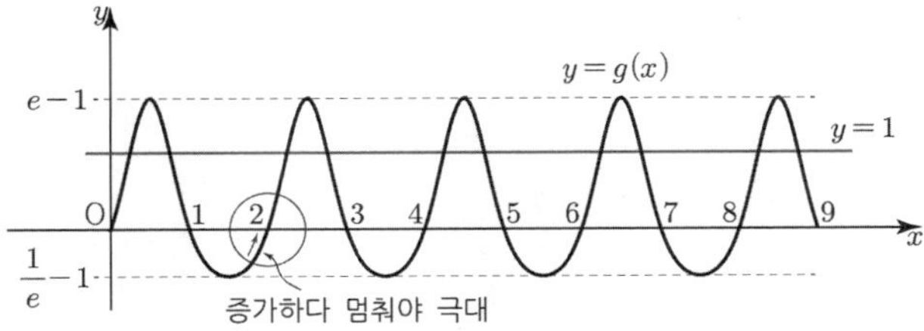

즉, 삼차함수 $f(x)$는 $x = 0$에서 짝수의 극댓값을 가져야 $h(x)$가 극댓값 0을 가지게 된다.

또한, 삼차함수 $f(x)$는 $f(3) = \dfrac{1}{2}$, $f'(3) = 0$이므로 $x = 3$에서 극솟값 $\dfrac{1}{2}$을 가져야 한다.

(i) $f(x)$가 $x = 0$에서 극댓값 2을 가질 때,

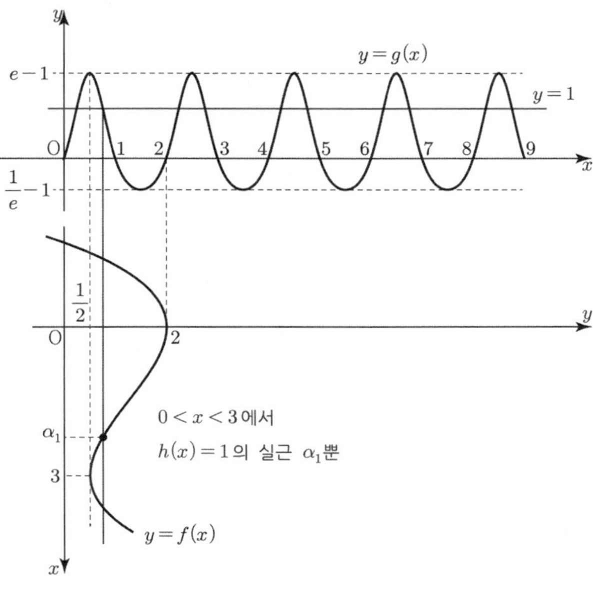

모순이다.

(ii) $f(x)$가 $x = 0$에서 극댓값 4을 가질 때,

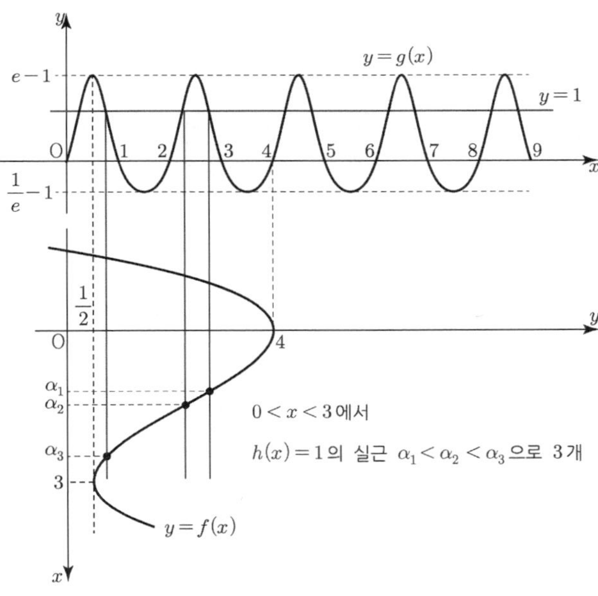

모순이다.

(iii) $f(x)$가 $x = 0$에서 극댓값 6을 가질 때,

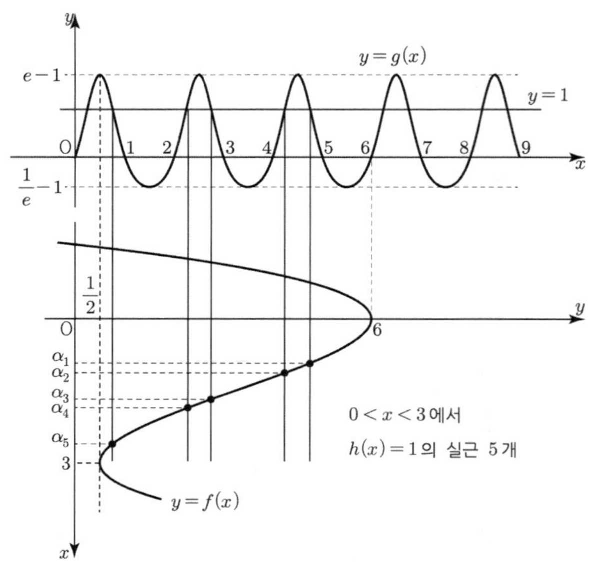

모순이다.

(iv) $f(x)$가 $x=0$에서 극댓값 8을 가질 때,

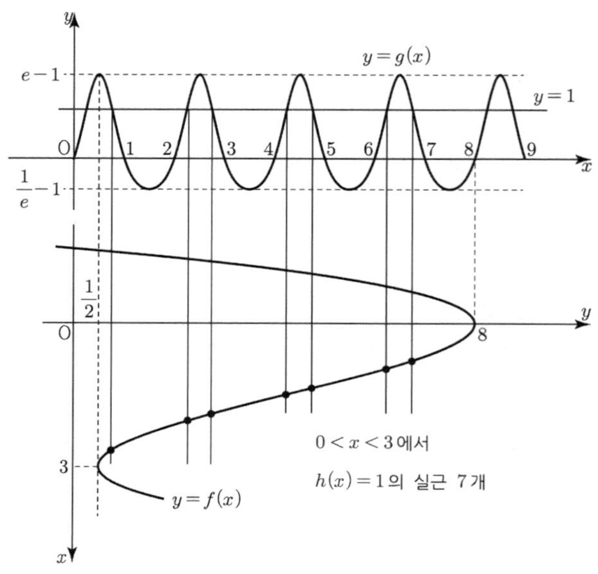

조건을 만족시킨다.

$f(x)=8$의 해는 삼차함수 비율에서

$x=0$과 $x=3+\dfrac{3}{2}=\dfrac{9}{2}$이므로

$f(x)=ax^2\left(x-\dfrac{9}{2}\right)+8$

$f(3)=-\dfrac{27}{2}a+8=\dfrac{1}{2}$

$-\dfrac{27}{2}a=-\dfrac{15}{2}$

$\therefore a=\dfrac{5}{9}$

$f(x)=\dfrac{5}{9}x^2\left(x-\dfrac{9}{2}\right)+8$이므로

$f(2)=\dfrac{5}{9}\times 4\times\left(-\dfrac{5}{2}\right)+8$

$=-\dfrac{50}{9}+\dfrac{72}{9}=\dfrac{22}{9}$

$p=9$, $q=22$이므로 $p+q=31$

[다른 풀이]

$f(x)=ax^3+bx^2+cx+d$ ($a>0$, b, c, d는 상수)

라 하면

$f'(x)=3ax^2+2bx+c$

이므로

$f(3)=27a+9b+3c+d=\dfrac{1}{2}$ ······ ㉠

$f'(3)=27a+6b+c=0$ ······ ㉡

조건 (가)에서

$h(0)=g(f(0))=g(d)=e^{\sin \pi d}-1=0$

$e^{\sin \pi d}=1$, $\sin \pi d=0$

따라서 d는 정수이다.

또한, $g'(x)=e^{\sin \pi x}\times \pi \cos \pi x$

$h'(x)=g'(f(x))\times f'(x)$

이므로

$h'(0)=g'(f(0))\times f'(0)$

$=g'(d)\times c$

$=e^{\sin \pi d}\times \pi \cos \pi d \times c$

$=\pi \cos \pi d \times c=0$

그런데 $\cos \pi d \neq 0$이므로 $c=0$

따라서 ㉠, ㉡에서

$27a+9b+d=\dfrac{1}{2}$ ······ ㉢

$9a+2b=0$ ······ ㉣

이고 $a>0$이므로 $b<0$이고 ㉠-㉡에서

$3b+d=\dfrac{1}{2}$이므로 $d>0$

즉, d는 자연수이다.

따라서 $f'(0)=c=0$이므로 함수 $f(x)$는 $x=0$에서

극댓값 $f(0)=d$, $x=3$에서 극솟값이 $\dfrac{1}{2}$이다.

즉, $0<x<3$에서 $f(3)<f(x)<f(0)$이므로

$\dfrac{1}{2}<f(x)<d$

그런데 조건 (나)에 의하여 열린구간 $(0, 3)$에서 방정식

$h(x)=g(f(x))=e^{\sin \pi f(x)}-1=1$

즉, $e^{\sin \pi f(x)}=2$, $\sin \pi f(x)=\ln 2$의 서로 다른 실근의 개수가

7이고 함수 $y=\sin \pi t$의 주기는 2이므로

$d=8$

㉢, ㉣에서

$a=\dfrac{5}{9}$, $b=-\dfrac{5}{2}$

이므로

$f(x)=\dfrac{5}{9}x^3-\dfrac{5}{2}x^2+8$

따라서

$f(2) = \dfrac{40}{9} - 10 + 8 = \dfrac{22}{9}$

즉, $p=9$, $q=22$이므로

$p+q=31$

337 정답 19

-N축 풀이-

[그림 : 최성훈T]

$a>0$, $b>1$이므로 곡선 $y=\ln(ax^2+b)$의 그래프는 다음과 같다.

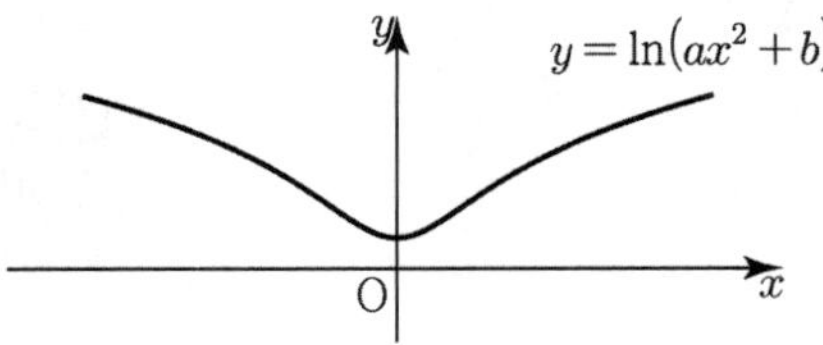

$g(x)=\ln(ax^2+b)$, $h(x)=\cos\pi x$라 하면

$f(x)=h(g(x))$이다.

(가)에서 $h(g(x))$가 실수 전체의 집합에서 연속이므로 $x=2$, $x=-2$에서도 연속이다.

$f(x)=\begin{cases}\cos\{\pi\ln(ax^2+b)\} & (-2<x<2) \\ 0 & (x \le -2 \text{ 또는 } x \ge 2)\end{cases}$

에서 $\lim\limits_{x\to 2-}f(x)=\cos(\pi\ln(4a+b))$, $f(2)=0$이므로

$\cos(\pi\ln(4a+b))=0$이다.

즉, 정수 k에 대하여 $\ln(4a+b)=\dfrac{2k-1}{2}$꼴이다.

$\therefore 4a+b=e^{\frac{2k-1}{2}}\cdots$㉠

(나)에서 함수 $h(g(x))$는 $x=0$에서 $-\dfrac{1}{2}$을 가지기 위해서는

$\cos\dfrac{2}{3}\pi=-\dfrac{1}{2}$ 또는 $\cos\dfrac{4}{3}\pi=-\dfrac{1}{2}$ 또는 $\cos\dfrac{8}{3}\pi=-\dfrac{1}{2}$,

$\cdots$이므로

$\ln b=\dfrac{2}{3}$ 또는 $\ln b=\dfrac{4}{3}$ 또는 $\ln b=\dfrac{8}{3}$, $\cdots$이다.

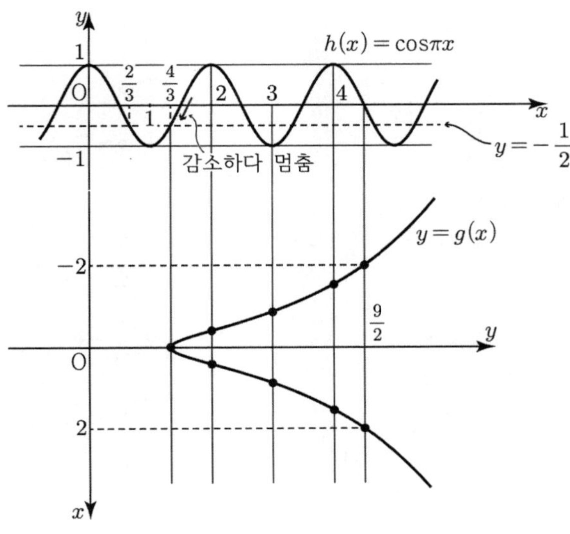

$x<0$일 때, $g(x)$가 $\infty\to\ln b$

$x>0$일 때, $g(x)$가 $\ln b\to\infty$이므로

함수 $f(x)=h(g(x))$의 그래프는 $x<0$에서 $x=\ln b$에 대칭인 그래프가 나타나므로 $x=0$에서 극소가 되는 b의 최솟값은

$\ln b=\dfrac{4}{3}$이다.

따라서 $b=e^{\frac{4}{3}}\cdots$㉡

(다)에서 $-2<p<2$인 실수 p에 대하여 함수 $f(x)$가 $x=p$에서 극값을 갖도록 하는 서로 다른 실수 p의 개수가

7이기 위해서는 ㉠에서 $4a+b=e^{\frac{9}{2}}\cdots$㉢

㉡, ㉢에서

$\dfrac{4a+b}{b}=e^{\frac{19}{6}}$

$\dfrac{4a}{b}+1=e^{\frac{19}{6}}$

그러므로 $6\ln\left(\dfrac{4a}{b}+1\right)=19$

[랑데뷰팁]

$a=\dfrac{e^{\frac{9}{2}}-e^{\frac{4}{3}}}{4}$, $b=e^{\frac{4}{3}}$이고

함수

$f(x)=$

$\begin{cases}\cos\left\{\pi\ln\left(\dfrac{e^{\frac{9}{2}}-e^{\frac{4}{3}}}{4}x^2+e^{\frac{4}{3}}\right)\right\} & (-2<x<2) \\ 0 & (x \le -2 \text{ 또는 } x \ge 2)\end{cases}$

의 그래프는 다음 그림과 같다.

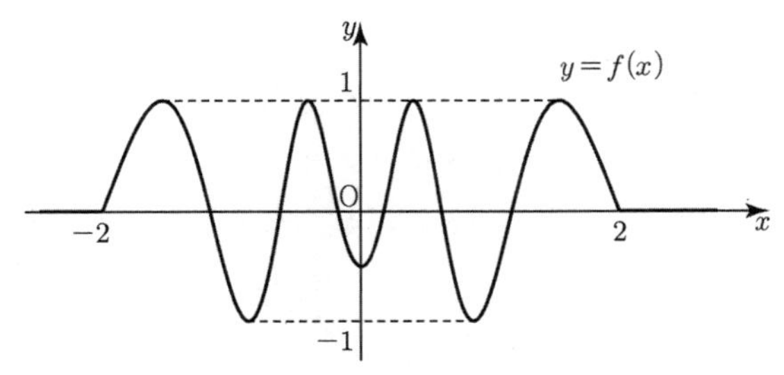

338 정답 16

$f(x)=\dfrac{x^2-ax}{e^x}=(x^2-ax)e^{-x}$이므로

$f'(x)$

$=(2x-a)e^{-x}+(x^2-ax)e^{-x}\times(-1)$

$=-e^{-x}\{x^2-(a+2)x+a\}$

이때 $f'(x)=0$에서

$x^2-(a+2)x+a=0\cdots$㉠

이 이차방정식의 판별식을 D라 하면
$$D=(a+2)^2-4a=a^2+4>0$$
또, ㉠의 서로 다른 두 실근은
$$x=\frac{(a+2)\pm\sqrt{a^2+4}}{2}\qquad\cdots\text{㉡}$$
이때 $a>0$이므로
$$a+2=\sqrt{(a+2)^2}>\sqrt{a^2+4}$$
그러므로 두 양의 실근을 갖는다.
㉡의 두 근을 $\alpha,\ \beta\,(0<\alpha<\beta)$라 하면
함수 $f(x)$의 증가와 감소를 나타내는 표는 다음과 같다.

x	$\cdots$	α	$\cdots$	β	$\cdots$
$f'(x)$	$-$	0	$+$	0	$-$
$f(x)$	$\searrow$		$\nearrow$		$\searrow$

이때 $f(0)=0,\ f(a)=0$이고
$$\lim_{x\to\infty}f(x)=\lim_{x\to\infty}\frac{x^2-ax}{e^x}=0$$
이므로 함수 $y=f(x)$의 그래프의 개형은 다음과 같다.

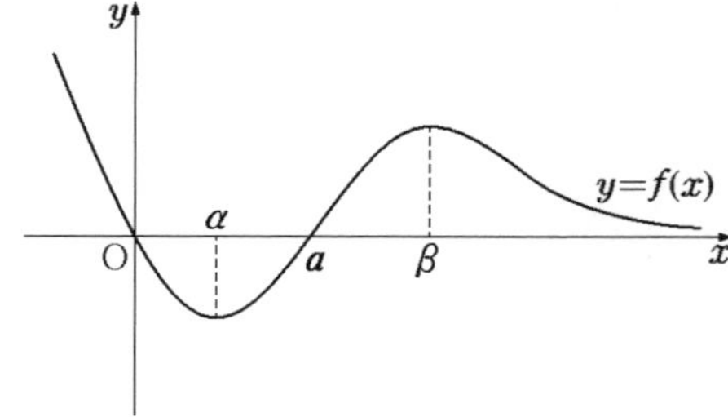

또,
$$f''(x)=e^{-x}\{x^2-(a+2)x+a\}-e^{-x}\{2x-(a+2)\}$$
$$=e^{-x}\{x^2-(a+4)x+2a+2\}$$
이때 $f''(x)=0$에서
$$x^2-(a+4)x+2a+2=0\qquad\cdots\text{㉢}$$
이 이차방정식의 판별식을 D라 하면
$$D=(a+4)^2-4\times1\times(2a+2)=a^2+8>0$$
그러므로 함수 $f(x)$가 변곡점을 갖는 x의 값의 개수는 2이다.
한편, 방정식
$$f(x)=f'(t)(x-t)+f(t)$$
의 서로 다른 실근의 개수는 두 함수
$$y=f(x),\ y=f'(t)(x-t)+f(t)$$
의 그래프의 교점의 개수이다.
이때 직선 $y=f'(t)(x-t)+f(t)$는 곡선 $y=f(x)$ 위의 점 $(t,\ f(t))$에서의 접선이다.
한편, 함수 $g(t)$가 $t=a$에서 연속이면
$$g(a)=\lim_{t\to a}g(t)\,\text{이므로}$$
$$g(a)+\lim_{t\to a}g(t)\,\text{의 값은 짝수이어야 한다.}$$
그런데
$$g(5)+\lim_{t\to5}g(t)=5\quad\cdots\text{㉣}$$

이므로 함수 $g(t)$는 $t=5$에서 불연속이다.
함수 $g(t)$가 불연속이 되는 t의 값은 함수 $f(x)$가 극값을 갖는 x의 값이거나 변곡점을 갖는 x의 값이다.
한편, 함수 $f(x)$가 극값을 갖는 x의 값을 m이라 하면 함수 $g(t)$는 $t=m$에서 극한값을 갖지 않는다.
또, 함수 $f(x)$가 변곡점을 갖는 x의 값을 n이라 하면 함수 $g(t)$는 $t=n$에서 극한값을 갖는다.
그러므로 ㉣을 만족시키는 t의 값은 함수 $f(x)$가 변곡점을 갖는 x의 값 중 큰 값이다.

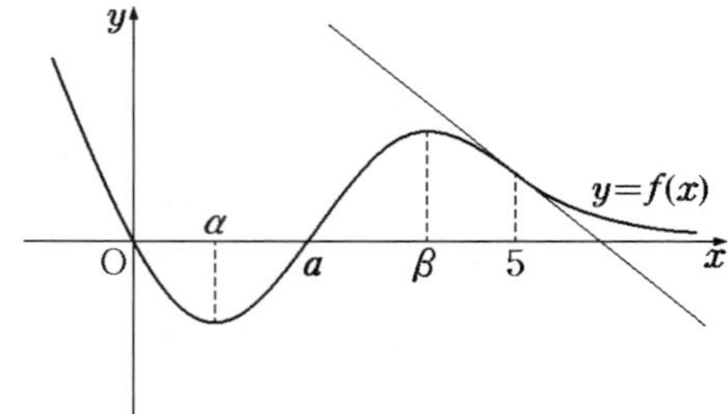

즉, 함수 $f(x)$는 $x=5$에서 변곡점을 갖고 이때
$$\lim_{t\to5}g(t)=3,\ g(5)=2$$
이므로 조건을 만족시킨다.
따라서 $x=5$가 방정식 ㉢의 근이므로 대입하면
$$5^2-(a+4)\times5+2a+2=0$$
$$a=\frac{7}{3}\qquad\cdots\cdots\text{㉤}$$
한편,
$$\lim_{t\to k-}g(t)\neq\lim_{t\to k+}g(t)$$
를 만족시키는 k의 값은 함수 $f(x)$가 극값을 갖는 x의 값이다.
㉠에 ㉤을 대입하면
$$x^2-\left(\frac{7}{3}+2\right)x+\frac{7}{3}=0$$
$$x^2-\frac{13}{3}x+\frac{7}{3}=0$$
따라서 구하는 모든 실수 k의 값의 합은 근과 계수의 관계에 의하여 $\frac{13}{3}$이므로
$$p+q=3+13=16$$

339 정답 25

[그림 : 배용제T]
$$\lim_{x\to\infty}f(x)=\lim_{x\to-\infty}f(x)=1\,\text{이므로 함수 }f(x)\text{는 }y=1\text{이}$$
점근선이다.
방정식 $f(x)=0$의 해는 $x^2-ax=0$에서 $x=0,\ x=a$ $(a>0)$이다.
$$f'(x)=\frac{(2x-a)(x^2+1)-2x(x^2-ax)}{(x^2+1)^2}$$

$$= \frac{2x^3 - ax^2 + 2x - a - 2x^3 + 2ax^2}{\left(x^2+1\right)^2}$$

$$= \frac{ax^2 + 2x - a}{\left(x^2+1\right)^2}$$

$f'(x)=0$의 해는 $ax^2+2x-a=0 \cdots \bigcirc$의 해와 같고

$\dfrac{D}{4}=1+a^2>0$이므로 $f'(x)=0$의 해의 개수는 2이다.

즉, 함수 $f(x)$는 극값의 개수가 2이다.

따라서 함수 $f(x)$의 그래프 개형과 함수 $g(t)$의 그래픈 개형은 다음과 같다.

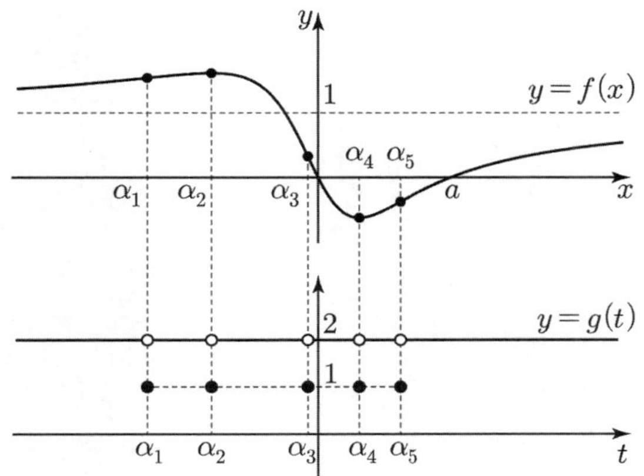

α_1, α_3, α_5는 함수 $f(x)$의 변곡점의 x좌표이고 α_2, α_4는 함수 $f(x)$의 극점의 x좌표이다.

즉, α_2와 α_4는 $\bigcirc$의 이차방정식 $ax^2+2x-a=0$의 해이므로

$$\alpha_2+\alpha_4=-\frac{2}{a}=-1$$

$\therefore\ a=2$

따라서

$$f(x)=\frac{x^2-2x}{x^2+1}$$

$$f(2a)=f(4)=\frac{8}{17}$$

$p=17$, $q=8$이므로 $p+q=25$

340 정답 11

곡선 $y=\ln\left(1+e^{2x}-e^{-2t}\right)$와 직선 $y=x+t$를 연립하면

$\ln\left(1+e^{2x}-e^{-2t}\right)=x+t$에서 $1+e^{2x}-e^{-2t}=e^{x+t}$

$e^{2x}-e^t\times e^x+1-e^{-2t}=0$이다.

$\left(e^x+e^{-t}\right)\left(e^x-e^{-t}\right)-e^t\left(e^x-e^{-t}\right)=0$

$\left(e^x-e^{-t}\right)\left(e^x+e^{-t}-e^t\right)=0$이므로

$e^x=e^{-t}$ 또는 $e^x=e^t-e^{-t}$이다.

이때, $t>\dfrac{1}{2}\ln 2$이므로 $e^t-e^{-t}>e^{-t}$이다.

$x=-t$또는 $x=\ln\left(e^t-e^{-t}\right)$이고 직선 $y=x+t$의 기울기가 1이므로

$$f(t)=\sqrt{2}\left\{\ln\left(e^t-e^{-t}\right)+t\right\}=\sqrt{2}\ln\left(e^{2t}-1\right)\text{이다.}$$

$$\therefore f'(t)=\frac{2\sqrt{2}\,e^{2t}}{e^{2t}-1},\ f'(\ln 2)=\frac{2\sqrt{2}\times 4}{4-1}=\frac{8}{3}\sqrt{2}$$

$\therefore p+q=3+8=11$

[다른 풀이]

$t=\ln 2$일 때, 곡선 $y=\ln\left(1+e^{2x}-e^{-2t}\right)$과 직선 $y=x+t$의 교점을 찾자.

$\ln\left(1+e^{2x}-e^{-2\ln 2}\right)=x+\ln 2$

$1+e^{2x}-\dfrac{1}{4}=e^{x+\ln 2}=2e^x$

$e^{2x}-2e^x+\dfrac{3}{4}=0$

$4\left(e^x\right)^2-8e^x+3=0$

$\left(2e^x-1\right)\left(2e^x-3\right)=0$

에서 $e^x=\dfrac{1}{2}$ 또는 $e^x=\dfrac{3}{2}$

즉 $x=-\ln 2$ 또는 $x=\ln\dfrac{3}{2}$이다. $\cdots\bigcirc$

$y=\ln\left(1+e^{2x}-e^{-2t}\right)$와 $y=x+t$의 교점을 $\alpha(t)$, $\beta(t)$ $\left(\alpha(t)<\beta(t)\right)$라 하면,

$\ln\left(1+e^{2\alpha(t)}-e^{-2t}\right)=\alpha(t)+t$

$1+e^{2\alpha(t)}-e^{-2t}=e^{\alpha(t)+t}$

양변을 t에 대해 미분하면

$2\alpha'(t)e^{2\alpha(t)}+2e^{-2t}=\left(\alpha'(t)+1\right)e^{\alpha(t)+t}$

이때 양변에 $t=\ln 2$를 대입하면 $\bigcirc$로부터 $\alpha(t)=-\ln 2$, $\beta(t)=\ln\dfrac{3}{2}$이므로

$\dfrac{1}{2}\alpha'(\ln 2)+\dfrac{1}{2}=\alpha'(\ln 2)+1$

$\therefore\ \alpha'(\ln 2)=-1$

$\dfrac{9}{2}\beta'(\ln 2)+\dfrac{1}{2}=3\left(\beta'(\ln 2)+1\right)$

$\therefore\ \beta'(\ln 2)=\dfrac{5}{3}$

두 점 사이의 기울기가 1이므로

$f(t)=\sqrt{2}\left(\beta(t)-\alpha(t)\right)$

$\therefore\ f'(\ln 2)=\sqrt{2}\left(\beta'(\ln 2)-\alpha'(\ln 2)\right)=\dfrac{8}{3}\sqrt{2}$

$\therefore\ p+q=11$

341 정답 4

$$y=e^{\ln(x+\ln x)}+\frac{t\left(e^t+e^{-t}\right)}{\ln x}-\left(e^t+e^{-t}\right)$$

$$=x+\ln x+\frac{t\left(e^t+e^{-t}\right)}{\ln x}-\left(e^t+e^{-t}\right)$$

따라서 곡선 $y=x+\ln x+\dfrac{t\left(e^t+e^{-t}\right)}{\ln x}-\left(e^t+e^{-t}\right)$과 직선 $y=x+t$의 교점의 x좌표는

방정식 $x+\ln x+\dfrac{t\left(e^t+e^{-t}\right)}{\ln x}-\left(e^t+e^{-t}\right)=x+t$의 실근과

같다.

$$\ln x + \frac{t(e^t + e^{-t})}{\ln x} - (e^t + e^{-t}) = t$$

$$(\ln x)^2 - (e^t + e^{-t} + t)\ln x + t(e^t + e^{-t}) = 0$$

$$(\ln x - t)\{\ln x - (e^t + e^{-t})\} = 0$$

$$\ln x = t \ \text{또는} \ \ln x = e^t + e^{-t}$$

모든 실수 t에 대하여 $e^t + e^{-t} > t$이므로

교점의 x좌표는 $\beta = e^{e^t + e^{-t}}$, $\alpha = e^t$

두 함수의 교점 사이의 거리는 기울기가 1인 직선 위에 있으므로

$$f(t) = \sqrt{2}\,(\beta - \alpha)$$

$$= \sqrt{2}\left\{ e^{e^t + e^{-t}} - e^t \right\}$$

$$f'(t) = \sqrt{2}\left\{ e^{e^t + e^{-t}}(e^t - e^{-t}) - e^t \right\}$$이고

$e^{\ln 2} = 2$, $e^{-\ln 2} = \dfrac{1}{2}$이므로

$$f'(\ln 2) = \sqrt{2}\left\{ e^{2 + \frac{1}{2}}\left(2 - \frac{1}{2}\right) - 2 \right\}$$

$$= \sqrt{2}\left(\frac{3}{2} e^{\frac{5}{2}} - 2 \right)$$

그러므로 $\dfrac{f'(\ln 2) + 2\sqrt{2}}{\sqrt{2}} = \dfrac{3}{2} e^{\frac{5}{2}}$

$a = \dfrac{3}{2}$, $b = \dfrac{5}{2}$이므로 $a + b = 4$이다.

342 정답 5

[그림 : 배용제T]

$f(x) = -x^2 + ax \rightarrow f'(x) = -2x + a \rightarrow f'(0) = a$

$x \leq 0$에서 함수 $f(x) = -x^2 + ax$와 $y = mx$는

$m \leq a$일 때 교점의 개수가 1이고

$m > a$일 때 교점의 개수가 2이다.

$x > 0$에서 함수 $f(x) = \dfrac{\ln(x + b)}{x}$와 $y = mx$는

$m \to 0$일 때, 교점의 개수가 2이므로

함수 $f(x)$와 $y = mx$가 접할 때의 기울기를 m'이라 하면

$m > m'$일 때, 교점의 개수가 0

$m = m'$일 때, 교점의 개수가 1

$m < m'$일 때, 교점의 개수가 2이다.

따라서 $\displaystyle\lim_{m \to \alpha -} g(m) - \lim_{m \to \alpha +} g(m) = 1$을 만족하기 위해서는 다음

그림과 같이

$\alpha = a = m'$이어야 한다. 즉, $\displaystyle\lim_{m \to \alpha -} g(m) = 3$, $\displaystyle\lim_{m \to \alpha +} g(m) = 2$을

만족해야 한다.

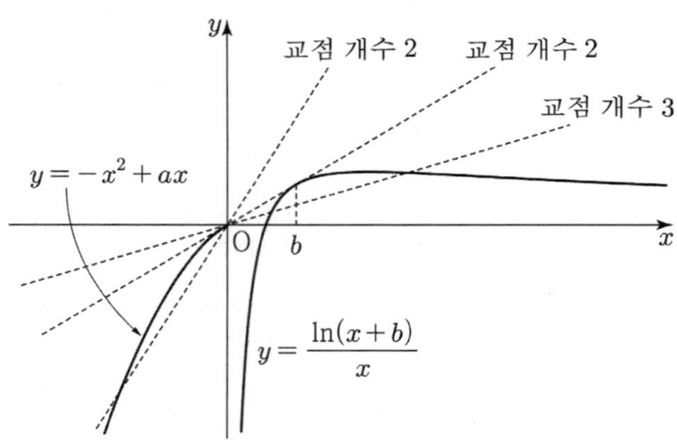

$f(x) = \begin{cases} -x^2 + ax & (x \leq 0) \\ \dfrac{\ln(x + b)}{x} & (x > 0) \end{cases}$ 에서

$f'(x) = \begin{cases} -2x + a & (x \leq 0) \\ \dfrac{\dfrac{x}{x + b} - \ln(x + b)}{x^2} & (x > 0) \end{cases}$

$\alpha = f'(0) = f'(b)$이므로

$$\alpha = a = \frac{\dfrac{1}{2} - \ln(2b)}{b^2}$$

따라서 $ab^2 = \dfrac{1}{2} - \ln(2b) \cdots \ominus$

$(b, f(b))$는 직선 $y = \alpha x$와 곡선 $y = f(x)$의 교점이므로

$$\alpha b = \frac{\ln(2b)}{b} \rightarrow ab^2 = \ln(2b) \cdots \ominus$$

$\ominus$, $\ominus$에서 $ab^2 = \dfrac{1}{2} - ab^2$

따라서 $ab^2 = \dfrac{1}{4}$이다.

$p = 4$, $q = 1$이므로 $p + q = 5$

[랑데뷰팁]

$a = e^{-\frac{1}{2}}$, $b = \dfrac{1}{2} e^{\frac{1}{4}}$이다.

343 정답 100

$0 < x \leq 2$에서 $f(x) = e^x - a$이고 $0 < a < 2$이므로

$y = mx - 1$과 $y = e^x - a$의 교점의 개수는 0, 1, 2가 가능하다.

우선 $m \to \infty$일 때 $g(m) = 1$이므로

$\displaystyle\lim_{m \to \beta -} g(m) - \lim_{m \to \beta +} g(m) = 1$을 만족하기 위해서는

다음 그림과 같이 $(2, e^2 - a)$와 $(0, -1)$을 잇는

직선의 기울기가 β일 때다.

즉, $\displaystyle\lim_{m \to \beta -} g(m) = 2$, $\displaystyle\lim_{m \to \beta +} g(m) = 1$

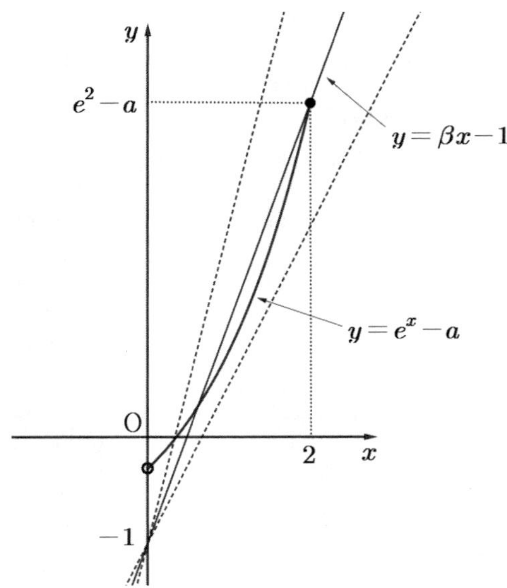

$\beta = \dfrac{e^2}{2}$ 이므로 $\dfrac{e^2}{2} = \dfrac{e^2 - a + 1}{2}$ 에서 $a = 1$ 이다. $\cdots\ \text{㉠}$

$$f(x) = \begin{cases} e^x - 1 & (0 < x \leq 2) \\ \sqrt{x-2} + b & (x > 2) \end{cases}$$

$x > 2$에서 곡선 $y = \sqrt{x-2} + b$와 직선 $y = mx - 1$의 교점의 개수 변화를 생각해 보자.

$b > 0$이므로 $\displaystyle\lim_{m \to 0+} g(m) = 1$이다.

또한, $y = \sqrt{x-2} + b$의 $(2, b)$를 직선 $y = mx - 1$가 지날 때, $y = mx - 1$와 $y = \sqrt{x-2} + b$의 교점의 개수가 1이고 그 때가 $m = \alpha$일 때다. $\cdots\ \text{㉡}$

$m > \alpha$이면 $y = mx - 1$와 $y = \sqrt{x-2} + b$의 교점의 개수가 2가 되고

$m < \alpha$일 때까지 $y = mx - 1$와

$$f(x) = \begin{cases} e^x - 1 & (0 < x \leq 2) \\ \sqrt{x-2} + b & (x > 2) \end{cases}$$ 의 개수가 2이어야 한다.

따라서

$y = mx - 1$은 $0 < x \leq 2$에서 $y = e^x - 1$과 접할 때, $x > 2$에서 $y = \sqrt{x-2} + b$와 동시에 접해야 한다.

$0 < x \leq 2$의 접점의 좌표를 $(s, e^s - 1)$라 하면

$y' = e^x$이므로

$\dfrac{(e^s - 1) - (-1)}{s - 0} = e^s \Rightarrow \therefore\ s = 1$

따라서 접선의 기울기 $m = e$이다.

다음 그림과 같은 상황이다.

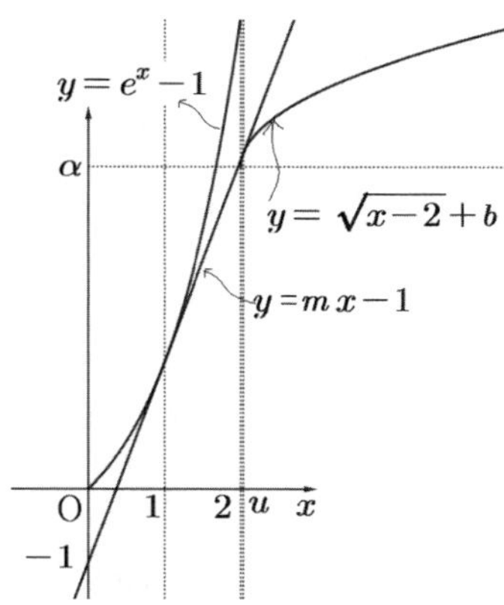

$y = ex - 1$과 $y = \sqrt{x-2} + b$이 접할 때, b의 값을 구해 보자.

$y = \sqrt{x-2} + b$의 접점의 좌표를 $\left(u,\ \sqrt{u-2} + b\right)$이라 하면

$y' = \dfrac{1}{2\sqrt{x-2}}$에서

$$\dfrac{\sqrt{u-2} + b - (-1)}{u - 0} = \dfrac{1}{2\sqrt{u-2}} = e$$

$\dfrac{1}{2\sqrt{u-2}} = e$에서 $u = 2 + \dfrac{1}{4e^2}$이므로

$$\dfrac{\sqrt{u-2} + b + 1}{u} = e$$

$\Rightarrow\ \sqrt{2 + \dfrac{1}{4e^2} - 2} + b + 1 = e\left(2 + \dfrac{1}{4e^2}\right)$

$\Rightarrow\ b + \dfrac{1}{2e} + 1 = 2e + \dfrac{1}{4e}$

$\therefore\ b = 2e - \dfrac{1}{4e} - 1 \cdots\ \text{㉢}$

㉢에서 $y = mx - 1$이

$y = \sqrt{x-2} + 2e - \dfrac{1}{4e} - 1$의 $\left(2,\ 2e - \dfrac{1}{4e} - 1\right)$을 지날 때

$m = \alpha$이므로

$2e - \dfrac{1}{4e} - 1 = 2\alpha - 1 \rightarrow 2\alpha = 2e - \dfrac{1}{4e}$이다. $\cdots\ \text{㉣}$

㉠, ㉢, ㉣에서

$50 \times (2\alpha + a - b) = 50 \times (2) = 100$

[랑데뷰팁]

함수 $g(m)$의 그래프는 다음과 같다.

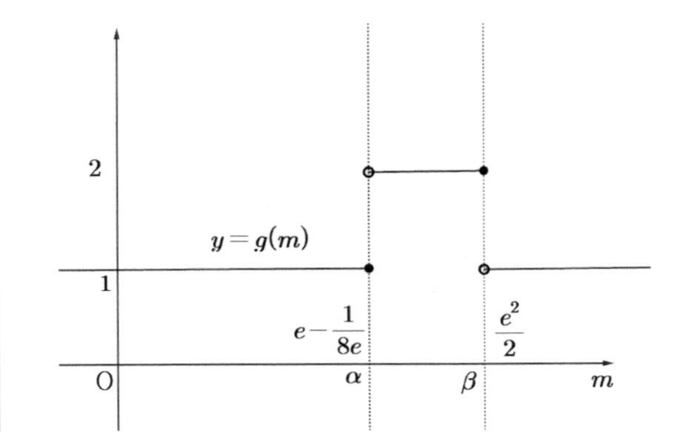

[다른 풀이]

$(0, -1)$을 지나고 기울기가 α인 직선
$y = \alpha x - 1$은 $(2, b)$를 지나므로
$b = 2\alpha - 1$이 성립한다.
즉, $2\alpha - b = 1$이다.
$a = 1$이므로
$50(2\alpha + a - b) = 50 \times 2 = 100$

344 정답 29

$h(x) = \sin^2 \pi x$라 하면 $y = h(x)$의 그래프는 다음 그림과 같다.

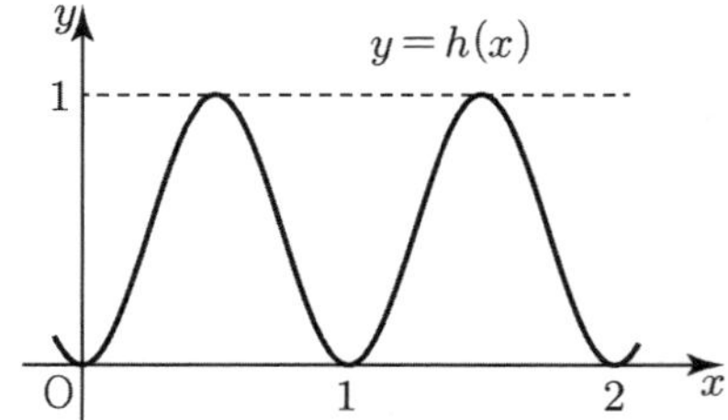

$0 \le h(x) \le 1$이고 $h'(x) = 2\pi(\sin \pi x)(\cos \pi x)$
$0 < x < 1$에서 $g(x) = f(\sin^2 \pi x)$의 도함수는
$g'(x) = f'(h(x))h'(x)$이고
$g'(x) = 0$의 해는 $f'(h(x)) = 0$이거나 $h'(x) = 0$을 만족하는
x값이다.

(i) $h'(x) = 0$의 해는 $\cos \pi x = 0$에서 $x = \dfrac{1}{2}$뿐이다.

(ii) $f'(h(x)) = 0$에서 $f'(t) = 0 \ (0 < t < 1)$을 만족하는 t에
대하여
$h(x) = t$을 만족하는 x가 $g'(x) = 0$의 해이다.
$g'(x) = 2\pi f'(\sin^2 \pi x)\sin \pi x \cos \pi x$는 열린구간 $(0, 1)$에서
$\sin \pi x \ne 0$이고,

$x \ne \dfrac{1}{2}$일 때, $\cos \pi x \ne 0$이므로

$g'(x) = 0$의 해는 $f'(\sin^2 \pi x) = 0$의 해에 의해 결정된다.
(i), (ii)에서 최고차항의 계수가 1인 삼차함수 $f(x)$가
$0 < x < 1$에서 극댓값과 극솟값을 모두 가질 때, 함수 $g(x)$는
$0 < x < 1$에서 극댓값의 개수가 3이고 극솟값의 개수가 2일 수
있다.
즉, $f'(x) = 0$의 해를 $t_1, t_2 \ (0 < t_1 < t_2 < 1)$라 할 때,
삼차함수 $f(x)$는 $x = t_1$에서 극대, $x = t_2$에서 극소이다.

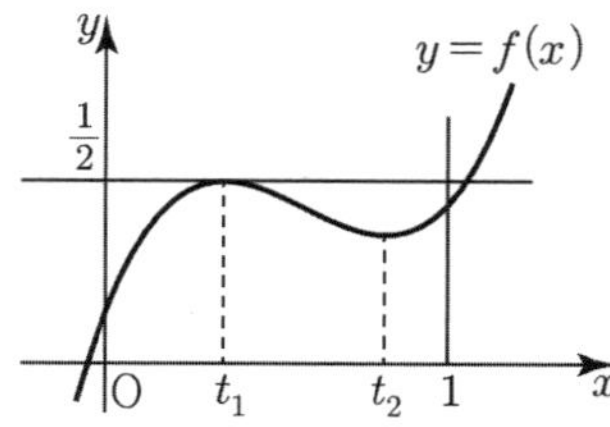

$h(x) = t_1$의 해를 α_1, β_1이라 하고

$h(x) = t_2$의 해를 α_2, β_2이라 하자.

함수 $g(x)$는 극댓값 $g(\alpha_1) = g(\beta_1)$, $g\left(\dfrac{1}{2}\right)$와 극솟값
$g(\alpha_2) = g(\beta_2)$을 갖는다.
조건(가)에서 함수 $g(x)$의 극댓값이 동일하고
조건(나)에서 함수 $g(x)$의 최댓값이 $\dfrac{1}{2}$이므로 함수 $g(x)$의

극댓값은 $\dfrac{1}{2}$이다.

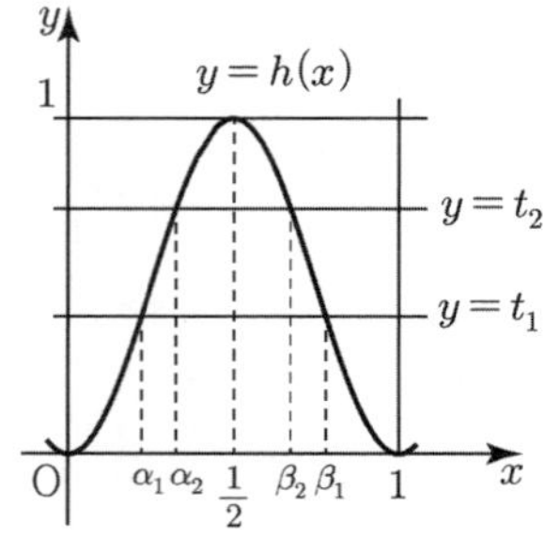

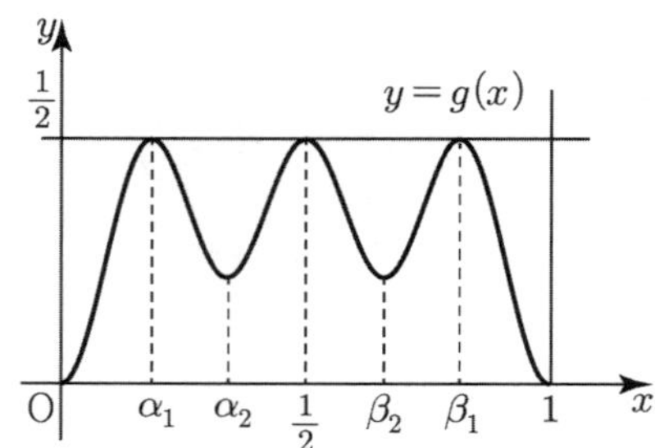

$g(0) = g(1) = f(0)$, $g(\alpha_1) = g\left(\dfrac{1}{2}\right) = g(\beta_1)$이므로

$h(\alpha_1) = h(\beta_1) = t_1 = \dfrac{1}{2}$이다.

$g'(t_1) = 0$, $g(t_1) = \dfrac{1}{2}$이고 $g\left(\dfrac{1}{2}\right) = f(1) = \dfrac{1}{2}$이다.

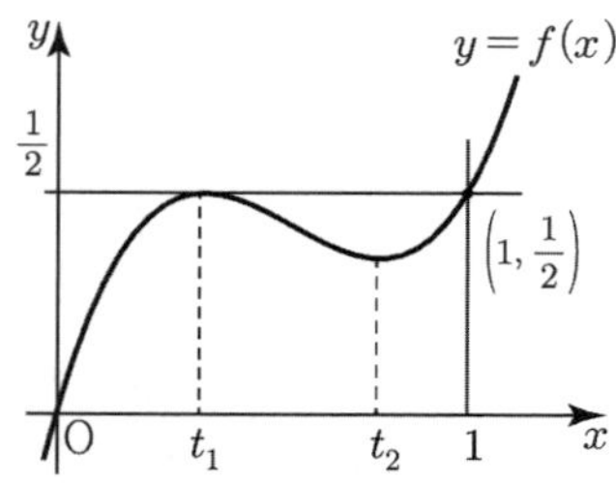

따라서 $f(x) = (x - t_1)^2(x - 1) + \dfrac{1}{2}$이다.

조건(나)에서 $f(0) = 0$이므로
$f(0) = -t_1^2 + \dfrac{1}{2} = 0$에서 $t_1 = \dfrac{\sqrt{2}}{2} \ \left(0 < t_1 < \dfrac{\sqrt{2}}{2}\right)$

따라서 $f(x) = \left(x - \dfrac{\sqrt{2}}{2}\right)^2(x - 1) + \dfrac{1}{2}$이다.

$f(2) = \left(2 - \dfrac{\sqrt{2}}{2}\right)^2 + \dfrac{1}{2} = 5 - 2\sqrt{2}$

$a = 5$, $b = -2$이므로

$a^2 + b^2 = 25 + 4 = 29$

[다른 풀이]-최성훈T

$y = \sin \pi x$는 최댓값 1, 최솟값 -1, 주기 2인 주기 함수이다.
$y = \{\sin \pi x\}^2$는 $\sin \pi x$의 값의 제곱임을 고려하여 그래프의
개형을 그리면 다음과 같다.

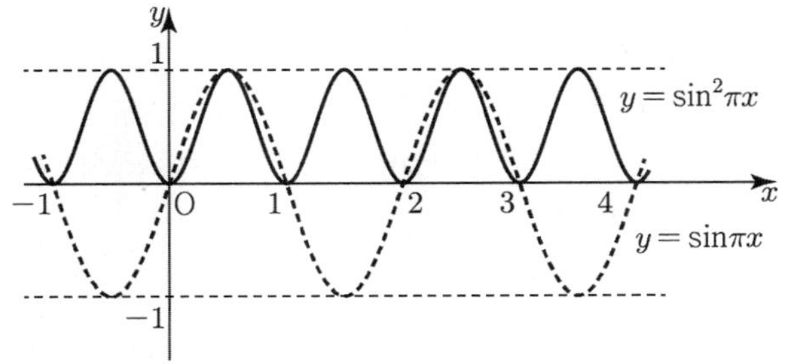

$0 < x < 1$에서 $t = \sin^2 \pi x$의 그래프가 다음과 같고,

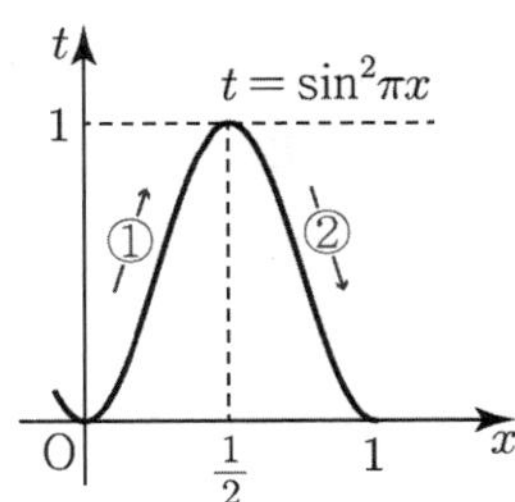

① x가 $0 \to \dfrac{1}{2}$일 때, t값은 $0 \to 1$

② x가 $\dfrac{1}{2} \to 1$일 때, t값은 $1 \to 0$

(가) 조건에서 $g(x)$의 극대가 되는 x의 개수가 3이고, 이때
극댓값이 모두 동일하고 (나) 조건에서 최댓값이 $\dfrac{1}{2}$임을
이용하여 $f(t)$와 $g(x)$의 그래프를 그리면 다음과 같다.

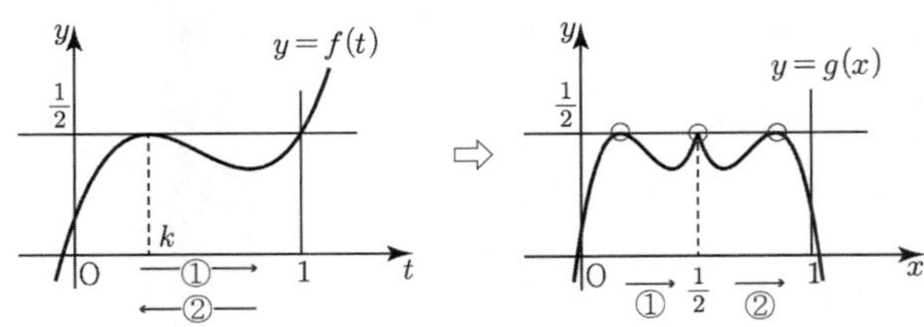

$f(k) = f(1) = \dfrac{1}{2}$이고 최고차항의 계수가 1임을 이용하여

$f(x) = (x - k)^2 (x - 1) + \dfrac{1}{2}$ (단, $0 < k < 1$)로 놓을 수 있다.

(나) 조건에서 최솟값이 0이므로 $f(x)$의 극솟값이 0이거나
$f(0) = 0$이어야 한다.

(i) 극솟값이 0일 때,

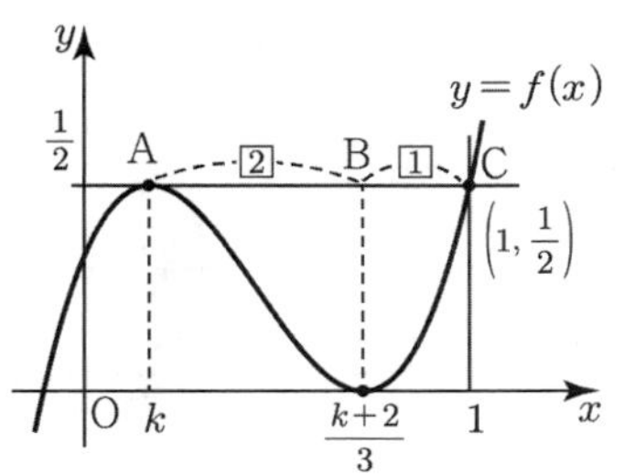

그림에서 $\overline{AB} : \overline{BC} = 2 : 1$이므로 $x = k$에서 극댓값을 가지면

$x = \dfrac{k+2}{3}$에서 극솟값을 가지게 된다.

$$f\left(\frac{k+2}{3}\right) = \left(\frac{k+2}{3} - k\right)^2 \left(\frac{k+2}{3} - 1\right) + \frac{1}{2}$$

$$= \left(\frac{-2k+2}{3}\right)^2 \left(\frac{k-1}{3}\right) + \frac{1}{2}$$

$$= \frac{4(k-1)^3}{27} + \frac{1}{2}$$

$$= 0$$

$$\therefore (k-1)^3 = -\frac{27}{8}, \quad k = -\frac{1}{2}$$

$0 < k < 1$이므로 적당하지 않다.

(ii) $f(0) = 0$일 때,

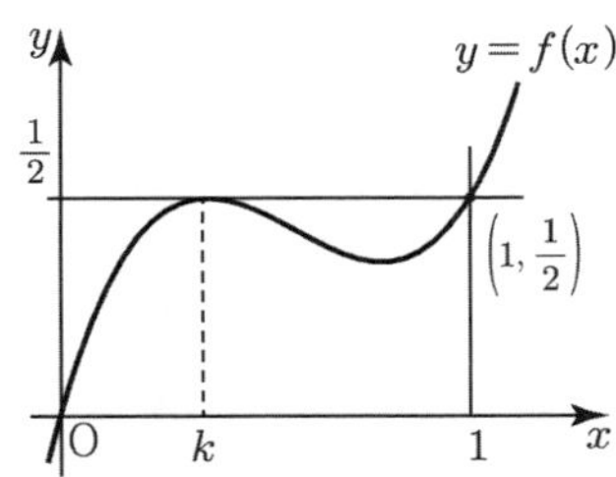

$f(0) = -k^2 + \dfrac{1}{2} = 0$ 이므로

$k = \dfrac{1}{\sqrt{2}}$ $(\because \ 0 < k < 1)$

$$\therefore f(x) = \left(x - \frac{\sqrt{2}}{2}\right)^2 (x - 1) + \frac{1}{2}$$

$$f(2) = \left(2 - \frac{\sqrt{2}}{2}\right)^2 + \frac{1}{2} = 5 - 2\sqrt{2}$$

$a = 5$, $b = -2$이므로 $a^2 + b^2 = 29$

345 정답 100

$y = \sin(f(x)\pi)$을 미분하면 $y' = \cos(f(x)\pi)f'(x)\pi$이고,
$\cos(f(x)\pi) = 0$ 또는 $f'(x) = 0$일 때 극값을 가진다.

우선 $f'(x) = \dfrac{k(x^2 + 4) - 2kx^2}{(x^2 + 4)^2} = \dfrac{-k(x^2 - 4)}{(x^2 + 4)^2}$ 이므로

$x = -2$또는 $x = 2$에서 극값을 갖는다.

$\cos(f(x)\pi) = 0 \Rightarrow f(x) = \pm\dfrac{1}{2}, \ \pm\dfrac{3}{2}, \ \pm\dfrac{5}{2}, \ \cdots$이고

$f(-x) = -f(x)$, $\sin(-x) = -\sin x$이므로

$y = \sin(f(x)\pi)$는 원점대칭함수이다.

$x > 0$에서 5개의 극값을 가지면 $x < 0$에서 5개의 극값을
가진다.

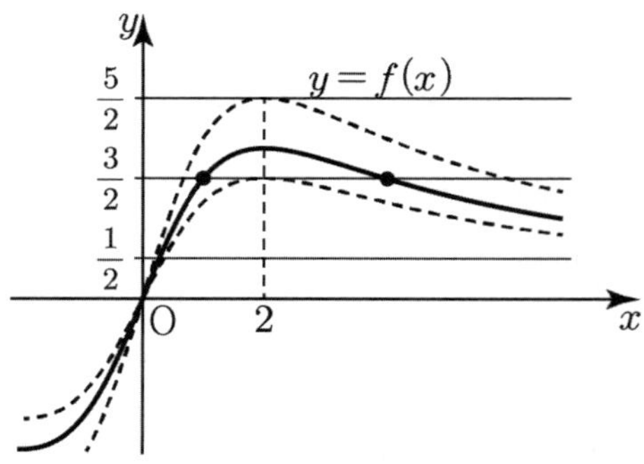

따라서 $x > 0$에서 $y = f(x)$와 $y = \dfrac{1}{2}$이 2개의 교점을 갖고,

$y = f(x)$와 $y = \dfrac{3}{2}$이 2개의 교점을 갖고

$y = f(x)$와 $y = \dfrac{5}{2}$의 교점이 없거나 1개(접할 때)이면

$x > 0$에서 5개의 극값을 갖게 된다.

따라서 $f(x)$의 극댓값 $f(2) = \dfrac{k}{4}$가 $\dfrac{3}{2} < \dfrac{k}{4} \leq \dfrac{5}{2}$이다.

따라서 $6 < k \leq 10$이고 $f(1) = \dfrac{k}{5}$에서

$\dfrac{6}{5} < f(1) \leq 2$

$M = 2$이므로 $50M = 100$이다.

346 정답 43

계산 편의를 위해 $-e^{-x+1} \leq ax+b \leq e^{x-2}$의 함수를
x축으로 -1만큼 평행이동 시켜 생각하자.

$-e^{-x} \leq a(x+1)+b \leq e^{x-1}$

$f(x) = e^{x-1}$, $g(x) = -e^{-x}$라 할 때, 직선
$y = ax + a + b$가 그 사이를 지나면 된다.

따라서 a의 최댓값은 직선 $y = ax + a + b$가 $y = f(x)$와
$y = g(x)$에 동시에 접할 때이다.

(i) $y = ax + a + b$와 $y = f(x)$가 접할 때,

접점의 x좌표를 t라 하면 접점의 좌표는 (t, e^{t-1})이고
$f'(x) = e^{x-1}$에서 $f'(t) = e^{t-1}$

(ii) $y = ax + a + b$와 $y = g(x)$가 접할 때,

접점의 x좌표를 s라 하면 접점의 좌표는 $(s, -e^{-s})$이고
$g'(x) = e^{-x}$에서 $g'(s) = e^{-s}$

따라서 $e^{t-1} = e^{-s}$

$\therefore s = 1 - t$이다.

(i)에서 접선의 방정식은 $y = e^{t-1}(x-t) + e^{t-1} \cdots \text{㉠}$이고

(ii)에서 접점의 좌표가 $(s, -e^{-s}) = (1-t, -e^{-1+t})$이다.

그러므로

$-e^{t-1} = e^{t-1}(1-t-t) + e^{t-1}$

$-1 = 1 - 2t + 1$

$\therefore t = \dfrac{3}{2}$, $s = -\dfrac{1}{2}$

㉠에서 $y = \sqrt{e}\left(x - \dfrac{3}{2}\right) + \sqrt{e} = \sqrt{e}\,x - \dfrac{1}{2}\sqrt{e}$

$a = \sqrt{e}$, $a + b = -\dfrac{1}{2}\sqrt{e}$이므로 $b = -\dfrac{3}{2}\sqrt{e}$

$ab = -\dfrac{3}{2}e = m$

$-e^{-x+1} \leq ax+b \leq e^{x-2}$에서

ab의 최댓값은 $a > 0$, $b > 0$에서 나오므로

$-e^{-x+1} \leq ax+b \leq e^{x-2}$

$y = e^{x-2}$위의 점 (u, e^{u-2})에서의 접선의 방정식을 구해보자.

$y = e^{u-2}(x-u) + e^{u-2} = e^{u-2}x - ue^{u-2} + e^{u-2}$

$a = e^{u-2}$, $b = e^{u-2}(1-u)$

$ab = e^{2u-4}(1-u)$

$h(u) = e^{2u-4}(1-u)$라 두면

$h'(u) = 2e^{2u-4}(1-u) - e^{2u-4} = e^{2u-4}(1-2u)$

$h\left(\dfrac{1}{2}\right) = \dfrac{1}{2e^3} = M$

$\left| M \times m^3 \right| = \left| \dfrac{1}{2e^3} \times \left(-\dfrac{3}{2}e\right)^3 \right| = \dfrac{27}{16} = \dfrac{q}{p}$

$p = 16$, $q = 27$

$p + q = 43$

[랑데뷰팁] – 대칭성 이용

$y = e^{x-2}$에서 x대신 $3-x$을 y대신 $-y$를 대입하면

$-y = e^{3-x-2}$

$y = -e^{-x+1}$이다.

따라서 두 곡선 $y = e^{x-2}$와 $y = -e^{-x+1}$은 $\left(\dfrac{3}{2}, 0\right)$에
대칭이다.

$y = ax + b$의 ab의 값이 최소일 때는 $y = ax + b$가 두 곡선
$y = e^{x-2}$와 $y = -e^{-x+1}$의 공통접선일 때고 그 때

$\left(\dfrac{3}{2}, 0\right)$을 지난다.

따라서 $y = e^{x-2}$위의 접점을 (t, e^{t-2})이라 할 때,

$\dfrac{e^{t-2} - 0}{t - \dfrac{3}{2}} = e^{t-2} \Rightarrow \therefore t = \dfrac{5}{2}$

$\left(\dfrac{5}{2}, \sqrt{e}\right)$, $\left(\dfrac{3}{2}, 0\right)$을 지나는 직선은

$y = \sqrt{e}\left(x - \dfrac{3}{2}\right) = \sqrt{e}\,x - \dfrac{3}{2}\sqrt{e}$

따라서 $a = \sqrt{e}$, $b = -\dfrac{3}{2}\sqrt{e}$일 때, ab의 값이 최소이다.

$\therefore m = -\dfrac{3}{2}e$

$y=e^{x^2+2}$의 그래프는 y축대칭이며 $y'=2x\,e^{x^2+2}=0$의 해가
$x=0$ 뿐이므로 $x=0$에서 극솟값이자 최솟값을 갖는 곡선이다.
$y=\ln|x|+1$의 그래프는 $x>0$일 때, $y=\ln x+1$이고
$x<0$일 때, $y=\ln(-x)+1$이므로
$y=ax^2$의 그래프가 조건을 만족하는 상황은 다음 그림과 같다.

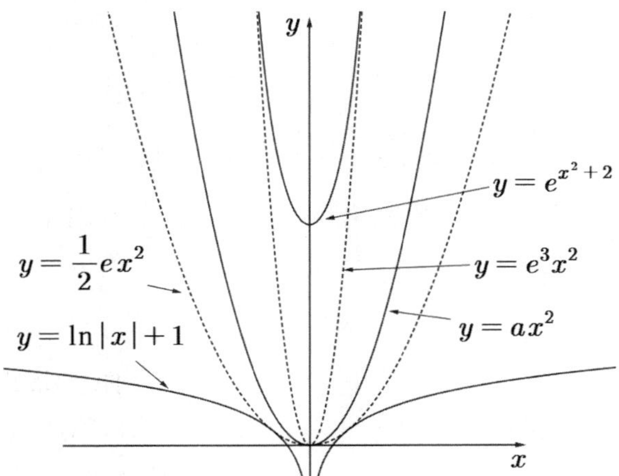

따라서
$y=ax^2$과 $y=e^{x^2+2}$의 그래프가 접할 때,
a의 값이 조건을 만족하는 최댓값 M이다.
두 곡선의 접점의 x좌표를 $x=t$라 두자.
$y=e^{x^2+2}$위의 점 $\left(t,\,e^{t^2+2}\right)$와 $y=ax^2$위의 점 $\left(t,\,at^2\right)$가
일치하므로
$e^{t^2+2}=at^2\cdots\ominus$
$y'=2x\,e^{x^2+2}$, $y'=2ax$에서 접선의 기울기 같으므로
$2t^2e^{t^2+2}=2at\rightarrow t\,e^{t^2+2}=a\cdots\ominus$
$\ominus$, $\ominus$에서 $e^{t^2+2}=t^3e^{t^2+2}\rightarrow t^3=1$
따라서 $t=1$
그러므로 $a=M=e^3$이다.

$y=ax^2$과 $y=\ln|x|+1$의 그래프가 접할 때,
a의 값이 조건을 만족하는 최솟값 m이다. $y=ax^2$과
$y=\ln|x|+1$는 모두 y축 대칭함수이므로 $x>0$에서
$y=ax^2$과 $y=\ln x+1$이 접할 때의 a값만 확인하여도 되겠다.
$y=ax^2$, $y=\ln x+1$의 접점의 x좌표를 $x=s$라 두자.
$y=\ln x+1$위의 점 $(s,\,\ln s+1)$와 $y=ax^2$위의 점 $(s,\,as^2)$가
일치하므로
$\ln s+1=as^2\cdots\ominus$
$y'=\dfrac{1}{x}$, $y'=2ax$에서 접선의 기울기 같으므로
$\dfrac{1}{s}=2as\rightarrow\dfrac{1}{2}=as^2\cdots\ominus$
$\ominus$, $\ominus$에서 $\ln s+1=\dfrac{1}{2}\rightarrow s=\dfrac{1}{\sqrt{e}}$
따라서 $a=m=\dfrac{1}{2}e$이다.

$\therefore\ \dfrac{1}{2}e\leq a\leq e^3$

$m=\dfrac{1}{2}e$, $M=e^3$이므로

$\dfrac{M}{m^3}=\dfrac{e^3}{\dfrac{e^3}{8}}=8$

$f(x)=\begin{cases}|x-1|+|x-2| & (0\leq x<3)\\ |x-4|+|x-5| & (3\leq x<6)\\ |x-7|+|x-8| & (6\leq x<9)\\ \cdots & \cdots\end{cases}$

$=\begin{cases}-2x+1 & (0\leq x<1)\\ 1 & (1\leq x<2)\\ 2x-1 & (2\leq x<3)\end{cases}$

$\begin{cases}-2x+9 & (3\leq x<4)\\ 1 & (4\leq x<5)\\ 2x-9 & (5\leq x<6)\end{cases}$

$\begin{cases}-2x+15 & (6\leq x<7)\\ 1 & (7\leq x<8)\\ 2x-15 & (8\leq x<9)\end{cases}$
$\vdots\qquad\vdots$

따라서

$f'(x)=\begin{cases}-2 & (0<x<1)\\ 0 & (1<x<2)\\ 2 & (2<x<3)\\ -2 & (3<x<4)\\ 0 & (4<x<5)\\ \vdots & \vdots\end{cases}\Rightarrow|f'(x)|=\begin{cases}2 & (0<x<1)\\ 0 & (1<x<2)\\ 2 & (2<x<3)\\ 2 & (3<x<4)\\ 0 & (4<x<5)\\ \vdots & \vdots\end{cases}\cdots\ominus$

이므로 함수 $|f'(x)|$는 자연수 k에 대하여 $x=3k$일 때
연속이고 $x\neq 3k$인 자연수에서 불연속이다.

$g(x)=\displaystyle\lim_{h\to 0+}\left|\dfrac{f(2^{x+h})-f(2^x)}{h}\right|$

$=\left|\displaystyle\lim_{h\to 0+}f'(2^{x+h})\times 2^{x+h}\times\ln 2\right|$

$=\left|f'(2^x)\right|\times 2^x\times\ln 2$이므로

함수 $g(x)$는 $-5<x<5$, 즉 $\dfrac{1}{32}<2^x<32$의

$2^x=1,\ 2^x=2,\ 2^x=4,\ \cdots,\ 2^x=31$에서 불연속이다.

$\therefore\ n=21$

$\ominus$에서 $2^x=3k-2$이면

$g(\log_2(3k-2))$

$=\left|\displaystyle\lim_{h\to 0+}f'(3k-2+h)\times(3k-2)\times\ln 2\right|=0$

$2^x=3k-1$이면

$g(\log_2(3k-1))$

$=\left|\displaystyle\lim_{h\to 0+}f'(3k-1+h)\times(3k-1)\times\ln 2\right|$

$=2\times(3k-1)\times\ln 2$

$n+\displaystyle\sum_{k=1}^{n}\dfrac{g(a_k)}{\ln 2}$

$$= 21 + 2 \sum_{k=1}^{10} (3k-1)$$

$$= 21 + 2 \times \frac{10 \times (2+29)}{2}$$

$$= 21 + 310$$

$$= 331$$

[다른 풀이]

$-3 \le x < 0$일 때 $-3 \le 2^x < 0$을 만족하는 실수 x는 존재하지 않으므로 함수 $f(x)$는 $x \ge 0$인 부분만 생각하면 되겠다.

$$f(x) = \begin{cases} f_1(x) \ (0 \le x < 3) \\ f_2(x) \ (3 \le x < 6) \\ f_3(x) \ (6 \le x < 9) \\ \cdots \qquad \cdots \end{cases}$$

즉,

$$f(x) = \begin{cases} |x-1| + |x-2| \ (0 \le x < 3) \\ |x-4| + |x-5| \ (3 \le x < 6) \\ |x-7| + |x-8| \ (6 \le x < 9) \\ \cdots \qquad\qquad \cdots \end{cases}$$

$$f_1(x) = \begin{cases} -2x+1 \ (0 \le x < 1) \\ 1 \qquad\quad (1 \le x < 2) \\ 2x-1 \quad (2 \le x < 3) \end{cases}$$

$$f_2(x) = \begin{cases} -2x+9 \ (3 \le x < 4) \\ 1 \qquad\quad (4 \le x < 5) \\ 2x-9 \quad (5 \le x < 6) \end{cases}$$

$$f_3(x) = \begin{cases} -2x+15 \ (6 \le x < 7) \\ 1 \qquad\quad\ (7 \le x < 8) \\ 2x-15 \quad (8 \le x < 9) \end{cases}$$

$$\vdots \qquad\qquad \vdots$$

$$f_1(2^x) = \begin{cases} -2^{x+1}+1 \ (x < 0) \\ 1 \qquad\qquad (0 \le x < 1) \\ 2^x - 1 \qquad (1 \le x < \log_2 3) \end{cases}$$

$$f_2(2^x) = \begin{cases} -2^{x+1}+9 \ (\log_2 3 \le x < 2) \\ 1 \qquad\qquad (2 \le x < \log_2 5) \\ 2^{x+1} - 9 \qquad (\log_2 5 \le x < \log_2 6) \end{cases}$$

$$f_3(2^x) = \begin{cases} -2^{x+1}+15 \ (\log_2 6 \le x < \log_2 7) \\ 1 \qquad\qquad\ (\log_2 7 \le x < 3) \\ 2^{x+1} - 15 \qquad (3 \le x < \log_2 9) \end{cases}$$

$$\vdots \qquad\qquad \vdots$$

따라서 함수 $g(x)$는 $-5 < x < 5$, 즉 $\dfrac{1}{32} < 2^x < 32$에서

$$a_1 = \log_2 1 = 0$$
$$a_2 = \log_2 2 = 1$$
$$a_3 = \log_2 4 = 2$$
$$a_4 = \log_2 5$$
$$a_5 = \log_2 7$$
$$a_6 = \log_2 8 = 3$$
$$\vdots$$
$$a_{21} = \log_2 31$$

불연속이므로

$$f_1(2^x) = \begin{cases} -2^{x+1}+1 \ (x < 0) \\ 1 \qquad\qquad (0 \le x < 1) \qquad \text{에서} \\ 2^x - 1 \qquad (1 \le x < \log_2 3) \end{cases}$$

$$g_1(x) = \lim_{h \to 0+} \left| \frac{f_1(2^{x+h}) - f_1(2^x)}{h} \right| \ \text{이라 할 때,}$$

$$g_1(0) = 0$$

$$g_1(1) = \lim_{h \to 0+} \left| \frac{f_1(2^{1+h+1}) - f_1(2)}{h} \right|$$

$$= \lim_{h \to 0+} \left| \frac{2^{2+h} - 4}{h} \right| = 4\ln 2$$

$$f_2(2^x) = \begin{cases} -2^{x+1}+9 \ (\log_2 3 \le x < 2) \\ 1 \qquad\qquad (2 \le x < \log_2 5) \qquad \text{에서} \\ 2^{x+1} - 9 \qquad (\log_2 5 \le x < \log_2 6) \end{cases}$$

$$g_2(x) = \lim_{h \to 0+} \left| \frac{f_2(2^{x+h}) - f_2(2^x)}{h} \right| \ \text{이라 할 때,}$$

$$g_2(2) = 0$$

$$g_2(\log_2 5) = \lim_{h \to 0+} \left| \frac{f_2(2^{\log_2 5 + h}) - f_2(5)}{h} \right|$$

$$= \lim_{h \to 0+} \left| \frac{2^{\log_2 5 + h + 1} - 10}{h} \right| = 2^{\log_2 5 + 1}(\ln 2) = 10\ln 2$$

$$f_3(2^x) = \begin{cases} -2^{x+1}+15 \ (\log_2 6 \le x < \log_2 7) \\ 1 \qquad\qquad\ (\log_2 7 \le x < 3) \qquad \text{에서} \\ 2^{x+1} - 15 \qquad (3 \le x < \log_2 9) \end{cases}$$

$$g_3(x) = \lim_{h \to 0+} \left| \frac{f_3(2^{x+h}) - f_3(2^x)}{h} \right| \ \text{이라 할 때,}$$

$$g_3(\log_2 7) = 0$$

$$g_2(3) = \lim_{h \to 0+} \left| \frac{f_2(2^{3+h}) - f_2(8)}{h} \right|$$

$$= \lim_{h \to 0+} \left| \frac{2^{3+h+1} - 16}{h} \right| = 2^4(\ln 2) = 16\ln 2$$

$$\vdots$$

따라서

$$n + \sum_{k=1}^{n} \frac{g(a_k)}{\ln 2}$$

$$= 21 + \sum_{k=1}^{21} \frac{g(a_k)}{\ln 2}$$

$$= 21 + \frac{1}{\ln 2} \times 2\ln 2 (2 + 5 + 8 + \cdots + 29)$$

$$= 21 + 2 \times \frac{10 \times (2+29)}{2}$$

$$= 21 + 310$$

$$= 331$$

349 정답 47

$$f(x)=(-1)^{n-1}(x^2-2nx+n^2+x-n)$$
$$=(-1)^{n-1}(x-n+1)(x-n) \quad (n-1 < x \leq n)$$

$n=1$일 때, $f(x)=x(x-1) \quad (0 < x \leq 1)$

$n=2$일 때, $f(x)=-(x-1)(x-2) \quad (1 < x \leq 2)$

$n=3$일 때, $f(x)=(x-2)(x-3) \quad (2 < x \leq 3)$

$\vdots \qquad \vdots$

따라서

함수 $f(x)$의 그래프는 다음 그림과 같다.

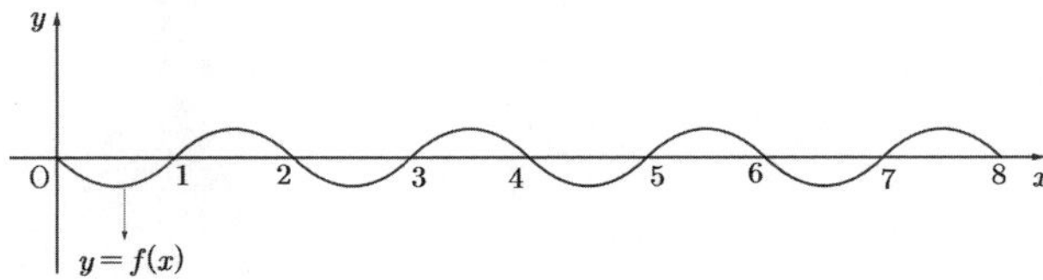

그러므로 함수 $g(x)$는

$$g(x)=f(x)-|f(x)|=\begin{cases} 2f(x) & (2n-2 < x \leq 2n-1) \\ 0 & (2n-1 < x \leq 2n) \end{cases}$$

이므로 그래프는 다음과 같다.

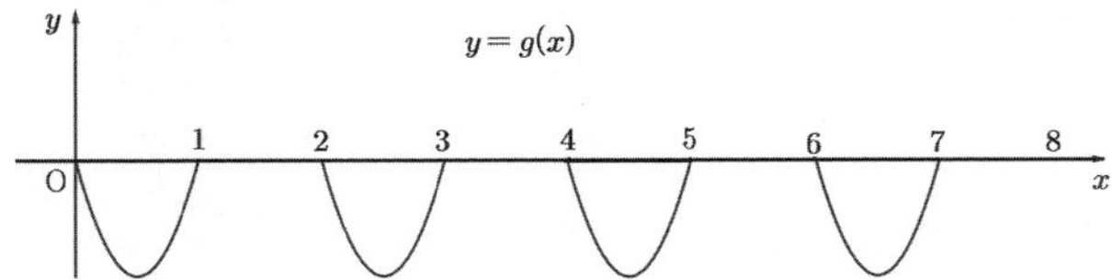

$$g'(x)=\begin{cases} 2f'(x) & (2n-2 < x < 2n-1) \\ 0 & (2n-1 < x < 2n) \end{cases} \Rightarrow$$

$$g'(x)=\begin{cases} 4x-2 & (0 < x < 1) \\ 0 & (1 < x < 2) \end{cases} \ \ \text{등}$$

함수 $g'(x)$의 그래프와 함수 $|g'(x)|$의 그래프는 다음과 같다.

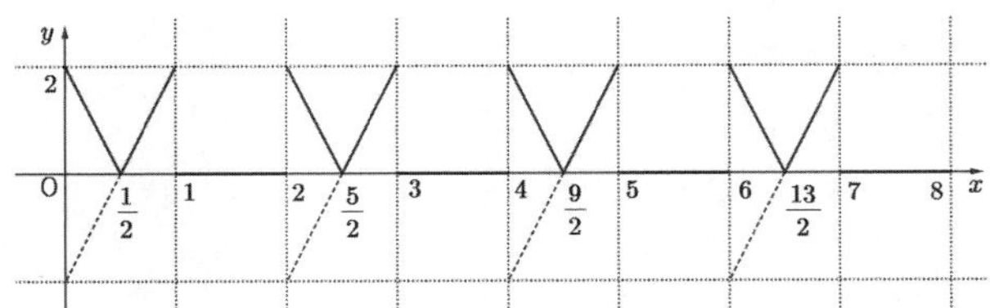

$$h(x)=\lim_{h\to 0+}\left| \frac{g(\ln(x+h))-g(\ln x)}{h} \right|$$
$$=\left| \lim_{h\to 0+} \frac{g(\ln(x+h))-g(\ln x)}{h} \right|$$
$$=\left| \lim_{h\to 0+} g'(\ln(x+h))\times \frac{1}{x+h} \right|=\frac{|g'(\ln x)|}{x}$$

이고 $h(x)$는 함수 $|g'(\ln x)|$가 불연속인 점과 뾰족점에서
미분가능하지 않다.

따라서

$g'(x)$는 자연수 n에 대하여 $x=n$에서 불연속이고

$x=\dfrac{4n-3}{2}$에서 뾰족점이다. $\Rightarrow \left(\dfrac{1}{2}, \dfrac{5}{2}, \dfrac{9}{2}, \cdots \right)$

함수 $h(x)$는 $1 < x < e^8$, 즉, $0 < \ln x < 8$의 범위의
미분가능하지 않은 $x=a$의 개수는 11이다.

즉, $\ln x=\dfrac{1}{2}$, $\ln x=1$, $\ln x=2$, $\ln x=\dfrac{5}{2}$, $\cdots$, $\ln x=7$ 에서
미분가능하지 않다.

따라서 $p=11$

$a_1=e^{\frac{1}{2}}$, $a_2=e$, $a_3=e^2$, $\cdots$, $a_{11}=e^7$

$h(x)=\left| \dfrac{g'(\ln x)}{x} \right|$ 에서

$$\lim_{h\to 0+}g'(2+h)=\lim_{h\to 0+}g'(4+h)=\lim_{h\to 0+}g'(6+h)=2$$

이고 나머지는 모두 0이다.

$a_3=e^2$, $a_6=e^4$, $a_9=e^6$을 제외한

모든 $|g'(a_k)|=0$이므로

$$p+\sum_{k=1}^{p}ka_kh(a_k)$$
$$=11+3a_3h(a_3)+6a_6h(a_6)+9a_9h(a_9)$$
$$=11+3e^2h(e^2)+6e^4h(e^4)+9e^6h(e^6)$$
$$=11+\frac{6e^2}{e^2}+\frac{12e^4}{e^4}+\frac{18e^6}{e^6}=47$$

350 정답 64

두 곡선 $y=t^3\ln(x-t)$와 $y=2e^{x-a}$이 접할 때, 오직 한 점에서
만난다.

접점의 x좌표는 t의 값에 따라 결정되므로 t의 값에 대한 함수로
표현된다. 따라서 접점의 x좌표를 $g(t)$라 하면

$y=t^3\ln(x-t)$와 $y=2e^{x-a}$에서

㉠ 접점의 y좌표가 같다. $\Rightarrow t^3\ln\{g(t)-t\}=2e^{g(t)-f(t)}$

㉡ 접선의 기울기가 같다. $\Rightarrow \dfrac{t^3}{g(t)-t}=2e^{g(t)-f(t)}$

따라서 $\ln\{g(t)-t\}=\dfrac{1}{g(t)-t}$

$\Rightarrow \{g(t)-t\}\ln\{g(t)-t\}=1 \cdots ①$

①의 양변을 t에 관해 미분하면

$$\{g'(t)-1\}\ln\{g(t)-t\}+\{g(t)-t\}\frac{g'(t)-1}{g(t)-t}=0$$

$$\{g'(t)-1\}\{\ln\{g(t)-t\}+1\}=0$$

$\therefore g'(t)=1$ 또는 $g(t)=t+\dfrac{1}{e}$

(i) $g(t)=t+\dfrac{1}{e}$ 이면 ㉠에서 $-t^3=2e^{t+\frac{1}{e}-f(t)}$ 으로 $t > 0$이므로
좌변은 음수, 우변은 양수로 모순이다.

(ii) $g'(t)=1$

㉠의 양변을 t에 관해 미분하면

$$3t^2\ln\{g(t)-t\}+\frac{t^3\{g'(t)-1\}}{g(t)-t}=2e^{g(t)-f(t)}\{g'(t)-f'(t)\}$$

$$\Rightarrow 3t^2\ln\{g(t)-t\}=2e^{g(t)-f(t)}\{1-f'(t)\}$$

㉠에서 $3t^2\ln\{g(t)-t\}=t^3\ln\{g(t)-t\}\{1-f'(t)\}$

따라서 $\dfrac{3}{t}=1-f'(t)$

$t=\dfrac{1}{3}$을 대입하면 $9=\left\{1-f'\left(\dfrac{1}{3}\right)\right\}\Rightarrow\therefore\ f'\left(\dfrac{1}{3}\right)=-8$

$\left\{f'\left(\dfrac{1}{3}\right)\right\}^2=64$ (정답)

[다른 풀이]-1

①에서 $\ln\{g(t)-t\}=\dfrac{1}{g(t)-t}$ 은 $\ln x=\dfrac{1}{x}$ 의 유일한

해를 α (α는 상수)라 하면…**[랑데뷰팁 참조]**

$g(t)-t=\alpha$ 이고 $g'(t)=1$ 이다.

㉡에 대입하면(㉠에 대입해도 같다.)

㉡ $\dfrac{t^3}{\alpha}=2e^{g(t)-f(t)}$

$\Rightarrow$(미분) $\dfrac{3t^2}{\alpha}=2e^{g(t)-f(t)}\{g'(t)-f'(t)\}$

두 식을 변변 나누면 $\dfrac{3}{t}=1-f'(t)$

$t=\dfrac{1}{3}$ 을 대입하면 $9=\left\{1-f'\left(\dfrac{1}{3}\right)\right\}$

$\Rightarrow\therefore\ f'\left(\dfrac{1}{3}\right)=-8\Rightarrow\left\{f'\left(\dfrac{1}{3}\right)\right\}^2=64$ (정답)

[다른 풀이]-2 [세미나 (183) 참고]

$2e^{x-f(t)}=t^3\ln(x-t)\rightarrow$ 양변을 $\div\,t^3$

$\dfrac{1}{t^3}\times 2\times e^{x-f(t)}=\ln(x-t)$

$e^{-\ln t^3}\times e^{\ln 2}\times e^{x-f(t)}=\ln(x-t)$

$e^{x-f(t)-3\ln t+\ln 2}=\ln(x-t)$

$e^{x+t-f(t)-3\ln t+\ln 2}=\ln x\cdots$㉠에서

두 그래프 $y=e^x$와 $y=\ln x$는 만나지 않는다. 그런데

$y=\ln x$을 고정한 채 $y=e^x$을 평행이동해 가다 보면 접할 때가

생긴다. 그 평행이동한 값을 α라 하면 $y=e^{x-\alpha}$와 $y=\ln x$는

한 점에서 만난다.

㉠에서 $-\alpha=t-f(t)-3\ln t+\ln 2$이다.

정리하면 $f(t)=t-3\ln t+\ln 2+\alpha$

$f'(t)=1-\dfrac{3}{t},\ f'\left(\dfrac{1}{3}\right)=1-9=-8$

따라서 $\left\{f'\left(\dfrac{1}{3}\right)\right\}^2=64$

[랑데뷰팁]
① 계산가능한 형태의 식에서는 명확히 상수로 확인할 수 있다. (바로 옆 관련 변형 문제 참고)
② 오메가상수의 역수꼴이라고 할 수 있다.

---

351 정답 1

두 곡선 $y=e^{x-t}$와 $y=-(x-a)^2+3$이 접할 때,

오직 한 점에서 만난다. 접점의 x좌표를 s라 두면

① $e^{s-t}=-(s-a)^2+3$

② $e^{s-t}=-2(s-t)\Rightarrow s-t<0$

①, ②에서

$-(s-a)^2+3=-2(s-t)$

$(s-a)^2-2(s-t)-3=0$

$(s-a+1)(s-a-3)=0$

$\therefore\ s-a=-1$

②에서 $e^{s-t}=2$

$s-t=\ln 2,\ s=t+\ln 2$

$a=s+1=t+\ln 2+1$

따라서 $f(t)=t+\ln 2+1$이다.

$f'(t)=1$이므로 $f'(100)=1$이다.

[다른 풀이]-1

두 곡선 $y=e^{x-t}$와 $y=-(x-a)^2+3$이 접할 때,

오직 한 점에서 만난다.

접점의 x좌표는 t의 값에 따라 결정되므로 t의 값에 대한 함수로

표현된다. 따라서 접점의 x좌표를 $g(t)$라 하면

$y=e^{x-t}$와 $y=-(x-f(t))^2+3$에서

㉠ 접점의 y좌표가 같다.$\Rightarrow$

$e^{g(t)-t}=-\{g(t)-f(t)\}^2+3$

㉡ 접선의 기울기가 같다.$\Rightarrow e^{g(t)-t}=-2\{g(t)-f(t)\}$

따라서

$-\{g(t)-f(t)\}^2+3=-2\{g(t)-f(t)\}$

$\{g(t)-f(t)\}^2-2\{g(t)-f(t)\}-3=0$

$\{g(t)-f(t)+1\}\{g(t)-f(t)-3\}$

따라서 $g(t)=f(t)-1$ 또는 $g(t)=f(t)+3$

(i) $g(t)=f(t)+3$이면 ㉠에서 모순 $\left(\because e^{g(t)-t}>0\right)$

(ii) $g(t)=f(t)-1$

㉠에서 $e^{g(t)-t}=2$

$g(t)=t+\ln 2$이고 $g'(t)=1$

㉡의 양변을 t에 관해 미분하면

$e^{g(t)-t}\{g'(t)-1\}=-2\{g'(t)-f'(t)\}$

$\Rightarrow 0=-2\{g'(t)-f'(t)\}$

따라서 $f'(t)=g'(t)=1$

$\therefore\ f'(100)=1$

[랑데뷰팁]
예를 들어
$t=4-\ln 2$이면 $g(t)=4$로 접점의 x좌표가 4이고
$f(t)=5$이다.
따라서 $y=e^{x-4+\ln 2}$와 $y=-(x-5)^2+3$의 그래프는
다음과 같이 $x=4$에서 유일한 교점을 갖는다.(접한다.)

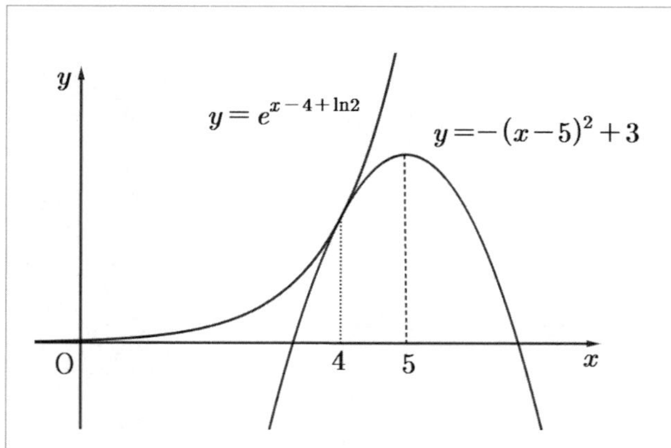

[다른 풀이]-2

$-(x-f(t))^2 + 3 = e^{x-t}$

$-(x-f(t)+t)^2 + 3 = e^x \cdots \bigcirc$에서

두 곡선 $y = e^x$와 $y = -x^2 + 3$은 두 점에서 만난다.

$y = e^x$을 고정한 채 $y = -x^2 + 3$을 x축으로 α만큼

평행이동하였을 때, 두 곡선이 접한다고 하자.

$\bigcirc$에서 $-\alpha = -f(x) + t$

$f(x) = t + \alpha$이다. 따라서 $f'(t) = 1$

352 정답 ②

$f(x) = \dfrac{\ln x}{x}$에서 $f'(x) = \dfrac{1-\ln x}{x^2}$

$x = g(t)$일 때 접선의 기울기가 t이므로

$\dfrac{1-\ln g(t)}{(g(t))^2} = t$

$(g(t))^2 t + \ln g(t) - 1 = 0 \cdots \bigcirc$

한편, 원점 $(0, 0)$에서 $f(x) = \dfrac{\ln x}{x}$에 그은 접선의

접점을 $(k, f(k))$라 하면

$\dfrac{\frac{\ln k}{k}}{k} = \dfrac{\ln k}{k^2} = \dfrac{1-\ln k}{k^2} \Rightarrow \ln k = 1 - \ln k \Rightarrow k = \sqrt{e}$

따라서 $g(a) = \sqrt{e}$, $a = \dfrac{\ln \sqrt{e}}{\left(\sqrt{e}\right)^2} = \dfrac{1}{2e}$

$\bigcirc$에서 양변 미분하면

$2(g(t))g'(t)t + (g(t))^2 + \dfrac{g'(t)}{g(t)} = 0$

이므로 $t = a$를 대입하면

$2\sqrt{e}(g'(a))\dfrac{1}{2e} + \left(\sqrt{e}\right)^2 + \dfrac{g'(a)}{\sqrt{e}} = 0$

따라서 $g'(a) = -\dfrac{e\sqrt{e}}{2}$

$a = \dfrac{1}{2e}$이므로 $a \times g'(a) = -\dfrac{\sqrt{e}}{4}$

[다른 풀이]

$f(x) = \dfrac{\ln x}{x}$

$f'(x) = \dfrac{1-\ln x}{x^2}$

$f''(x) = \dfrac{-\dfrac{1}{x} \times x^2 - (1-\ln x) \times 2x}{x^4} = \dfrac{2\ln x - 3}{x^3}$

접점을 $(p, f(p))$라 하면 접선의 방정식은

$y = \dfrac{1-\ln p}{p^2}(x-p) + \dfrac{\ln p}{p}$

$(0, 0)$을 지나므로 대입하면

$0 = \dfrac{\ln p - 1}{p} + \dfrac{\ln p}{p}$에서 $2\ln p = 1$

$\therefore\ p = \sqrt{e}$

즉, $g(a) = \sqrt{e}$이고

$a = f'(g(a)) = f'\left(\sqrt{e}\right) = \dfrac{1-\ln \sqrt{e}}{\left(\sqrt{e}\right)^2} = \dfrac{1}{2e}$

한편, $f'(g(t)) = t$

$f''(g(t))g'(t) = 1$

따라서

$f''(g(a))g'(a) = 1$

$\Rightarrow g'(a) = \dfrac{1}{f''(g(a))} = \dfrac{1}{\dfrac{2\ln \sqrt{e} - 3}{\left(\sqrt{e}\right)^3}} = -\dfrac{e\sqrt{e}}{2}$

$a \times g'(a) = \dfrac{1}{2e} \times \left(-\dfrac{e\sqrt{e}}{2}\right) = -\dfrac{\sqrt{e}}{4}$

353 정답 ③

$f(x) = (x+1)e^x$에서

$f'(x) = e^x(x+1+1) = (x+2)e^x$

$x = g(t)$일 때 접선의 기울기가 t이므로

$(g(t)+2)e^{g(t)} = t \cdots \bigcirc$

한편, 원점 $(0, 0)$에서 $f(x) = (x+1)e^x$에 그은 접선의 접점을

$(k, f(k))$라 하면

$\dfrac{(k+1)e^k}{k} = (k+2)e^k \Rightarrow k+1 = k^2 + 2k$

$\Rightarrow k^2 + k - 1 = 0$

을 만족하는 k의 값을 각각 k_1, k_2라 하면

$k_1 + k_2 = -1$, $k_1 k_2 = -1$이다.

또, $a_1 = (k_1 + 2)e^{k_1}$, $a_2 = (k_2 + 2)e^{k_2}$라 할 수 있다.

㉠에서 양변 미분하면

$$g'(t)e^{g(t)} + (g(t)+2)e^{g(t)}g'(t) = 1$$

$$g'(t) = \frac{1}{e^{g(t)}(g(t)+3)}$$

$a = a_1$일 때, $g(a_1) = k_1$이고 $t = a_1$을 대입하면

$$g'(a_1) = \frac{1}{e^{g(a_1)}(g(a_1)+3)} = \frac{1}{e^{k_1}(k_1+3)}$$

같은 식으로 $a = a_2$일 때

$$g'(a_2) = \frac{1}{e^{g(a_2)}(g(a_2)+3)} = \frac{1}{e^{k_2}(k_2+3)}$$

따라서

$$g'(a_1) \times g'(a_2) = \frac{1}{e^{k_1+k_2}(k_1 k_2 + 3(k_1+k_2)+9)}$$

$$= \frac{1}{e^{-1}(-1-3+9)} = \frac{e}{5}$$

[다른 풀이]$-$오은경T

$y = (x+1)e^x$

$y' = (x+2)e^x$

$y'' = (x+3)e^x$

접선 : $y = (t+2)e^t(x-t)+(t+1)e^t$

$(0,0)$을 지나므로 대입하면

$t^2+t-1 = 0$을 얻고 두 근을 α, β라 하면

$\alpha+\beta = -1$, $\alpha\beta = -1 \cdots ㉠$

$t = \alpha$일 때 기울기 $= (\alpha+2)e^{\alpha} = a_1$

$t = \beta$일 때 기울기 $= (\beta+2)e^{\beta} = a_2$

한편, $f'(g(t)) = t$

$f''(g(t))g'(t) = 1$

$f''(g(a_1))g(a_1) = 1 \Rightarrow f''(\alpha)g(a_1) = 1 \Rightarrow (\alpha+3)e^{\alpha}g'(a_1) = 1$

$\therefore\ g'(a_1) = \frac{1}{(\alpha+3)e^{\alpha}}$

같은 식으로

$$g'(a_2) = \frac{1}{(\beta+3)e^{\beta}}$$

따라서

$$g'(a_1)g'(a_2) = \frac{1}{(\alpha+3)(\beta+3)e^{\alpha}e^{\beta}}$$

$$= \frac{1}{\alpha\beta+3(\alpha+\beta)} \times \frac{1}{e^{\alpha+\beta}} = \frac{e}{5}$$

354 정답 ⑤

[그림 : 최성훈T]

접점의 x좌표를 t라 두면 접점의 좌표는 $(t, \sin t)$이고

$\left(-\frac{\pi}{2}, 0\right)$와 접점을 지나는 직선의 기울기는

$$\frac{\sin t}{t+\frac{\pi}{2}} = \cos t \text{이다.}$$

정리하면 $\tan t = t+\frac{\pi}{2}$

따라서 $y = \tan x$와 $y = x+\frac{\pi}{2}$의 교점의 x좌표를 작은 수부터

크기순으로 나열 한 것이 $a_1, a_2, a_3, \cdots$이다.

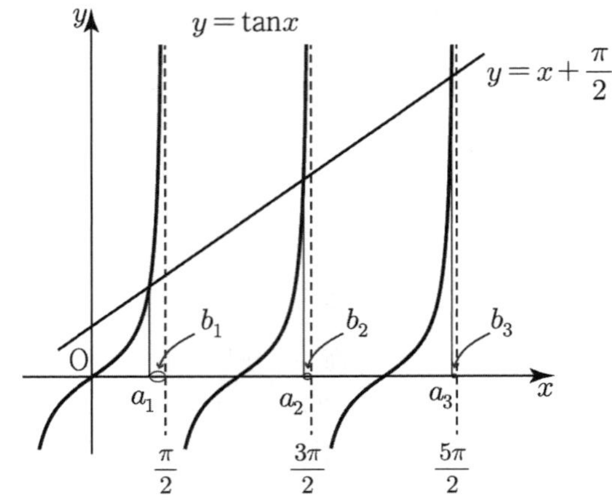

따라서 $\tan a_n = a_n + \frac{\pi}{2}$이다. (참)

$y = \tan x$와 $y = x+\frac{\pi}{2}$의 교점과 가장 가까운

$y = \tan x$의 점근선과의 거리를 차례대로

$b_1, b_2, b_3, \cdots$라 두면 $b_n = \frac{(2n-1)}{2}\pi - a_n$이고

$b_1 > b_2 > b_3 > \cdots \cdots ㉠$이다.

따라서 $a_n = \frac{(2n-1)}{2}\pi - b_n$

ㄴ. 에서

$\tan a_{n+2} - \tan a_n = a_{n+2} - a_n$

$= \frac{(2n+3)}{2}\pi - b_{n+2} - \frac{(2n-1)}{2}\pi + b_n$

$= 2\pi - (b_{n+2} - b_n)$

㉠에서 $b_{n+2} < b_n$이므로 $b_{n+2} - b_n < 0$

따라서 $\tan a_{n+2} - \tan a_n > 2\pi$ (참)

ㄷ.

$a_{n+1} - a_n = \frac{(2n+1)}{2}\pi - b_{n+1} - \frac{(2n-1)}{2}\pi + b_n$

$= \pi - b_{n+1} + b_n$

$a_{n+2} - a_{n+1} = \frac{(2n+3)}{2}\pi - b_{n+2} - \frac{(2n+1)}{2}\pi + b_{n+1}$

$= \pi - b_{n+2} + b_{n+1}$

에서 b_n이 점점 작아지므로 $b_n - b_{n+1} > b_{n+1} - b_{n+2}$이다.

따라서 $a_{n+1} - a_n > a_{n+2} - a_{n+1}$

같은 방법으로 $a_{n+2} - a_{n+1} > a_{n+3} - a_{n+2}$

따라서 $a_{n+1} - a_n > a_{n+3} - a_{n+2}$

그러므로 $a_{n+1} + a_{n+2} > a_{n+3} + a_n$ (참)

355 정답 ③

접점의 x좌표를 t라 두면 접점의 좌표는 $(t, \cos t)$이고 $(0, 0)$와 접점을 지나는 직선의 기울기는

$$\frac{\cos t}{t} = -\sin t \text{이다.}$$

정리하면 $\tan t = -\dfrac{1}{t}$

따라서 $y = \tan x$와 $y = -\dfrac{1}{x}$의 교점의 x좌표를 작은 수부터 크기순으로 나열 한 것이 $a_1, a_2, a_3, \cdots$이다.

따라서 $\tan a_n = -\dfrac{1}{a_n}$이므로

ㄱ. $a_n = -\cot a_n$ (참)

$y = \tan x$와 $y = -\dfrac{1}{x}$의 교점과 가장 가까운 $y = \tan x$의 x절편사이 거리를 차례대로 $b_1, b_2, b_3, \cdots$라 두면 $b_n = n\pi - a_n$이고 $b_1 > b_2 > b_3 > \cdots$ …㉠이다.

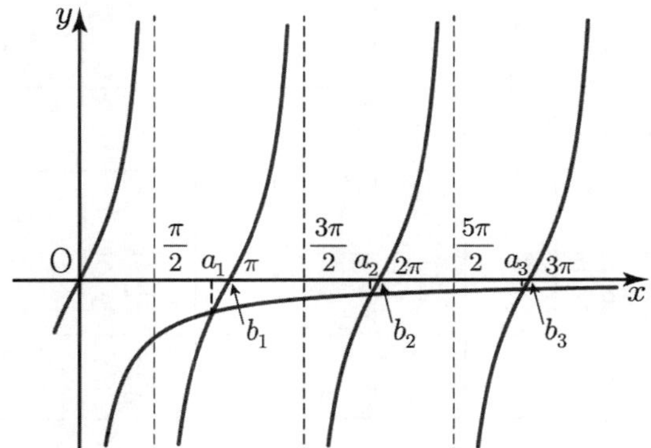

따라서 $a_n = n\pi - b_n$

ㄴ.에서

$\cot a_{n+2} - \cot a_n = -a_{n+2} + a_n$
$= -(n+2)\pi + b_{n+2} + n\pi - b_n$
$= -2\pi + b_{n+2} - b_n$

$b_{n+2} < b_n$이므로 $-2\pi + b_{n+2} - b_n < -2\pi$

따라서 $\cot a_{n+2} - \cot a_n < -2\pi$ (거짓)

ㄷ.

$a_{n+1} - a_n = (n+1)\pi - b_{n+1} - (n)\pi + b_n = \pi - b_{n+1} + b_n$

$a_{n+2} - a_{n+1} = (n+2)\pi - b_{n+2} - (n+1)\pi + b_{n+1}$
$= \pi - b_{n+2} + b_{n+1}$

에서 b_n이 점점 작아지므로 $b_n - b_{n+1} > b_{n+1} - b_{n+2}$이다.

따라서 $a_{n+1} - a_n > a_{n+2} - a_{n+1}$

같은 방법으로 $a_{n+2} - a_{n+1} > a_{n+3} - a_{n+2}$

따라서 $a_{n+1} - a_n > a_{n+3} - a_{n+2}$

그러므로 $a_{n+1} + a_{n+2} > a_{n+3} + a_n$ (참)

---

356 정답 27

(가)에서 $g(0) = \dfrac{1}{2 + \sin f(0)} = \dfrac{2}{5}$이므로 $\sin f(0) = \dfrac{1}{2}$이다.

$0 < f(0) < \dfrac{\pi}{2}$이므로 $f(0) = \dfrac{\pi}{6}$ …㉠

또한 $g'(0) = 0$이므로 $g'(x) = -\dfrac{\cos f(x) \times f'(x)}{(2 + \sin f(x))^2}$에서

$$g'(0) = -\frac{\cos\left(\dfrac{\pi}{6}\right) \times f'(0)}{\left(2 + \sin\left(\dfrac{\pi}{6}\right)\right)^2} = 0 \text{이므로 } f'(0) = 0 \cdots ㉡$$

㉠, ㉡에서 $f(x) = 6\pi x^3 + bx^2 + \dfrac{\pi}{6}$이다.

$f'(x) = 18\pi x^2 + 2bx = 2x(9\pi x + b)$ …㉢

$\{\alpha_n\} : \alpha_1, \alpha_2, \alpha_3, \cdots$라 할 때 $g'(\alpha_n) = 0$이므로

$\cos f(\alpha_n) = 0$ 또는 $f'(\alpha_n) = 0$이다.

$\cos f(\alpha_n) = 0$이면 $\sin f(\alpha_n) = \pm 1$ …㉣이다.

그런데 (나)에서 $\sin f(\alpha_5) = \sin f(\alpha_2) + \dfrac{1}{2}$ …㉤이므로 항상 $\sin f(\alpha_n) = \pm 1$이면 모순이다.

즉, $x > 0$에서 $f'(\alpha_n) = 0$인 α_n이 적어도 하나 존재한다.

$\sin f(\alpha_5)\ =$	$\sin f(\alpha_2)$	$+\ \dfrac{1}{2}$
1	$\dfrac{1}{2}$	가능 ⇨ ①
-1	$-\dfrac{3}{2}$	모순
$\dfrac{3}{2}$	1	모순
$-\dfrac{1}{2}$	-1	가능 ⇨ ②

① $\sin f(\alpha_5) = 1$, $\sin f(\alpha_2) = \dfrac{1}{2}$일 때

$f'(\alpha_2) = 0$이고 $f(\alpha_1) = \dfrac{\pi}{6}$이 극댓값이므로 $f(\alpha_2)$는 극소이므로 $f(\alpha_2) < \dfrac{\pi}{6}$이다.

따라서 $f(\alpha_2) = -\dfrac{7}{6}\pi$ ($\dfrac{\pi}{6}$보다 작고 $\sin\boxed{} = \dfrac{1}{2}$을 만족하는 $\dfrac{\pi}{6}$와 차이가 가장 작은 값)

가 된다. 그런데 $-\dfrac{7}{6}\pi < -\dfrac{1}{2}\pi < \dfrac{\pi}{6}$이므로

$f(\alpha_2) = -\dfrac{11}{6}\pi$와 $f(\alpha_1) = \dfrac{\pi}{6}$ 사이에 $-\dfrac{1}{2}\pi$의 $g'(x) = 0$이게 하는 α가 있으므로 모순이다.

[랑데뷰팁]

사실 $\sin f(\alpha_2)=\dfrac{1}{2}$ 이면 $g(\alpha_1)=g(\alpha_2)=\dfrac{2}{5}$ 이므로

성립하지 않는 것이 자명하다.

(첫 번째 극값과 두 번째 극값이 상수함수가 아닌 이상 같을

수가 없다.)

따라서 $\sin f(\alpha_5)=-\dfrac{1}{2}$, $\sin f(\alpha_2)=-1$ 인 ②가 성립

함을 알 수 있다.

그럼 $\cos f(\alpha_2)=0$, $\cos f(\alpha_3)=0$, $\cos f(\alpha_4)=0$ 이다.

삼차함수 $y=6\pi x^3+bx^2+\dfrac{\pi}{6}$ 의 그래프 개형을 생각해 보면

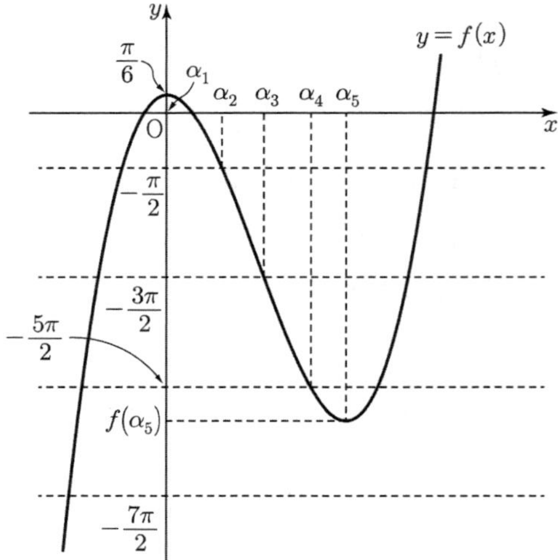

$f(\alpha_2)=-\dfrac{\pi}{2}$, $f(\alpha_3)=-\dfrac{3\pi}{2}$, $f(\alpha_4)=-\dfrac{5\pi}{2}$

따라서 $-\dfrac{7}{2}\pi<f(\alpha_5)<-\dfrac{5}{2}\pi$

ⓒ에서 $f'(\alpha_5)=0$

⇨ $9\pi\alpha_5+b=0$ 이다.

따라서

$$\begin{aligned}
\sin f(\alpha_5)&=\sin\left(6\pi(\alpha_5)^3+b(\alpha_5)^2+\dfrac{\pi}{6}\right)\\
&=\sin\left((\alpha_5)^2(9\pi\alpha_5+b-3\pi\alpha_5)+\dfrac{\pi}{6}\right)\\
&=\sin\left(-3\pi(\alpha_5)^3+\dfrac{\pi}{6}\right)=-\dfrac{1}{2}
\end{aligned}$$

따라서 $-\dfrac{7}{2}\pi<f(\alpha_5)<-\dfrac{5}{2}\pi$ 이고 $-3(\alpha_5)^3$ 가 홀수이므로

$\alpha_5=1$ 이다. 따라서 $b=-9\pi$

$\therefore f(x)=\pi\left(6x^3-9x^2+\dfrac{1}{6}\right)$

$\therefore f\left(-\dfrac{1}{2}\right)=-\dfrac{17}{6}\pi$, $f'\left(-\dfrac{1}{2}\right)=\dfrac{27}{2}\pi$

$$g'\left(-\dfrac{1}{2}\right)=\dfrac{-\cos\left(-\dfrac{17}{6}\pi\right)\times\dfrac{27}{2}\pi}{\left(2-\dfrac{1}{2}\right)^2}$$

$$=\dfrac{\sqrt{3}}{2}\times\dfrac{27}{2}\pi\times\dfrac{4}{9}$$

$$=3\sqrt{3}\,\pi$$

따라서 $a=3\sqrt{3}$ 이므로 $a^2=27$ 이다.

357 정답 108

$f(0)=\dfrac{\pi}{3}$, $f'(0)=0$

$\therefore\ f(x)=3\pi x^3+bx^2+\dfrac{\pi}{3}$

(나)에서 $\cos f(\alpha_{14})=\cos f(\alpha_2)-\dfrac{1}{2}$ 에서

$\cos f(\alpha_{14})=\dfrac{1}{2}$, $\cos f(\alpha_2)=1$ 이 가능

($g(0)$ 이 극소이므로 $g(\alpha_2)>\dfrac{2}{3}$)

α	0	α_2	α_3	$\cdots$	α_{13}	α_{14}
$f'(\alpha)$	0					0
$\sin f(\alpha)$		0	0	$\cdots$	0	
$f(\alpha)$	$\dfrac{\pi}{3}$	0	$-\pi$	$\cdots$	-11π	$-12\pi+\dfrac{\pi}{3}$
$\cos f(\alpha)$	$\dfrac{1}{2}$	1	-1	$\cdots$	-1	$\dfrac{1}{2}$
$g(\alpha)$	$\dfrac{2}{3}$	1	$\dfrac{1}{3}$		$\dfrac{1}{3}$	$\dfrac{2}{3}$

따라서 $f(\alpha_{14})=-12\pi+\dfrac{\pi}{3}$, $f'(\alpha_{14})=0$

에서 $\alpha_{14}=2$, $b=-9\pi$

$f(x)=3\pi x^3-9\pi x^2+\dfrac{\pi}{3}$

따라서 $g'(-1)=-6\sqrt{3}\,\pi$

$a^2=108$

358 정답 ③

$f'(x)=-\sin x+2\sin x+2x\cos x=\sin x+2x\cos x$

ㄱ. $f'(\alpha)=0$ 이므로

$\sin\alpha+2\alpha\cos\alpha=0\rightarrow 2\alpha+\tan\alpha=0\,(\cos\alpha\neq 0$ 이므로$)$

$\therefore\ \tan\alpha=-2\alpha$

$\tan(\pi+\alpha)=\tan\alpha=-2\alpha$ (참)

ㄴ.

$\sin x+2x\cos x=0\rightarrow 2x\cos x=-\sin x\rightarrow 2x=-\tan x$

아래 그림에서

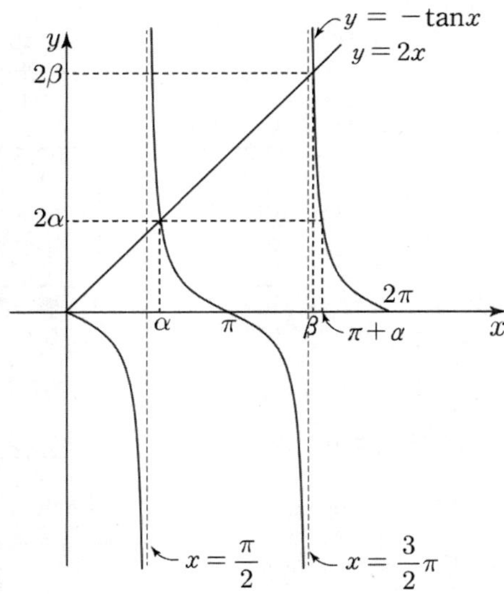

$\dfrac{3}{2}\pi < \beta < \pi+\alpha < 2\pi$ 이므로

$g'(x) = \sec^2 x = \dfrac{1}{\cos^2 x}$ 는 구간 $\left(\dfrac{3}{2}\pi,\ 2\pi\right)$ 에서 감소

함수다.

$\beta < \pi+\alpha$ 에서 $g'(\beta) > g'(\pi+\alpha)$ 이다. (참)

ㄷ.

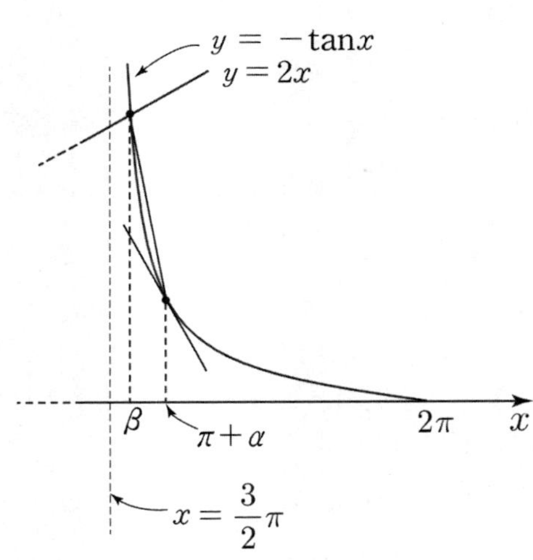

$(\beta,\ -\tan\beta),\ (\pi+\alpha,\ -\tan(\pi+\alpha))$ 두 점 사이의
기울기는

$$\dfrac{-\tan(\pi+\alpha)-(-\tan\beta)}{(\pi+\alpha)-\beta} = \dfrac{2\alpha-2\beta}{\pi+\alpha-\beta}$$

위 그림에 의해

$$g'(\pi+\alpha) \leftarrow \sec^2(\pi+\alpha) = -\sec^2\alpha$$

$$\therefore\ \dfrac{2(\beta-\alpha)}{\pi+\alpha-\beta} > \sec^2\alpha \ \text{(거짓)}$$

따라서 옳은 것은 ㄱ, ㄴ이다.

$$f'(x) = \cos x - 2\cos x + 2x\sin x = -\cos x + 2x\sin x$$

ㄱ. $f'(\alpha) = 0$ 이므로 $-\cos\alpha + 2\alpha\sin\alpha = 0 \ \Rightarrow\ \dfrac{1}{2\alpha} = \tan\alpha$,

$$\therefore\ \tan\alpha = \dfrac{1}{2\alpha}$$

$$\tan(\pi+\alpha) = \tan\alpha = \dfrac{1}{2\alpha}\ \text{(참)}$$

ㄴ.
아래 그림에서

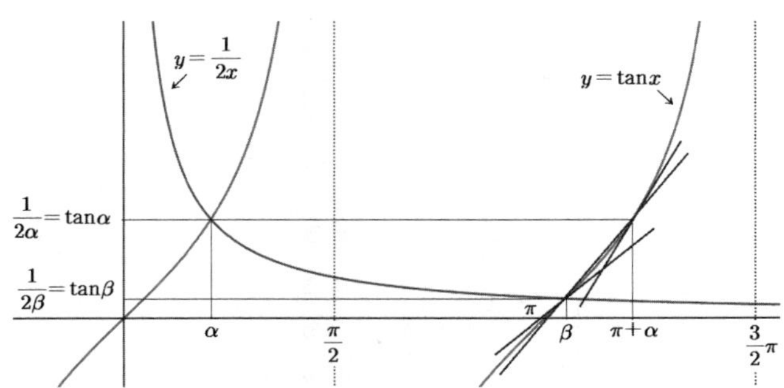

$\pi < \beta < \pi+\alpha < \dfrac{3}{2}\pi$ 이므로

$g'(x) = \sec^2 x = \dfrac{1}{\cos^2 x}$ 는 구간 $\left(\pi,\ \dfrac{3}{2}\pi\right)$ 에서 증가함수다.

$\beta < \pi+\alpha$ 에서 $g'(\beta) < g'(\pi+\alpha)$ 이다. (거짓)

ㄷ.
다음 그림과 같이

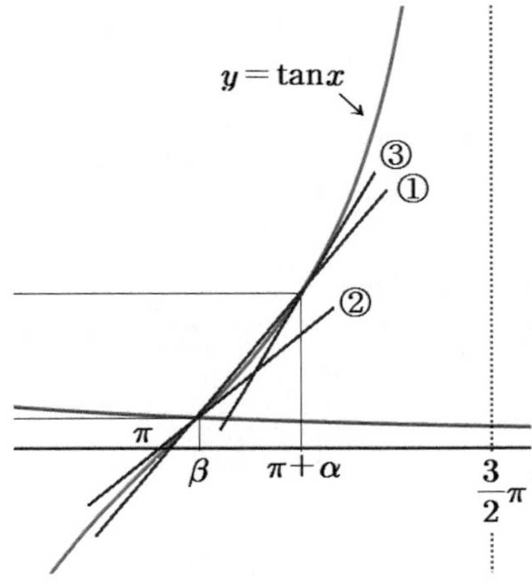

$y = \tan x$ 위의 두 점 $(\beta, \tan\beta),\ (\pi+\alpha, \tan(\pi+\alpha))$ 을 잇는
직선의 기울기는(①)

$$\dfrac{\tan(\pi+\alpha)-\tan\beta}{\pi+\alpha-\beta} = \dfrac{\tan\alpha-\tan\beta}{\pi+\alpha-\beta} = \dfrac{\dfrac{1}{2\alpha}-\dfrac{1}{2\beta}}{\pi+\alpha-\beta}\ \text{이다.}$$

$y = \tan x$ 위의 점 $(\beta, \tan\beta)$ 에서의 접선의 기울기는
$\sec^2\beta$(②)이다.

위 그림에 의해 $\dfrac{\dfrac{1}{2\alpha}-\dfrac{1}{2\beta}}{\pi+\alpha-\beta} > \sec^2\beta$ 이다.

(③>①>②)

따라서 $\dfrac{1}{\alpha}-\dfrac{1}{\beta}>2(\pi+\alpha-\beta)\sec^2\beta$ (참)

따라서 옳은 것은 ㄱ, ㄷ이다.

360 정답 30

$y=g(x)$의 그래프 개형은 다음과 같다.

$g(x)$가 $x=0$에서 극솟값 0을 가지므로 (나)에서

$h'(x)=f'(g(x))g'(x)$에서 $f(g(x))$가 $x=0$에서

극솟값 가지려면 다음 표와 같이 $f'(g(x))$의 부호가 $+ \to +$로

변한다.

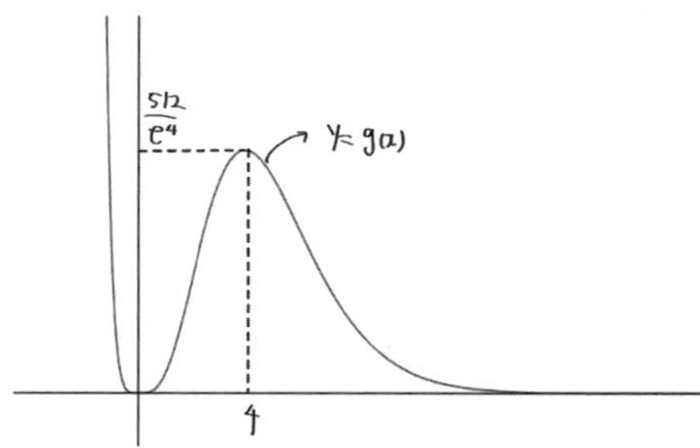

x	$\cdots$	0	$\cdots$
$g'(x)$	$-$	0	$+$
$h'(x)$	$-$	0	$+$
$f'(g(x))$	$+$		$+$

$g(x)=t$라 두면 $t \geq 0$이므로

$\lim\limits_{t \to 0+}f'(t)>0$이려면

사차함수 $f(x)$가 증가하는

부분에 $x=0$이 있어야 한다.

그런데 $f(x) \geq 0$이므로 사차함수

$f(x)$는 x^2을 인수로 가지며

(가)에서 $h(x)$가 $x=0$이외의 적당한 양수 $\alpha(g(4)$보다 작은

값)를 근으로 가져야 하고 최솟값이 0이므로 $y=f(x)$의 개형은

다음과 같다.

따라서 $f(x)=\dfrac{1}{2}x^2(x-\alpha)^2$

$h(x)=f(g(x))=0\to$

$f(x)=0$의 근이

$x=0$, $x=\alpha$이므로 다음

그림과 같다. $g(x)=0$

일 때, $x=0$(근 1개)

$g(x)=\alpha$일 때, $\alpha<g(4)$

이며 $x=k_1,\ k_2,\ k_3$(근 3개)

따라서 (가)조건을 만족한다.

(다)에서

$h(x)=f(g(x))=8$의 해는 $y=f(x)$와 $y=8$의 교점의

x좌표를 t_n이라 할 때, $g(x)=t_n$의 교점의 x좌표가 해이다.

함수 $f(x)$의 극댓값은

$f\left(\dfrac{\alpha}{2}\right)$이므로

(i) $f\left(\dfrac{\alpha}{2}\right)<8$일 때, 근의

개수는 3개이하

$$(\because\ t_6>\alpha)$$

(ii) $f\left(\dfrac{\alpha}{2}\right)>8$일 때, 근의

개수는 7개이상

$(\because\ t_1,\ t_3<\alpha$이고 $t_4>\alpha)$

(iii) $f\left(\dfrac{\alpha}{2}\right)=8$일 때, 근의

개수는 4개이상 6개이하 이다. ($\because$

$t_2<\alpha$이고 $t_5>\alpha)$

따라서

$f\left(\dfrac{\alpha}{2}\right)=\dfrac{1}{2}\left(\dfrac{\alpha}{2}\right)^2\left(\dfrac{\alpha}{2}-\alpha\right)^2=8$에서

$\alpha=4$이다.

따라서 $f(x)=\dfrac{1}{2}x^2(x-4)^2$이므로

$f'(x)=x(x-4)^2+x^2(x-4)$에서 $f'(5)=5+25=30$

[랑데뷰팁]-(iii)에서 $t_2=2$, $t_5=2\sqrt{2}+2$이다.

이때 $2\sqrt{2}+2<\dfrac{512}{e^4}$ 임을 알 수 있다.

[다른 풀이]

$f(x)=0$의 근이 $x=0$이라 가정하면

$f(g(x))=0$의 근은 $g(x)=0$, $x=0$이므로

$h(x)=0$의 실근이 1개이다.

$f(x)$의 최솟값이 0이고 $h(x)$는 최고차항의 계수가 $\dfrac{1}{2}$이므로

$f(x)=\dfrac{1}{2}x^2(x-\alpha)^2$이고 $\alpha \leq g(2)$이다.

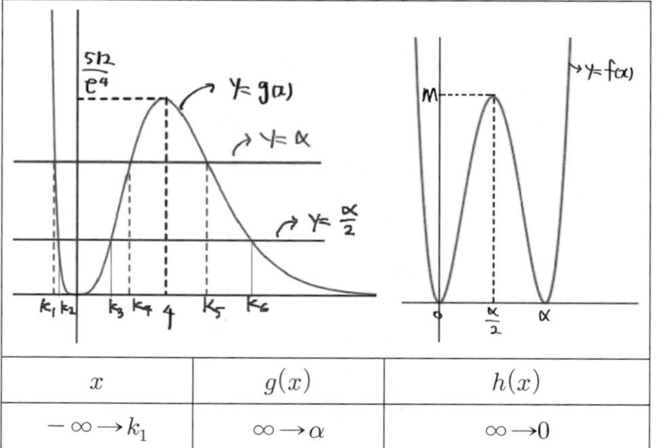

x	$g(x)$	$h(x)$
$-\infty \to k_1$	$\infty \to \alpha$	$\infty \to 0$

x	$g(x)$	$h(x)$
$k_1 \to k_2$	$\alpha \to \dfrac{\alpha}{2}$	$0 \to m$
$k_2 \to 0$	$\dfrac{\alpha}{2} \to 0$	$m \to 0$
$0 \to k_3$	$0 \to \dfrac{\alpha}{2}$	$0 \to m$
$k_3 \to k_4$	$\dfrac{\alpha}{2} \to \alpha$	$m \to 0$
$k_4 \to 4$	$\alpha \to g(4)$	$0 \to f(g(4))$
$4 \to k_5$	$g(4) \to \alpha$	$f(g(4)) \to 0$
$k_5 \to k_6$	$\alpha \to \dfrac{\alpha}{2}$	$0 \to m$
$k_6 \to \infty$	$\dfrac{\alpha}{2} \to 0+$	$m \to 0+$

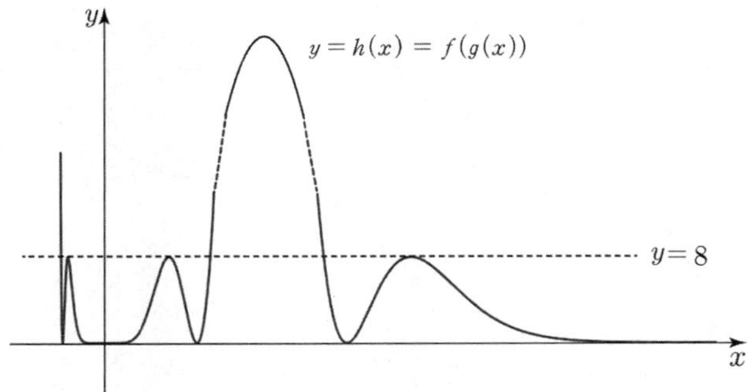

그림과 같이 $m=8$일 때 $h(x)=8$의 실근이 6개이므로 $f(x)$의 극댓값은 8이다.

$f(x)$는 $x=\dfrac{\alpha}{2}$에서 극대이므로 $f\left(\dfrac{\alpha}{2}\right)=8$이고

$\alpha=4$이다. $f(x)=\dfrac{1}{2}x^2(x-4)^2$이고 $f'(5)=30$이다.

361 정답 24

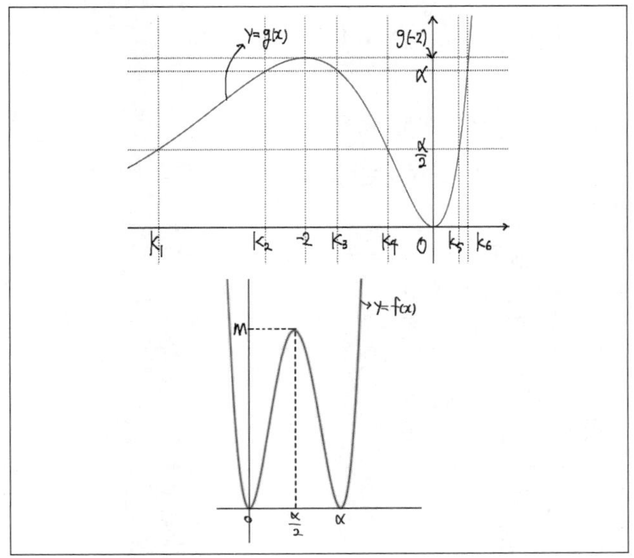

x	$g(x)$	$h(x)$
$-\infty \to k_1$	$0 \to \dfrac{\alpha}{2}$	$0 \to m$
$k_1 \to k_2$	$\dfrac{\alpha}{2} \to \alpha$	$m \to 0$
$k_2 \to -2$	$\alpha \to g(-2)$	$0 \to f(g(-2))$
$-2 \to k_3$	$g(-2) \to \alpha$	$f(g(-2)) \to 0$
$k_3 \to k_4$	$\alpha \to \dfrac{\alpha}{2}$	$0 \to m$
$k_4 \to 0$	$\dfrac{\alpha}{2} \to 0$	$m \to 0$
$0 \to k_5$	$\alpha \to \dfrac{\alpha}{2}$	$0 \to m$
$k_5 \to k_6$	$\dfrac{\alpha}{2} \to \alpha$	$m \to 0$
$k_6 \to \infty$	$\alpha \to 0$	$0 \to \infty$

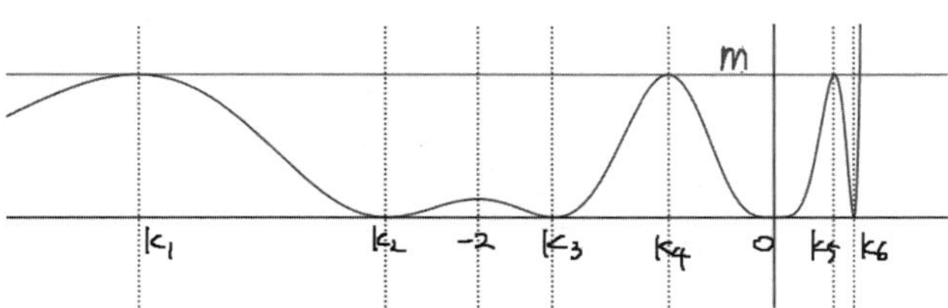

따라서 $m=1$이므로 $f\left(\dfrac{\alpha}{2}\right)=1$에서 $\alpha=2$

$f(x)=x^2(x-2)^2$

$f'(x)=2x(x-2)^2+2x^2(x-2)$

$\therefore\ f'(3)=6+18=24$

362 정답 ④

함수 $y=f(x)$의 그래프는 아래와 같다.

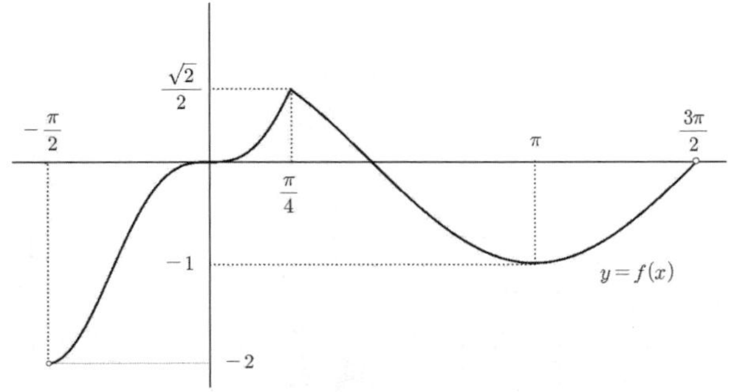

우선 함수 $\sqrt{|f(x)-t|}$ 은 t에 관계없이 $x=\dfrac{\pi}{4}$에서 미분가능하지 않다.

함수 $\sqrt{|f(x)-t|}$ 의 개형은 $|f(x)-t|$ 와 비슷하다.

따라서 $\left(\sqrt{|f(x)-t|}\right)'=\dfrac{(|f(x)-t|)'}{2\sqrt{|f(x)-t|}}$ 에서

(i) 분모가 0이고 분자 $(|f(x)-t|)' \neq 0$인 경우 미분가능하고
(ii) 분모가 0이고 분자 $(|f(x)-t|)' = 0$인 경우 계산을 해야 한다.
그런데 $(0, 0)$은 변곡점이고 $(\pi, -1)$은 극소점이므로 $t=0$일 때 $x=0$과 $t=-1$일 때
$x=\pi$에서는 미분 가능여부를 살펴봐야 하겠다.

(i) $t=0$이고 $f(x)=2\sin^3 x$인 경우는

$$\sqrt{|f(x)-t|} = \begin{cases} \sqrt{-2\sin^3 x} & (x<0) \\ \sqrt{2\sin^3 x} & (x \geq 0) \end{cases}$$

$$\left(\sqrt{|f(x)-t|}\right)' = \begin{cases} \dfrac{-6\sin^2 x \times \cos x}{2\sqrt{-2\sin^3 x}} & (x<0) \\ \dfrac{6\sin^2 x \cos x}{2\sqrt{2\sin^3 x}} & (x \geq 0) \end{cases}$$

$$= \begin{cases} \dfrac{-3}{-\sqrt{2}}\sqrt{(-\sin x)}\cos x & (x<0) \\ \dfrac{3}{\sqrt{2}}\sqrt{\sin x}\cos x & (x \geq 0) \end{cases}$$

에서 $x=0$일 때 좌미분계수와 우미분계수가 모두 0이므로
$x=0$에서 미분가능하다.
따라서 $g(0)=2$

(ii) $t=-1$이고 $f(x)=\cos x$인 경우는
$\sqrt{|f(x)-t|} = \sqrt{\cos x+1}$ 이므로
$$\left(\sqrt{|f(x)-t|}\right)' = \frac{-\sin x}{2\sqrt{\cos x+1}}$$
$$= -\frac{\sqrt{1-\cos^2 x}}{2\sqrt{1+\cos x}} = -\frac{1}{2}\frac{\sqrt{(1-\cos x)(1+\cos x)}}{\sqrt{1+\cos x}}$$
$$= -\frac{1}{2}|\sqrt{1-\cos x}| = -\frac{\sqrt{2}}{2}\left|\sin\frac{x}{2}\right|$$

이므로 $y=\sin\dfrac{x}{2}$의 그래프를 생각해 보면
$k(x) = \sqrt{\cos x+1}$ 이라 할 때
$k'(\pi-) = -\dfrac{\sqrt{2}}{2}$, $k'(\pi+) = \dfrac{\sqrt{2}}{2}$ 이므로
$x=\pi$에서 미분 가능하지 않다.
따라서 $g(-1)=3$
따라서 t의 값의 범위에 따른 $g(t)$의 값을 구해보면 다음 그림과 같다.

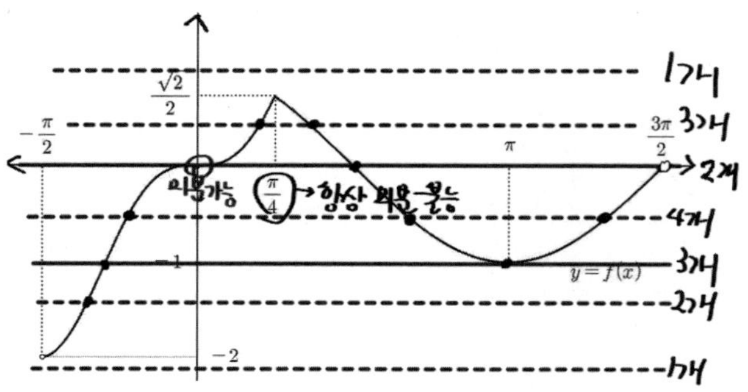

따라서
$$a = g\left(\frac{\sqrt{2}}{2}\right) = 1, \quad b = g(0) = 2, \quad c = g(-1) = 3$$이다.
또한, 함수 $h(g(t))$가 실수 전체의 집합에서 연속이므로
$h(1) = h(2) = h(3) = h(4)$이 성립하고
$h(x)$는 최고차항의 계수가 1인 사차함수이므로
$h(x) = (x-1)(x-2)(x-3)(x-4)+k$라 할 수 있다.
$$\therefore \ h(a+5)-h(b+3)+c$$
$$= h(6)-h(5)+3 = (120+k)-(24+k)+3$$
$$= 99$$

[다른 풀이]
함수 $y=f(x)$의 그래프는 아래와 같다.

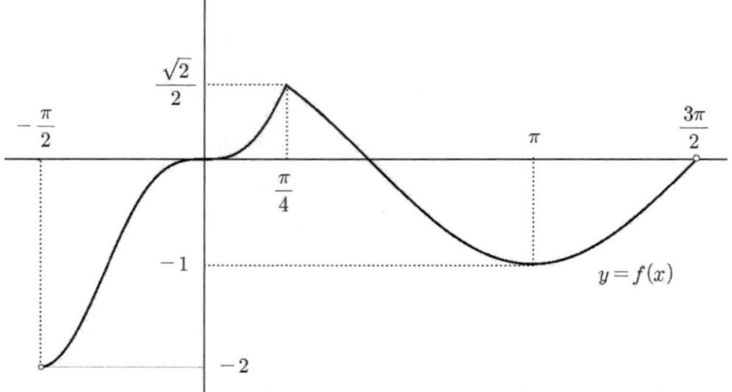

$$y = \sqrt{|f(x)-t|} = \begin{cases} \sqrt{f(x)-t} & (f(x) \geq t) \\ \sqrt{-f(x)+t} & (f(t) < t) \end{cases}$$를 x에 대해
미분하면
$$y' = \begin{cases} \dfrac{f'(x)}{2\sqrt{f(x)-t}} & (f(x) \geq t) \\ \dfrac{-f'(x)}{2\sqrt{-f(x)+t}} & (f(x) < t) \end{cases}$$

$$\lim_{x \to \frac{\pi}{4}-} f(x) = f\left(\frac{\pi}{4}\right) = \frac{\sqrt{2}}{2}$$ 이므로 $f(x)$는 $x=\dfrac{\pi}{4}$에서
연속이다.
하지만,
$$\lim_{x \to \frac{\pi}{4}-} f'(x) = \frac{3\sqrt{2}}{2}, \quad \lim_{x \to \frac{\pi}{4}+} f'(x) = -\frac{\sqrt{2}}{2}$$

이므로 $x=\dfrac{\pi}{4}$에서 미분가능하지 않다.
또한 $y=f(x)$과 $y=t$가 만나는 점에서 미분가능
하지 않다.
$t=-1$일 때 즉, $y=\sqrt{1+\cos t}$의 $x=\pi$에서의
미분가능성을 조사해보면
$$\lim_{h \to 0} \frac{\sqrt{1+\cos(\pi+h)}}{h}$$
$$= \lim_{h \to 0} \frac{\sqrt{1-\cos h}}{h}$$
$$= \lim_{h \to 0} \frac{\sqrt{2\sin^2 \frac{h}{2}}}{h}$$

$$= \lim_{h \to 0} \frac{\sqrt{2}\left|\sin\dfrac{h}{2}\right|}{h}$$

에서

$$\lim_{h \to 0-} \frac{\sqrt{1+\cos(\pi+h)}}{h} = -\frac{\sqrt{2}}{2},$$

$$\lim_{h \to 0+} \frac{\sqrt{1+\cos(\pi+h)}}{h} = \frac{\sqrt{2}}{2}$$

이므로 $x=\pi$에서 미분가능하지 않다.

t의 값의 범위에 따른 $g(t)$의 값을 구해보면

$$g(t)=\begin{cases} 1 & (t \le -2) \\ 2 & (-2 < t < -1) \\ 3 & (t=-1) \\ 4 & (-1 < t < 0) \\ 2 & (t=0) \\ 3 & \left(0 < t < \dfrac{\sqrt{2}}{2}\right) \\ 1 & \left(t \ge \dfrac{\sqrt{2}}{2}\right) \end{cases}$$

따라서

$$a=g\left(\frac{\sqrt{2}}{2}\right)=1,\ b=g(0)=2,\ c=g(-1)=3 \text{이다.}$$

또한, 함수 $h(g(t))$가 실수 전체에서 연속이므로

$h(1)=h(2)=h(3)=h(4)$이 성립하고

$h(x)$는 최고차항의 계수가 1인 사차함수이므로

$h(x)=(x-1)(x-2)(x-3)(x-4)+k$라 할 수 있다.

$$\therefore\ h(a+5)-h(b+3)+c$$
$$=h(6)-f(5)+3$$
$$=(120+k)-(24+k)+3$$
$$=99$$

[랑데뷰팁]-함수 $\sqrt{|f(x)|}$의 미분가능성에 대하여

모든 실수 x에 대하여 $f(x) \ge 0$인 함수 $f(x)$가

$f(x)=\{g(x)\}^n$일 때,

$$\left(\sqrt{f(x)}\right)' = \frac{f'(x)}{2\sqrt{f(x)}} = \frac{n\{g(x)\}^{n-1}g'(x)}{2\{g(x)\}^{\frac{n}{2}}}$$

에서 $n-1 > \dfrac{n}{2}$이면 즉, $n > 2$이면 미분한 식에서 분모

부분이 약분되므로 $g(x)=0$인 x에서도 $\sqrt{f(x)}$는

미분가능하다.

모든 실수 x에 대하여 $|f(x)| \ge 0$이므로 함수

$\sqrt{|f(x)|}$ 또한 $f(x)$의 차수가 2차 보다 큰 차수이면이면

$f(x)=0$인 x에서 미분 가능하다.

[랑데뷰 세미나 참고]

---

363 정답 324

함수 $f(x)$는 다음 그림과 같다.

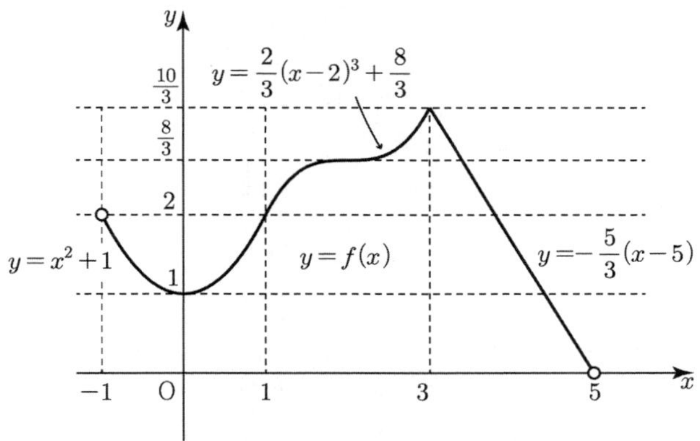

우선 함수 $f(x)$의 경계가 되는 $x=1$과 $x=3$에서

미분가능성을 따져 보면 $x=1$에서는 미분가능하고

$x=3$에서는 미분가능하지 않다.

따라서 $|f(x)-t|$는 t값에 관계없이 미분가능하지 않는 점이

1개 이상이다.

$y=f(x)$와 $y=t$의 교점에서 미분가능하지 않는다.

그런데 $x=0$에서는 x^2을 $x=2$에서는

$(x-2)^3$의 항을 가지므로 $|f(x)-1|$은 $x=0$에서

미분가능하고 마찬가지로 $\left|f(x)-\dfrac{8}{3}\right|$은

$x=2$에서 미분가능하다.

따라서 $y=|f(x)-t|$의 t값에 따른 미분가능하지 않는 점의

개수는 다음 그림과 같다.

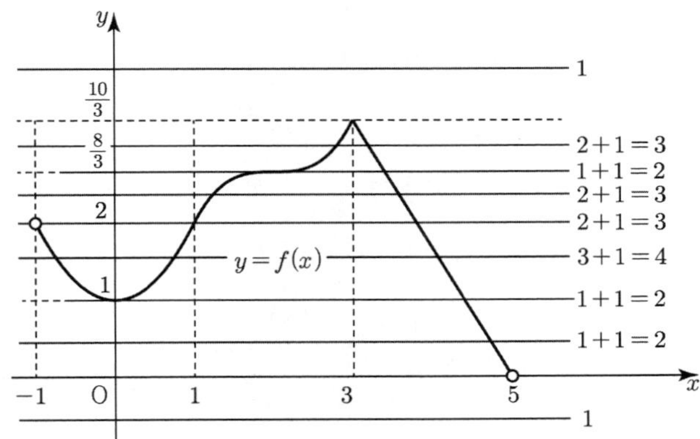

따라서 $y=g(t)$ 그래프는 다음과 같다.

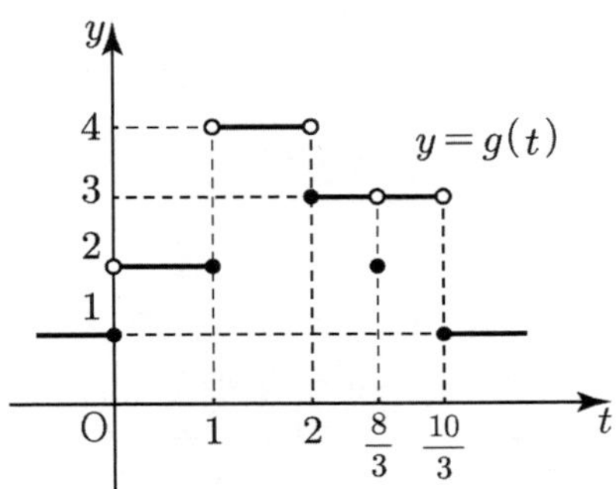

따라서 $g(1)=a=2$, $g\left(\dfrac{8}{3}\right)=b=2$, $g(3)=c=3$

함수 $h(g(t))$가 실수 전체에서 연속이므로

$h(1)=h(2)=h(3)=h(4)\cdots$㉠이 성립하고

$h(x)$는 최고차항의 계수가 1인 사차함수이므로

$h(x)=(x-1)(x-2)(x-3)(x-4)+d$라 할 수 있다.

$\therefore\ h(a+3)-h(b+2)+100c$

$=h(5)-h(4)+300=(24+d)-d+300$

$=324$

[랑데뷰팁]–㉠설명

$t=0$일 때 $h(g(t))$가 연속이기 위해서는 $g(t)$의 좌극한

1, 함숫값 1, 우극한 2이 모두 같아야 하므로

$t=0$에서 연속일 조건은 $h(1)=h(2)$이다.

$t=1$일 때 $h(g(t))$가 연속이기 위해서는 $g(t)$의 좌극한

2, 함숫값 2, 우극한 4이 모두 같아야 하므로

$t=1$에서 연속일 조건은 $h(2)=h(4)$이다.

$t=2$일 때 $h(g(t))$가 연속이기 위해서는 $g(t)$의 좌극한

4, 함숫값 3, 우극한 3이 모두 같아야 하므로

$t=2$에서 연속일 조건은 $h(4)=h(3)$이다.

$t=\dfrac{8}{3},\ t=\dfrac{10}{3}$에서도 마찬가지이다.)

---

364 정답 ④

[그림 : 배용제T]

함수 $f(x)$ 그래프와 일차함수 $g(x)$는 조건에서

$(x-e)\{g(x)-f(x)\}\geq 0$을 만족하므로

$1\leq x<e$일 때 $g(x)\leq \ln x$이고, $x\geq e$일 때

$g(x)\geq \ln x-t$이어야 한다.

그림으로 나타내면 다음과 같다.

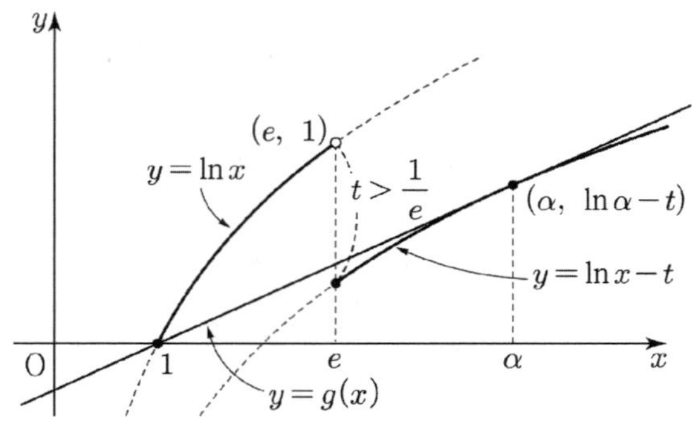

일차함수 $g(x)$의 최소 기울기가 $h(t)$이므로 $h(t)$는 $g(x)$가

$(1,0)$을 지나고 $y=\ln x-t$에 접할 때 기울기가 최소가 된다.

그런데 접점의 x좌표가 $x\leq e$일 때 나타나면 $y=\ln x-t$의

정의역에서 벗어나므로 위 그림의 빨간색 점선 부분과 접하게

된다. 그때는 $g(x)$의 기울기는 $(e,1-t)$을 지날 때 가장 작게

된다.

우선 접점이 $x=e$일 때의 t값을 구해 보자.

$(1,0)$과 $(e,1-t)$을 잇는 직선의 기울기와

$y=\ln x-t$위의 점 $x=e$에서의 접선의 기울기가

같으므로

$\dfrac{1-t}{e-1}=\dfrac{1}{e}\ \Rightarrow\ 1-t=\dfrac{e-1}{e}\ \Rightarrow\ 1-t=1-\dfrac{1}{e}$에서 $t=\dfrac{1}{e}$(i)

$t>\dfrac{1}{e}$일 때

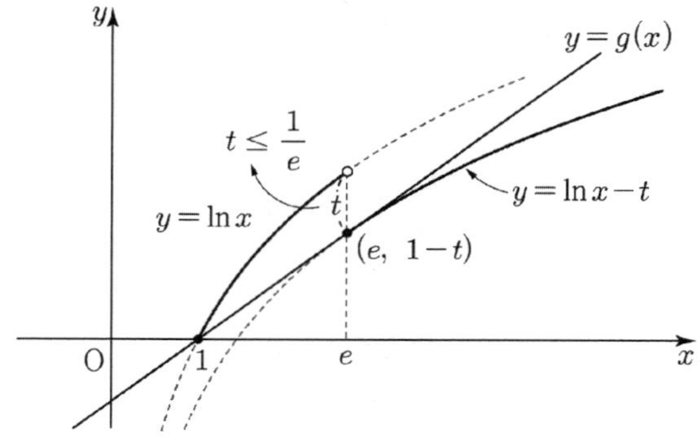

접점 $(\alpha,\ -t+\ln\alpha)$에서의 접선의 방정식은

$y-(-t+\ln\alpha)=\dfrac{1}{\alpha}(x-\alpha)$이다.

이 접선이 점 $(1,0)$을 지나므로

$t-\ln\alpha=\dfrac{1}{\alpha}-1\Rightarrow\ln\alpha+\dfrac{1}{\alpha}=t+1$

이때 $h(t)=\dfrac{1}{\alpha}$이므로 $\ln\dfrac{1}{h(t)}+h(t)=t+1$

즉, $h(t)-\ln h(t)=t+1$이다.

위 등식의 양변을 t에 대하여 미분하면

$h'(t)-\dfrac{h'(t)}{h(t)}=1$ 이므로 $h'(t)=\dfrac{h(t)}{h(t)-1}$이다.

(ii) $0<t\leq\dfrac{1}{e}$일 때

두 점 $(1,0)$, $(e,1-t)$를 지나는 직선의 기울기가

$h(t)$이다.

즉, $h(t)=\dfrac{1-t}{e-1}$이고 $h'(t)=\dfrac{-1}{e-1}$이다.

(iii) 한편, $h'\left(\dfrac{1}{2e}\right)\times h'(a)$에서 $\dfrac{1}{2e}<\dfrac{1}{e}$이므로 (ii)에서

$h'\left(\dfrac{1}{2e}\right)=\dfrac{-1}{e-1}$ 이다.

또한 양수 a에 대하여 $h(a)=\dfrac{1}{e+2}$ 일 때

$$h(a)=\dfrac{1}{e+2}<\dfrac{1}{e}=h\left(\dfrac{1}{e}\right)$$

이므로 $a>\dfrac{1}{e}$ 이고 (i)에서

$$h'(a)=\dfrac{h(a)}{h(a)-1}=\dfrac{\dfrac{1}{e+2}}{\dfrac{1}{e+2}-1}=\dfrac{-1}{e+1}$$

따라서

$$h'\left(\dfrac{1}{2e}\right)\times h'(a)=\dfrac{-1}{e-1}\times\dfrac{-1}{e+1}=\dfrac{1}{(e-1)(e+1)}$$ 이다.

[랑데뷰팁]

(i) $\dfrac{\ln\alpha-t}{\alpha-1}=\dfrac{1}{\alpha}$, $h(t)=\dfrac{1}{\alpha}$ 에서 $h(a)=\dfrac{1}{e+2}$ 이므로

$t=a$일 때, $\alpha=e+2$이다.

$h(t)=\dfrac{\ln\alpha-t}{\alpha-1}$ 에서 $h'(t)=-\dfrac{1}{\alpha-1}$ 이다.

따라서 $h'(a)=-\dfrac{1}{(e+2)-1}=-\dfrac{1}{e+1}$

---

365 정답 ③

함수 $f(x)$ 그래프와 일차함수 $g(x)$는 조건에서

$(x-4)\{g(x)-f(x)\}\geq 0$을 만족하므로

$0\leq x<4$일 때 $g(x)\leq\sqrt{x}$ 이고, $x\geq 4$일 때

$g(x)\geq\sqrt{x}-t$이어야 한다.

그림으로 나타내면 다음과 같다.

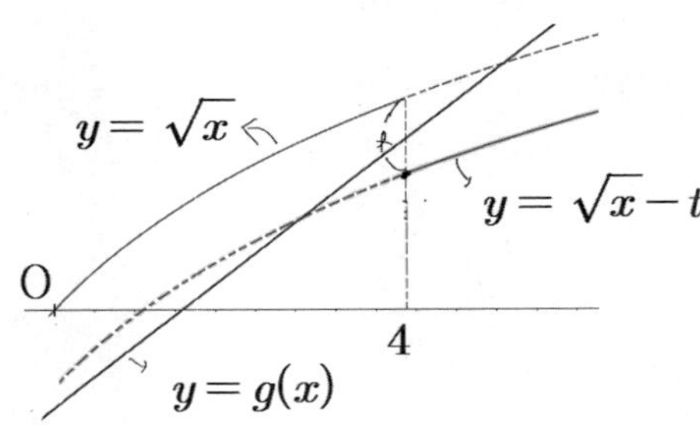

일차함수 $g(x)$의 최소 기울기가 $h(t)$이므로 $h(t)$는 $g(x)$가
$(0,0)$을 지나고 $y=\sqrt{x}-t$에 접할 때 기울기가 최소가 된다.
그런데 접점의 x좌표가 $x\leq 4$일 때 나타나면 $y=\sqrt{x}-t$의
정의역에서 벗어나므로 위 그림의 빨간색 점선 부분과 접하게
된다. 그때는 $g(x)$의 기울기는 $(4,2-t)$을 지날 때 가장 작게
된다.
우선 접점이 $x=4$일 때의 t값을 구해보자.
$(0,0)$과 $(4,2-t)$을 잇는 직선의 기울기와

$y=\sqrt{x}-t$위의 점 $x=4$에서의 접선의 기울기가
같으므로

$$\dfrac{2-t}{4}=\dfrac{1}{4}\ \Rightarrow\ 2-t=1\ \Rightarrow\ t=1$$

(i) $0<t\leq 1$일 때

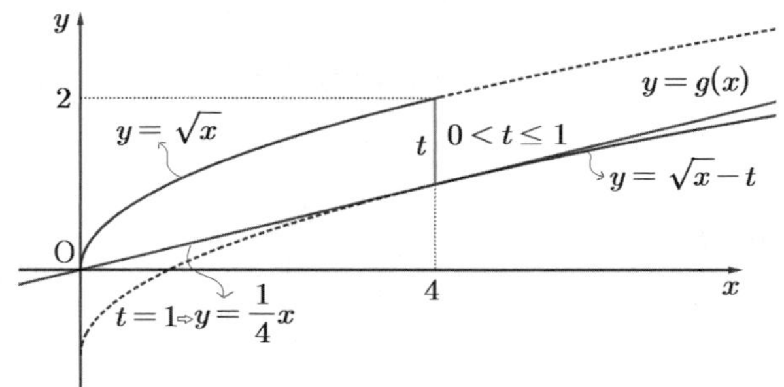

두 점 $(0,0)$, $(4,2-t)$를 지나는 직선의 기울기가
$h(t)$이다.

즉, $h(t)=\dfrac{2-t}{4}$ 이고 $h'(t)=-\dfrac{1}{4}$ 이다.

(ii) $t>1$일 때

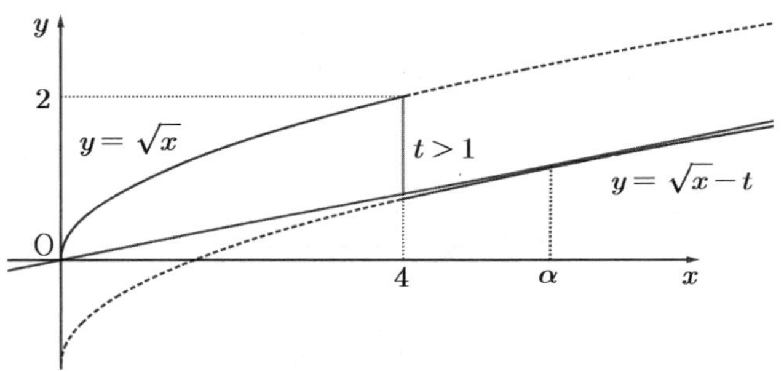

접점 $(\alpha,\ -t+\sqrt{\alpha})$에서의 접선의 방정식은

$$y-(-t+\sqrt{\alpha})=\dfrac{1}{2\sqrt{\alpha}}(x-\alpha)$$ 이다.

이 접선이 점 $(0,0)$을 지나므로

$$t-\sqrt{\alpha}=-\dfrac{\sqrt{\alpha}}{2}\Rightarrow t=\dfrac{\sqrt{\alpha}}{2}$$

이때 $h(t)=\dfrac{1}{2\sqrt{\alpha}}$ 이므로 $t=\dfrac{1}{4h(t)}\cdots\ominus$

즉, $4th(t)=1$이다.

위 등식의 양변을 t에 대하여 미분하면

$4h(t)+4th'(t)=0$이므로 $h'(t)=-\dfrac{h(t)}{t}$ 이다.

(iii) 한편, $h'\left(\dfrac{9}{10}\right)\times h'(a)$에서 $\dfrac{9}{10}<1$이므로 (ii)에서

$h'\left(\dfrac{9}{10}\right)=-\dfrac{1}{4}$ 이다.

또한 양수 a에 대하여 $h(a)=\dfrac{1}{5}$ 일 때

$h(a)=\dfrac{1}{5}<\dfrac{1}{4}=h(1)\ (\because\ominus)$

이므로 $a>1$이고 (i)에서

$t=\dfrac{1}{4h(t)}\Rightarrow t=a$를 대입하면 $a=\dfrac{1}{4h(a)}=\dfrac{5}{4}$

$h'(t)=-\dfrac{h(t)}{t}$에서 $h'(a)=-\dfrac{h(a)}{a}=-\dfrac{\dfrac{1}{5}}{\dfrac{5}{4}}=-\dfrac{4}{25}$

따라서

$h'\left(\dfrac{9}{10}\right)\times h'(a)=-\dfrac{1}{4}\times-\dfrac{4}{25}=\dfrac{1}{25}$ 이다.

366 정답 6

[그림 : 이정배T]

$f'(x)=\dfrac{e^x}{e^x+1}+2e^x>0\cdots\text{㉠},\ f''(x)>0$

$\lim\limits_{x\to\infty}f(x)=\infty,\ \lim\limits_{x\to-\infty}f(x)=0$이므로 $y=f(x)$의 그래프

개형은 다음 그림과 같다. (아래로 볼록 증가)

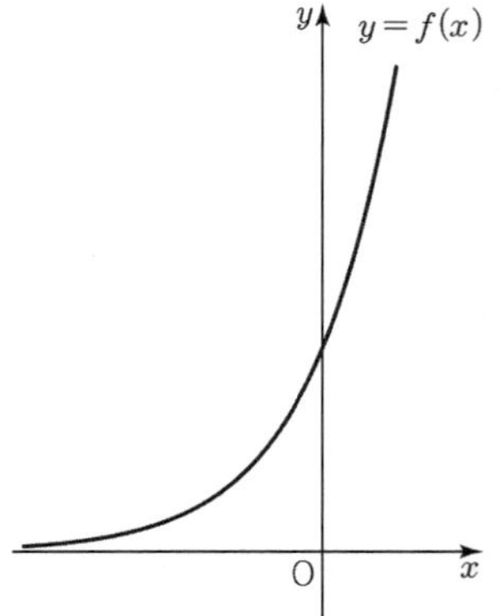

$h(x)$의 최솟값이 $x=k$일 때의 값이므로 $h(k)$이고
그것이 $g(k)$이므로 $h(k)=|g(k)-f(0)|=g(k)$에서

$g(k)<f(0)$이고 $g(k)=\dfrac{1}{2}f(0)=1+\dfrac{\ln2}{2}\cdots\text{㉡}$

또한 최솟값 $h(k)>0$이므로 $h(x)\neq0$이다.
따라서 $y=g(x)$와 $y=f(x-k)$는 만나지 않는다.
따라서 그래프 개형은 다음 그림과 같다.

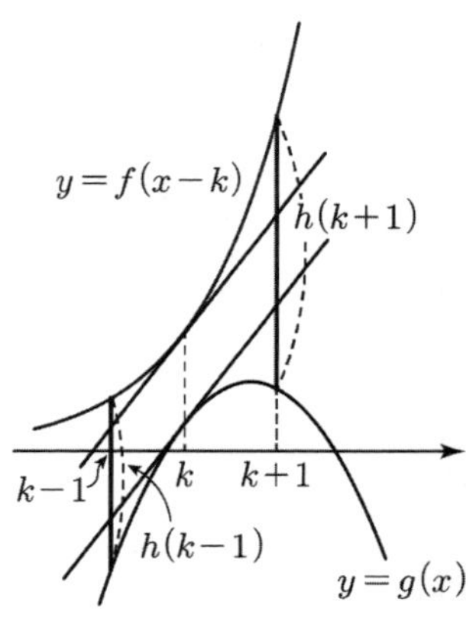

$h(x)$는 $g(x)$와 $f(x-k)$의 함숫값의 차이다.
$g(x)$와 $f(x-k)$는 실수 전체에서 미분가능하고 만나지
않으므로 $h(x)$도 실수 전체에서 미분가능하다.

따라서 $h(x)$가 $x=k$에서 최솟값을 가지므로
$h'(k)=0\ \therefore\ g'(k)=f'(0)$

㉠에서 $g'(k)=\dfrac{5}{2}\cdots\text{㉢}$

그래프에서 보듯이 $h(x)$는 구간 $[k-1,\ k+1]$의
양 끝에서 최댓값을 가진다.

$h(x)=f(x-k)-g(x)$이고
$g(x)=ax^2+bx+c\ (a\neq0)$라 두면

$g'(x)=2ax+b$에서 $g'(k)=2ak+b=\dfrac{5}{2}$

$h(k-1)=f(-1)-g(k-1)$

$\quad=\ln\left(\dfrac{1}{e}+1\right)+\dfrac{2}{e}-g(k-1)$

$\quad=\ln(e+1)-1+\dfrac{2}{e}-(-2ak+a-b)-g(k)$

$\quad=\ln(e+1)-1+\dfrac{2}{e}+\dfrac{5}{2}-a-g(k)$

$h(k+1)=f(1)-g(k+1)=\ln(e+1)+2e-g(k+1)$

$\quad=\ln(e+1)+2e-(2ak+a+b)-g(k)$

$\quad=\ln(e+1)+2e-\dfrac{5}{2}-a-g(k)$

$\therefore\ h(k-1)-h(k+1)=4+\dfrac{2}{e}-2e<0$

따라서 최댓값은 $h(k+1)$
$h(k+1)=|g(k+1)-f(1)|$

$\qquad=-g(k+1)+\ln(1+e)+2e$

$\qquad=2e+\ln\left(\dfrac{1+e}{\sqrt{2}}\right)$ 에서

$g(k+1)=\ln(1+e)-\left(\ln(1+e)-\dfrac{1}{2}\ln2\right)$

$\therefore\ g(k+1)=\dfrac{\ln2}{2}\cdots\text{㉣}$

한편, ㉡에서 $g(k)=ak^2+bk+c=\dfrac{\ln2}{2}+1$

㉣에서 $g(k+1)=ak^2+(2a+b)k+a+b+c=\dfrac{\ln2}{2}$

두 식을 연립하면 $2ak+b+a=-1$

㉢에서 $g'(k)=2ak+b=\dfrac{5}{2}$이므로 $\therefore\ a=-\dfrac{7}{2}$

$g'\left(k-\dfrac{1}{2}\right)=2a\left(k-\dfrac{1}{2}\right)+b$

$\qquad=2ak+b-a=\dfrac{5}{2}-\left(-\dfrac{7}{2}\right)=6$

367 정답 7

[그림 : 배용제T]

함수 $f(x)$는 $x=0$에서 연속이며 미분가능하다.
$f(0)=1,\ f'(0)=2$

$h(k)=|g(k)-f(0)|=|g(k)-1|=\dfrac{g(k)}{2}$

(i) $g(k) > 1$이면 $g(k) - 1 = \dfrac{g(k)}{2}$에서 $g(k) = 2$

(ii) $g(k) < 1$이면 $-g(k) + 1 = \dfrac{g(k)}{2}$에서 $g(k) = \dfrac{2}{3}$

함수 $h(x)$는 $g(x)$와 $f(x-k)$의 함숫값의 차이인데 그 차이의
최솟값이 모두 양의 값이므로 두 함수는 만나지 않는다.
그런데 $f(x)$는 $x < 0$에서 삼차함수이므로 이차함수 $g(x)$가
모든 실수에서 x에 관해 $f(x-k) > g(x)$이 성립 할 수 없다.
따라서 $g(x)$는 아래로 볼록이며 $g(x) > f(x-k)$가 가능하다.
따라서 (ii)는 성립하지 않고 (i)에서 $g(k) > f(0)$이므로
$g(k) = 2$이다.

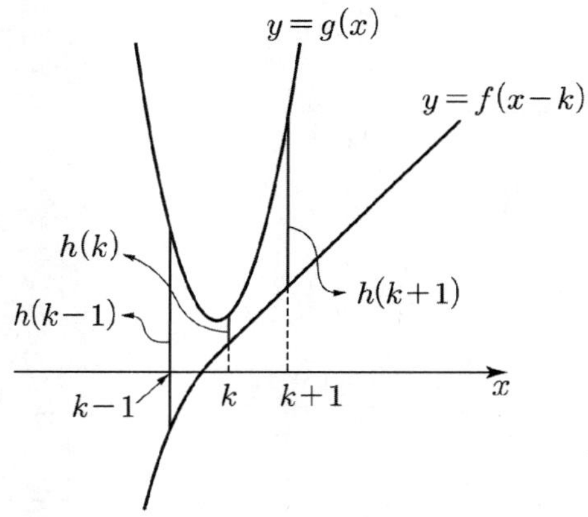

$g(x) = ax^2 + bx + c$라 두면
$g(k) = 2$에서 $ak^2 + bk + c = 2 \cdots$ ㉠
$g'(x) = 2ax + b$이고 $h(x) = g(x) - f(x-k)$에서
$h'(x) = g'(x) - f'(x-k)$이다.
함수 $h(x)$가 $x = k$에서 최소이므로 $x = k$에서 극솟값이다.
$h'(k) = 0$이므로 $h'(k) = g'(k) - f'(0) = 0$
따라서 $g'(k) = 2$
그러므로 $2ak + b = 2 \cdots$ ㉡
그래프 개형상 $h(k-1)$에서 최댓값이다.
따라서 $h(k-1) = g(k-1) - f(-1) = 7$에서
$f(-1) = -2$이므로 $g(k-1) = 5$이다.
$$g(k-1) = a(k-1)^2 + b(k-1) + c$$
$$= (ak^2 + bk + c) - (2ak + b) + a$$
$$= 2 - 2 + a = 5$$
따라서 $a = 5 \cdots$ ㉢
$g'\left(k + \dfrac{1}{2}\right) = 2a\left(k + \dfrac{1}{2}\right) + b = (2ak + b) + a$에서
$g'\left(k + \dfrac{1}{2}\right) = 2 + 5 = 7$

368 정답 ④

$F(x) = \ln|f(x)|$를 미분하면 $F'(x) = \dfrac{f'(x)}{f(x)}$

$\displaystyle\lim_{x \to 1}(x-1)F'(x) = \lim_{x \to 1}\dfrac{(x-1)f'(x)}{f(x)} = 3$에서

$f(1) = 0$이다. $\qquad f(x) = (x-1)Q(x)$

라 하면 $f'(x) = Q(x) + (x-1)Q'(x)$이므로

$$\lim_{x \to 1}\dfrac{(x-1)\{Q(x) + (x-1)Q'(x)\}}{(x-1)Q(x)} = 1 \neq 3$$

$f(x) = (x-1)^k h(x)$ ($k \geq 2$인 자연수)라 하면
$f'(x) = k(x-1)^{k-1}h(x) + (x-1)^k h'(x)$ 이므로

$$\lim_{x \to 1}\dfrac{(x-1)\{k(x-1)^{k-1}h(x) + (x-1)^k h'(x)\}}{(x-1)^k h(x)}$$

$$= \lim_{x \to 1}\dfrac{k(x-1)^k h(x) + (x-1)^{k+1}h'(x)}{(x-1)^k h(x)}$$

$$= k \qquad \therefore \ k = 3$$

따라서 $f(x) = (x-1)^3(x+a)$의 꼴이 된다.

$$\lim_{x \to 0}\dfrac{F'(x)}{G'(x)} = \lim_{x \to 0}\dfrac{f'(x) \times g(x)\sin x}{f(x)\{g'(x)\sin x + g(x)\cos x\}}$$

$= \dfrac{1}{4} \cdots$ ㉠ 에서 $x \to 0$일 때 (분자) $\to 0$이므로

(분모) $\to 0$이어야 한다. 따라서 $f(0) = 0$이다. $\qquad \therefore$
$f(x) = (x-1)^3 x$

x에 대해 미분하면 $f'(x) = 3(x-1)^2 x + (x-1)^3$이므로

$$\dfrac{f'(x)}{f(x)} = \dfrac{3(x-1)^2 x + (x-1)^3}{(x-1)^3 x} = \dfrac{4x-1}{x(x-1)}$$

위의 식을 ㉠에 대입하면

$$\lim_{x \to 0}\dfrac{F'(x)}{G'(x)} = \lim_{x \to 0}\dfrac{(4x-1)g(x)\sin x}{x(x-1)\{g'(x)\sin x + g(x)\cos x\}}$$

$$= \lim_{x \to 0}\dfrac{4x-1}{x-1} \cdot \dfrac{\sin x}{x} \cdot \dfrac{g(x)}{g'(x)\sin x + g(x)\cos x}$$

$$= \dfrac{1}{4} \qquad \therefore \ g(0) = 0$$

$g(x) = xk(x)$라 하면 $g'(x) = k(x) + xk'(x)$이므로

$$\lim_{x \to 0}\dfrac{F'(x)}{G'(x)} = \lim_{x \to 0}\dfrac{4x-1}{x-1} \cdot \dfrac{\sin x}{x}$$

$$\cdot \dfrac{x k(x)}{\{k(x) + xk'(x)\}\sin x + x k(x)\cos x}$$

$$= \dfrac{1}{4} \qquad \therefore \ k(0) = 0$$

따라서 $g(x) = x^m p(x)$ ($m \geq 2$인 자연수)라 하면
$g'(x) = m x^{m-1}p(x) + x^m p'(x)$이므로

$$\lim_{x \to 0}\dfrac{F'(x)}{G'(x)} = \lim_{x \to 0}\dfrac{4x-1}{x-1} \cdot \dfrac{\sin x}{x}$$

$$\cdot \dfrac{x^m p(x)}{\{m x^{m-1}p(x) + x^m p'(x)\}\sin x + x^m p(x)\cos x}$$

$$= \lim_{x \to 0}\dfrac{4x-1}{x-1} \cdot \dfrac{\sin x}{x}$$

$$\cdot \dfrac{x^{m-1}p(x)}{\{m x^{m-1}p(x) + x^m p'(x)\}\dfrac{\sin x}{x} + x^{m-1}p(x)\cos x}$$

$$= 1 \cdot 1 \cdot \dfrac{1}{m+1} = \dfrac{1}{m+1}$$ 이므로 $m = 3$

$\therefore \ g(x) = x^3 \quad \therefore \ f(3) + g(3) = 3 \cdot 2^3 + 3^3 = 51$

[다른 풀이]1-역방향 로피탈의 정리

$$\lim_{x\to 1}(x-1)F'(x)=\lim_{x\to 1}\frac{F'(x)}{\dfrac{1}{x-1}}=\lim_{x\to 1}\frac{F(x)+C_1}{\ln|x-1|+C_2}$$

$\dfrac{\infty}{\infty}$꼴 이므로 C_1, C_2는 무시할 수 있는 상수

따라서 $\lim_{x\to 1}\dfrac{F(x)}{\ln|x-1|}=\lim_{x\to 1}\dfrac{\ln|f(x)|}{\ln|x-1|}=3$ 이고

$f(x)$는 최고차항의 계수가 1인 사차함수 이므로

$f(x)=(x-1)^3(x+k)$이다. 또한

$$\lim_{x\to 0}\frac{F'(x)}{G'(x)}=\lim_{x\to 0}\frac{F(x)}{G(x)}=\lim_{x\to 0}\frac{\ln|(x-1)^3(x+k)|}{\ln|g(x)\sin x|}$$

$\dfrac{\infty}{\infty}$꼴 이므로 $k=0$ $\therefore f(x)=x(x-1)^3$

$x\to 0$일 때 $\sin x ≒ x$ 이므로

$$\lim_{x\to 0}\frac{3\ln|x-1|+\ln|x|}{\ln|g(x)\times x|}=\frac{1}{4}=\lim_{x\to 0}\frac{\ln|x|}{\ln|x^4|}$$에서

$\therefore g(x)=x^3$ $\therefore f(3)+g(3)=51$

[다른 풀이]2- 로피탈의 정리

$\lim_{x\to 1}(x-1)F'(x)=3$에서

$\lim_{x\to 1}\dfrac{(x-1)f'(x)}{f(x)}=3\to f(1)=0\cdots\bigcirc$

$$\lim_{x\to 1}\frac{f'(x)+(x-1)f''(x)}{f'(x)}=3\to\lim_{x\to 1}\frac{(x-1)f''(x)}{f'(x)}=2\to$$

$f'(1)=0\cdots\bigcirc\!\!\!\bigcirc$

$$\lim_{x\to 1}\frac{f''(x)+(x-1)f^{(3)}(x)}{f''(x)}=2\to\lim_{x\to 1}\frac{(x-1)f^{(3)}(x)}{f''(x)}=1\to$$

$f''(1)=0\cdots\bigcirc\!\!\!\!\!=$

따라서 ㉠,㉡,㉢에서 $f(x)$는 최고차항의 계수가 1인

사차함수이므로 $f(x)=(x-1)^3(x+a)$라 둘 수 있다. 한편,

$x\to 0$일 때 $\sin x ≒ x$이므로

$G(x)=\ln|g(x)\sin x|=\ln|g(x)x|$

$\lim_{x\to 0}\dfrac{F'(x)}{G'(x)}=\dfrac{1}{4}$에서

$$\lim_{x\to 0}\frac{\dfrac{f'(x)}{f(x)}}{\dfrac{g'(x)x+g(x)}{g(x)x}}=\lim_{x\to 0}\frac{\dfrac{3}{x-1}+\dfrac{1}{x+a}}{\dfrac{g'(x)}{g(x)}+\dfrac{1}{x}}=\frac{1}{4}$$에서

$\dfrac{\infty}{\infty}$꼴이 되기 위해서는 $a=0$이다. 따라서

$$\lim_{x\to 0}\frac{\dfrac{3}{x-1}+\dfrac{1}{x}}{\dfrac{g'(x)}{g(x)}+\dfrac{1}{x}}=\lim_{x\to 0}\frac{\dfrac{3x}{x-1}+1}{\dfrac{xg'(x)}{g(x)}+1}$$

$=\lim_{x\to 0}\dfrac{1}{\dfrac{xg'(x)}{g(x)}+1}=\dfrac{1}{4}$에서

$\lim_{x\to 0}\dfrac{xg'(x)}{g(x)}=3\to g(0)=0\cdots$㉣

$$\lim_{x\to 0}\frac{g'(x)+xg''(x)}{g'(x)}=3\to\lim_{x\to 0}\frac{xg''(x)}{g'(x)}=2\to$$

$g'(0)=0\cdots$㉤

$$\lim_{x\to 0}\frac{g''(x)+xg^{(3)}(x)}{g''(x)}=2\to\lim_{x\to 0}\frac{xg^{(3)}(x)}{g''(x)}=1\to$$

$g''(0)=0\cdots$㉥

따라서 ㉣,㉤,㉥에서 $g(x)$는 최고차항의 계수가 1인

삼차함수이므로 $g(x)=x^3$이다.

[다른 풀이]-3

모든 n차 다항식은 복소수를 포함하여 n개의 근을

갖는다. 이때, $f(x)=(x-\alpha_1)^{n_1}(x-\alpha_2)_2^n\cdots$로 인수

분해가 가능하다.

이 식에서

$\dfrac{f'(x)}{f(x)}=\dfrac{n_1}{x-\alpha_1}+\dfrac{n_2}{(x-\alpha_2)}+\cdots$가 된다.

여기서 $\dfrac{(x-\alpha_1)f'(x)}{f(x)}=n_1+\dfrac{n_2(x-\alpha_1)}{(x-\alpha_2)}+\cdots$ 이므로

$$\lim_{x\to\alpha_1}\frac{(x-\alpha_1)f'(x)}{f(x)}=\lim_{x\to\alpha_1}n_1+\frac{n_2(x-\alpha_1)}{(x-\alpha_2)}+\cdots=n_1$$

또한, $\dfrac{(x-\alpha_2)f'(x)}{f(x)}=\dfrac{n_1(x-\alpha_2)}{(x-\alpha_1)}+n_2+\cdots$이므로

$$\lim_{x\to\alpha_2}\frac{(x-\alpha_2)f'(x)}{f(x)}=\lim_{x\to\alpha_2}\frac{n_1(x-\alpha_2)}{(x-\alpha_1)}+n_2+\cdots=n_2$$

방정식 $f(x)=(x-\alpha_1)^{n_1}(x-\alpha_2)_2^n\cdots=0$의 $x=\alpha_1$인

중복되는 해의 개수가 n_1이고

$x=\alpha_2$인 중복되는 해의 개수가 n_2임을 알 수 있다.

따라서 다항식 $f(x)$에서 $\lim_{x\to\alpha}\dfrac{(x-\alpha)f'(x)}{f(x)}=n$이면 $f(x)$는

$(x-\alpha)^n$을 인수로 갖는다.

즉, $\lim_{x\to 1}(x-1)F'(x)=3$의 의미는

$\lim_{x\to 1}\dfrac{(x-1)f'(x)}{f(x)}=3$이므로

$f(x)=(x-1)^3(x-\alpha)$ 이라는 의미이다.

$\lim_{x\to 0}\dfrac{F'(x)}{G'(x)}=\lim_{x\to 0}\dfrac{xF'(x)}{xG'(x)}=\dfrac{1}{4}$에서

$\lim_{x\to 0}\dfrac{xf'(x)}{f(x)}=t,\ \lim_{x\to 0}\dfrac{x\{g(x)\sin x\}'}{g(x)\sin x}=4t$

(t는 자연수)

으로 해석할 수 있다.

$f(x)$는 4차이고 이미 $(x-1)^3$을 인수로 가지므로 $f(x)$는

$x=0$의 중복되는 해의 개수는 1개여야 하므로 $t=1$이고

따라서 $f(x)=x(x-1)^3$이다.

또한 $g(x)\sin x$는 $x\to 0$일 때 $xg(x)$가 되고 $t=1$이므로

$x=0$의 중복되는 근의 개수가 3개가 된다. 그런데 $xg(x)$는

이미 x를 인수로 갖고 $g(x)$가 3차이므로 $g(x)=x^3$이다.

따라서 $f(x)=x(x-1)^3$, $g(x)=x^3$

$\therefore f(3)+g(3)=51$

[랑데뷰팁] 예를 들어 $f(x) = (x-2)^5(x-4)^3$이라면

$f'(x) = 5(x-2)^4(x-4)^3 + 3(x-2)^5(x-4)^2$에서

$$\frac{f'(x)}{f(x)} = \frac{5(x-2)^4(x-4)^3 + 3(x-2)^5(x-4)^2}{(x-2)^5(x-4)^3}$$

$$= \frac{5}{x-2} + \frac{3}{x-4}$$

$\displaystyle\lim_{x \to 2}\frac{(x-2)f'(x)}{f(x)} = 5$, $\displaystyle\lim_{x \to 4}\frac{(x-4)f'(x)}{f(x)} = 3$ 이므로

$f(x)$는 $(x-2)^5$과 $(x-4)^3$을 인수로 갖는다.

369 정답 55

$$\lim_{x \to 3}(x-3)F'(x)$$

$$= \lim_{x \to 3}\frac{F'(x)}{\dfrac{1}{x-3}} = \lim_{x \to 3}\frac{\ln|F(x)|}{\ln|x-3|} = 2$$에서

$F(x) = (x-3)^2 Q(x)$꼴이다.

$$\lim_{x \to 0}\frac{1-\cos x}{g'(x)} \cdots \text{㉠}$$

$$= \lim_{x \to 0}\frac{1-\cos x}{x^2} \times \frac{x^2}{g'(x)}$$

$$= \frac{1}{2}\lim_{x \to 0}\frac{x^2}{g'(x)}$$

$$= \lim_{x \to 0}\frac{\dfrac{1}{2}x^2}{g'(x)} = \lim_{x \to 0}\frac{\dfrac{1}{6}x^3 + C_1}{g(x) + C_2}$$

에서 $\dfrac{0}{0}$ 이어야 하므로 $C_1 = C_2 = 0$

$$= \lim_{x \to 0}\frac{\dfrac{1}{6}x^3}{f(x)(e^x-1)} = \lim_{x \to 0}\frac{\dfrac{1}{6}x^2}{f(x) \times \dfrac{e^x-1}{x}}$$

$$= \lim_{x \to 0}\frac{\dfrac{1}{6}x^2}{(x-3)^2 Q(x)}$$가

수렴하기 위해서는 $Q(x)$는 x^2을 인수로 가져야 한다. 따라서 $f(x)$가 최고차항의 계수가 1인 사차함수이므로 $Q(x) = x^2$이다.

$$= \lim_{x \to 0}\frac{\dfrac{1}{6}x^2}{(x-3)^2 x^2} = \frac{1}{54}$$

$p = 54$, $q = 1$이므로 $p + q = 55$

[다른 풀이] – ㉠이후

$$\lim_{x \to 0}\frac{1-\cos x}{g'(x)}$$

$$= \lim_{x \to 0}\frac{\dfrac{1}{2}x^2}{g'(x)} = \lim_{x \to 0}\frac{\dfrac{1}{6}x^3 + C_1}{g(x) + C_2}$$

$$\left(\because x \to 0,\ 1-\cos x \fallingdotseq \frac{1}{2}x^2\right)$$

370 정답 216

$f(x) = \dfrac{g(x)}{x-a}\ (x > a)$에서 $f(\alpha) = \dfrac{g(\alpha)}{\alpha-a} = M$

$$f(\beta) = \frac{g(\beta)}{\beta-a} = M$$

$f'(x) = \dfrac{g'(x)(x-a) - g(x)}{(x-a)^2}$에서 $f'(\alpha) = 0$이므로

$$g'(\alpha)(\alpha-a) - g(\alpha) = 0,\ g'(\alpha) = \frac{g(\alpha)}{\alpha-a},$$

같은 식으로 $g'(\beta) = \dfrac{g(\beta)}{\beta-a}$

이때, $g'(\alpha)$는 $x = \alpha$에서 곡선 $y = g(x)$의 접선의 기울기이고, $g'(\beta)$는 $x = \beta$에서 곡선 $y = g(x)$의 접선의 기울기이다. 따라서 곡선 $y = g(x)$의 그래프는 다음 두 가지의 경우로 나누어 생각할 수 있다.

(i) 함수 $y = g(x)$의 그래프가 오른쪽 그림과 같을 때, 함수 $y = g(x)$가 극대 또는 극소가 되는 x의 값은 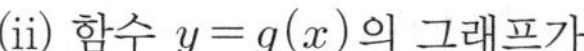
3개다. 이때 함수 $y = f(x)$의 그래프도 극대 또는 극소가 되는 x의 값은 3개이므로 조건 (다)를 만족시키지 않는다.

(ii) 함수 $y = g(x)$의 그래프가 오른쪽 그림과 같을 때, 함수 $y = g(x)$가 극대 또는 극소가 되는 x의 값은 1개다. 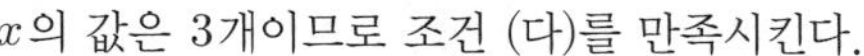
이때, 함수 $y = f(x)$의 그래프는 극대 또는 극소가 되는 x의 값은 3개이므로 조건 (다)를 만족시킨다.

(i), (ii)에서 함수 $y = g(x)$는 극값을 1개 갖는다.

$g(x) - kx = -(x-\alpha)^2(x-\beta)^2$으로 놓으면

$g(x) = -(x-\alpha)^2(x-\beta)^2 + kx$이므로

$$g'(x) = -4(x-\alpha)(x-\beta)\left(x - \frac{\alpha+\beta}{2}\right) + k$$

이때, $g'(x) = 0$

즉 $4(x-\alpha)(x-\beta)\left(x - \dfrac{\alpha+\beta}{2}\right) = k$의 서로 다른 실근의 개수는 1 또는 2이어야 한다.

이때, $h(x) = 4(x-\alpha)(x-\beta)\left(x - \dfrac{\alpha+\beta}{2}\right)$

라 하면 곡선 $y = h(x)$와 직선 $y = k$는 한 점에서 만나거나 두 점에서 만나야 한다.

함수 $h(x)$의
극값은
$\beta = \alpha + 6\sqrt{3}$ 이므
로 $\dfrac{\alpha + \beta}{2} = 0$
으로 놓은 후
함수

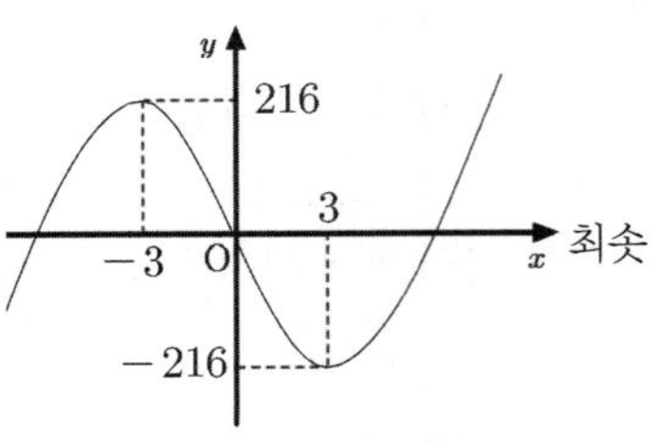

$y = 4x(x + 3\sqrt{3})(x - 3\sqrt{3})$의 극값을 구해도
된다.
이때, $y' = -12(x+3)(x-3)$이므로 $y' = 0$에서
$$x = -3 \text{ 또는 } x = 3$$
함수 $y = 4x(x + 3\sqrt{3})(x - 3\sqrt{3})$의 그래프는
다음 그림과 같다.
따라서 k의 범위는
$k \le -216$또는
$k \ge 216$
이때, $k > 0$이므로 k의
값은 216다.
따라서 M의 최솟값도
216이다.

---

371 정답 162

(가)에서 $g(x) = \dfrac{f(x) - 36}{x}$이므로 $g(x)$는 두 점 $(x, f(x))$와
$(0, 36)$을 잇는 직선의 기울기를 의미한다.
(나)에서 $f'(0) = 0$이고 방정식 $f(x) = 0$의 두 근 중 하나가
중근이다.
$x < 0$에서 $g(x)$가 극소를 갖고 $x > 0$에서 $g(x)$가 극대와
극소를 동시에 갖는 $y = f(x)$의 그래프 개형은 다음 두 가지
경우가 된다. (나머지 경우는 모순임을 파악해보자.)

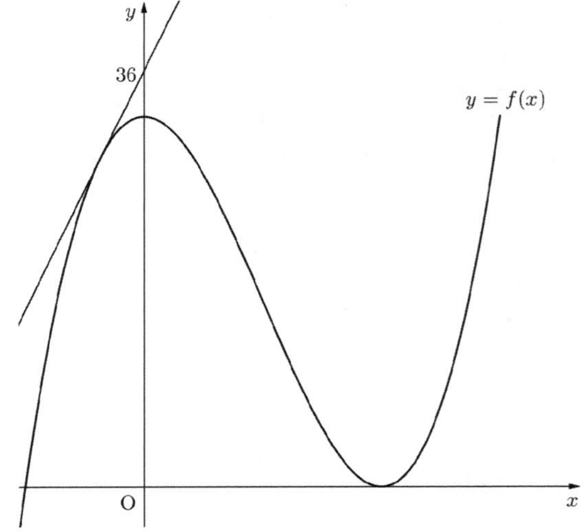

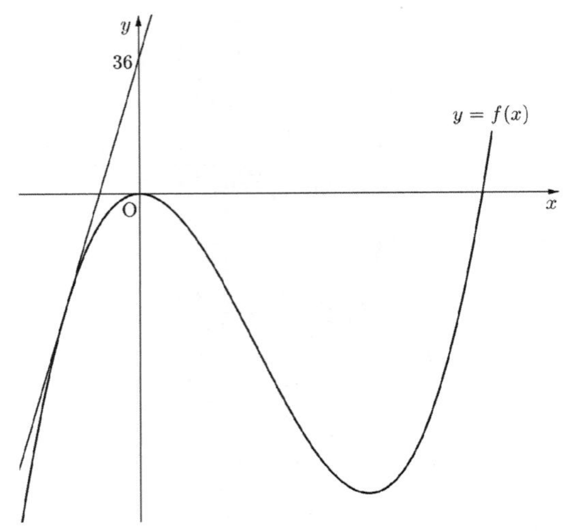

$x < 0$일 때 함수 $g(x)$는 다음 그림과 같은 개형을 갖고
$y = g(x)$는 $(0, 36)$에서 $y = f(x)$에 그은 접선의 기울기가
극솟값이면서 최솟값이 된다.

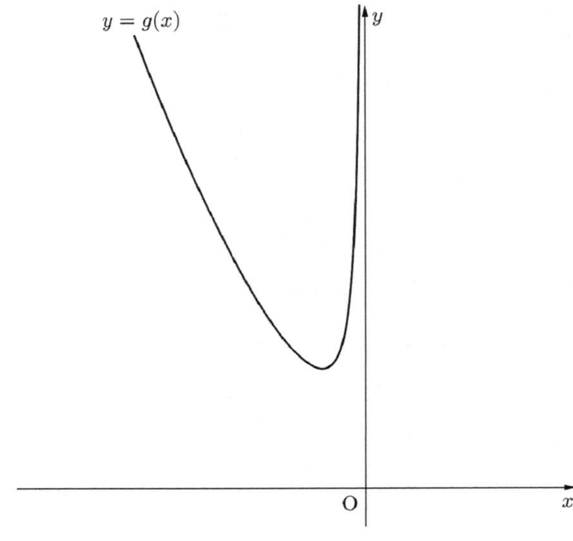

(다)에서 $g(x)$의 극솟값 중 최소일 때는 첫 번째 그래프에서
극솟값이 최소가 된다.
따라서 $x < 0$일 때 $g(x)$의 극솟값이 최소일 때의 값이
$g(1 - \sqrt{3})$의 의미는
$(0, 36)$에서 $x < 0$의 $y = f(x)$에 그은 접선의 접점의 x좌표는
$$x = 1 - \sqrt{3} \cdots \text{㉠}$$
또한 첫 번째 그래프 개형의 삼차함수 $f(x)$는 $a > 0$에 대하여
$$f(x) = a(x + \alpha)(x - 2\alpha)^2$$
로 둘 수 있다.
그런데 두 근의 차이가 6이므로 $\alpha = 2$이다.
따라서 $f(x) = a(x+2)(x-4)^2 = a(x^3 - 6x^2 + 32)$
$f'(x) = a(3x^2 - 12x)$이고 접점의 x좌표를 t라 하면
$f'(t) = a(3t^2 - 12t)$이다.
또한 $(0, 36)$과 $(t, a(t^3 - 6t^2 + 32))$의 기울기

$\dfrac{a(t^3-6t^2+32)-36}{t}$ 이다.

$a(3t^2-12t)=\dfrac{a(t^3-6t^2+32)-36}{t}$ 에서 정리하면

$2at^3-6at^2-32a+36=0$

$t^3-3t^2-16+\dfrac{18}{a}=0$

㉠에서 $t=1-\sqrt{3}$ 이 근이고 $f(x)=0$이 유리계수
방정식이므로 $t=1+\sqrt{3}$ 도 근이다.
세 근을 $1-\sqrt{3},\,1+\sqrt{3},\,\alpha$ 라 하면 근과 계수와의 관계에서
세근의 합 : $3=1-\sqrt{3}+1+\sqrt{3}+\alpha$ 에서 $\alpha=1$
따라서
세 근의 곱 : $16-\dfrac{18}{a}=-2$ 에서 $\therefore\,a=1$이다.

따라서 $f(x)=(x+2)(x-4)^2=x^3-6x^2+32$

$x>0$일 때
$(0,36)$에서 $y=x^3-6x^2+32$에 그은 접선의 접점의 x좌표는
$x=1,\,x=1+\sqrt{3}$

$f'(x)=3x^2-12x$에서
$f'(1)=-9,\,f'(1+\sqrt{3})=-6\sqrt{3}$

따라서 $(0,36)$과 $y=x^3-6x^2+32$을 잇는 직선의
기울기를 나타내는 함수 $g(x)$는 $x=1$에서
극댓값 -9, $x=1+\sqrt{3}$ 에서 극솟값 $-6\sqrt{3}$ 을 갖는다. 따라서
$x>0$에서 $y=g(x)$의 그래프는 다음과 같다.

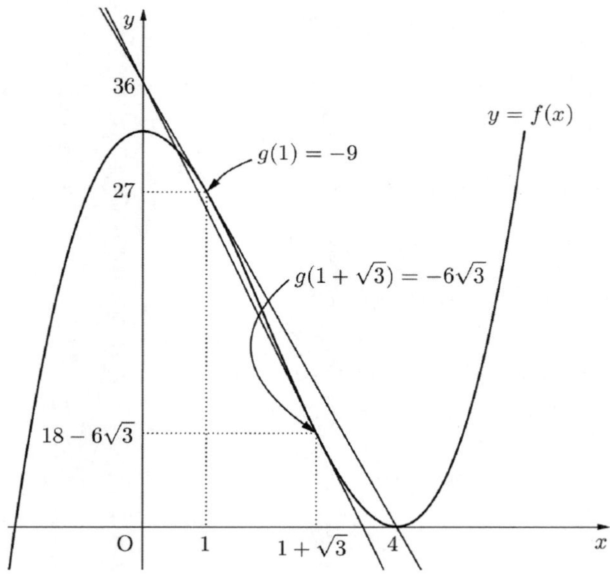

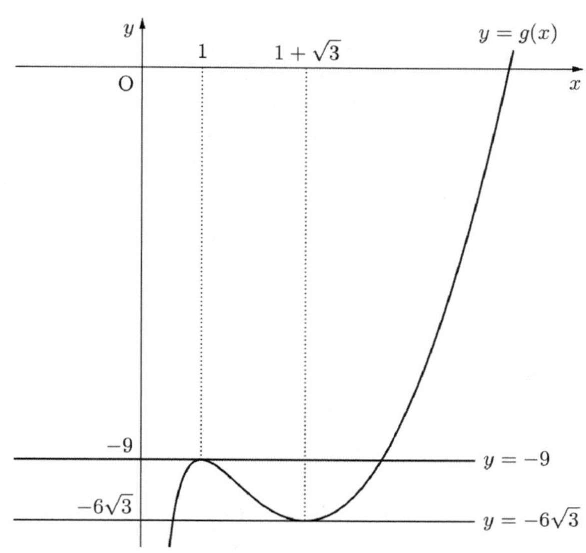

따라서 $y=g(x)$와 $y=k$가 두 점에서 만나려면 k가
$y=g(x)$의 극대, 극소가 되어야 한다.
극댓값이 -9, 극솟값이 $-6\sqrt{3}$ 이므로
모든 k의 값의 곱 $m=(-9)\times(-6\sqrt{3})$이다.
따라서
$\sqrt{3}\,m=\sqrt{3}\times(-9)\times(-6\sqrt{3})=162$

372 정답 48

$y=g(x)=$
$|2\sin(x+2|x|)+1|=\begin{cases}|2\sin 3x+1| & (x\geq 0)\\ |-2\sin x+1| & (x<0)\end{cases}$
이므로 그래프는 다음 그림과 같다.

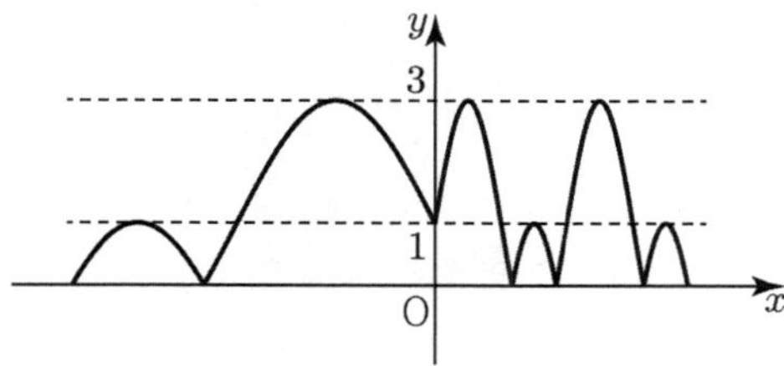

$h(x)=f(g(x))$ 이고 $h''(x)$ 가 존재하므로
$h'(x)=f'(g(x))g'(x)$,
$h''(x)=f''(g(x))\{g'(x)\}^2+f'(g(x))g''(x)$ 이다.

$$h''(x) = f''(g(x))\{g'(x)\}^2 + f'(g(x))g''(x)$$

③ $f''(g(1)) = 0$

∴ $f''(1) = 0$

③ $x = 0$의 좌우에서 $g(x)$의 절댓값이 다르므로 제곱해도 미분불능

①,②,③에서 $f'(x) = 4x(x-1)^2$이다. ∴ $f'(3) = 48$

[랑데뷰팁]

이 문제를 해결하기 위해 구해야 되는 값 중에 $h''(0)$이 있다.

그런데 $h(x)$는 $h(x) = \begin{cases} h_1(x) & (x \geq 0) \\ h_2(x) & (x < 0) \end{cases}$ 으로 분리된 함수이므로

$h''(x)$도 마찬가지로

$h''(x) = \begin{cases} h_1''(x) & (x > 0) \\ h_2''(x) & (x < 0) \end{cases}$ 이다.

따라서 $h''(x)$을 표현한 뒤 $x = 0$을 대입하여 구할 수는 없다. 따라서 $h''(x)$는 실수 전체의 집합에서 연속이라는 조건이 필요하고 $h''(x)$가 $x = 0$에서 연속이므로

$h''(0) = \lim_{x \to 0+} h_1''(x) = \lim_{x \to 0-} h_2''(x)$을 이용하여 $h''(0)$을 구하면 된다.

[랑데뷰팁] $- h''(0) = h_1''(0)$만 이용해도 되겠다.

[추가설명] −김진성T

두 함수 $f(x), g(x)$가 다음 조건을 만족하고 있다.

(가) $y = g(x)$가 $x = k$에서 연속이지만 미분불가능하고, $g(k) = m$이다.

(나) $y = f(x)$는 2번 미분가능하고 이계도함수가 연속이다.

이때 $h(x) = f(g(x))$의 이계도함수가 연속이 되도록 조건을 구해보자.

$g(x) = \begin{cases} L(x) & (k-d < x \leq k) \\ R(x) & (k \leq x < k+d) \end{cases}$ (단, d는 아주 작은 양수)로 표현할수 있다.

그리고 $h(x)$의 도함수와 이계도함수을 구해보자.

$h(x) = f(g(x)) = \begin{cases} f(L(x)) & (k-d < x \leq k) \\ f(R(x)) & (k \leq x < k+d) \end{cases}$

$h'(x) = \begin{cases} f'(L(x)) \times L'(x) & (k-d < x \leq k) \\ f'(R(x)) \times R'(x) & (k \leq x < k+d) \end{cases}$

$h''(x) = \begin{cases} f''(L(x)) \times (L'(x))^2 + f'(L(x)) \times L''(x) & (k-d < x \leq k) \\ f''(R(x)) \times (R'(x))^2 + f'(R(x)) \times R''(x) & (k \leq x < k+d) \end{cases}$

$x = k$에서 미분 가능하지 않으므로

$g(k) = R(k) = L(k) = m$이고 $R'(k) \neq L'(k)$ 라고 하자.

첫째,

$h'(k) = \lim_{x \to k} h'(x)$

$= f'(L(k)) \times L'(k) = f'(R(k)) \times R'(k)$

$= f'(m) \times L'(k) = f'(m) \times R'(k)$를 만족해야

하므로 반드시 $f'(m) = 0$

둘째,

$h''(k) = \lim_{x \to k} h''(x)$

$= f''(m) \times (L'(k))^2 + f'(m) \times L''(k)$

$= f''(m) \times (R'(k))^2 + f'(m) \times R''(k)$

이고 $f'(m) = 0$이므로

$f''(m) \times (L'(k))^2 = f''(m) \times (R'(k))^2$ 를 만족해야 한다.

여기서 $(R'(k))^2 \neq (L'(k))^2$이고 $f''(m) = 0$이거나

$(R'(k))^2 = (L'(k))^2$이여야

$h(x)$의 이계도함수가 연속이 된다.

이문제에 적용해보면

$x = 0$에서 $g(0) = 1 = m$, $(R'(0))^2 \neq (L'(0))^2$ 이므로

$f'(m) = f'(1) = 0$, $f''(1) = 0$

$x = \alpha_n$에서 $g(\alpha_n) = 0 = m$, $(R'(0))^2 = (L'(0))^2$ 이므로

$f'(m) = f'(0) = 0$

[다른 풀이]

$g(x) = \begin{cases} |2\sin 3x + 1| & (x \geq 0) \\ |-2\sin x + 1| & (x < 0) \end{cases}$ 이므로

함수 $g(x)$는 실수 전체의 집합에서 연속이고, $x = 0$과 $g(x) = 0$을 만족시키는 x의 값에서 미분가능하지 않다. 또, $\lim_{x \to 0+} g'(x) = 6$, $\lim_{x \to 0-} g'(x) = -2$이다.

(i) 함수 $h(x)$가 $x = 0$에서 미분가능하려면

$\lim_{x \to 0+} h'(x) = \lim_{x \to 0-} h'(x)$가 성립해야한다.

$\lim_{x \to 0+} h'(x) = \lim_{x \to 0+} f'(g(x)) g'(x)$

$= \lim_{x \to 0+} f'(g(x)) \times \lim_{x \to 0+} g'(x) = f'(1) \times 6$

$\lim_{x \to 0-} h'(x) = \lim_{x \to 0-} f'(g(x)) g'(x)$

$= \lim_{x \to 0-} f'(g(x)) \times \lim_{x \to 0-} g'(x) = f'(1) \times (-2)$

즉 $6f'(1) = -2f'(1)$에서 $f'(1) = 0 \cdots\cdots$ ㉠

(ii) $g(x) = 0$을 만족시키는 x의 값을 α라 하자.

함수 $h(x)$가 $x = \alpha$에서 미분가능하려면

$\lim_{x \to \alpha+} h'(x) = \lim_{x \to \alpha-} h'(x)$가 성립해야 한다.

$\lim_{x \to \alpha+} h'(x) = \lim_{x \to \alpha+} f'(g(x)) g'(x)$

$= \lim_{x \to \alpha+} f'(g(x)) \times \lim_{x \to \alpha+} g'(x)$

$= f'(0) \times k$ (단, k는 양의 상수)

$\lim_{x \to \alpha-} h'(x) = \lim_{x \to \alpha-} f'(g(x)) g'(x)$

$= \lim_{x \to \alpha-} f'(g(x)) \times \lim_{x \to \alpha-} g'(x) = f'(0) \times (-k)$

즉 $kf'(x) = -kf'(0)$에서 $f'(0) = 0 \cdots\cdots$ ㉡

(iii) 함수 $h'(x)$가 $x = 0$에서 미분가능하려면

$\lim_{x \to 0+} h''(x) = \lim_{x \to 0-} h''(x)$가 성립해야 한다.

$\lim_{x \to 0+} h''(x) = \lim_{x \to 0+} \left[f''(g(x))\{g'(x)\}^2 + f'(g(x))g''(x) \right]$

$$= \lim_{x \to 0+} f''(g(x))\{g'(x)\}^2 + \lim_{x \to 0+} f'(g(x))g''(x)$$
$$= \lim_{x \to 0+} f''(g(x)) \times \lim_{x \to 0+} \{g'(x)\}^2 + 0 = f''(1) \times 6^2$$
$$\lim_{x \to 0-} h''(x)$$
$$= \lim_{x \to 0-} [f''(g(x))\{g'(x)\}^2 + f'(g(x))g''(x)]$$
$$= \lim_{x \to 0-} f''(g(x))\{g'(x)\}^2 + \lim_{x \to 0-} f'(g(x))g''(x)$$
$$= \lim_{x \to 0-} f''(g(x)) \times \lim_{x \to 0-} \{g'(x)\}^2 + 0 = f''(1) \times (-2)^2$$

즉 $36f''(1) = 4f''(1)$에서 $f''(1) = 0$ ······ ㉢

(i), (ii), (iii)에서

함수 $f(x)$는 최고차항의 계수가 4인 삼차함수이고, ㉠, ㉡에서
$f'(1) = 0$, $f'(0) = 0$이므로
$$f'(x) = 4x(x-1)(x-a) \ (a는 \ 상수)$$
로 놓을 수 있다.

$f'(x) = (4x^2 - 4x)(x-a)$에서
$$f''(x) = (8x-4)(x-a) + (4x^2-4x)$$

㉢에서 $f''(1) = 0$이므로 $4(1-a) + 0 = 0$에서 $a = 1$

따라서 $f'(x) = 4x(x-1)^2$이므로
$$f'(3) = 4 \times 3 \times 2^2 = 48$$

373 정답 ③

$y = g(x)$의 그래프는 다음 그림과 같다.

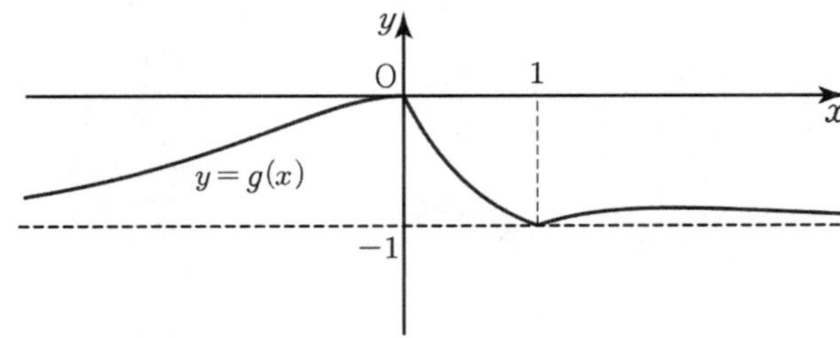

따라서 함수 $g(x)$는 $x = 0$과 $x = 1$에서 미분가능하지 않는다.
$$\lim_{x \to 0-} g'(x) = 0, \quad \lim_{x \to 0+} g'(x) = -2$$
$$\lim_{x \to 1-} g'(x) = -\frac{1}{e}, \quad \lim_{x \to 1+} g'(x) = \frac{1}{e} \ \text{이다.}$$

함수 $g(x)$는 $x = 0$에서는 좌,우 미분계수가 절댓값이 다르지만
$x = 1$에서는 좌,우 미분계수가 같다. ··· ㉠

$g(0) = 0$, $g(1) = -1$ ··· ㉡

함수 $h''(x)$가 실수 전체의 집합에서 연속이므로 실수 전체에서
정의되는 함수이다.

따라서 함수 $h(x)$와 함수 $h'(x)$는 실수 전체에서 미분가능해야
한다.

$h(x) = f(g(x)) \Rightarrow h'(x) = f'(g(x))g'(x)$에서

(i) $x = 0$을 대입하면
$h'(0) = f'(g(0))g'(0) = f'(0)g'(0)$이고
$g'(0)$이 존재하지 않으므로 $[f'(0) = 0]$이다. ··· ㉢

(ii) $x = 1$을 대입하면
$h'(1) = f'(g(1))g'(1) = f'(-1)g'(1)$이고

$g'(1)$이 존재하지 않으므로 $[f'(-1) = 0]$이다. ··· ㉣

$h'(x) = f'(g(x))g'(x)$
$\Rightarrow h''(x) = f''(g(x))\{g'(x)\}^2 + f'(g(x))g''(x)$

(iii) $x = 1$을 대입하면
$$h''(1) = f''(-1)\{g'(1)\}^2 + f'(-1)g''(1)$$
$$(\because g(1) = -1 \to ㉡)$$
$$= f''(-1)\{g'(1)\}^2 \ (\because f'(-1) = 0 \to ㉣)$$

㉠에서 $\{g'(1)\}^2$은 존재하므로 $h''(x)$는 $x = 0$에서 정의된다.

(iv) $x = 0$을 대입하면
$$h''(0) = f''(0)\{g'(0)\}^2 + f'(0)g''(0) \ (\because g(0) = 0 \to ㉡,$$
$$f'(0) = 0 \to ㉢)$$
$$= f''(0)\{g'(0)\}^2$$

$(\because f'(0) = 0$이고 $h''(x)$가 실수 전체의 집합에서 연속이므로
$g''(0)$은 어떤 상수이다. 따라서 $0 \times c = 0)$

㉠에서 $\{g'(0)\}^2$은 존재하지 않으므로 $[f''(0) = 0]$이다.

(i)~(iv)에서 $f'(0) = f'(-1) = f''(0) = 0$

따라서 $f'(x) = 4x^2(x+1)$

그러므로 $f'(2) = 48$

374 정답 ①

ㄱ. 조건 (나)에 의하여 함수 $f(x)$의 그래프는 원점에 대하여
대칭이고 조건 (가)에서 $f(x) \neq 1$이므로 모든 실수 x에 대하여
$f(x) \neq -1$이다. (참)

ㄴ. 조건 (다)에서
$$f'(x) = \{1+f(x)\}\{1+f(-x)\}$$
$$= \{1+f(x)\}\{1-f(x)\}$$
$$= 1 - \{f(x)\}^2$$
이고 함수 $f(x)$가 실수 전체의 집합에서 미분가능하고 그
그래프는 원점에 대하여 대칭이며
$$f(x) \neq 1, \ f(x) \neq -1$$
이므로 $-1 < f(x) < 1$이다.

즉, $1 - \{f(x)\}^2 > 0$
$\therefore f'(x) > 0$

따라서 함수 $f(x)$는 모든 실수 x에서 증가한다.
(거짓)

ㄷ. $f'(x) = 1 - \{f(x)\}^2$
이므로 양변을 x에 대하여 미분하면
$$f''(x) = -2f(x)f'(x)$$
이때 $f''(x) = 0$이기 위해서는 $f(x) = 0$
$$(\because f'(x) > 0 \text{ 이므로})$$

그런데 $f(x)$는 원점에 대하여 대칭이고 증가하므로
$f''(0) = 0$인 점은 $(0, 0)$ 뿐이다.

그리고 $x = 0$ 좌우에서 $f''(x)$의 부호가 바뀌므로
$(0, 0)$은 변곡점이다.

따라서 변곡점은 한 개이다. (거짓)

[다른 풀이]
$f(0)=0$, $f'(x)=1-\{f(x)\}^2$

$$\dfrac{f'(x)}{\{f(x)-1\}\{f(x)+1\}}=-1$$

$$\dfrac{1}{2}\left\{\dfrac{f'(x)}{f(x)-1}-\dfrac{f'(x)}{f(x)+1}\right\}=-1$$

$$\dfrac{f'(x)}{f(x)-1}-\dfrac{f'(x)}{f(x)+1}=-2 \;\text{양변 적분하면}$$

$\ln\left|\dfrac{f(x)-1}{f(x)+1}\right|=-2x+C$에서 $f(0)=0$이므로 $C=0$

따라서 $-\dfrac{f(x)-1}{f(x)+1}=e^{-2x}$ $(\because f(x)-1<0)$

$$f(x)=\dfrac{e^{2x}-1}{e^{2x}+1}$$

$f'(x)>0$이고 $f''(x)=0$인 x는 하나 존재한다.

375 정답 ②

[그림 : 최성훈T]

ㄱ. 조건 (나)에 의하여 함수 $f(x)$의 그래프는 원점에 대하여 대칭이고 조건 (가)에서 $\lim\limits_{x\to-\infty}f(x)=2$으로 $f(x)=2$일수도 있으므로 모든 실수 x에 대하여 $-2\le f(x)\le 2$이다. (거짓)

ㄴ. 조건 (다)에서
$f'(x)=\{-f(x)+2\}\{f(-x)-2\}$
$\quad=\{-f(x)+2\}\{-f(x)-2\}=\{f(x)\}^2-4$
$-2\le f(x)\le 2$이므로
$\therefore f'(x)\le 0$ (거짓)

ㄷ. $f'(x)=\{f(x)\}^2-4$
이므로 양변을 x에 대하여 미분하면
$$f''(x)=2f(x)f'(x)$$
이때 $f''(x)=0$이기 위해서는
$f(x)=0$ 또는 $f'(x)=0$이어야 한다.
그런데 $f(x)$는
(i) $(-\infty,\infty)$에서 감소함수 이거나
(ii) 어떤 양수 α에 대하여 $(-\infty,-\alpha)$에서 $y=-2$,
$(-\alpha,\alpha)$에서 감소, (α,∞)에서 $y=2$인 함수이다.
(i)인 경우 원점에 대하여 대칭이므로 $(0,0)$을 지나므로
$f(0)=0$에서 $f''(0)=0$이다.
그리고 $x=0$ 좌우에서 $f''(x)$의 부호가 바뀌므로
$(0,0)$은 변곡점이다.
(ii)인 경우 예를 들어

$$f(x)=\begin{cases}\dfrac{-4x}{x^2+1} & (|x|\le 1)\\ 2 & (x<-1)\\ -2 & (x>1)\end{cases}$$

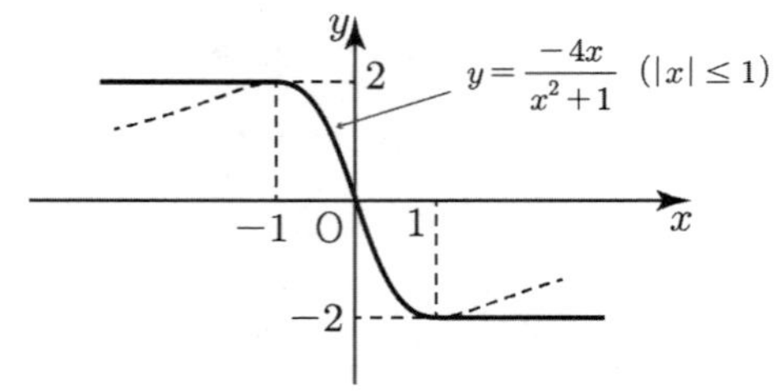

마찬가지로 $x=0$에서 변곡점을 갖는다.
($x=\pm 1$은 변곡점이 아니다.)
(i), (ii)에서 곡선 $y=f(x)$는 $x=0$에서 변곡점을 갖는다. (참)

> **[랑데뷰팁]**—변곡점의 개수는 무수히 많을 수 있다.

376 정답 ④

$h(t)=t\times\{f(t)-g(t)\}$이므로
$h'(t)=\{f(t)-g(t)\}+t\times\{f'(t)-g'(t)\}$ 그러므로
$h'(5)=\{f(5)-g(5)\}+5\{f'(5)-g'(5)\}$ $\cdots$ ㉠
한편, $y=x^3+2x^2-15x+5$와 직선 $y=5$가 만나는 점의
x좌표는 $x^3+2x^2-15x+5=5$
$x(x^2+2x-15)=0\to x(x+5)(x-3)=0$
$\therefore x=-5$ 또는 $x=0$ 또는 $x=3$ 그러므로
$f(5)=3$, $g(5)=-5$ $\cdots$ ㉡
한편, 그리고 $p(x)=x^3+2x^2-15x+5$ 라 할 때,
$p'(x)=3x^2+4x-15$, $p(f(t))=t$이므로 양변 미분하면
$p'(f(t))\times f'(t)=1$
$\therefore f'(t)=\dfrac{1}{p'(f(t))}$ 에서
$$f'(5)=\dfrac{1}{3\cdot 3^2+4\cdot 3-15}=\dfrac{1}{24}$$
$$g'(5)=\dfrac{1}{3\cdot(-5)^2+4\cdot(-5)-15}=\dfrac{1}{40}$$ $\cdots$ ㉢
㉡과 ㉢을 ㉠에 대입하면
$$h'(5)=\{3-(-5)\}+5\left(\dfrac{1}{24}-\dfrac{1}{40}\right)=8+\dfrac{1}{12}=\dfrac{97}{12}$$

377 정답 ⑤

$k(x)=\dfrac{5x}{x^2+1}\to k'(x)=\dfrac{-5(x+1)(x-1)}{(x^2+1)^2}$,

$\lim\limits_{x\to\pm\infty}\dfrac{5x}{x^2+1}=0$이고

$k(1)=\dfrac{5}{2}$, $k(-1)=-\dfrac{5}{2}$ 이므로 증감표는 다음과 같다.

x	$-\infty$	$\cdots$	-1	$\cdots$	1	$\cdots$	∞
$k'(x)$		$-$	0	$+$	0	$-$	
$k(x)$	0	$\searrow$	$-\dfrac{5}{2}$	$\nearrow$	$\dfrac{5}{2}$	$\searrow$	0

따라서 $k(x) = \dfrac{5x}{x^2+1}$ 의 그래프(점선)와

$y = \left| \dfrac{5x}{x^2+1} \right|$ 의 그래프(실선)는 다음 그림과 같다.

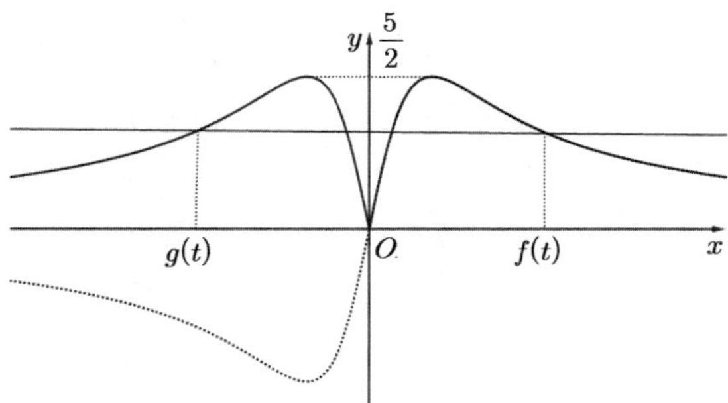

$y = \left| \dfrac{5x}{x^2+1} \right|$ 와 $y = t \left(0 < t < \dfrac{5}{2} \right)$ 는 서로 다른 네 점에서 만나고

$t = 2$ 일 때

$\dfrac{5x}{x^2+1} = 2 \rightarrow 2x^2 - 5x + 2 = 0 \rightarrow (x-2)(2x-1) = 0$ 이므로

$f(2) = 2$ 이다.

$y = \left| \dfrac{5x}{x^2+1} \right|$ 은 y 축 대칭이므로 $g(2) = -2$ 이다.

$f(2) = 2$, $g(2) = -2$

한편, $h(t) = \ln |f(t) g(t)| = \ln f(t) + \ln |g(t)|$ 에서

$h'(t) = \dfrac{f'(t)}{f(t)} + \dfrac{g'(t)}{g(t)}$ 이므로

$h'(2) = \dfrac{f'(2)}{f(2)} + \dfrac{g'(2)}{g(2)} \cdots \bigcirc$ 이고

한편 $(f(t), t)$ 는 $y = \dfrac{5x}{x^2+1}$ 위의 점이므로

$t = \dfrac{5f(t)}{\{f(t)\}^2+1} \rightarrow t\{f(t)\}^2 - 5f(t) + t = 0$

양변 미분하면 $\{f(t)\}^2 + 2tf(t)f'(t) - 5f'(t) + 1 = 0$

에서 $t = 2$, $f(2) = 2$ 이므로

$2^2 + 2 \times 2 \times 2 \times f'(2) - 5f'(2) + 1 = 0$

$3f'(2) = -5$

따라서 $f'(2) = -\dfrac{5}{3}$

또한 $(g(t), t)$ 는 $y = -\dfrac{5x}{x^2+1}$ 위의 점이므로

$t = -\dfrac{5g(t)}{\{g(t)\}^2+1} \rightarrow t\{g(t)\}^2 + 5g(t) + t = 0$

양변 미분하면 $\{g(t)\}^2 + 2tg(t)g'(t) + 5g'(t) + 1 = 0$

에서 $t = 2$, $g(2) = -2$ 이므로

$(-2)^2 + 2 \times 2 \times (-2) \times g'(2) + 5g'(2) + 1 = 0$

$3g'(2) = 5$

따라서 $g'(2) = \dfrac{5}{3}$

$\bigcirc$ 에서

$h'(2) = \dfrac{f'(2)}{f(2)} + \dfrac{g'(2)}{g(2)} = \dfrac{-\dfrac{5}{3}}{2} + \dfrac{\dfrac{5}{3}}{-2} = -\dfrac{5}{3}$

378 정답 15

$f(x) = (ax^2 + bx + c)e^x$ 을 x 에 대하여 미분하면

$$f'(x) = (ax^2 + (2a+b)x + b + c) e^x$$

$f(x)$ 가 $x = \sqrt{3}$, $x = -\sqrt{3}$ 에서 극값을 가지므로

$ax^2 + (2a+b)x + b + c = 0$ 의 근이 $x = \sqrt{3}, -\sqrt{3}$

근과 계수와의 관계에서 $-\dfrac{2a+b}{a} = 0$, $\dfrac{b+c}{a} = -3$ 이므로

$b = -2a$, $c = -a$

$\therefore f'(x) = a(x^2 - 3)e^x$, $f(x) = a(x^2 - 2x - 1)e^x$

$0 \le x_1 < x_2$ 인 임의의 두 실수 x_1, x_2 에 대하여

$f(x_2) - f(x_1) + x_2 - x_1 \ge 0$ 이므로 양변을

$x_2 - x_1 (> 0)$ 로 나누어 식을 정리하면

$\dfrac{f(x_2) - f(x_1)}{x_2 - x_1} \ge -1$ 이다.

$\dfrac{f(x_2) - f(x_1)}{x_2 - x_1}$ 은 두 점 $(x_1, f(x_1))$ 과 $(x_2, f(x_2))$ 을

잇는 직선의 기울기를 나타내므로

x_1 을 상수로 보고 x_2 를 변수로 보면

즉, $(x_1, f(x_1))$ 을 고정시킨 채 $(x_2, f(x_2))$ 을 함수 $f(x)$ 의

그래프를 따라 움직이며 기울기의 변화를 관찰할 수 있다.

이 때,

$$\lim_{x_2 \to x_1} \dfrac{f(x_2) - f(x_1)}{x_2 - x_1} = \lim_{x \to x_1+} \dfrac{f(x) - f(x_1)}{x - x_1} = f'(x_1) \text{이다.}$$

즉, $x \ge 0$ 에서 $f'(x)$ 의 최솟값이 -1 이고 $f(x)$

의 변곡점에서 $f'(x)$ 의 최솟값을 가지므로

$f''(x) = a(x^2 + 2x - 3)e^x = 0$ 에서 $x = -3, 1$

$x \ge 0$ 을 만족하는 $x = 1$ 에서 $f'(x)$ 의 최솟값을

갖는다.

$f'(1) = -2ae = -1$ 에서 $a = \dfrac{1}{2e}$ $\therefore a \le \dfrac{1}{2e}$

따라서

$$abc = a(-2a)(-a) = 2a^3 \le 2\left(\dfrac{1}{2e}\right)^3 = \dfrac{\dfrac{1}{4}}{e^3}$$

이므로 $k = \dfrac{1}{4}$ $\therefore 60k = 15$

[랑데뷰팁]

f 가 다항함수일 때 $y = f(x)e^x$ 의 그래프 개형은 f 가 결정한다.

따라서

(가)에서 $f'(x) = a(x^2 - 3)e^x$ 임을 바로 알 수 있다.

변곡점의 x 좌표 $x = 1$ 을 대입하면

$f'(1) = -2ae \ge -1$

$\therefore a \le \dfrac{1}{2e}$

$g(x)=e^x f(x)$을 미분하면

$g'(x)=e^x\{f(x)+f'(x)\}$이고 $h(x)=f(x)+f'(x)$

라 하면 $h(x)$는 최고차항의 계수가 1인 삼차함수이다.

$e^x>0$이므로 $g(x)$의 그래프 개형은 $h(x)$에

의해 결정된다.

(가), (나)에서 $g(0)$이 극값이고 $|g(x)-g(2)|$가

$x=a\ (a<0)$에서만 미분가능하지 않으려면

$h(x)=x(x-2)^2$이다.

x		$\cdots$	0	$\cdots$	2	$\cdots$
$h(x)$		$-$	0	$+$	0	$+$
$g(x)$		$\searrow$	극소	$\nearrow$	변곡점	$\nearrow$

따라서 $g'(x)=e^x\{x(x-2)^2\}=e^x(x^3-4x^2+4x)$

$f(x)=x^3+ax^2+bx+c$라 두면

$f'(x)=3x^2+2ax+b$이다.

$h(x)=x^3+(a+3)x^2+(2a+b)x+b+c=x^3-4x^2+4x$

$a=-7,\ b=18,\ c=-18$

따라서 $f(x)=x^3-7x^2+18x-18$이므로

$g(x)=e^x(x^3-7x^2+18x-18)$이다.

$\therefore g(2)=-2e^2$

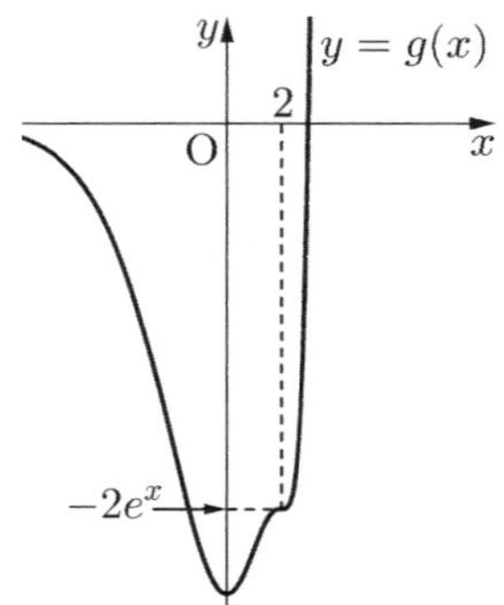

(나)에서 $g(x_2)-kx_2\le g(x_1)-kx_1$을 정리하면

$\dfrac{g(x_2)-g(x_1)}{x_2-x_1}\le k$이다.

$g(x)$가 실수전체에서 연속이고 미분 가능하므로

평균값 정리에 의하여

$\dfrac{g(x_2)-g(x_1)}{x_2-x_1}=g'(c)\ \ (0\le x_1<c<x_2\le 2)$인

c가 존재한다. $\therefore g'(c)\le k$

$g''(x)=e^x(x+2)(x-1)(x-2)$이고 $g(x)$의 변곡점

의 x좌표는 $x=-2,\ 1,\ 2$이다.

구간 $[0,2]$에서 $g(x)$의 변곡점 $x=1$에서 가지므로 $g'(x)$의

최댓값은 $g'(1)$이다.

$g'(1)=e$ 이므로 $k\ge e$ 따라서 $m=e$

따라서 $g(2)\times m=-2e^2\times e=-2e^3$

$p=2,\ q=3$이므로 $p^2+q^2=4+9=13$

다음 그림과 같은 그래프 개형을 생각할 수도 있다.

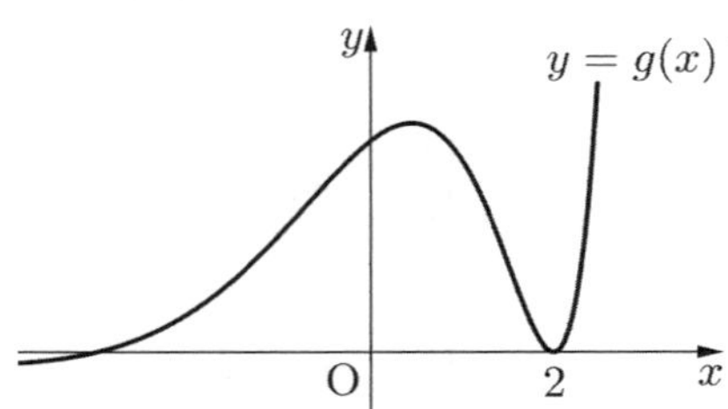

그렇지만 $g(x)=e^x(x+a)(x-2)^2+d$에서

$g'(x)=e^x(x-2)\{x^2+(a+1)x-2\}$

$g'(0)=4\ne 0$으로 조건을 만족하지 못한다.

$f(x)$가 역함수를 갖기 위해선 $f'(x)\ge 0$

또는 $f'(x)\le 0$이어야 한다. $f(x)$를 미분하면

$f'(x)=e^{x+1}\{x^2+(n-2)x-n+3\}$
$\qquad\qquad +e^{x+1}\{2x+(n-2)\}+a$

$f'(x)=e^{x+1}(x^2+nx+1)+a$

이다.

이때

$\displaystyle\lim_{x\to\infty}f'(x)=\infty$이고 $\displaystyle\lim_{x\to-\infty}f'(x)=a$이므로

$f(x)$가 역함수를 갖기 위해선 $f'(x)\ge 0$이어야

한다.

$f''(x)$를 구하면

$$f''(x)=e^{x+1}(x^2+nx+1)+e^{x+1}(2x+n)$$
$$f''(x)=e^{x+1}(x^2+(n+2)x+n+1)$$
$$\qquad =e^{x+1}(x+1)\{x+(n+1)\}$$이므로

$f'(x)$는 $x=-1$에서 극소이며 최솟값이므로 $f'(x)$의 그래프를

그려보면

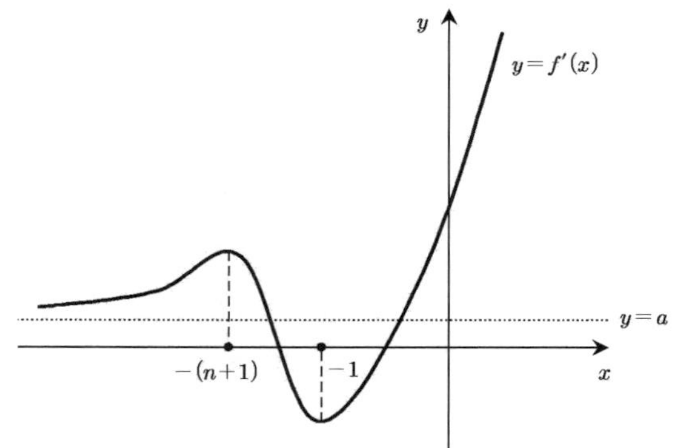

따라서

$f'(-1)=e^0\{(-1)^2+n(-1)+1\}+a=2-n+a\ge 0$

$\therefore a\ge n-2$

따라서

$\therefore\ g(n)=n-2$

$1\leq g(n)\leq 8\Leftrightarrow 1\leq n-2\leq 8$

$\Leftrightarrow 3\leq n\leq 10$

따라서 $n=3,\ 4,\ \cdots,\ 10$이고

$\therefore\ \displaystyle\sum_{k=3}^{10}k=\sum_{k=1}^{10}k-\sum_{k=1}^{2}k=55-3=52$

381 정답 5

$f(x)$가 역함수를 갖기 위해선 $f'(x)\geq 0$
또는 $f'(x)\leq 0$이어야 한다. $f(x)$를 미분하면

$f'(x)=e^{x+n}(x^2-nx-2n-2)+e^{x+n}\{2x-n\}+a$

$f'(x)=e^{x+n}(x^2+(2-n)x-3n-2)+a$

이다. 이때 $\displaystyle\lim_{x\to\infty}f'(x)=\infty$이고 $\displaystyle\lim_{x\to-\infty}f'(x)=a$이므

로 $f(x)$가 역함수를 갖기 위해선 $f'(x)\geq 0$이어야

한다. $h(x)=e^{x+n}(x^2+(2-n)x-3n-2)$라 할 때,

$x^2+(2-n)x-3n-2=0\cdots\bigcirc$의 근이 존재하지 않거나 중근을

가지면 $h(x)\geq 0$이다.

$\bigcirc$의 판별식

$D=(2-n)^2-4(-3n-2)$

$\quad=n^2+8n+12=(n+2)(n+6)\ \leq 0$

$-6\leq n\leq -2$ 따라서

(i) $-6\leq n\leq -2$일 때,

$f'(x)=e^{x+n}(x^2+(2-n)x-3n-2)+a\geq a$이므로

$g(n)=0$

(ii) $n>-2$일 때,

$f''(x)$를 구하면

$f''(x)=e^{x+n}(x^2+(2-n)x-3n-2)+e^{x+n}(2x+(2-n))$

$f''(x)=e^{x+n}(x^2+(4-n)x-4n)$

$\quad=e^{x+n}(x+4)(x-n)$이고 $-2<n$이므로

$f'(x)$는 $x=n$에서 극소이며 최솟값이고 그 값이 음수이다.

$f'(x)$의 그래프를 그려보면

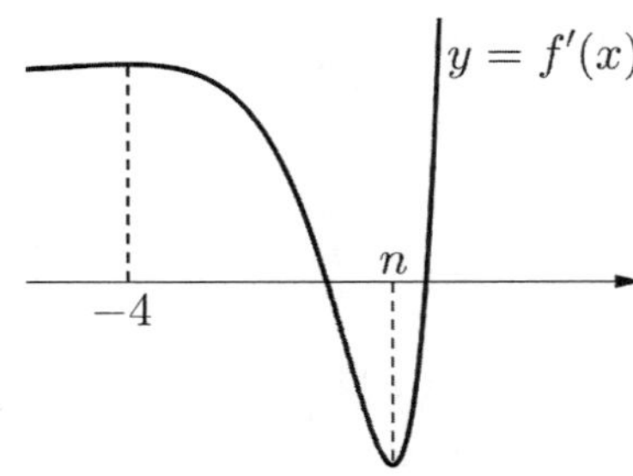

따라서

$f'(n)=e^{2n}(n^2+2n-n^2-3n-2)+a$

$\quad=e^{2n}(-n-2)+a$

$\therefore\ a\geq e^{2n}(n+2)\quad\therefore\ g(n)=e^{2n}(n+2)$

따라서

$g(n)=\begin{cases}0 & (-6\leq n\leq -2)\\ e^{2n}(n+2) & (n>-2)\end{cases}$

$g'(n)=\begin{cases}0 & (-6\leq n\leq -2)\\ e^{2n}(2n+5) & (n>-2)\end{cases}$

$g(-3)+g'(0)=0+5=5$

382 정답 39

$f'(x)=e^{x+1}\to f'(-1)=1\cdots\bigcirc$

$f(x^{2m})=e^{x^{2m}+1}-1\neq 0$이므로 $|f(x^{2m})|$은 모든 실수에서
미분가능하다.

$f(x^{2m-1})=e^{x^{2m-1}+1}-1=0$은 $x=-1$이 해가 되므로

$|f(x^{2m-1})|$은 $x=-1$에서 미분 가능하지 않는다.

따라서

$h(x)=100|f(x)|-\displaystyle\sum_{m=1}^{l}|f(x^{2m-1})|$라 두면

$h(x)=\begin{cases}100f(x)-\displaystyle\sum_{m=1}^{l}f(x^{2m-1}) & (x\geq -1)\\ -100f(x)+\displaystyle\sum_{m=1}^{l}f(x^{2m-1}) & (x<-1)\end{cases}$

$h'(x)=\begin{cases}100f'(x)-\displaystyle\sum_{m=1}^{l}\{f'(x^{2m-1})(2m-1)(x^{2m-2})\}\\ -100f'(x)+\displaystyle\sum_{m=1}^{l}\{f'(x^{2m-1})(2m-1)(x^{2m-2})\}\end{cases}$

$x=-1$을 대입하면 $\bigcirc$에 의해

$h'(-1)=\begin{cases}100-\displaystyle\sum_{m=1}^{l}(2m-1) & (x\geq -1)\\ -100+\displaystyle\sum_{m=1}^{l}(2m-1) & (x<-1)\end{cases}$

$h'(-1)$이 존재하기 위해서는

$\displaystyle\sum_{m=1}^{l}(2m-1)=l^2=100$

에서 $l=10$

$\displaystyle\sum_{m=1}^{10}(2m-1)=1+\cdots+19$이므로 $n=19$

그런데 k가 짝수일 때는 항상 성립하므로 19 다음
짝수인 $n=20$일 때도 성립한다.

따라서 $n=19,\ n=20$이므로 n의 합은 39

[다른 풀이]-1

$n=1$일 때 $g(x)=100|f(x)|-|f(x)|$

$n=2$일 때 $g(x)=100|f(x)|-|f(x)|-|f(x^2)|$

$n=3$일 때

$g(x)=100|f(x)|-|f(x)|-|f(x^2)|-|f(x^3)|$ 이므로

$g(x)=100|f(x)|-|f(x)|$
$\qquad-|f(x^2)|-|f(x^3)|-|f(x^4)|\ \cdots\ -|f(x^n)|$

$\quad=100|e^{x+1}-1|-|e^{x+1}-1|-|e^{x^2+1}-1|$
$\qquad-|e^{x^3+1}-1|-|e^{x^4+1}-1|-\ \cdots-|e^{x^n+1}-1|$

(i) $x\geq -1$일 때

$$g(x) = 100(e^{x+1}-1) - (e^{x+1}-1) - (e^{x^2+1}-1)$$
$$- (e^{x^3+1}-1) - (e^{x^4+1}-1) - \cdots -$$

이므로

$$g'(x) = 100e^{x+1} - e^{x+1} - 2xe^{x^2+1}$$
$$- 3x^2 e^{x^3+1} - 4x^3 e^{x^4+1} - 5x^4 e^{x^5+1} - \cdots$$

(ii) $x < -1$일 때

$$g(x) = -100(e^{x+1}-1) + (e^{x+1}-1) - (e^{x^2+1}-1)$$
$$+ (e^{x^3+1}-1) - (e^{x^4+1}-1) - \cdots -$$

이므로

$$g'(x) = -100e^{x+1} + e^{x+1} - 2xe^{x^2+1}$$
$$+ 3x^2 e^{x^3+1} - 4x^3 e^{x^4+1} + 5x^4 e^{x^5+1} -$$

에서 $g(x)$가 실수 전체의 집합에서 미분가능 하려면
$x = -1$에서 미분가능하면 된다.
따라서 $g'(-1)$이 존재하면 된다.

$$g'(-1) = \begin{cases} 100-1+2e^2-3+4e^2-5+\cdots & (x \ge -1) \\ -100+1+2e^2+3+4e^2+5+\cdots & (x < -1) \end{cases}$$

에서

$$\sum_{k=1}^{10} (2k-1) = 100 = 1+3+5+\cdots+19$$이므로

⇨ [랑데뷰팁 : 홀수의 합은 제곱수이다.

$1+3=2^2, \ 1+3+5=3^2, \ \therefore \ 1+3+5+\cdots+19=10^2$]

(i) $100-1+2e^2-3+4e^2-5+\cdots-19$

$\quad = -100+1+2e^2+3+4e^2+5+\cdots+19$ 이므로

$n = 19$일 때 가능하다.

(ii) $100-1+2e^2-3+4e^2-5+\cdots-19+20e^2$

$\quad = -100+1+2e^2+3+4e^2+5+\cdots+19+20e^2$

이므로

$n = 20$일 때 가능하다. 따라서 $19+20=39$

[다른 풀이]-2

$$|f(x)| = \begin{cases} -e^{x+1}+1 & (x < -1) \\ e^{x+1}-1 & (x \ge -1) \end{cases}$$ 이므로

$$\frac{d}{dx}|f(x)| = \begin{cases} -e^{x+1} & (x < -1) \\ e^{x+1} & (x \ge -1) \end{cases}$$

이다.
따라서 $p(x) = 100|f(x)|$라 하면 함수 $p(x)$는 $x=-1$에서
미분가능하지 않고,

$$\lim_{x \to -1-} p'(x) = -100,$$
$$\lim_{x \to -1+} p'(x) = 100$$이다.

한편, $k = 2m-1$ (m은 자연수)일 때,
$f(x^k) = e^{x^{2m-1}+1}-1$이므로
$f(x^k) = e^{x^{2m-1}+1}-1 = 0$에서 $x=-1$

$$|f(x^{2m-1})| = \begin{cases} -e^{x^{2m-1}+1}+1 & (x < -1) \\ e^{x^{2m-1}+1}-1 & (x \ge -1) \end{cases}$$

$$\therefore \frac{d}{dx}|f(x)| = \begin{cases} -(2m-1)x^{2m-2}e^{x^{2m-1}+1} & (x < -1) \\ (2m-1)x^{2m-2}e^{x^{2m-1}+1} & (x > -1) \end{cases}$$

따라서 $q(x^{2m-1}) = |f(x^{2m-1})|$ 이라 하면

함수 $q(x^{2m-1})$는 $x=-1$에서 미분가능하지 않고,
$$\lim_{x \to -1-} q'(x^{2m-1}) = -(2m-1),$$
$$\lim_{x \to -1+} q'(x^{2m-1}) = 2m-1$$이다.

또 $k = 2m$ (m은 자연수)일 때,
$f(x^k) = e^{x^{2m}+1}-1$이므로 모든 실수 x에 대하여
$f(x^k) > 0$이다.
따라서 $|f(x^k)| = e^{x^{2m}+1}-1$이므로

$$\frac{d}{dx}|f(x^k)| = 2mx^{2m-1}e^{x^{2m}+1}$$

따라서 $r(x^{2m}) = |f(x^{2m})|$ 이라 하면 함수 $r(x^{2m})$은
실수 전체 집합에서 미분가능하다.
이제 $n = 2m-1$ 또는 $n = 2m$일 때,

함수 $100|f(x)| - \sum_{k=1}^{m} |f(x^{2k-1})|$를 $s(x)$라 하자.

즉 $s(x) = p(x) - \sum_{k=1}^{m} q(x^{2k-1})$

이때 함수 $s(x)$가 $x=-1$에서 미분가능하면 함수 $g(x)$는
실수전체의 집합에서 미분가능하다.

$x \ne -1$일 때, $s'(x) = p'(x) - \sum_{k=1}^{m} q'(x^{2k-1})$이므로

$$\lim_{x \to -1-} s'(x) = -100 + \sum_{k=1}^{m} (2k-1)$$

$$\lim_{x \to -1+} s'(x) = 100 - \sum_{k=1}^{m} (2k-1)$$

이때 함수 $s(x)$가 $x=-1$에서 미분가능하려면
$$\lim_{x \to -1-} s'(x) = \lim_{x \to -1+} s'(x)$$

즉, $-100 + \sum_{k=1}^{m} (2k-1) = 100 - \sum_{k=1}^{m} (2k-1)$이어야

한다.

$$\sum_{k=1}^{m} (2k-1) = m^2 = 100$$에서 $m = 10$

따라서 $n = 2m-1$ 또는는 $n = 2m$이므로
$n = 19$ 또는 $n = 20$이다.
따라서 구하는 모든 자연수 n의 값의 합은
$19+20 = 39$

383 정답 59

$n = 1$일 때 $g(x) = 225|f(x)| - |f(x)|$
$n = 2$일 때 $g(x) = 225|f(x)| - |f(x)| - |f(x^2)|$
$n = 3$일 때

$g(x) = 225|f(x)| - |f(x)| - |f(x^2)| - |f(x^3)|$ 이므로
$g(x) = 225|f(x)| - |f(x)| - |f(x^2)| - |f(x^3)|$
$\qquad\qquad - |f(x^4)| - \cdots - |f(x^n)|$
$\quad = 225|\ln(x+2)| - |\ln(x+2)| - |\ln(x^2+2)|$
$\qquad - |\ln(x^3+2)| - |\ln(x^4+2)| - \cdots - |\ln(x^n+2)|$

① $x \geq -1$일 때

$$g(x) = 225\ln(x+2) - \ln(x+2) - \ln(x^2+2)$$
$$\qquad - \ln(x^3+2) - \ln(x^4+2) - \cdots -$$

② $-2 < x < -1$일 때

$$g(x) = -225\ln(x+2) + \ln(x+2) - \ln(x^2+2)$$
$$\qquad + \ln(x^3+2) - \ln(x^4+2) - \cdots -$$

이므로

$$g'(x) = \begin{cases} \dfrac{225}{x+2} - \dfrac{1}{x+2} - \dfrac{2x}{x^2+2} - \dfrac{3x^2}{x^3+2} - \dfrac{4x^3}{x^4+2} - \dfrac{5x^4}{x^5+2} - \cdots \\[3mm] -\dfrac{225}{x+2} + \dfrac{1}{x+2} - \dfrac{2x}{x^2+2} + \dfrac{3x^2}{x^3+2} - \dfrac{4x^3}{x^4+2} + \dfrac{5x^4}{x^5+2} - \cdots \end{cases}$$

에서

$g(x)$가 실수 전체의 집합에서 미분가능 하려면

$x = -1$에서 미분가능하면 된다.

따라서 $g'(-1)$이 존재하면 된다.

$$g'(-1) = \begin{cases} 225 - 1 + \dfrac{2}{3} - 3 + \dfrac{4}{3} - 5 + \cdots & (x \geq -1) \\[3mm] -225 + 1 + \dfrac{2}{3} + 3 + \dfrac{4}{3} + 5 + \cdots & (-2 < x < -1) \end{cases}$$

에서

$$\sum_{k=1}^{15}(2k-1) = 225 = 1 + 3 + 5 + \cdots + \mathbf{29}$$이므로

⇨

[랑데뷰팁 : 홀수의 합은 제곱수이다.

$1+3 = 2^2$, $1+3+5 = 3^2$, $1+3+5+\cdots+29 = 15^2$]

(i) $225 - 1 + \dfrac{2}{3} - 3 + \dfrac{4}{3} - 5 + \cdots - \mathbf{29}$

$\qquad = -225 + 1 + \dfrac{2}{3} + 3 + \dfrac{4}{3} + 5 - \cdots + \mathbf{29}$ 이므로

$n = 29$일 때 가능하다.

(ii) $225 - 1 + \dfrac{2}{3} - 3 + \dfrac{4}{3} - 5 + \cdots - 29 + \dfrac{30}{3}$

$\qquad = -225 + 1 + \dfrac{2}{3} + 3 + \dfrac{4}{3} + 5 - \cdots + 29 + \dfrac{30}{3}$ 이므로

$n = 30$일 때 가능하다.

따라서 $29 + 30 = 59$

384 정답 72

$g(x) = f(x)e^{-x}$

$g'(x) = \{f'(x) - f(x)\}e^{-x}$

$g''(x) = \{f''(x) - 2f'(x) + f(x)\}e^{-x}$

$f(x) = ax^2 + bx + c \;(a \neq 0)$로 놓으면

$g''(x) = \{ax^2 + (b-4a)x + 2a - 2b + c\}e^{-x}$

조건 (가)에서 방정식 $g''(x) = 0$의 두 근이

$x = 1$, $x = 4$이므로

이차방정식 $ax^2 + (b-4a)x + 2a - 2b + c = 0$

은 $x = 1$, $x = 4$를 두 근으로 갖는다.

근과 계수의 관계에서

$$\dfrac{4a-b}{a} = 5, \quad \dfrac{2a-2b+c}{a} = 4$$이므로

$$b = -a, \quad c = 0$$

즉, $f(x) = ax^2 - ax$이고 $g(x) = (ax^2 - ax)e^{-x}$

변곡점의 좌표는 $(1, 0)$, $(4, 8ae^{-4})$이고 a값에 따라

그래프 개형은 다음과 같다.

(i) $a > 0$일 때

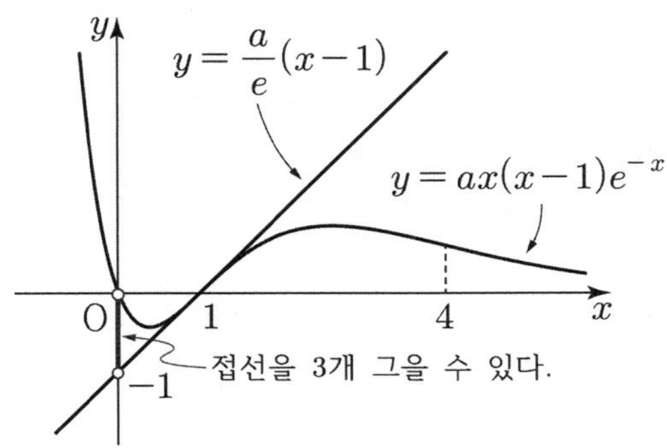

$(1, 0)$에서의 변곡접선의 y절편이 -1이면

$-1 < k < 0$의 범위에서 함수 $g(x)$에 그을 수 있는

접선의 개수는 3이 된다.

$g'(x) = a(-x^2 + 3x - 1)e^{-x}$이므로 $g'(1) = \dfrac{a}{e}$

따라서 변곡접선의 방정식은

$$y = \dfrac{a}{e}(x-1) \quad \therefore -\dfrac{a}{e} = -1$$

$a = e$이다.

따라서 $g(x) = ex(x-1)e^{-x}$

(ii) $a < 0$일 때,

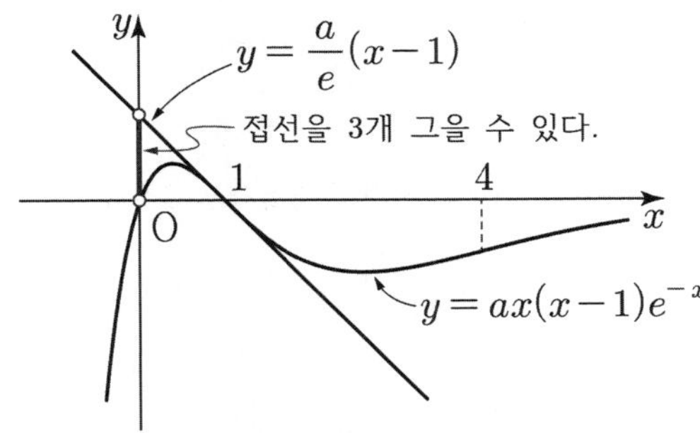

$(1, 0)$에서의 변곡접선의 y절편이 양수이므로

(나)조건을 만족하지 못한다.

(i), (ii)에서 $g(x) = ex(x-1)e^{-x}$이다.

$$\therefore g(-2) \times g(4) = 72e^2 e^{-2} = 72$$

385 정답 26

$f(x) = ax^2 + bx$라 두면

$f'(x) = 2ax + b$, $f''(x) = 2a$

이고 $g(x) = f(x)\ln x$에서

$$g'(x) = f'(x)\ln x + \frac{f(x)}{x} = (2ax+b)\ln x + (ax+b)$$

$$g''(x) = 2a\ln x + \frac{2ax+b}{x} + a \text{ 에서}$$

$$g''\left(e^{-\frac{3}{2}}\right) = -3a + 2a + \frac{b}{e^{-\frac{3}{2}}} + a = 0 \text{이므로 } b=0$$

따라서 $g(x) = ax^2\ln x$ 이다.

$$g'(x) = 2ax\ln x + ax = ax(2\ln x + 1) = 0$$

$x > 0$ 이므로 $g'(x) = 0$을 만족하는 $x = e^{-\frac{1}{2}}$

(i) $a > 0$일 때 증감표는 다음과 같다.

x	0	$\cdots$	$e^{-\frac{3}{2}}$	$\cdots$	$e^{-\frac{1}{2}}$	$\cdots$
$g'(x)$		$-$	$-$	$-$	0	$+$
$g''(x)$		$-$	0	$+$	$+$	$+$
$g(x)$		$\searrow$	변곡점	$\searrow$	극소	

따라서 $y = g(|x|)$의 그래프 개형은 다음 그림과 같다.

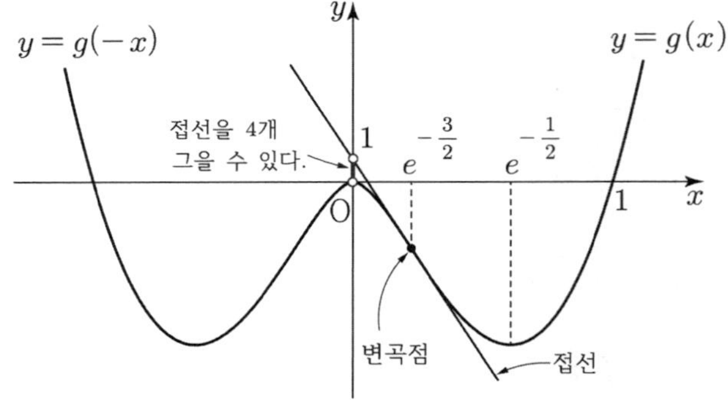

변곡점 $\left(e^{-\frac{3}{2}}, -\frac{3a}{2e^3}\right)$ 에서의 접선의 기울기는

$g'\left(e^{-\frac{3}{2}}\right) = -2ae^{-\frac{3}{2}}$ 이므로 접선의 방정식은 다음과

같다. $y = -2ae^{-\frac{3}{2}}x + \frac{a}{2e^3}$

위와 같은 개형의 곡선에서는 위로 볼록인 부분과
변곡접선 사이 영역에서 4개의 접선을 그을 수 있다. 따라서 점
$(0, k)$에서 곡선 $y = g(|x|)$에 그은 접선의 개수가 4인 k의 값의
범위는 $0 < k < 1$이므로 변곡접선의 y절편이 1이다. 따라서
$$a = 2e^3$$

(ii) $a < 0$일 때 성립하지 않는다.

(i), (ii)에서 $g(x) = 2e^3 x^2 \ln x$

$$g(e) \times g(e^3) = 2e^5 \times 6e^9 = 12e^{14}$$

$p = 12$, $q = 14$이므로 $p+q = 26$

적분법
Level
1

유형
1
여러 가지 함수의 부정적분

386 정답 ①

$f'(x)=6^x-3\times 2^x-3^x+3$
$\quad=2^x(3^x-3)-(3^x-3)$
$\quad=(3^x-3)(2^x-1)$

$f'(x)=0$의 해는 $x=0$ 또는 $x=1$이다.
증감표를 나타내보면 다음과 같다.

x	$\cdots$	0	$\cdots$	1	$\cdots$
$f'(x)$	$+$	0	$-$	0	$+$
$f(x)$	$\nearrow$	M	$\searrow$	m	$\nearrow$

$x=0$에서 극댓값 M을 $x=1$에서 극솟값 m을 갖는 것을
확인할 수 있다.
한편,

$$f(x)=\int f'(x)dx=\int (6^x-3\times 2^x-3^x+3)dx$$

$$=\frac{6^x}{\ln 6}-\frac{3\times 2^x}{\ln 2}-\frac{3^x}{\ln 3}+3x+C$$

$$f(0)=\frac{1}{\ln 6}-\frac{3}{\ln 2}-\frac{1}{\ln 3}+C=M$$

$$f(1)=\frac{6}{\ln 6}-\frac{6}{\ln 2}-\frac{3}{\ln 3}+3+C=m$$

따라서

$$M-m=-\frac{5}{\ln 6}+\frac{3}{\ln 2}+\frac{2}{\ln 3}-3$$

387 정답 ②

$$f(x)=\int \sin x\,dx=-\cos x+C \ (C\text{는 적분상수})$$

$$\therefore \ f(\pi)-f(0)=-\cos \pi+\cos 0=2$$

388 정답 ③

함수 $f'(x)$를 적분하면

$$f(x)=\begin{cases} e^{x-1}-x+C_1 & (x<1) \\ x\ln x-x+C_2 & (x>1) \end{cases}$$

(단, C_1, C_2는 적분상수)

$f(e)=e\ln e-e+C_2=2$이므로 $C_2=2$
함수 $f(x)$가 실수 전체의 집합에서 연속이므로

$$\lim_{x\to 1+}f(x)=\lim_{x\to 1-}f(x)=f(1)$$

$$\lim_{x\to 1+}f(x)=1, \ \lim_{x\to 1-}f(x)=1-1+C_1$$

$1=1-1+C_1$이므로 $C_1=1$

$$\therefore \ f(x)=\begin{cases} e^{x-1}-x+1 & (x\leq 1) \\ x\ln x-x+2 & (x>1) \end{cases}$$

따라서 $f(0)=\dfrac{1}{e}+1$

389 정답 ②

$f'(x)-4f(x)=3e^{-x}$의 양변에 e^x을 곱하면

$f'(x)e^x-4f(x)e^x=3$

$e^x f'(x)+e^x f(x)=5e^x f(x)+3$

$$(e^x f(x))'=5\left(e^x f(x)+\frac{3}{5}\right)$$

$$\frac{(e^x f(x))'}{e^x f(x)+\frac{3}{5}}=5\text{의 양변을 적분하면}$$

$$\ln\left(e^x f(x)+\frac{3}{5}\right)=5x+C\text{이고 양변에}$$

$x=0$을 대입하면

$$\ln\left(f(0)+\frac{3}{5}\right)=C \text{ 에서 } f(0)=\frac{2}{5}\text{이므로 } C=0\text{이다.}$$

따라서 $\ln\left(e^x f(x)+\dfrac{3}{5}\right)=5x$

따라서 $e^x f(x)+\dfrac{3}{5}=e^{5x}$

따라서 $f(x)=e^{4x}-\dfrac{3}{5}e^{-x}$

한편, $f'(1)=4f(1)+3e^{-1}$이므로
$f(1)+f'(1)=5f(1)+3e^{-1}$이다.

$f(1)=e^4-\dfrac{3}{5}e^{-1}$ 이므로

$f(1)+f'(1)=5e^4$

[다른 풀이]

$f'(x)-4f(x)=3e^{-x}$의 양변에 e^{-4x}을 곱하면

$e^{-4x}f'(x)-4e^{-4x}f(x)=3e^{-5x}$에서 양변 적분하면

$$e^{-4x}f(x)=-\frac{3}{5}e^{-5x}+C$$

$x=0$을 대입하면 $f(0)=\dfrac{2}{5}$이므로

$C=1$

$e^{-4x}f(x)=-\dfrac{3}{5}e^{-5x}+1$ 양변에 e^{4x}을 곱하면

$$f(x)=e^{4x}-\frac{3}{5}e^{-x}$$

유형 2 치환적분법과 부분적분법

390 정답 22

$f(x) = \int \dfrac{(\ln x)^2}{x} dx$ 에서

$\ln x = t$ 로 놓으면 $\dfrac{1}{x} = \dfrac{dt}{dx}$ 이므로

$f(x) = \int \dfrac{(\ln x)^2}{x} dx$

$= \int t^2 dt = \dfrac{1}{3} t^3 + C = \dfrac{1}{3}(\ln x)^3 + C$

(단, C는 적분상수)

$f(e) = \dfrac{1}{3} + C = 1$ 에서 $C = \dfrac{2}{3}$

$f(x) = \dfrac{1}{3}(\ln x)^3 + \dfrac{2}{3}$

따라서 $f(e^4) = \dfrac{1}{3} \times 4^3 + \dfrac{2}{3} = 22$

391 정답 ③

$f'(x) = xe^x$ 이므로

$f(x) = \int xe^x dx$ 에서

$u(x) = x, v'(x) = e^x$ 로 놓으면

$u'(x) = 1, v(x) = e^x$

$f(x) = \int x e^x dx$

$\quad = xe^x - \int e^x dx$

$\quad = xe^x - e^x + C$

(단, C는 적분상수)

$f(0) = -1$ 이므로 $C = 0$

따라서 $f(x) = xe^x - e^x$ 이므로 $f(1) = 0$

유형 3 부정적분과 미분의 관계

392 정답 1

$f(x) = \dfrac{d}{dx}\left(\int e^x \cos x\, dx \right) = e^x \cos x$

따라서 $f(0) = e^0 \times \cos 0 = 1$

393 정답 4

$xf(x) = \int f(x)dx + x$ 의 양변을 x에 대하여 미분하면

$f(x) + xf'(x) = f(x) + 1$

$xf'(x) = 1,\ f'(x) = \dfrac{1}{x}$

$f(x) = \int \dfrac{1}{x} dx = \ln x + C \ (x > 0)$

(단, C는 적분상수)

$f(1) = \ln 1 + C = 0$ 에서 $C = 0$

따라서 $f(x) = \ln x$ 이므로

$f(e^4) = \ln e^4 = 4$

유형 4 정적분의 계산

394 정답 ①

$\displaystyle\int_0^1 2e^{2x}\, dx = \left[2 \times \dfrac{1}{2} e^{2x} \right]_0^1 = e^2 - 1$

395 정답 ②

$\displaystyle\int_0^1 3\sqrt{x}\, dx = 3\int_0^1 x^{\frac{1}{2}}\, dx = 3\left[\dfrac{2}{3} x^{\frac{3}{2}} \right]_0^1 = 3 \times \dfrac{2}{3} = 2$

396 정답 6

$\displaystyle\int_1^{16} \dfrac{1}{\sqrt{x}}\, dx = \left[\ 2\sqrt{x}\ \right]_1^{16} = 8 - 2 = 6$

397 정답 ⑤

$\displaystyle\int_0^e \dfrac{5}{x+e}\, dx = \left[\ 5\ln(x+e)\ \right]_0^e = 5\ln 2e - 5\ln e = 5\ln 2$

398 정답 4

$\displaystyle\int_2^4 2e^{2x-4}dx = 2\left[\dfrac{1}{2} e^{2x-4} \right]_2^4 = (e^4 - 1) = k$

[다른 풀이]

$t = 2x - 4$ 라고 하면 $\dfrac{dx}{dt} = \dfrac{1}{2}$

$\displaystyle\int_2^4 2e^{2x-4}dx = \int_0^4 2e^t \left(\dfrac{dx}{dt} \right) dt$

$$= \int_0^4 e^t dt = \left[e^t \right]_0^4 = e^4 - 1$$

$k = e^4 - 1$ 이므로

$\ln(k+1) = \ln e^4 = 4$ 이다.

399 정답 ⑤

포물선 $y = x^2$ 위의 한 점 $P(x, y)$에서의 접선이 x축의 양의 방향과 이루는 각의 크기가 $\theta(x)$이므로 $\tan\theta(x)$는 이 접선의 기울기가 된다.

$y = x^2$의 도함수는 $y' = 2x$이므로 $\tan\theta(x) = 2x$

$$\therefore \int_0^1 \tan\theta(x)dx = \int_0^1 2xdx = \left[x^2 \right]_0^1 = 1$$

400 정답 ③

$$\int_a^b f(x)dx = \left[\, F(x) \, \right]_a^b = F(b) - F(a)$$

$$\therefore F(b) - F(a) = 3 \cdots \bigcirc$$

$$\int_a^c f(x)dx = \left[\, F(x) \, \right]_a^c$$

$$= F(c) - F(a) = F(c) - F(b) + F(b) - F(a)$$
$$= F(c) - F(b) + 3 = 0$$
$$\therefore F(c) - F(b) = -3 \cdots \bigcirc$$

$\bigcirc + \bigcirc$에서 $F(c) - F(a) = 0$

$$\therefore F(a) = F(c) \cdots \bigcirc$$

ㄱ. $\bigcirc$에서 $F(b) = F(a) + 3$ (참)

ㄴ. $f(x)$가 $x = d$에서 극솟값을 갖는다고 하면,
$x > d$일 때, $F''(x) = f'(x) > 0$이므로 점 $(c, F(c))$는 곡선 $y = F(x)$의 변곡점이 아니다. (거짓)

ㄷ. $-3 < F(a) < 0$이면 $\bigcirc$, $\bigcirc$에서
$0 < F(b) < 3$, $-3 < F(c) < 0$
이므로 $y = F(x)$의 그래프의 개형은 다음과 같다.

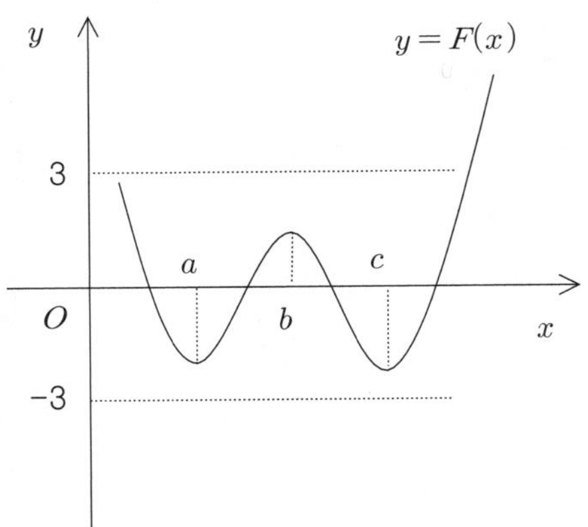

위 그림에서 $y = F(x)$의 그래프와 x축이 서로 다른 네 점에서 만나므로 방정식 $F(x) = 0$은 서로 다른 네 실근을 갖는다. (참)
따라서 〈보기〉에서 옳은 것은 ㄱ, ㄷ이다.

401 정답 ②

$$\int_0^1 \frac{4^x}{4^x + 2^x + 1}dx + \int_0^1 \frac{2^x}{4^x - 2^x + 1}dx$$

$$= \int_0^1 \frac{4^x(4^x - 2^x + 1) + 2^x(4^x + 2^x + 1)}{16^x + 4^x + 1}dx$$

$$= \int_0^1 \frac{16^x + 2 \times 4^x + 2^x}{16^x + 4^x + 1}dx$$

$$\int_0^1 \frac{2^{-x} - 1 - 2^x}{8^x + 2^x + 2^{-x}}dx = \int_0^1 \frac{1 - 2^x - 4^x}{16^x + 4^x + 1}dx$$

따라서

$$준식 = \int_0^1 \frac{16^x + 4^x + 1}{16^x + 4^x + 1}dx = \int_0^1 dx = 1$$

402 정답 3

$$\int_0^1 \sqrt{4^x + 2 \cdot 2^{x+1} + 4}\, dx$$

$$= \int_0^1 \sqrt{(2^x)^2 + 4 \cdot 2^x + 4}\, dx$$

$$= \int_0^1 \left(\sqrt{(2^x + 2)^2} \right) dx$$

$$= \int_0^1 (2^x + 2)\, dx$$

$$= \left[\frac{2^x}{\ln 2} + 2x \right]_0^1$$

$$= \left(\frac{2}{\ln 2} + 2 \right) - \frac{1}{\ln 2}$$

$$= \frac{1}{\ln 2} + 2$$

$$\therefore p = 1, \quad q = 2$$
$$p + q = 3$$

유형 5 치환적분법을 이용한 정적분

403 정답 ④

$g(x)$는 $f(x)$의 역함수이므로
$$g(f(x)) = x$$
$$g'(f(x))f'(x) = 1$$
$$\therefore f'(x) = \frac{1}{g'(f(x))}$$

$$\int_1^a \frac{1}{g'(f(x))f(x)}dx = 2\ln a + \ln(a+1) - \ln 2$$ 에서

$$\int_1^a \frac{f'(x)}{f(x)}dx = 2\ln a + \ln(a+1) - \ln 2$$

$$\left(\because\ f'(x)=\frac{1}{g'(f(x))}\right)$$

$$\Big[\ln f(x)\Big]_1^a = 2\ln a + \ln(a+1) - \ln 2$$

$$\ln f(a) - \ln f(1) = 2\ln a + \ln(a+1) - \ln 2$$

$$\ln f(a) - \ln 8 = 2\ln a + \ln(a+1) - \ln 2 \ (\because\ f(1)=8)$$

$$\ln\frac{f(a)}{8} = \ln\frac{a^2(a+1)}{2}$$

$$\frac{f(a)}{8} = \frac{a^2(a+1)}{2}$$

$$\therefore\ f(a) = 4a^2(a+1)$$

따라서 $f(2) = 4 \cdot 4 \cdot (3) = 48$

404 정답 ②

$f'(x) = 1 + \dfrac{1}{x}$ 이므로

$$\int_1^e \left(1+\frac{1}{x}\right) f(x)\,dx$$

$$= \int_1^e f'(x) f(x)\,dx$$

$$= \left[\frac{1}{2}\{f(x)\}^2\right]_1^e$$

$$= \frac{1}{2}\{f(e)\}^2 - \frac{1}{2}\{f(1)\}^2$$

$$= \frac{1}{2}(e+1)^2 - \frac{1}{2}(1+0)^2$$

$$= \frac{e^2}{2} + e$$

405 정답 ③

$\cos x = t$ 로 치환하면 $-\sin x\,dx = dt$

$$\begin{cases} x=0 \to t=1 \\ x=\pi \to t=-1 \end{cases}$$

$$(준식) = \int_{-1}^1 (1-t^3) t (-dt) = \int_{-1}^1 t(1-t^3)\,dt$$

$$= \int_{-1}^1 (t-t^4)\,dt = 2\int_0^1 (-t^4)\,dt = 2\left[-\frac{t^5}{5}\right]_0^1 = -\frac{2}{5}$$

406 정답 ⑤

$\ln x = t$ 라 하면 $\dfrac{1}{x}dx = dt$

$x = e^2$일 때 $t=2$, $x=e$ 일 때 $t=1$이므로

$$준\ 식 = \int_1^2 3t^2 dt = 7$$

407 정답 ④

$\ln x = t$로 치환하면 $\dfrac{dt}{dx} = \dfrac{1}{x}$ 이고

$x=e$일 때 $t=1$, $x=e^3$일 때 $t=3$ 이므로

$$\int_e^{e^3} \frac{\ln x}{x}\,dx = \int_1^3 t\,dt = \left[\frac{1}{2}t^2\right]_1^3 = 4$$

408 정답 ②

$\displaystyle\int_1^{\sqrt{2}} x^3\sqrt{x^2-1}\,dx$ 에서 $\sqrt{x^2-1} = t$ 라 하자.

양변을 x에 대해 미분하면

$$\frac{2x}{2\sqrt{x^2-1}} = \frac{dt}{dx}\ 이고$$

$x^2 = t^2+1$ 이므로

$$\int_0^1 (t^2+1)t^2 dt = \int_0^1 (t^4+t^2)\,dt = \frac{1}{5} + \frac{1}{3} = \frac{8}{15}$$

409 정답 ②

$$f(a) = \int_1^a \frac{\sqrt{\ln x}}{x}\,dx$$

$\sqrt{\ln x} = t$라 하면 $\ln x = t^2$

$x=1 \to t=0$, $x=a \to t=\sqrt{\ln a}$

$$\frac{1}{x}dx = 2t\,dt$$

$$f(a) = \int_0^{\sqrt{\ln a}} 2t^2\,dt = \left[\frac{2}{3}t^3\right]_0^{\sqrt{\ln a}} = \frac{2}{3}(\ln a)^{\frac{3}{2}}$$

$$\therefore\ f(a^4) = \frac{2}{3}(\ln a^4)^{\frac{3}{2}} = \frac{2}{3} \cdot 4^{\frac{3}{2}}(\ln a)^{\frac{3}{2}} = 8f(a)$$

410 정답 ④

$\displaystyle\int_0^2 xf(tx)\,dx = 4t^2$에서

$tx = y$ 로 놓으면

$t = \dfrac{dy}{dx}$에서 $dx = \dfrac{dy}{t}$

$x=0$일 때, $y=0$

$x=2$일 때, $y=2t$ 이므로

$$\int_0^2 xf(tx)\,dx = \int_0^{2t} \frac{y}{t}f(y)\frac{dy}{t} = \frac{1}{t^2}\int_0^{2t} yf(y)\,dy = 4t^2$$

$$\therefore\ \int_0^{2t} yf(y)\,dy = 4t^4$$

양변을 t에 관하여 미분하면 $2tf(2t) \times (2t)' = 16t^3$

$\therefore\ f(2t) = 4t^2$

$\therefore\ f(2) = 4$

411 정답 ②

$\int_2^{10} \dfrac{x}{f^{-1}(x)}dx$ 의 $f^{-1}(x)=t$ 라 두면 $f(t)=x$이므로

$f^{-1}(2)=t$에서 $f(t)=2$을 만족하는 $t=1$이고

$f^{-1}(10)=t$에서 $f(t)=10$을 만족하는 $t=2$이다.

따라서 $x:2\to10$이면 $t:1\to2$이고 $dx=f'(t)dt$이므로

$$\int_2^{10} \frac{x}{f^{-1}(x)}dx$$

$$=\int_1^2 \frac{f(t)f'(t)}{t}dt$$

$$=\int_1^2 \frac{(t^3+t)(3t^2+1)}{t}dt$$

$$=\int_1^2 (t^2+1)(3t^2+1)dt = \frac{434}{15}$$

[다른 풀이]

$$\int_2^{10} \frac{x}{f^{-1}(x)}dx$$

$$=\int_1^2 \frac{f(t)f'(t)}{t}dt$$

$$=\left[\frac{\{f(t)\}^2}{2t}\right]_1^2 + \frac{1}{2}\int_1^2 \left(\frac{f(t)}{t}\right)^2 dt$$

$$=\frac{10^2}{4} - \frac{2^2}{2} + \frac{1}{2}\int_1^2 (t^2+1)^2 dt$$

$$=23 + \frac{1}{2}\left[\frac{1}{5}t^5 + \frac{2}{3}t^3 + t\right]_1^2$$

$$=23 + \frac{89}{15} = \frac{434}{15}$$

412 정답 ③

$(x^3-x+3)'=3x^2-1$ 이므로

$$\int_1^2 \frac{3x^2-1}{x^3-x+3}dx$$

$$=\int_1^2 \frac{(x^3-x+3)'}{x^3-x+3}dx$$

$$=[\ln|x^3-x+3|]_1^2$$

$$=\ln9 - \ln3 = \ln3$$

413 정답 ①

$\ln x = t$ 라 하자.

$\dfrac{1}{x} = \dfrac{dt}{dx}$ 이고 $\ln e = 1$, $\ln e^3 = 3$ 이므로

$$\int_e^{e^3} \frac{(\ln x)^3}{x}dx = \int_1^3 t^3 dt = \left[\frac{1}{4}t^4\right]_1^3 = 20$$

414 정답 ②

$1+\ln x = t$로 치환하면, $\dfrac{1}{x}dx = dt$

$$\int_1^e \frac{f(1+\ln x)}{x}dx = \int_1^2 f(t)dt = 10,$$

$$\therefore \int_1^2 f(x)dx = 10$$

415 정답 ①

$\int_0^1 f(1-x)dx$에서 $1-x=t$로 놓으면

$(1-x)' = -1$

$x=0$일 때 $t=1$, $x=1$일 때 $t=0$이므로

$$\int_0^1 f(1-x)dx = -\int_1^0 f(t)dt$$

$$=\int_0^1 f(t)dt = 1$$

416 정답 3

$$\int_0^{\frac{\pi}{4}} \tan x\, dx = [-\ln(\cos x)]_0^{\frac{\pi}{4}}$$

$$=-\ln\left(\frac{1}{\sqrt{2}}\right) = \ln(\sqrt{2}) = \frac{\ln2}{2}$$

따라서 $p=2$, $q=1$이므로 $p+q=3$이다.

417 정답 2

$$\int_0^{\frac{\pi}{4}} \sec x\, dx$$

$$=\int_0^{\frac{\pi}{4}} \frac{\sec x(\sec x + \tan x)}{\sec x + \tan x}dx$$

$$=[\ln|\sec x + \tan x|]_0^{\frac{\pi}{4}}$$

$$=\ln(\sqrt{2}+1)$$

따라서 $e^k = e^{\ln(\sqrt{2}+1)} = \sqrt{2}+1$

그러므로 $(e^k-1)^2 = (\sqrt{2})^2 = 2$

418 정답 ④

$\ln x = t$로 놓고 양변을 x에 대하여 미분하면

$$\frac{1}{x} = \frac{dt}{dx}$$

$x=1$이면 $t=0$이고, $x=e^3$이면 $t=3$

따라서 $\displaystyle\int_1^{e^3} \frac{(\ln x)^2}{x}dx = \int_0^3 t^2 dt = \left[\frac{1}{3}t^3\right]_0^3 = 9$

419 정답 ①

$$\int_1^2 (x-1)e^{-x}dx = \left[-(x-1)e^{-x}\right]_1^2 - \int_1^2 (-e^{-x})dx$$

$$= -e^{-2} - \left[e^{-x}\right]_1^2 = -e^{-2} - (e^{-2}-e^{-1}) = \frac{1}{e} - \frac{2}{e^2}$$

420 정답 ②

$$\int_{-1}^1 |x|e^x dx = \int_{-1}^0 -xe^x dx + \int_0^1 xe^x dx$$

$$= \left[-xe^x\right]_{-1}^0 - \int_{-1}^0 (-1e^x)dx + \left[xe^x\right]_0^1 - \int_0^1 (1e^x)dx$$

$$= 0 - e^{-1} + \left[e^x\right]_{-1}^0 + e - 0 - \left[e^x\right]_0^1$$

$$= 2 - 2e^{-1} = 2(1-e^{-1})$$

421 정답 ②

$$\int_1^e (4x\ln x)dx = 4\int_1^e (x\ln x)dx$$

$$= 4\left\{\left[\frac{1}{2}x^2\ln x\right]_1^e - \int_1^e \left(\frac{1}{x}\cdot\frac{1}{2}x^2\right)dx\right\}$$

$$= 4\left\{\frac{1}{2}e^2 - \left[\frac{1}{4}x^2\right]_1^e\right\} = e^2 + 1$$

422 정답 ⑤

부분적분법에 의해

$$\int x\sin x dx = x(-\cos x) - \int 1\cdot(-\cos x)dx$$

$$= -x\cos x + \sin x + C \text{ 이므로}$$

$$\int_{2\pi}^{3\pi} x\sin x dx = \left[-x\cos x + \sin x\right]_{2\pi}^{3\pi}$$

$$= -3\pi(-1) + 0 - (-2\pi)\cdot 1 - 0 = 5\pi$$

423 정답 ⑤

$x = f'(x)$, $1-\ln x = g(x)$라 하면

$$\int_1^e f'(x)g(x)dx = \left[f(x)g(x)\right]_1^e - \int_1^e f(x)g'(x)dx$$

임을 이용하자.

$$\int_1^e x(1-\ln x)dx = \left[\frac{1}{2}x^2(1-\ln x)\right]_1^e - \int_1^e \left(\frac{1}{2}x^2\right)\left(-\frac{1}{x}\right)dx$$

$$= \left(\frac{1}{2}e^2 - \frac{1}{2}\right) + \int_1^e \frac{1}{2}x dx = \left(\frac{1}{2}e^2 - \frac{1}{2}\right) + \left[\frac{1}{4}x^2\right]_1^e$$

$$= \left(\frac{1}{2}e^2 - \frac{1}{2}\right) + \left(\frac{1}{4}e^2 - \frac{1}{4}\right) = \frac{1}{4}e^2 - \frac{3}{4} = \frac{1}{4}(e^2-3)$$

424 정답 ③

$$\int_2^6 \ln(x-1)dx = \int_2^6 1\times\ln(x-1)dx \text{ 이고}$$

부분적분법을 이용하여 적분하면

$$\int_2^6 \ln(x-1)dx = \left[x\ln(x-1)\right]_2^6 - \int_2^6 \frac{x}{x-1}dx$$

$$= \left[x\ln(x-1)\right]_2^6 - \int_2^6 \left(1+\frac{1}{x-1}\right)dx$$

$$= \left[x\ln(x-1) - x - \ln|x-1|\right]_2^6$$

$$= (6\ln5 - 6 - \ln5) - (2\ln1 - 2 - \ln1)$$

$$= 5\ln5 - 4 \text{ 이다.}$$

425 정답 ②

$$\int_1^e \ln\frac{x}{e}dx$$

$$= \int_1^e (\ln x - 1)dx$$

$$= \int_1^e \ln x dx - \int_1^e 1 dx$$

$$= \left[x\ln x - x\right]_1^e - \left[x\right]_1^e$$

$$= 2 - e$$

426 정답 ②

부분적분법에 의해

$$\int_1^e x^3\ln x dx = \left[\frac{x^4}{4}\ln x\right]_1^e - \int_1^e \left(\frac{x^4}{4}\times\frac{1}{x}\right)dx$$

$$= \left(\frac{e^4}{4}\ln e - \frac{1}{4}\ln1\right) - \left[\frac{x^4}{16}\right]_1^e$$

$$= \frac{e^4}{4} - 0 - \left(\frac{e^4}{16} - \frac{1}{16}\right)$$

$$= \frac{3e^4+1}{16}$$

427 정답 ⑤

$$\int_e^{e^2} \frac{\ln x - 1}{x^2}dx \text{ 에서}$$

$u(x) = \ln x - 1$, $v'(x) = \frac{1}{x^2}$ 으로 놓으면

$u'(x) = \frac{1}{x}$, $v(x) = -\frac{1}{x}$ 이므로

$$\int_e^{e^2}\frac{\ln x-1}{x^2}dx=\left[-\frac{\ln x-1}{x}\right]_e^{e^2}+\int_e^{e^2}\frac{1}{x^2}dx$$

$$=\left[-\frac{\ln x-1}{x}\right]_e^{e^2}+\left[-\frac{1}{x}\right]_e^{e^2}=-\frac{1}{e^2}+\left(-\frac{1}{e^2}+\frac{1}{e}\right)$$

$$=\frac{e-2}{e^2}$$

428 정답 ②

$\cos(\pi-x)=-\cos x$ 이므로

$$\int_0^\pi x\cos(\pi-x)dx=\int_0^\pi x(-\cos x)dx$$

이때,

$u(x)=x,\ v'(x)=-\cos x$

$u'(x)=1,\ v(x)=-\sin x$

라 하면

$$\int_0^\pi x\cos(\pi-x)dx=\int_0^\pi x(-\cos x)dx$$

$$=\left[\,x(-\sin x)\,\right]_0^\pi+\int_0^\pi \sin x\,dx$$

$$=\left[\,-\cos x\,\right]_0^\pi=2$$

429 정답 ④

조건에서 $f(a)=0$이고 $f(2x)=2f(x)f'(x)$이므로

$f(2a)=2f(a)f'(a)=0$ 또한

$f(4a)=2f(2a)f'(2a)=0$이다.

$$\int_a^{2a}\frac{\{f(x)\}^2}{x^2}dx=\int_a^{2a}x^{-2}\{f(x)\}^2dx$$

$$=\left[\,-x^{-1}\{f(x)\}^2\,\right]_a^{2a}-\int_a^{2a}-x^{-1}\times 2f(x)f'(x)dx$$

$(\because$ 부분적분법$)$

$$=0+\int_a^{2a}x^{-1}\times 2f(x)f'(x)dx$$

$$=\int_a^{2a}\frac{2f(x)f'(x)}{x}dx=\int_a^{2a}\frac{f(2x)}{x}dx$$

여기서 $2x=t$로 치환하면 $2dx=dt\Leftrightarrow dx=\frac{1}{2}dt$

$\begin{cases}x=a\to t=2a\\x=2a\to t=4a\end{cases}$ 로 변환되므로

$$=\int_{2a}^{4a}\frac{1}{2}\frac{f(t)}{\frac{1}{2}t}dt=\int_{2a}^{4a}\frac{f(t)}{t}dt=k$$

430 정답 ②

$$\int_0^{\frac{\pi}{2}}f(x)g'(x)dx$$

$$=[f(x)g(x)]_0^{\frac{\pi}{2}}-\int_0^{\frac{\pi}{2}}f'(x)g(x)dx$$

$$=f\left(\frac{\pi}{2}\right)g\left(\frac{\pi}{2}\right)-f(0)g(0)-\int_0^{\frac{\pi}{2}}f'(x)g(x)dx$$

$g\left(\frac{\pi}{2}\right)=0,\ g(0)=1$이므로

$$=-f(0)-\int_0^{\frac{\pi}{2}}\left(\frac{\cos^3 x}{1-\sin x}\right)dx$$

$$=-f(0)-\frac{3}{2}$$

따라서

$1=-f(0)-\frac{3}{2}$에서 $f(0)=-\frac{5}{2}$

[랑데뷰팁]

$$\int_0^{\frac{\pi}{2}}\left(\frac{\cos^3 x}{1-\sin x}\right)dx$$

$$=\int_0^{\frac{\pi}{2}}\left(\frac{\cos^2 x\times\cos x}{1-\sin x}\right)dx$$

$$=\int_0^{\frac{\pi}{2}}\left(\frac{(1-\sin^2 x)\times\cos x}{1-\sin x}\right)dx$$

$$=\int_0^{\frac{\pi}{2}}(1+\sin x)\cos x\,dx$$

$1+\sin x=t$라 두면

$$=\int_1^2 t\,dt=\left[\frac{1}{2}t^2\right]_1^2=\frac{3}{2}$$

---

431 정답 ④

$$\int_1^e(2x+\ln x)dx=\left[x^2\right]_1^e+\left[x\ln x\right]_1^e-\int_1^e 1\,dx$$

$$=e^2-1+e-e+1=e^2$$

432 정답 ②

$xf'(x)-f(x)=x^2e^x$의 양변을 x^2으로 나누면

$\dfrac{xf'(x)-f(x)}{x^2}=e^x$이고 양변 적분하면

$$\frac{f(x)}{x}=e^x+C$$

$f(1)=e$이므로 $C=0$

따라서 $f(x)=xe^x$이다.

$$\int_1^2 f(x)dx=\int_1^2(xe^x)dx$$

$$=\left[\,xe^x-e^x\,\right]_1^2=e^2$$

433 정답 ①

주어진 식 $f(g(x)) = \int_0^x f(t)g(t)dt - xe^x + 3$의 양변을 x에

대하여 미분하면

$f'(g(x))g'(x) = f(x)g(x) - (1+x)e^x$

이 때, 두 함수 $f(x) = ax + b$, $g(x) = e^x$을 대입하면

$ae^x = (ax + b)e^x - (1+x)e^x = \{(a-1)x + (b-1)\} \cdot e^x$

$\therefore a - 1 = 0$, $a = b - 1$

즉, $a = 1$, $b = 2$

따라서 $f(2) = 1 \cdot 2 + 2 = 4$이다.

434 정답 ①

$\int_0^0 f(t)dt = 0$ 이므로 $\therefore a = -1$

준식의 양변을 미분하면 $f(x) = e^x - 1$

따라서 $f(\ln 2) = 2 - 1 = 1$ 이다.

435 정답 ②

$g(x) = \int_1^x f(t)dt = x^2 - a\sqrt{x}$ 라 하자.

$g(1) = 0 = 1 - a$이므로 $a = 1$ 이다.

$g'(x) = f(x) = 2x - \dfrac{a}{2\sqrt{x}}$ 이므로

$f(1) = 2 - \dfrac{a}{2 \times 1} = 2 - \dfrac{1}{2} = \dfrac{3}{2}$ 이다.

436 정답 ④

$f(x) = e^{x^2} + \int_0^1 tf(t)dt$에서 $\int_0^1 tf(t)dt = a$라 하면

$f(x) = e^{x^2} + a$이므로

$a = \int_0^1 t \cdot f(t)dt = \int_0^1 t(e^{t^2} + a)dt$

$\quad = \int_0^1 (t \cdot e^{t^2} + at)dt = \left[\dfrac{1}{2}e^{t^2} + \dfrac{1}{2}at^2\right]_0^1$

$\quad = \dfrac{1}{2}e + \dfrac{1}{2}a - \dfrac{1}{2}$

$a = \dfrac{1}{2}e + \dfrac{1}{2}a - \dfrac{1}{2}$

$\therefore a = e - 1$

437 정답 ②

$f(x) = \int_0^x \dfrac{1}{1+t^6}dt$ 이므로 $f'(x) = \dfrac{1}{1+x^6}$

$e^{f(x)} = t$ 로 치환하면

$\int_0^a \dfrac{e^{f(x)}}{1+x^6}dx = \int_1^{\sqrt{e}} 1\,dt = \sqrt{e} - 1$ $\quad (\because e^{f(x)}f'(x)dx = dt)$

438 정답 3

$\int_0^\pi tf(t)dt$는 적분구간이 상수이고 피적분함수에 적분변수

이외의 변수가 없으므로 상수이다.

$\int_0^\pi tf(t)dt = a(a$는 상수$)$로 놓으면

$f(x) = -\sin x + a$이므로

$f'(x) = -\cos x$

$\int_0^\pi tf(t)dt = -\int_0^\pi t\cos t\,dt$

$\qquad = -\left[t\sin t\right]_0^\pi + \int_0^\pi \sin t\,dt$

$\qquad = -\left[\cos t\right]_0^\pi$

$\qquad = -(-1-1) = 2$

따라서 $f(x) = -\sin x + 2$이므로

$f\left(\dfrac{3}{2}\pi\right) = -(-1) + 2 = 3$

439 정답 ①

$a = \int_0^2 f(x)dx$라 하면

$f(x) = axe^x + (x+1)e^x$

$\quad = e^x\{(a+1)x + 1\}$

이고 $\int_0^2 f(x)dx = \int_0^2 f(t)dt = a$이므로

$\int_0^2 f(x)dx = (a+1)\int_0^2 xe^x dx + \int_0^2 e^x dx$

$\quad = (a+1)\left\{\left[xe^x\right]_0^2 - \int_0^2 e^x dx\right\} + \left[e^x\right]_0^2$

$\quad = (a+1)(2e^2 - e^2 + 1) + (e^2 - 1)$

$\quad = (a+1)(e^2 + 1) + (e^2 - 1)$

$a = (a+1)(e^2 + 1) + (e^2 - 1)$

$a = (e^2 + 1)a + 2e^2$

$ae^2 = -2e^2$

$a = -2$

440 정답 ③

$c = \int_0^1 f(t)dt$로 놓으면

$f'(x) = 2x - 2c$에서 $f(x) = x^2 - 2cx$ $(\because f(0) = 0)$

$\therefore c = \int_0^1 (t^2 - 2ct)dt = \left[\frac{1}{3}t^3 - ct^2\right]_0^1 = \frac{1}{3} - c$

$\therefore c = \frac{1}{6}$

따라서 $f(x) = x^2 - \frac{1}{3}x$이고, 구하는 값은

$\int_{-1}^1 \frac{f(x)}{x}dx = 2\int_0^1 -\frac{1}{3}dx = -\frac{2}{3}$

441 정답 ③

$f(x) = ax + b$라 하면

$ax + b = \int_0^x e^t(at + b)dt - 3xe^x + 3x + 3$

양변을 x에 대하여 미분하면

$a = e^x(ax + b) - 3e^x - 3xe^x + 3$

$\quad = (a - 3)xe^x + (b - 3)e^x + 3$

위의 등식이 모든 실수 x에 대하여 성립하므로

$a = 3,\ b = 3$

따라서 $f(x) = 3x + 3$이므로

$f(1) = 6$

442 정답 3

$f'(x) = \dfrac{x-1}{x^2 - 2x + 3} = 0$에서 $x = 1$이고 $x = 1$의

좌우에서 $f'(x)$의 부호가 음에서 양으로 바뀌므로 $f(x)$는
$x = 1$에서 극소이면서 최소이다.

$f(1) = \int_0^1 \frac{t-1}{t^2 - 2t + 3}dt = \int_0^1 \frac{\frac{1}{2}(t^2 - 2t + 3)'}{t^2 - 2t + 3}dt$

$= \frac{1}{2}\left[\ln|t^2 - 2t + 3|\right]_0^1 = \frac{1}{2}(\ln 2 - \ln 3) = \frac{1}{2}\ln\left(\frac{2}{3}\right)$

따라서

$a = \frac{1}{2},\ b = \frac{2}{3}$이므로 $ab = \frac{1}{3}$

$\therefore \frac{1}{ab} = 3$

443 정답 8

$f(x) = \int_0^x te^t dt$ 에서 $f'(x) = xe^x$

$\int_0^a xe^x f(x)$ 에서 $f(x) = t$ 로 놓으면

$f'(x)dx = dt$, 즉 $xe^x dx = dt$

$x = 0$ 일 때, $t = f(0) = 0$, $x = a$ 일 때, $t = f(a)$ 이므로

$\int_0^a xe^x f(x) = \int_0^{f(a)} t\, dt$

$= \left[\frac{t^2}{2}\right]_0^{f(a)} = \frac{\{f(a)\}^2}{2} = 32$

$\therefore \{f(a)\}^2 = 64$

$a > 0$ 이면 $f(a) > 0$ 이므로 $f(a) = 8$

444 정답 ③

$f(x) = \int_x^{x+1} e^t dt$의 양변을 x에 대하여 미분하면

$f'(x) = e^{x+1} - e^x = e^x(e - 1)$

$\therefore \int_0^1 f'(x)dx = (e - 1)\int_0^1 e^x dx$

$\qquad = (e - 1)\left[e^x\right]_0^1$

$\qquad = (e - 1)^2$

445 정답 ④

$y = g(x)$라 하면 역함수의 미분법에 의해

$g'(x) = \dfrac{1}{f'(y)}$ 이므로 $g'(0) = \dfrac{1}{f'(1)}$

그런데 정적분의 성질에 의해 $f'(x) = \dfrac{e^x}{1 + e^x}$ 이므로

$f'(1) = \dfrac{e}{1 + e}$ 이다.

$\therefore g'(0) = \dfrac{1}{f'(1)} = \dfrac{1 + e}{e}$

446 정답 ①

$f(x) = 2e^{x^2} + \int_0^1 tf(t)dt$에서 $\int_0^1 tf(t)dt = a$라 하면

$f(x) = 2e^{x^2} + a$이므로

$a = \int_0^1 t \cdot f(t)\, dt = \int_0^1 t\left(2e^{t^2} + a\right)dt$

$\quad = \int_0^1 \left(2t \cdot e^{t^2} + at\right)dt = \left[e^{t^2} + \frac{1}{2}at^2\right]_0^1$

$\quad = e + \frac{1}{2}a - 1$

$a = e + \frac{1}{2}a - 1 \quad \therefore a = 2e - 2$

따라서 $\int_0^1 xf(x)dx = a = 2e - 2$

 정적분으로 나타낸 함수의 극한

447 정답 ②

$$\lim_{x \to 2} \frac{1}{x-2} \int_2^x f(t)dt = f(2) = 2$$

이므로 $f(2) = k \times e^{2-2} = 2$에서

$k = 2$

$f(x) = 2e^{x-2}$이므로 $f(3) = 2e$

448 정답 2

$f(t)$의 한 부정적분을 $F(t)$라 하면

$$\lim_{h \to 0} \frac{1}{h} \int_{a-h}^{a+2h} f(t)dt$$

$$= \lim_{h \to 0} \frac{F(a+2h) - F(a-h)}{h}$$

$$= 2\lim_{h \to 0} \frac{F(a+2h) - F(a)}{2h} + \lim_{h \to 0} \frac{F(a-h) - F(a)}{-h}$$

$$= 2F'(a) + F'(a)$$

$$= 2f(a) + f(a)$$

$$= 3f(a) = 6$$

이므로 $f(a) = 2$

$f(a) = \log_2 a + \log_2(4-a) = 2$에서

$a(4-a) = 2^2$

$a^2 - 4a + 4 = 0$

$(a-2)^2 = 0$

$\therefore \ a = 2$

 정적분과 급수

449 정답 ③

$$\lim_{n \to \infty} \frac{1}{n} \sum_{k=1}^n \sqrt{1 + \frac{3k}{n}} = \int_0^1 \sqrt{1+3x}\, dx$$

$$= \left[\frac{2}{9}(1+3x)^{\frac{3}{2}} \right]_0^1$$

$$= \frac{2}{9}(8-1) = \frac{14}{9}$$

450 정답 ③

$$\lim_{n \to \infty} \sum_{k=1}^n \frac{k^2 + 2kn}{k^3 + 3k^2 n + n^3} \text{에서}$$

분모, 분자를 n^3으로 약분하면

$$\lim_{n \to \infty} \sum_{k=1}^n \frac{\left(\frac{k}{n}\right)^2 \times \frac{1}{n} + 2\left(\frac{k}{n}\right) \times \frac{1}{n}}{\left(\frac{k}{n}\right)^3 + 3\left(\frac{k}{n}\right)^2 + 1} \text{ 가 되고,}$$

이때, $\frac{k}{n} = x$로 치환하여

급수와 적분의 관계를 이용하면

$$\int_0^1 \frac{x^2 + 2x}{x^3 + 3x^2 + 1}\, dx \text{가 된다.}$$

이때, $x^3 + 3x^2 + 1 = t$로 치환하여 양변 미분하면

$3(x^2 + 2x)dx = dt$이고,

$x = 0$일 때, $t = 1$

$x = 1$일 때, $t = 5$

$$\int_1^5 \frac{1}{3t}\, dt = \frac{1}{3}\left[\ln t \right]_1^5$$

$$= \frac{\ln 5}{3}$$

451 정답 ①

$$\lim_{n \to \infty} \frac{1}{n} \sum_{k=1}^n \sqrt{\frac{3n}{3n+k}} \text{에서} \lim_{n \to \infty} \frac{3}{3n} \sum_{k=1}^n \sqrt{\frac{1}{1 + \frac{k}{3n}}}$$

$\frac{k}{3n} = x$라 하면 $\frac{1}{3n} = dx$이다.

따라서 $3\int_0^{\frac{1}{3}} \sqrt{\frac{1}{1+x}}\, dx$이고,

$1 + x = t$라 하면 $dx = dt$이다.

따라서 $3\int_1^{\frac{4}{3}} \sqrt{\frac{1}{t}}\, dt = 3\int_1^{\frac{4}{3}} t^{-\frac{1}{2}}\, dt = 4\sqrt{3} - 6$ 이다.

452 정답 242

$$\lim_{n \to \infty} \sum_{k=1}^n \frac{2}{n}\left(1 + \frac{2k}{n}\right)^4 = \int_1^3 x^4 dx = \left[\frac{1}{5}x^5 \right]_1^3 = \frac{242}{5}$$

$$\therefore 5a = 242$$

453 정답 12

$$\lim_{n \to \infty} \frac{1}{n} \sum_{k=1}^n f\left(\frac{3k}{n}\right)$$

$$= \frac{1}{3} \times \lim_{n \to \infty} \sum_{k=1}^n f\left(\frac{3k}{n}\right) \cdot \frac{3}{n}$$

$$= \frac{1}{3} \times \int_0^3 f(x)dx = \frac{1}{3} \times \int_0^3 (3x^2 - ax)dx$$

$$= \frac{1}{3} \times \left[x^3 - \frac{a}{2}x^2 \right]_0^3 = \frac{1}{3} \times \left(27 - \frac{9}{2}a \right)$$

$$= 9 - \frac{3a}{2}$$

$$\therefore \ 9 - \frac{3a}{2} = f(1), \ 9 - \frac{3a}{2} = 3 - a$$

$$\therefore \ a = 12$$

454 정답 ②

$f(x) = ax(x-3)$으로 잡으면

문제에서 $\dfrac{k}{n} \to x$, $\dfrac{1}{n} \to dx$, $\displaystyle\lim_{n \to \infty}\sum_{k=1}^{n} \to \int_0^1$ 로 변형

$$\lim_{n \to \infty}\frac{1}{n}\sum_{k=1}^{n}f\left(\frac{k}{n}\right) = \frac{7}{6} \ \text{에서}$$

$$\Rightarrow \int_0^1 f(x)\,dx = a\int_0^1 x^2 - 3x\,dx$$

$$= a\left[\frac{x^3}{3} - \frac{3}{2}x^2\right]_0^1 = -\frac{7}{6}a = \frac{7}{6}$$

$$\therefore \ a = -1$$

$f(x) = -x^2 + 3x$ 를 x관하여 미분하면

$f'(x) = -2x + 3$

$$\therefore \ f'(0) = 3$$

455 정답 ②

$$\lim_{n \to \infty}\sum_{k=1}^{n}f\left(1 + \frac{2k}{n}\right)\frac{2}{n} = \int_1^3 f(x)\,dx$$

$$= \int_1^3 \frac{1}{x}\,dx = \Big[\ ln\,x\ \Big]_1^3 = \ln 3$$

456 정답 ①

$$\lim_{n \to \infty}\sum_{k=1}^{n}f\left(1 + \frac{k}{n}\right)\frac{1}{n} = \int_1^2 f(x)\,dx$$

$$= \int_1^2 x\,e^x\,dx$$

$$= \Big[xe^x - e^x\Big]_1^2 = e^2$$

457 정답 ③

$$\lim_{n \to \infty}\frac{3}{n}\sum_{k=1}^{n}f\left(1 + \frac{3k}{n}\right)$$

$$= \int_1^4 f(x)\,dx = \int_1^4 \frac{1}{x^2 + x}\,dx$$

$$= \int_1^4 \left(\frac{1}{x} - \frac{1}{x+1}\right)dx = \left[\ln\left|\frac{x}{x+1}\right|\right]_1^4 = \ln\frac{8}{5}$$

458 정답 ④

$$\sum_{k=1}^{n}\int_0^1 x^{2n+k-1}\,dx$$

$$= \sum_{k=1}^{n}\left[\frac{1}{2n+k}x^{2n+k}\right]_0^1$$

$$= \sum_{k=1}^{n}\frac{1}{2n+k}$$

따라서

$$\lim_{n \to \infty}a_n = \lim_{n \to \infty}\sum_{k=1}^{n}\frac{1}{2n+k}$$

$$= \lim_{n \to \infty}\sum_{k=1}^{n}\frac{\dfrac{1}{n}}{2 + \dfrac{k}{n}}$$

$$= \lim_{n \to \infty}\frac{1}{n}\sum_{k=1}^{n}\frac{1}{2 + \dfrac{k}{n}} = \int_0^1 \frac{1}{2+x}\,dx$$

$$= \Big[\ln(2+x)\ \Big]_0^1 = \ln 3 - \ln 2 = \ln\left(\frac{3}{2}\right)$$

유형 10 곡선과 좌표축 사이의 넓이

459 정답 ②

곡선 $y = e^{2x}$ 는 구간 $\left[\ln\dfrac{1}{2},\ \ln 2\right]$ 에서 양수이므로 곡선

$y = e^{2x}$과 x축 및 두 직선 $x = \ln\dfrac{1}{2}$, $x = \ln 2$로 둘러싸인

부분의 넓이는

$$\int_{\ln\frac{1}{2}}^{\ln 2} e^{2x}\,dx = \left[\frac{1}{2}e^{2x}\right]_{\ln\frac{1}{2}}^{\ln 2} = \frac{1}{2}\left\{e^{2\ln 2} - e^{-2\ln 2}\right\}$$

$$= \frac{1}{2}e^{\ln 4} - \frac{1}{2}e^{\ln\frac{1}{4}} = \frac{1}{2} \times 4 - \frac{1}{2} \times \frac{1}{4} = \frac{15}{8}$$

460 정답 ③

$y = |\sin 2x|$ 은 $x = \dfrac{\pi}{2}, \pi$에서 근을 갖는다.

$$\int_{\frac{\pi}{4}}^{\frac{\pi}{2}}(\sin 2x + 1)\,dx + \int_{\frac{\pi}{2}}^{\pi}(-\sin 2x + 1)\,dx$$

$$+ \int_{\pi}^{\frac{5\pi}{4}}(\sin 2x + 1)\,dx$$

$$= 4\int_0^{\frac{\pi}{4}}(\sin 2x + 1)\,dx$$

$$= 4\left[-\frac{1}{2}cos2x + x\right]_0^{\frac{\pi}{4}}$$

$$= 4\left\{-\frac{1}{2}\cos\frac{\pi}{2}+\frac{\pi}{4}-\left(-\frac{1}{2}\right)\right\}=\pi+2$$

따라서 $y=|\sin 2x|+1$ 과 x 축 및 두 직선

$x=\dfrac{\pi}{4}$, $x=\dfrac{5\pi}{4}$ 로 둘러싸인 부분의 넓이는 $\pi+2$ 이다.

[다른 풀이]–서영만T

$y=|\sin 2x|+1$ 은 $y=|\sin 2x|$ 의 그래프를 y 축의 방향으로 1만큼 평행이동 시킨 그래프이므로 다음 그림과 같다.

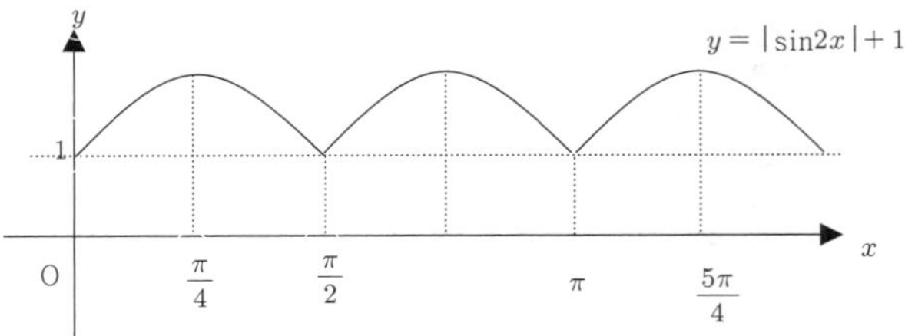

구하는 넓이를 S 라 하면

$$S=\int_{\frac{\pi}{4}}^{\frac{5\pi}{4}}(|\sin 2x|+1)\,dx$$

$$=4\int_{0}^{\frac{\pi}{4}}(\sin 2x+1)\,dx \ \ (\because \text{대칭성})$$

$$=4\left[-\frac{1}{2}\cos 2x+x\right]_{0}^{\frac{\pi}{4}}$$

$$=4\left\{-\frac{1}{2}\cos\frac{\pi}{2}+\frac{\pi}{4}-\left(-\frac{1}{2}\right)\right\}$$

$$=\pi+2$$

461 정답 ③

[그림 : 이정배T]

함수 $y=\cos 2x$ 의 그래프와 x 축, y 축 및 직선 $x=\dfrac{\pi}{12}$ 로 둘러싸인 영역의 넓이는

$$\int_{0}^{\frac{\pi}{12}}\cos 2x\,dx=\left[\frac{1}{2}\sin 2x\right]_{0}^{\frac{\pi}{12}}=\frac{1}{2}\sin\frac{\pi}{6}=\frac{1}{4}$$ 이다.

이 넓이가 $y=a$ 에 의하여 이등분되면 그 넓이는 $\dfrac{1}{8}$ 이다.

따라서 x 축, y 축 및 직선 $x=\dfrac{\pi}{12}$ 와 $y=a$ 에 의하여 둘러싸인 넓이는 $\dfrac{\pi}{12}\times a$ 이므로 $\dfrac{1}{8}=\dfrac{\pi}{12}\times a$ 이다.

$$\therefore a=\frac{3}{2\pi}$$

462 정답 ①

곡선 $y=\sqrt{x}-3$ 는 그림과 같다.

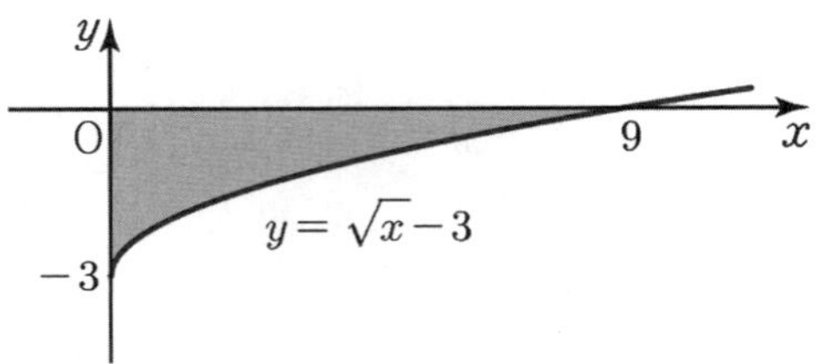

닫힌구간 $[0,\,9]$ 에서 $y=\sqrt{x}-9\leq 0$ 이므로 구하는 넓이를 S 라 하면

$$S=\int_{0}^{9}\{-(\sqrt{x}-3)\}\,dx$$

$$=\int_{0}^{9}(3-\sqrt{x})\,dx$$

$$=\left[3x-\frac{2}{3}x^{\frac{3}{2}}\right]_{0}^{9}=27-18=9$$

유형 11 두 곡선 사이의 넓이

463 정답 27

$y=3\sqrt{x-9}$ 에서 $y'=\dfrac{3}{2}\cdot\dfrac{1}{\sqrt{x-9}}$

$x=18$ 에서의 접선의 기울기 m 은

$$m=\frac{3}{2}\times\frac{1}{\sqrt{9}}=\frac{1}{2}$$

따라서 접선의 방정식은 $y=\dfrac{1}{2}(x-18)+9=\dfrac{1}{2}x$

따라서 구하는 넓이는

$$\frac{1}{2}\times 18\times 9-\int_{9}^{18}3\sqrt{x-9}\,dx$$

$$=81-3\times\frac{2}{3}\times\left[(x-9)^{\frac{3}{2}}\right]_{9}^{18}$$

$$=81-2\times 9\sqrt{9}=27$$

464 정답 ①

$$\frac{xe^{x^2}}{e^{x^2}+1}-\frac{2}{3}x=\frac{xe^{x^2}-2x}{3(e^{x^2}+1)}=\frac{x(e^{x^2}-2)}{3(e^{x^2}+1)} \cdots ㉠$$

$x(e^{x^2}-2)=0$ 인 x 의 값을 구하면

$x=0$ 또는 $e^{x^2}=2$ 에서 $x^2=\ln 2$

$$\therefore x=\pm\sqrt{\ln 2}$$

(i) $0<x<\sqrt{\ln 2}$ 이면 ㉠은 음

(ii) 이면 ㉠은 양

(iii) 곡선과 직선은 모두 원점 대칭인 그래프

(i), (ii), (iii) 에 의하여 구하는 넓이 S 는

$$S = 2\int_0^{\sqrt{\ln 2}}\left(\frac{2}{3}x - \frac{xe^{x^2}}{e^{x^2}+1}\right)dx$$

$$= \int_0^{\sqrt{\ln 2}}\frac{4}{3}x\,dx - \int_0^{\sqrt{\ln 2}}\frac{2xe^{x^2}}{e^{x^2}+1}\,dx$$

$$= \left[\frac{2}{3}x^2\right]_0^{\sqrt{\ln 2}} - \left[\ln(e^{x^2}+1)\right]_0^{\sqrt{\ln 2}}$$

$$= \frac{2}{3}\ln 2 - (\ln 3 - \ln 2) = \frac{5}{3}\ln 2 - \ln 3$$

465 정답 ③

$$\frac{1}{2}\int_0^1 e^x\,dx = \frac{1}{2}a$$

$$\therefore\ e - 1 = a$$

466 정답 ①

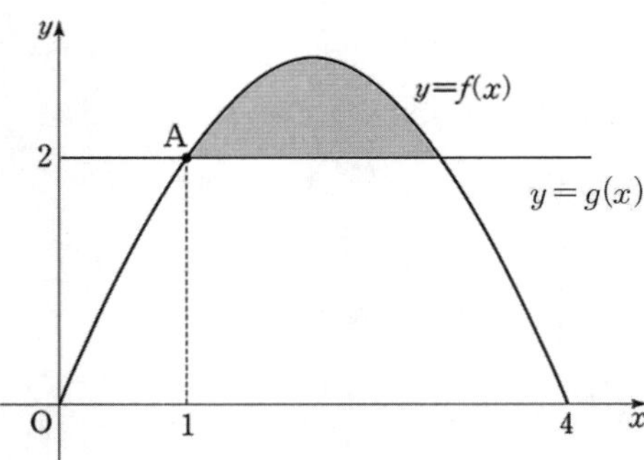

$g(x)$가 x축에 평행하므로 $g(x) = 2$

$y = f(x)$와 $y = g(x)$ 에 의해 둘러싸인 부분의 넓이는

$y = f(x)$가 $x = 2$ 에 대칭이므로

$$\int_1^3\left(2\sqrt{2}\sin\frac{\pi}{4}x - 2\right)dx$$

$$= 4\int_1^2\left(\sqrt{2}\sin\frac{\pi}{4}x - 1\right)dx$$

$$= 4\left[-\frac{4\sqrt{2}}{\pi}\cos\frac{\pi}{4}x - x\right]_1^2$$

$$= 4\left(-2 + \frac{4}{\pi} + 1\right)$$

$$= \frac{16}{\pi} - 4$$

467 정답 ①

[그림 : 이정배T]

A의 넓이와 B의 넓이가 같으므로
두 직선 $y = -2x + a$와 $x = 1$ 및 x축, y축으로 둘러싸인
영역의 넓이와 곡선 $y = e^{2x}$와 직선 $x = 1$ 및 x축, y축으로
둘러싸인 영역의 넓이가 같다.

두 직선 $y = -2x + a$와 $x = 1$ 및 x축, y축으로 둘러싸인
영역의 넓이는

$$\int_0^1(-2x + a)dx = \left[-x^2 + ax\right]_0^1 = -1 + a \qquad \cdots ㉠$$

곡선 $y = e^{2x}$와 직선 $x = 1$ 및 x축, y축으로 둘러싸인 영역의
넓이는

$$\int_0^1 e^{2x}\,dx = \left[\frac{1}{2}e^{2x}\right]_0^1 = \frac{e^2 - 1}{2} \qquad \cdots ㉡$$

㉠, ㉡에서 $-1 + a = \dfrac{e^2 - 1}{2}$

따라서 $a = \dfrac{e^2 + 1}{2}$

468 정답 ②

둘러싸인 부분의 넓이는

$$\int_0^1\left(\sin\frac{\pi}{2}x\right) - (2^x - 1)dx$$

$$= \left[-\frac{2}{\pi}\cos\frac{\pi}{2}x\right]_0^1 - \left[2^x\frac{1}{\ln 2}\right]_0^1 + \left[x\right]_0^1$$

$$= \frac{2}{\pi} - \frac{1}{\ln 2} + 1$$

469 정답 ③

$$\frac{1}{2}\int_0^2 e^x\,dx = \frac{1}{2}\times 2\times 2a$$

$$\frac{e^2 - 1}{2} = 2a$$

$$\therefore\ a = \frac{e^2 - 1}{4}$$

470 정답 ②

곡선 $y = e^x$ 과 접선 l 이 만나는 접점의 x좌표를 t 라 하면 접점
$(t,\ e^t)$ 에서의 접선의 기울기는 e^t 이므로 접선 l 의 방정식은
$$y = e^t(x - t) + e^t$$
접선 l 이 점 $(0,\ 0)$ 을 지나므로
$$e^t(0 - t) + e^t = 0$$
$$(1 - t)e^t = 0$$
$t = 1 \Rightarrow$ 접선 l의 방정식은 $y = ex$이다.

곡선 $y = e^x$ 과 y축 및 직선 l 으로 둘러싸인 부분은 다음
그림의 색칠된 부분과 같다.
따라서 구하는 넓이를 S라 하면

$$S = \int_0^1\{e^x - (ex)\}dx = \left[e^x - \frac{e}{2}x^2\right]_0^1 = \frac{1}{2}e - 1$$

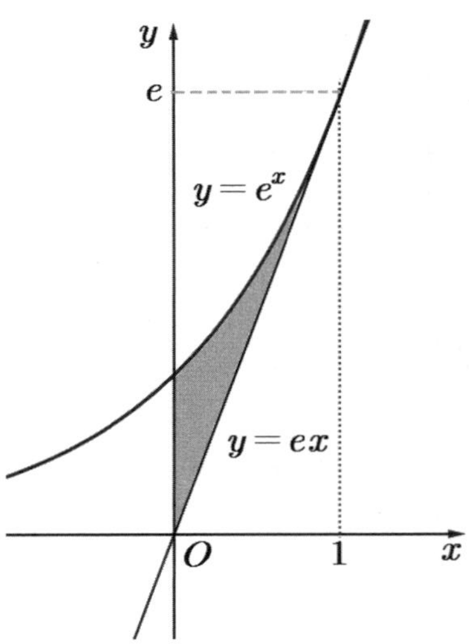

471 정답 ②

$A(0, 1)$, $B(\log_2 k, k)$, $C(-\log_2 k, k)$ 이므로

삼각형 ACB 의 무게중심의 좌표는 $\left(0, \dfrac{2k+1}{3}\right)$ 이고

$\dfrac{2k+1}{3}=3 \ \Rightarrow\ k=4$

따라서 $B(2, 4)$, $C(-2, 4)$ 이고 직선 AB 의 방정식은

$y=\dfrac{3}{2}x+1$ 이고 도형이 y축 대칭이므로 색칠된 부분의 넓이

S는

$S=2\displaystyle\int_0^2\left(\dfrac{3}{2}x+1-2^x\right)dx=2\left[\dfrac{3}{4}x^2+x-\dfrac{2^x}{\ln 2}\right]_0^2$

$\quad =2\left(3+2-\dfrac{3}{\ln 2}\right)=10-\dfrac{6}{\ln 2}$

472 정답 ①

$y=e^x$ 를 미분하면 $y'=e^x$ 이므로 (t, e^t) 에서의 접선의

방정식은 $y=e^t(x-t)+e^t$ 이다.

이 식에 $(0, 0)$ 을 대입하여 정리하면 $t=1$ 이다. 따라서 접선의

방정식은 $y=ex$ 이고 주어진 그래프는 y축에 대하여

대칭이므로

$2\displaystyle\int_0^1(e^x-ex)dx$ 의 값을 구하면 된다.

$2\left[e^x-\dfrac{e}{2}x^2\right]_0^1=2\left(\dfrac{e}{2}-1\right)=e-2$

473 정답 ③

[그림 : 배용제T]

$y=\dfrac{1}{x+2}$ 에서

$xy+2y=1$

$x=\dfrac{1-2y}{y}=\dfrac{1}{y}-2$

따라서 구하는 도형의 넓이를 S라 하면

$S=\displaystyle\int_{\frac{1}{2}}^2\left|\dfrac{1}{y}-2\right|dy=\int_{\frac{1}{2}}^2\left(2-\dfrac{1}{y}\right)dy$

$\quad =\left[2y-\ln|y|\right]_{\frac{1}{2}}^2=(4-\ln 2)-\left(1-\ln\left(\dfrac{1}{2}\right)\right)$

$\quad =3-\ln 2+\ln\left(\dfrac{1}{2}\right)$

$\quad =3-2\ln 2$

 입체도형의 부피

474 정답 ③

한 변의 길이가 $\sqrt{(1-2x)\cos x}$ 인 정사각형의 부피를 구하므로

$\displaystyle\int_{\frac{3}{4}\pi}^{\frac{5}{4}\pi}\left(\sqrt{(1-2x)\cos x}\right)^2dx=\int_{\frac{3}{4}\pi}^{\frac{5}{4}\pi}(\cos x-2x\cos x)dx$

$\quad =\left[\sin x\right]_{\frac{3}{4}\pi}^{\frac{5}{4}\pi}-2\displaystyle\int_{\frac{3}{4}\pi}^{\frac{5}{4}\pi}x\cos x\,dx$

$=\left(-\dfrac{\sqrt{2}}{2}-\dfrac{\sqrt{2}}{2}\right)-2\left[x\sin x+\cos x\right]_{\frac{3}{4}\pi}^{\frac{5}{4}\pi}$

$=-\sqrt{2}-2\left[\left(-\dfrac{5\sqrt{2}}{8}\pi-\dfrac{\sqrt{2}}{2}\right)-\left(\dfrac{3\sqrt{2}}{8}\pi-\dfrac{\sqrt{2}}{2}\right)\right]$

$=-\sqrt{2}-2(-\sqrt{2}\pi)$

$=-\sqrt{2}+2\sqrt{2}\pi$

475 정답 ④

$0\le t\le\dfrac{\pi}{3}$ 인 실수 t 에 대하여 직선 $x=t$ 를 포함하고 x축에

수직인 평면으로 자른 단면의 넓이를 $S(t)$ 라 하면

$S(t)=\left(\sqrt{\sec^2 t+\tan t}\right)^2=\sec^2 t+\tan t$

이므로 구하는 입체도형의 부피는

$\displaystyle\int_0^{\frac{\pi}{3}}(\sec^2 t+\tan t)dt=\int_0^{\frac{\pi}{3}}\left(\sec^2 t+\dfrac{\sin t}{\cos t}\right)dt$

$=\displaystyle\int_0^{\frac{\pi}{3}}\left\{\sec^2 t-\dfrac{(\cos t)'}{\cos t}\right\}dt$

$=\left[\tan t-\ln|\cos t|\right]_0^{\frac{\pi}{3}}$

$=\tan\dfrac{\pi}{3}-\ln\left(\cos\dfrac{\pi}{3}\right)$

$=\sqrt{3}-\ln\dfrac{1}{2}=\sqrt{3}+\ln 2$

476 정답 ③

$$V=\int_1^2 y^2\,dx=\int_1^2 \frac{kx}{2x^2+1}\,dx=\frac{k}{4}\int_1^2 \frac{4x}{2x^2+1}\,dx$$

$2x^2+1=t$라 할 때, $dx=\dfrac{dt}{4x}$이므로

$$V=\frac{k}{4}\Big[\ln t\Big]_3^9=\frac{k}{4}\ln 3=2\ln 3\text{이고 } k=8\text{이다.}$$

477 정답 ②

$1\le t\le 2$인 실수 t에 대하여 직선 $x=t$를 포함하고 x축에 수직인 평면으로 자른 단면의 넓이를 $S(t)$라 하면

$$S(t)=\left(\sqrt{\frac{3t+1}{t^2}}\right)^2=\frac{3t+1}{t^2}$$

구하는 입체도형의 부피를 V라 하면

$$V=\int_1^2 S(t)\,dt=\int_1^2 \frac{3t+1}{t^2}\,dt$$

$$=\int_1^2\left(\frac{3}{t}+\frac{1}{t^2}\right)dt$$

$$=\left[3\ln|t|-\frac{1}{t}\right]_1^2$$

$$=3\ln 2-\left(\frac{1}{2}-1\right)$$

$$=\frac{1}{2}+3\ln 2$$

따라서 입체도형의 부피는 $\dfrac{1}{2}+3\ln 2$이다.

478 정답 ④

직선 $x=t\ (0\le t\le 1)$을 포함하고 x축에 수직인 평면으로 자른 단면의 넓이를 $S(t)$라 하면

$$S(t)=(\sqrt{t}+1)^2=t+2\sqrt{t}+1$$

구하는 부피를 V라 하면

$$V=\int_0^1 S(t)\,dt=\int_0^1 (t+2\sqrt{t}+1)\,dt=\left[\frac{1}{2}t^2+\frac{4}{3}t\sqrt{t}+t\right]_0^1$$

$$=\frac{1}{2}+\frac{4}{3}+1=\frac{17}{6}$$

479 정답 ②

주어진 입체도형의 부피는

$$\int_0^k\left(\sqrt{\frac{e^x}{e^x+1}}\right)^2 dx=\int_0^k \frac{e^x}{e^x+1}\,dx$$

$e^x+1=t$로 놓으면 $\dfrac{dt}{dx}=e^x$

이때 $x=0$일 때, $t=2$이고 $x=k$일 때, $t=e^k+1$이므로

$$\int_0^k \frac{e^x}{e^x+1}\,dx=\int_2^{e^k+1} \frac{1}{t}\,dt=\Big[\ln t\Big]_2^{e^k+1}$$

$$=\ln(e^k+1)-\ln 2$$

$$=\ln\frac{e^k+1}{2}$$

주어진 입체도형의 부피가 $\ln 7$이므로

$$\ln\frac{e^k+1}{2}=\ln 7,\ \ \frac{e^k+1}{2}=7,\ \ e^k=13$$

따라서 $k=\ln 13$

유형 13 **좌표평면 위를 움직이는 점의 속도와 거리**

480 정답 6

점 P가 움직인 거리 d를 구해보자.

$$d=\int_0^{2\pi} \sqrt{(-\sin t)^2+(0)^2}\,dt$$

$$=\int_0^{2\pi} |\sin t|\,dt=4\times\int_0^{\frac{\pi}{2}} \sin t\,dt$$

$$=4\Big[-\cos t\Big]_0^{\frac{\pi}{2}}=4$$

따라서 점 P가 움직인 거리는 4이다.

점 P가 나타내는 곡선의 길이 l을 구해보자.

점 $P(\cos t,\,1)$이라 할 때

$t=0$이면 $P(1,\,1)$

$t=\pi$이면 $P(-1,\,1)$

$t=2\pi$이면 $P(1,\,1)$이다.

따라서 점 P가 나타내는 곡선은 다음 그림과 같으므로 곡선의 길이는 2이다.

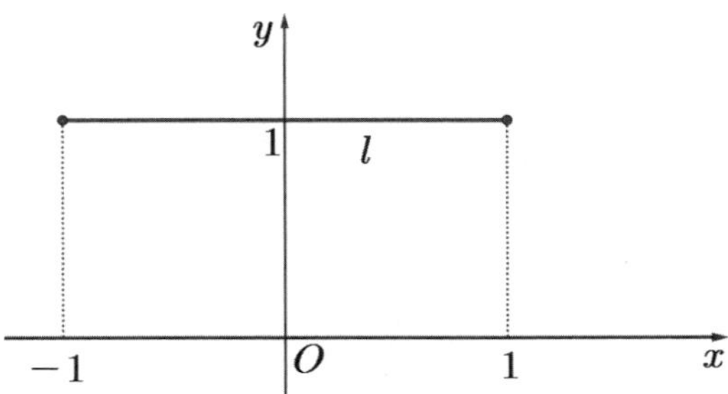

따라서 움직인 거리와 곡선의 길이의 합은 6이다.

481 정답 ⑤

$$\sqrt{\left(\frac{dx}{dt}\right)^2+\left(\frac{dy}{dt}\right)^2}=\sqrt{(3t^2-2)^2+(2\sqrt{6}\,t)^2}$$

$$=\sqrt{9t^4+12t^2+4}=\sqrt{(3t^2+2)^2}=3t^2+2$$

이므로

$$\int_0^2 (3t^2+2)\,dt=\Big[t^3+2t\Big]_0^2=8+4=12$$

미적분 **369**

곡선의 길이

482 정답 ①

$$y = \begin{cases} -\dfrac{e^x + e^{-x}}{2} + 1 & (x < 0) \\ 0 & (x \geq 0) \end{cases}$$

$$\dfrac{dy}{dx} = \begin{cases} -\dfrac{e^x - e^{-x}}{2} & (x < 0) \\ 0 & (x \geq 0) \end{cases}$$

이므로 $x < 0$일 때

$$1 + \left(\dfrac{dy}{dx}\right)^2 = 1 + \left(\dfrac{e^x - e^{-x}}{2}\right)^2 = \left(\dfrac{e^x + e^{-x}}{2}\right)^2$$

에서

$$\sqrt{1 + \left(\dfrac{dy}{dx}\right)^2} = \sqrt{\left(\dfrac{e^x + e^{-x}}{2}\right)^2}$$

$$= \left| \dfrac{e^x + e^{-x}}{2} \right|$$

$$= \dfrac{e^x + e^{-x}}{2}$$

이고, $x \geq 0$일 때

$$1 + \left(\dfrac{dy}{dx}\right)^2 = 1 + 0 = 1$$

따라서 $-\ln 4 \leq x \leq 1$에서의 곡선의 길이는

$$\int_{-\ln 4}^{1} \sqrt{1 + \left(\dfrac{dy}{dx}\right)^2}\, dx$$

$$= \int_{-\ln 4}^{0} \dfrac{e^x + e^{-x}}{2}\, dx + \int_{0}^{1} 1\, dx$$

$$= \left[\dfrac{e^x - e^{-x}}{2} \right]_{-\ln 4}^{0} + \Big[\ x\ \Big]_{0}^{1}$$

$$= \left(\dfrac{e^0 - e^0}{2} - \dfrac{e^{-\ln 4} - e^{\ln 4}}{2} \right) + (1 - 0)$$

$$= \left(0 - \dfrac{\dfrac{1}{4} - 4}{2} \right) + 1$$

$$= \dfrac{15}{8} + 1 = \dfrac{23}{8}$$

483 정답 ②

$\displaystyle\int_{0}^{1} \sqrt{1 + f'(x)^2}\, dx$는 $y = f(x)$의 $0 \leq x \leq 1$

부분에서 곡선의 길이이므로 최소인 경우는 원점 O와 점 $(1,\ \sqrt{3}\,)$을 직선으로 연결할 때이다.

$$\therefore\ \sqrt{1^2 + (\sqrt{3}\,)^2} = 2$$

484 정답 78

$f(x) = \dfrac{1}{3}(x^2 + 2)^{\frac{3}{2}}$라 하면 구하는 길이는

$$\int_{0}^{6} \sqrt{1 + \{f'(x)\}^2}\, dx$$

$$= \int_{0}^{6} \sqrt{1 + \left\{ \dfrac{1}{2}(x^2+2)^{\frac{1}{2}} 2x \right\}^2}\, dx$$

$$= \int_{0}^{6} \sqrt{1 + \{x^2(x^2+2)\}}\, dx$$

$$= \int_{0}^{6} \sqrt{(x^2+1)^2}\, dx$$

$$= \int_{0}^{6} (x^2+1)\, dx = \left[\dfrac{1}{3}x^3 + x \right]_{0}^{6}$$

$$= 72 + 6 = 78$$

485 정답 ⑤

$x = 0$에서 $x = \ln 2$까지의 곡선의 길이는

$$\int_{0}^{\ln 2} \sqrt{\left(\dfrac{1}{4}e^{2x} - e^{-2x}\right)^2 + 1}\, dx$$

$$= \int_{0}^{\ln 2} \sqrt{\left(\dfrac{1}{4}e^{2x} + e^{-2x}\right)^2}\, dx$$

$$= \int_{0}^{\ln 2} \sqrt{\left(\dfrac{1}{4}e^{2x} + e^{-2x}\right)^2}\, dx$$

$$= \int_{0}^{\ln 2} \left(\dfrac{1}{4}e^{2x} + e^{-2x}\right) dx$$

$$= \dfrac{1}{8}e^{2\ln 2} - \dfrac{1}{2}e^{-2\ln 2} - \dfrac{1}{8} + \dfrac{1}{2} = \dfrac{1}{2} - \dfrac{1}{8} - \dfrac{1}{8} + \dfrac{1}{2} = \dfrac{3}{4}$$

따라서 곡선의 길이는 $\dfrac{3}{4}$이다.

486 정답 10

$\displaystyle\int_{0}^{1} \sqrt{1 + \{f'(x)\}^2}\, dx$는 곡선 $y = f(x)$ $(0 \leq x \leq 1)$의 길이를 의미하므로 이 곡선의 길이의 최솟값은 두 점 $(0,\ 1)$, $(1,\ 4)$을 잇는 선분의 길이와 같다. 따라서 구하는 최솟값은

$$\sqrt{(1-0)^2 + (4-1)^2} = \sqrt{10}$$

따라서 $m = \sqrt{10}$

$$\therefore\ m^2 = 10$$

$$\frac{100}{\pi} \times (a_6 - a_2) = \frac{100}{\pi} \times \left(2\pi - \frac{3}{4}\pi\right) = \frac{100}{\pi} \times \frac{5}{4}\pi = 125$$

487 정답 125

$$f'(x) = \begin{cases} \sin x \cos x & (\sin x \geq 0) \\ -\sin x \cos x & (\sin x < 0) \end{cases}$$

$$= \begin{cases} \dfrac{1}{2}\sin 2x & (2n\pi \leq x \leq (2n+1)\pi) \\ -\dfrac{1}{2}\sin 2x & ((2n+1)\pi < x < (2n+2)\pi) \end{cases}$$

(단, n은 정수이다.)

에서

$$f''(x) = \begin{cases} \cos 2x & (2n\pi \leq x \leq (2n+1)\pi) \\ -\cos 2x & ((2n+1)\pi < x < (2n+2)\pi) \end{cases} \quad \cdots\cdots \ \text{㉠}$$

함수 $h(x) = \displaystyle\int_0^x \{f(t) - g(t)\}dt$가 $x = a$에서 극값을 갖는

양수 a는

$h'(x) = f(x) - g(x)$에서 $h'(a) = f(a) - g(a) = 0$을 만족시키는

a이다.

그런데 함수 $g(x)$는 함수 $f(x)$ 위의 점 $(a, f(a))$에서의 접선의

방정식이므로 모든 실수 a에 대하여 $f(a) = g(a)$을

만족시키므로 모든 실수 a에 대하여 $h'(a) = 0$을 만족시킨다.

그 중 $x = a$에서 극값을 가지기 위해서는 $h'(x)$의 부호 변화가

$x = a$의 좌우에서 생겨야 한다.

곡선 $f(x)$가 위로 볼록한 부분에서는 $f'(x) < g'(x)$이고

곡선 $f(x)$가 아래로 볼록한 부분에서는 $f'(x) > g'(x)$이므로

$f'(x) - g'(x)$의 부호 변화가 일어나는 점은 함수 $f(x)$의

변곡점이다.

㉠에서

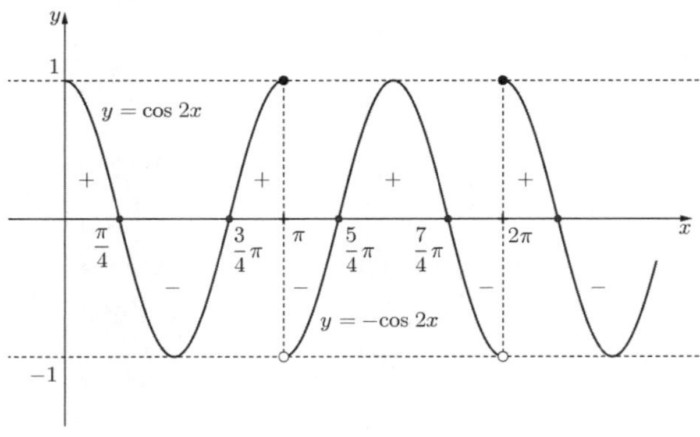

$$a_1 = \frac{\pi}{4}, \ a_2 = \frac{3}{4}\pi, \ a_3 = \pi, \ a_4 = \frac{5}{4}\pi, \ a_5 = \frac{7}{4}\pi,$$

$a_6 = 2\pi$이므로

488 정답 160

[출제자 : 김진성T]

[그림 : 도정영T]

$f(x) = \displaystyle\int_0^x |\sin t| \cos t\, dt$ 에서

$$f'(x) = \begin{cases} \sin x \cos x & (\sin x \geq 0) \\ -\sin x \cos x & (\sin x < 0) \end{cases}$$

$f(0) = 0$ 이므로

$$f(x) = \begin{cases} \dfrac{1}{2}\sin^2 x & (\sin x \geq 0) \\ -\dfrac{1}{2}\sin^2 x & (\sin x < 0) \end{cases}$$

$h(x) = \displaystyle\int_0^x |f(t) - f(x)|\, dt$에서 함수 $h(x)$는 구간 $[0,\ x]$에

속하는 실수 t에 대하여 $y = f(x) = $상수, $y = f(t)$, y축으로

둘러싸인 넓이이다.

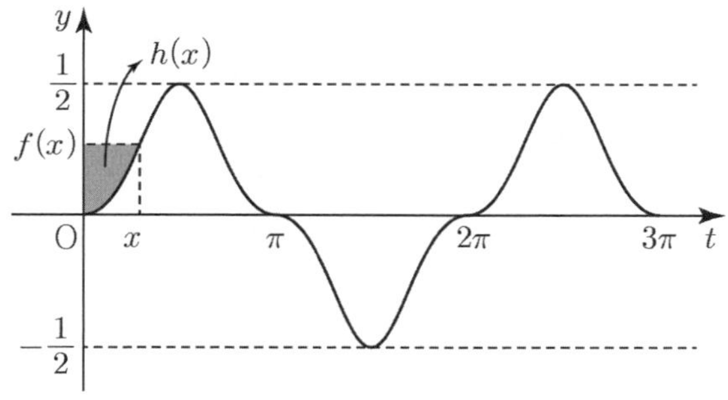

1) 구간 $\left[0, \dfrac{\pi}{2}\right]$에서 x가 증가하면 $h(x)$는 증가한다.

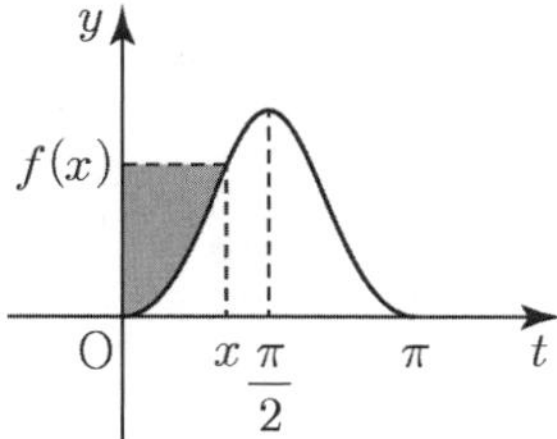

2) 구간 $\left[\dfrac{\pi}{2}, p\right] = \left[\dfrac{\pi}{2}, \dfrac{2\pi}{3}\right]$에서 x가 증가하면 $h(x)$는

감소한다.

$\pi - x = \dfrac{1}{2}x$ 일 때 즉 $x = \dfrac{2\pi}{3} = p$ 일 때 아래 그림과 같다.

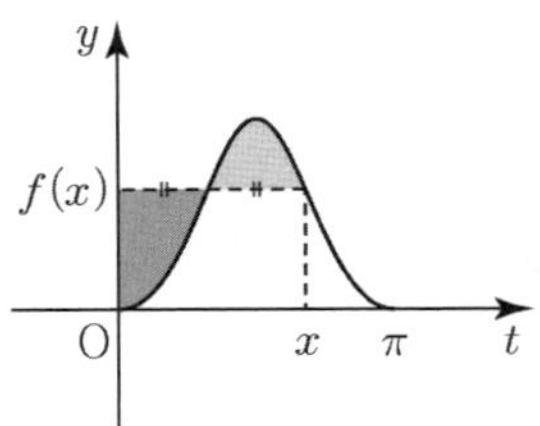

삼각형 PCO에서 코사인법칙을 이용하면

$$\overline{OP}^2 = \overline{CP}^2 + \overline{OC}^2 - 2 \times \overline{CP} \times \overline{OC} \times \cos\theta$$

$\overline{CP} = x$라 하면

$$5^2 = x^2 + 1^2 - 2 \times x \times 1 \times \cos\theta$$

$$x^2 - 2x\cos\theta - 24 = 0 \quad \cdots\cdots\; \bigcirc$$

$\theta = \dfrac{\pi}{4}$를 $\bigcirc$에 대입하면

$$x^2 - \sqrt{2}\,x - 24 = 0$$

$x > 0$이므로 $x = 4\sqrt{2}$

$\bigcirc$을 θ에 대하여 미분하면

$$2x\frac{dx}{d\theta} - 2\cos\theta\frac{dx}{d\theta} + 2x\sin\theta = 0$$

$$\frac{dx}{d\theta} = \frac{x\sin\theta}{\cos\theta - x}$$

$\theta = \dfrac{\pi}{4}$일 때, $\dfrac{dx}{d\theta}$의 값은

$$\frac{dx}{d\theta} = \frac{4\sqrt{2} \times \sin\dfrac{\pi}{4}}{\cos\dfrac{\pi}{4} - 4\sqrt{2}} = -\frac{4\sqrt{2}}{7}$$

선분 PQ의 중심을 M이라 하면

$$S(\theta) = \frac{1}{2} \times \overline{PQ} \times \overline{CM}$$

$$= \frac{1}{2} \times 2x\sin\theta \times x\cos\theta$$

$$= x^2\sin\theta\cos\theta$$

이 식의 양변을 θ에 대하여 미분하면

$$\frac{dS(\theta)}{d\theta} = 2x\frac{dx}{d\theta}sin\theta\cos\theta + x^2\cos^2\theta - x^2\sin^2\theta$$

이 식에 $\theta = \dfrac{\pi}{4}$를 대입하면

$$S'\!\left(\frac{\pi}{4}\right) = 2 \times 4\sqrt{2} \times \left(-\frac{4\sqrt{2}}{7}\right) \times \cos\frac{\pi}{4} \times \sin\frac{\pi}{4}$$

$$+ (4\sqrt{2})^2\cos^2\frac{\pi}{4} - (4\sqrt{2})^2\sin^2\frac{\pi}{4}$$

$$= -\frac{32}{7}$$

따라서 $-7 \times S'\!\left(\dfrac{\pi}{4}\right) = -7 \times \left(-\dfrac{32}{7}\right) = 32$

---

490 정답 3

그림과 같이 점 O를 지나고 선분 AB에 수직인 직선이 원 C의
접기 전의 원주와 만나는 점을 O′라 하면 중심이 O′이고
반지름의 길이가 1인 원 C′을 생각할 수 있다.

---

3) 구간 $\left[\dfrac{2\pi}{3},\ \dfrac{3\pi}{2}\right]$에서 x가 증가하면 $h(x)$는 증가한다.

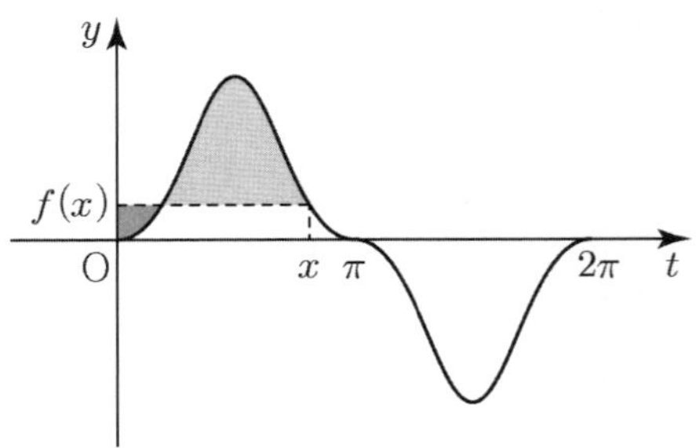

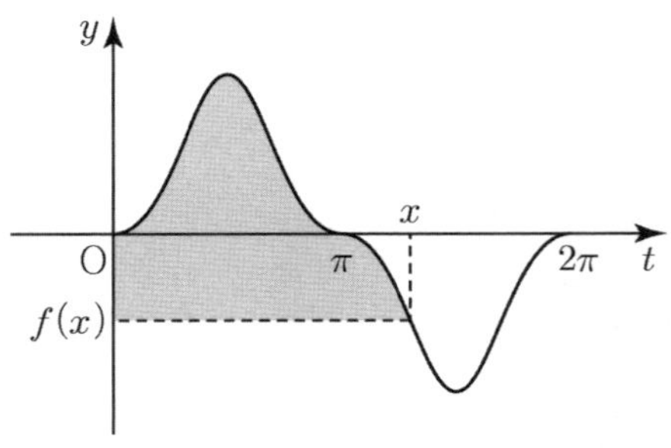

4) 구간 $\left[\dfrac{3\pi}{2},\ 2\pi\right]$에서 x가 증가하면 $h(x)$는 감소한다.

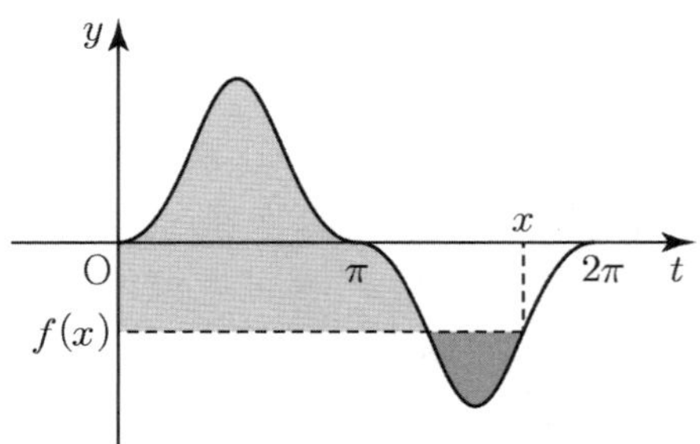

5) 증가, 감소가 반복된다.

따라서 $p_1 = \dfrac{\pi}{2},\ p_2 = \dfrac{2}{3}\pi,\ p_3 = \dfrac{3}{2}\pi,\ p_4 = 2\pi,\ \cdots$

$$\therefore \frac{120}{\pi} \times (p_4 - p_2) = \frac{120}{\pi} \times \left(2\pi - \frac{2}{3}\pi\right) = 160$$

489 정답 32

선분 AB의 중점을 O라 하면

$$\overline{OP} = 5$$

$$\overline{OC} = \overline{AO} - \overline{AC} = 5 - 4 = 1$$

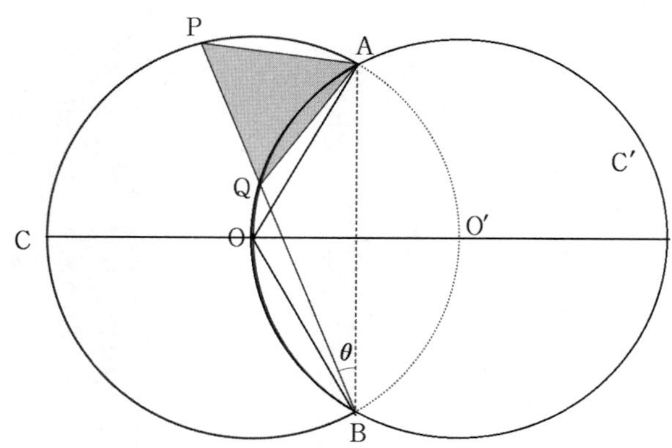

삼각형 $\mathrm{AOO'}$는 정삼각형이므로 $\angle\mathrm{AOO'}=\dfrac{\pi}{3}$이다.

따라서 $\angle\mathrm{AOB}=\dfrac{2}{3}\pi$이다.

그러므로 호 AB(점선)에 대한 중심각이 $\angle\mathrm{AOB}$이고 원주각이

$\angle\mathrm{APB}$에서 $\angle\mathrm{APB}=\dfrac{\pi}{3}$이다.

두 점 O와 Q는 원 $\mathrm{C'}$ 위의 점이므로

$\angle\mathrm{AOB}=\angle\mathrm{AQB}=\dfrac{2}{3}\pi$이다.

따라서 $\angle\mathrm{AQP}=\dfrac{\pi}{3}$

그러므로 삼각형 APQ는 정삼각형이다.

한편, 삼각형 ABQ에서 사인법칙을 적용하면

$$\dfrac{\overline{\mathrm{AQ}}}{\sin\theta}=2$$

$$\therefore \overline{\mathrm{AQ}}=2\sin\theta\cdots\cdots\text{㉠}$$

$\angle\mathrm{BAQ}=\dfrac{\pi}{3}-\theta$이므로 $\dfrac{\overline{\mathrm{BQ}}}{\sin\left(\dfrac{\pi}{3}-\theta\right)}=2$

$$\therefore l(\theta)=\overline{\mathrm{BQ}}=2\sin\left(\dfrac{\pi}{3}-\theta\right)$$

㉠에서 $S(\theta)=\dfrac{\sqrt{3}}{4}(2\sin\theta)^2=\sqrt{3}\sin^2\theta$

따라서

$$S'(\theta)=2\sqrt{3}\sin\theta\cos\theta=\sqrt{3}\sin2\theta$$

$$S'\left(\dfrac{\pi}{4}\right)=\sqrt{3}\times1=\sqrt{3}$$

그러므로 $\sqrt{3}\times S'\left(\dfrac{\pi}{4}\right)=3$이다.

491 정답 ②

함수 $y=f(x)$의 그래프는 다음과 같다.

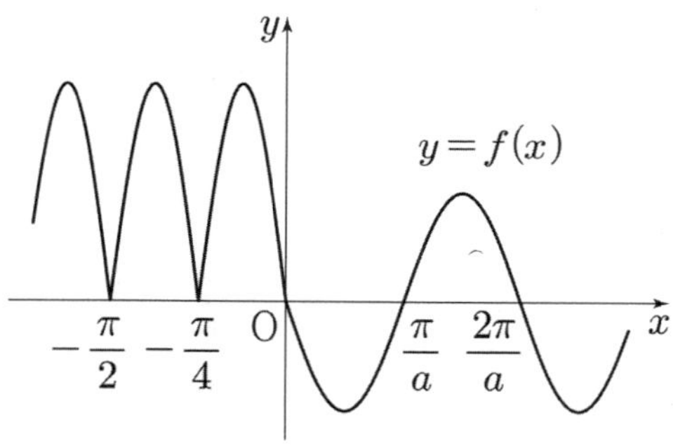

$F(x)=\displaystyle\int_{-a\pi}^{x}f(t)dt$라 하자.

함수 $f(x)$는 실수 전체의 집합에서 연속이므로 함수 $F(x)$는
실수 전체의 집합에서 미분가능하다.

이때 정적분의 성질에 의하여

$F'(x)=f(x)$이고,

$g(x)=\begin{cases}-F(x) & (F(x)<0)\\ F(x) & (F(x)\geq0)\end{cases}$ 이므로

$g'(x)=\begin{cases}-f(x) & (F(x)<0)\\ f(x) & (F(x)>0)\end{cases}$

따라서 함수 $g(x)=|F(x)|$가 실수 전체의 집합에서
미분가능하려면

$F(k)=0$인 실수 k가 존재하지 않거나

$F(k)=0$인 모든 실수 k에 대하여

$F'(k)=f(k)=0$이어야 한다.

(i) 함수 $g(x)$가 구간 $(-\infty,\ 0)$에서 미분가능할 조건

$-a\pi<0$이고 모든 음의 실수 x에 대하여 $f(x)\geq0$이므로

$F(k)=\displaystyle\int_{-a\pi}^{k}f(t)dt=0$인 음의 실수 k의 값은 $-a\pi$뿐이다.

이때

$$f(k)=f(-a\pi)=2|\sin(-4a\pi)|=0$$

이어야 하므로 $-4a\pi=-n\pi$, 즉

$$a=\dfrac{\pi}{4}\ (n\text{은 자연수}) \qquad\cdots\cdots\text{㉠}$$

(ii) 함수 $g(x)$가 구간 $[0,\ \infty)$에서 미분가능할 조건

$$\int_{-\frac{\pi}{4}}^{0}f(t)dt=\int_{-\frac{\pi}{4}}^{0}(-2\sin4t)dt$$

$$=\left[\dfrac{1}{2}\cos4t\right]_{-\frac{\pi}{4}}^{0}$$

$$=\dfrac{1}{2}\cos0-\dfrac{1}{2}\cos(-\pi)$$

$$=\dfrac{1}{2}+\dfrac{1}{2}=1$$

이고 모든 음의 실수 x에 대하여

$f\left(x-\dfrac{\pi}{4}\right)=f(x)$가 성립하므로 ㉠에서

$$\int_{-a\pi}^{0}f(t)dt=\int_{-\frac{n}{4}\pi}^{0}f(t)dt$$

$$= n\int_{-\frac{\pi}{4}}^{0} f(t)dt = n$$

따라서 양의 실수 x에 대하여

$$F(x) = \int_{-a\pi}^{x} f(t)dt$$

$$= \int_{-\frac{n}{4}\pi}^{0} f(t)dt + \int_{0}^{x} f(t)dt$$

$$= n + \int_{0}^{x} (-\sin at)dt$$

$$= n + \left[\frac{1}{a}\cos at\right]_{0}^{x}$$

$$= n\left(\frac{1}{a}\cos ax - \frac{1}{a}\cos 0\right)$$

$$= n + \frac{1}{a}\cos ax - \frac{1}{a}$$

$$= n + \frac{4}{n}\cos\frac{n}{4}x - \frac{4}{n}$$

이때 $F(k)=0$인 양수 k가 존재하면

$$n = \frac{4}{n}\left(1 - \cos\frac{n}{4}k\right)$$에서

$$\cos\frac{n}{4}k = 1 - \frac{n^2}{4} \ \cdots\cdots \ \mathbb{C}$$

이때 $f(k)=-\sin ak=-\sin\frac{n}{4}k=0$이어야 하므로

$\frac{n}{4}k = m\pi$ (m은 자연수)에서

$\mathbb{C}$에서

$$\cos m\pi = 1 - \frac{n^2}{4}$$

이때 m, n은 자연수이므로

$\cos m\pi = 1 - \dfrac{n^2}{4} = -1$, 즉 $n^2 = 8$을 만족시키는 자연수 n은

존재하지 않는다.

그러므로 함수 $g(x)$가 구간 $[0, \infty)$에서 미분가능하려면 모든 양의 실수 x에 대하여

$$F(x) = n + \frac{4}{n}\cos\frac{4}{n}x - \frac{4}{n} > 0$$

즉,

$$\cos\frac{n}{4}x > 1 - \frac{n^2}{4}$$

이어야 한다.

따라서 $1 - \dfrac{n^2}{4} < -1$이어야 하므로

$$n^2 > 8$$

따라서 자연수 n의 최솟값은 3이므로

$\mathbb{\ominus}$에서 a의 최솟값은 $\dfrac{3}{4}$이다.

492 정답 ③

$$g(x) = \begin{cases} 0 & (x < 0) \\ 2\sin(\pi x) & (x \geq 0) \end{cases}$$ 이므로

$$h(x) = \begin{cases} \dfrac{\pi}{a}\sin\pi x & (x < 0) \\ 2\sin^2(\pi x) & (x \geq 0) \end{cases}$$ 이다.

$\ominus$

$$\int_{0}^{1} 2\sin^2(\pi x)dx = \int_{0}^{1}(1 - \cos 2\pi x)dx$$

$$= \left[x - \frac{1}{2\pi}\sin\pi x\right]_{0}^{1} = 1$$

$\mathbb{C}$ $\displaystyle\int_{-1}^{0}\left(\frac{\pi}{a}\sin\pi x\right)dx = \left[-\frac{\cos\pi x}{a}\right]_{-1}^{0} = -\frac{1}{a} - \frac{1}{a} = -\frac{2}{a}$

따라서 함수 $y = h(x)$의 그래프는 다음과 같다.

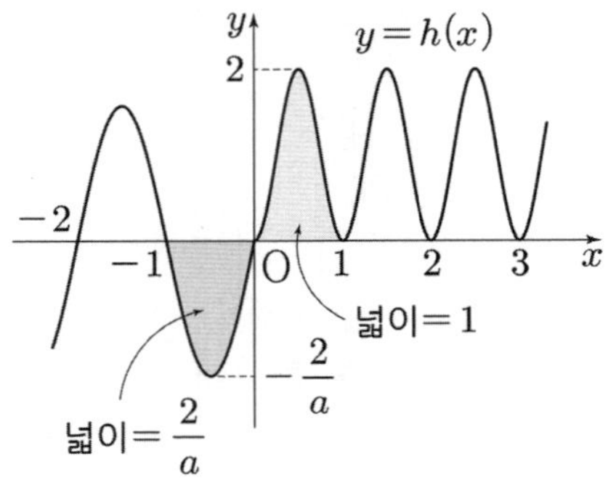

함수 $\left|\displaystyle\int_{a}^{x} h(t)dt\right|$에서

$k(x) = \displaystyle\int_{a}^{x} h(t)dt$라 하면 $k(a)=0$이고 $k'(x)=h(x)$이다.

함수 $|k(x)|$가 실수 전체의 집합에서 미분가능하므로

$k(a)=0$에서 $k'(a)=0$이어야 한다. 즉, $h(a)=0$이다.

함수 $h(x)$에서 $a > 0$이므로 a는 자연수가 가능하다.

(i) $a = 1$일 때,

$$h(x) = \begin{cases} \pi\sin\pi x & (x < 0) \\ 2\sin^2(\pi x) & (x \geq 0) \end{cases}$$ 이고 $k(x) = \displaystyle\int_{1}^{x} h(t)dt$이다.

$\ominus$에서 $\displaystyle\int_{n}^{n+1} h(t)dt = 1$이다.

$\mathbb{C}$에서 $\displaystyle\int_{-1}^{0} h(t)dt = -2$

따라서 함수 $k(x)$의 그래프는 $x < 0$에서 x축과 만나므로 함수 $|k(x)|$는 미분가능하지 않은 점이 생기므로 모순이다.

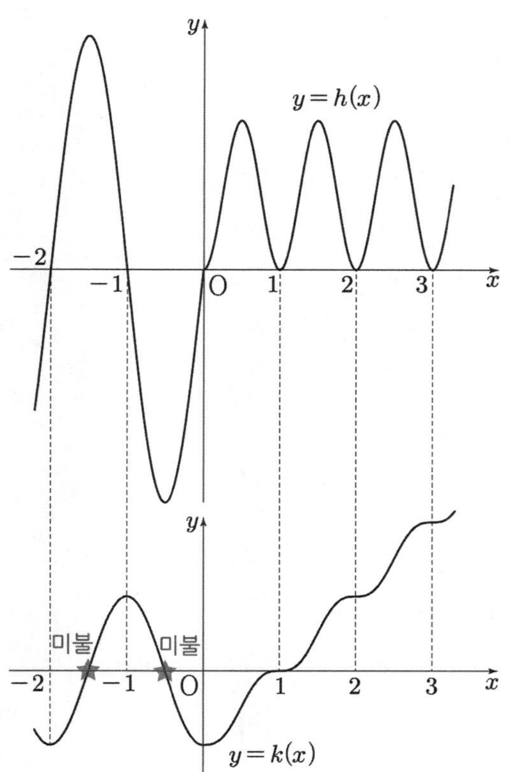

(ii) $a = 2$일 때,

$$h(x) = \begin{cases} \dfrac{\pi}{2} \sin \pi x & (x < 0) \\ 2 \sin^2(\pi x) & (x \ge 0) \end{cases} \text{이고 } k(x) = \int_2^x h(t)\,dt \text{이다.}$$

㉠에서 $\displaystyle\int_n^{n+1} h(t)\,dt = 1$이다.

㉡에서 $\displaystyle\int_{-1}^0 h(t)\,dt = 1$

따라서 함수 $k(x)$의 그래프는 $x < 0$에서 x축과 만나므로 않으므로 $x > 0$에서는 $x = 2$에서만 접하므로 함수 $|k(x)|$는 실수 전체의 집합에서 미분가능하다.

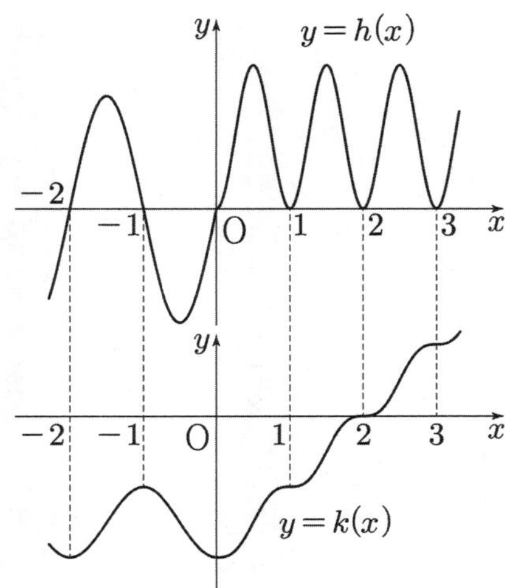

따라서 a의 최솟값은 2이다.

---

493 정답 26

조건 (가)에서

$$\lim_{x \to -\infty} \frac{f(x)+6}{e^x} = \lim_{x \to -\infty} \frac{ae^{2x}+be^x+c+6}{e^x}$$

$$= \lim_{x \to -\infty} \left(ae^x + b + \frac{c+6}{e^x} \right) = 1$$

따라서 $b = 1$, $c = -6$이므로

$$f(x) = ae^{2x} + e^x - 6$$

조건 (나)에서

$$f(\ln 2) = ae^{2\ln 2} + e^{\ln 2} - 6 = 4a + 2 - 6 = 0$$

$$a = 1$$

즉, $f(x) = e^{2x} + e^x - 6$

따라서

$$f(\ln 4) = e^{2\ln 4} + e^{\ln 4} - 6 = 16 + 4 - 6 = 14$$

이므로

$g(0) = \ln 2$, $g(14) = \ln 4$이다.

Young's법칙 [세미나(102) 참고]에서

$$\int_{\ln 2}^{\ln 4} f(x)\,dx + \int_0^{14} g(x)\,dx = 14\ln 4$$

따라서

$$\int_0^{14} g(x)\,dx = 28\ln 2 - \int_{\ln 2}^{\ln 4} (e^{2x} + e^x - 6)\,dx$$

$$= 28\ln 2 - \left[\frac{1}{2}e^{2x} + e^x - 6x \right]_{\ln 2}^{\ln 4}$$

$$= 28\ln 2 - (8 - 6\ln 2)$$

$$= -8 + 34\ln 2$$

따라서 $p = -8$, $q = 34$이므로

$$p + q = 26$$

[다른 풀이]

$g(0) = \ln 2$, $g(14) = \ln 4$에서

$\displaystyle\int_0^{14} g(x)\,dx$에서 $g(x) = t$로 놓으면

$g'(x) = \dfrac{dt}{dx}$이고 $g'(x) = \dfrac{1}{f'(g(x))} = \dfrac{1}{f'(t)}$이므로

$$\int_0^{14} g(x)\,dx = \int_{\ln 2}^{\ln 4} t f'(t)\,dt$$

$$= \left[t f(t) \right]_{\ln 2}^{\ln 4} - \int_{\ln 2}^{\ln 4} f(t)\,dt$$

$$= 14\ln 4 - \int_{\ln 2}^{\ln 4} (e^{2t} + e^t - 6)\,dt$$

$$= 14\ln 4 - \left[\frac{1}{2}e^{2t} + e^t - 6t \right]_{\ln 2}^{\ln 4}$$

$$= 28\ln 2 - (8 - 6\ln 2)$$

$$= 34\ln 2 - 8$$

[다른 풀이]2

$\displaystyle\int_0^{14} g(x)\,dx$에서

$x = f(t)$라 하면

$x=0$일 때, $t=\ln2$
$x=14$일 때, $t=\ln4$
$\dfrac{dx}{dt}=f'(t)$이므로

$$=\int_{\ln2}^{\ln4} t f'(t)\,dt$$

$$=\Big[\,tf(t)\,\Big]_{\ln2}^{\ln4}-\int_{\ln2}^{\ln4} f(t)\,dt$$

$$=14\ln4-\int_{\ln2}^{\ln4}(e^{2t}+e^t-6)\,dt$$

$$=14\ln4-\Big[\frac{1}{2}e^{2t}+e^t-6t\Big]_{\ln2}^{\ln4}$$

$$=28\ln2-(8-6\ln2)$$

$$=34\ln2-8$$

494 정답 2

[출제자 : 최성훈T]

$$\lim_{x\to-\infty}\frac{ae^{2x}+be^x+c-3}{e^x}=-4$$

$$\lim_{t\to\infty}\frac{ae^{-2t}+be^{-t}+c-3}{e^{-t}}=-4$$

$$\lim_{t\to\infty}\{a\cdot e^{-t}+b+(c-3)e^t\}=-4$$

따라서 $b=-4$, $c=3$
$f(x)=ae^{2x}-4e^x+3$
조건 (나)에서
$f(\ln2)=4a-4\times2+3=-1$ 따라서 $a=1$
$f(x)=e^{2x}-4e^x+3=(e^x-1)(e^x-3)$
이고 $y=f(x)$ 그래프 개형은 다음과 같다.

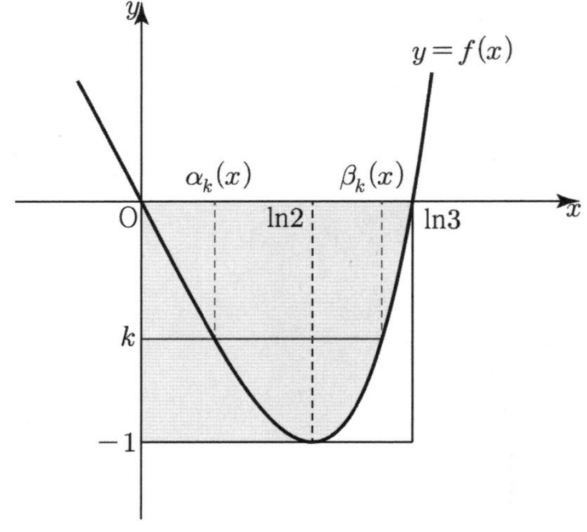

구하는 부분의 넓이는 색칠한 부분의 넓이와 같다.

$$\int_{-1}^{0}\beta_k(x)\,dk$$

$$=\ln3-\int_{\ln2}^{\ln3}\{f(x)+1\}\,dx$$

$$=\ln3-\Big[\frac{1}{2}e^{2x}-4e^x+4x\Big]_{\ln2}^{\ln3}$$

$$=\ln3-\left\{\Big(\frac{9}{2}-12+4\ln3\Big)-(2-8+4\ln2)\right\}$$

$$=\frac{3}{2}+\ln\frac{16}{27}$$

따라서 $p=\dfrac{3}{2}$, $q=\dfrac{16}{27}$

$$\therefore\ p^3q=\frac{27}{8}\times\frac{16}{27}=2$$

495 정답 ①

곡선 $y=x^2$과 직선 $y=t^2x-\dfrac{\ln t}{8}$ 가 만나는 서로 다른 두 점을

구하려면 $x^2=t^2x-\dfrac{\ln t}{8}$ 을 만족하는 x의 값이 두 점의

x좌표값과 같다.

$x^2-t^2x+\dfrac{\ln t}{8}=0$에서 두 근을 x_1, x_2라 하면

$x_1+x_2=t^2$, $x_1\times x_2=\dfrac{\ln t}{8}$ 이다.

두 점의 중점을 구하면 $\left(\dfrac{x_1+x_2}{2},\ \dfrac{y_1+y_2}{2}\right)$

$y_1+y_2={x_1}^2+{x_2}^2=(x_1+x_2)^2-2x_1x_2=t^4-\dfrac{1}{4}\ln t$

점 $P\left(\dfrac{t^2}{2},\ \dfrac{t^4}{2}-\dfrac{\ln t}{8}\right)$이고 $t=1$에서 $t=e$까지 움직인 거리는

다음과 같다.

$$\int_1^e \sqrt{\Big(\frac{dx}{dt}\Big)^2+\Big(\frac{dy}{dt}\Big)^2}\,dt=\int_1^e \sqrt{(t)^2+\Big(2t^3-\frac{1}{8t}\Big)^2}\,dt$$

$$=\int_1^e t\sqrt{\Big(2t^2+\frac{1}{8t^2}\Big)^2}\,dt$$

$$=\int_1^e\Big(2t^3+\frac{1}{8t}\Big)dt=\Big[\frac{1}{2}t^4+\frac{\ln t}{8}\Big]_1^e$$

$$=\Big(\frac{e^4}{2}+\frac{1}{8}\Big)-\Big(\frac{1}{2}+0\Big)$$

$$=\frac{e^4}{2}-\frac{3}{8}$$

496 정답 ②

곡선 $y=x^2$과 직선 $y=tx+\dfrac{e^t-t^2}{2}$ 의 두 교점의 x좌표는

$x^2=tx+\dfrac{e^t-t^2}{2}$ 의 두 실근이다.

$x^2-tx-\dfrac{e^t-t^2}{2}=0$의 두 실근을 x_1, x_2이라 하면

이차방정식의 근과 계수와의 관계에서

$x_1+x_2=t$, $x_1x_2=\dfrac{-e^t+t^2}{2}$ 이다.

두 교점의 y좌표를 각각 y_1, y_2라 두면
$y_1 = x_1^2$, $y_2 = x_2^2$이므로
$$y_1 + y_2 = x_1^2 + x_2^2 = (x_1 + x_2)^2 - 2x_1 x_2$$
$$= t^2 + e^t - t^2 = e^t$$
두 점의 중점의 좌표는
$$\left(\frac{x_1 + x_2}{2}, \frac{y_1 + y_2}{2} \right) = \left(\frac{t}{2}, \frac{e^t}{2} \right) \cdots \bigcirc$$
$$\frac{dx}{dt} = \frac{1}{2}, \quad \frac{dy}{dt} = \frac{1}{2} e^t$$
따라서
$$f(a) = \int_1^a \sqrt{\left(\frac{1}{2} \right)^2 + \left(\frac{1}{2} e^t \right)^2} \, dt$$
$$= \int_1^a \sqrt{\frac{e^{2t} + 1}{4}} \, dt$$
$$f'(a) = \frac{\sqrt{e^{2a} + 1}}{2}$$
따라서
$$f'(\ln 7) = \frac{\sqrt{e^{\ln 49} + 1}}{2} = \frac{5\sqrt{2}}{2}$$

[랑데뷰팁]—홍지석T

$\bigcirc$의 중점을 구할 때, 중점 또한 직선 $y = tx + \dfrac{e^t - t^2}{2}$ 위의

점이므로

$x = \dfrac{t}{2}$ 을 대입하면 $y = \dfrac{t^2}{2} + \dfrac{e^t - t^2}{2} = \dfrac{e^t}{2}$ 이다.

따라서 $\left(\dfrac{t}{2}, \dfrac{e^t}{2} \right)$

---

497 정답 ①

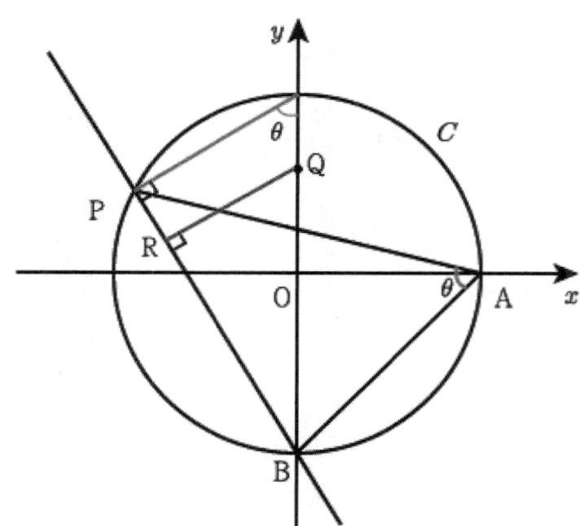

$\overline{BQ} = 2 + 2\cos\theta$, $\angle PBO = \dfrac{\pi}{2} - \theta$

$\therefore \overline{PR} = \{4 - (2 + 2\cos\theta)\} \cos\left(\dfrac{\pi}{2} - \theta \right) = 2\sin\theta - \sin 2\theta$

$$\int_{\frac{\pi}{6}}^{\frac{\pi}{3}} (2\sin\theta - \sin 2\theta) d\theta = \left[-2\cos\theta + \frac{1}{2} \cos 2\theta \right]_{\frac{\pi}{6}}^{\frac{\pi}{3}}$$

$$= \frac{2\sqrt{3} - 3}{2}$$

498 정답 ②

삼각형 PQR은 원점 O을 지나고 직선 l에 수직인 직선이 l로 나누어진 부분의 큰 쪽의 호와 만나는 점이 R 일 때 최대가 된다.
(밑변이 $\overline{PQ}$라면 높이가 점 R에서 직선 l까지 거리가 된다. 이때, 거리가 최대이다.)
따라서 원점 O에서 직선 l에 내린 수선의 발을 H라 하면
$\overline{OA} = 1$, $\angle OAH = \theta$에서
$\overline{OH} = \overline{OA} \sin\theta = \sin\theta$이다.
따라서 $\overline{RH} \leq 2 + \sin\theta$ $(\because \overline{RH} \leq \overline{RO} + \overline{OH})$
$\overline{OP} = 2$이므로 직각삼각형 OPH에서 피타고라스 성질을
이용하면
$$\overline{PH} = \sqrt{4 - \sin^2\theta}$$
따라서 $\overline{PQ} = 2\sqrt{4 - \sin^2\theta}$
그러므로

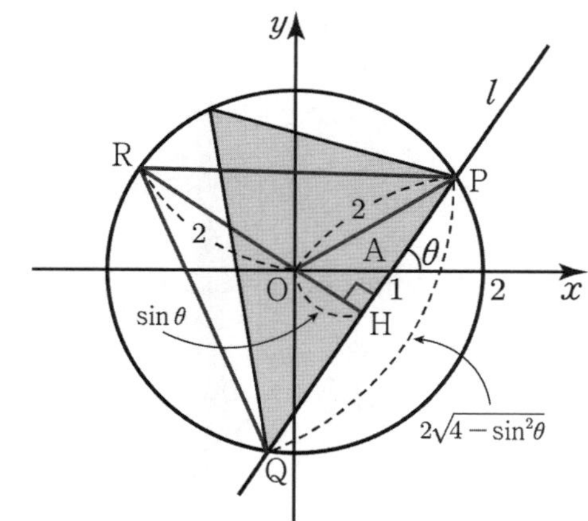

$$\triangle PQR \leq \frac{1}{2} \times (2 + \sin\theta) \times 2\sqrt{4 - \sin^2\theta}$$
$$= (2 + \sin\theta) \sqrt{4 - \sin^2\theta}$$
따라서 $S(\theta) = (2 + \sin\theta) \sqrt{4 - \sin^2\theta}$ 이다.
그러므로
$$\int_{\frac{\pi}{6}}^{\frac{\pi}{3}} \frac{S(\theta)}{\sqrt{4 - \sin^2\theta}} \, d\theta$$
$$= \int_{\frac{\pi}{6}}^{\frac{\pi}{3}} (2 + \sin\theta) \, d\theta$$
$$= \left[2\theta - \cos\theta \right]_{\frac{\pi}{6}}^{\frac{\pi}{3}}$$
$$= 2\left(\frac{\pi}{3} - \frac{\pi}{6} \right) - \left(\frac{1}{2} - \frac{\sqrt{3}}{2} \right)$$

$$= \frac{\pi}{3} - \frac{1-\sqrt{3}}{2}$$

$$= \frac{2\pi - 3 + 3\sqrt{3}}{6}$$

[다른 풀이]

직선 l은 기울기가 $\tan\theta$이고 $(1,\,0)$을 지나므로

$l : y = \tan\theta(x-1) \Rightarrow \tan\theta\, x - y - \tan\theta = 0$이다.

삼각형 PQR은 원점 O을 지나고 직선 l에 수직인 직선이 l로 나누어진 부분의 큰 쪽의 호와 만나는 점이 R일 때 최대가 된다. (밑변이 $\overline{PQ}$라면 높이가 점 R에서 직선 l까지 거리가 된다. 이 때 거리가 최대이다.)

따라서 원점 O에서 직선 l에 내린 수선의 발을 H라 하면

$$\overline{OH} = \frac{|-\tan\theta|}{\sqrt{1+\tan^2\theta}} = \frac{\tan\theta}{\sec\theta} = \sin\theta$$

499 정답 12

$f(x) = e^x + x - 1$에서 $f'(x) = e^x + 1 > 1$에서 함수 $f(x)$는 증가함수이고 역함수를 가진다. ···㉠

$F(x) = \displaystyle\int_0^x \{t - f(s)\}ds$에서 $F'(x) = t - f(x)$이고

$F'(x) = 0$을 만족하는 $x = \alpha$라 할 때, $x = \alpha$의 좌우에서 $F'(x)$의 부호가 $+ \to -$이므로

함수 $F(x)$는 $x = \alpha$에서 극댓값인 최댓값을 갖는다.

따라서

$F'(g(t)) = t - f(g(t)) = 0$

$f(g(t)) = t$이다.

㉠에서 함수 $f(x)$와 함수 $g(x)$는 역함수 관계이므로

$g(f(t)) = t$이다.

$\Rightarrow f^{-1}(f(g(t))) = f^{-1}(t) \Rightarrow g(t) = f^{-1}(t)$

$\displaystyle\int_{f(1)}^{f(5)} \frac{g(t)}{1 + e^{g(t)}} dt$의 $t = f(x)$라 하면 $dt = f'(x)\,dx$이므로

$$= \int_1^5 \left\{ \frac{g(f(x))}{1 + e^{g(f(x))}} \times f'(x) \right\} dx$$

$$= \int_1^5 \left\{ \frac{x}{1 + e^x} \times (e^x + 1) \right\} dx$$

$$= \int_1^5 x\,dx = \left[\frac{1}{2}x^2 \right]_1^5 = 12$$

500 정답 252

$f(x) = 2^{\sin x + 2x}$에서

$f'(x) = \ln 2 (2^{\sin x + 2x})(\cos x + 2) > 0$에서 함수 $f(x)$는 증가함수이고 역함수를 가진다. ···㉠

$F(x) = \displaystyle\int_0^x \{f(s) - t\}ds$에서 $F'(x) = f(x) - t$이고

$F'(x) = 0$을 만족하는 $x = \alpha$라 할 때, $x = \alpha$의 좌우에서 $F'(x)$의 부호가 $- \to +$이므로

함수 $F(x)$는 $x = \alpha$에서 극솟값인 최솟값을 갖는다.

따라서 최솟값을 가질 때의 $\alpha = g(t)$라 두면

$F'(g(t)) = f(g(t)) - t = 0$

$f(g(t)) = t$이다.

㉠에서 함수 $f(x)$와 함수 $g(x)$는 역함수 관계이므로

$g(f(t)) = t$이다.

$\Rightarrow f^{-1}(f(g(t))) = f^{-1}(t) \Rightarrow g(t) = f^{-1}(t)$

$\displaystyle\int_{f(1)}^{f(4)} \frac{1}{(\cos g(t) + 2)\, 2^{\sin g(t) - 1}} dt$의 $t = f(x)$라 하면

$dt = f'(x)\,dx$이므로

$$= \int_1^4 \left\{ \frac{1}{(\cos g(f(x)) + 2)\, 2^{\sin g(f(x)) - 1}} \times f'(x) \right\} dx$$

$$= \int_1^4 \left\{ \frac{1}{(\cos x + 2)\, 2^{\sin x - 1}} \times \{\ln 2\, (2^{\sin x + 2x})(\cos x + 2)\} \right\} dx$$

$$= \int_1^4 (2\ln 2) 4^x\, dx = \left[\, 4^x\, \right]_1^4 = 252$$

[다른 풀이]

$f(\alpha) - t = 0$

$f(\alpha) = 2^{\sin\alpha + 2\alpha} = t$

$2^{\sin g(t) + 2g(t)} = t$에서 양변 미분하면

$2^{\sin g(t) + 2g(t)} \times \{\cos g(t)\, g'(t) + 2g'(t)\}\ln 2 = 1$

따라서

$$g'(t) = \frac{1}{2^{\sin g(t) + 2g(t)} \times \{\cos g(t) + 2\}\ln 2}$$

$$= \frac{1}{2^{\sin g(t) - 1} \times 2 \times 4^{g(t)} \times \{\cos g(t) + 2\}\ln 2}$$

$$2\ln 2 \times 4^{g(t)} \times g'(t) = \frac{1}{2^{\sin g(t) - 1} \times \{\cos g(t) + 2\}}$$

따라서

$$\int_{f(1)}^{f(4)} \frac{1}{(\cos g(t) + 2)\, 2^{\sin g(t) - 1}} dt$$

$$= \int_{f(1)}^{f(4)} \{\ln 4 \times 4^{g(t)} \times g'(t)\} dt = \left[\, 4^{g(t)}\, \right]_{f(1)}^{f(4)}$$

$$= 4^{g(f(4))} - 4^{g(f(1))} = 4^4 - 4 = 252$$

501 정답 ②

$f(x)$의 그래프는 다음 그림과 같다.

$f(1-x)$의 그래프는 $f(x)$의 그래프를 $x = \dfrac{1}{2}$에 대칭이동 한 그래프이다.

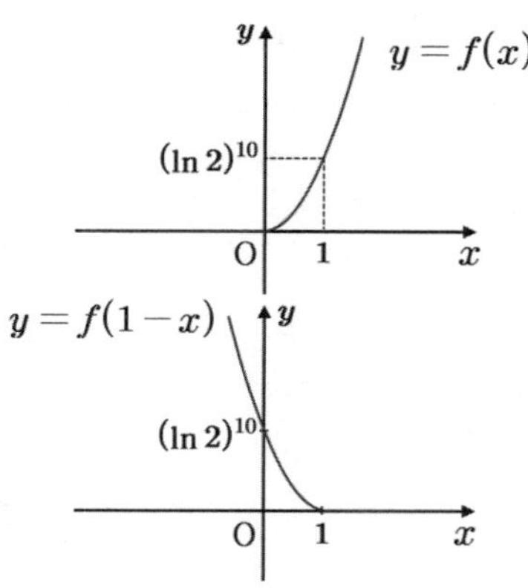

따라서 두 그래프의 곱 $h(x)=f(x)f(1-x)$라 할 때, $h(x)$의 그래프 개형을 생각하면

ㄱ. $x \leq 0$일 때, $h(x)=0$이므로

$$g(x)=\int_0^x 0\,dt = 0 \ (참)$$

ㄴ. $h(x)$는 $x=\dfrac{1}{2}$에 대칭이므로

$$\int_0^1 h(x)dx = 2\int_0^{\frac{1}{2}} h(x)\,dx$$이므로 $g(1)=2g\left(\dfrac{1}{2}\right)$이다. (참)

ㄷ. $\ln 2 < 1$이므로 $(\ln 2)^{10} < 1$이다.

따라서 $g(x)=\int_0^x h(t)dt < 1 \times (\ln 2)^{10} < 1$이다. (거짓)

502 정답 ⑤

함수 $f(x)$의 그래프를 알아보자.

$\lim\limits_{x\to 0+} f(x)=0$, $f(1)=1$, $x>0$일 때, $f'(x)\geq 0$이다.

함수 $g(x)$의 그래프를 알아보자.

$\lim\limits_{x\to 2-} g(x)=0$, $g(1)=1$, $x<2$일 때, $g'(x)\leq 0$이다.

함수 $f(x)$와 함수 $g(x)$는 $x=1$에 대칭이고 다음 그림과 같다.

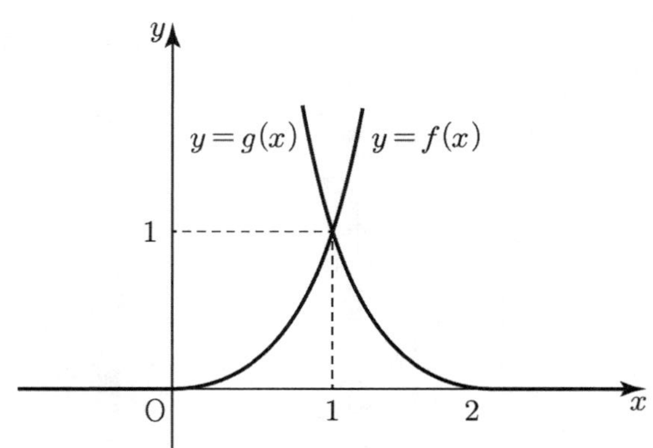

$0<x<2$에서

$$f(x)=\begin{cases} 0 & (x\leq 0) \\ \dfrac{e^{x^2}-1}{e-1} & (x>0) \end{cases},\quad g(x)=\begin{cases} \dfrac{e^{(x-2)^2}-1}{e-1} & (x<2) \\ 0 & (x\geq 2) \end{cases}$$

$k(x)=f(x)g(x)$라 하자.

에서 $g(x)=f(2-x)$에서 $k(x)=f(x)f(2-x)$이므로 함수 $k(x)$는 $x=1$에 대칭이다.

$k(1)=1$이고 $\dfrac{1}{2}<\int_0^1 f(x)g(x)dx<1$이므로

함수 $k(x)$의 그래프는 다음 그림과 같다.

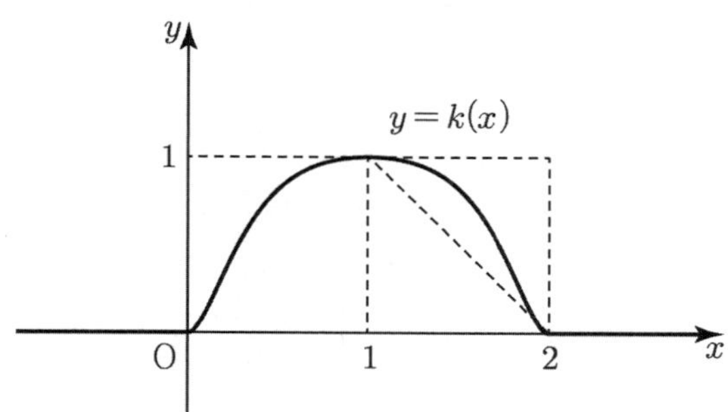

$$h(x)=\int_1^x k(t)dt$$

$h(1)=0$이고 $h'(x)=k(x)\geq 0$이므로 함수 $h(x)$는 $0\leq x\leq 2$일 때, 증가하고

$x<0$일 때, 상수함수, $x>2$일 때 상수함수 이다.

따라서 다음 그림과 같다.

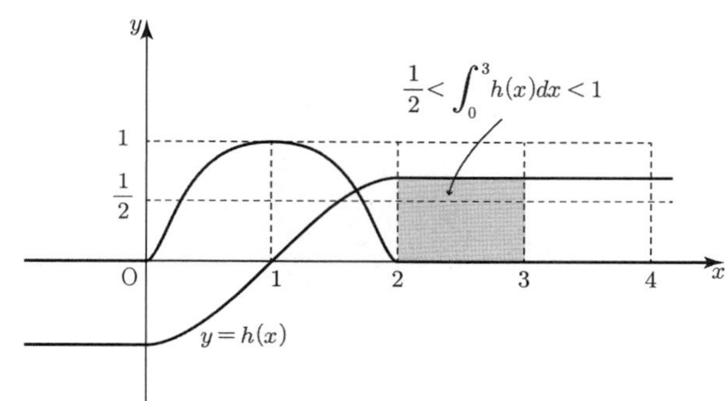

그래프에 의해서

ㄱ. (참)

ㄴ. 또한 함수 $h(x)$는 $(1, 0)$에 대칭이다. (참)

ㄷ. $h(2)=\int_1^2 k(x)dx$의 값은 그림에서 알 수 있듯이 $\dfrac{1}{2}$보다 크고 1보다 작은 값이다.

그러므로

$$\int_0^2 h(t)dt = 0$$

$$\dfrac{1}{2}<\int_0^3 h(t)dt < 1$$

$$\int_0^4 h(t)dt > 1$$

따라서 $\int_0^x h(t)dt \geq 1$을 만족하는 양의 실수 x의 최솟값을 a라 할 때, a의 값은 3과 4사이의 수이다. (참)

[랑데뷰팁]

$k(1+x)=f(1+x)g(1+x)$

$\qquad =\dfrac{e^{(1+x)^2}-1}{e-1}\times\dfrac{e^{(x-1)^2}-1}{e-1}$

$k(1-x)=f(1-x)g(1-x)$

$\qquad =\dfrac{e^{(1-x)^2}-1}{e-1}\times\dfrac{e^{(-1-x)^2}-1}{e-1}$

$\qquad =\dfrac{e^{(x-1)^2}-1}{e-1}\times\dfrac{e^{(1+x)^2}-1}{e-1}$

에서 $k(1+x)=k(1-x)$가 성립하므로
함수 $k(x)$는 $x=1$에 대칭이다.

503 정답 ③

$x=t$일 때, x축에 수직인 평면으로 자른 단면인 정삼각형의
넓이를 $S(t)$라 하면

$S(t)=\dfrac{\sqrt{3}}{4}\left(2\sqrt{t}\,e^{kt^2}\right)^2=\sqrt{3}\,te^{2kt^2}$

따라서 입체도형의 부피 V는 다음과 같다.

$V=\sqrt{3}\displaystyle\int_{\frac{1}{\sqrt{2k}}}^{\frac{1}{\sqrt{k}}}te^{2kt^2}dt$

$t^2=s$라 두면

$=\dfrac{\sqrt{3}}{2}\displaystyle\int_{\frac{1}{2k}}^{\frac{1}{k}}e^{2ks}ds=\dfrac{\sqrt{3}}{2}\left[\dfrac{1}{2k}e^{2ks}\right]_{\frac{1}{2k}}^{\frac{1}{k}}=\dfrac{\sqrt{3}}{4k}(e^2-e)=$
$\sqrt{3}(e^2-e)$

따라서 $k=\dfrac{1}{4}$

504 정답 ③

$x=t$일 때, x축에 수직인 평면으로 자른 단면인 정삼각형의
넓이를 $S(t)$라 하면

$S(t)=\dfrac{\sqrt{3}}{4}\left(\dfrac{t^{\frac{3}{2}}\sqrt{8\ln(t^2+1)}}{\sqrt{t^2+1}}\right)^2=\sqrt{3}\times\dfrac{2t^3\ln(t^2+1)}{t^2+1}$

따라서 입체도형의 부피 V는 다음과 같다.
$\ln(t^2+1)=s$라 두면

$V=\sqrt{3}\displaystyle\int_{\sqrt{e-1}}^{\sqrt{e^k-1}}t^2\times\dfrac{2t\ln(t^2+1)}{t^2+1}dt$

$\quad=\sqrt{3}\displaystyle\int_{1}^{k}(e^s-1)s\,ds$

$\quad=\sqrt{3}\left[(e^s-s)s-\left(e^s-\dfrac{1}{2}s^2\right)\right]_{1}^{k}$

$\quad=\sqrt{3}\left[\left\{(e^k-k)k-\left(e^k-\dfrac{1}{2}k^2\right)\right\}-\left\{(e-1)-\left(e-\dfrac{1}{2}\right)\right\}\right]$

$\quad=\sqrt{3}\left\{(k-1)e^k-\dfrac{1}{2}k^2+\dfrac{1}{2}\right\}=\sqrt{3}\left(e^2-\dfrac{3}{2}\right)$

따라서 $k=2$이다.

505 정답 ②

$\displaystyle\int_{-1}^{1}\{2f(x)f'(x)g(x)\}dx=\left[\,\{f(x)\}^2g(x)\,\right]_{-1}^{1}-$

$\displaystyle\int_{-1}^{1}\{f(x)\}^2g'(x)dx$에서

$\displaystyle\int_{-1}^{1}\{2f'(x)(x^4-1)\}dx=\left[\,f(x)(x^4-1)\,\right]_{-1}^{1}-120=-120$

$\displaystyle\int_{-1}^{1}\{f'(x)(x^4-1)\}dx=-60$이다.

$\displaystyle\int_{-1}^{1}\{f'(x)(x^4-1)\}dx$

$=[f(x)(x^4-1)]_{-1}^{1}-\displaystyle\int_{-1}^{1}f(x)(4x^3)dx=0-4\displaystyle\int_{-1}^{1}x^3f(x)dx$

따라서 $\displaystyle\int_{-1}^{1}x^3f(x)dx=15$

[다른 풀이]-필재T

$\displaystyle\int_{-1}^{1}\{f(x)\}^2g'(x)dx=\left[\,\{f(x)\}^2g(x)\,\right]_{-1}^{1}$

$-\displaystyle\int_{-1}^{1}2f(x)g(x)f'(x)dx$

$=-\displaystyle\int_{-1}^{1}2(x^4-1)f'(x)dx\ (\because f(1)g(1)=0)$

$\displaystyle\int_{-1}^{1}2(x^4-1)f'(x)dx=\left[\,2(x^4-1)f(x)\,\right]_{-1}^{1}-$

$\displaystyle\int_{-1}^{1}8x^3f(x)dx$

$=8\displaystyle\int_{-1}^{1}x^3f(x)dx$

$=120$

$\therefore \displaystyle\int_{-1}^{1}x^3f(x)dx=15$

506 정답 ④

$\displaystyle\int_{-1}^{1}\{2f(x)f'(x)g(x)\}dx=\left[\,\{f(x)\}^2g(x)\,\right]_{-1}^{1}-$

$\displaystyle\int_{-1}^{1}\{f(x)\}^2g'(x)dx$에서

$\displaystyle\int_{-1}^{1}\{2f'(x)(\cos\pi x+1)\}dx$

$\qquad=\left[\,f(x)(\cos\pi x+1)\right]_{-1}^{1}-\left(-\dfrac{4}{\pi}\right)=\dfrac{4}{\pi}$

$\displaystyle\int_{-1}^{1}\{f'(x)(\cos\pi x+1)\}dx=\dfrac{2}{\pi}$이다.

$$\int_{-1}^{1}\{f'(x)(\cos\pi x+1)\}dx$$

$$=\Big[\,f(x)(\cos\pi x+1)\Big]_{-1}^{1}+\pi\int_{-1}^{1}f(x)(\sin\pi x)dx$$

$$=0+\pi\int_{-1}^{1}f(x)\sin\pi x\,dx$$

따라서 $\int_{-1}^{1}f(x)\sin\pi x\,dx=\dfrac{2}{\pi^2}$

[다른 풀이]−필재T

조건 (가)에서

$f(x)g(x)=\cos\pi x+1$ 의 양변을 x에 대해 미분하면

$f'(x)g(x)+f(x)g'(x)=-\pi\sin\pi x$ 이다.

$$\int_{-1}^{1}f(x)\sin\pi x\,dx=\int_{-1}^{1}f(x)\left(\frac{f'(x)g(x)+f(x)g'(x)}{-\pi}\right)dx$$

$$=-\frac{1}{\pi}\int_{-1}^{1}f(x)f'(x)g(x)dx-\frac{1}{\pi}\int_{-1}^{1}(f(x))^2 g'(x)dx$$

$$=-\frac{1}{\pi}\int_{-1}^{1}(\cos\pi x+1)f'(x)dx+\frac{4}{\pi^2}$$

$$=-\int_{-1}^{1}\sin\pi x\cdot f(x)dx+\frac{4}{\pi^2}$$

따라서

$$2\int_{-1}^{1}\sin\pi x\cdot f(x)dx=\frac{4}{\pi^2}$$

$$\therefore\int_{-1}^{1}\sin\pi x\cdot f(x)dx=\frac{2}{\pi^2}$$

$$\left(\because\int_{-1}^{1}(\cos\pi x+1)f'(x)dx=\right.$$

$$\Big[(\cos\pi x+1)f(x)\Big]_{-1}^{1}-\int_{-1}^{1}(-\pi\sin\pi x)f(x)dx$$

$$\left.=\pi\int_{-1}^{1}\sin\pi x\cdot f(x)dx=\frac{2}{\pi^2}\right)$$

507 정답 ⑤

(나)의 $\ln f(x)+2x\displaystyle\int_{0}^{x}f(t)dt-2\int_{0}^{x}tf(t)dt=0$ 양변을

미분하면

$$\frac{f'(x)}{f(x)}+2\int_{0}^{x}f(t)dt+2xf(x)-2xf(x)=0$$

$$\rightarrow\frac{f'(x)}{f(x)}+2\int_{0}^{x}f(t)dt=0$$

$f(x)>0$이므로 양변에 $\times f(x)$를 하면

$$f'(x)+2f(x)\int_{0}^{x}f(t)dt=0\cdots\bigcirc$$

따라서 $f'(x)=-2f(x)\displaystyle\int_{0}^{x}f(t)dt$

ㄱ. $f(x)>0$이면 $x>0$일 때, $\displaystyle\int_{0}^{x}f(t)dt>0$이므로

$x>0$일 때 $f'(x)<0$이다.

그러므로 $x>0$일 때 함수 $f(x)$는 감소한다. (참)

ㄴ. $f'(0)=0$이고 $f(x)>0$이면 $x<0$일 때,

$$\int_{0}^{x}f(t)dt<0$$이므로

$x<0$일 때, $f'(x)>0$이다.

따라서 $f'(x)$는 $x=0$을 기준으로 $+\to-$으로 부호가

변하므로

함수 $f(x)$는 $x=0$에서 극댓값을 갖고 그것이 최댓값이다.

즉, $f(x)$의 최댓값은 $f(0)$이고 (나)에 $x=0$을 대입하면

$\ln f(0)+0=0$

$f(0)=1$이다. (참)

ㄷ. $F(x)=\displaystyle\int_{0}^{x}f(t)dt$이므로 ㉠에서

$f'(x)+2f(x)F(x)=0$이다. $F'(x)=f(x)$이므로

$f'(x)+2F'(x)F(x)=0$

양변 부정적분하면 $f(x)+\{F(x)\}^2+C=0$이고

$f(0)=1$, $F(0)=0$이므로 $C=-1$

$f(x)+\{F(x)\}^2=1$

따라서 $f(1)+\{F(1)\}^2=1$이다. (참)

508 정답 ④

$e^{f(x)}+x\displaystyle\int_{0}^{x}e^{f(t)}dt-\int_{0}^{x}te^{f(t)}dt=1$의 양변을 미분하면

$$f'(x)e^{f(x)}+\int_{0}^{x}e^{f(t)}dt+xe^{f(x)}-xe^{f(x)}=0$$

$$\rightarrow f'(x)e^{f(x)}+\int_{0}^{x}e^{f(t)}dt=0$$

$e^{f(x)}\neq 0$이므로 양변을 $e^{f(x)}$로 나누어 주면

$$f'(x)+\frac{\displaystyle\int_{0}^{x}e^{f(t)}dt}{e^{f(x)}}=0\cdots\bigcirc$$

따라서 $f'(x)=-\dfrac{\displaystyle\int_{0}^{x}e^{f(t)}dt}{e^{f(x)}}$

ㄱ. $e^{f(x)}>0$이므로 $x>0$일 때 $\displaystyle\int_{0}^{x}e^{f(t)}dt>0$이다.

따라서 $x>0$일 때, $f'(x)<0$이다.

그러므로 $x>0$일 때 함수 $f(x)$는 감소한다. (참)

ㄴ. $f'(0)=0$이고 $x<0$일 때, $\displaystyle\int_{0}^{x}e^{f(t)}dt<0$이므로 $x<0$일

때, $f'(x)>0$이다.

따라서 $f'(x)$는 $x=0$을 기준으로 $+\to-$으로 부호가

변하므로

함수 $f(x)$는 $x=0$에서 극댓값을 갖고 그것이 최댓값이다.

따라서 $f(x)$의 최댓값은 $f(0)$이고

준식에 $x=0$을 대입하면 $e^{f(0)}=1$

$f(0)=0$이므로 함수 $f(x)$의 최댓값은 0이다. (거짓)

ㄷ. $F(x)=\displaystyle\int_{0}^{x}e^{f(t)}dt$이면 $F'(x)=e^{f(x)}$이므로

㉠에서

$$f'(x)+\frac{F(x)}{F'(x)}=0$$ 이다. $\cdots$ ㉡

또한 $F''(x)=f'(x)e^{f(x)}\rightarrow f'(x)=\dfrac{F''(x)}{e^{f(x)}}=\dfrac{F''(x)}{F'(x)}$

㉡식에 대입하면

$$\frac{F''(x)}{F'(x)}+\frac{F(x)}{F'(x)}=0$$

$$\frac{F(x)+F''(x)}{F'(x)}=0 \rightarrow F'(x)>0$$ 이므로

$F(x)+F''(x)=0$ 이다.

따라서 $F(1)+F''(1)=0$ (참)

옳은 것은 ㄱ, ㄷ이다.

509 정답 ①

$B(t, 0)$ 이고 $A(t, f(t))$ 에서의 접선의 기울기는 $f'(t)$ 이므로 점 A에서의 접선과 수직인 직선은

$y=-\dfrac{1}{f'(t)}(x-t)+f(t)$ 이고 이 직선의 x절편은

$f(t)f'(t)=x-t$ 에서 $x=f(t)f'(t)+t$ 이다.

따라서 점 $C\ (f(t)f'(t)+t,\ 0)$

따라서 삼각형 ABC의 넓이는

$$\frac{1}{2}\left(e^{3t}-2e^{2t}+e^{t}\right)$$

$$=\frac{1}{2}\begin{vmatrix} t & t & f(t)f'(t)+t & t \\ 0 & f(t) & 0 & 0 \end{vmatrix}$$

$$=\frac{1}{2}\left|\,tf(t)-(f(t))^2f'(t)-tf(t)\,\right|$$

$$=\frac{1}{2}(f(t))^2f'(t)$$

$e^{t}(e^{t}-1)^2=f'(t)(f(t))^2$ 에서 $f(t)=e^{t}-1$ 이다.

$f(0)=0$ 이므로 곡선 $y=f(x)$ 와 x축 및 직선 $x=1$로 둘러싸인 부분의 넓이는

$$\int_0^1(e^x-1)dx=\Big[\,e^x-x\,\Big]_0^1=e-1-1=e-2$$

510 정답 ②

$B\,(0, f(t))$ 이고 $A\,(t, f(t))$ 에서의 접선의 기울기는 $f'(t)$ 이므로 점 A에서의 접선은 $y=f'(t)(x-t)+f(t)$ 이고 이 직선의 y절편은

$y=-tf'(t)+f(t)$ 이다.

따라서 점 $C(0,\ -tf'(t)+f(t))$

따라서 삼각형 ABC의 넓이는

$$\frac{1}{2}\times\overline{\mathrm{AB}}\times\overline{\mathrm{BC}}$$

$$=\frac{1}{2}\times(t)\times(tf'(t))=\frac{1}{2}t^2f'(t)=\frac{t^2\ln t}{2}$$

따라서 $f'(t)=\ln t$

$$f(x)=\int(\ln x)dx=x\ln x-x+C$$

$f(1)=-1$ 이므로 $C=0$

따라서 $f(x)=x\ln x-x\Rightarrow x(\ln x-1)=0$ 에서 $x=e$

$x\geq 1$ 에서 정의된 함수 $y=f(x)$ 와 x축 및 직선 $x=1$로 둘러싸인 부분은 다음 그림과 같다.

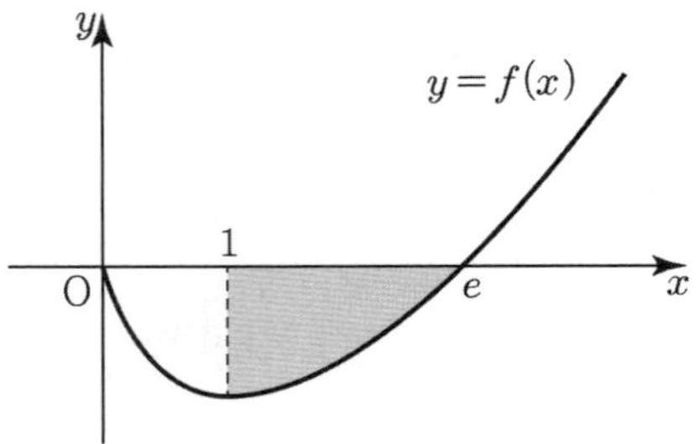

따라서

$$S=\int_1^e|x\ln x-x|\,dx=\int_1^e(x-x\ln x)\,dx$$

$$=\int_1^e x\,dx-\int_1^e x\ln x\,dx$$

$$=\int_1^e x\,dx-\left[\frac{1}{2}x^2\ln x\right]_1^e+\int_1^e\frac{1}{2}x\,dx$$

$$=\left[\frac{3}{4}x^2\right]_1^e-\left[\frac{1}{2}x^2\ln x\right]_1^e$$

$$=\frac{3}{4}(e^2-1)-\frac{1}{2}(e^2-0)$$

$$=\frac{e^2-3}{4}$$

511 정답 ⑤

ㄱ. 함수 $y=\sin(x^2)$ 의 그래프 개형은 다음과 같다.

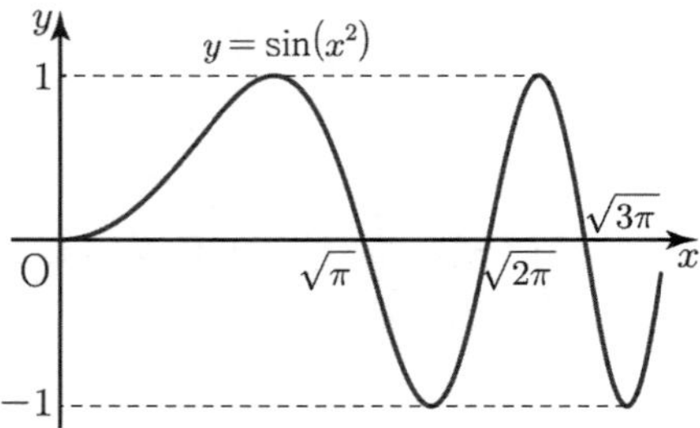

따라서 $e^{-\sqrt{\pi}}=\dfrac{1}{e^{\sqrt{\pi}}}>0,\ \displaystyle\int_0^{\sqrt{\pi}}\sin(t^2)\,dt>0$ 이므로 $f(\sqrt{\pi})=e^{-\sqrt{\pi}}\displaystyle\int_0^{\sqrt{\pi}}\sin(t^2)dt>0$ (참)

ㄴ. $f(0)=0,\ f(\sqrt{\pi})>0$ 이고

$f(x)=e^{-x}\displaystyle\int_0^x\sin(t^2)\,dt$ 는 $[0,\ \sqrt{\pi}]$ 에서 연속이고 $(0,\ \sqrt{\pi})$ 에서 미분가능하므로

평균값 정리에 의해 $\dfrac{f(\sqrt{\pi})-f(0)}{\sqrt{\pi}-0}=f'(c)$ 을 만족하

는 c가 열린 구간 $(0, \sqrt{\pi})$에 적어도 하나 존재한다. $\dfrac{f(\sqrt{\pi})}{\sqrt{\pi}} > 0$이므로 $f'(a) > 0$인 a가 적어도 하나 존재한다. (참)

ㄷ.
$$f'(x) = -e^{-x}\int_0^x \sin(t^2)\,dt + e^{-x}\sin(x^2)$$
$$= \frac{\sin(x^2) - \displaystyle\int_0^x \sin(t^2)\,dt}{e^x} \text{ 이다.}$$
$$f'(0) = 0, \quad f'(\sqrt{\pi}) = \frac{-\displaystyle\int_0^{\sqrt{\pi}} \sin(t^2)\,dt}{e^{\sqrt{\pi}}} < 0 \text{ 이고}$$

ㄴ.에서 $f'(a) > 0$을 만족하는 a에 대하여
함수 $f'(x)$가 닫힌 구간 $[a, \sqrt{\pi}]$에서 연속이고,
$f'(a) > 0$, $f'(\sqrt{\pi}) < 0$이므로 사잇값의 정리에
의하여 $f'(b) = 0$을 만족시키는 b가 열린 구간
$(0, \sqrt{\pi})$에서 적어도 하나 존재한다. (참)
이상에서 옳은 것은 ㄱ, ㄴ, ㄷ이다.

512 정답 ⑤

ㄱ. 함수 $y = \cos\left(\dfrac{1}{2}x^2\right)$의 그래프 개형은 다음과 같다.

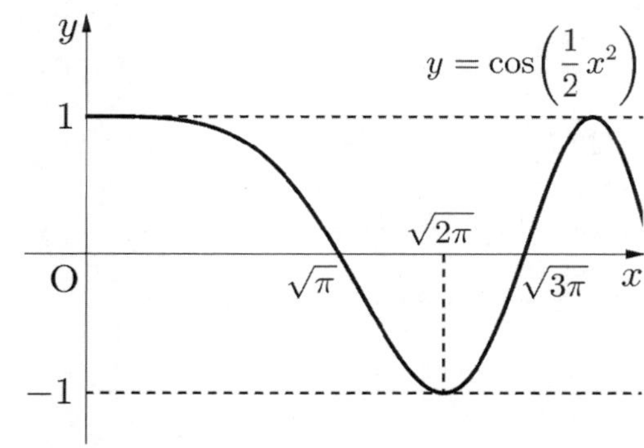

따라서 $e^{-\sqrt{\pi}} = \dfrac{1}{e^{\sqrt{\pi}}} > 0$, $\displaystyle\int_0^{\sqrt{\pi}} \cos\left(\dfrac{1}{2}t^2\right)dt > 0$

이므로 $f(\sqrt{\pi}) = e^{-\sqrt{\pi}}\displaystyle\int_0^{\sqrt{\pi}} \cos\left(\dfrac{1}{2}t^2\right)dt > 0$ (참)

ㄴ. $f(0) = 0$, $f(\sqrt{\pi}) > 0$이고
$f(x) = e^{-x}\displaystyle\int_0^x \cos\left(\dfrac{1}{2}t^2\right)dt$는 $[0, \sqrt{\pi}]$에서 연속이고

$(0, \sqrt{\pi})$에서 미분가능하므로 평균값 정리에 의해
$\dfrac{f(\sqrt{\pi}) - f(0)}{\sqrt{\pi} - 0} = f'(c)$을 만족하는 c가 열린구간 $(0, \sqrt{\pi})$에

적어도 하나 존재한다.
$\dfrac{f(\sqrt{\pi})}{\sqrt{\pi}} > 0$이므로 $f'(a) > 0$인 a가 적어도 하나 존재한다.
(참)

ㄷ.
$$f'(x) = -e^{-x}\int_0^x \cos\left(\dfrac{1}{2}t^2\right)dt + e^{-x}\cos\left(\dfrac{1}{2}x^2\right)$$
$$= \frac{\cos\left(\dfrac{1}{2}x^2\right) - \displaystyle\int_0^x \cos\left(\dfrac{1}{2}t^2\right)dt}{e^x} \text{ 이다.}$$
$$f'(0) = 1, \quad f'(\sqrt{\pi}) = \frac{-\displaystyle\int_0^{\sqrt{\pi}} \cos\left(\dfrac{1}{2}t^2\right)dt}{e^{\sqrt{\pi}}} < 0 \text{ 이고}$$

ㄴ.에서 $f'(a) > 0$을 만족하는 a에 대하여
함수 $f'(x)$가 닫힌구간 $[a, \sqrt{\pi}]$에서 연속이고,
$f'(a) > 0$, $f'(\sqrt{\pi}) < 0$이므로 사잇값 정리에 의하여
$f'(b) = 0$을 만족시키는 b가 열린구간
$(0, \sqrt{\pi})$에서 적어도 하나 존재한다. (참)
따라서 옳은 것은 ㄱ, ㄴ, ㄷ이다.

513 정답 ④

$h(a) = \displaystyle\int_0^a f(x)\,dx + \int_a^8 g(x)\,dx$라 두면

$$h(a) = \int_0^a f(x)\,dx + \int_a^8 g(x)\,dx$$
$$= \int_0^a f(x)\,dx + \int_0^8 g(x)\,dx - \int_0^a g(x)\,dx$$
$$= \int_0^8 g(x)\,dx + \int_0^a f(x)\,dx - \int_0^a g(x)\,dx$$
$$= 8 + \int_0^a (f(x) - g(x))\,dx \text{ 에서}$$

$1 < x < 6$에서 $f(x) - g(x) < 0$이므로
$\displaystyle\int_1^6 (f(x) - g(x))\,dx < 0$ 이다.

따라서 $h(a)$는
$a = 6$일 때 최소임을 확인하고 아래와 같이 계산할 수 있다.
$$h(6) = 8 + \int_0^6 (f(x) - g(x))\,dx$$
$$= 8 + \int_0^6 \left(\frac{5}{2} - \frac{10x}{x^2+4} - \frac{4 - |x-4|}{2}\right)dx$$
$$= 8 + \int_0^6 \left(\frac{5}{2}\right)dx - \int_0^6 \left(\frac{10x}{x^2+4}\right)dx - \int_0^6 \left(\frac{4 - |x-4|}{2}\right)dx$$
$$= 8 + 15 - \left[\, 5\ln(x^2+4)\right]_0^6 + 7$$
$$= 16 - 5\ln 10$$

[다른 풀이]

$h(a) = \displaystyle\int_0^a f(x)\,dx + \int_a^8 g(x)\,dx$라 두면

$$= \int_0^a f(x)\,dx + \int_0^8 g(x)\,dx - \int_0^a g(x)\,dx$$
$$= \int_0^a f(x)\,dx + \int_0^8 g(x)\,dx - \int_0^a g(x)\,dx$$

$$= 8 + \int_0^a (f(x) - g(x))dx$$

이라 하면

$$h'(a) = f(a) - g(a) = \begin{cases} \dfrac{5}{2} - \dfrac{10a}{a^2+4} - \dfrac{1}{2}a & (a \le 4) \\[3mm] \dfrac{5}{2} - \dfrac{10a}{a^2+4} + \dfrac{1}{2}a - 4 & (a > 4) \end{cases}$$ 이고

$h(a)$ 는 연속함수이고 $h(0) = 8$ 이므로

$$h(a) = 8 + \int_0^a (f(x) - g(x))dx$$

$$= \begin{cases} -\dfrac{1}{4}a^2 + \dfrac{5}{2}a - 5\ln(a^2+4) + 8 + 5\ln 4 & (a \le 4) \\[3mm] \dfrac{1}{4}a^2 - \dfrac{3}{2}a - 5\ln(a^2+4) + 16 + 5\ln 4 & (a > 4) \end{cases}$$

이고, 주어진 그래프는 아래와 같다.

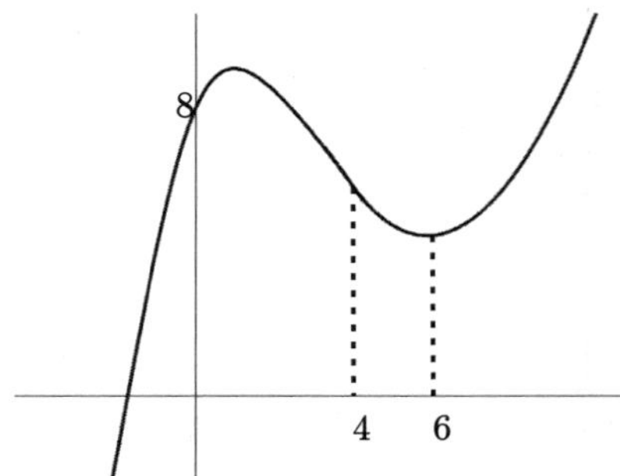

따라서 $h(a) = \int_0^a f(x)dx + \int_a^8 g(x)dx$ 의 최솟값은

$h(6) = 16 - 5\ln 10$ 이다.

[다른 풀이]2

-세미나 (100) 참고-

$h(a) = \int_0^a f(x)dx + \int_a^8 g(x)dx$ 라 하면 $h(a)$ 는 그림에서

색칠한 두 부분의 넓이의 합이다.

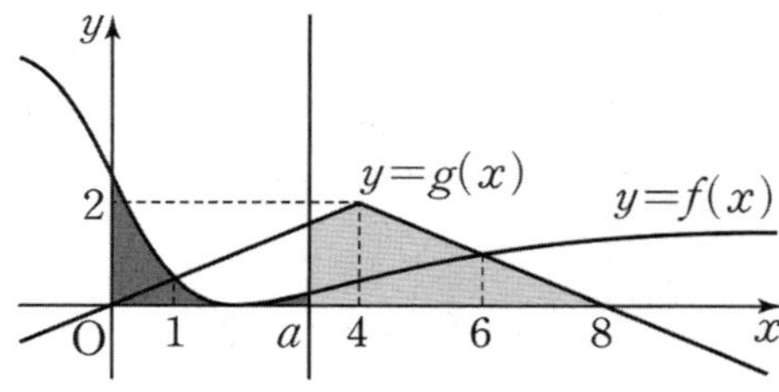

넓이의 증가율 감소율 관계에서

$0 < a < 1$ 일 때, $f(x) > g(x)$ 이므로 $h(a)$ 는 증가

$1 < a < 6$ 일 때, $f(x) < g(x)$ 이므로 $h(a)$ 는 감소

$a > 6$ 일 때, $f(x) > (x)$ 이므로 $h(a)$ 는 증가한다.

따라서 $h(a)$ 는 $a = 6$ 일 때, 극솟값이자 최솟값을 갖는다.

514 정답 ①

$h(a) = \int_0^a f(x)dx + \int_a^4 g(x)dx$ 라 두면

$$h(a) = \int_0^a f(x)dx + \int_a^4 g(x)dx$$

$$= \int_0^a f(x)dx + \int_0^4 g(x)dx - \int_0^a g(x)dx$$

$$= \int_0^4 g(x)dx + \int_0^a f(x)dx - \int_0^a g(x)dx$$

$$= \int_0^4 \left(-\frac{1}{9}(x-1)^2 + 1\right)dx + \int_0^a (f(x) - g(x))dx$$ 에서

$1 < x < 3$ 에서 $f(x) - g(x) < 0$ 이므로

$$\int_1^3 (f(x) - g(x))dx < 0$$ 이다.

한편, $\int_0^4 \left(-\dfrac{1}{9}(x-1)^2 + 1\right)dx = \dfrac{80}{27}$ 이다.

따라서 $h(a)$ 는

$a = 3$ 일 때 최소임을 확인하고 아래와 같이 계산할 수 있다.

$$h(3) = \frac{80}{27} + \int_0^3 (f(x) - g(x))dx$$

$$= \frac{80}{27} + \int_0^3 \left(-\frac{2(x-1)}{(x-1)^2+5} + \frac{1}{9}(x-1)^2\right)dx$$

$$= \frac{80}{27} + \int_0^3 \left(-\frac{2x-2}{x^2-2x+6}\right)dx + \int_0^3 \left(\frac{1}{9}(x-1)^2\right)dx$$

$$= \frac{80}{27} - \left[\ln(x^2-2x+6)\right]_0^3 + \frac{1}{3}$$

$$= \frac{89}{27} - \ln\frac{3}{2}$$

515 정답 17

$$\int_1^{e^2} g(x)dx$$ 에서 $x = e^t$ 라 두면

$dx = e^t dt$ 이고 $x : 1 \to e^2$ 이면 $t : 0 \to 2$ 이므로

$$\int_1^{e^2} g(x)dx$$

$$= \int_0^2 g(e^t) e^t dt$$

$$= \int_0^1 g(e^t) e^t dt + \int_1^2 g(e^t) e^t dt$$

$$= \int_0^1 f(t) e^t dt + \int_1^2 \{g(e^{t-1}) + 5\} e^t dt$$

$$= \int_0^1 f(t) e^t dt + \int_1^2 g(e^{t-1}) e^t dt + 5\int_1^2 e^t dt$$

$$= \int_1^e f(\ln x) dx + \int_1^2 g(e^{t-1}) e^t dt + 5\left[e^t\right]_1^2$$

$$= \int_1^e f(\ln x) dx + e\int_1^e g(x) dx + 5(e^2 - e)$$

$$= \int_1^e f(\ln x) dx + e\int_0^1 g(e^t) e^t dt + 5(e^2 - e)$$

$$= \int_1^e f(\ln x)\,dx + e\int_0^1 f(t)\,e^t\,dt + 5(e^2 - e)$$

$$= \int_1^e f(\ln x)\,dx + e\int_1^e f(\ln x)\,dt + 5(e^2 - e)$$

$$= (e+1)\int_1^e f(\ln x)\,dx + 5(e^2 - e) = 6e^2 + 4$$

따라서

$$(e+1)\int_1^e f(\ln x)\,dx = e^2 + 5e + 4 = (e+1)(e+4)$$

따라서 $\displaystyle\int_1^e f(\ln x)\,dx = e+4$

$$\therefore a = 1,\, b = 4$$
$$\therefore a^2 + b^2 = 17$$

[다른 풀이]

$y = e^x$라 하면

$$g(y) = \begin{cases} f(\ln y) & (1 \le y \le e) \\ g\!\left(\dfrac{y}{e}\right) + 5 & (e \le y \le e^2) \end{cases}$$

$$\int_1^{e^2} g(y)\,dy = \int_1^e f(\ln y)\,dy + \int_e^{e^2}\left\{g\!\left(\frac{y}{e}\right) + 5\right\}dy = 6e^2 + 4$$

$\dfrac{y}{e} = t,\ dy = e\,dt$라 두면,

$$\int_e^{e^2}\left\{g\!\left(\frac{y}{e}\right) + 5\right\}dy = e\int_1^e g(t)\,dt + 5e^2 - 5e$$

$\displaystyle\int_1^e g(t)\,dt = \int_1^e f(\ln t)\,dt$이므로

$$\int_1^{e^2} g(y)\,dy = (1+e)\int_1^e f(\ln y)\,dy + 5e^2 - 5e = 6e^2 + 4$$

$$\therefore \int_1^e f(\ln y)\,dy = e+4 \quad \therefore a = 1,\, b = 4$$

$$\therefore a^2 + b^2 = 17$$

516 정답 10

$\displaystyle\int_0^2 g(x)e^x\,dx$에서 $x = \ln t$라 두면 $t = e^x$이고

$dx = \dfrac{1}{t}\,dt$에서 $e^x\,dx = dt$이고

$x : 0 \to 2$이면 $t : 1 \to e^2$이므로

$$\int_0^2 g(x)e^x\,dx$$

$$= \int_1^{e^2} g(\ln t)\,dt$$

$$= \int_1^e f(t)\,dt + \int_e^{e^2}\left\{g\!\left(\ln\!\left(\frac{t}{e}\right)\right) + 4\right\}dt$$

$$= \int_1^e f(t)\,dt + \int_e^{e^2} g\!\left(\ln\!\left(\frac{t}{e}\right)\right)dt + 4\,[t]_e^{e^2}$$

$\dfrac{t}{e} = s$라 두면 $dt = e\,ds$이고 $t : e \to e^2$이면 $s : 1 \to e$이므로

$$= \int_1^e f(t)\,dt + e\int_1^e g(\ln(s))\,ds + 4\,[t]_e^{e^2}$$

$$= \int_1^e f(t)\,dt + e\int_1^e f(s)\,ds + 4\,[t]_e^{e^2}$$

$$= (1+e)\int_1^e f(t)\,dt + 4(e^2 - e) = 5e^2 + 3$$

따라서

$$(e+1)\int_1^e f(t)\,dt = e^2 + 4e + 3 = (e+1)(e+3)$$

그러므로 $\displaystyle\int_1^e f(t)\,dt = e+3$

한편, $t = e^x$라 두면 $\displaystyle\int_1^e f(t)\,dt = \int_0^1 f(e^x)e^x\,dx$이므로

$$\int_0^1 f(e^x)e^x\,dx = e+3$$

$$\therefore a = 1,\, b = 3$$
$$\therefore a^2 + b^2 = 10$$

517 정답 14

$x_k = \dfrac{k}{n}$이므로 $A_k = \dfrac{1}{n} \times f(x_k) = \dfrac{1}{n}f\!\left(\dfrac{k}{n}\right)$

$$A_1 + A_n = \frac{1}{n}\{f(x_1) + f(x_n)\}$$

$$= \frac{1}{n}\left\{\left(\frac{1}{n}\right)^2 + \frac{a}{n} + b + 1 + a + b\right\}$$

$$= \frac{1}{n^3}\{1 + an + (1 + a + 2b)n^2\} = \frac{7n^2 + 1}{n^3}\ \text{에서}$$

$a = 0,\ 1 + a + 2b = 7$

$$\therefore a = 0,\ b = 3$$

$$\therefore f(x) = x^2 + 3$$

따라서 $A_k = \dfrac{1}{n}\left\{\left(\dfrac{k}{n}\right)^2 + 3\right\}$이므로

$$\lim_{n\to\infty}\sum_{k=1}^n \frac{8k}{n} A_k = 8\lim_{n\to\infty}\sum_{k=1}^n \frac{k}{n}\cdot\frac{1}{n}\left\{\left(\frac{k}{n}\right)^2 + 3\right\}$$

$$= 8\int_0^1 x(x^2 + 3)\,dx = 8\left[\frac{1}{4}x^4 + \frac{3}{2}x^2\right]_0^1$$

$$= 8\left(\frac{1}{4} + \frac{3}{2}\right) = 14$$

518 정답 19

$x_k = \dfrac{k}{n}$이므로 $A_k = \dfrac{1}{n}\cdot f(x_k) = \dfrac{1}{n}f\!\left(\dfrac{k}{n}\right)$

$$A_1 + A_n = \frac{1}{n}\{f(x_1) + f(x_n)\}$$

$$= \frac{1}{n}\left\{-\left(\frac{1}{n}\right)^2 + \frac{a}{n} + b - 1 + a + b\right\}$$

$$= \frac{1}{n^3}\{-1 + an + (-1 + a + 2b)n^2\}$$

$$= \frac{7n^2 - 2n - 1}{n^3}$$

에서

$a = -2, \; -1 + a + 2b = 7$

$\therefore \; a = -2, \; b = 5$

$\therefore f(x) = -x^2 - 2x + 5$

따라서 $A_k = \dfrac{1}{n}\left\{-\left(\dfrac{k}{n}\right)^2 - 2\left(\dfrac{k}{n}\right) + 5\right\}$이므로

$$\lim_{n \to \infty} \sum_{k=1}^{n} \frac{12k}{n} A_k = 12 \lim_{n \to \infty} \sum_{k=1}^{n} \frac{k}{n} \cdot \frac{1}{n}\left\{-\left(\frac{k}{n}\right)^2 - 2\left(\frac{k}{n}\right) + 5\right\}$$

$$= 12 \int_0^1 x(-x^2 - 2x + 5)\,dx = 12\left[-\frac{1}{4}x^4 - \frac{2}{3}x^3 + \frac{5}{2}x^2\right]_0^1$$

$$= 12\left(-\frac{1}{4} - \frac{2}{3} + \frac{5}{2}\right) = 19$$

적분법

Level 3

519 정답 ②

$f(x)=\begin{cases} f_1(x) \ (x<0) \\ f_2(x) \ (x>0) \end{cases}$ 이라 하면 $f_1(x)=-4xe^{4x^2}$ 이다.

$x<0$에서 함수 $f_1(x)$은 $f_1{}'(x)<0$이므로 감소한다.

$x<0$에서 방정식 $f_1(x)=t$의 실근이 $g(t)$이고

$x>0$에서 방정식 $f_2(x)=t$의 실근이 $h(t)$이다.

$2g(t)+h(t)=k$에서 $h(t)=k-2g(t)$이므로

$f_1(g(t))=f_2(h(t))=f_2(k-2g(t))$이다.

따라서

$f_2(x)=f_1\left(-\dfrac{1}{2}(x-k)\right)$

$k=0$일 때, $f_2(x)=f_1\left(-\dfrac{1}{2}x\right)=2xe^{x^2}$이고

$\displaystyle\int_0^7\left(2xe^{x^2}\right)dx \neq e^4-1$이므로 $k\neq 0$이다.

따라서

$f(x)=\begin{cases} f_1(x)=-4xe^{4x^2} & (x<0) \\ 0 & (0 \leq x < k) \\ f_2(x)=f_1\left(-\dfrac{1}{2}x+\dfrac{1}{2}k\right) & (x \geq k) \end{cases}$

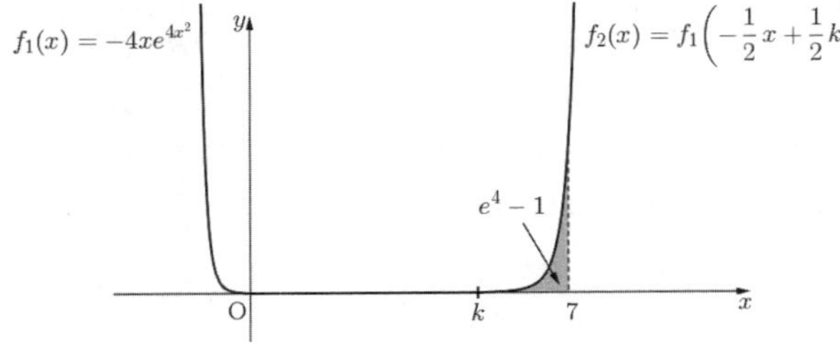

(단, $0<k<7$)

이다.

그러므로

$\displaystyle\int_0^7 f(x)dx$

$\displaystyle=\int_0^k 0\,dx+\int_k^7 f_2(x)dx$

$\displaystyle=\int_k^7 f_1\left(-\dfrac{1}{2}x+\dfrac{1}{2}k\right)dx$

$-\dfrac{1}{2}x+\dfrac{1}{2}k=s$ 라 하면

$\displaystyle=\int_0^{\frac{1}{2}k-\frac{7}{2}} f_1(s)(-2)ds$

$\displaystyle=\int_0^{\frac{1}{2}k-\frac{7}{2}}\left(8se^{4s^2}\right)ds$

$\displaystyle=\left[\, e^{4s^2}\,\right]_0^{\frac{1}{2}k-\frac{7}{2}}$

$= e^{4\left(\frac{1}{2}k-\frac{7}{2}\right)^2}-1$

$\dfrac{1}{2}k-\dfrac{7}{2}=\pm 1$에서 $k=5$ 또는 $k=9$

$\therefore\ k=5\ (\because\ 0<k<7)$

따라서 $f(x)=\begin{cases} f_1(x)=-4xe^{4x^2} & (x<0) \\ 0 & (0 \leq x < k) \\ f_2(x)=f_1\left(-\dfrac{1}{2}x+\dfrac{5}{2}\right) & (x \geq k) \end{cases}$

$f(8)=f_2(8)=f_1\left(-\dfrac{3}{2}\right)=6e^9$

$f(9)=f_2(9)=f_2(-2)=8e^{16}$

$\therefore\ \dfrac{f(9)}{f(8)}=\dfrac{4}{3}e^7$

[다른 풀이]

$g(t)<0$일 때, $f(g(t))=t,$

$h(t)=k-2g(t)$

$h(t)>0$일 때, $f(h(t))=t$

$f(k-2g(t))=t$

$k-2g(t)=x$라 하면

$g(t)=\dfrac{k-x}{2}$이고 $f(g(t))=-4g(t)e^{4\{g(t)\}^2}$

$f(x)=-2(k-x)e^{(k-x)^2}\ (x \geq 0)$

$k=0$일 때, $\displaystyle\int_0^7\left(2xe^{x^2}\right)dx \neq e^4-1$이므로 $k\neq 0$이다.

$f(x)$는 모든 실수에서 연속이고 $f(x) \geq 0$이므로

$0 \leq x < k$에서 $f(x)=0$

$x \geq k$일 때, $f(x)=-2(k-x)e^{(k-x)^2}$

$\displaystyle\int_0^7 f(x)dx=\int_k^7 f(x)dx$

$\displaystyle\qquad=\int_k^7\left\{-2(k-x)e^{(k-x)^2}\right\}dx=e^4-1$

에서 $(k-x)^2=t$로 치환하면

$\displaystyle\int_0^{(k-7)^2} e^t dt=e^4-1$ 에서 $k=5\ (\because\ k<7)$

따라서 $x \geq 5$일 때, $f(x)=-2(5-x)e^{(5-x)^2}$이므로

$f(8)=6e^9$

$f(9)=8e^{16}$

$$\frac{f(9)}{f(8)}=\frac{4}{3}e^7$$

520 정답 ②

[출제자 : 최성훈T]

$x<0$ 일 때, $f'(x)=-1+\cos x\le 0$ 이고 $f(0)=0$ 이므로
$f(x)$ 는 감소함수이다.

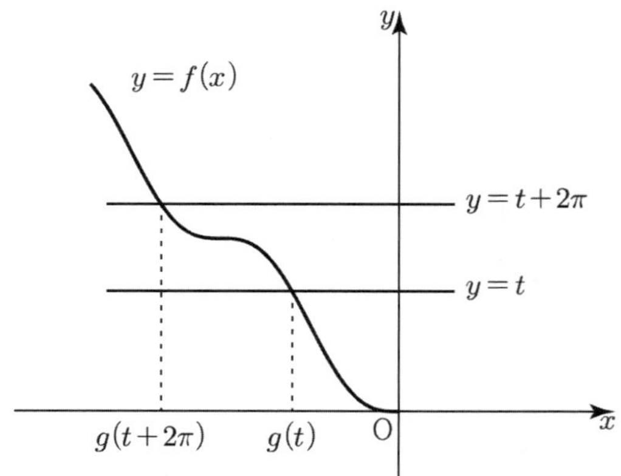

$f(x+2\pi)-f(x)$
$=\{-(x+2\pi)+\sin(x+2\pi)\}-\{-x+\sin x\}=-2\pi$ 이므로
$g(t+2\pi)-g(t)=-2\pi$ 이다.
$g(t+2\pi)+h(t)=k \Rightarrow g(t)-2\pi+h(t)=k$
$\Rightarrow g(t)+h(t)=2\pi+k$
즉, $\dfrac{g(t)+h(t)}{2}=\pi+\dfrac{k}{2}$ 이므로,

$y=f(x)$ 와 $y=t\ (t>0)$ 의 교점의 x 좌표는 $x=\pi+\dfrac{k}{2}$ 에
대칭이다.

$f(x)$ 는 연속함수이고, 모든 양수 t 에 대하여 $f(x)=t$ 의
실근의 개수는 2 개, $f(x)\ge 0$ 이므로 그래프 개형은 다음과
같다.

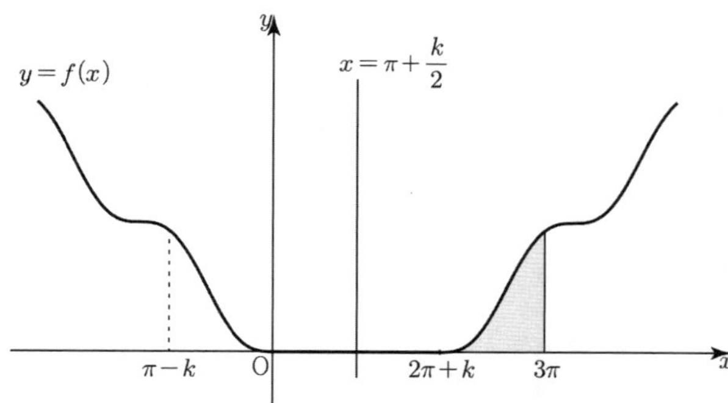

이때, $\displaystyle\int_0^{3\pi} f(x)dx=\dfrac{\pi^2}{8}-1>0$ 이므로 $2\pi+k<3\pi$ 이고
$\cdots\cdots$ ㉠

$\displaystyle\int_0^{3\pi} f(x)dx=\int_{2\pi+k}^{3\pi} f(x)dx$
$=\displaystyle\int_{\pi-k}^0 f(x)dx$

$=\displaystyle\int_{\pi-k}^0 (-x+\sin x)dx$

$=\left[-\dfrac{1}{2}x^2-\cos x\right]_{\pi-x}^0$

$=-1-\left\{-\dfrac{1}{2}(\pi-k)^2-\cos(\pi-k)\right\}$

$=-1+\dfrac{1}{2}(\pi-k)^2-\cos k=\dfrac{\pi^2}{8}-1$

따라서 $\dfrac{1}{2}(\pi-k)^2-\cos k=\dfrac{\pi^2}{8}$, $k=\dfrac{\pi}{2}$ 또는 $k=\dfrac{3}{2}\pi$

㉠에 의하여 $k=\dfrac{\pi}{2}$ 이다.

$f(x)$ 는 $x=\dfrac{5}{4}\pi$ 에 선대칭하므로 $f(x)=f\left(\dfrac{5}{2}\pi-x\right)$ 이다.

$f(9\pi)=f\left(\dfrac{5}{2}\pi-9\pi\right)$

$=-\left(\dfrac{5}{2}\pi-9\pi\right)+\sin\left(\dfrac{5}{2}\pi-9\pi\right)$

$=\dfrac{13}{2}\pi-1$

$\therefore\ k+f(9\pi)=7\pi-1$

521 정답 283

(나) 조건에서 $x=0$ 을 대입하면 $g(3)\times 0=f'(0)$ 에서
$f'(0)=0$ 이다.

그런데 $g(x+3)$ 는 $x=0$ 에서 부호가 바뀌지 않으므로 $f'(x)$ 도
$x=0$ 에서 부호가 바뀌지 않음을 알 수 있다. $g(x+3)$ 이
$x>-3$ 에서 부호가 한 번도 바뀌지 않기 때문에
$f'(x)=4x^2(x-\alpha)\ (\alpha\le -3)$ 이다.
그런데 $f'(x)=4x^2(x-\alpha)\ (\alpha<-3)$ 이면 $f(x)$ 는
$x=\alpha$ 에서 극솟값을 갖고, 그렇다면 $x\le -3$ 인 모든 실수 x 에
대하여 $f(x)\ge f(-3)$ 이라는 (가) 조건에 모순이다.
따라서 $f'(x)=4x^2(x+3)=4x^3+12x^2$ 이고
$f(x)=x^4+4x^3+C$ (단, C 는 적분상수)이다.

이제 $g(x+3)=\dfrac{f'(x)}{\{f(x)-f(0)\}^2}$ 라 할 수 있고,

$\displaystyle\int_4^5 g(x)dx=\int_1^2 g(x+3)dx=\int_1^2 \dfrac{f'(x)}{\{f(x)-f(0)\}^2}dx$

$=\left[-\{f(x)-f(0)\}^{-1}\right]_1^2=\dfrac{1}{f(1)-f(0)}-\dfrac{1}{f(2)-f(0)}$

$=\dfrac{1}{5}-\dfrac{1}{48}=\dfrac{48-5}{240}=\dfrac{43}{240}$

이므로 $p+q=240+43=283$

[다른 풀이]

조건 (가)에서 $x\le -3$ 에서 $f(x)$ 는 $x=-3$ 일 때 최소이다.
조건 (나)에서 $x=0$ 일 때 $g(3)\times 0=f'(0)$ 이므로
$f'(0)=0$ 이다.
또한 $x>0$ 일 때 $g(x)\ge 0$ 이므로
$x>-3$ 일 때 $g(x+3)\ge 0$ 이고 $\{f(x)-f(0)\}^2\ge 0$ 이므로

$f'(x) \geq 0$이다.

따라서 $x > -3$일 때 $f(x)$는 증가만 존재한다.

그런데, $f'(0) = 0$이므로 $f(x)$는 $x = 0$에서 극점이 아닌 변곡점을 갖고

$x \geq -3$에서 $f(x)$는 $x = -3$에서 극소를 갖는다.

$f'(x) = 4(x+3)x^2$

$f(x) = x^4 + 4x^3 + C$라 둘 수 있다.

$$\int_4^5 g(x)dx = \int_1^2 g(x+3)dx = \int_1^2 \frac{f'(x)}{\{f(x)-f(0)\}^2}dx$$

$f(x) - f(0) = t$라 하면

$f'(x)dx = dt$이고 $f(1) - f(0) = 5$, $f(2) - f(0) = 48$이므로

$$\int_5^{48} \frac{1}{t^2}dt = \left[-\frac{1}{t}\right]_5^{48} = -\frac{1}{48} + \frac{1}{5} = \frac{43}{240}$$

이므로 $p = 240$, $q = 43$이고 $p+q = 283$이다.

522 정답 15

[그림 : 이정배T]

만약 부등식 $f(x) < 0$의 해가 존재하면 $f(x) = 0$의 해가 적어도 2개씩은 존재하게 되고 그렇게 되면 (다) 조건을 만족하지 않는다. ⋯ ㉠

⇨ 예를 들어 $f(p) = f(q) = 0$ $(p < q)$이면 $y = \ln|f(x)|$는 $x = p$과 $x = q$에서 불연속이고 $\lim\limits_{t \to -\infty} M(t) = q$,

$\lim\limits_{t \to -\infty} m(t) = p$가 되어 (다) 조건에 모순이다.

따라서 방정식 $f(x) = 0$의 해는 $x = 0$뿐임을 알 수 있다.

한편, $f(\alpha) = 1$이라면 $\ln|f(\alpha)| = \ln 1 = 0$이다.

즉, 사차함수 $f(x)$가 $(\alpha, 1)$을 지나면 $y = \ln|f(x)|$는 $(\alpha, 0)$을 지난다.

(가)에서 $M(0) = 3$ ⇨ $t = 0$일 때, 부등식 $\ln|f(x)| \leq 0$ 을 만족하는 최댓값이 $x = 3$이므로

$\ln|f(3)| = 0$이다. $f(3) = \pm 1$에서 ㉠에 의해 $f(3) = 1$이다.

(나)에서 $m(0) = -1$ ⇨ $t = 0$일 때, 부등식 $\ln|f(x)| \leq 0$ 을 만족하는 최솟값이 $x = -1$이므로 $\ln|f(-1)| = 0$이다. $f(-1) = \pm 1$에서 ㉠에 의해 $f(-1) = 1$이다.

(가)에서 $t = 0$일 때 $(x = 3)$ 함수 $M(t)$가 미분가능하지 않으므로 $y = \ln|f(x)|$는 $x = 3$에서 x축과 접해야 한다.

그런데 함수 $M(t)$와 $m(t)$가 실수 전체의 집합에서 연속이므로 $y = \ln|f(x)|$가 x축과 만나는 점이 $x > 0$에서 1개 $(x = 3)$, $x < 0$에서 1개 $(x = -1)$가 나와야 한다.

⇨ 만약 함수 $y = \ln|f(x)|$가 $x > 0$에서 $(3, 0)$에서 x축에 접하고 $(4, 0)$에서 x축과 만난다면 함수 $y = \ln|f(x)|$는 $3 < x < 4$에서 극값을 갖게 되므로 그 극값에서 함수 $g(t)$는 불연속이 생기게 된다.

따라서 함수 $y = f(x)$는 $y = 1$과 $x = -1$과 $x = 3$에서만 만나고 $x = 3$에서 접해야 하므로

$f(x) = a(x+1)(x-3)^3 + 1$꼴이다.

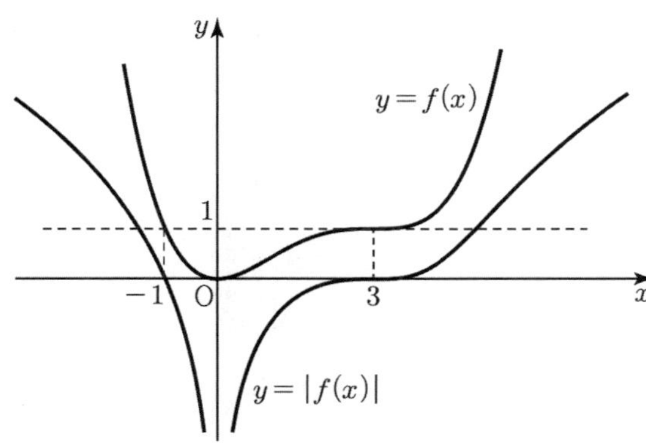

위의 그래프에서 부등식 $\ln|f(x)| \leq t$를 만족시키는 x의 최댓값 $M(t)$의 자취를 생각해 보면 다음 그림과 같다. $(0, 3)$을 지나며 $t = 0$에서 미분가능하지 않다.

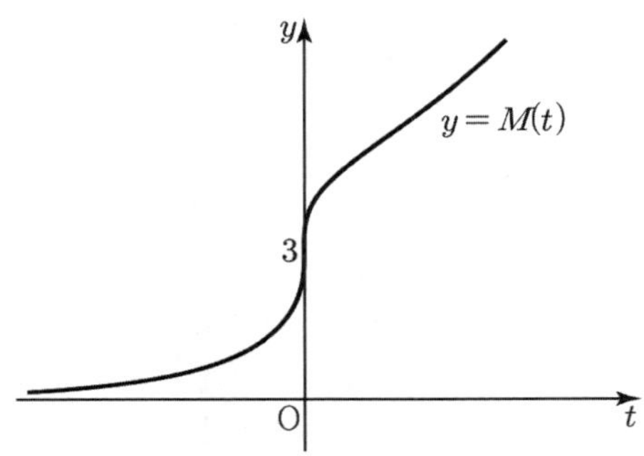

마찬가지로 부등식 $\ln|f(x)| \leq t$를 만족시키는 x의 최솟값 $m(t)$의 자취를 생각해 보면 다음 그림과 같다. $(0, -1)$을 지나며 모든 실수 t에 대해 미분가능하다.

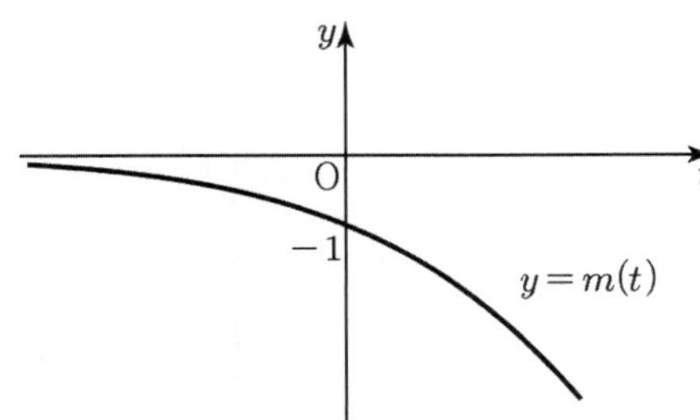

$f(0) = 0$이므로 $f(0) = -27a + 1$에서 $a = \dfrac{1}{27}$

$f(x) = \dfrac{1}{27}(x+1)(x-3)^3 + 1$이다.

$g(x-4)\{f(x)\}^2 = f'(x)$에서 $g(x-4) = \dfrac{f'(x)}{\{f(x)\}^2}$이다.

따라서

$$\int_{-1}^2 g(x)dx$$

$$= \int_3^6 g(x-4)\,dx$$

$$= \int_3^6 \frac{f'(x)}{\{f(x)\}^2}\,dx \text{에서 } t=f(x)\text{라 두면}$$

$$= \int_{f(3)}^{f(6)} \frac{1}{t^2}\,dt$$

$$= \int_1^8 \frac{1}{t^2}\,dt$$

$$= \left[-\frac{1}{t}\right]_1^8$$

$$= -\frac{1}{8}+1 = \frac{7}{8}$$

$p=8$, $q=7$이므로 $p+q=15$이다.

523 정답 143

[치환적분법이용]—세미나(89), (102) 참고

$\displaystyle\int_1^8 xf'(x)\,dx$에서

$x=g(t)$라 하면 $dx=g'(t)dt$이고

함수 $f(x)$와 함수 $g(x)$가 역함수 관계이므로

$f(g(t))=t$이고 $f'(g(t))g'(t)=1$이다.

또한

$f(1)=1$이고, $g(2x)=2f(x)$에

$x=1$을 대입하면 $g(2)=2f(1)=2$에서 $f(2)=2$

$x=2$를 대입하면 $g(4)=2f(2)=4$에서 $f(4)=4$

$x=4$를 대입하면 $g(8)=2f(4)=8$에서 $f(8)=8$

이므로

$x:1\to 8$이면 $t:1\to 8$이다.

그러므로

$$\int_1^8 xf'(x)\,dx$$

$$= \int_1^8 g(t)\,f(g(t))\,g'(t)\,dt$$

$$= \int_1^8 g(t)\,dt \text{이다.}$$

$$\int_1^8 g(t)\,dt = \int_1^2 g(t)\,dt + \int_2^4 g(t)\,dt + \int_4^8 g(t)\,dt \text{이고}$$

(i) $young's$법칙에서

$$\int_1^2 g(t)\,dt + \int_1^2 f(t)\,dt = 4-1 = 3\text{이므로}$$

$$\int_1^2 g(t)\,dt = 3 - \int_1^2 f(t)\,dt = \frac{7}{4}\text{이다.}$$

(ii) $\displaystyle\int_2^4 g(t)\,dt$에서 $t=2a$라 두면

$$\int_2^4 g(t)\,dt = 2\int_1^2 g(2a)\,da$$

$$= 2\int_1^2 2f(a)\,da = 4\times\frac{5}{4} = 5$$

(iii) $\displaystyle\int_4^8 g(t)\,dt$에서 $t=2b$라 두면

$$\int_4^8 g(t)\,dt = 2\int_2^4 g(2b)\,db$$

$$= 2\int_2^4 2f(b)\,da = 4\int_2^4 f(b)\,db$$

(ii)에서 $\displaystyle\int_2^4 g(t)\,dt = 5$이므로

$young's$법칙에서

$$\int_2^4 f(b)\,db + \int_2^4 g(b)\,db = 16-4\text{에서}$$

$$\int_2^4 f(b)\,db = 12-5 = 7$$

따라서 $\displaystyle\int_4^8 g(t)\,dt = 4\int_2^4 f(b)\,db = 28$

(i), (ii), (iii)에서

$$\int_1^8 g(t)\,dt = \frac{7}{4}+5+28 = \frac{139}{4}\text{이고 } p+q=143\text{이다.}$$

[다른 풀이]—부분적분법 이용

$f(1)=1$이고, $g(2x)=2f(x)$에

$x=1$을 대입하면 $g(2)=2f(1)=2$에서 $f(2)=2$

$x=2$를 대입하면 $g(4)=2f(2)=4$에서 $f(4)=4$

$x=4$를 대입하면 $g(8)=2f(4)=8$에서 $f(8)=8$

$$\int_1^8 xf'(x)\,dx$$

$$= \Big[\,xf(x)\,\Big]_1^8 - \int_1^8 f(x)\,dx$$

$$= 8f(8)-f(1) - \int_1^8 f(x)\,dx$$

$$= 63 - \int_1^8 f(x)\,dx\text{이다.}\cdots\text{㉠}$$

$$\int_1^8 f(x)\,dx = \int_1^2 f(x)\,dx + \int_2^4 f(x)\,dx + \int_4^8 f(x)\,dx \text{에서}$$

$$\int_1^2 f(x)\,dx = \frac{5}{4}\text{이고}$$

$young's$법칙에서

$$\int_2^4 f(x)\,dx + \int_2^4 g(x)\,dx = 16-4 = 12$$

$$\int_2^4 g(x)\,dx = 2\int_1^2 g(2a)\,da = 2\int_1^2 2f(a)\,da = 4\times\frac{5}{4} = 5\text{이므로}$$

$$\int_2^4 f(x)\,dx = 12-5 = 7$$

또

$$\int_4^8 f(x)\,dx + \int_4^8 g(x)\,dx = 64-16 = 48$$

$$\int_4^8 g(x)\,dx = 2\int_2^4 g(2a)\,da = 2\int_2^4 2f(a)\,da = 4\times 7 = 28\text{이므}$$
로

$$\int_2^4 f(x)\,dx = 48-28 = 20$$

$$\int_1^8 f(x)dx = \frac{5}{4} + 7 + 20 = \frac{113}{4} \cdots \text{\textcircled{L}}$$

㉠, ㉤에서

$$\int_1^8 xf'(x)dx = 63 - \frac{113}{4} = \frac{252-113}{4} = \frac{139}{4}$$

그러므로 $p+q=143$이다.

524 정답 3

[그림 : 이정배T]

$x \geq a$에서 $f'(x) \geq 0$이므로 함수 $f(x)$는 증가함수이다.

$f^{-1}(3x) = 3f(x)$에서

$x=a$일 때 $f^{-1}(3a) = 3f(a) = 3a$이므로 $f^{-1}(3a) = 3a$이고
$f(3a) = 3a$이다.

$x=3a$일 때 $f^{-1}(9a) = 3f(3a) = 9a$이므로 $f^{-1}(9a) = 9a$이고
$f(9a) = 9a$이다.

$x=9a$일 때 $f^{-1}(27a) = 3f(9a) = 27a$이므로
$f^{-1}(27a) = 27a$이고 $f(27a) = 27a$이다.

따라서 함수 $f(x)$와 그 역함수 $f^{-1}(x)$의 그래프 개형은 다음과
같다.

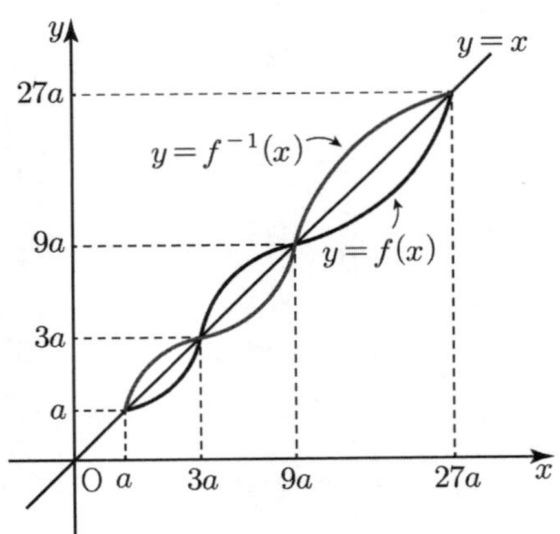

(i) $f^{-1}(3x) = 3f(x)$에서

$$\int_a^{3a} f^{-1}(3x)\,dx = 3\int_a^{3a} f(x)\,dx = 3 \times \frac{4}{3}a^2 = 4a^2$$

$$\int_a^{3a} f^{-1}(3x)\,dx = 4a^2 \text{라 하면}$$

$3x = t$라 하면 $3 = \dfrac{dt}{dx}$이므로

$$\int_a^{3a} f^{-1}(3x)\,dx = \frac{1}{3}\int_{3a}^{9a} f^{-1}(t)\,dt = 4a^2 \text{에서}$$

$$\int_{3a}^{9a} f^{-1}(x)\,dx = 12a^2 \cdots \text{㉠}$$

$$\int_{3a}^{9a} f(x)\,dx + \int_{3a}^{9a} f^{-1}(x)\,dx = 81a^2 - 9a^2 = 72a^2 \text{이므로}$$

(young's 법칙)

$$\int_{3a}^{9a} f(x)\,dx = 72a^2 - 12a^2 = 60a^2$$

같은방법으로

(ii) $$\int_{3a}^{9a} f^{-1}(3x)\,dx = 3\int_{3a}^{9a} f(x)\,dx = 3 \times 60a^2 = 180a^2$$

$$\int_{3a}^{9a} f^{-1}(3x)\,dx = 180a^2 \text{라 하면}$$

$3x = t$라 하면 $3 = \dfrac{dt}{dx}$이므로

$$\int_{3a}^{9a} f^{-1}(3x)\,dx = \frac{1}{3}\int_{9a}^{27a} f^{-1}(t)\,dt = 180a^2 \text{에서}$$

$$\int_{9a}^{27a} f^{-1}(x)\,dx = 540a^2 \cdots \text{㉤}$$

(iii) 한편

$$\int_a^{3a} f(x)\,dx + \int_a^{3a} f^{-1}(x)\,dx = 9a^2 - a^2 = 8a^2$$

$$\int_a^{3a} f^{-1}(x)\,dx = 8a^2 - \frac{4}{3}a^2 = \frac{20}{3}a^2 \text{이다.} \cdots \text{㉢}$$

따라서 ㉠, ㉤, ㉢

$$\int_a^{3a} f^{-1}(x)\,dx = \frac{20}{3}a^2, \quad \int_{3a}^{9a} f^{-1}(x)\,dx = 12a^2,$$

$$\int_{9a}^{27a} f^{-1}(x)\,dx = 540a^2$$

$$\int_a^{27a} f^{-1}(x)\,dx = \frac{20}{3}a^2 + 12a^2 + 540a^2$$

따라서

$$\int_a^{27a} x\left(f^{-1}\right)'(x)\,dx$$

$$= \left[xf^{-1}(x)\right]_a^{27a} - \int_a^{27a} f^{-1}(x)\,dx$$

$$= 27a \times f^{-1}(27a) - a \times f^{-1}(a) - \int_a^{27a} f^{-1}(x)\,dx$$

$$= 729a^2 - a^2 - \int_a^{27a} f^{-1}(x)\,dx$$

$$= 728a^2 - \frac{20}{3}a^2 - 12a^2 - 540a^2$$

$$= 176a^2 - \frac{20}{3}a^2 = \frac{508}{3}a^2$$

$\dfrac{508}{3}a^2 = 508$이므로 $a^2 = 3$

[랑데뷰팁]–young's 법칙
랑데뷰세미나 (102) 참고

---

525 정답 115

조건 (가)에서 (분모)→0일 때 극한이 존재하므로
(분자)→0이다.

$\therefore \displaystyle\lim_{x \to 0} sin(\pi \times f(x)) = \sin(\pi \times f(0)) = 0$, $f(0) = n$ (단, n은
정수)

$h(x) = \sin(\pi \times f(x))$라 두면 $h(0) = 0$이고
$h'(x) = \pi\cos(\pi \times f(x))f'(x)$이다.

따라서

$$\lim_{x \to 0} \frac{\sin(\pi \times f(x))}{x}$$

$$= \lim_{x \to 0} \frac{h(x) - h(0)}{x}$$

$$= h'(0)$$

$$= \pi \cos(\pi \times f(0)) f'(0) = 0$$

에서 $\cos(\pi \times f(0)) = \pm 1$이므로 $f'(0) = 0$이다. $\cdots \bigcirc$

따라서 $f(x) = 9x^3 - ax^2 + n$으로 둘 수 있다.

함수 $g(x)$가 $x = 1$에서 연속이므로

$$\lim_{x \to 1-} g(x) = \lim_{x \to 1+} g(x) \text{이다.}$$

이때 $\lim_{x \to 1-} g(x) = \lim_{x \to 1-} f(x) = f(1) = 9 - a + n$이고

$\lim_{x \to 1+} g(x) = \lim_{x \to 1+} g(x-1) = \lim_{t \to 0+} g(t) = \lim_{t \to 0+} f(t) = f(0) = n$이므

로

$9 - a + n = n$에서 $a = 9$이다.

$$\therefore f(x) = 9x^3 - 9x^2 + n$$

$f'(x) = 27x^2 - 18x = 9x(3x - 2)$이므로

함수 $f(x)$는 $x = 0$에서 극대, $x = \dfrac{2}{3}$에서 극소이다.

$f(0) = n$이고, $f\left(\dfrac{2}{3}\right) = 9 \times \dfrac{8}{27} - 9 \times \dfrac{4}{9} + n = n - \dfrac{4}{3}$이므로

$n\left(n - \dfrac{4}{3}\right) = 5$이다.

정리하면, $(n-3)(3n+5) = 0$이고, n은 정수이므로 $n = 3$이다.

$$\therefore f(x) = 9x^3 - 9x^2 + 3$$

정수 m에 대하여

$$\int_m^{m+1} xg(x)dx = \int_0^1 (x+m)g(x+m)dx$$

$$= \int_0^1 (x+m)g(x)dx$$

$$= \int_0^1 (x+m)f(x)dx$$

$$= \int_0^1 xf(x)dx + m\int_0^1 f(x)dx$$

이다.

$$\int_0^1 xf(x)dx = \int_0^1 (9x^4 - 9x^3 + 3x)dx$$

$$= \left[\frac{9}{5}x^5 - \frac{9}{4}x^4 + \frac{3}{2}x^2\right]_0^1$$

$$= \frac{9}{5} - \frac{9}{4} + \frac{3}{2}$$

$$= \frac{21}{20}$$

$$\int_0^1 f(x)dx = \int_0^1 (9x^3 - 9x^2 + 3)dx$$

$$= \left[\frac{9}{4}x^4 - 3x^3 + 3x\right]_0^1 = \frac{9}{4}$$

이므로 $\displaystyle\int_m^{m+1} xg(x)dx = \frac{21}{20} + \frac{9}{4}m$이다.

$$\therefore \int_0^5 xg(x)dx = \sum_{m=0}^4 \left(\frac{21}{20} + \frac{9}{4}m\right)$$

$$= \frac{21}{20} \times 5 + \frac{9}{4} \times \frac{4 \times 5}{2}$$

$$= \frac{21}{4} + \frac{45}{2}$$

$$= \frac{111}{4}$$

$$\therefore p + q = 4 + 111 = 115$$

[랑데뷰팁]−$\bigcirc$의 다른 해설

$\sin(\pi(f(x) - n)) = \sin(\pi \times f(x) - n\pi)$이므로

$$= (-1)^n \sin(\pi \times f(x))$$

$$\lim_{x \to 0} \frac{\sin(\pi \times f(x))}{x} = \lim_{x \to 0} \frac{(-1)^n \sin(\pi(f(x) - n))}{x}$$

$$= \lim_{x \to 0} \frac{(-1)^n \sin(\pi(f(x) - n))}{\pi\{f(x) - n\}} \times \frac{\pi\{f(x) - n\}}{x}$$

$$= \lim_{x \to 0} \frac{(-1)^n \sin(\pi(f(x) - n))}{\pi\{f(x) - n\}} \times \frac{\pi\{f(x) - f(0)\}}{x}$$

$$= (-1)^n \times \pi \times f'(0) = 0$$

에서 $f'(0) = 0$이다.

---

526 정답 109

[그림 : 이정배T]

(가)에서 $x \to 0$일 때, 분모가 0이므로 분자도 0이어야 한다.

$\sin f(0) = 0$이므로 $f(0) = n\pi$ (n은 정수)이다.

$h(x) = \sin f(x)$라 하면 $h(0) = 0$이므로

$$\lim_{x \to 0} \frac{\sin f(x)}{x} = \lim_{x \to 0} \frac{h(x) - h(0)}{x} = h'(0) = 9$$이다.

즉, $h'(x) = \cos(f(x)) f'(x)$이므로

$$h'(0) = \cos n\pi \times f'(0) = 9$$

$\cos n\pi = \pm 1$이므로 $f'(0) = \pm 9$이다.

함수 $g(x)$는 $0 \le x < 1$에서 $g(0) = f(0) - f(0) = 0$이고

$g'(0) = f'(0) = \pm 9$이다.

$g(x+1) = g(x) + 1$에서

$1 \le x < 2$의 함수 $g(x)$는 $0 \le x < 1$의 $f(x) - f(0)$의

그래프를 x축의 방향으로 1만큼, y축의 방향으로 1만큼

평행이동한 그래프이다. 또한 실수 전체의 집합에서

미분가능이므로 $x = 1$에서 미분가능이어야 한다.

삼차함수 $f(x)$가 두 극값이 존재하고 $f'(0) = f'(1)$이므로

$f''\left(\dfrac{1}{2}\right) = 0$이어야 한다.

즉, 삼차함수 $f(x)$는 $\left(\dfrac{1}{2}, f\left(\dfrac{1}{2}\right)\right)$에 점대칭인 그래프를 갖는다.

이때, 함수 $g(x)$는 $g'(0) < 0$이면 조건을 만족하지 못한다. (두

극값의 차가 1 이하인 상황에서 구간이 x축의 방향으로 1만큼

평행이동할 때, y축의 방향으로 1만큼 평행이동하므로

전체적으로 증가하는 그래프가 나타나야 한다.)

따라서

$g(0)=0$, $g(1)=1$

$g'(0)=f'(0)=9$이고 $g'(1)=f'(1)=9$이다.

$0 \le x < 1$일 때, $g(x)=ax^3+bx^2+cx$라 하면

$g(1)=1$에서 $a+b+c=1$

$g'(x)=3ax^2+2bx+c$에서 $g'(0)=9$이므로 $c=9$

$\therefore\ a+b=-8$

$g'(1)=3a+2b+9=9$

$\therefore\ 3a+2b=0$

따라서 $a=16$, $b=-24$이다.

$0 \le x < 1$에서

$g(x)=16x^3-24x^2+9x$

함수 $g(x)$의 그래프는 다음 그림과 같다.

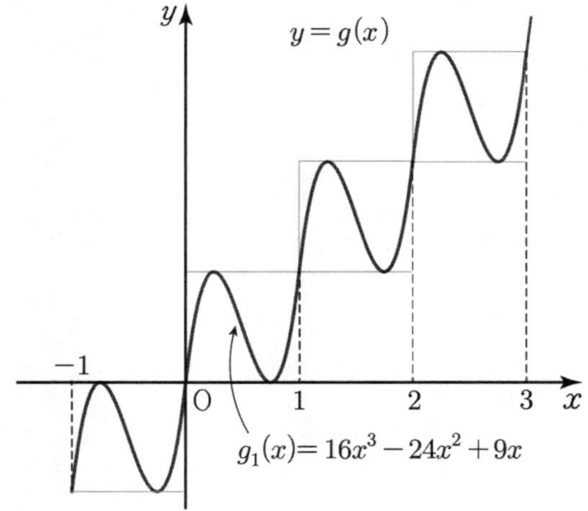

$0 \le x < 1$에서 $g(x)=g_1(x)$라 두면

$$\int_0^1 g_1(x)=\int_0^1 (16x^3-24x^2+9x)dx$$

$$=\left[4x^4-8x^3+\frac{9}{2}x^2\right]_0^1$$

$$=4-8+\frac{9}{2}=\frac{1}{2}$$

$$\int_0^1 xg_1(x)=\int_0^1 (16x^4-24x^3+9x^2)dx$$

$$=\left[\frac{16}{5}x^5-6x^4+3x^3\right]_0^1$$

$$=\frac{16}{5}-6+3=\frac{1}{5}$$

$a=16$이므로

$$\int_0^{\frac{a}{4}} xg(x)dx$$

$$=\int_0^4 xg(x)dx$$

$$=\int_0^1 xg(x)dx+\int_1^2 x\{g_1(x-1)+1\}dx+$$

$$\int_2^3 x\{g_1(x-2)+2\}dx+\int_3^4 x\{g_1(x-3)+3\}dx$$

$$=\int_0^1 xg(x)dx+\int_1^2 xg_1(x-1)dx+\int_1^2 xdx+$$

$$\int_2^3 xg_1(x-2)dx+\int_2^3 2xdx+\int_3^4 xg_1(x-3)dx+\int_3^4 3xdx$$

에서 $\displaystyle\int_n^{n+1} xg_1(x-n)dx=\int_0^1 (x+n)g_1(x)dx$

$$=\int_0^1 xg_1(x)dx+n\int_0^1 g_1(x)dx$$이다.

따라서

$$\int_0^4 xg(x)dx$$

$$=4\int_0^1 xg(x)dx+(1+2+3)\int_0^1 g_1(x)dx+\int_1^2 xdx$$

$$+\int_2^3 2xdx+\int_3^4 3xdx$$

$$=4\times\frac{1}{5}+6\times\frac{1}{2}+\frac{3}{2}+5+\frac{21}{2}$$

$$=\frac{4}{5}+3+17$$

$$=\frac{104}{5}$$

$p=5$, $q=104$이므로 $p+q=109$

[랑데뷰팁]

$x=\dfrac{1}{2}$에서 변곡점을 갖고 극댓값이 1, 극솟값이 0,

$g(0)=0$인 상황에서 삼차함수 비율 관계를 고려하면

$0 \le x < 1$에서 $g(x)=16x\left(x-\dfrac{3}{4}\right)^2$임을 알 수 있다.

---

527 정답 ⑤

(i) $0 \le x \le \dfrac{1}{2n}$일 때, $f(x) \ge 0$이고 $g(x)=1$이라면

$h(x)=\pi\sin 2\pi n x$이므로

$$\int_0^{\frac{1}{2n}} h(x)dx$$

$$=\int_0^{\frac{1}{2n}} (\pi\sin 2\pi nx)dx$$

$$=\left[-\frac{1}{2n}\cos 2\pi nx\right]_0^{\frac{1}{2n}}$$

$$=\frac{1}{2n}+\frac{1}{2n}=\frac{1}{n}$$

(ii) $\dfrac{1}{2n} \le x \le \dfrac{1}{n}$일 때, $f(x) \le 0$이고 $g(x)=0$이라면

$h(x)=0$이므로

$$\int_{\frac{1}{2n}}^{\frac{1}{n}} h(x)dx=0$$

(i), (ii)에서

$$\int_0^{\frac{1}{n}} h(x)dx = \frac{1}{n}$$

따라서 $(f(x) \geq 0$인 구간에서 $g(x)=1$이고 $f(x) < 0$일 때 $g(x)=0$일 때 $\displaystyle\int_0^1 h(x)dx$ 은 최댓값 1을 갖는다.

즉, $\displaystyle\int_0^1 h(x)dx \leq 1$이다.

조건에서

$$\int_{-1}^1 h(x)dx = 2$$을 만족하기 위해서는

$$\int_{-1}^0 h(x)dx = 1, \quad \int_0^1 h(x)dx = 1$$이어야 하므로

함수 $g(x)$는 다음과 같이 정의된다.

$$g(x) = \begin{cases} 1 & (f(x) \geq 0) \\ 0 & (f(x) < 0) \end{cases}$$

따라서 함수 $h(x)$의 그래프는 다음 그림과 같다.

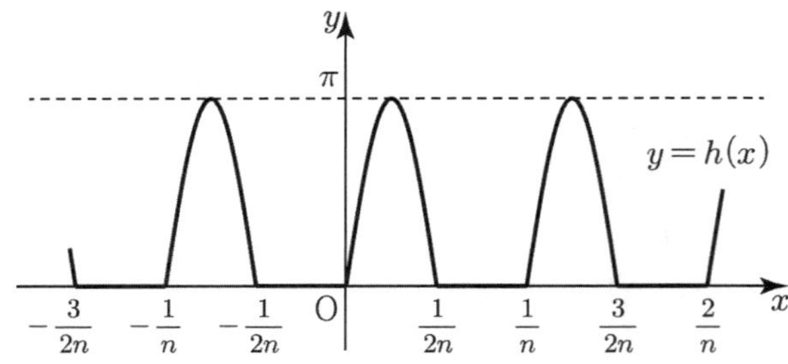

$$\int_{-1}^1 x\,h(x)dx = -\frac{1}{32}$$

$y = x\,h(x)$의 그래프를 그려서 $\displaystyle\int_{-1}^1 x\,h(x)dx$의 값을 파악해 보면

$f(x) = \pi \sin 2\pi x$

$$\int_{-\frac{1}{n}}^{-\frac{1}{2n}} x f(nx)dx = \int_{\frac{1}{2n}}^{\frac{1}{n}} x f(nx)dx,$$

$$\int_{-\frac{2}{n}}^{-\frac{3}{2n}} x f(nx)dx = \int_{\frac{3}{2n}}^{\frac{2}{n}} x f(nx)dx$$

$$\vdots$$

가 된다.

즉,

$$\int_{-1}^1 x\,h(x)dx = \int_0^1 x f(nx)dx = \int_0^1 x\{\pi \sin(2n\pi x)\}dx$$이다.

$$\int_0^1 x\{\pi \sin(2n\pi x)\}dx = -\frac{1}{32}$$에서

$$\int_0^1 x\{\pi \sin(2n\pi x)\}dx$$

$$= \left[x\left(-\frac{1}{2n}cos(2n\pi x)\right) + \frac{1}{4n^2\pi} sin(2n\pi x)\right]_0^1$$

$$= -\frac{1}{2n}$$

$-\dfrac{1}{2n} = -\dfrac{1}{32}$에서 $n = 16$이다.

[다른 풀이]

정수 k에 대하여 $\displaystyle\int_{\frac{2k+1}{2n}}^{\frac{2k+2}{2n}} x h(x)dx = 0$이므로

$\displaystyle\int_{\frac{2k}{2n}}^{\frac{2k+1}{2n}} x h(x)dx$에 대해서만 알아보자.

$$\int_{\frac{2k}{2n}}^{\frac{2k+1}{2n}} x h(x)dx$$

$$= \int_{\frac{2k}{2n}}^{\frac{2k+1}{2n}} x(\pi \sin 2\pi nx)dx$$

$$= \pi\left[x \times \left(-\frac{1}{2n\pi}\cos 2n\pi x\right)\right]_{\frac{2k}{2n}}^{\frac{2k+1}{2n}}$$

$$\qquad + \pi\int_{\frac{2k}{2n}}^{\frac{2k+1}{2n}}\left(\frac{1}{2n\pi}\cos 2n\pi x\right)dx$$

$$= \frac{2k+1}{4n^2} + \frac{2k}{4n^2} + \frac{1}{4n^2\pi^2}\left[\sin 2n\pi x\right]_{\frac{2k}{2n}}^{\frac{2k+1}{2n}}$$

$$= \frac{4k+1}{4n^2}$$

따라서 $\displaystyle\int_{-1}^1 x h(x)dx = -\frac{1}{32}$에서

$$\int_{-1}^1 x h(x)dx = \sum_{k=-n}^{n-1}\int_{\frac{2k}{2n}}^{\frac{2k+1}{2n}} x h(x)dx$$

$$\left(\because \int_{\frac{2n-1}{2n}}^1 x h(x)dx = 0\right)$$

$$= \sum_{k=-n}^{n-1}\left(\frac{4k+1}{4n^2}\right)$$

$$= \frac{1}{4n^2}\sum_{k=-n}^{n-1}(4k+1)$$

$$= \frac{\dfrac{2n}{2}(-4n+1+4n-3)}{4n^2}$$

$$= -\frac{1}{2n} = -\frac{1}{32}$$

$2n = 32$

$\therefore \ n = 16$

528 정답 256

$h(x) = \sin nx$라 하면

(i) $0 \le x \le \dfrac{\pi}{n}$일 때, $h(x) \ge 0$이고 $f(x)=1$이라면

$g(x) = \sin nx$이므로

$$\int_0^{\frac{\pi}{n}} g(x)dx$$

$$= \int_0^{\frac{\pi}{n}} \sin nx \, dx$$

$$= \left[-\frac{1}{n}\cos nx \right]_0^{\frac{\pi}{n}}$$

$$= \frac{1}{n} + \frac{1}{n} = \frac{2}{n}$$

(ii) $\dfrac{\pi}{n} \le x \le \dfrac{2\pi}{n}$일 때, $h(x) \le 0$이고 $f(x)=0$이라면

$g(x)=0$이므로

$$\int_{\frac{\pi}{n}}^{\frac{2\pi}{n}} g(x)dx = 0$$

(i), (ii)에서

$$\int_0^{\frac{2\pi}{n}} g(x)dx = \frac{2}{n}$$

따라서 ($\sin nx \ge 0$인 구간에서 $f(x)=1$이고 $\sin nx < 0$일 때

$f(x)=0$일 때 $\displaystyle\int_0^{2\pi} g(x)\,dx$의 최댓값 2을 갖는다.

즉, $\displaystyle\int_0^{2\pi} g(x)\,dx \le 2$이다.

$\displaystyle\int_{-2\pi}^{2\pi} g(x)dx = 4$을 만족하기 위해서는

$\displaystyle\int_{-2\pi}^0 g(x)dx = 2$, $\displaystyle\int_0^2 g(x)dx = 2$이어야 하므로

함수 $f(x)$는 다음과 같이 정의된다.

$$f(x) = \begin{cases} 1 \ (\sin nx \ge 0) \\ 0 \ (\sin nx < 0) \end{cases}$$

따라서 함수 $g(x)$의 그래프는 다음 그림과 같다.

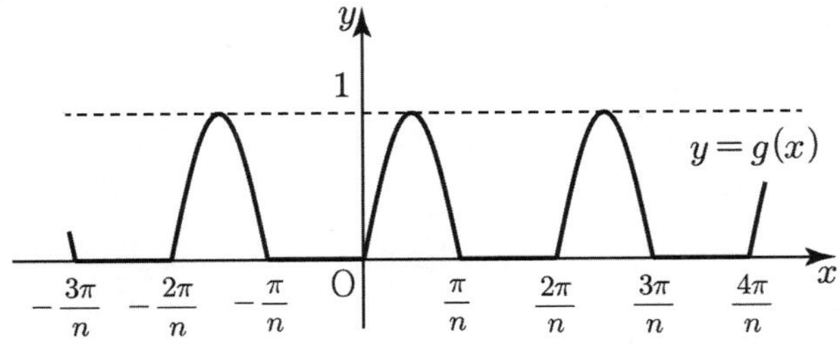

정수 k에 대하여 $\displaystyle\int_{\frac{2k+1}{n}\pi}^{\frac{2k+2}{n}\pi} x\, g(x)dx = 0$이므로

$\displaystyle\int_{\frac{2k}{n}\pi}^{\frac{2k+1}{n}\pi} x g(x)dx$에 대해서만 알아보자.

$$\int_{\frac{2k}{n}\pi}^{\frac{2k+1}{n}\pi} x\, g(x)dx$$

$$= \int_{\frac{2k}{n}\pi}^{\frac{2k+1}{n}\pi} x(\sin nx)dx$$

$$= \left[x \times \left(-\frac{1}{n}\cos nx \right) \right]_{\frac{2k}{n}\pi}^{\frac{2k+1}{n}\pi} + \int_{\frac{2k}{n}\pi}^{\frac{2k+1}{n}\pi} \left(\frac{1}{n}\cos nx \right)dx$$

$$= \frac{2k+1}{n^2}\pi + \frac{2k}{n^2}\pi + \frac{1}{n^2}\left[\sin nx \right]_{\frac{2k}{n}\pi}^{\frac{2k+1}{n}\pi}$$

$$= \frac{4k+1}{n^2}\pi$$

따라서 $\displaystyle\int_{-2\pi}^{2\pi} x\, g(x)dx = -\frac{1}{128}\pi$에서

$$\int_{-2\pi}^{2\pi} x\, g(x)dx = \sum_{k=-n}^{n-1} \int_{\frac{2k}{n}\pi}^{\frac{2k+1}{n}\pi} x\, g(x)dx$$

$$\left(\because \int_{\frac{2n-1}{n}\pi}^{2\pi} x\, g(x)dx = 0 \right)$$

$$= \sum_{k=-n}^{n-1} \left(\frac{4k+1}{n^2}\pi \right)$$

$$= \frac{\pi}{n^2} \sum_{k=-n}^{n-1} (4k+1)$$

$$= \frac{\frac{2n}{2}(-4n+1+4n-3)}{n^2}\pi$$

$$= -\frac{2}{n}\pi = -\frac{1}{128}\pi$$

$$\therefore \ n = 256$$

---

529 정답 ①

$$g(x) = \int_0^x t f(x-t)dt \quad (x \ge 0)$$

에서 우변의 $x - t = s$라 하면

$t : 0 \to x$일 때, $s = x \to 0$, $-1 = \dfrac{ds}{dt}$이므로

$$g(x) = \int_x^0 (x-s)f(s)(-ds)$$

$$= \int_0^x (x-s)f(s)ds$$

$$= x\int_0^x f(s)ds - \int_0^x s f(x)ds$$이다.

양변 미분하면

$$g'(x) = \int_0^x f(s)ds + xf(x) - xf(x)$$

따라서 $g'(x) = \displaystyle\int_0^x f(s)ds$이다.

$$g'(x)$$

$$= \int_0^x f(s)ds$$

$$= \int_0^x \sin(\pi \sqrt{s})\,ds$$

$\sqrt{s} = k$ 라 하면 $\dfrac{1}{2\sqrt{s}} = \dfrac{dk}{ds}$ 이므로 $ds = 2k\,dk$

$s : 0 \to x$ 일 때, $k : 0 \to \sqrt{x}$ 이다.

$$= \int_0^{\sqrt{x}} 2k \sin(\pi k)\,dk$$

$$= \left[-\frac{2k\cos(\pi k)}{\pi} \right]_0^{\sqrt{x}} + \frac{2}{\pi} \int_0^{\sqrt{x}} \cos(\pi k)\,dk$$

$$= -\frac{2\sqrt{x}\cos(\pi \sqrt{x})}{\pi} + \frac{2}{\pi^2}\left[\sin(\pi k) \right]_0^{\sqrt{x}}$$

$$= -\frac{2\sqrt{x}\cos(\pi \sqrt{x})}{\pi} + \frac{2\sin(\pi \sqrt{x})}{\pi^2}$$

$$= \frac{2\sin(\pi \sqrt{x}) - 2\pi \sqrt{x}\cos(\pi \sqrt{x})}{\pi^2}$$

정수 n에 대하여 $\sin n\pi = 0$ 이므로

자연수 k에 대하여

$x = (2k-1)^2$ 일 때,

$$g'((2k-1)^2) = -\frac{2(2k-1)\cos\{(2k-1)\pi\}}{\pi} = \frac{4k-2}{\pi} > 0$$

$x = (2k)^2$ 일 때,

$$g'((2k)^2) = -\frac{2(2k)\cos\{(2k)\pi\}}{\pi} = -\frac{4k}{\pi} < 0$$

따라서 사잇값 정리에 의해

$g'(a_k) = 0$ 인 a_k 가 $(2k-1)^2 < a_k < (2k)^2$ 에 존재한다.

(구간 $\big((2k-1)^2,\ (2k)^2\big)$ 에서 방정식 $g'(x) = 0$ 은 한 개의 해를 갖는다.)

$g'(x) : + \to -$ 이므로

함수 $g(x)$ 는 $x = a_k$ 에서 극대이다.

그러므로 $11^2 < a_6 < 12^2$

[랑데뷰팁]−1

$g'(1) = \dfrac{2}{\pi}$, $g'(4) = -\dfrac{4}{\pi}$, $g'(9) = \dfrac{6}{\pi}$, $g'(16) = -\dfrac{8}{\pi}$,

$g'(25) = \dfrac{10}{\pi}$, $\cdots$

[다른 풀이]−1

$f(x) = \sin(\pi \sqrt{x})$ 의 그래프를 그리고 카발리에리의 원리를 적용하면

$g'(x) = \displaystyle\int_0^x f(s)\,ds = 0$ 인 x값이 0이상 정수 m에 대하여

구간 $(m^2,\ (m+1)^2)$ 에 존재하고 그중 함수 $g(x)$가 극댓값을 갖게 하는 x값은 자연수 k에 대하여 구간 $\big((2k-1)^2,\ (2k)^2\big)$ 에 존재함을 알 수 있다.

[랑데뷰 세미나]

−카발리에리의 원리 적용−

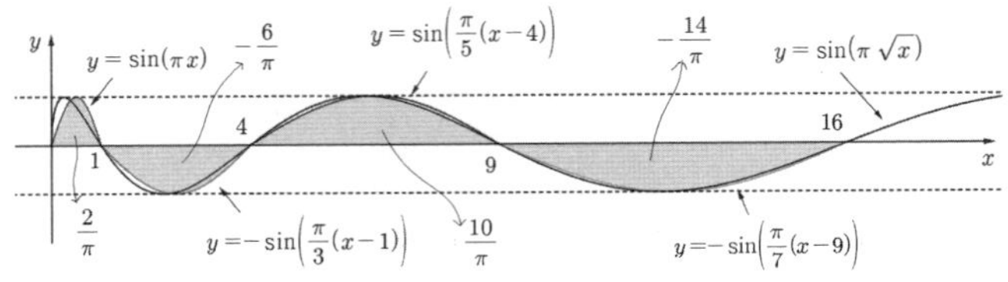

$0 \le x \le 1$ 에서

$y = \sin(\pi \sqrt{x})$ 와 $y = \sin(\pi x)$ 이 x축으로 둘러싸인 부분의 넓이는 같다.

$1 \le x \le 4$ 에서

$y = \sin(\pi \sqrt{x})$ 와 $y = -\sin\left(\dfrac{\pi}{3}(x-1)\right)$ 이 x축으로 둘러싸인 부분의 넓이는 같다.

$4 \le x \le 9$ 에서

$y = \sin(\pi \sqrt{x})$ 와 $y = \sin\left(\dfrac{\pi}{5}(x-4)\right)$ 이 x축으로 둘러싸인 부분의 넓이는 같다.

$9 \le x \le 16$ 에서

$y = \sin(\pi \sqrt{x})$ 와 $y = -\sin\left(\dfrac{\pi}{7}(x-9)\right)$ 이 x축으로 둘러싸인 부분의 넓이는 같다.

$$\vdots \qquad \vdots$$

즉,

0이상의 정수 k에 대하여

$$\int_{k^2}^{(k+1)^2} \sin(\pi \sqrt{x})\,dx =$$

$$\int_{k^2}^{(k+1)^2} (-1)^k \sin\left\{ \frac{\pi}{2k+1}(x - k^2) \right\} dx$$

이 성립한다.

따라서

$$\int_{k^2}^{(k+1)^2} \sin(\pi \sqrt{x})\,dx$$

$$= \frac{(-1)^{k+1}(2k+1)}{\pi} \left[\cos\left\{ \frac{\pi}{2k+1}(x - k^2) \right\} \right]_{k^2}^{(k+1)^2}$$

$$= \frac{(-1)^{k+1}(2k+1)}{\pi} \times (-1 - 1)$$

$$= \frac{2}{\pi}(-1)^k (2k+1)$$

$k = 0$ 일 때, $\displaystyle\int_0^1 \sin(\pi \sqrt{x})\,dx = \frac{2}{\pi}$

$k = 1$ 일 때, $\displaystyle\int_1^4 \sin(\pi \sqrt{x})\,dx = -\frac{6}{\pi}$

$k = 2$ 일 때, $\displaystyle\int_4^9 \sin(\pi \sqrt{x})\,dx = \frac{10}{\pi}$

$k=3$일 때, $\displaystyle\int_9^{16}\sin(\pi\sqrt{x})dx=-\frac{14}{\pi}$

$k=4$일 때, $\displaystyle\int_{16}^{25}\sin(\pi\sqrt{x})dx=\frac{18}{\pi}$

$$\vdots \qquad\qquad \vdots$$

[랑데뷰팁]-2

카발리에리의 원리

$\displaystyle\int_0^1|\sin(\pi\sqrt{x})|dx=\frac{2}{\pi}$ 을 기준으로 구간의 길이배 만큼

넓이가 증가한다.

$$\int_1^4|\sin(\pi\sqrt{x})|dx=\frac{2}{\pi}\times(3)=\frac{6}{\pi}$$

$$\int_4^9|\sin(\pi\sqrt{x})|dx=\frac{2}{\pi}\times(5)=\frac{10}{\pi}$$

$$\int_9^{16}|\sin(\pi\sqrt{x})|dx=\frac{2}{\pi}\times(7)=\frac{14}{\pi}$$

또한, 위의 [랑데뷰팁]-1 을 확인할 수 있다.

$$g'(1)=\int_0^1\sin(\pi\sqrt{x})dx=\frac{2}{\pi}$$

$$g'(4)=\int_0^4\sin(\pi\sqrt{x})dx=\frac{2}{\pi}+\left(-\frac{6}{\pi}\right)=-\frac{4}{\pi}$$

$$g'(9)=\left(\frac{2}{\pi}\right)+\left(-\frac{6}{\pi}\right)+\left(\frac{10}{\pi}\right)=\frac{6}{\pi}$$

$$g'(16)=\left(\frac{2}{\pi}\right)+\left(-\frac{6}{\pi}\right)+\left(\frac{10}{\pi}\right)+\left(-\frac{14}{\pi}\right)=-\frac{8}{\pi}$$

$$g'(25)=\left(\frac{2}{\pi}\right)+\left(-\frac{6}{\pi}\right)+\left(\frac{10}{\pi}\right)+\left(-\frac{14}{\pi}\right)+\left(\frac{18}{\pi}\right)=\frac{10}{\pi}$$

[다른 풀이]-2

$$g(x)=\int_0^x tf(x-t)dt$$

$$=\left[-tF(x-t)\right]_0^x+\int_0^x F(x-t)dt\ \leftarrow F(x)=\int f(x)dx$$

$$=-xF(0)+\int_0^x F(x-t)dt$$

$$=-xF(0)+\left[-G(x-t)\right]_0^x\ \leftarrow G(x)=\int F(x)dx$$

$$=-xF(0)-G(0)+G(x)$$

양변 미분하면

$$g'(x)=-F(0)+F(x)$$

$$=\left[F(x)\right]_0^x$$

$$=\int_0^x f(t)dt$$

이하 동일

---

530 정답 2

$$g(x)=\int_0^x t(2x-t)f(x-t)dt$$

우변의 $x-t=s$ 라 두면

$t:0\to x,\ s:x\to 0$이고

$-dt=ds$이므로

$$\int_0^x t(2x-t)f(x-t)dt$$

$$=\int_x^0(x-s)(x+s)f(s)(-ds)$$

$$=\int_0^x x^2f(s)ds-\int_0^x s^2f(s)ds$$

$g(x)=x^2\displaystyle\int_0^x f(s)ds-\int_0^x s^2f(s)ds$의 양변 미분하면

$$g'(x)=2x\int_0^x f(s)ds+x^2f(x)-x^2f(x)=2x\int_0^x f(s)ds$$

$$g''(x)=2\int_0^x f(s)ds+2xf(x)$$

$$g''(x)-2xf(x)=2\int_0^x f(s)ds$$

따라서

$$h(x)=\frac{1}{2}g''(x)-xf(x)=\int_0^x f(s)ds$$이다.

$$h'(x)=f(x)=\cos(\pi\sqrt{x})$$

$h'(x)=\cos(\pi\sqrt{x})=0$의 해가

$x\geq 0$에서 $x=\dfrac{1}{4},\ \dfrac{9}{4},\ \dfrac{25}{4},\ \cdots$이므로

자연수 n에 대하여 $a_n=\dfrac{(2n-1)^2}{4}$ 이다.

따라서 $a_{n+1}=\dfrac{(2n+1)^2}{4}$ 이므로

$$a_n a_{n+1}=\left\{\frac{(2n-1)(2n+1)}{4}\right\}^2$$

$$\sum_{n=1}^{\infty}\frac{1}{\sqrt{a_n a_{n+1}}}$$

$$=\sum_{n=1}^{\infty}\frac{4}{(2n-1)(2n+1)}$$

$$=2\sum_{n=1}^{\infty}\left(\frac{1}{2n-1}-\frac{1}{2n+1}\right)$$

$$=2\times 1=2$$

---

531 정답 ⑤

곡선 $y=e^x$위의 점 $(t,\ e^t)$에서의 접선의 방정식은

$f(x)=e^t(x-t)+e^t=e^tx+e^t(1-t)$이고

$y=|f(x)+k-\ln x|$가 양의 실수 전체의 집합에서

미분가능하기 위해서는

$y=f(x)+k=e^tx+e^t(1-t)+k\cdots\text{㉠}$의 그래프와

$y=\ln x$의 그래프가 만나지 않거나 접해야 한다.

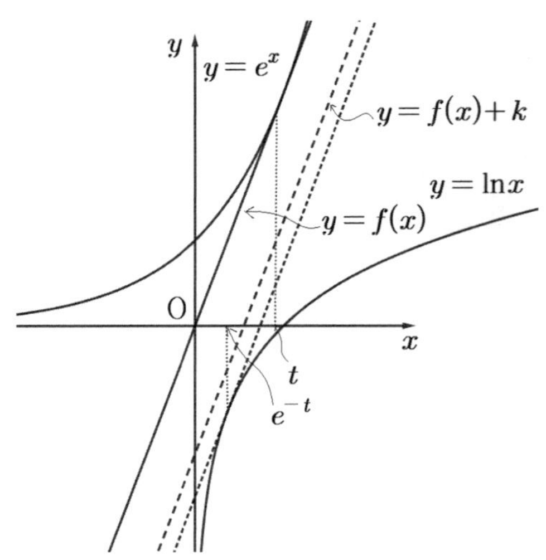

$y=\ln x$에 접하는 기울기가 e^t인 직선은

접점의 x좌표를 $x=\alpha$라 할 때, $\dfrac{1}{\alpha}=e^t$에서

$\alpha=e^{-t}$이다.

즉, $y=\ln x$의 접점의 좌표는 $\left(e^{-t},\,-t\right)$이고 접선의
방정식은

$y=e^t(x-e^{-t})-t=e^t x-1-t\cdots$ⓛ이다.

㉠, ⓛ에서 $e^t(1-t)+k \geq -1-t$

$k \geq e^t(t-1)-(t+1)$

$\therefore\ g(t)=e^t(t-1)-(t+1)$

$y=e^t(t-1)$과 $y=t+1$의 그래프를 비교해 보면$\cdots$ⓒ
두 그래프의 두 교점의 t좌표를 $t_1,\ t_2$라 하면 열린구간
$(t_1,\ t_2)$에서 $g(t)<0$이다.

따라서

ㄱ. 참

ㄴ.

$g(-t)=e^{-t}(-t-1)-(-t+1)$

$\qquad =e^{-t}\{-(t+1)+e^t(t-1)\}$

$\qquad =e^{-t}g(t)$

$g(c)=0$이면 $g(-c)=0$이다. (참)

ㄷ. $\alpha=t_1,\ \beta=t_2$일 때 m의 값이 최소이다.

그런데 ㄴ.에서 $t_1=-t_2$이다.

$g(t)=e^t(t-1)-(t+1)$에서 $g'(t)=e^t t-1$

$g'(t_1)=e^{t_1}t_1-1=-e^{-t_2}t_2-1,\ g'(t_2)=e^{t_2}t_2-1$

$\dfrac{1+g'(\beta)}{1+g'(\alpha)}=\dfrac{1+g'(t_2)}{1+g'(t_1)}=\dfrac{e^{t_2}t_2}{-e^{-t_2}t_2}=-e^{2t_2}$

ⓒ에서 $t_2>1$이므로 $2t_2>2$

$-e^{2t_2}<-e^2$ (참)

---

532 정답 ⑤

$f(x)=2^t x+2^t(\ln 2-1)+(t+1)\ln 2$

$y=\left|f(x)+k+\dfrac{1}{e^x}\right|$가 실수 전체의 집합에서 미분가능하기

위해서는

$y=f(x)+k=2^t x+2^t(\ln 2-1)+(t+1)\ln 2+k\cdots$㉠의

그래프와 $y=-\dfrac{1}{e^x}$의 그래프가 만나지 않거나 접해야 한다.

$y=-\dfrac{1}{e^x}$에 접하는 기울기가 2^t인 직선은

접점의 x좌표를 $x=\alpha$라 할 때, $e^{-\alpha}=2^t$에서
$\alpha=-(\ln 2)\,t$이다.

즉, $y=-\dfrac{1}{e^x}$의 접점의 좌표는 $\left(-(\ln 2)t,\,-2^t\right)$이고

접선의 방정식은

$y=2^t(x+(\ln 2)t)-2^t=2^t x+2^t\{(\ln 2)t-1\}\cdots$ⓛ이다.

예를 들어

$t=2$일 때, 접점의 좌표는 $(-2\ln 2,\,-4)$이고 접선의 방정식은

$y=4x+8\ln 2-4$

$t=-1$일 때, 접점의 좌표는 $\left(\ln 2,\,-\dfrac{1}{2}\right)$이고 접선의 방정식은

$y=\dfrac{1}{2}x-\dfrac{1}{2}\ln 2-\dfrac{1}{2}$

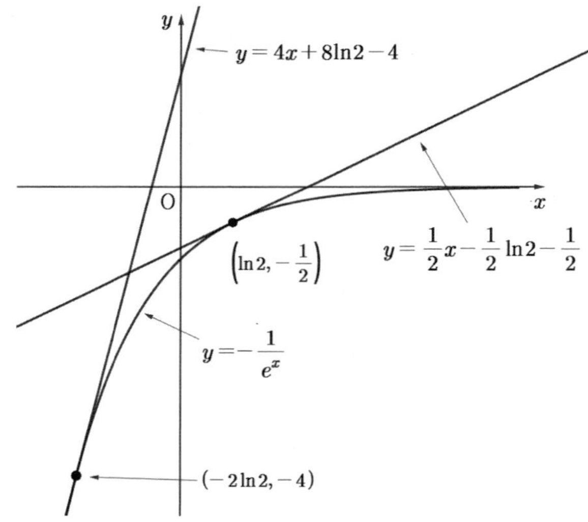

㉠, ⓛ에서

$2^t(\ln 2-1)+(t+1)\ln 2+k \geq 2^t\{(\ln 2)t-1\}$

$k \geq 2^t\{(\ln 2)t-1\}+2^t(1-\ln 2)-(t+1)\ln 2$

$\quad =2^t(t-1)\ln 2-(t+1)\ln 2$

따라서 $g(t)=\ln 2\{2^t(t-1)-(t+1)\}$

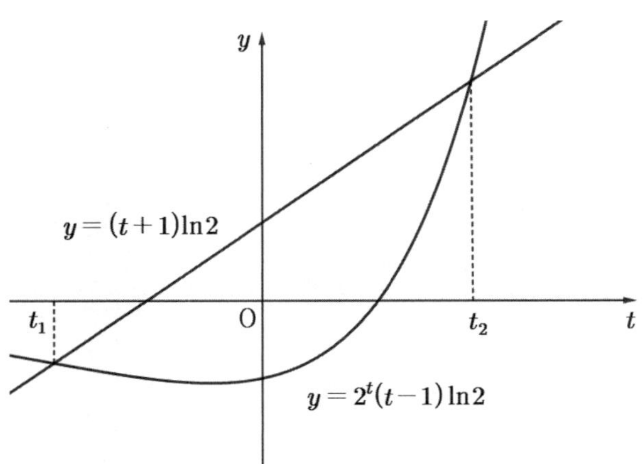

$y=2^t(t-1)\ln 2$과 $y=(t+1)\ln 2$의 그래프를 비교해 보면…ⓒ
두 그래프의 두 교점의 t좌표를 t_1, t_2라 하면 열린구간
$(t_1,\ t_2)$에서 $g(t)<0$이다.

따라서

ㄱ. 참

ㄴ. $g(-t)=\ln 2\{2^{-t}(-t-1)-(-t+1)\}$
$\qquad =2^{-t}\left[\ln 2\{-(t+1)+2^t(t-1)\}\right]$
$\qquad =2^{-t}\left[\ln 2\{2^t(t-1)-(t+1)\}\right]=2^{-t}g(t)$

$g(c)=0$이면 $g(-c)=0$이다. (참)

ㄷ. $\alpha=t_1,\ \beta=t_2$일 때 m의 값이 최소이다.

그런데 ㄴ.에서 $t_1=-t_2$이다.

ㄴ.에서 $g(-t)=2^{-t}g(t)$ 양변 미분하면
$-g'(-t)=-2^{-t}(\ln 2)g(t)+2^{-t}g'(t)$이고 양변에 -1
을 곱하면 $g'(-t)=2^{-t}(\ln 2)\,g(t)-2^{-t}g'(t)$이고
$g(t_1)=g(t_2)=0,\ t_1=-t_2$이다.

따라서
$$\frac{g'(\beta)}{g'(\alpha)}=\frac{g'(t_2)}{g'(t_1)}=\frac{g'(t_2)}{g'(-t_2)}=\frac{g'(t_2)}{-2^{-t_2}g'(t_2)}=-2^{t_2}$$

ⓒ에서 $t_2>1$이므로 $2^{t_2}>2$
$$\therefore\ \frac{g'(\beta)}{g'(\alpha)}<-2\ (참)$$

533 정답 93

$f(1)=a$, $f(3)=b$라 하고 양변에 $(2x+1)$을 곱한 뒤 정리하면
$(2x+1)f'(x^2+x+1)$
$=10x^3+(5+2b)x^2+bx+2a\pi(\sin\pi x)x+a\pi\sin\pi x$

양변 적분하면
$f(x^2+x+1)$
$=\dfrac{5}{2}x^4+\dfrac{5+2b}{3}x^3+\dfrac{1}{2}bx^2-2a(\cos\pi x)x$
$\qquad\qquad +\dfrac{2a\sin\pi x}{\pi}-a\cos\pi x+C$

① $x=0$을 대입하면
$f(1)=a=-a+C\quad\therefore\ C=2a$

$f(x^2+x+1)$
$=\dfrac{5}{2}x^4+\dfrac{5+2b}{3}x^3+\dfrac{1}{2}bx^2-2a(\cos\pi x)x$
$\qquad\qquad +\dfrac{2a\sin\pi x}{\pi}-a\cos\pi x+2a$

② $x=-1$을 대입하면
$f(1)=a=\dfrac{5}{2}-\dfrac{5+2b}{3}+\dfrac{1}{2}b-2a+a+2a\ \Rightarrow\ b=5$

$f(x^2+x+1)$
$=\dfrac{5}{2}x^4+5x^3+\dfrac{5}{2}x^2-2a(\cos\pi x)x$
$\qquad\qquad +\dfrac{2a\sin\pi x}{\pi}-a\cos\pi x+2a$

③ $x=1$을 대입하면
$f(3)=5=\dfrac{5}{2}+5+\dfrac{5}{2}+2a+a+2a\ \Rightarrow\ a=-1$

따라서 $c=-2$
$$\therefore\ f(x^2+x+1)$$
$=\dfrac{5}{2}x^4+5x^3+\dfrac{5}{2}x^2+2(\cos\pi x)x-\dfrac{2\sin\pi x}{\pi}+\cos\pi x-2$

$x=2$를 대입하면
$f(7)=40+40+10+4+1-2=93$

[랑데뷰팁]

① $f'(x^2+x+1)=\pi f(1)\sin\pi x+f(3)x+5x^2$
$x=0$을 대입하면 $f'(1)=0$
$x=-1$을 대입하면 $f'(1)=-f(3)+5$
$\therefore\ f(3)=5$
$f'(x^2+x+1)=\pi f(1)\sin\pi x+5x+5x^2$에서 시작하면
간편하다.

② $y=x^2+x+1$과
$y=\dfrac{5}{2}x^4+5x^3+\dfrac{5}{2}x^2+2(\cos\pi x)x$
$\qquad -\dfrac{2\sin\pi x}{\pi}+\cos\pi x-2$

는 모두 $x=-\dfrac{1}{2}$에 대칭인 함수이다.

---

534 정답 33

준식의 양변에 $\times(-4)$을 하면
$$\frac{-2f'(x)}{\{f(x)\}^3}=\frac{-4f'(2x-1)}{\{f(2x-1)\}^3}-\frac{2\pi\sin\pi x}{\{f(2)\}^2}-\frac{2x}{\{f(3)\}^2}$$
이고
양변 적분하면
$$\frac{1}{\{f(x)\}^2}=\frac{1}{\{f(2x-1)\}^2}+\frac{2\cos\pi x}{\{f(2)\}^2}-\frac{x^2}{\{f(3)\}^2}+C$$
$\dfrac{1}{\{f(2)\}^2}=a,\ \dfrac{1}{\{f(3)\}^2}=b$라 두면 $(a>0,b>0)$

$$\frac{1}{\{f(x)\}^2} = \frac{1}{\{f(2x-1)\}^2} + 2a\cos\pi x - bx^2 + C \cdots \text{㉠}$$

㉠에 $x=1$을 대입하면

$$\frac{1}{\{f(1)\}^2} = \frac{1}{\{f(1)\}^2} - 2a - b + C$$

$$\therefore \ 2a + b = C$$

㉠에 $x=2$을 대입하면 $a = b + 2a - 4b + C$

$$\therefore \ a - 3b = -C$$

따라서 $b = \dfrac{3}{2}a$, $C = \dfrac{7}{2}a$

㉠에 $x=3$을 대입하면

$f(5) = \dfrac{\sqrt{3}}{9}$ 이므로 $\dfrac{1}{\{f(5)\}^2} = 27$

$b = 27 - 2a - 9b + C \rightarrow 2a + 10b - C = 27$

$\rightarrow 2a + 15a - \dfrac{7}{2}a = 27 \rightarrow \dfrac{27}{2}a = 27$

$$\therefore \ a = 2, \ b = 3, \ C = 7$$

㉠에서 $\dfrac{1}{\{f(x)\}^2} = \dfrac{1}{\{f(2x-1)\}^2} + 4\cos\pi x - 3x^2 + 7$

이다.

$x=5$를 대입하면

$27 = \dfrac{1}{\{f(9)\}^2} - 4 - 75 + 7$에서 $\dfrac{1}{\{f(9)\}^2} = 99$

따라서 $\{f(3)\}^2 = \dfrac{1}{3}$, $\{f(9)\}^2 = \dfrac{1}{99}$

$$\left\{\frac{f(3)}{f(9)}\right\}^2 = \frac{\{f(3)\}^2}{\{f(9)\}^2} = \frac{\frac{1}{3}}{\frac{1}{99}} = 33$$

535 정답 12

상수 a, b에 대하여 함수 $f(x) = a\sin^3 x + b\sin x$가

$f\left(\dfrac{\pi}{4}\right) = 3\sqrt{2} \Rightarrow \dfrac{\sqrt{2}}{4}a + \dfrac{\sqrt{2}}{2}b = 3\sqrt{2} \Rightarrow a + 2b = 12$

$f\left(\dfrac{\pi}{3}\right) = 5\sqrt{3} \Rightarrow \dfrac{3\sqrt{3}}{8}a + \dfrac{\sqrt{3}}{2}b = 5\sqrt{3}$

$$\Rightarrow 3a + 4b = 40$$

연립해서 풀면

$a = 16$, $b = -2$이다.

따라서 $f(x) = 16\sin^3 x - 2\sin x$

$0 \leq x \leq \dfrac{\pi}{2}$에서 $g(f(x)) = x$을 만족하는 함수

g를 생각하자.

$g'(f(x))f'(x) = 1$에서 $f(x_n) = t$이고

$\dfrac{1}{f'(x)} = g'(f(x)) \Rightarrow \dfrac{1}{f'(x_n)} = g'(f(x_n)) = g'(t)$이다.

따라서

$$c_1 = \int_{3\sqrt{2}}^{5\sqrt{3}} \frac{t}{f'(x_1)} dt$$

$$= \int_{3\sqrt{2}}^{5\sqrt{3}} (g'(t)\,t) dt$$

$$= [g(t)\,t]_{3\sqrt{2}}^{5\sqrt{3}} - \int_{3\sqrt{2}}^{5\sqrt{3}} g(t)\, dt$$

$$= \int_{\frac{\pi}{4}}^{\frac{\pi}{3}} f(x)\, dx = \int_{\frac{\pi}{4}}^{\frac{\pi}{3}} 16\sin^3 x - 2\sin x\, dx$$

$$= \int_{\frac{\pi}{4}}^{\frac{\pi}{3}} 2\sin x(8\sin^2 x - 1)\, dx$$

$$= \int_{\frac{\pi}{4}}^{\frac{\pi}{3}} 2\sin x(8\cos^2 x - 7)\, dx \ \rightarrow \cos x = t$라 두면

$$= 2\int_{\frac{1}{2}}^{\frac{\sqrt{2}}{2}} (7 - 8t^2)\, dt$$

$$= \left[7t - \frac{8}{3}t^2\right]_{\frac{1}{2}}^{\frac{\sqrt{2}}{2}} = -\frac{19}{3} + \frac{17}{3}\sqrt{2}$$

$$c_2 = \int_{3\sqrt{2}}^{5\sqrt{3}} \frac{t}{f'(x_2)} dt = -c_1$$

따라서 $c_1 + c_2 = 0$, $c_3 + c_4 = 0$, $\cdots$

$$\sum_{n=1}^{101} c_n = c_{101} = c_1 = -\frac{19}{3} + \frac{17}{3}\sqrt{2}$$

$p = -\dfrac{19}{3}$, $q = \dfrac{17}{3}$이므로 $q - p = \dfrac{17}{3} - \left(-\dfrac{19}{3}\right) = 12$

[랑데뷰팁]

계산 과정에서 $\sin 3x = 3\sin x - 4\sin^3 x$에서

$\sin^3 x = \dfrac{3\sin x - \sin 3x}{4}$을 이용해도 된다.

$$\int_{\frac{\pi}{4}}^{\frac{\pi}{3}} f(x)\, dx = \int_{\frac{\pi}{4}}^{\frac{\pi}{3}} 16\sin^3 x - 2\sin x\, dx$$

$$= \int_{\frac{\pi}{4}}^{\frac{\pi}{3}} 10\sin x - 4\sin 3x\, dx$$

$$= \left[-10\cos x + \frac{4}{3}\cos 3x\right]_{\frac{\pi}{4}}^{\frac{\pi}{3}}$$

$$= -5 - \frac{4}{3} + 5\sqrt{2} + \frac{2}{3}\sqrt{2}$$

$$= -\frac{19}{3} + \frac{17}{3}\sqrt{2}$$

[다른 풀이]

$c_1 = \displaystyle\int_{3\sqrt{2}}^{5\sqrt{3}} \frac{t}{f'(x_1)} dt$에서 $f(x_1) = t$라 두면

$f'(x_1)dx_1 = dt$이므로

$$= \int_{\frac{\pi}{4}}^{\frac{\pi}{3}} f(x_1)\,dx_1$$

$$= \int_{\frac{\pi}{4}}^{\frac{\pi}{3}} 16\sin^3 x_1 - 2\sin x_1\,dx_1 = \int_{\frac{\pi}{4}}^{\frac{\pi}{3}} 10\sin x_1 - 4\sin 3x_1\,dx_1$$

$$= \left[-10\cos x + \frac{4}{3}\cos 3x \right]_{\frac{\pi}{4}}^{\frac{\pi}{3}}$$

$$= -5 - \frac{4}{3} + 5\sqrt{2} + \frac{2}{3}\sqrt{2}$$

$$= -\frac{19}{3} + \frac{17}{3}\sqrt{2}$$

$$c_2 = -c_1$$

따라서 $c_1 + c_2 = 0,\ c_3 + c_4 = 0,\ \cdots$

$$\sum_{n=1}^{101} c_n = c_{101} = c_1 = -\frac{19}{3} + \frac{17}{3}\sqrt{2}$$

536 정답 30

각 구간의 $f(x)$를 구해보자.

$$f(x) = \begin{cases} \sin 2\pi x & (0 \le x < 1) \\ \sin 4\pi x & \left(1 \le x < \frac{3}{2}\right) \\ \sin 8\pi x & \left(\frac{3}{2} \le x < \frac{7}{4}\right) \\ \vdots & \vdots \end{cases}$$

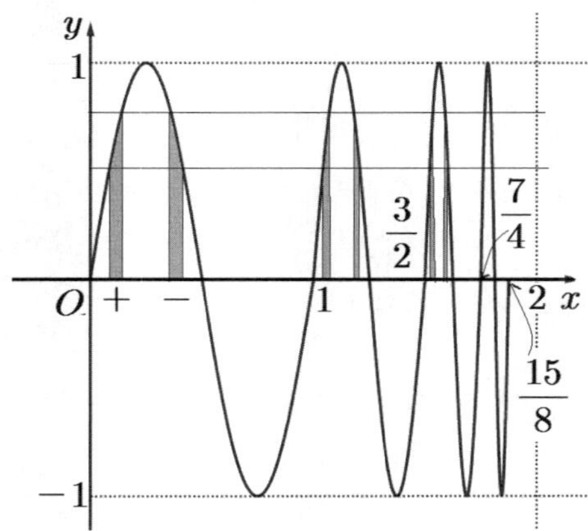

$0 \le x \le \dfrac{1}{4}$에서 $g(f(x)) = x$을 만족하는 함수 g를 생각하자.

$g'(f(x))f'(x) = 1$에서 $f(x_n) = t$이고

$$\frac{1}{f'(x)} = g'(f(x)) \Rightarrow \frac{1}{f'(x_n)} = g'(f(x_n)) = g'(t) \text{이다.}$$

따라서

$$c_1 = \int_{\frac{1}{2}}^{\frac{\sqrt{3}}{2}} \frac{t}{f'(x_1)}\,dt$$

$$= \int_{\frac{1}{2}}^{\frac{\sqrt{3}}{2}} (g'(t)\,t)\,dt$$

$$= \left[g(t)\,t \right]_{\frac{1}{2}}^{\frac{\sqrt{3}}{2}} - \int_{\frac{1}{2}}^{\frac{\sqrt{3}}{2}} g(t)\,dt$$

$$= \int_{\frac{1}{12}}^{\frac{1}{6}} \sin 2\pi x\,dx$$

$$= \left[-\frac{1}{2\pi}\cos 2\pi x \right]_{\frac{1}{12}}^{\frac{1}{6}} = -\frac{1}{2\pi}\left(\frac{1}{2} - \frac{\sqrt{3}}{2} \right)$$

$$= \frac{\sqrt{3}-1}{4\pi}$$

$$c_2 = \int_{\frac{1}{2}}^{\frac{\sqrt{3}}{2}} \frac{t}{f'(x_2)}\,dt = -c_1$$

따라서 $c_1 + c_2 = 0,\ c_3 + c_4 = 0,\ \cdots$

그런데 $c_1 = 2c_3 = 2^2 c_5 = \cdots$이다.

$$\sum_{n=1}^{51} c_n = c_{51} = \frac{1}{2^{25}} c_1$$

따라서

$$\sum_{n=1}^{51} c_n = \frac{1}{2^{25}}\left(\frac{\sqrt{3}-1}{2^2\pi} \right) = \frac{\sqrt{3}-1}{2^{27}\pi}$$

따라서 $a = 27,\ b = 3$이다.

$$a + b = 30$$

[다른 풀이]

$$c_1 = \int_{\frac{1}{2}}^{\frac{\sqrt{3}}{2}} \frac{t}{f'(x_1)}\,dt \text{에서 } f(x_1) = t \text{라 두면}$$

$f'(x_1)dx_1 = dt$이고 $0 \le x_1 < 1$이므로

$f(x_1) = \sin 2\pi x_1 = \dfrac{1}{2}$일 때, $x_1 = \dfrac{1}{12}$

$f(x_1) = \sin 2\pi x_1 = \dfrac{\sqrt{3}}{2}$일 때, $x_1 = \dfrac{1}{6}$

이므로

$$c_1 = \int_{\frac{1}{2}}^{\frac{\sqrt{3}}{2}} \frac{t}{f'(x_1)}\,dt$$

$$= \int_{\frac{1}{12}}^{\frac{1}{6}} \sin 2\pi x_1\,dx_1$$

$$= \left[-\frac{1}{2\pi}\cos 2\pi x \right]_{\frac{1}{12}}^{\frac{1}{6}} = -\frac{1}{2\pi}\left(\frac{1}{2} - \frac{\sqrt{3}}{2} \right)$$

$$= \frac{\sqrt{3}-1}{4\pi}$$

이하 동일

537 정답 ④

(가)의 양변에 $\times \dfrac{3}{2}$을 하면

$$3\{f(x)\}^2 f'(x) = \frac{3}{2}\{f(2x+1)\}^2 f'(2x+1)$$

$$= \frac{3}{2} \times \frac{1}{6} \times 6\{f(2x+1)\}^2 f'(2x+1)$$

$$=\frac{1}{4}\times 6\{f(2x+1)\}^2 f'(2x+1)$$

에서 양변 적분하면

$$\{f(x)\}^3=\frac{1}{4}\{f(2x+1)\}^3+C$$

$x=-\dfrac{1}{8}$ 을 대입하면 $\left\{f\left(-\dfrac{1}{8}\right)\right\}^3=\dfrac{1}{4}\left\{f\left(\dfrac{3}{4}\right)\right\}^3+C$

$x=\dfrac{3}{4}$ 을 대입하면 $\left\{f\left(\dfrac{3}{4}\right)\right\}^3=\dfrac{1}{4}\left\{f\left(\dfrac{5}{2}\right)\right\}^3+C$ $\cdots$ ㉠

$x=\dfrac{5}{2}$ 을 대입하면 $\left\{f\left(\dfrac{5}{2}\right)\right\}^3=\dfrac{1}{4}\{f(6)\}^3+C$

(나)에서 $f\left(-\dfrac{1}{8}\right)=1$, $f(6)=2$이므로

$$\left\{f\left(\frac{3}{4}\right)\right\}^3=4-4C,\ \left\{f\left(\frac{5}{2}\right)\right\}^3=2+C\text{이다.}$$

㉠에 대입하면

$$4-4C=\frac{1}{2}+\frac{5}{4}C$$

$$\therefore\ C=\frac{2}{3}$$

따라서 $\{f(x)\}^3=\dfrac{1}{4}\{f(2x+1)\}^3+\dfrac{2}{3}$

$x=-1$을 대입하면 $\{f(-1)\}^3=\dfrac{1}{4}\{f(-1)\}^3+\dfrac{2}{3}$에서

$$\{f(-1)\}^3=\frac{8}{9}$$

$$\therefore\ f(-1)=\frac{2\sqrt[3]{3}}{3}$$

538 정답 ⑤

$f'(\sin x)=-2f'(2\cos x)\tan x$의 양변에 $\times\cos x$를 하면
$f'(\sin x)\cos x=-2f'(2\cos x)\sin x$ 양변을 적분하면
$f(\sin x)=f(2\cos x)+C$
$x=0$을 대입하면 $f(0)=f(2)+C$
$x=\pi$를 대입하면 $f(0)=f(-2)+C$
따라서 $f(2)=f(-2)=1-C$
$x=\dfrac{\pi}{2}$를 대입하면 $f(1)=f(0)+C$
$x=\dfrac{3}{2}\pi$를 대입하면 $f(-1)=f(0)+C$
따라서 $f(1)=f(-1)=1+C$
(나)에서 $f(1)=f(-2)+2 \Rightarrow 1+C=1-C+2$
$2C=2$
$\therefore\ C=1$
따라서 $f(\sin x)=f(2\cos x)+1$
$f(2)=f(-2)=0$, $f(1)=f(-1)=2$
$x=\dfrac{\pi}{3}$을 대입하면 $f\left(\dfrac{\sqrt{3}}{2}\right)=f(1)+1=3$

539 정답 ⑤

$$f(x)=\begin{cases} l\sin x+C_1 & \left(0\le x<\dfrac{\pi}{2}\right)\\[2mm] m\sin x+C_2 & \left(\dfrac{\pi}{2}\le x<\pi\right)\\[2mm] n\sin x+C_3 & \left(\pi\le x\le\dfrac{3}{2}\pi\right)\end{cases}$$

$f(0)=0$에서 $C_1=0$

$f\left(\dfrac{3}{2}\pi\right)=1$에서 $-n+C_3=1$

$x=\dfrac{\pi}{2}$에서 연속 $l=m+C_2$

$x=\pi$에서 연속 $C_2=C_3$

따라서 $C_2=C_3=n+1$

$\therefore\ l=m+n+1$

$$\therefore\ f(x)=\begin{cases} (m+n+1)\sin x & \left(0\le x<\dfrac{\pi}{2}\right)\\[2mm] m\sin x+n+1 & \left(\dfrac{\pi}{2}\le x<\pi\right)\\[2mm] n\sin x+n+1 & \left(\pi\le x\le\dfrac{3}{2}\pi\right)\end{cases}$$

$(0,0)$에서 시작하는 $y=f(x)$는 $\displaystyle\int_0^{\frac{3}{2}\pi} f(x)\,dx$ 의 값이 최대가

되어야 하므로 첫 번째 구간$\left(0\le x<\dfrac{\pi}{2}\right)$에서 x축 위에

그래프가 존재해야 하므로 $m+n+1>0$이다.

즉, $y=(m+n+1)\sin x$은 $\left(0\le x<\dfrac{\pi}{2}\right)$에서 위로 볼록으로

증가한다.

두 번째 구간$\left(\dfrac{\pi}{2}\le x<\pi\right)$에서 $m<0$이면

$y=m\sin x+n+1$은 아래로 볼록으로 증가하고
$m>0$이면 $y=m\sin x+n+1$은 위로 볼록으로 감소한다.

$\left(\dfrac{3}{2}\pi,1\right)$에서 끝나기 위해서는 세 번째 구간

$\left(\pi\le x\le\dfrac{3}{2}\pi\right)$에서 $y=n\sin x+n+1$은 감소해야

한다. 따라서 $n<0$이다.

따라서 다음과 같이 두 가지 경우에서

$$\int_0^{\frac{3}{2}\pi} f(x)\,dx$$ 가 최대가 되는 경우를 생각하면 된다.

(i) $m<0$

첫 번째 구간에서 위로 볼록 증가하고 두 번째 구간에서 아래로
볼록으로 증가하므로

$|m|$이 작을수록 정적분 값은 커진다. 따라서 $m=-1$이다.

$|l|+|m|+|n|\le 10$, $l=m+n+1$에서

$l=4$, $m=-1$, $n=4$일 때 $\displaystyle\int_0^{\frac{3}{2}\pi} f(x)\,dx$ 가 가장 크다. $\cdots$ ㉠

(ii) $m>0$

첫 번째 구간에서 위로 볼록 증가하고 두 번째 구간에서 위로
볼록으로 감소하므로

m이 작을수록 정적분 값은 커진다. 따라서 $m=1$이다.

$|l|+|m|+|n| \leq 10$, $l = m+n+1$에서

$l = 5$, $m = 1$, $n = 3$일 때 $\displaystyle\int_0^{\frac{3}{2}\pi} f(x)\,dx$ 가 가장

크다. $\cdots$ⓛ

㉠, ⓛ의 그래프를 다음과 같이 그려보면 영역 A가 영역 B보다 크므로 ⓛ이 더 큼을 직관적으로 알 수 있다.

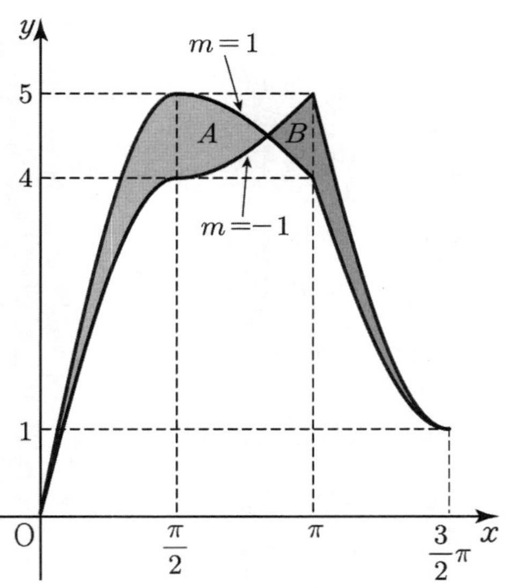

$l + 2m + 3n = 5 + 2 + 9 = 16$

[랑데뷰팁]
㉠의 값은 $5\pi - 1$, ⓛ의 값은 $4\pi + 3$이다.

[다른 풀이]-1

$$f(x) = \begin{cases} (m+n+1)\sin x & \left(0 \leq x < \dfrac{\pi}{2}\right) \\ m\sin x + n + 1 & \left(\dfrac{\pi}{2} \leq x < \pi\right) \\ n\sin x + n + 1 & \left(\pi \leq x \leq \dfrac{3}{2}\pi\right) \end{cases}$$ 에서

$$\int_0^{\frac{3}{2}\pi} f(x)\,dx$$

$$= \int_0^{\frac{\pi}{2}} ((m+n+1)\sin x)\,dx + \int_{\frac{\pi}{2}}^{\pi} (m\sin x + n + 1)\,dx$$

$$+ \int_{\pi}^{\frac{3}{2}\pi} (n\sin x + n + 1)\,dx$$

$$= 2m + (n+1)\pi + 1$$

$$= 2m + n\pi + \pi + 1$$

이므로 $m > 0$, $n > 0$이고 $2 < \pi$이므로 n이 클수록 값이 커진다.

따라서 $n = 3$, $m = 1$, $l = 5$일 때 최대가 된다.

$l + 2m + 3n = 5 + 2 + 9 = 16$

[다른 풀이]-2

$$\int_0^{\frac{\pi}{2}} f'(x)\,dx = f\left(\frac{\pi}{2}\right) - f(0) = \int_0^{\frac{\pi}{2}} l\cos x\,dx = l$$

$$\int_{\frac{\pi}{2}}^{\pi} f'(x)\,dx = f(\pi) - f\left(\frac{\pi}{2}\right) = \int_{\frac{\pi}{2}}^{\pi} m\cos x\,dx = -m$$

$$\int_{\pi}^{\frac{3}{2}\pi} f'(x)\,dx = f\left(\frac{3}{2}\pi\right) - f(0) = \int_0^{\frac{\pi}{2}} n\cos x\,dx = -n$$

$f(0) = 0$, $f\left(\dfrac{3}{2}\pi\right) = 1$이므로 $y = f(x)$의 그래프는 아래와 같다.

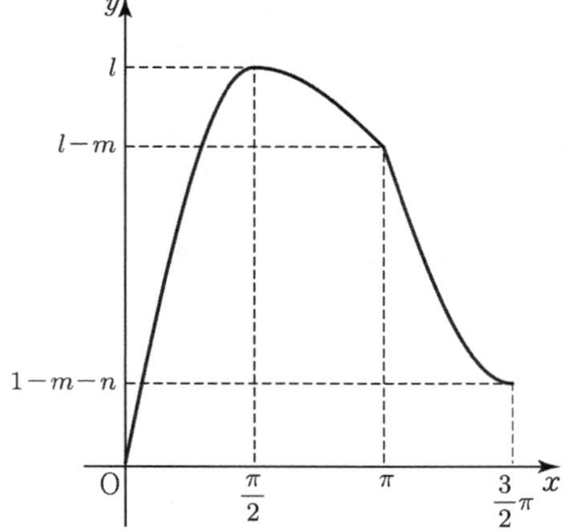

$f\left(\dfrac{3}{2}\pi\right) = 1$에서 $l - m - n = 1$ $(l,\ m,\ n \geq 0)$이므로

$l + m + n \leq 10$에서 $2l \leq 11$이다.

따라서 정수 l의 최댓값은 5이고 $m + n = 4$이다.

$$\int_0^{\frac{3}{2}\pi} f(x)\,dx$$

$$= \int_0^{\frac{\pi}{2}} l\sin x\,dx + \int_{\frac{\pi}{2}}^{\pi} (m\sin x + l - m)\,dx$$

$$+ \int_{\frac{\pi}{2}}^{\frac{3}{2}\pi} (n\sin x + l - m - n)\,dx$$

$$= l + \left\{(-m) + \frac{\pi}{2}(l-m)\right\} + \left\{(-n) + \frac{\pi}{2}(l-m-n)\right\}$$

$$= (l-m-n)\left(1 + \frac{\pi}{2}\right) + (l-m)\frac{\pi}{2}$$

$l - m - n = 1$이므로

$$= \left(1 + \frac{\pi}{2}\right) + (l-m)\frac{\pi}{2}$$

$l - m$이 최대가 되어야 하므로

$m = 1$이고 $m + n = 4$이므로 $n = 3$이다.

따라서 $l + 2m + 3n = 5 + 2 + 9 = 16$이다.

540 정답 ②

$$f(x) = \begin{cases} -l\cos x + C_1 & \left(0 \le x < \dfrac{\pi}{2}\right) \\[2mm] -m\cos x + C_2 & \left(\dfrac{\pi}{2} \le x < \pi\right) \\[2mm] -n\cos x + C_3 & \left(\pi \le x \le \dfrac{3}{2}\pi\right) \end{cases}$$

$f(0)=0$에서 $C_1 = l$

$f\left(\dfrac{3}{2}\pi\right)=0$에서 $C_3 = 0$

$x=\dfrac{\pi}{2}$에서 연속 $C_1 = C_2 = l$

$x=\pi$에서 연속 $m + C_2 = n \Rightarrow n = m + l$

따라서

$$f(x) = \begin{cases} -l\cos x + l & \left(0 \le x < \dfrac{\pi}{2}\right) \\[2mm] -m\cos x + l & \left(\dfrac{\pi}{2} \le x < \pi\right) \\[2mm] -(m+l)\cos x & \left(\pi \le x \le \dfrac{3}{2}\pi\right) \end{cases}$$

에서

$$\int_0^{\frac{3}{2}\pi} f(x)\,dx$$

$$= \int_0^{\frac{\pi}{2}} l(1-\cos x)\,dx + \int_{\frac{\pi}{2}}^{\pi} (-m\cos x + l)\,dx$$

$$+ \int_{\pi}^{\frac{3}{2}\pi} (-(m+l)\cos x)\,dx$$

$$= l[x - \sin x]_0^{\frac{\pi}{2}} + [-m\sin x + lx]_{\frac{\pi}{2}}^{\pi} + [-(m+l)\sin x]_{\pi}^{\frac{3\pi}{2}}$$

$$= l\left(\dfrac{\pi}{2}-1\right) + m + \dfrac{\pi}{2}l + m + l$$

$$= l\pi + 2m$$

이므로 $l>0,\ m>0$이고 $2<\pi$이므로 l이 클수록 값이 커진다.
$|l|+|m|+|n| \le 10$과 $n=m+l$에서
$l=4,\ m=1,\ n=5$일 때 최대가 된다.
$3l + 2m + n = 12 + 2 + 5 = 19$

541 정답 16

$g(t)$는 접선의 y절편이므로
$y = f(x)$의 $(t,\ f(t))$에서의 접선의 방정식은
$y = f'(t)(x-t) + f(t)$이므로
$g(t) = -tf'(t) + f(t)$이다.

양변에 $-\dfrac{1}{t^2}$을 곱하면

$$-\dfrac{g(t)}{t^2} = \dfrac{tf'(t) - f(t)}{t^2} = \left(\dfrac{f(t)}{t} + C_1\right)' \text{에서}$$

$$\therefore\ g(t) = (-t^2)\left(\dfrac{f(t)}{t} + C_1\right)'$$

양변을 적분하면

$$\int g(t)\,dt = \int \left((-t^2)\left(\dfrac{f(t)}{t} + C_1\right)'\right)dt$$

$$= (-t^2)\left(\dfrac{f(t)}{t} + C_1\right) - \int (-2t)\left(\dfrac{f(t)}{t} + C_1\right)dt$$

$$= -tf(t) - C_1 t^2 + 2\int f(t)\,dt + C_1 t^2 + C_2$$

$$= -tf(t) + 2\int f(t)\,dt + C_2$$

따라서

$$\int_p^q g(t)\,dt = [-tf(t)]_p^q + 2\int_p^q f(t)\,dt \quad \cdots \text{㉠}$$

(i) $\displaystyle\int_0^1 f(x)\,dx = -\dfrac{\ln 10}{4},\ f(1) = 4 + \dfrac{\ln 17}{8}$ 이므로

㉠에 $p=0,\ q=1$을 대입하면

$$\int_0^1 g(t)\,dt = [-tf(t)]_0^1 + 2\int_0^1 f(t)\,dt$$

$$= -4 - \dfrac{\ln 17}{8} - \dfrac{\ln 10}{2}$$

(ii) $2\{f(4)+f(-4)\} - \displaystyle\int_{-4}^4 f(x)\,dx = k$라 두고

㉠에 $p=-4,\ q=4$을 대입하면

$$\int_{-4}^4 g(t)\,dt = [-tf(t)]_{-4}^4 + 2\int_{-4}^4 f(t)\,dt = -2k$$

$$\therefore\ 2\{f(4)+f(-4)\} - \int_{-4}^4 f(x)\,dx = -\dfrac{1}{2}\int_{-4}^4 g(t)\,dt$$

(iii) $(1+t^2)\{g(t+1) - g(t)\} = 2t$에서

$g(t+1) - g(t) = \dfrac{2t}{t^2+1}$ 이고 양변 적분하면

$$\int_t^{t+1} g(x)\,dx = \ln(t^2+1) + C \quad \cdots \text{㉡} \text{ 이므로}$$

$$\int_{-4}^4 g(t)\,dt = \sum_{t=-4}^3 \left(\int_t^{t+1} g(x)\,dx\right)$$

$$= \sum_{t=-4}^3 (\ln(t^2+1) + C)$$

$$= \ln 17 + \ln 10 + \ln 5 + \ln 2 + 0 + \ln 2 + \ln 5 + \ln 10 + 8C$$

$$= \ln 17 + 4\ln 10 + 8C$$

한편 ㉡식에 $t=0$을 대입하면 (i)에서

$C = \displaystyle\int_0^1 g(t)\,dt = -4 - \dfrac{\ln 17}{8} - \dfrac{\ln 10}{2}$ 이므로

$$\int_{-4}^4 g(t)\,dt = \ln 17 + 4\ln 10 + 8C$$

$$= \ln 17 + 4\ln 10 + 8\left(-4 - \dfrac{\ln 17}{8} - \dfrac{\ln 10}{2}\right)$$

$$= -32$$

따라서 (ii)에서

$$\therefore\ -2k = -32$$

$$\therefore\ k = 16$$

[다른 풀이]

$g(t)$는 접선의 y절편이므로
$y = f(t)$의 $(t,\ f(t))$에서의 접선의 방정식은
$y = f'(t)(x-t) + f(t)$이므로 $\ g(t) = -tf'(t) + f(t)$

주어진 조건에서

$$g(t+1)-g(t)=\frac{2t}{1+t^2}$$

양변을 적분하면

(좌변)$=$

$$\int_0^x (g(t+1)-g(t))dt = \int_0^x g(t+1)dt - \int_0^x g(t)dt$$

$$= \int_1^{x+1} g(t)dt - \int_0^x g(t)dt$$

$$= \int_0^{x+1} g(t)dt - \int_0^x g(t)dt - \int_0^1 g(t)dt$$

$$= \int_x^{x+1} g(t)dt - \int_0^1 g(t)dt$$

(우변)$=\displaystyle\int_0^x \frac{2t}{1+t^2}dt = \left[\ln(1+t^2)\right]_0^x = \ln(1+x^2)$

$$h(x)=\int_x^{x+1} g(t)dt = \ln(1+x^2) + \int_0^1 g(t)dt \ \cdots \ \text{㉠ 이라}$$

하자.

$$\int_0^1 g(t)dt = \int_0^1 (-tf'(t)+f(t))dt$$

$$= \int_0^1 (-tf'(t))dt + \int_0^1 f(t)dt$$

$$= [-tf(t)]_0^1 + 2\int_0^1 f(t)dt$$

$$= -f(1) + 2\int_0^1 f(t)dt = -4 - \frac{\ln17}{8} - \frac{\ln10}{2}$$

$$\int_{-4}^4 g(t)dt = \int_{-4}^4 (-tf'(t)+f(t))dt$$

$$= \int_{-4}^4 (-tf'(t))dt + \int_{-4}^4 f(t)dt$$

$$= [-tf(t)]_{-4}^4 + 2\int_{-4}^4 f(t)dt$$

$$= -4f(4) - 4f(-4) + 2\int_{-4}^4 f(t)dt$$

$$= -2\left(2\{f(4)+f(-4)\} - \int_{-4}^4 f(t)dt\right) \ \cdots \ \text{㉡}$$

한편 ㉠ 에서

$$\int_{-4}^4 g(t)dt$$

$$= h(-4)+h(-3)+h(-2)+h(-1)+$$
$$\qquad h(0)+h(1)+h(2)+h(3)$$

$$= \ln17+\ln10+\ln5+\ln2+0+\ln2+\ln5+10+8\int_0^1 g(t)dt$$

$$= \ln17+4\ln10-32-\ln17-4\ln10 = -32 \ \cdots \ \text{㉢}$$

따라서 ㉡=㉢에서

$$-2\left(2\{f(4)+f(-4)\} - \int_{-4}^4 f(t)dt\right) = -32$$

$$\therefore \ \left(2\{f(4)+f(-4)\} - \int_{-4}^4 f(t)dt\right) = 16$$

542 정답 2

$$g(x)=f(x)+xf'(x)-5f(x)$$
$$\qquad = (xf(x))' - 5f(x)$$

이므로

$$\int_{-5}^5 g(x)dx = \int_{-5}^5 \{(xf(x))' - 5f(x)\}dx$$

$$= [xf(x)]_{-5}^5 - 5\int_{-5}^5 f(x)dx$$

$$= 5f(5) - (-5)f(-5) - 5\int_{-5}^5 f(x)dx$$

$$= 5\left\{f(5)+f(-5) - \int_{-5}^5 f(x)dx\right\}$$

따라서

$$f(5)+f(-5) - \int_{-5}^5 f(x)dx = \frac{1}{5}\int_{-5}^5 g(x)dx$$

한편,

$$g(t+1)-g(t)=\frac{\sqrt2}{3}t^2+2t+\frac{\sqrt3}{2} \text{는}$$

$$\int_t^{t+1} g(x)dx = \frac{\sqrt2}{9}t^3+t^2+\frac{\sqrt3}{2}t+C \text{을 양변 미분한}$$

식이다.

$$h(t)=\frac{\sqrt2}{9}t^3+t^2+\frac{\sqrt3}{2}t+C \text{라 두면}$$

$$\int_t^{t+1} g(x)dx = h(t) \text{에서}$$

$$\int_{-5}^5 g(x)dx = \sum_{t=-5}^4 h(t)$$

$$= h(-5)+\{h(-4)+h(-3)+\cdots+h(3)+h(4)\}$$

$$= -\frac{125\sqrt2}{9}+25-\frac{5\sqrt3}{2}+2(4^2+3^2+2^2+1^2)+10C$$

$$= -\frac{125\sqrt2}{9}+25-\frac{5\sqrt3}{2}+60+10C \ \cdots \ \text{㉠}$$

$$\int_t^{t+1} g(x)dx = \frac{\sqrt2}{9}t^3+t^2+\frac{\sqrt3}{2}t+C \text{ 의 양변에}$$

$t=0$을 대입하면

$$\int_0^1 g(x)dx = C \text{ 이고}$$

$$\int_0^1 g(x)dx = \int_0^1 \{(xf(x))' - 5f(x)\}dx \text{에서}$$

$$C = [xf(x)]_0^1 - 5\int_0^1 f(x)dx$$

$$= f(1) - 5\int_0^1 f(x)dx$$

$$= \frac{\sqrt3}{4}+5-5\left(\frac{5}{2}-\frac{5\sqrt2}{18}\right)$$

$$= \frac{\sqrt3}{4}+\frac{25\sqrt2}{18}-\frac{15}{2}$$

따라서 ㉠에 대입하면

$$\int_{-5}^5 g(x)dx = -\frac{125\sqrt2}{9}+25-\frac{5\sqrt3}{2}+60$$

$$+10\left(\frac{\sqrt{3}}{4}+\frac{25\sqrt{2}}{18}-\frac{15}{2}\right)$$
$$=10$$

$$f(5)+f(-5)-\int_{-5}^{5}f(x)dx=\frac{1}{5}\int_{-5}^{5}g(x)dx$$
$$=2$$

543 정답 21

[그림 : 최성훈T]

함수 $f(x)$는 다음 그림과 같다.

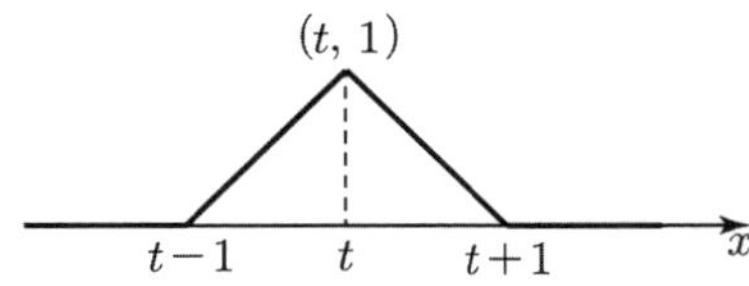

또한, 홀수 k에 대하여 $y=\cos(\pi x)\ (k\leq x\leq k+8)$의 그래프는 다음 그림과 같다.

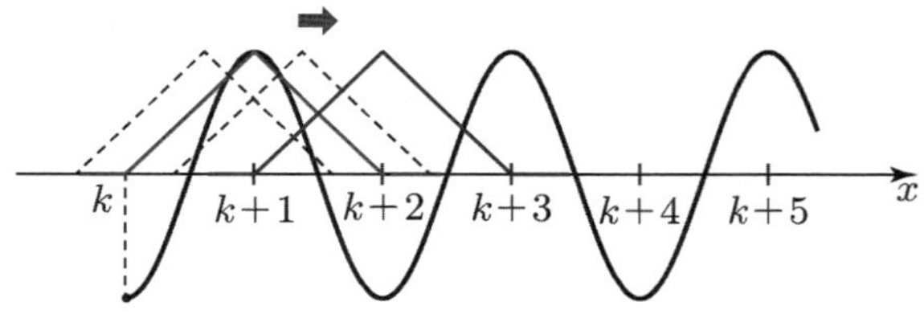

함수 $f(x)$는 $x=t$에 대칭이고 $y=\cos(\pi x)$는 $x=n$ (n은 정수)에 대칭이다.

$t\leq k-1,\ t\geq k+9$인 경우는 $f(x)\cos(\pi x)$는 함숫값이 0이므로 음수인 극솟값이 생기지 않는다.

따라서 $k-1\leq t\leq k+9$인 경우를 생각하면 된다.

그림과 같이 $y=\cos(\pi x)$를 고정시킨 채 함수 $f(x)$를 t가 증가하는 방향으로 옮기면서 생각해보면 $t=k,\ k+1,\ k+2,\ \cdots$가 될 때 $f(x)$와 $y=\cos(\pi x)$는 대칭축이 일치하게 된다.

그럼 $f(x)\cos(\pi x)$의 대칭축도 $x=k,\ k+1,\ k+2,\ \cdots$가 된다.

[랑데뷰팁]

두 함수 $f(x),\ g(x)$가 각각 $x=m$에 대칭이면
$f(m-x)=f(m+x),\ g(m-x)=g(m+x)$ 이고
$h(x)=f(x)g(x)$라 할 때 $h(m-x)=h(m+x)$이므로
$f(x)g(x)$도 $x=m$에 대칭이다.

그럼 $f(x)\cos(\pi x)$가 대칭축을 갖는다는 의미는 대칭축의 좌우에서 증감이 바뀌므로 대칭축에서 극값을 갖게 된다.

(i) $f(x)\cos(\pi x)$의 대칭축이 $x=$짝수

$(k+1,\ k+3,\ k+5,\ k+7)$일 때 그래프 개형은 다음과 같다.

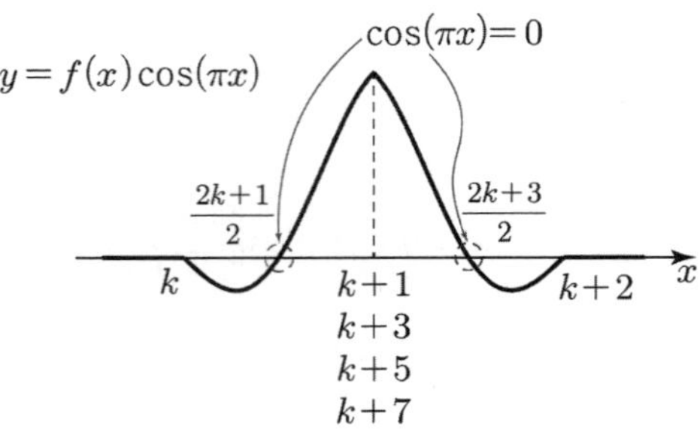

(ii) $f(x)\cos(\pi x)$의 대칭축이 $x=$홀수 $(k,\ k+2,\ k+4,\ k+6,\ k+8\ )$일 때 그래프 개형은 다음과 같다.

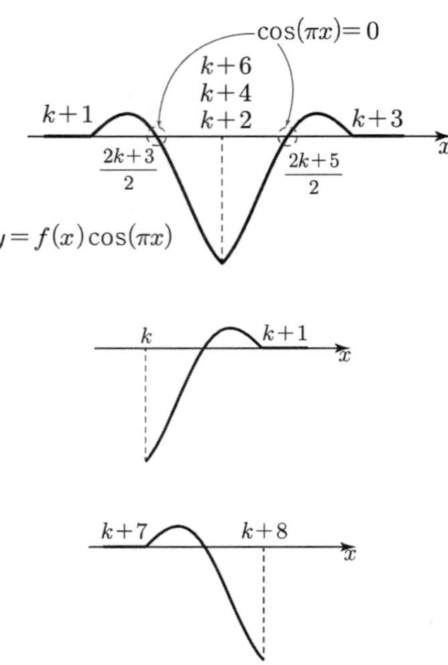

한편, $g(t)$는 구간의 길이가 8인 $f(x)\cos(\pi x)$의 정적분 값이므로 (i),(ii)에서 $t=\alpha$에서 음의 극소가 되는 경우는 (ii)경우이다. ((i)은 양의 극대를 갖는 경우이고 극대이면서 동시에 극소인 $y=0$부분은 생각하지 않는다.)

따라서 만족하는 α의 개수 $m=5$이고
$\alpha_1=k,\ \alpha_2=k+2,\ \alpha_3=k+4,\ \alpha_4=k+6,\ \alpha_5=k+8$이다.

따라서 $\displaystyle\sum_{i=1}^{m}\alpha_i=45$에서 $5k+20=45$

$\therefore k=5$

$g(t)=\displaystyle\int_{5}^{13}f(x)\cos(\pi x)dx$이므로

$g(5)=\displaystyle\int_{5}^{6}(6-x)\cos(\pi x)dx+\int_{6}^{13}0\,dx$

$=\displaystyle\int_{0}^{1}t\cos(\pi t)dt=-\frac{2}{\pi^2}$이다.

한편, $g(13)=g(5)=-\dfrac{2}{\pi^2}$, $g(7)=g(9)=g(11)$이고

3개 모두 $g(5)$의 두 배의 값을 가지므로 $2g(5)=-\dfrac{4}{\pi^2}$이다.

따라서
$$k-\pi^2\sum_{i=1}^{m}g(\alpha_i)=5-\pi^2\left\{2\times\left(-\frac{2}{\pi^2}\right)+3\times\left(-\frac{4}{\pi^2}\right)\right\}$$
$$=5+16=21$$

544 정답 12

$g(0)=0$

$t=1$일 때, 피적분함수 $y=f(x)\cos\pi x$의 그래프는
다음 그림과 같다.

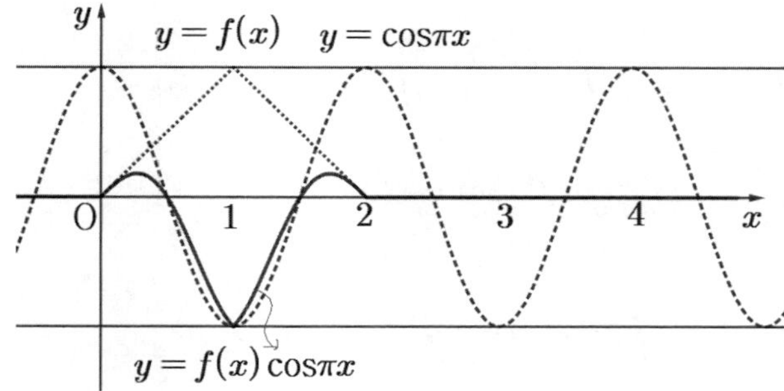

따라서
$$g(1)=\pi^2\left\{\int_{1}^{2}(2-x)\cos(\pi x)dx+\int_{2}^{4}0\,dx\right\}$$

$\Leftarrow 2-x=s$라 두면

$$=\pi^2\int_{0}^{1}s\cos(\pi s)ds=\pi^2\times\left(-\frac{2}{\pi^2}\right)=-2$$이다.

$t=2$일 때, 피적분함수 $y=f(x)\cos\pi x$의 그래프는 다음
그림과 같다.

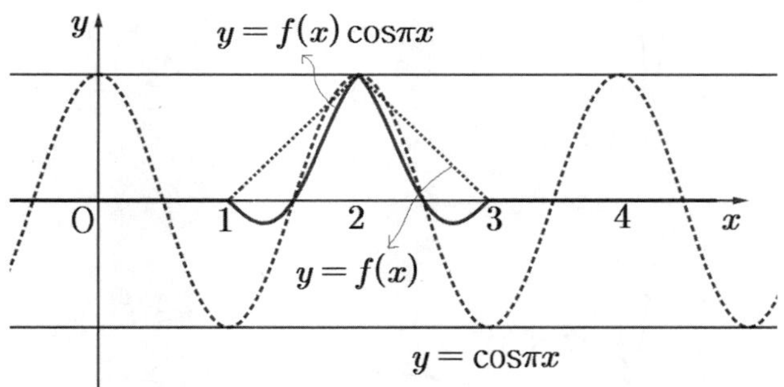

따라서
$g(2)$
$$=\pi^2\left\{\int_{1}^{2}(x-1)\cos(\pi x)dx+\int_{2}^{3}(3-x)\cos(\pi x)dx+\int_{3}^{4}0\,dx\right\}$$
$$=\pi^2\left\{2\int_{1}^{2}(x-2)\cos(\pi x)dx+\int_{3}^{4}0\,dx\right\}$$

$\Leftarrow x-2=s$라 두면

$$=2\pi^2\int_{0}^{1}s\cos(\pi s)ds=2\pi^2\times\frac{2}{\pi^2}=4$$이다.

$g(3)=2g(1)=-4$, $g(4)=\dfrac{1}{2}g(2)=2$, $g(5)=0$

$$\sum_{i=0}^{5}|g(t)|=0+|-2|+|4|+|-4|+|2|+0=12$$

545 정답 ②

$f(x)=\sin(2^n\pi x)\ (a_n\leq x\leq a_{n+1})$에서

$f(x)$는 주기가 $\dfrac{2\pi}{2^n\pi}=\dfrac{1}{2^{n-1}}$인 함수다.

$$\int_{\alpha}^{t}f(x)\,dx=\int_{-1}^{t}f(x)\,dx-\int_{-1}^{\alpha}f(x)\,dx=0$$에서

$$\int_{-1}^{t}f(x)\,dx=\int_{-1}^{\alpha}f(x)\,dx\cdots\unicode{x2299}$$

㉠의 좌변은 t에 대한 함수이고 우변은 상수이다.

따라서 $y=\displaystyle\int_{-1}^{t}f(x)\,dx$와 $y=\displaystyle\int_{-1}^{\alpha}f(x)\,dx$ 의 교점

의 개수가 103개가 되는 상황이다.

$y=\displaystyle\int_{-1}^{t}f(x)\,dx$에서 $0<t<2$이고

$$\int_{-1}^{0}f(x)\,dx=0$$이므로

$$y=\int_{-1}^{t}f(x)\,dx=\int_{0}^{t}f(x)\,dx$$으로 생각한다. 그래프는
다음과 같다.

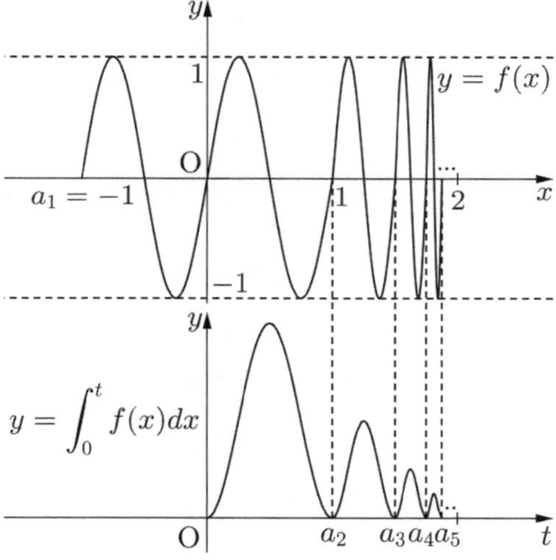

상수인 $\displaystyle\int_{-1}^{\alpha}f(x)\,dx$ 의 값을 구해보면

$-1<\alpha<0$이므로 $f(x)$은 $n=1$일 때이다. 따라서

$$\int_{-1}^{\alpha}f(x)\,dx=\int_{-1}^{\alpha}\sin(2\pi x)\,dx=\left[-\frac{1}{2\pi}\cos(2\pi x)\right]_{-1}^{\alpha}$$
$$=\frac{1}{2\pi}(1-\cos(2\pi\alpha))$$

한편, $y=\displaystyle\int_{0}^{t}f(x)\,dx$와 $y=\displaystyle\int_{-1}^{\alpha}f(x)\,dx$ 그래프의 교점의

개수가 103개가 되는 상황은 다음 그림과 같다.

[랑데뷰팁 : 극댓값이 $r=\dfrac{1}{2}$인 등비수열 ⇨ 카발리에리 원리]

랑데뷰세미나참고

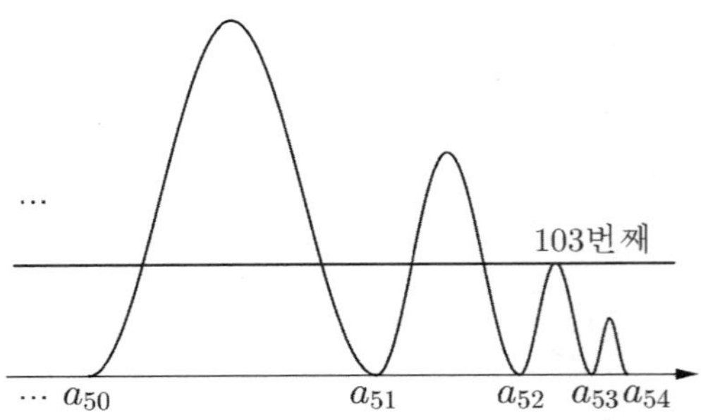

$$\int_0^{\frac{a_{52}+a_{53}}{2}} f(x)\,dx = \int_0^{a_{52}} f(x)\,dx + \int_{a_{52}}^{\frac{a_{52}+a_{53}}{2}} f(x)\,dx \text{에서}$$

$$\int_0^{a_{52}} f(x)\,dx = 0 \text{이므로}$$

$$\int_{a_{52}}^{\frac{a_{52}+a_{53}}{2}} f(x)\,dx = \frac{1}{2\pi}(1-\cos(2\pi\alpha)) \text{이다.}$$

$a_{52} = 2 - \dfrac{1}{2^{50}}, \ a_{53} = 2 - \dfrac{1}{2^{51}}$ 이고 $f(x) = \sin(2^{52}\pi x)$

$$\int_{a_{52}}^{\frac{a_{52}+a_{53}}{2}} f(x)\,dx = \int_{2-\frac{1}{2^{50}}}^{2-\frac{1}{2^{51}}-\frac{1}{2^{52}}} \sin(2^{52}\pi x)\,dx$$

$$= \left[-\frac{1}{2^{52}\pi}\cos(2^{52}\pi x) \right]_{2-\frac{1}{2^{50}}}^{2-\frac{1}{2^{51}}-\frac{1}{2^{52}}}$$

$$= -\frac{1}{2^{52}\pi}\left\{ \cos(2^{53}-2-1)\pi - \cos(2^{53}-4)\pi \right\}$$

$$= -\frac{1}{2^{52}\pi}(-1-1) = \frac{1}{2^{51}\pi}$$

[다른 풀이]

$a_1 = \dfrac{1}{\pi}, \ r = \dfrac{1}{2} \quad \therefore t_{103} = \dfrac{1}{\pi}\left(\dfrac{1}{2}\right)^{51}$ ⇨ 랑데뷰팁

따라서 $\dfrac{1}{2^{51}\pi} = \dfrac{1}{2\pi}(1-\cos(2\pi\alpha))$ 에서

$\therefore \ 1-\cos(2\pi\alpha) = 2^{-50}$

$\therefore \ \log_2(1-\cos(2\pi\alpha)) = -50$

546 정답 27

$f(x) = \dfrac{1}{3^{n-2}}\sin\left(\dfrac{\pi(x-a_n)}{2^{n-1}}\right) \ (a_n \le x \le a_{n+1})$ 에서

$f(x)$는 주기가 $\dfrac{2^{n-1}\times 2\pi}{\pi} = 2^n$ 인 함수다.

(i) $n=1 \rightarrow 0 \le x \le 2, \ f(x) = 3\sin(\pi x)$

(ii) $n=2 \rightarrow 2 \le x \le 6, \ f(x) = \sin\left(\dfrac{\pi(x-2)}{2}\right)$

(iii) $n=3 \rightarrow 6 \le x \le 14, \ f(x) = \dfrac{1}{3}\sin\left(\dfrac{\pi(x-6)}{2^2}\right)$

$\cdots \qquad \cdots \qquad \cdots$

따라서 $y = f(x)$의 그래프는 다음과 같다.

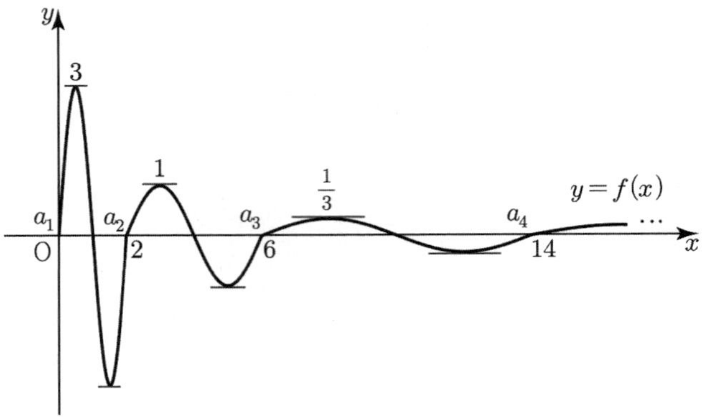

$$\int_\alpha^t f(x)\,dx = \int_0^t f(x)\,dx - \int_0^\alpha f(x)\,dx = 0 \text{에서}$$

$$\int_0^t f(x)\,dx = \int_0^\alpha f(x)\,dx \ \cdots \ \text{㉠}$$

㉠의 좌변은 t에 대한 함수이고 우변은 상수이다.

따라서 $y = \displaystyle\int_0^t f(x)\,dx$와 $y = \displaystyle\int_0^\alpha f(x)\,dx$의 교점

의 개수가 27개가 되는 상황이다.

$y = \displaystyle\int_0^t f(x)\,dx$의 그래프는 다음과 같다.

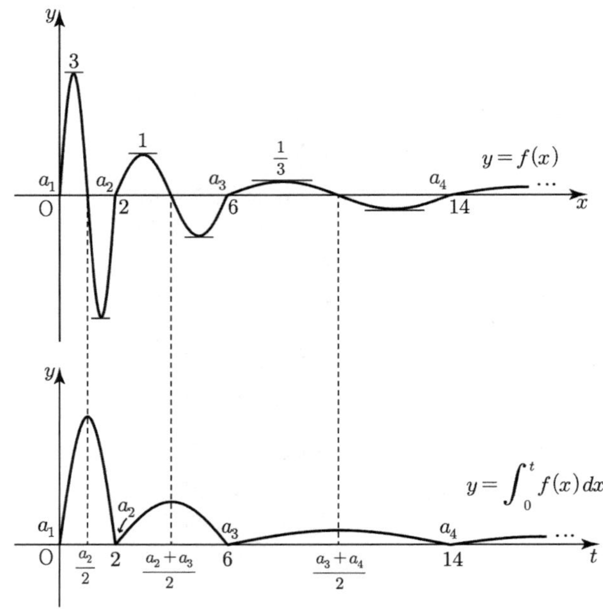

상수인 $\displaystyle\int_0^\alpha f(x)\,dx$의 값을 구해보면

$0 < \alpha < 2$이므로 $f(x)$은 $n=1$일 때이다. 따라서

$$\int_0^\alpha f(x)\,dx = \int_0^\alpha 3\sin(\pi x)\,dx = \left[-\frac{3}{\pi}\cos(\pi x) \right]_0^\alpha$$

$$= -\frac{3}{\pi}(\cos(\alpha\pi) - 1)$$

한편, $y = \displaystyle\int_0^t f(x)\,dx$와 $y = \displaystyle\int_0^\alpha f(x)\,dx$ 그래프의 교점의

개수가 27개가 되는 상황은 다음 그림과 같다.

[랑데뷰팁: 극댓값이 공비가 $\dfrac{2}{3}$인 등비수열임]

⇨ 카발리에리의 원리에 의해 높이가 $\times \dfrac{1}{3}$, 가로축이 $\times 2$ 씩

변하므로 공비가 $\dfrac{2}{3}$이 된다.

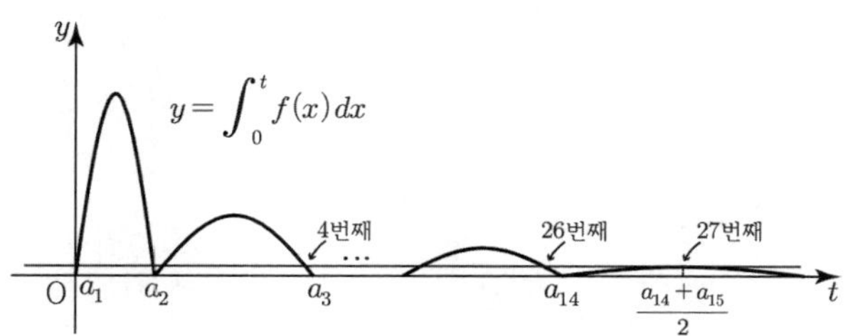

따라서 $n=14$일 때 $a_{14} \leq x \leq a_{15}$,

$$f(x)=\frac{1}{3^{12}}\sin\left(\frac{\pi(x-a_{14})}{2^{13}}\right)$$

$$\int_0^t f(x)\,dx = \int_0^{a_{14}} f(x)\,dx + \int_{a_{14}}^{\frac{a_{14}+a_{15}}{2}} f(x)\,dx$$

$$=\int_{a_{14}}^{\frac{a_{14}+a_{15}}{2}} f(x)\,dx = \int_{a_{14}}^{\frac{a_{14}+a_{15}}{2}}\left\{\frac{1}{3^{12}}\sin\left(\frac{\pi(x-a_{14})}{2^{13}}\right)\right\}dx$$

$(s=x-a_{14}$라 두면 $\dfrac{a_{15}-a_{14}}{2}=\dfrac{2^{14}}{2}=2^{13})$

$$=\int_0^{\frac{a_{15}-a_{14}}{2}}\frac{1}{3^{12}}\sin\left(\frac{\pi s}{2^{13}}\right)ds = \int_0^{2^{13}}\frac{1}{3^{12}}\sin\left(\frac{\pi s}{2^{13}}\right)ds$$

$$=-\frac{2}{\pi}\left(\frac{2}{3}\right)^{12}\times\left[\cos\left(\frac{\pi s}{2^{13}}\right)\right]_0^{2^{13}}$$

$$=-\frac{2}{\pi}\left(\frac{2}{3}\right)^{12}(-1-1)=\frac{4}{\pi}\left(\frac{2}{3}\right)^{12}$$

[별해] $a_1=\dfrac{6}{\pi}$, $r=\dfrac{2}{3}$ $\therefore t_{27}=\dfrac{6}{\pi}\left(\dfrac{2}{3}\right)^{13}=\dfrac{4}{\pi}\left(\dfrac{2}{3}\right)^{12}$

⇨ 랑데뷰팁

따라서 $-\dfrac{3}{\pi}(\cos(\alpha\pi)-1)=\dfrac{4}{\pi}\left(\dfrac{2}{3}\right)^{12}$ 이므로

$$1-\cos(\alpha\pi)=\frac{4}{3}\left(\frac{2}{3}\right)^{12}=\frac{2^{14}}{3^{13}}$$

$$\ln(1-\cos(\alpha\pi))=\ln\frac{2^{14}}{3^{13}}=14\ln2-13\ln3$$

$p=14$, $q=13$이므로 $p+q=27$

547 정답 16

[그림 : 이현일T]

$f(x)=\ln(x^4+1)-c$이고 $g'(x)=f(x)$, $g(a)=0$이므로

$$f'(x)=\frac{4x^3}{x^4+1}$$

따라서 증감표를 나타내면 아래와 같다.

x	$\cdots$	0	$\cdots$
$f'(x)$	$-$	0	$+$
$f(x)$	$\searrow$	극소	$\nearrow$

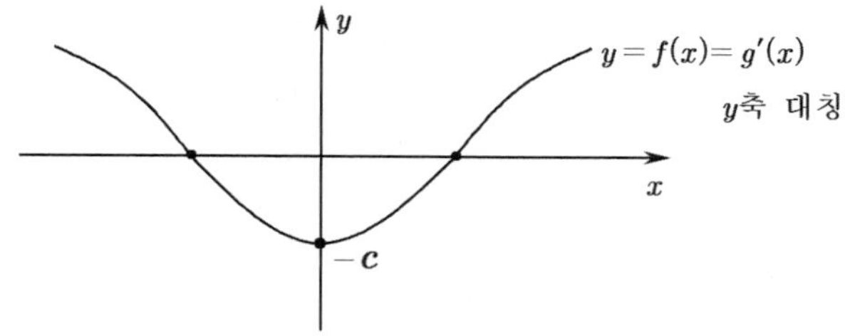

$y=g'(x)$가 y축 대칭이므로 $y=g(x)$의 그래프는
점 $(0,\,g(0))$에 대하여 대칭이 되면서 $y=g(x)$의
그래프가 x축과 만나는 서로 다른 점의 개수가 2가 되도록 하는
상황은 아래 그림과 같이 두 가지뿐이다.

(i)

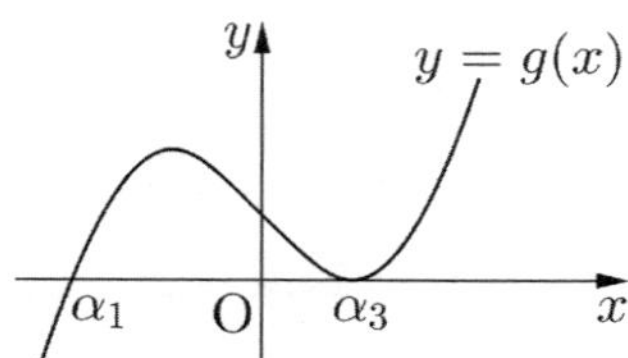

(ii)

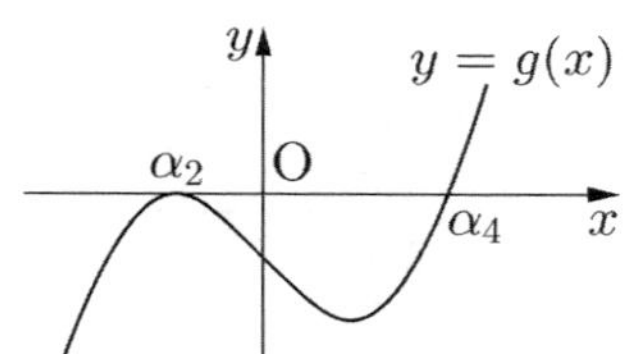

(i), (ii)의 그래프에서 $g(x)$는 $x=1$에서 극솟값을
가지므로 $\alpha_3=1$이므로 $f(1)=0$
따라서 $\ln2-c=0$에서 $c=\ln2$
$a=\alpha_1$일 때 ⇨ $(a,\,0)$
따라서 다음 그림과 같다.

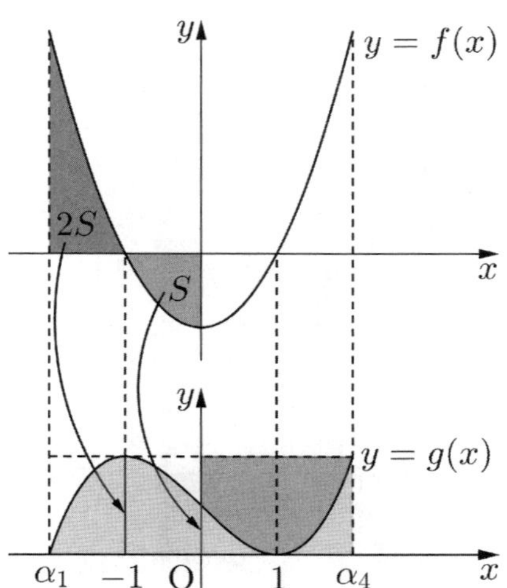

$$\int_{\alpha_1}^{\alpha_4} g(x)dx = \alpha_4 \times 2S = 2\alpha_4 \times \left(-\int_0^1 f(x)\,dx\right)$$
$$= 2\alpha_4 \times \left(\int_0^1 |f(x)|\,dx\right) = k\alpha_m \int_0^1 |f(x)|\,dx$$

이므로 $k=2\ m=4$
따라서 $c=\ln2,\ m=4,\ k=2$이므로
$$\therefore\ mk \times e^c = 4 \times 2 \times e^{\ln2} = 4 \times 2 \times 2 = 16$$

548 정답 ③

[그림 : 이현일T]

$y=g'(x)$가 y축 대칭이므로 $y=g(x)$의 그래프는 점 $(0,\ g(0))$에 대하여 대칭이 되면서 $y=g(x)$의 그래프가 x축과 만나는 서로 다른 점의 개수가 2가 되도록 하는 상황은 아래 그림과 같이 두 가지이다.

(i)

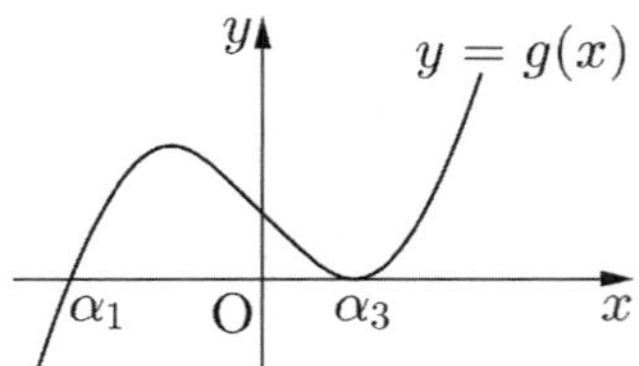

(ii)

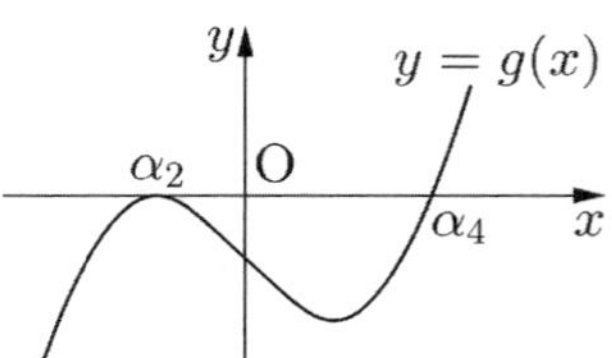

(i), (ii)의 그래프에서 $g(x)$는 $x=-1$에서 극댓값을 가지므로 $\alpha_2 = -1$이므로 $f(-1)=0$

따라서 $(-1)^2 - c = 0$에서 $c=1$
$a = \alpha_1$일 때 $\Rightarrow (a, 0)$
따라서 다음 그림과 같다.

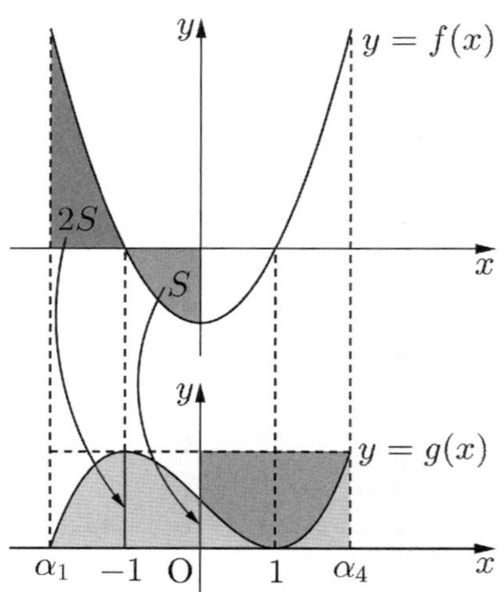

549 정답 ④

함수 $y=f(x)$의 그래프가 닫힌구간 $[0,\ 1]$에서 x축과 만나는 점의 x좌표를 k라 하자.
곡선 $y=f(x)$와 x축, y축으로 둘러싸인 부분의 넓이를 S_1, 곡선 $y=f(x)$와 x축 및 직선 $x=1$로 둘러싸인 부분의 넓이를 S_2라 하면

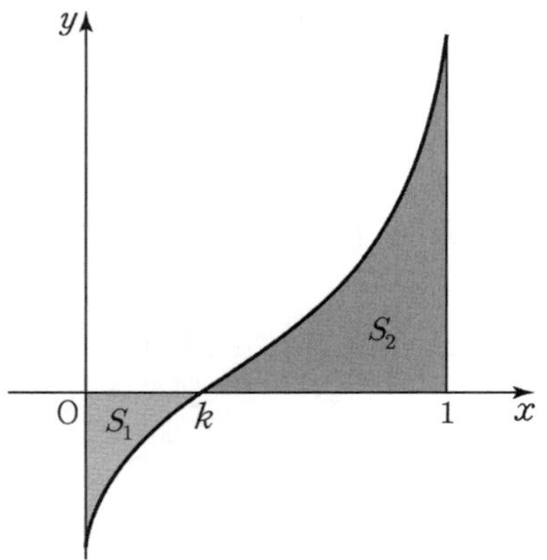

$\displaystyle \int_0^1 f(x)dx = 2$ 에서 $-S_1 + S_2 = 2\ \cdots\ \bigcirc$

$\displaystyle \int_0^1 |f(x)|\,dx = 2\sqrt{2}$ 에서 $S_1 + S_2 = 2\sqrt{2}\ \cdots\ \bigcirc$

$\bigcirc$, $\bigcirc$에서 $S_1 = \sqrt{2}-1$, $S_2 = \sqrt{2}+1$

$$F(x) = \int_0^x |f(t)|\,dt\ (0 \le x \le 1)$$

(i) $0 \le x \le k$인 경우

$\displaystyle F(x) = \int_0^x (-f(t))dt$이므로 $F(0)=0$, $F'(x)=-f(x)$

(ii) $k \le x \le 1$인 경우

$\displaystyle F(x) = \int_0^k -f(t)dt + \int_k^x f(t)\,dt = (\sqrt{2}-1) + \int_k^x f(t)dt$이므로

$$F(k) = \sqrt{2}-1,\ F(1) = 2\sqrt{2},\ F'(x) = f(x)$$

(i), (ii)에서 $\displaystyle \int_0^1 f(x)F(x)dx$ 의 $F(x)=s$로 놓으면

$x=0$일 때 $s = F(0) = 0$,

$x=k$일 때 $s = F(k) = \sqrt{2}-1$

$x=1$일 때 $s = F(1) = 2\sqrt{2}$ 이고,

$F'(x)\dfrac{dx}{ds}=1$이므로

$$\int_0^1 f(x)\,F(x)\,dx=\int_0^k f(x)\,F(x)\,dx+\int_k^1 f(x)\,F(x)\,dx$$

$$=\int_0^{\sqrt{2}-1}(-s)\,ds+\int_{\sqrt{2}-1}^{2\sqrt{2}}s\,ds$$

$$=\left[-\dfrac{1}{2}s^2\right]_0^{\sqrt{2}-1}+\left[\dfrac{1}{2}s^2\right]_{\sqrt{2}-1}^{2\sqrt{2}}$$

$$=-\dfrac{1}{2}(\sqrt{2}-1)^2+\dfrac{1}{2}\left\{(2\sqrt{2})^2-(\sqrt{2}-1)^2\right\}$$

$$=\dfrac{1}{2}(2\sqrt{2})^2-(\sqrt{2}-1)^2=4-(3-2\sqrt{2})=1+2\sqrt{2}$$

[랑데뷰팁]

$$F'(x)=|f(x)|=\begin{cases}-f(x) & (0\le x\le k)\\ f(x) & (k\le x\le 1)\end{cases}$$

따라서 $f(x)=\begin{cases}-F'(x) & (0\le x\le k)\\ F'(x) & (k\le x\le 1)\end{cases}$ 이다.

---

550 정답 ②

함수 $y=f(x)$의 그래프가 닫힌구간 $[0,\ c]$에서 x축과 만나는 점의 x좌표를 k라 하자.

곡선 $y=f(x)$와 x축, y축으로 둘러싸인 부분의 넓이를 S_1,

곡선 $y=f(x)$와 x축 및 직선 $x=c$로 둘러싸인 부분의 넓이를 S_2라 하면

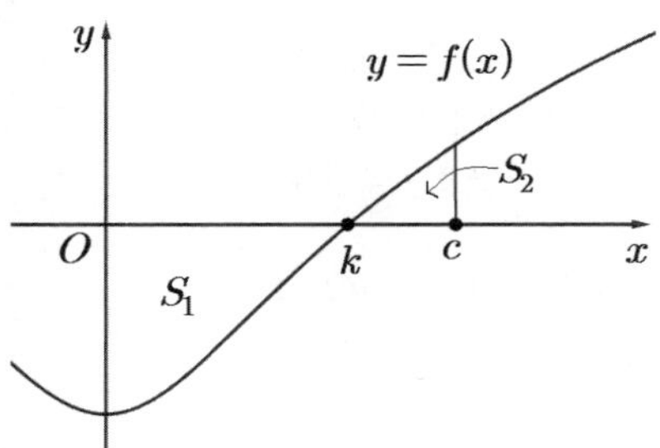

$\displaystyle\int_0^c f(x)\,dx=A$ 에서 $-S_1+S_2=A$ … ㉠

$\displaystyle\int_0^c |f(x)|\,dx=B$ 에서 $S_1+S_2=B$ … ㉡

㉠, ㉡에서 $S_1=\dfrac{B-A}{2}$, $S_2=\dfrac{B+A}{2}$

$F(x)=\displaystyle\int_0^x |f(t)|\,dt\ (0\le x\le c)$에서 양변 미분하면

$$F'(x)=|f(x)|=\begin{cases}-f(x) & (0\le x\le k)\\ f(x) & (k\le x\le c)\end{cases}$$

따라서 $f(x)=\begin{cases}-F'(x) & (0\le x\le k)\\ F'(x) & (k\le x\le c)\end{cases}$ 이다.

$$\int_0^c f(x)\,F(x)\,dx=\int_0^k f(x)\,F(x)\,dx+\int_k^c f(x)\,F(x)\,dx$$

$$=-\int_0^k F(x)\,F'(x)\,dx+\int_k^c F(x)\,F'(x)\,dx$$

$$=-\dfrac{1}{2}\Big[(F(x))^2\Big]_0^k+\dfrac{1}{2}\Big[(F(x))^2\Big]_k^c$$

$$=\dfrac{1}{2}\left\{-(F(k))^2+(F(0))^2+(F(c))^2-(F(k))^2\right\}$$

$$=\dfrac{1}{2}(F(c))^2-(F(k))^2 \text{이다.}$$

$F(x)=\displaystyle\int_0^x |f(t)|\,dt$에서

$F(c)=\displaystyle\int_0^c |f(x)|\,dx=B$

$F(k)=-\displaystyle\int_0^k f(x)\,dx=-S_1=\dfrac{A-B}{2}$ 이다.

따라서

$$\int_0^c f(x)\,F(x)\,dx=\dfrac{1}{2}(B)^2-\left(\dfrac{A-B}{2}\right)^2$$

$$=\dfrac{1}{2}B^2-\dfrac{A^2-2AB+B^2}{4}$$

$$=-\dfrac{1}{4}A^2+\dfrac{1}{2}AB+\dfrac{1}{4}B^2$$

따라서 $p=-\dfrac{1}{4}$, $q=\dfrac{1}{4}$

$$q-p=\dfrac{1}{2}$$

---

551 정답 ③

조건 (가)에서 $\left(\dfrac{f(x)}{x}\right)'=x^2e^{-x^2}$이고 $f(1)=\dfrac{1}{e}$이므로 조건 (나)에서

$$g(x)=\dfrac{4}{e^4}\int_1^x e^{t^2}f(t)\,dt$$

$$=\dfrac{2}{e^4}\int_1^x\left(2te^{t^2}\times\dfrac{f(t)}{t}\right)dt$$

$$=\dfrac{2}{e^4}\int_1^x\left\{(e^{t^2})'\times\dfrac{f(t)}{t}\right\}dt$$

$$=\dfrac{2}{e^4}\left\{\left[e^{t^2}\times\dfrac{f(t)}{t}\right]_1^x-\int_1^x e^{t^2}\times\left(\dfrac{f(t)}{t}\right)'dt\right\}$$

$$=\dfrac{2}{e^4}\left\{e^{x^2}\times\dfrac{f(x)}{x}-ef(1)-\int_1^x e^{t^2}\times(t^2e^{-t^2})\,dt\right\}$$

$$=\dfrac{2}{e^4}\left\{e^{x^2}\times\dfrac{f(x)}{x}-1-\int_1^x t^2\,dt\right\}$$

$$=\dfrac{2}{e^4}\left\{e^{x^2}\times\dfrac{f(x)}{x}-1-\left[\dfrac{1}{3}t^3\right]_1^x\right\}$$

$$=\dfrac{2}{e^4}\left\{e^{x^2}\times\dfrac{f(x)}{x}-1-\dfrac{1}{3}(x^3-1)\right\}$$

$x=2$를 대입하면

$$g(2)=\dfrac{2}{e^4}\left(e^4\times\dfrac{f(2)}{2}-1-\dfrac{7}{3}\right)$$

$$g(2)=f(2)-\dfrac{20}{3e^4}$$

따라서 $f(2)-g(2)=\dfrac{20}{3e^4}$

552 정답 23

조건 (가)에서 $\left(\dfrac{f(x)}{x^2}\right)'=\dfrac{x^2}{\ln(x^3+1)}$ 이고

$f(1)=\dfrac{1}{\ln2}$ 이므로 조건 (나)에서

$$g(x)=\dfrac{6}{\ln3}\int_1^x\left(\dfrac{f(t)}{t^3+1}\right)dt$$

$$=\dfrac{6}{\ln3}\int_1^x\left(\dfrac{t^2}{t^3+1}\times\dfrac{f(t)}{t^2}\right)dt$$

$$=\dfrac{6}{\ln3}\int_1^x\left\{\left(\dfrac{\ln(t^3+1)}{3}\right)'\times\dfrac{f(t)}{t^2}\right\}dt$$

$$=\dfrac{6}{\ln3}\left\{\left[\dfrac{\ln(t^3+1)}{3}\times\dfrac{f(t)}{t^2}\right]_1^x\right.$$

$$\left.-\int_1^x\dfrac{\ln(t^3+1)}{3}\times\left(\dfrac{f(t)}{t^2}\right)'dt\right\}$$

$$=\dfrac{6}{\ln3}\left\{\dfrac{\ln(x^3+1)f(x)}{3x^2}-\dfrac{\ln2f(1)}{3}\right.$$

$$\left.-\int_1^x\dfrac{\ln(t^3+1)}{3}\times\dfrac{t^2}{\ln(t^3+1)}dt\right\}$$

$$=\dfrac{6}{\ln3}\left\{\dfrac{\ln(x^3+1)f(x)}{3x^2}-\dfrac{1}{3}-\dfrac{1}{3}\int_1^x t^2dt\right\}$$

$$=\dfrac{6}{\ln3}\left\{\dfrac{\ln(x^3+1)f(x)}{3x^2}-\dfrac{1}{3}-\dfrac{1}{9}\left[t^3\right]_1^x\right\}$$

$$=\dfrac{6}{\ln3}\left\{\dfrac{\ln(x^3+1)f(x)}{3x^2}-\dfrac{1}{3}-\dfrac{1}{9}(x^3-1)\right\}$$

$$=\dfrac{6}{\ln3}\left\{\dfrac{\ln(x^3+1)f(x)}{3x^2}-\dfrac{1}{9}x^3-\dfrac{2}{9}\right\}$$

양변에 $x=2$를 대입하면

$$g(2)==\dfrac{6}{\ln3}\left\{\dfrac{2\ln3\times f(2)}{12}-\dfrac{10}{9}\right\}$$

$$g(2)=f(2)-\dfrac{20}{3\ln3}$$

$$f(2)-g(2)=\dfrac{20}{3\ln3}$$

$p=3,\ q=20$이므로 $p+q=23$

553 정답 15

$(0,\ f(1))$ 은 점 P의 $t=1$일 때의 위치이다.

$t=\dfrac{s+\sqrt{s^2+4}}{2}$ 을 s에 관한 식으로 나타내면

$t^2-st-1=0$이므로 $s=\dfrac{t^2-1}{t}$ 이다.

한편, $\dfrac{dx}{dt}=\dfrac{2}{t},\ \dfrac{dy}{dt}=f'(t)$이므로

$t=2$ 일 때 점 P 의 속도는 $(1,\ f'(2))$에서

$f'(2)=\dfrac{3}{4}$이다.

또한, $\dfrac{d^2x}{dt^2}=-\dfrac{2}{t^2},\ \dfrac{d^2y}{dt^2}=f''(t)$이므로

$t=2$일 때 점 P의 가속도는 $\left(-\dfrac{1}{2},\ f''(2)\right)$에서

$f''(2)=a$이다.

따라서

$$\int_1^t\sqrt{\left(\dfrac{dx}{dk}\right)^2+\left(\dfrac{dy}{dk}\right)^2}\,dk=s$$이므로

$$\int_1^t\sqrt{\dfrac{4}{k^2}+(f'(k))^2}\,dk=\dfrac{t^2-1}{t}$$이다.

양변을 t에 대하여 미분하면

$$\sqrt{\dfrac{4}{t^2}+(f'(t))^2}=\dfrac{t^2+1}{t^2}$$

양변을 제곱하여 정리하면

$$\{f'(t)\}^2=\dfrac{(t^2-1)^2}{t^4}$$

$f'(2)=\dfrac{3}{4}>0$이므로

$$f'(t)=\dfrac{t^2-1}{t^2}=1-\dfrac{1}{t^2}$$이다.

그러므로 $f''(t)=\dfrac{2}{t^3}$ 따라서 $a=\dfrac{1}{4}$

$\therefore\ 60a=15$

554 정답 7

$\ln|s-t|=t$을 s에 관한 식으로 나타내면

$|s-t|=e^t\Rightarrow s=t+e^t$ (모든 t에 대하여 $s>0$)

한편, $\dfrac{dx}{dt}=f'(t),\ \dfrac{dy}{dt}=2e^{\frac{t}{2}}$이므로

$t=2$ 일 때, 점 P 의 속도는

$(f'(2),\ 2e)$ 에서 $f'(2)=1-e^2$이다.

또한, $\dfrac{d^2x}{dt^2}=f''(t),\ \dfrac{d^2y}{dt^2}=e^{\frac{t}{2}}$이므로

$t=2$일 때 점 P의 가속도는 $(f''(2),\ e)$에서

$f''(2)=a,\ b=e$이다.

따라서

$$\int_0^t\sqrt{\left(\dfrac{dx}{dk}\right)^2+\left(\dfrac{dy}{dk}\right)^2}\,dk=s$$이므로

$$\int_0^t\sqrt{(f'(k))^2+\left(2e^{\frac{k}{2}}\right)^2}\,dk=t+e^t$$이다.

양변을 t에 대하여 미분하면

$$\sqrt{(f'(t))^2+4e^t}=1+e^t$$

양변을 제곱하여 정리하면

$\{f'(t)\}^2=(1-e^t)^2$

$f'(2)=1-e^2$이므로 $f'(t)=1-e^t$이다.

그러므로 $f''(t)=-e^t$

따라서 $a=f''(2)=-e^2$

$a^2b^3=(-e^2)^2(e)^3=e^7$

$\therefore \ln(a^2b^3)=\ln e^7=7$

555 정답 83

조건 (나)

$\displaystyle\int_x^{x+a} f(t)\,dt=\sin\left(x+\frac{\pi}{3}\right)$ 에서 양변을 x에 대하여 미분하면

$f(x+a)-f(x)=\cos\left(x+\frac{\pi}{3}\right)$ $\cdots\bigcirc$

이 식의 양변에 $x=-\dfrac{a}{2}$를 대입하면

$f\left(\dfrac{a}{2}\right)-f\left(-\dfrac{a}{2}\right)=\cos\left(-\dfrac{a}{2}+\dfrac{\pi}{3}\right)$

조건 (가)에서 의해

$f\left(\dfrac{a}{2}\right)=f\left(-\dfrac{a}{2}\right)$ 이므로 $\cos\left(-\dfrac{a}{2}+\dfrac{\pi}{3}\right)=0$

$0<a<2\pi$ 에서 $-\dfrac{2}{3}\pi<-\dfrac{a}{2}+\dfrac{\pi}{3}<\dfrac{\pi}{3}$ 이므로

$-\dfrac{a}{2}+\dfrac{\pi}{3}=-\dfrac{\pi}{2}$ 따라서 $a=\dfrac{5}{3}\pi$

$\bigcirc$에서 양변을 x에 대하여 미분하면

$f'(x+a)-f'(x)=-\sin\left(x+\dfrac{\pi}{3}\right)$

이 식에 $x=-\dfrac{a}{2}$를 대입하면

$f'\left(\dfrac{a}{2}\right)-f'\left(-\dfrac{a}{2}\right)=-\sin\left(-\dfrac{a}{2}+\dfrac{\pi}{3}\right)$

$a=\dfrac{5}{3}\pi$이므로

$2f'\left(\dfrac{5}{6}\pi\right)=-\sin\left(-\dfrac{5\pi}{6}+\dfrac{\pi}{3}\right)=-\sin\left(-\dfrac{\pi}{2}\right)=1$

$f'\left(\dfrac{5}{6}\pi\right)=\dfrac{1}{2}$ $\cdots\bigcirc\!\!\!\bigcirc$

$f(x)=b\cos(3x)+c\cos(5x)$ 에서

$f'(x)=-3b\sin(3x)-5c\sin(5x)$

$f'\left(\dfrac{5}{6}\pi\right)=-3b\sin\left(\dfrac{5\pi}{2}\right)-5c\sin\left(\dfrac{25\pi}{6}\right)=-3b-\dfrac{5c}{2}=\dfrac{1}{2}$

$-6b-5c=1$ $\cdots\bigcirc\!\!\!\bigcirc$

한편 $\displaystyle\int_x^{x+a} f(t)\,dt=\sin\left(x+\dfrac{\pi}{3}\right)$의 양변에 $x=-\dfrac{a}{2}$를 대입하면

$\displaystyle\int_{-\frac{a}{2}}^{\frac{a}{2}} f(t)\,dt=\sin\left(\dfrac{\pi}{3}-\dfrac{a}{2}\right)$

조건 (가)에서 함수 $f(x)$의 그래프는 y축에 대하여 대칭이므로

$2\displaystyle\int_0^{\frac{a}{2}} f(t)\,dt=\sin\left(\dfrac{\pi}{3}-\dfrac{a}{2}\right)$

$2\displaystyle\int_0^{\frac{a}{2}}\{b\cos(3t)+c\cos(5t)\}dt$

$=2\left[\dfrac{b}{3}\sin(3t)+\dfrac{c}{5}\sin(5t)\right]_0^{\frac{a}{2}}$

$=2\left\{\dfrac{b}{3}\sin\left(\dfrac{3a}{2}\right)+\dfrac{c}{5}\sin\left(\dfrac{5a}{2}\right)\right\}=\sin\left(-\dfrac{a}{2}+\dfrac{\pi}{3}\right)$

양변에 $a=\dfrac{5\pi}{3}$을 대입하면

$2\left\{\dfrac{b}{3}\sin\left(\dfrac{5}{2}\pi\right)+\dfrac{c}{5}\sin\left(\dfrac{25}{6}\pi\right)\right\}=\sin\left(-\dfrac{5\pi}{6}+\dfrac{\pi}{3}\right)$

$2\left(\dfrac{b}{3}+\dfrac{c}{5}\times\dfrac{1}{2}\right)=\sin\left(-\dfrac{\pi}{2}\right)=-1$

$\dfrac{2b}{3}+\dfrac{c}{5}=-1$, $10b+3c=-15$ $\cdots$ㄹ

ㄷ, ㄹ에서 $b=-\dfrac{9}{4}$, $c=\dfrac{5}{2}$

따라서 $abc=\dfrac{5}{3}\pi\cdot\left(-\dfrac{9}{4}\right)\cdot\dfrac{5}{2}=-\dfrac{75}{8}\pi$

$p=8$, $q=75$이므로 $p+q=83$

[랑데뷰팁]

(나) $\displaystyle\int_x^{x+a} f(t)\,dt=\sin\left(x+\dfrac{\pi}{3}\right)$에서

양변에 $x=0$대입하면 $\displaystyle\int_0^a f(t)\,dt=\sin\dfrac{\pi}{3}=\dfrac{\sqrt{3}}{2}$

양변에 $x=-a$대입하면 $\displaystyle\int_{-a}^0 f(t)\,dt=\sin\left(-a+\dfrac{\pi}{3}\right)$

$\sin\left(-a+\dfrac{\pi}{3}\right)=\dfrac{\sqrt{3}}{2}$에서 $a=\dfrac{5}{3}\pi$

---

556 정답 2

(나)의 양변에 $x=1$을 대입하면

$\displaystyle\int_1^1 f(t)\,dt=\dfrac{a}{2}+\dfrac{\sqrt{3}}{2}+b$ 에서 $a+2b+\sqrt{3}=0$

(나)의 양변을 미분하면

$-f(2-x)-f(x)=\dfrac{a\pi}{6}\cos\dfrac{\pi x}{6}-\dfrac{\pi}{6}\sin\dfrac{\pi x}{6}$ $\cdots\bigcirc$

$\bigcirc$의 양변을 다시 미분하면

$f'(2-x)-f'(x)=-\dfrac{a\pi^2}{36}\sin\dfrac{\pi x}{6}-\dfrac{\pi^2}{36}\cos\dfrac{\pi x}{6}$ 이고

(가)에서 $f'(-x)=-f'(x)$에서 $f'(0)=0$이므로

양변에 $x=0$을 대입하면

$f'(2)-f'(0)=-\dfrac{\pi^2}{36}$

$\therefore f'(2)=-\dfrac{\pi^2}{36}$

양변에 $x=2$을 대입하면

$f'(0)-f'(2)=-\dfrac{a\sqrt{3}\pi^2}{72}-\dfrac{\pi^2}{72}$

$\therefore f'(2)=\dfrac{a\sqrt{3}\pi^2}{72}+\dfrac{\pi^2}{72}$

$$\therefore \ a=-\sqrt{3}, \ b=0$$

따라서 $\displaystyle\int_{x}^{2-x} f(t)\,dt=-\sqrt{3}\sin\frac{\pi x}{6}+\cos\frac{\pi x}{6}$ 이다.

$x=0$을 대입하면 $\displaystyle\int_{0}^{2} f(t)\,dt=1$

$x=-2$을 대입하면 $\displaystyle\int_{-2}^{4} f(t)\,dt=\frac{3}{2}+\frac{1}{2}=2$

$$\int_{2}^{4} f(x)\,dx=\int_{-2}^{4} f(x)\,dx-2\times\int_{0}^{2} f(x)\,dx=0$$

또한 ㉠에서

$$f(2-x)+f(x)=\frac{\sqrt{3}\,\pi}{6}\cos\frac{\pi x}{6}+\frac{\pi}{6}\sin\frac{\pi x}{6}$$

양변에 $x=1$을 대입하면 $2f(1)=\dfrac{3\pi}{12}+\dfrac{\pi}{12}=\dfrac{\pi}{3}$

$$\therefore \ f(1)=f(-1)=\frac{\pi}{6}$$

양변에 $x=-1$을 대입하면

$$f(3)+f(-1)=\frac{3\pi}{12}-\frac{\pi}{12}=\frac{\pi}{6} \quad \therefore \ f(3)=0$$

따라서 $\displaystyle\int_{2}^{4}\{f(x)+f(3)x+1\}dx=\Big[\ x\ \Big]_{2}^{4}=2$

557 정답 35

(나)에 주어진 등식에 $x=0$을 대입하면

$f(0)=0 \quad \cdots$ ㉠

(나)에 주어진 등식의 양변을 x에 대하여 미분하면

$f'(x)=\sqrt{4-2f(x)}\to\therefore \ \{f'(x)\}^2=4-2f(x)$

$\quad$ (단, $f'(x)\geq 0$, $f(x)\leq 2)\cdots$ ㉡

$x\leq b$일 때 $f'(x)=2a(x-b)$이므로 ㉡에서

$4a^2(x-b)^2=4-2\{a(x-b)^2+c\} \qquad \cdots$ ㉢

㉢이 $x\leq b$인 모든 실수 x에 대하여 성립하므로

$\qquad 4a^2=-2a$ 이고 $4-2c=0$이다.

$$\therefore \ a=-\frac{1}{2}, \ c=2$$

따라서 $x\leq b$일 때

$$f(x)=-\frac{1}{2}(x-b)^2+2$$

이때 $b<0$이면 $f(b)=2$이고 ㉠에서 $f(0)=0$이므로

모든 실수 x에 대하여 $f'(x)\geq 0$이라는 ㉡의 조건에 모순이다.

$$\therefore \ b\geq 0$$

㉠에서 $f(0)=0$이므로

$$f(0)=-\frac{1}{2}b^2+2=0$$

$\therefore \ b^2=4 \ \therefore \ b=2(\because \ b\geq 0)$

이때 ㉡에서 $f'(x)\geq 0$이고 $f(x)\leq 2$이므로

$x>b$일 때 $f(x)=2$이다.

따라서 $f(x)=\begin{cases}-\dfrac{1}{2}(x-2)^2+2 & (x\leq 2)\\[2mm] \quad\quad 2 & (x>2)\end{cases}$

이므로

$$\int_{0}^{6} f(x)\,dx=\int_{0}^{2} f(x)\,dx+\int_{2}^{4} f(x)\,dx$$

$$=\int_{0}^{2}\Big\{-\frac{1}{2}(x-2)^2+2\Big\}dx+\int_{2}^{6} 2\,dx$$

$$=\Big[-\frac{1}{6}(x-2)^3+2x\Big]_{0}^{2}+\Big[2x\Big]_{2}^{6}$$

$$=\Big(4-\frac{8}{6}\Big)+(12-4)=12-\frac{4}{3}=\frac{32}{3}$$

$$\therefore \ p+q=3+32=35$$

558 정답 15

(나)에 주어진 등식에 $x=0$을 대입하면

$$f(0)=2 \quad \cdots ㉠$$

(나)에 주어진 등식의 양변을 x에 대하여 미분하면

$$f'(x)=\sqrt{4f(x)-\{f(x)\}^2-3}$$

에서 $f'(x)\geq 0$, $1\leq f(x)\leq 3\cdots$ ㉡

임을 알 수 있다.

$0\leq x\leq\dfrac{\pi}{2}$일 때 $f(x)=a\sin bx+c$이고 $f(0)=2$

에서 $c=2$

$f'(x)=ab\cos bx \ \cdots$ ㉢

$4f(x)-\{f(x)\}^2-3=-\{f(x)-1\}\{f(x)-3\}$이므로

$ab\cos bx=\sqrt{-(a\sin bx+1)(a\sin bx-1)}$

$\qquad\quad =\sqrt{1-a^2\sin^2 bx}$ 양변 제곱하면

$a^2 b^2\cos^2 bx=1-a^2\sin^2 bx$ 이고

$a^2 b^2\cos^2 bx=a^2 b^2-a^2 b^2\sin^2 bx$ 이므로 $b^2=1$

(i) $b=1$일 때 ㉢에서 $f'(x)=a\cos x$

$-\dfrac{\pi}{2}\leq x\leq\dfrac{\pi}{2}$에서 $a\cos x\geq 0$이기 위해서는

$a>0$이다.

또한 ㉡에서 $f(x)=a\sin x+2$가 $1\leq f(x)\leq 3$에서

$a=1$이다.

따라서 $-\dfrac{\pi}{2}\leq x\leq\dfrac{\pi}{2}$일 때, $f(x)=\sin x+2$

그런데 $f'\Big(\dfrac{\pi}{2}\Big)=\cos\Big(\dfrac{\pi}{2}\Big)=0$, $f\Big(\dfrac{\pi}{2}\Big)=\sin\Big(\dfrac{\pi}{2}\Big)+2=3$이므로

$f'(x)\geq 0$이고 $f(x)\leq 3$이기 위해서는

$x>\dfrac{\pi}{2}$일 때 $f(x)=3$이다.

(ii) $b=-1$일 때 ㉢에서 $f'(x)=-a\cos(-x)$

$-\dfrac{\pi}{2}\leq x\leq\dfrac{\pi}{2}$에서 $-a\cos(-x)\geq 0$이기 위해서는

$a<0$이다.

또한 ㉡에서 $f(x)=a\sin x+2$가 $1\leq f(x)\leq 3$이기 위해서는

$a=-1$이다.

따라서 $-\dfrac{\pi}{2}\leq x\leq\dfrac{\pi}{2}$일 때,

$f(x)=-\sin(-x)+2=\sin x+2$ 이므로 (i)과 같은

경우가 된다.

따라서 (i),(ii)에서

$$f(x) = \begin{cases} \sin x + 2 & \left(-\dfrac{\pi}{2} \leq x \leq \dfrac{\pi}{2}\right) \\ 3 & \left(x > \dfrac{\pi}{2}\right) \end{cases}$$

$$\therefore \int_{-\frac{\pi}{2}}^{2\pi} f(x)dx = \int_{-\frac{\pi}{2}}^{\frac{\pi}{2}} (\sin x + 2)dx + \int_{\frac{\pi}{2}}^{2\pi} 3dx$$

$$= [-\cos x + 2x]_{-\frac{\pi}{2}}^{\frac{\pi}{2}} + [3x]_{\frac{\pi}{2}}^{2\pi}$$

$$= 2\pi + \frac{9\pi}{2} = \frac{13}{2}\pi$$

따라서 $p=2$, $q=13$이므로 $p+q=15$

[랑데뷰팁]

$y = \sin x + 2$가 $(0, 2)$에 대칭인 것을 이용하면 계산 과정이 훨씬 간단하다.

---

559 정답 ①

$f(x)$를 범위에 따라 정리해보면

$$f(x) = \begin{cases} 0 & \left(-\dfrac{7\pi}{2} \leq x \leq -3\pi,\ -2\pi \leq x \leq -\pi, \right. \\ & \left. 0 \leq x \leq \pi,\ 2\pi \leq x \leq 3\pi\right) \\ -2\sin x & (-3\pi \leq x \leq -2\pi,\ -\pi \leq x \leq 0) \\ 2\sin x & \left(\pi \leq x \leq 2\pi,\ 3\pi \leq x \leq \dfrac{7\pi}{2}\right) \end{cases}$$

그래프는 다음과 같다.

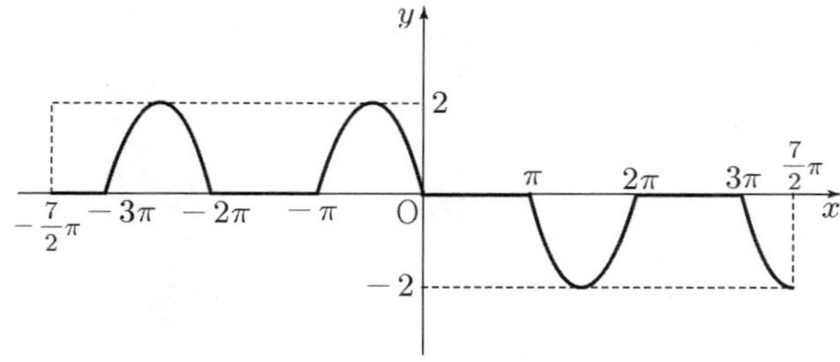

모든 실수 x에 대하여 $\displaystyle\int_{a}^{x} f(t)dt \geq 0$이 되도록 하는 실수 a의 최솟값 $\alpha = -\dfrac{7}{2}\pi$이다.

한편 $x \leq a$인 경우도 있기에 실수 a의 최댓값 $\beta = -3\pi$

예를 들어

$$\int_{-3\pi}^{-\frac{5\pi}{2}} (-2\sin x)dx = [2\cos x]_{-3\pi}^{-\frac{5\pi}{2}} = 2$$이면

$$\int_{-\frac{5\pi}{2}}^{-3\pi} (-2\sin x)dx = -2$$이다.

$$\therefore \beta - \alpha = -3\pi - \left(-\frac{7}{2}\pi\right) = \frac{1}{2}\pi$$

---

560 정답 20

$$f(x) = \begin{cases} \cos x - |\cos x| & (-4\pi \leq x \leq 0) \\ |\cos x| - \cos x & (0 \leq x \leq 4\pi) \end{cases}$$의 그래프는 다음과 같다.

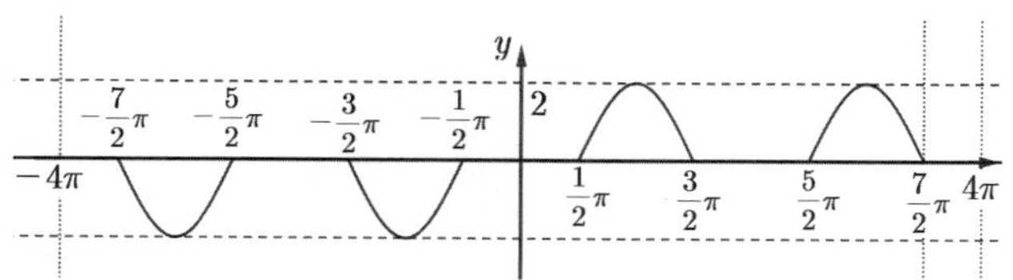

$$\int_{-\pi}^{a} f(t)dt \geq 0$$을 만족하는 a는

㉠ $a > -\pi$일 때는 $\pi \leq a \leq 4\pi$이다.

㉡ $a \leq -\pi$일 때는 $-4\pi \leq a \leq -\pi$이다.

따라서 $\alpha = -4\pi$

$$\int_{-\pi}^{a} f(t)dt \leq 0$$을 만족하는 a는 $-\pi \leq a \leq \pi$이다.

따라서 $\beta = \pi$

$\beta - \alpha = 5\pi$이다.

$$\therefore k = 5 \qquad \therefore 4k = 20$$

---

561 정답 128

$0 \leq k \leq 7$인 각각의 정수 k에 대하여

① $f(k+t) = f(k)$ ($0 < t \leq 1$) 인 경우

  $k < x \leq k+1$에서 $f(x) = f(k)$: 상수함수

② $f(k+t) = 2^t \times f(k)$ ($0 < t \leq 1$) 인 경우

$k < x \leq k+1$에서 $f(x) = f(k) \times 2^{x-k}$: 지수함수

주어진 조건에서 함수 $f(x)$는 미분가능하지 않은 점이 2개 이므로 ① ⇨ ② ⇨ ① 또는 ② ⇨ ① ⇨ ②처럼 변화되는 지점이 2번 있어야 한다. 또한 ②가 7번이상 나오면 $f(8) > 100$ 이 되므로 조건을 만족하지 않는다.

가능한 경우 중에 ②가 그려지는 구간이 많이 들어가 있을수록

$$\int_{0}^{8} f(x)dx$$의 값이 커지므로 8개의

소구간이 ①②②②②②②①

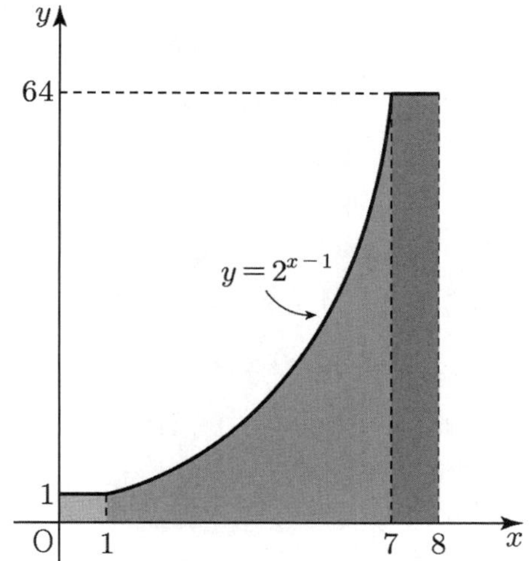

의 순서로 이어지는 연속함수일 때, $\int_0^8 f(x)dx$ 가 최대가 된다.

따라서 주어진 조건을 만족하는 함수 중 $\int_0^8 f(x)dx$ 가 최대가

될 때,

함수 $f(x)$는

$$f(x) = \begin{cases} f(0) = 1 & (0 \le x \le 1) \\ f(1) \times 2^{x-1} = 2^{x-1} & (1 \le x \le 7) \\ f(7) = 64 & (7 \le x \le 8) \end{cases} \text{이다.}$$

따라서 $\int_0^8 f(x)dx$ 의 최댓값은

$$\int_0^8 f(x)dx = \int_0^1 1\,dx + \int_1^7 2^{x-1}dx + \int_7^8 64\,dx$$

$$= [\,x\,]_0^1 + \left[\frac{2^{x-1}}{\ln 2}\right]_1^7 + [\,64x\,]_7^8 = 65 + \frac{63}{\ln 2}$$

$$\therefore p+q = 65+63 = 128$$

[랑데뷰팁]

두 개 이하의 $f(k+t) = 2^t \times f(k)$로 선택된 지수함수와 x축으로 둘러싸인 부분의 넓이의 합은 항상 위 그림의 빨간색 영역의 넓이가 되므로 직사각형 넓이의 합이 최대가 되게 설정하면 된다.

---

562 정답 121

$1 \le k \le 24$인 각각의 정수 k 에 대하여

① $f(kt) = f(k)\ \left(1 < t \le 1+\dfrac{1}{k}\right)$인 경우

$k < x \le k+1$에서 $f(x) = f(k)$: 상수함수

② $f(kt) = \log_2 t + f(k)\ \left(1 < t \le 1+\dfrac{1}{k}\right)$인 경우

$k < x \le k+1$ 에서

$f(x) = \log_2\left(\dfrac{x}{k}\right) + f(k) = \log_2 x - \log_2 k + f(k)$

: 로그함수

주어진 조건에서 함수 $f(x)$ 는 미분가능하지 않은 점이 2 개 이므로 ① ⇨ ② ⇨ ① 또는 ② ⇨ ① ⇨ ②처럼 변화되는 지점이 2번 있어야 한다. 그런데 ② ⇨ ① ⇨ ②인 경우는 $f(25) > 5$이 되므로 조건을 만족하지 않는다.

(예를 들어

$f(x) =$

$$\begin{cases} \log_2 x - \log_2 1 + f(1) = \log_2 x + 1 & (1 \le x \le 2) \\ f(2) = 2 & (2 \le x \le 3) \\ \log_2 x - \log_2 3 + f(3) = \log_2 x - \log_2 3 + 2 & (3 \le x \le 25) \end{cases}$$

이면 $f(25) = \log_2 25 - \log_2 3 + 2 = \log_2 \dfrac{25}{3} + 2 > 5$이다.)

가능한 경우 중에 ②가 그려지는 구간이 많이 들어

가 있을수록 $\int_1^{25} f(x)dx$ 의 값이 커지므로 소구간이

①②~~~②① 의 순서로 이어지는 연속함수일 때,

$\int_1^{25} f(x)dx$ 가 최대가 된다.

따라서

$$f(x) = \begin{cases} f(1) = 1 & (1 \le x \le 2) \\ \log_2 x & (2 \le x \le 24) \\ f(24) = \log_2 24 & (24 \le x \le 25) \end{cases}$$

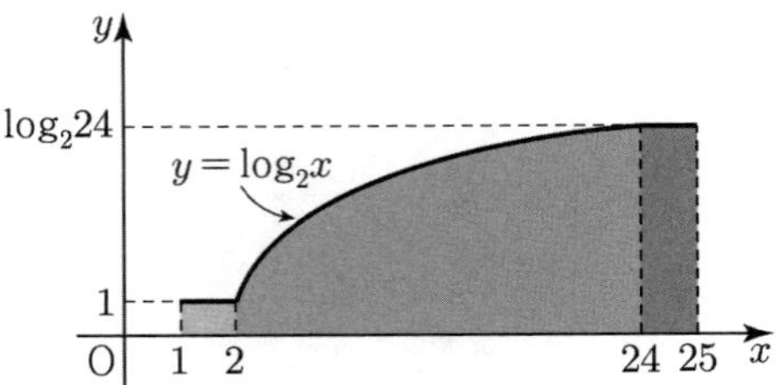

$$\int_1^{25} f(x)dx$$

$$= 1 + \int_2^{24} \log_2 x\, dx + \log_2 24$$

$$= 1 + \int_2^{24} \frac{\ln x}{\ln 2} dx + \frac{\ln 24}{\ln 2}$$

$$= 1 + \frac{1}{\ln 2} \times [x\ln x - x]_2^{24} + \frac{\ln 24}{\ln 2}$$

$$= 1 + \frac{(24\ln 24 - 24) - (2\ln 2 - 2)}{\ln 2} + \frac{\ln 24}{\ln 2}$$

$$= 1 + \frac{(25\ln 24 - 24) - (2\ln 2 - 2)}{\ln 2}$$

$$= 1 + \frac{25(3\ln 2 + \ln 3) - 24 - 2\ln 2 + 2}{\ln 2}$$

$$= 74 + \frac{25\ln 3 - 22}{\ln 2}$$

따라서 $p = 74,\ q = 25,\ r = 22$이므로

$p+q+r = 121$

---

563 정답 127

$(0,\,0),\,(t,\,f(t)),\,(t+1,\,f(t+1))$ 을 꼭짓점으로 하는 삼각형의 넓이는 사선공식에서

$$\frac{1}{2}\,|\,tf(t+1) - (t+1)f(t)\,| = \frac{t+1}{t}$$

양변을 $t(t+1)$ 로 나누면

$$\frac{1}{2}\,\left|\,\frac{f(t+1)}{t+1} - \frac{f(t)}{t}\,\right| = \frac{1}{t^2}$$

$f(t)$ 는 감소함수이고 $f(t) > 0$ 이므로

$$\frac{f(t)}{t} > \frac{f(t+1)}{t+1}$$

$$\therefore \frac{f(t)}{t} - \frac{f(t+1)}{t+1} = \frac{2}{t^2}$$

$$\frac{f(t+1)}{t+1} - \frac{f(t)}{t} = -\frac{2}{t^2} \quad \cdots ①$$

①은 $\displaystyle\int_t^{t+1} \frac{f(x)}{x} dx = \frac{2}{t} + C$ 를 양변 미분한 것이다.

$t=1$ 일 때, $\displaystyle\int_1^2\frac{f(x)}{x}dx=2+C=2$ 에서 $C=0$

$\therefore\ \displaystyle\int_t^{t+1}\frac{f(x)}{x}dx=\frac{2}{t}$

$$\int_{\frac{7}{2}}^{\frac{11}{2}}\frac{f(x)}{x}dx=\int_{\frac{7}{2}}^{\frac{9}{2}}\frac{f(x)}{x}dx+\int_{\frac{9}{2}}^{\frac{11}{2}}\frac{f(x)}{x}dx$$

$$=\frac{4}{7}+\frac{4}{9}=\frac{64}{63}$$

$\therefore\ p+q=127$

564 정답 87

$(0,\,0)$, $(t-1,\,f(t-1))$, $(t+1,\,f(t+1))$ 을
꼭짓점으로 하는 삼각형의 넓이는
사선공식에 의해

$$\frac{1}{2}\,|\,(t-1)f(t+1)-(t+1)f(t-1)\,|=\frac{1}{t}$$

양변을 $(t-1)(t+1)$ 로 나누면

$$\frac{1}{2}\,\left|\,\frac{f(t+1)}{t+1}-\frac{f(t-1)}{t-1}\,\right|=\frac{1}{(t-1)t(t+1)}$$

$f(t)$ 는 증가함수이고 $f(t)<0$ 이므로 $\dfrac{f(t-1)}{t-1}$ 을 원점과

$(t-1,\,f(t-1))$ 을 선분의 기울기라 생각하면

$$\frac{f(t-1)}{t-1}<\frac{f(t+1)}{t+1}$$

$$\therefore\ \frac{f(t+1)}{t+1}-\frac{f(t-1)}{t-1}=\frac{2}{(t-1)t(t+1)}\ \cdots\text{㉠}$$

$$\frac{2}{(t-1)t(t+1)}=\frac{1}{(t-1)t}-\frac{1}{t(t+1)}$$

$$=\frac{1}{t-1}-\frac{2}{t}+\frac{1}{t+1}$$

㉠은 $\displaystyle\int_{t-1}^{t+1}\frac{f(x)}{x}dx=\ln(t-1)-2\ln t+\ln(t+1)+C$ 를

양변 미분한 것이다.

$t=2$ 일 때,

$$\int_1^3\frac{f(x)}{x}dx=-2\ln2+\ln3+C=\ln\frac{3}{4}+C\text{에서}\ C=0$$

$$\therefore\ \int_{t-1}^{t+1}\frac{f(x)}{x}dx=\ln\frac{(t-1)(t+1)}{t^2}\text{에서}$$

$g(x)=\ln\dfrac{(x-1)(x+1)}{x^2}$ 라 두면

$$\int_{\frac{7}{3}}^{\frac{19}{3}}\frac{f(x)}{x}dx$$

$$=\int_{\frac{7}{3}}^{\frac{13}{3}}\frac{f(x)}{x}dx+\int_{\frac{13}{3}}^{\frac{19}{3}}\frac{f(x)}{x}dx$$

$$=g\left(\frac{10}{3}\right)+g\left(\frac{16}{3}\right)$$

$$=\ln\left\{\frac{\frac{7}{3}\times\frac{13}{3}\times\frac{13}{3}\times\frac{19}{3}}{\left(\frac{10}{3}\right)^2\times\left(\frac{16}{3}\right)^2}\right\}$$

$$=\ln\left\{\left(\frac{13\times19}{10\times16}\right)^2\times\frac{7}{19}\right\}$$

$$=2\ln\left(\frac{247}{160}\right)+\ln\frac{7}{19}$$

$p=160,\ q=247$ 이므로 $q-p=87$

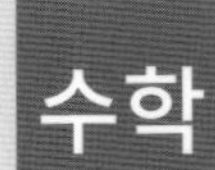

랑데뷰 기출과 변형은

기출문제와 그 문제들의 유사 변형 문제로 구성된 문제집으로 가장 효과적인 기출문제 공부 방법을 제시한다.

기출 문제는 대부분 평가원 문제들로만 구성하였다. 문항의 출처는 모두 기재되어 있다.
3점 문항의 기출 문제는 역대 평가원에서 출제한 대부분의 문제를 탑재하였고 4점 문항의 기출 문제는 대부분 2010년 이후 출제한 최신 경향의 문제들로 구성하였다.

변형 문제는 4점짜리인 [Level2]와 [Level3]의 변형 문제들은 기출 문제 바로 옆에 배치 되어 있다. 3점짜리 변형 문제들은 유형별로 정리된 [Level1]문제들로 출처가 표시되어 있지 않다.